飞行大气数据系统及关键技术

梁应剑　谭向军　黄巧平　著

U0195159

西北工业大学出版社

西安

【内容简介】 本书详细介绍了现代大气数据系统和综合技术,书中阐述了大气数据测量的理论基础及飞行器飞行高度、速度、攻角、侧滑角、总温的测量原理;介绍了国内外大气数据系统发展历程、现状及发展趋势;详述了大气数据系统关键技术并分析了集中式、分布式、嵌入式、三轴等国内外典型大气数据系统;重点论述了大气数据惯性基准系统技术,激光遥测、真空速光学测量、大气静温光学测量、大气密度光学测量等光学大气数据系统传感技术及应用,软件设计技术,测试与校验技术。

本书可供航空领域从事大气数据系统研发和预先研究工作的科技人员学习与参考。

图书在版编目(CIP)数据

飞行大气数据系统及关键技术 / 梁应剑,谭向军,黄巧平著 . —西安:西北工业大学出版社,2021.6
ISBN 978 - 7 - 5612 - 7781 - 2

Ⅰ.①飞… Ⅱ.①梁… ②谭… ③黄… Ⅲ.①飞行器-大气数据计算机-研究 Ⅳ.①V247.1

中国版本图书馆 CIP 数据核字(2021)第 115870 号

FEIXING DAQI SHUJU XITONG JI GUANJIAN JISHU
飞 行 大 气 数 据 系 统 及 关 键 技 术
梁应剑 谭向军 黄巧平 著

责任编辑:张 友		**策划编辑:**张 晖	
责任校对:朱晓娟		**装帧设计:**董晓伟	
出版发行:西北工业大学出版社			
通信地址:西安市友谊西路 127 号		邮编:710072	
电 话:(029)88491757,88493844			
网 址:www.nwpup.com			
印 刷 者:西安五星印刷有限公司			
开 本:787 mm×1 092 mm		1/16	
印 张:31.625			
字 数:830 千字			
版 次:2021 年 6 月第 1 版		2021 年 6 月第 1 次印刷	
书 号:ISBN 978 - 7 - 5612 - 7781 - 2			
定 价:178.00 元			

前　言

大气数据系统(Air Data System)是飞机的重要的机载设备系统,由采集原始信号的各种传感器、处理信号的大气数据计算机和显示信号设备等组成,主要用来采集、解算、处理各种飞机的大气参数信息,是整个飞机重要的信号源头之一。与之交联的系统主要有飞行控制系统、导航系统、火控系统、发动机控制系统、空中交通管制系统、飞行仪表显示系统及告警系统。要使这些机载系统准确、高效地工作,就要保证这些机载系统能够获得高精度的飞行数据和大气参数。飞行器的安全与稳定飞行和大气数据的准确、可靠直接相关,准确的大气数据信息对提高飞行机动性、安全性和经济性起着相当重要的作用。本书立足大气数据系统的特点和现状,从大气数据测量的基本原理入手,阐述大气数据系统的关键技术及应用方式。

全书共8章,涉及大气数据测量理论、发展情况、关键技术、系统分析、关键技术分析等内容。第一章为大气数据测量的理论基础,主要介绍了大气参数基本定义、空气动力学基本规律、飞行器飞行参数(包括飞行高度、飞行速度、飞行总温等)的测量原理。第二章为国内外大气数据系统发展情况,主要介绍了大气数据系统的结构组成及功能、大气数据系统的分类与发展、新型大气数据系统的设计要求,以及国内外大气数据系统的研究现状及应用情况,进一步分析了大气数据系统技术的发展趋势和国外第五代战斗机大气数据系统的发展趋势。第三章为大气数据系统关键技术,首先分析了气动特性与系统构型,介绍了大气数据系统的基本组成,随后重点介绍了大气数据系统传感器设计技术、迎角传感器和侧滑角传感器设计技术、静压及总压传感器设计技术、总温传感器设计技术、总线技术等关键技术。第四章为国内外典型大气数据系统分析,主要分析了集中式大气数据系统、分布式大气数据系统、嵌入式大气数据系统等典型大气数据系统。第五章为大气数据惯性基准系统技术研究,着重阐述了飞机大气数据基准系统信息融合与评估技术,并分析了大气数据惯性基准系统高度混合通道。第六章为光学大气数据系统传感技术及应用研究,详细介绍了真空速光学测量技术、大气静温光学测量技术、大气密度光学测量技术等相关技术的原理及测试方法。第七章为软件设计技术,首先介绍了大气数据系统软件技术的发展历史、特点及设计考虑,随后着重分析了大气数据软件典型架构及算法、典型开发过程、测试与验证技术等多个方面。第八章为测试与校验技术，基于误差理论与测试理论探讨了大气数据系统的测试与校准。

本书由梁应剑、谭向军、黄巧平合著。在撰写本书的过程中，曾参阅了国内外相关文献、资料，在此谨向其作者表示真诚的谢意。

由于水平有限，书中难免存在疏漏之处，恳请读者批评指正。

著　者

2021 年 1 月

目　　录

第一章　大气数据测量的理论基础

1.1　地球的大气分布

地球大气是指地球外围的空气层,是地球自然环境的重要组成部分之一,与人类的生存息息相关。通常把从地面到 1 000～1 400 km 高度内的气层作为地球大气层,其中大气总质量的 98.2% 集中在 30 km 以下。低层大气是由干洁空气、水汽和固体杂质组成的,主要成分为氮气、氧气、氩气、二氧化碳、水等,组成比率因时、因地不同而有所差异,其中以二氧化碳变动率最大。根据气象观测和分析表明,大气中存在着空气垂直运动、水平运动和紊乱不规则的运动,不同高度、不同地区的空气要进行交换和混合,因而大气压力、大气温度、大气湿度和密度等气象要素的分布都是不均匀的。

根据世界气象组织规定:按照气温的垂直分布规律,将大气分为对流层、平流层、中间层、暖层和外层,如图 1.1.1 所示。

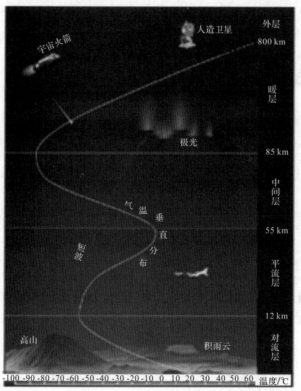

图 1.1.1　大气层分布图

对流层是最接近地球表面的一层,它的底界是地面,顶界的高度则随地区纬度、季节的不同而不同。对流层气流的特点是空气具有强烈的对流运动,温度和湿度水平分布不均匀。重要的天气现象(如雷暴、云雨等)都出现在这一层。对流层中气温随高度升高而降低。高度平均每上升 100 m,气温约下降 0.65 K。

由对流层顶界到 50~55 km 高空的大气层是平流层。在平流层内气流比较平稳、天气晴好。平流层中随高度升高,气温最初保持不变或微有上升,到 25~30 km 高空时,气温上升较快。到平流层顶界气温可达 270~290 K。

由平流层顶界到 80~85 km 高空的大气层是中间层。在中间层气温随高度增加而下降,到中间层顶界,气温下降到 160~190 K。

中间层顶界到 800 km 高度的大气层为暖层。在这层大气中,空气密度很小,且处于高度电离状态,故又叫电离层。暖层中的气温随高度增加而迅速上升。

暖层顶界以上为外层,又名散逸层。它是大气的最外一层,也是大气层和星际空间的过渡层,但无明显的边界线。外层空气极其稀薄,气温随高度增加而上升。

目前飞机的飞行高度都在 30 km 以下,处于对流层和平流层范围内,所以在研究飞行参数时,都要注意这两个大气层的大气特征。

1.2　大气参数基本定义

大气参数是用来表现大气特征参数的总称。气体的物理性质取决于密度、温度、压力、湿度、黏性、导热、导电等物理量。

1.2.1　状态参数

通常将密度、温度和压力作为气体的基本参数,这是因为这三个参数完全确定了气体的状态。而其余物理量也决定于这三个参数,故用这三个参数可以描述大气状态的变化,所以这三个参数又叫作状态参数。

1. 大气密度 ρ

大气密度是指单位容积内所含大气的质量。其表达式为

$$\rho = \frac{m}{V} \tag{1.2.1}$$

式中:V 为气体体积;m 为气体质量。

大气和其他物质一样,是由分子组成的。大气密度的大小,表示了大气分子的疏密程度。大气密度大,说明单位容积内的大气分子多,比较稠密;反之,大气密度小,说明大气比较稀薄。在密度概念中,还有重量密度(即单位容积内所含大气的重量)$r = \dfrac{G}{V} = \dfrac{mg}{V} = \rho g$,比容(即单位重量所占有的体积)$\gamma = \dfrac{V}{G} = \dfrac{1}{r}$。

2. 大气温度(T)

大气温度表示大气的冷热程度。大气温度的变化实质上是大气内能量变化的反映。大气内能增加,温度升高;大气内能减少,温度降低。大气内能就是大气分子无规则运动的平均动能。大气分子的平均动能可表示为

$$\overline{W} = \frac{1}{2}m_0\overline{v^2} \tag{1.2.2}$$

式中:m_0 为大气分子质量;$\overline{v^2}$ 为大气分子速度二次方的平均值,其值为

$$\overline{v^2} = \frac{\overline{v_1^2} + \overline{v_2^2} + \cdots + \overline{v_n^2}}{n} \tag{1.2.3}$$

大气温度和分子平均动能的关系为

$$T = \frac{3}{2K}\overline{W} \tag{1.2.4}$$

式中:K 为玻尔兹曼常数。

大气温度的高低,一般用摄氏温度(t)表示,也可以用绝对温度(T)表示。它们之间的关系为

$$T = (273 + t)\text{K} \tag{1.2.5}$$

一般用 T_s 表示静止大气的温度,或者表示不同高度的大气静温。

3. 大气压力(p)

大气压力是指物体单位面积上所承受的大气垂直作用力,以符号 p 表示,不同高度的静压一般用 p_s 或 p_H 表示。大气压力表达式为

$$p = \frac{F}{S} \tag{1.2.6}$$

大气压力是怎样产生的呢?按照气体分子运动理论,大量高速运动着的空气分子,连续不断地撞击物体表面,这种空气分子对物体表面的撞击作用,即表现为大气对该物体表面所施加的力。空气密度大或分子平均运动速度大的地方,这种撞击作用就大,气压也大。其表达方程式为

$$p = \frac{2}{3}n_0\overline{W} = \frac{2}{3}n_0 \times \frac{1}{2}m_0\overline{v^2} \tag{1.2.7}$$

式中:n_0 为单位体积内的大气分子数。

大气压力的单位在工程制单位中采用 kg/m² 或 kg/cm² 表示,在物理学中采用 mmHg(1 mmHg ≈ 133 Pa)或 mmH₂O(1 mmH₂O ≈ 9.8 Pa)表示,在气象学中采用 bar 或 mbar 表示。

1.2.2　大气密度、温度、压力三者的关系

大气的密度、温度和压力三者之间存在着一定的关系。实验表明,在压力不太大、温度不太低的条件下,可用理想气体状态方程描述三者的关系,即

$$p\gamma = RT \tag{1.2.8}$$

式中:p 为大气压力(kg/m²);γ 为比容(m³/kg);T 为温度(K);R 为气体常数,对于空气来说,$R = 287$ J/(kg·K)。

由于 $\gamma = \dfrac{1}{r}$，而 $r = \rho g$，所以式(1.2.8)可以写成

$$p = \rho g R T \qquad (1.2.9)$$

式中：ρ 为大气密度；g 为重力加速度。

由式(1.2.9)可知，大气密度、温度、压力三者之间的关系不外乎正比或者反比的关系。一定质量的气体，保持压力不变，当温度升高时，会引起气体膨胀、体积变大，使密度变小；反之，当温度降低时，气体体积变小，密度变大。因此，大气温度和密度是反比关系。一定质量的气体，保持温度不变，当压力增大时，会使体积缩小，密度变大；反之，当压力减小时，体积增大，密度变小。因此，大气压力和密度是正比关系。一定质量的气体，如果体积（或密度）保持不变，当温度升高时，压力会增大；反之，当温度降低时，压力会减小。这说明大气温度和大气压力是正比关系。

1.2.3　大气的温度、密度、压力和高度的关系

1. 气温与高度的关系

气温的变化实质是空气内能变化的反映。当空气内能增加时，温度升高；当空气内能减少时，温度降低。空气内能变化有两种情况：一种由空气与外界有热量交换而引起，另一种由外界压力的变化使空气膨胀或压缩而引起。

在对流层中，空气的增热主要依靠吸收地面长波辐射。气层愈靠近地面，获得地面的辐射波愈多，温度也愈高；相反，气层离地面愈远，则气温愈低。气温随高度变化的程度，用单位高度内气温的变化值，即气温垂直递减率（β）表示。不同季节、不同地区、不同高度时，在对流层中，气温垂直递减率是不一样的，其平均值约为 $6.5℃/km$。根据气温垂直递减率，可以写出在对流层中某一高度 H 的气温为

$$T_H = T_0 - \beta H \qquad (1.2.10)$$

式中：T_0 为海平面（基准面）的标准气温（K）。

在平流层内，由于臭氧含量随高度升高而增加，且臭氧可直接吸收太阳辐射的可见光，所以高度愈高，获得的热量愈多，温度也愈高。但在平流层高度 $11 \sim 25\ km$ 范围内，随高度升高，虽然从地面或对流层所获得的辐射逐渐减弱，但获得的太阳辐射却逐渐增强，在它们的共同作用下，这层空气层成为等温层。因此，在高度 25 km 以下，高度升高，气温基本上保持不变，平均为216.5 K（$-56.5℃$）；高度超过 25 km 后，气温随高度升高略有上升。通常认为平流层的气温是不变的，亦即 $\dfrac{\mathrm{d}T}{\mathrm{d}H} = 0$，所以平流层也叫作同温层。

气温与高度的关系如图 1.2.1(a) 所示。

2. 大气密度与高度的关系

大气密度是单位体积大气的质量，即表示大气的疏密程度。大气密度大，说明大气比较稠密；大气密度小，说明大气比较稀薄。大气密度可表示为

$$\rho = \lim_{\Delta V \to 0} \frac{\Delta m}{\Delta V} = \frac{\mathrm{d}m}{\mathrm{d}V} \qquad (1.2.11)$$

大气密度的单位为 kg/m^3。

大气密度在大气层内分布是不均匀的。靠近地面时,大气密度较大;远离地面时,大气密度较小。可见,大气密度是随高度升高而减小的。大气密度随高度升高而减小的程度,在对流层和平流层中是不相同的。在对流层中,高度升高,气温和气压都降低,气温降低使大气密度变大,气压降低使大气密度变小,两者综合作用结果使大气密度变小。在平流层中,当高度低于 25 km 时,由于气温不变,故高度升高,大气压力减小,因而大气密度变小;当高度高于 25 km 时,由于大气压力继续降低、气温略有升高,大气密度减小加快。

大气密度与高度的关系如图 1.2.1(b) 所示。

3. 大气压力与高度的关系

大气压力是指物体单位面积上所承受大气的垂直作用力。研究证明:在静止的大气中,任一高度上的气压值等于其单位面积上所承受的大气柱重量。从地面开始,每上升一段高度,由于它上面的空气柱短了一些,气压就要降低一些;上升得愈高,在它上面的空气柱愈短,气压就愈低。因此,气压总是随着高度的升高而降低。对整个大气层来讲,随高度升高大气密度减小是大气压力降低的主要原因。大气密度大的地方,随高度升高气压递减得快一些;大气密度小的地方,随高度升高气压递减得慢一些。在对流层中,大气压力除随大气密度减小而降低外,还要随气温的降低而降低,故其气压递减得更快一些。

大气压力与高度的关系如图 1.2.1(c) 所示。

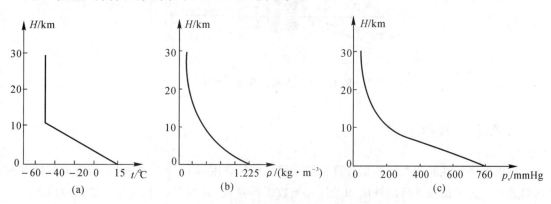

图 1.2.1　大气温度、密度、压力与高度的关系

为了求得大气压力 p_s(下标"s"表示静止状态)与高度的关系,也就是衡量气压随高度升高而变化的程度,一般用变化一个单位高度所引起的的气压变化量——垂直气压梯度来衡量。在大气柱任意高度上取一横截面积为 dS、高度为 dH 的薄层空气柱,如图 1.2.2 所示。假设薄层空气柱的下底面所承受的大气压力为 p_s,上底面所承受的大气压力为 p_s+dp_s,压力差为 dp_s,方向垂直向上。这层空气柱的重量为 G,其方向向下。因大气柱处于静力平衡状态,所以这个薄层空气柱的静力平衡式为

$$p_s dS - (p_s + dp_s)dS = G$$

又因 $G = \rho g dH dS$,所以

$$dp_s = -\rho g dH$$

上式两边各除以 dH,则得到垂直气压梯度的表达式为

$$\frac{dp_s}{dH} = -\rho g \tag{1.2.12}$$

式中,重力加速度随高度的变化是最小的,所以气压随高度的变化主要取决于密度的大小。又因

$$\rho g = \frac{p_s}{RT_s} \tag{1.2.13}$$

式中:R 为单位质量气体的气体常数,对于空气,$R = 287\ \mathrm{J/(kg \cdot K)}$。所以

$$\frac{\mathrm{d}p_s}{p_s} = -\frac{1}{RT_s}\mathrm{d}H \tag{1.2.14}$$

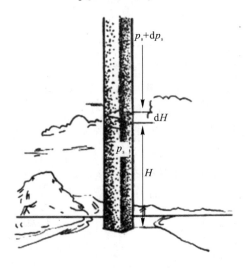

图 1.2.2　大气的薄层空气柱

1.2.4　标准大气

飞机的飞行性能和大气数据计算机输出信息的精确度,都与大气的密度、温度和气压有密切的关系。为了比较飞机的性能和设计大气数据计算机,必须以一定的大气状态为标准。这种标准状态,通常是取某一定地区的气温、气压和空气密度的平均值,加以适当修定后选定的。处于这种状态的大气,称为标准大气。

美国和欧洲一些国家在 1920 年制定了两个稍有差异的标准大气独立模式。国际民航组织(ICAO)在 1952 年 11 月 7 日正式确定新的标准大气之后,统一了欧美之间的差异。后来,虽然对 50 000 ft(1 ft = 0.304 8 m)以上的数据进行了几次修订,但 ICAO 标准大气至今仍在应用。最新的修订本是 1964 年的 ICAO 标准大气。

标准大气的条件是:

(1) 以海平面为零高度。海平面大气的标准状态是:气压为 760 mmHg,气温为 +15℃(288.15K),密度为 1 225 g/m³。

(2) 对流层临界高度为 11 km。在对流层内,每升高 1 000 m,气温降低 6.5℃,即温度梯度 $\tau = 0.006\ 5$℃/m。在平流层内,高度低于 25 km 时,气温不随高度变化,等于 -56.6℃;高度高于 25 km 时,随着高度的升高气温略有上升,温度梯度 $\tau \approx 0.001$℃/m。

(3) 温度、气压、大气密度随高度的变化应该符合图 1.2.1 所示的规律。

1.2.5　与空速(飞行器相对于空气的速度)有关的术语的定义及关系式

在研究大气数据计算机时,会遇到各种不同的空速术语。这里,我们根据实际飞行要求,对各参数的符号和定义做出规定,并导出空速的方程式。

1. 定义

(1) 动压(p_d):是指理想的不可压缩的流体到达驻点时,作用在单位面积上的力,它等于全压减去静压($p_t - p_s$)。

(2) 冲压(Q_c):是指运动的空气到达驻点时,作用在单位面积上的力,它等于全压减去静压($p_t - p_s$)。

当马赫数 $Ma < 0.3$ 时,冲压和动压近似相等。当速度更高时,由于空气是可压缩的,两者则不相等。这是因为,动压是以理想的不可压缩流体定义的,而冲压是运动物体感受到的实际压力,它考虑了空气的可压缩性。

(3) 指示空速(v_i 或 IAS):是校准了的与动压/空速标准公式相对应的空速。指示器的指示完全依赖于全压、静压系统的压力,无修正。

(4) 计算空速(v_c 或 CAS):是按后面叙述的式(1.2.16)、式(1.2.20)计算的不同压力所对应的空速。在标准海平面条件下,计算空速可以认为是校正了仪表误差和安装误差(气源误差)的指示空速,此时它等于真空速。因此,计算空速有时称为真指示空速。

(5) 当量空速(EAS):是修正了空气压缩性影响的计算空速。

(6) 真空速(v_t 或 TAS):是修正了空气密度变化的当量空速。

(7) 声速(a):空气中声波的传播速度。理论分析和实验证明,飞机在大气中飞行时,周围空气中的声速与静温(T_s)的二次方根成正比,即 $a = CT^{1/2}$,其中 C 为常数。根据气态方程式,可导出 $a = C(p_s/\rho)^{1/2}$。

(8) 空速速率($\dot{v}_c$):是计算空速对时间的导数,单位为 nmile/min。空速速率是加速度。

(9) 空速保持误差(Δv_c):是计算空速(v_c)和飞机控制系统预置空速的差值。空速保持误差信号被输送到飞行控制系统,控制飞机保持预定空速飞行。

(10) 马赫数(Ma):在飞行条件下的真空速与声速之比。它是气流的主要指标,通常代表自由气流的稳定状态值。

(11) 马赫数速率($\dot{Ma}$):是马赫数对时间的导数。马赫数速率是加速度。

2. 关系式

(1) 计算空速(v_c)。它是与冲压(Q_c)有关的大气数据的函数。亚声速时,v_c 由可压缩的绝热方程式导出,即

$$p_t = p_s \left(1 + \frac{k-1}{2k} - \frac{\rho}{p_s} v_t^2\right)^{\frac{k}{k-1}}, \quad v_t \leqslant a \qquad (1.2.15)$$

式中:p_t 为总压(全压);p_s 为大气静压;k 为空气的绝热指数,$k \approx 1.4$;ρ 为空气的质量密度;v_t 为真空速;a 为声速。

因为 $Q_c = p_t - p_s$,$a = (kp_t/\rho)^{1/2}$,在标准海平面时 $v_c = v_t$,故方程式(1.2.15)可写成

$$Q_c = p_0 \left[\left(1 + \frac{k-1}{2} \left(\frac{v_c}{a_0} \right)^{\frac{k}{k-1}} - 1 \right) \right], \quad v_c \leqslant a \qquad (1.2.16)$$

式中：p_0 表示 ICAO 1964 标准大气定义的标准海平面的值。

在超声速($Ma > 1$)时，空速管前面产生激波面，激波面之后的总压关系式为

$$p_t = \frac{1+k}{2k} \rho v_i^2 \left[\frac{\dfrac{(k+1)^2}{k} \dfrac{\rho}{p_s} v_i^2}{\dfrac{4\rho}{p_s} v_i^2 - 2(k-1)} \right]^{\frac{1}{k-1}}, \quad v_i \geqslant a \qquad (1.2.17)$$

根据关系式

$$Q_c = p_t - p_s \qquad (1.2.18)$$

及

$$a = (k p_t / \rho)^{1/2} \qquad (1.2.19)$$

假设在标准海平面条件下，$v_c = v_i$，则式(1.2.16)可写成

$$Q_c = \frac{1+k}{2} \left(\frac{v_c}{a_0} \right)^2 p_0 \left[\frac{(k+1)^2}{4k - 2(k-1) \left(\dfrac{a_0}{v_c} \right)^2} \right] - p_0, \quad v_c \geqslant a_0 \qquad (1.2.20)$$

式(1.2.20)是用冲压 Q_c 计算 v_c 的标准方程。由方程计算出的冲压 Q_c 与计算空速的关系曲线如图1.2.3所示。

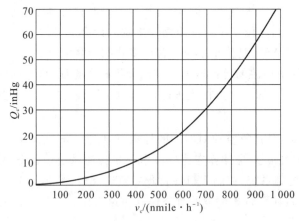

图 1.2.3 $Q_c - v_c$ 关系曲线

注：1 inHg ≈ 3 386 Pa

(2) 马赫数(Ma)。它是飞行中真空速与声速之比，即

$$Ma = \frac{v_i}{a} \qquad (1.2.21)$$

将声速表达式 $a = (k p_t / \rho)^{1/2}$ 代入式(1.2.21)，即得出亚声速时的方程式

$$\frac{p_t}{p_s} = \left(1 + \frac{k-1}{2} Ma^2 \right)^{\frac{k}{k-1}}, \quad Ma \leqslant 1 \qquad (1.2.22)$$

式中：k 为绝热指数，$k \approx 1.4$。

同理，超声速时，式(1.2.22)可写成

$$\frac{p_\mathrm{t}}{p_\mathrm{s}} = \frac{1+k}{2} Ma^2 \left[\frac{(k+1)^2 Ma^2}{4kMa^2 - 2(k-1)}\right]^{\frac{1}{k-1}}, \quad Ma \geqslant 1 \qquad (1.2.23)$$

式(1.2.22)、式(1.2.23)是计算马赫数(Ma)的标准方程。Ma 与 $p_\mathrm{t}/p_\mathrm{s}$ 的关系曲线如图 1.2.4 所示。

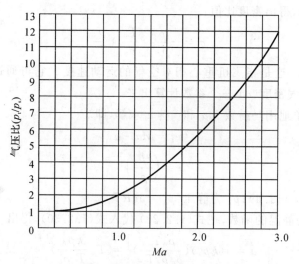

图 1.2.4　气压比 $p_\mathrm{t}/p_\mathrm{s}$ 与马赫数 Ma 的关系曲线

（3）静温（T_s 或 SAT）。这是飞行中飞机周围未受扰动的大气温度,有时叫作自由空气温度。虽然静温(T_s)不是空速参数,但静温可用来计算真空速,所以有讨论的必要。静温不可能直接测量,当对相对飞机静止的空气的温度取样时,由于在驻点处自由大气被压缩,温度升高,所以驻点处的空气温度高于静温。事实上,如果认为是绝热压缩,则所测量的驻点温度便是前面定义的总温(T_t)。静温是总温的特定函数,其表达式为

$$T_\mathrm{s} = \frac{T_\mathrm{t}}{1 + 0.2Ma^2} \qquad (1.2.24)$$

式中,分母表示绝热压缩时,空气温度的升高值。

温度探测器（探头）不可能设计得绝对完善,故引入一个误差补偿项,称恢复常数 η。恢复常数还补偿总温传感器与飞机蒙皮之间的热传递所产生的热损耗：

$$T_\mathrm{t} = \frac{T_\mathrm{p}}{1-\eta} + R \qquad (1.2.25)$$

式中：T_p 为实际的探测温度；R 为探头防冰加温的修正项；η 为恢复常数,一般是很微小的量,且是马赫数的函数。

如果把式(1.2.25)代入式(1.2.24),并将 η 以马赫数的函数代入,则将产生一个计算静温(T_s)的复杂公式,这里就不详细分析了。实际上,设计时所计算的静温仅仅是探测温度和马赫数的函数。静温的计算公式应写成

$$T_\mathrm{s} = \frac{T_\mathrm{t}}{1 + 0.2\eta Ma^2} \qquad (1.2.26)$$

（4）密度比（σ）。它是某一飞行条件下的空气密度与标准海平面空气密度之比,是静压和静温的函数,其关系式可表示为

$$\rho = \rho_0 \frac{p_s}{p_0} = \frac{T_0}{T_s} \qquad (1.2.27)$$

式中:ρ 为空气密度;ρ_0 为标准海平面条件下的空气密度(常数);p_s 为静压;p_0 为标准海平面条件下的静压(常数);T_s 为静温;T_0 为标准海平面条件下的静温(常数)。

求解式(1.2.27),得出密度比值:

$$\sigma = -\frac{\rho}{\rho_0} = \frac{T_0}{p_0} \cdot \frac{p_s}{T_s} \qquad (1.2.28)$$

(5) 真空速(v_t)。这是指飞机重心相对空气的运动速度。它可通过式(1.2.15)由总压(p_t)、静压(p_s)和空气密度(ρ)三个参数计算出来。

真空速 v_t 可简单地用马赫数 Ma 和声速 a 求解,即

$$v_t = Ma \cdot a \qquad (1.2.29)$$

$$a = \left(\frac{kp_s}{\rho}\right)^{1/2} \qquad (1.2.30)$$

式中:k 为绝热系数($k=1.4$);p_s 为静压($p_s = \rho gRT_s$)。

声速 a 可简化为静温的函数,把式(1.2.28)代入式(1.2.30),得出

$$a = \left[(kp_s)(\frac{p_0 T_s}{\rho_0 p_s T_0})\right] = (T_s \frac{kp_0}{T_0 \rho_0})^{1/2} \qquad (1.2.31)$$

将式(1.2.31)代入式(1.2.29),得

$$v_t = \left(\frac{kp_0}{T_0 \rho_0}\right)^{1/2} (T_s)^{1/2} Ma = CMa(T_s)^{1/2} \qquad (1.2.32)$$

式中:C 为常数。

1.2.6 气源误差

前面各方程的推导中,假定参数是在大气中平飞、无扰动气流的条件下论证的,实际上,这种设定通常不能满足。由于全压、静压和攻角探头处不可避免有空气扰动,探头也有安装误差,从而会造成测量参数的误差。静压源误差影响到各飞行参数的计算,故要在系统中加入静压源误差校正(SSEC)。

(1) 真攻角(α_T)。它是飞机飞行路线(航迹)与飞机纵轴之间的夹角。α_T 是攻角探测器发出的局部攻角(α_L)的函数。探头的输出受气流扰动的影响,而气流的扰动是马赫数的函数。故真攻角的典型表达式为

$$\alpha_T = k_1 + k_2 Ma + k_3 \alpha_L + k_4 Ma_{\alpha_L} \qquad (1.2.33)$$

式中:α_T 和 α_L 的单位为"°";k_1、k_2、k_3、k_4 是常数。通常,表达式及各常数随飞机机型而异。

(2) 压力误差(Δp)。它是指示压力(探头输出压力)和正确的(实际的)静压之间的差值。压力误差是探头和气流的扰动造成的。下面列出的表达式可适用于静压或总压。

$$\Delta p = f(R_t, \alpha_L, p_i)$$
$$= (k_5 + k_6 R_t + k_7 \alpha_L + k_8 R_l \alpha_L) p_i \qquad (1.2.34)$$

式中:R_t 为马赫数的函数;α_L 为局部攻角(局部迎角);$k_5 \sim k_8$ 为常数;p_i 为探头输出的压力(p_s 或 p_t)。

该方程有关的常数都应在某一机型的飞行实验中测定(或在风洞中测试)。

1.3　空气动力学的基本规律

飞机在大气中飞行时,飞机相对于空气运动而产生空气动力。研究空气与飞机之间的相互作用的科学称为空气动力学。

1.3.1　气流的稳定流动和连续性原理

在分析飞机空气动力情况时,假设空气相对飞机的流动是稳定流动。所谓稳定流动,就是气体在空间各点的流动不随时间而改变,也就是说空间各点的气流压力、速度、温度和密度都不随时间而改变。如在研究问题的时间内,气流参数变化很小,这时把实际气流当作稳定流动的气流来研究。

当气流流过飞机时,气流分别沿飞机表面流动,因而飞机表面附近空气分子运动的轨迹弯曲,形成流线,如图 1.3.1 所示。在流速场中任取一条封闭曲线,通过曲线上各点作流线,由这些流线组成的"管子"叫流管。现研究空气定常地流过机翼时某一流管 AB 的情况。

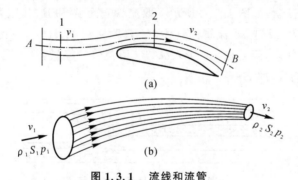

图 1.3.1　流线和流管

在定常流动中,单位时间内流过流管的任一横截面的气体质量应相等。如在垂直于 AB 流管中任取横截面 1—1 和 2—2,其截面积分别为 S_1 和 S_2,空气流速分别为 v_1 和 v_2,密度分别为 ρ_1 和 ρ_2。这样单位时间内流过 1—1 和 2—2 截面的空气质量分别为

$$m_1 = \rho_1 v_1 S_1 \tag{1.3.1}$$

$$m_2 = \rho_2 v_2 S_2 \tag{1.3.2}$$

由于流管壁是一层气体不能穿越的表面,因此根据质量守恒定律可得

$$m_1 = m_2 \tag{1.3.3}$$

$$\rho_1 v_1 S_1 = \rho_2 v_2 S_2 \tag{1.3.4}$$

因 1—1 和 2—2 截面是任意取的,故式(1.3.4)可写成通用表达式形式:

$$\rho v S = 常数 \tag{1.3.5}$$

式(1.3.5)称为连续性方程,它是质量守恒定律在空气动力学中的一种表现形式。对于不可压缩性气体,密度 ρ 是一个常数,故连续性方程可简化为

$$vS = 常数 \qquad (1.3.6)$$

由此可见,对于不可压缩性气体,流速 v 和流管截面积成反比,即 S 越小,v 越大。对于可压缩性气体来说,由于密度 ρ 随速度 v 改变而变化,所以不能直接看出速度 v 和截面积 S 的关系。但从连续性方程可知:

$$\rho v = m/S \qquad (1.3.7)$$

式中:ρv 表示通过单位面积气体的质量流量,称为单位流量。它和截面积 S 成反比,即 S 越小,ρv 越大。

1.3.2 伯努利定理

从气流的连续性原理可知,当气流在流管中流动时,截面小的地方流速快,即流体增加了速度,可以认为这个速度增量是由流体内部的作用而产生的。假如流管内外无能量交换,那么,速度的增量只能是由流体的压力能转化而来。这个压力能的消耗表现为流体在流管两不同截面处的压力差。由此可知,气流在流管内流动时,流管细、流速大、压力小,流管粗、流速小、压力大。这就是伯努利定理的基本内容。

伯努利定理说明了稳定流动气流的压力和动能之间的关系,下面分析稳定绝热流动时,流管内气体能量的变化情况。所谓绝热,是指流管中气体与外界没有热量交换。假如空气在截面不同的流管内稳定流动,如图 1.3.2 所示。取流管截面 A 和 B,其压力、流速和密度分别为 p_1、v_1、ρ_1 和 p_2、v_2、ρ_2。经过 Δt,流管内气体由 AB 段移到 A_1B_1 段,并受到阻滞。根据能量不灭定理可知,在 Δt 时间内,经截面 A_1 带入 A_1B_1 段流管的能量,等于同一时间内从截面 B 由 A_1B_1 段流管带出的能量,即 $E_1 = E_2$。

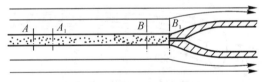

图 1.3.2 截面不同的流管

在 Δt 时间内,经截面 A_1 带入 A_1B_1 段流管的能量有动能、压力能、内能和势能。

(1) 动能表示空气分子因运动而具有做功的本领,其表达式为

$$E_q = \frac{1}{2} m_1 v_1^2 \qquad (1.3.8)$$

因为

$$m_1 = Q_1 \Delta t \qquad (1.3.9)$$

所以

$$E_q = \frac{1}{2} Q_1 v_1^2 \cdot \Delta t \qquad (1.3.10)$$

式中:m_1 为在 Δt 时间内流过 A_1 的气体质量;Q_1 为气流的流量。

(2) 压力能表示气体在压力推动下,产生位移过程中所获得的能量。其表达式为

$$E_p = p_1 A_1 v_1 \Delta t \qquad (1.3.11)$$

因为

$$Q_1 = \rho_1 v_1 A_1 \tag{1.3.12}$$

所以

$$E_p = \frac{p_1 Q_1}{\rho_1} \cdot \Delta t \tag{1.3.13}$$

（3）内能表示气体分子热运动的能力。根据稳定流动的气体不可压缩性的条件，空气温度保持不变，因而带入流管的内能等于带出流管的内能。

（4）势能表示流场中处于一定高度的气体，因受重力作用而具有做功的特性。对于空速表中所研究的流体，都是看作水平流动，故势能可不考虑。

因此，在 Δt 时间内流入流管 $A_1 B_1$ 的能量为

$$E_1 = \frac{1}{2} Q_1 v_1^2 \cdot \Delta t + \frac{p_1}{\rho_1} Q_1 \cdot \Delta t \tag{1.3.14}$$

同理，可求出在 Δt 时间内，从流管 $A_1 B_1$ 由气流带出的能量为

$$E_2 = \frac{1}{2} Q_2 v_2^2 \cdot \Delta t + \frac{p_2}{\rho_2} Q_2 \cdot \Delta t \tag{1.3.15}$$

根据能量守恒定律，即 $E_1 = E_2$。将 E_1 和 E_2 的数值代入即得

$$\frac{1}{2} Q_1 v_1^2 \cdot \Delta t + \frac{p_1}{\rho_1} Q_1 \cdot \Delta t = \frac{1}{2} Q_2 v_2^2 \cdot \Delta t + \frac{p_2}{\rho_2} Q_2 \cdot \Delta t \tag{1.3.16}$$

整理后得

$$\left(\frac{v_1^2}{2} + \frac{p_1}{\rho_1} \right) Q_1 \cdot \Delta t = \left(\frac{v_2^2}{2} + \frac{p_2}{\rho_2} \right) Q_2 \cdot \Delta t \tag{1.3.17}$$

空气流过空速管头部所取的流管，因其气流的流动为稳定流动，又考虑到气流的连续性，所以

$$Q_1 = Q_2 \tag{1.3.18}$$

此时可得在气流作水平流动，且不考虑空气压缩性的条件下（即气流密度 $\rho_1 = \rho_2 = \rho$），伯努利方程的一般表达式为

$$\frac{v_1^2}{2} + \frac{p_1}{\rho_1} = \frac{v_2^2}{2} + \frac{p_2}{\rho_2} \tag{1.3.19}$$

即

$$p_1 + \frac{1}{2} \rho v_1^2 = p_2 + \frac{1}{2} \rho v_2^2 \tag{1.3.20}$$

式（1.3.20）表明，在稳定流动的流管中，如不考虑空气的压缩性，则流经流管任一横截面的流体压力为一常数（这个压力称为全压），即

$$p_t = p_s + \frac{1}{2} \rho v^2 \tag{1.3.21}$$

式中：等号右边第一项表示大气压力，即静压，一般用 p_s 表示；等号右边第二项与空气流速有关，表示动压。空速愈大或空气密度愈大，气流单位体积内的动能愈大，因而动压也愈大，可表示为

$$q = \frac{1}{2} \rho v^2 \tag{1.3.22}$$

式中:ρ 为飞机所在高度的空气密度,一般用 ρ_s 表示。

1.3.3　高速气流条件下的伯努利方程

根据气流连续性原理和能量守恒定律推导出来的伯努利方程是空气动力学的最基本方程,它给出了低速气流在流管不同截面处,速度和气体状态参数之间的关系。但是气流速度较大时,就必须考虑空气的压缩性,这时要运用伯努利方程,则需对方程进行某些修正,为此就要了解高速气流的基本特性和高速气流条件下的伯努利方程。

1. 高速气流的基本特性

(1)熵的概念及等熵过程。熵是一个热力学的参数。对于 1 kg 气体,当气体的绝对温度为 T 时,与外界有热量交换及气体有内摩擦等原因,使气体温度升高 ΔT,则这 1 kg 气体的熵的增量为

$$\mathrm{d}A = \mathrm{d}Q/T \tag{1.3.23}$$

式中:$\mathrm{d}Q$ 为热量增量。

如果气体与外界没有热量交换(绝热过程),并且气体动能没有因内摩擦而转变为热能,即 $\mathrm{d}A = 0$,则这个过程叫等熵过程。

在气流中,等熵过程就是指气流无摩擦、无旋涡、无激流的绝热流动过程,这是一种绝热可逆过程。

等熵过程这个概念,在高速气流特性的研究中有重要意义。因为空气是有黏性的,而黏性所产生的摩擦作用,主要表现在附面层内。在附面层外,气流可以认为是无黏性和无摩擦的。高速气流流过物体的一段时间极短,可以认为气流来不及与外界进行热交换。综上所述,附面层外高速气流的流动,除在通过激波和旋涡的地方外,均可认为是绝热可逆流动,即等熵过程。

根据高速气流的等熵过程,应有下列等熵关系式:

$$\frac{p}{\rho^K} = 常数 \tag{1.3.24}$$

$$\frac{T}{\rho^{\frac{K-1}{K}}} = 常数 \tag{1.3.25}$$

$$\frac{p}{p_0} = \left(\frac{\rho}{\rho_0}\right)^K = \left(\frac{T}{T_0}\right)^{\frac{K}{K-1}} \tag{1.3.26}$$

式中:p_0、ρ_0、T_0 分别为气流初始状态的压力、密度和温度;K 为绝热指数,对于空气,$K = 1.4$。

(2)气体的可压缩性及声速。气体的压力稍有变化,它的体积就会变化,使气体密度变化,这种体积和密度随压力变化的性质称为气体的可压缩性。

在低速飞行时,飞机周围的空气由于压力的变化所引起的密度变化是很小的,可把空气的密度看作不变。但在高速飞行时,压力变化所引起空气密度的变化已经很大。正是这种密度的显著变化,使得气流特性和空气动力也发生了显著变化,这时空气的压缩性,就不能不加以考虑。

高速气流在空间某点所发生的压力和密度变化的现象,叫作扰动。受到扰动的气体,立即

会向四面八方传播,使四周的空气压力、密度发生变化。当受扰动的空气压力和密度变化较小时,这种扰动就是弱扰动,弱扰动的传播速度就是声速。

研究空气压缩性时,常用$\dfrac{\mathrm{d}p}{\mathrm{d}\rho}$表示气体在不同状态下的压缩性指标,即表示改变单位密度所需的压力改变量。显然,改变单位密度所需压力增量愈小,就表示气体愈容易压缩;反之,改变单位密度所需压力增量愈大,就表示气体愈不易压缩。

从空气动力学知道,空气中压力波的传播速度公式为

$$v = \sqrt{\frac{\rho_1}{\rho} \cdot \frac{\Delta p}{\Delta \rho}} = \sqrt{\frac{\rho_1}{\rho} \cdot \frac{p_1 - p}{\rho_1 - \rho}} \tag{1.3.27}$$

式中:p、ρ为空气未受扰动时的压力和密度;p_1、ρ_1为空气受扰动时的压力和密度。

将式(1.3.27)中ρ_1用$\rho + \mathrm{d}\rho$、p_1用$p + \mathrm{d}p$代替,得

$$v = \sqrt{1 + \frac{\mathrm{d}\rho}{\rho}\left(\frac{\mathrm{d}p}{\mathrm{d}\rho}\right)} \tag{1.3.28}$$

由于弱扰动的传播速度就是声速,且其压力和密度变化很小,即$\mathrm{d}\rho \to 0$、$\mathrm{d}p \to 0$,因此可得声速公式为

$$a = \lim_{\substack{\mathrm{d}\rho \to 0 \\ \mathrm{d}p \to 0}} \sqrt{\left(1 + \frac{\mathrm{d}\rho}{\rho}\right)\left(\frac{\mathrm{d}p}{\mathrm{d}\rho}\right)} \approx \sqrt{\frac{\mathrm{d}p}{\mathrm{d}\rho}} \tag{1.3.29}$$

又由于弱扰动的传播过程可以认为是一个绝热过程,其绝热方程为

$$p/\rho^K = C(常数) \tag{1.3.30}$$

或

$$p = C\rho^K \tag{1.3.31}$$

对式(1.3.31)进行求导可得

$$\frac{\mathrm{d}p}{\mathrm{d}\rho} = CK\rho^{K-1} = K\frac{p}{\rho} \tag{1.3.32}$$

所以声速公式又可写成

$$a = \sqrt{K\frac{p}{\rho}} \tag{1.3.33}$$

根据气体状态方程$\rho = p/gRT$或$p/\rho = gRT$,声速公式又可写成

$$a = \sqrt{KgRT} \tag{1.3.34}$$

式(1.3.34)表明,声速的大小只取决于空气的温度(气温越高,声速越大;气温越低,声速越小),而与其压力或密度的大小无关,因为在理想气体中当温度一定时,压力和密度总成比例地增大或减小。

由于气体对压力和温度的变化比较敏感,因此气体容易受到压缩,如在相同的压力变化量作用下,一种气体的密度变化量较另一种气体的密度变化量大,则前者的可压缩性比后者大。从$a = \sqrt{\mathrm{d}p/\mathrm{d}\rho}$知,前者的声速比后者小。也就是说,在气体中,声速大,表明气体压缩性小;反之,表明气体压缩性大。因此,声速可以作为比较各种气体或同一种气体在不同温度条件下的压缩性标准。

2. 考虑空气压缩性时的伯努利方程

由空气动力学知道,空气在流管中流动时,如果不考虑其能量损失,并假定气流与外界没

有能量交换,则在气流速度较小,且不考虑气体压缩性时的伯努利方程为

$$p_1 + \frac{1}{2}\rho v_1^2 = p_2 + \frac{1}{2}\rho v_2^2 = \cdots = 常数 \tag{1.3.35}$$

式(1.3.35)表明,在气体密度不变的稳定流动中,流管不同截面处的静压力 p 与由速度 v 产生的动压力 $\frac{1}{2}\rho v^2$ 的和(总压)保持不变。

当气流速度较大时,气体的压缩现象比较明显,若该过程为绝热过程,则伯努利方程为

$$\frac{v_1^2}{2} + \frac{K}{K-1} \cdot \frac{p_1}{\rho_1} = \frac{v_2^2}{2} + \frac{K}{K-1} \cdot \frac{p_2}{\rho_2} = \cdots = 常数 \tag{1.3.36}$$

或

$$\frac{v_1^2}{2} + \frac{K}{K-1}RT_1 = \frac{v_2^2}{2} + \frac{K}{K-1}RT_2 = \cdots = 常数 \tag{1.3.37}$$

在绝热过程中,气流压缩前后的密度 ρ_1 和 ρ_2 的关系式为

$$\frac{\rho_2}{\rho_1} = \left(\frac{p_2}{p_1}\right)^{\frac{1}{K}} \tag{1.3.38}$$

或

$$\rho_2 = \rho_1 \left(\frac{p_2}{p_1}\right)^{\frac{1}{K}} \tag{1.3.39}$$

若气体受压缩前、后的气体参数用 ρ、v、p_s 和 ρ_2、v_2、p_t 表示,则式(1.3.39)变为

$$\rho_2 = \rho \left(\frac{p_t}{p_s}\right)^{\frac{1}{K}} \tag{1.3.40}$$

将式(1.3.40)代入伯努利方程,整理后可得

$$p_t = p_s \left(1 + \frac{K-1}{K} \cdot \frac{\frac{1}{2}\rho v^2}{p_s}\right)^{\frac{K}{K-1}} \tag{1.3.41}$$

则气流动压表达式为

$$q = p_t - p_s = p_s \left[\left(1 + \frac{K-1}{K} \cdot \frac{\frac{1}{2}\rho v^2}{p_s}\right)^{\frac{K}{K-1}} - 1\right] \tag{1.3.42}$$

3. 超声速气流的空气动力方程

飞机作超声速飞行时,激波的产生,使气流性质发生变化,激波前后的空气压力、密度和温度将发生突变,前面研究的伯努利方程已不适用。为了找出超声速气流的空气动力方程,就必须了解激波的产生和激波前后气体参数的变化。

飞机作超声速飞行时,相对气流碰到机头前缘,就会受到阻滞产生扰动,引起局部压力升高。这个强扰动波就以压力波的形式自机头前缘向四周传播,如图 1.3.3 所示。由于它的传播速度 u 大于气流速度 v,所以压力波的气体压力所形成的膨胀波必然会向前传播而使压力波强度减弱、传播速度变小。当其速度降低到等于迎面气流速度,即 $u=v$ 时,也就是当传播速度等于飞行速度时,激波和飞机之间的距离不再变化,激波强度也就保持不变,这样,在飞机前

方就形成一个稳定的压力波 —— 激波。

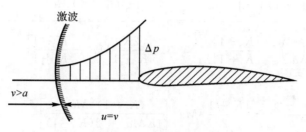

图 1.3.3　激波的产生

若飞行速度增大,则相对气流速度增大,激波就会顺气流方向移动,飞机和激波距离变小,此时激波强度增强,激波传播速度也增大。激波形成后,相对气流通过激波后,压力突然升高,速度突然降低,温度急剧上升,密度突然变大。

气流通过激波后,速度降低,动能相应地减小,其减小的部分转化为热能而散失于周围的空气中,因而超声速气流通过激波后要减速。也就是说,激波后的气流速度小于激波前的气流速度。从空气动力学可知,激波前、后的气流速度 v_1、v_2 的乘积等于临介声速 a^*,即 $v_1 \cdot v_2 = a^*$。由此可以知道,当激波前的气流为超声速气流时,激波后的气流必将是小于声速的亚声速气流。此时气流的总压可用考虑空气压缩性时的总压公式表示:

$$p_t = p_s \left(1 + \frac{K-1}{K} \cdot \frac{\frac{1}{2} \rho_2 v_2^2}{p_s} \right)^{\frac{K}{K-1}} \tag{1.3.43}$$

式中:ρ_2、v_2 为激波后气流的密度和速度。

由于激波后大气的密度、静压和气温与激波前的大气密度、静压和气温有所差别,所以上式可写成

$$p_t = p_s' \left(1 + \frac{K-1}{K} \cdot \frac{\frac{1}{2} \rho_2 v_2^2}{p_s'} \right)^{\frac{K}{K-1}} \tag{1.3.44}$$

从空气动力学知,激波前、后静压的关系式和速度的关系式分别为

$$p_s' = p_s \left[\frac{2K}{K+1} \left(\frac{v_1}{a_1} \right)^2 - \frac{K-1}{K+1} \right] \tag{1.3.45}$$

$$\frac{v_2}{v_1} = \frac{2}{K+1} \left(\frac{a_1}{v_1} \right)^2 + \frac{K-1}{K+1} \tag{1.3.46}$$

式中:v_1、a_1 分别为激波前的气流速度和声速值。

将式(1.3.46)和式(1.3.47)代入式(1.3.44)中,简化后可得

$$p_t = p_s \frac{\left[\frac{1}{2}(K+1) \left(\frac{v_1}{a_1} \right)^2 \right]^{\frac{K}{K-1}}}{\left[\frac{2K}{K+1} \left(\frac{v_1}{a_1} \right)^2 - \frac{K-1}{K+1} \right]^{\frac{1}{K-1}}} \tag{1.3.47}$$

在空气动力学中,把空速与声速的比值叫作马赫数 Ma,即 $Ma = v/a$。如果激波前的气流的静压、速度、温度和声速分别用 p_s、v、T_s 和 a 表示,则式(1.3.47)变为

$$p_{\mathrm{t}} = p_{\mathrm{s}} \frac{\left[\frac{1}{2}(K+1)\left(\frac{v}{a}\right)^2\right]^{\frac{K}{K-1}}}{\left[\frac{2K}{K+1}\left(\frac{v}{a}\right)^2 - \frac{K-1}{K+1}\right]^{\frac{1}{K-1}}} = p_{\mathrm{s}} \frac{\left[\frac{1}{2}(K+1)Ma^2\right]^{\frac{K}{K-1}}}{\left[\frac{2K}{K+1}Ma^2 - \frac{K-1}{K+1}\right]^{\frac{1}{K-1}}} \qquad (1.3.48)$$

或写成

$$\frac{p_{\mathrm{t}} - p_{\mathrm{s}}}{p_{\mathrm{s}}} = \frac{(K+1)}{2}Ma^2\left[\frac{(K+1)^2 Ma^2}{4KMa^2 - 2(K-1)}\right]^{\frac{1}{K-1}} - 1 \qquad (1.3.49)$$

由于空气的绝热系数 $K = 1.4$,将其代入式(1.3.48)并化简可得

$$p_{\mathrm{t}} = \frac{166.921\ 6\ Ma^7}{(7Ma^2 - 1)^{2.5}} \cdot p_{\mathrm{s}} \qquad (1.3.50)$$

飞机超声速飞行时的气动方程的表达式为

$$q = p_{\mathrm{t}} - p_{\mathrm{s}} = \left[\frac{166.921\ 6Ma^7}{(7Ma^2 - 1)^{2.5}} - 1\right]p_{\mathrm{s}} \qquad (1.3.51)$$

由于 $a = \sqrt{KRT_{\mathrm{s}}}$,$Ma = v/a$,$p_{\mathrm{s}} = \rho RT_{\mathrm{s}}$,所以将这些参数代入式(1.3.51)经变换,则气动方程又可写成

$$q \approx \frac{1}{2}\rho v^2\left[\frac{238Ma^5}{(7Ma^2 - 1)^{2.5}} - \frac{1.43}{Ma^2}\right] \qquad (1.3.52)$$

1.4 飞行器飞行高度的测量原理

飞行高度是指飞机在空中距离某一个基准面的垂直距离。它是描述飞机性能和飞行状态的主要参数之一,是飞行过程中一个重要的控制参数。

1.4.1 飞行高度的种类

根据测量高度时所选取的基准面(零高度面)不同,得出的飞行高度也不同,飞行中使用的飞行高度大致可分为以下四种。

1. 相对高度

飞机从空中到某一既定机场地面的垂直距离,叫作相对高度。利用大气特性测量相对高度时,一般用既定机场的气压平面作为基准面。飞机在起飞、着陆的过程中,均按这种高度进行操纵和控制。

2. 真实高度

飞机从空中到正下方地面目标上顶的垂直距离,叫作真实高度。飞机在空中对地面目标进行攻击、侦察、照相及地形跟踪飞行时,都需要知道飞机的真实高度。

3. 绝对高度

飞机从空中到海平面的垂直距离,叫作绝对高度。在无法利用相对高度控制飞机起飞降落时,可以利用绝对高度。

4. 标准气压高度

大气压力等于 760 mmHg 的气压面,叫标准气压面或理论海平面,这是一个人为设定的基准面。飞机从空中到标准气压面的垂直距离,叫作标准气压高度。大气压力经常发生变化,因此,标准气压面与海平面的垂直距离也经常改变。如果标准气压面恰好与海平面相重合,则标准气压高度等于绝对高度。

当飞机作长途、转场飞行或在指定空域等高飞行时,统一按标准气压高度控制飞机的飞行高度,以防止飞机在同一航线上与其他飞机相撞,保证飞行安全。

从图 1.4.1 可以看出,飞机平飞时,相对高度、绝对高度都不变,真实高度则随飞机正下方地标高度的改变而改变,标准气压高度则随飞机正下方标准气压平面位置的改变而改变。

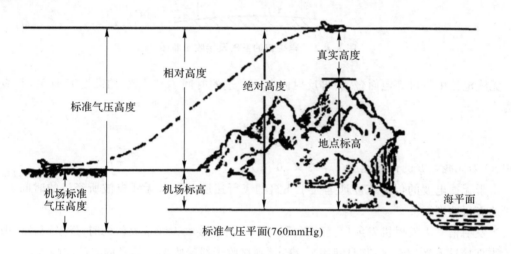

图 1.4.1 几种飞行高度

1.4.2 测量飞行高度的主要方法

目前,飞机上使用的高度测量方法,按测量原理的不同分类,主要有以下几种。

1. 利用大气特性测量高度

大气的压力、温度和密度等参数随高度变化的现象,早在 17 世纪就引起了人们的注意而得到研究和应用。利用大气压力随高度变化的特性制成的高度表,在飞机上叫作气压式高度表。

国际上采用统一的"标准大气"条件,该条件规定了 $-2\,000\sim80\,000$ m 高度范围内大气各参数和高度的关系,为测高技术提供了依据。压力测量技术的不断发展,又为气压式测高提供了手段,因而气压式测高装置不断得到更新换代。

目前各种类型的大气数据计算机中,测量飞机飞行高度均采用测量大气压力而间接地测量高度的方法,后面将详细讨论气压测高的原理和方法。

2. 利用无线电波的反射特性测量高度

在飞机上装有无线电发射机,它通过发射天线(A)向地面发射电磁波,电磁波到达地面后又反射回来,由接收天线(B)将其接收,如图 1.4.2 所示。

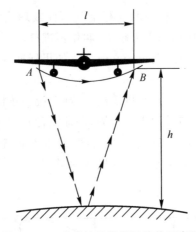

图 1.4.2 电磁波的发射及接收示意图

无线电波由飞机到地面,然后再反射回来所经过的时间 t_2 与飞机的高度 h 有关,其表达式为

$$t_2 \approx \frac{2h}{C} \tag{1.4.1}$$

式中:C 为无线电波的传播速度($C = 3 \times 10^8$ m/s)。

由于无线电波的传播速度远远大于飞机的飞行速度,所以,无线电波所经过的时间 t_2 和飞机的飞行速度无关。

当发射信号由发射机发射后经地面反射回来,再由接收天线接收的同时,发射信号也由发射天线直接进入接收天线,其时间用 t_1 表示,则接收天线接收两个信号的时间间隔为

$$\Delta t = t_2 - t_1 \tag{1.4.2}$$

又由于

$$t_1 = \frac{l}{C} \tag{1.4.3}$$

因此,接收机记录的时间间隔为

$$\Delta t = \frac{2h}{C} - \frac{l}{C} = \frac{2h - l}{C} \tag{1.4.4}$$

式中:l 为两天线间的距离。

从式(1.4.4)可知,其时间间隔出与飞机的飞行高度成正比。因此,通过测量 Δt 即可得到飞机的飞行高度。利用这种原理测量飞行高度的仪表叫无线电高度表。

飞机在进行进场着陆和地形跟踪的飞行过程中,平视显示器上所显示的,以字符 R 识别的高度,即为无线电高度。

3. 利用速度信号的积分测量高度

这种方法是通过对垂直方向的加速度进行两次积分,或对垂直方向的速度进行一次积分,间接测量飞机的飞行高度。显然,积分装置的积累误差将对测量精度产生影响。这种测量高度的方法主要用在惯性导航系统中。

1.4.3　利用大气压力测量飞行高度

从前面分析可知,利用大气压力随高度变化的特性,通过测量飞机所在处的大气压力(静压 p_s),可以间接测量飞机的飞行高度。但是大气压力是大气的一个状态参数,它的数值大小和变化与许多因素有关,包括纬度、季节、气候、昼夜、高度等,高度只是其中一个因素。显然,在实际情况下,大气压力并不是高度的单值函数,为了实现利用大气压力测量高度,国际上统一采用标准大气。在由国际民用航空组织制定的标准中给出了标准大气的温度、压力和相对密度随高度的变化规律,以及大气温度、温度梯度与高度的关系(见表 1.4.1)。根据这个标准,可以很方便地推导出气压与高度的关系式,通常把这个关系式称为标准气压高度公式。标准气压高度公式建立了大气压力与高度的关系。由于对流层和平流层气温随高度的变化规律不同,所以标准气压高度公式有两种表达式,分别适用于对流层和平流层。

表 1.4.1　大气温度、垂直温度梯度与高度的关系

高度 /km	温度 /K	温度梯度 /km	关系式
−2.0	301.15	−6.5	
0.0	288.15	−6.5	
11.0	216.50	0.0	$T_s = T_b + \beta(H - H_b)$,式
20.0	216.50	+1.0	中,T_b,H_b 分别为相应大气
32.0	228.65	+2.8	层的大气温度和高度的下
47.0	270.65	0.0	限值
51.0	270.65	2.8	

为求出对流层的标准气压高度公式,可假设大气相对于地球静止,即没有水平和垂直方向的运动,这时可在任意高度上取一截面积为 dS、高度为 dH 的微形空气柱,如图 1.4.3 所示。

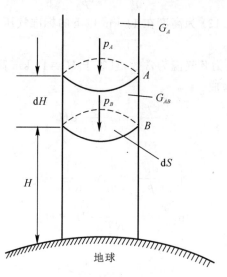

图 1.4.3　空气柱压力分析

从这层空气柱的静平衡条件可求得气压和高度关系的基本微分方程式为

$$\frac{\mathrm{d}p_s}{p_s} = -\frac{1}{RT_s}\mathrm{d}H \tag{1.4.5}$$

或

$$\mathrm{d}p_s = -\frac{p_s}{RT_s}\mathrm{d}H \tag{1.4.6}$$

又因为

$$T_s = T_0 - \beta H \tag{1.4.7}$$

所以

$$\frac{\mathrm{d}p_s}{p_s} = -\frac{1}{R(T_0 - \beta H)}\mathrm{d}H \tag{1.4.8}$$

在对流层中,当飞机高度由 H_0 上升到 H 时,气压则由 p_0 下降到 p_s,其气温 $T_s = T_0 - \beta(H_0 - H) = T_0 - \beta\Delta H$,在这种条件下对式(1.4.8)积分可得

$$\int_{p_0}^{p_s} \frac{\mathrm{d}p_s}{p_s} = \frac{-1}{R} \int_{H_0}^{H} \frac{1}{T_0 - \beta\Delta H}\mathrm{d}H \tag{1.4.9}$$

$$\ln\frac{p_s}{p_0} = \ln\left[\frac{T_0 - \beta(H - H_0)}{T_0}\right]^{\frac{1}{\beta R}} \tag{1.4.10}$$

由式(1.4.10)得

$$p_s = p_0\left[1 - \frac{\beta(H - H_0)}{T_0}\right]^{\frac{1}{\beta R}} \tag{1.4.11}$$

据测量高度基准面选择理论海平面(大气压力为 760 mmHg) 时,$H_0 = 0$,则式(1.4.11)可写成

$$p_s = p_0\left[1 - \frac{\beta H}{T_0}\right]^{\frac{1}{\beta R}} \tag{1.4.12}$$

$$H = \frac{T_0}{\beta}\left[1 - \left(\frac{p_s}{p_0}\right)^{\beta R}\right] \tag{1.4.13}$$

式(1.4.12)和式(1.4.13)为高度在 11 km 以下的标准气压、高度公式,即适用于对流层范围测量气压或高度。

在平流层范围内,可认为其气温为常数,且等于 $H = 11$ km 高度上的温度（$T_s = T_H$）,在这种情况下式(1.4.8)可写成

$$\frac{\mathrm{d}p_s}{p_s} = -\frac{1}{RT_{11}}\mathrm{d}H \tag{1.4.14}$$

将式(1.4.14)积分得

$$\int_{p_{11}}^{p_s} \frac{\mathrm{d}p_s}{p_s} = \int_{H_{11}}^{H} -\frac{1}{RT_{11}}\mathrm{d}H \tag{1.4.15}$$

$$\ln\frac{p_s}{p_{11}} = -\frac{1}{RT_{11}}(H - H_{11}) \tag{1.4.16}$$

由此得

$$p_s = p_{11}\mathrm{e}^{-\frac{H - H_{11}}{RT_{11}}} \tag{1.4.17}$$

$$H = H_{11} + RT \ln \frac{p_{11}}{p_s} \qquad (1.4.18)$$

式(1.4.12)～式(1.4.18)统称为标准气压高度公式。由上述分析可知,大气压力随高度增加而按指数规律减小。标准气压高度公式适用于80 km以下各大气层。只要测得大气压力值,即可由相应公式求出对应的高度值。显然,气压测高装置是一种测量绝对压力的测压装置。

为了使用方便,一般根据标准气压高度公式,将计算出的大气参数和高度的关系列成表格,这就是标准大气表。需要时,可直接查表。

1.5　飞行器飞行速度的测量原理

飞行速度是飞机的重要飞行参数之一。飞行人员根据空速,可以判断作用在飞机上的空气动力情况,从而正确地操纵飞机。在侦察、照相、轰炸、瞄准时,都需要知道地速,以便正确领航。在自动起飞、自动着陆等自动控制系统中都需要飞行速度信号。另外,飞行速度还是某些机载控制系统,如火力控制系统、发动机控制系统等的原始信息。

1.5.1　飞行速度的种类

飞机相对于空气的运动速度,叫作空速。根据测量空速时所选大气参数和飞机运动状态的不同,飞行速度可分为下述几种。

1. 真空速

真空速是指飞机相对于空气的速度,即飞机相对迎面气流的速度。通过测量大气的静压、动压和气温而得到的空速,就是真空速。

2. 指示空速

将真空速归化到海平面上所得之值,也就是不考虑大气密度随高度的变化,即将静压和气温都看成常数,并分别等于海平面标准大气的大气静压和气温,这样通过测量动压而得到的空速叫指示空速。也就是说,只有在标准海平面上,真空速和指示空速才具有相同的意义和数值。在低速飞行时,为防止发生失速情况,应控制指示空速不低于某一极限值。在现代飞机上,测量指示空速主要是作为低速失速警告信号。

3. 地速

飞机相对于地面的运动速度,叫作地速。根据空速、航向、风速、风向的数值和方向,就可计算出飞机相对地面运动的情况,即地速的大小和方向。

4. 升降速度

飞机单位时间内的高度变化量,叫作升降速度。升降速度主要用来测量飞机的升降率,即飞机沿地垂线上升或下降的速度,因此又叫高度变化率、爬升率。升降速度也可以用来辅助地平仪判断飞机是否平飞。升降速度为零,表示飞机平飞。

5. 马赫数

飞机真空速与所在高度的声速之比,叫作马赫数(Ma)。

1.5.2 空速的测量

飞机空速测量方法很多,在原理上与地速测量有较大差别,空速的大小均与大气的静压、动压和气温有关。在空速的测量中,常采用压力法。压力法是利用测量大气压力 p_s 和大气密度 ρ,间接测量空速的方法。

目前,飞机上都是利用空速管来收集压力的。空速管的结构如图 1.5.1(a) 所示,其原理如图 1.5.1(b) 所示。在空速管的头部有一个小孔,这个孔称为总压孔,与总压传感器相连,当来流从这个孔流入后,可以测得来流的总压 p_t;在空速管的管壁处还有一个小孔,这个孔称为静压孔,与静压传感器相连,来流从这个孔流入后,可以测得来流的静压 p_s。

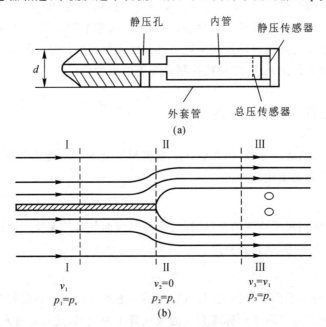

图 1.5.1 空速管的结构和原理示意图

(a) 结构图; (b) 原理示意图

当飞机在空气中飞行时,气流流过空速管的前端,被分为两部分:一部分气流向上端流过,一部分气流向下方流过。中间的分界流管使气流撞击在圆管上。在圆管头部某一点气流受阻滞,速度变为零,这个点叫作阻滞点。

如图 1.5.1(b) 所示,在截面 Ⅰ 和截面 Ⅱ 处,有

$$p_1 + \frac{\rho v_1^2}{2} = p_2 + \frac{\rho v_2^2}{2} = 常数 \tag{1.5.1}$$

由于 $v_2 = 0$,所以

$$p_1 + \frac{\rho v_1^2}{2} = p_2 = 常数 \tag{1.5.2}$$

气流受阻这一点的大气压力 p_2 称为大气全压 p_t。p_t 主要由两部分组成：一部分是 p_1，即大气静压 p_s；另一部分是由动能转变成的压力 $\frac{1}{2}\rho v_1^2$，即大气动压 q。因此

$$q = \frac{\rho v_1^2}{2} = p_t - p_s \tag{1.5.3}$$

在截面 Ⅲ 位置，距离飞机机头足够远距离，可以视为气流不受扰动，流速 $v_3 = v_1$，$p_3 = p_1 = p_s$，所以，空速管静压孔收集的压力为大气静压。因此

$$v_1 = \sqrt{\frac{2q}{\rho}} \tag{1.5.4}$$

由式 (1.5.4) 可知，通过对动压 q 和大气密度 ρ 的测量，即可求得空速的大小。

由于直接测量大气密度比较困难，一般利用大气密度 ρ 与大气静压 p_s、气温 T_s 的关系进行间接测量。由于

$$\rho = \frac{p_s}{gRT_s} \tag{1.5.5}$$

所以动压和空速的表达式又可写成

$$v = \sqrt{2gRT_t \left(\frac{K}{K-1}\right) \left[\left(1 + \frac{q}{p_s}\right)^{\frac{K-1}{K}} - 1\right]} \tag{1.5.6}$$

式中：K 为空气绝热系数，$K = 1.4$。

1.6　飞行器飞行攻角的测量原理

在飞机飞行过程中，迎面气流方向与飞机翼弦之间的夹角，叫作攻角，或叫迎角。攻角是影响飞机升力和阻力的重要参数。在飞机平飞时，平飞中每个攻角均有一个相对应的平飞所需速度。在现代飞机上，攻角的测量主要用于失速告警和操纵控制信号。在大气数据计算机中主要是提供真实攻角信号，供火控计算机和平视显示器用。

飞机上利用攻角传感器来感受飞机攻角的变化，并输出相应的电压信号。目前，飞机上使用的攻角传感器有旋转风标式、差压管式、零压差式等三种形式，现分别叙述其原理和结构。

1.6.1　旋转风标式攻角传感器

旋转风标式攻角传感器是利用风标受空气动力的作用而感受飞机攻角的变化，通过电位器或同步器将攻角变化转换为相对应的电信号。

旋转风标式攻角传感器如图 1.6.1 所示，由风标、转轴、角度传感器等组成。风标是指与转轴最外面连接的叶片，风标在测量中借助空气动力的作用，带动转轴一起转动，角度传感器通过转轴的转动测量角度。当飞行器的姿态发生变化时，风标会被空气动力推动到一定的位置后停止转动，在这个位置上，风标上、下表面所受的空气动力相等，而此时风标转动的角度就是飞行器的攻角。虽然旋转风标式攻角传感器具有结构简单和体积小等优点，但叶片容易受

不稳定气流影响而摆动,致使攻角测量误差较大,同时安装位置也会影响测量误差。

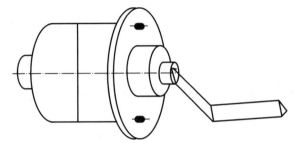

图 1.6.1　旋转风标式攻角传感器

1.6.2　差压管式攻角传感器

差压管式攻角传感器由差压管和压力传感器组成,如图 1.6.2 所示。差压管式攻角传感器的差压管是一个截锥形或球形五孔差压管。在截锥形差压管的前端沿管轴线方向开一个小孔 5,小孔 5 迎着气流方向,用以收集气流的总压。在与差压管轴线对称的上下和左右两边各开有两对孔,其中 2、4 两孔用来测量攻角变化时产生的压差,1、3 两孔用来测量侧滑角变化时产生的压差。这些小孔各与差压管内的一个腔室相通,它们收集到的压力分别由导管输送到压力传感器。

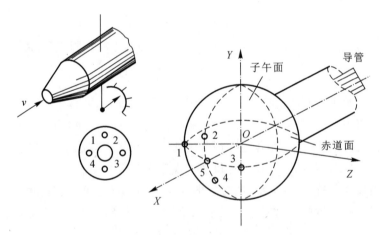

图 1.6.2　差压管式攻角传感器

当攻角为零时,差压管轴线与气流方向一致,孔 2 和孔 4 引入的压力相等,其压力差 $\Delta p = p_2 - p_4 = 0$。当攻角不为零时,孔 2 和孔 4 引入的压力不相等,压力差 Δp 的大小取决于攻角和总压。因此,从压差 Δp 的大小就可确定攻角的数值。

1.6.3　零压差式攻角传感器

零压差式攻角传感器是目前广泛应用的一种攻角传感器。它主要由探头、气室、桨叶和角度变换器组成,其外形和结构如图 1.6.3 所示。

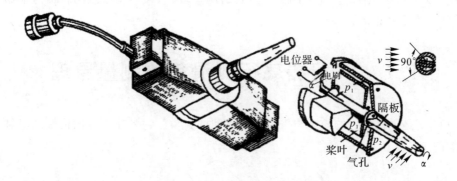

图 1.6.3　零压差式攻角传感器

攻角传感器安装于飞机机身外机头左侧,锥形探头伸入气流中,其轴线垂直于飞机纵轴。探头是一个中间有隔板,在中心线两侧对称开有两排进气槽的圆锥体。两排进气槽迎着气流。探头与中间有气道的空心轴固连。在空心轴上固定着桨叶和角度变换器(电位器或同步器)的电刷。

飞行中,探头的轴线平行于飞机的横轴。当攻角为零时,隔板平面与气流方向平行。两排进气槽正对着迎面气流,因此,通过隔板上、下两排进气槽,经气道进入气室的气流压力相等,桨叶受到的气动力矩相等,空心轴不转动,电位器无电压信号输出。当飞机以某一攻角飞行时,安装于机身上的攻角传感器随飞机一起转动,因此,探头的两排进气槽也相对气流方向转动一个相同的角度。这时,通过两排进气槽进入气室的气动压力不再相等。此压力差将使桨叶带着转轴和电刷转动,并通过空心轴带着探头一起转动。当探头的两排进气槽重新对正气流方向时,上、下气室压力相等,压力差为零,桨叶、转轴和探头都停止转动。此时,电刷在电阻上的转角就是探头的角位移,即飞机的攻角。电位器输出电压信号的大小和飞机攻角成比例。

攻角传感器电位器的电源由大气数据计算机的电源部分提供不大于 10 V 的直流电压。为防止气流中水汽因过冷而结冰,影响攻角传感器的测量,在探头中还有加温装置。当环境温度高于 25℃ 时,加温装置电路被温度继电器断开,以防误接通加温装置电路,烧坏攻角传感器。零压差式攻角传感器原理电路如图 1.6.4 所示。

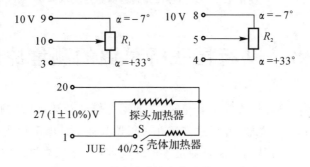

图 1.6.4　零压差式攻角传感器原理电路

攻角(迎角)

$$\alpha = \alpha_D - \Delta\alpha \qquad (1.6.1)$$

式中：α 为真实攻角；α_D 为由传感器测量而得到的测量攻角，又叫指示攻角；$\Delta\alpha$ 为根据不同的马赫数得到的攻角修正值。

1.7　飞行器飞行侧滑角的测量原理

侧滑角(β)是飞机质心的轨迹与飞机纵轴之间的夹角。它是在飞机的横轴和纵轴平面内测量的，如图 1.7.1 所示。

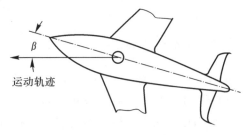

图 1.7.1　侧滑角

攻角侧滑角传感器是一种带攻角和侧滑角传感器的超声速全静压管，通称为空速管。它的主要功用有两个：一是用来感受大气的静压和全压(亦称总压)，为飞机的全静压系统及有关机载系统提供全静压参数；二是利用装于支杆中间壳体上的旋转风标式攻角和侧滑角传感器，测量飞机飞行中的攻角和侧滑角。其外形和结构如图 1.7.2 所示。

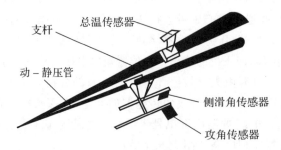

图 1.7.2　攻角侧滑角传感器外形和结构

1.8　飞行器飞行总温的测量原理

总温是指一流体以绝热过程完全静止时，它的动能转化为内能时反映出来的温度。在航空领域中，驻点温度被称为总温，并通过安装在飞行器表面上的温度探测器来测量。

当气流速度较小时，可认为气流是稳定流动的。此时，气流通过总温传感器的管子时，气流速度的大小和管子横截面的大小有关。根据气流连续方程可知：

$$\frac{Av}{\gamma} = Q = 常数 \tag{1.8.1}$$

式中：A 为管子截面积；v 为气流流速；γ 为比容值；Q 为气体流量。

式(1.8.1)给出了气流流速、管子截面积和比容三者之间的关系。对于流速较小的气流，因为不考虑空气压缩性，所以 γ 是常数，这时流速和截面积成反比。但是气流速度较大时，气体压缩性就不能忽略，此时对式(1.8.1)求对数得

$$\ln A + \ln v - \ln \gamma = \ln Q \tag{1.8.2}$$

对上式进行微分得

$$\frac{\mathrm{d}A}{A} + \frac{\mathrm{d}v}{v} - \frac{\mathrm{d}\gamma}{\gamma} = 0 \tag{1.8.3}$$

当气流进入总温传感器管道时：如果 $Ma < 1$，则气流会增速；如果 $Ma > 1$，则气流会减速。在管道凸台处，由于气体的黏性，它紧贴管壁的一层空气受到管壁的阻滞作用，其速度近似为零，这时可根据伯努利方程得出

$$\frac{v^2}{2} + \frac{K}{K-1} gRT_1 = \frac{K}{K-1} gRT_2 \tag{1.8.4}$$

式中：T_1 为大气静温，即 T_s；T_2 为大气总温，即 T_t。

变换上式可得

$$T_t = \left(1 + \frac{K-1}{2} Ma^2\right) T_s \tag{1.8.5}$$

理想干燥空气绝热指数 $K = 1.4$，可得

$$T_t = (1 + 0.2 Ma^2) T_s \tag{1.8.6}$$

式(1.8.6)表明，总温传感器管道中凸台处的阻滞温度和气流速度有关。气流速度增大，阻滞温度升高。凸台处的分流气流将此温度传递给感温电阻，所以铂感温电阻感受的是气流全受阻温度，即气流总温。但实际上，感温电阻感受到的阻滞温度 T_t' 小于理论值 T_t。这是因为分流气流带走了一部热量的缘故。另外，热辐射和传导过程中也要损失一部分热量。为了表示气流动能转换为感温电阻感受热能的程度，引入恢复系数 r 的概念，其值为

$$r = \frac{T_t' - T_s}{T_t - T_s} \tag{1.8.7}$$

显然，r 始终小于1。将式(1.8.7)代入式(1.8.6)得

$$T_t' = (1 + 0.2 r Ma^2) T_s \tag{1.8.8}$$

从式(1.8.8)可知，当测得气流总温 T_t' 和气流的马赫数时，即可求得大气静温为

$$T_s = \frac{T_t'}{(1 + 0.2 r Ma^2)} \tag{1.8.9}$$

参 考 文 献

[1] 产竹旺. 自适应卡尔曼滤波在风场测量中的应用[D]. 上海：上海交通大学，2003.

[2] 姜华男. 大气数据计算机仿真系统设计与仿真可信度的评估[D]. 西安：西北工业大学，2007.

[3] 孙瑞杰. 修正机构风洞试验压力测试系统的研究[D]. 太原：中北大学，2010.

[4] 冯翰祺，陈昶荣，李跃辉，等. 橡胶气球非线性特性的理论与实验研究[J]. 大学物理，2017，36(6)：66-72.

[5] 史利剑. 无人驾驶飞机大气数据计算机系统的研究[D]. 西安：西北工业大学，2001.

[6] 吴晓男,唐大全,徐庆九. 气压式高度表的测量误差分析及修正方法[J]. 仪表技术,
2010(12):3.

[7] 孟炜. 高度测量数据处理及算法的研究[D]. 西安:西北工业大学,2005.

[8] 刘柱. 无人机自动驾驶仪结构仿真研究[D]. 长春:长春理工大学,2012.

[9] 孟丹丹. 基于四象限压力传感器的迎角测量方法研究[D]. 太原:中北大学,2008.

[10] 李越峰. 数字式大气数据计算机的设计与实现[D]. 西安:西安电子科技大学,2012.

第二章 国内外大气数据系统发展情况

2.1 大气数据系统发展概述

2.1.1 大气数据系统的结构组成及功能

大气数据系统(Air Data System)是飞机的重要的机载设备系统,由采集原始信号的各种传感器、处理信号的大气数据计算机和显示信号设备等组成,主要用来采集、解算、处理各种飞机的大气参数信息,是整个飞机重要的信号源头之一。其主要功能就是将静压、全压、总温、侧滑角和攻角等原始大气数据信号通过解算、转换,形成静压、全压、高度、高度差、升降速度、指示空速、真空速、马赫数、大气密度比、总温、静温、攻角等大气参数。

大气数据系统一般情况下主要由三个部分组成,即装在机头或机身外部接收原始大气参数的传感器/受感器,在机头内部的用来解算、处理大气参数的大气数据计算机,在座舱的显示设备。其主要的结构关系如图 2.1.1 所示。

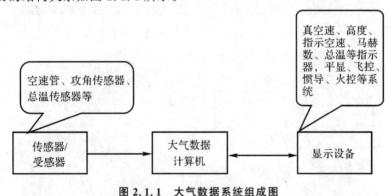

图 2.1.1 大气数据系统组成图

大气数据系统是飞行驾驶的关键设备,是重要的机载导航设备之一,与之交联的系统主要有飞行控制系统、导航系统、火控系统、发动机控制系统、空中交通管制系统、飞行仪表显示系统及告警系统。要使这些机载系统准确、高效地工作,就要保证这些机载系统能够获得高精度的飞行数据和大气参数。可见,大气数据系统为飞行任务提供飞机不可或缺的信息,满足飞机在各种环境条件下的使用要求和执行任务所必须具有的功能以及提供必要的信息显示。飞行器的安全与稳定飞行和这些参数的准确可靠直接相关,准确的大气数据信息对提高飞行机动性、安全性和经济性起着相当重要的作用。

2.1.2　大气数据系统的分类与发展

目前大气数据系统主要有两大类,分别为传统大气数据系统和嵌入式大气数据系统。传统大气数据系统以凸出在机体外的空速管为主要标志,同时配有总温传感器、攻角传感器和侧滑角传感器。大气数据传感器通过对周围大气特性(压力、温度等)的传感测量,经过大气数据计算机的解算和修正,最终得到可供机载多类系统使用的大气参数和飞行参数。目前国内的战斗机、运输机、民航机以及国外的战斗机、民航机采用的都是传统的大气数据系统,它是一种经典而成熟的大气数据系统。图2.1.2、图2.1.3所示分别为美国F-35战斗机和空客A380客机,它们采用的都是以空速管为主要标志的传统大气数据系统。

图2.1.2　美国F-35战斗机(空速管装在机头)

图2.1.3　空客A380客机(空速管装在机头侧边)

随着航空技术的发展,传统大气数据系统从20世纪50年代到现在相继经历了分离式仪表、模拟式中央大气数据系统、混合式大气数据系统、数字式大气数据系统等发展阶段。20世纪 50 年代前期,除座舱仪表板上装有大气数据仪表外,飞机上还有少数其他设备使用大气数据信息,而这些大气数据信息的测量、传递都是靠分立式仪表或传感器实现的。20 世纪 50 年代后期,航空事业发展较快,各种高性能飞机相继出现,机载设备随之增多,且性能越来越完善。许多航空电子设备,如仪表指引系统、自动驾驶仪、导航系统、发动机控制系统、飞行数据记录系统、失速警告系统、空中交通管制系统等,都需要大气数据作为原始信息。

随着航空事业的发展,分立式仪表及传感器越来越不能适应高性能飞机的要求,如自动驾驶仪的增益调节、高度和空速保持及伺服回路控制速率等都需要大气数据信息。每一种新的要求通常导致一种新的大气数据传感器的出现,一个分立式传感器只能输出一个信号,当需要大量大气数据信息时,就必须重复使用大量的传感器。这样,不仅增加了传感器的数量和体积,而且会使全/静压管路的长度和容量增加,从而增大了全/静压系统的延时误差。此外,由于气流的扰动,静压孔实际收集到的静压与飞机周围自由气流的压力不相等,从而产生静压源误差。全/静压系统的延迟误差和静压源误差会导致自动驾驶仪控制伺服系统的稳定性变差,因此不能适应高性能飞机的要求。大气数据计算机的出现,解决了高性能飞机的动态响应要求和大量信息要求。大气数据计算机将大量的分立式压力传感器综合为两个传感器,即静压传感器和全压传感器,利用闭环伺服回路技术,通过高度、空速、马赫数等函数解算,向自动驾驶仪及需要大气数据信息的系统传送所要求的参数。这种综合设备就是众所周知的中央大气数据计算机(CADC)。

模拟式中央大气数据计算机系统与分立大气仪表相比,在结构上有很大改进,整体重量减轻了 50%,大大减少了管路的复杂性。全/静压系统的总容量明显减少,从而气动时间常数减小到最低值,自动驾驶仪的动态稳定性有了很大改进。中央大气数据计算机根据静压、全压、总温三个基本原始参数,可以求解出若干个所需的飞行参数,输出目视或控制信号。

模拟式中央大气数据计算机一直持续使用到 20 世纪 60 年代。随着对飞机性能要求的提高,需要越来越多的大气数据及其函数,输出参数包括静压、动压、气压高度、指示空速、真空速、马赫数、静温、总温、当量空速、空气密度等,使得中央大气数据计算机越来越复杂。一般说来,每增加一个大气数据参数,中央大气数据计算机就要增添一个新的伺服系统和函数解算装置,而每个函数又派生出许多不同形式的输出,因此中央大气数据计算机成了一种非常复杂的模拟计算机。系统的复杂性带来功率损耗,重量、体积增大及平均故障间隔时间缩短,可靠性成为一个严重问题。

精密的集成电路和运算放大器的出现,使得设计固态模拟式大气数据计算机成为可能,从而去掉了大气数据计算机中的齿轮、凸轮、测速电动机、同步器、电位计等伺服机构。随着数字式计算机的微型化,固态模拟式大气数据计算机很快向混合式大气数据计算机(HADC)方向发展。

20 世纪 70 年代,混合式大气数据计算机诞生。它以微处理器为核心,具有各种形式的模拟和数字输入/输出功能。混合式大气数据计算机与机电模拟式大气数据计算机相比,体积和重量减少了约 1/2,实际平均故障间隔为 2 000~3 000 h,可靠性大大提高了。

20 世纪 80 年代,推出了数字式大气数据计算机(DADC)。这是按照航空运输工业规范 ARINC 706 和 ARINC 429 标准设计的,应用先进的微处理器和半导体存储器技术,由工作程序直接完成大气数据的计算、输入/输出,计算机有处理模拟量、离散量和数字输入的能力,经计算提供数字和离散量输出。典型的数字或大气数据计算机重量约 13 lb(1 lb=0.453 6 kg),平均故障间隔时间为 15 000 h,由于采用了 ARINC 429 总线结构,所以,可向飞机上所有具备 ARINC 429 接口的电子设备提供大气数据信息。可以预料,随着微型计算机技术的迅速发展,数字式大气数据计算机的计算功能和监控功能将更加完善,体积、重量、功耗将进一步减小,可靠性、准确性和计算速度将进一步提高,其价格也将逐渐降低。鉴于数字式大气数据系统计算速度快、精度高、稳定性好的诸多优点,其目前已被广泛应用于军用、民用航空领域。

随着先进飞行器技术的涌现和发展,现代航空飞行器对飞行速度、机动性、隐身性的要求不断提高,飞行环境更加苛刻复杂,如:高超声速飞行器要面对因与空气摩擦产生的高热环境,此时空速管将被烧蚀;先进战斗机需要进行大攻角飞行和机动,机头的气流分离使空速管难以有效测量;下一代飞行器更加注重隐身性能,而凸出于机体外的传感器会显著增大雷达反射面积;等等。基于空速管的传统大气数据系统由于硬件材料、测量机理、结构外形等因素,难以满足在高温、高机动等恶劣环境下的大气数据测量需要,因此,嵌入式大气数据系统(Flush Air Data System,FADS)应运而生。FADS 利用嵌入在飞行器不同位置的压力传感器测量机体表面的压力,根据压力分布与大气参数的模型关系,解算出总压、静压、攻角和侧滑角等基本大气信息,进而计算其他更多的飞行参数,供机载系统使用。FADS 压力传感器嵌入在飞行器内部,机体表面无凸出物,不仅有利于隐身性能的提高,也使其能够适用于高超声速飞行和大攻角机动条件。FADS 部件集成度高,便于安装、调试和维护,可实现系统软硬件方面的冗余和容错,具有优良的可靠性和稳定性,是新一代的大气数据传感测量系统。

我国的大气数据系统研究开始于 20 世纪 70 年代末 80 年代初,主要以测绘、仿制苏联设备为主;90 年代大气数据系统研究获得较大发展,能够在仿制的过程中,消化国外技术,领悟技术思路,提高工艺水平,基本能够设计生产出符合我国飞机需要的大气数据系统。21 世纪初,随着计算机技术的发展,飞机综合航电设备集成化、自动化程度不断提高,飞机对大气数据系统的要求有所改变,对大气数据系统的功能定位和组成形式、数据传递形式提出了新的要求。

2.2　国外大气数据系统的发展历程及发展现状

自飞机问世以来,欧美等许多国家一直致力于大气数据计算机的研究与开发。怎样设计设备系统来高精度测量飞行器的速度和高度已经成为诸多研究任务中的一个重要课题,而这项研究的大部分工作是由英国、德国和美国的许多研究机构来完成的。

国外大气数据计算机发展大致经历了以下三个阶段。

2.2.1　早期机电模拟式大气数据计算机

最早的飞机是在没有任何飞行仪表的情况下飞行的,驾驶员只能依赖于自己的视觉、感觉和听觉给出相对地面的高度和速度等大气参数。因此,这种飞行只限于在良好的气候条件下进行。随着航空技术的发展,航空专家们越来越多地认识到必须设计一种能够在能见度差的条件下操纵飞机的系统,即飞行状态仪表。大气数据仪表即是飞行状态仪表的一部分。

最初的空速指示器非常简单,就是利用表内的开口膜盒,在动压的作用下膨胀,从而带动指示出相应的空速。因为动压的大小与气流的速度等因素有关,所以指针的指示能够反映气流速度的大小,即空速的大小。而由于在标准大气压条件下,气压高度与静压是一一对应的单值函数关系,所以可以用气压的大小来反映速度的高低,因此最初的高度表实际上就是一种真空膜盒式气压计,以米或英尺计量高度。首先把膜盒内部抽成接近真空,作用在膜盒外部的气压为静压,这样,高度表便是测量绝对压力的气压计,不过刻度为与气压相对应的高度罢了。

随着气动式大气仪表的发展,出现了升降速度指示器和马赫数指示器。机械式大气数据仪表依靠空气流动直接驱动指示器,结构简单、可靠性好。经过专家的多年研制,出现了许多修正方案,如温度误差的机械补偿,气压校正等,因而提高了指示精度。气动仪表的高速发展,促使了气动传感器的出现,促进了大气数据计算机的产生及发展。

在 20 世纪 40 年代和 50 年代,许多高空、高速飞机相继出现。随着飞行性能要求的提高,自动驾驶仪和飞机增稳系统也相继装备在飞机上。而每一种新的要求,都会导致一种新的大气数据传感器的出现。机电模拟式大气数据计算机就是从分立式传感器基础上发展而来的。分立式传感器只能输出一个信号,当需要大量大气数据信息时,必须重复使用大量的传感器,这无疑增加了载机的负担,且会使全压、静压管路的长度和容量增加,从而出现较大误差。因此,设计师们设计出了第一代大气数据计算机,其基本原理是将大量的分立式压力传感器综合为静压和动压传感器。利用先进的闭环伺服回路技术,把经过高度、空速、马赫数等函数解算后的结果输送到自动驾驶仪及所有需要大气数据信息的系统,这种综合式设备就是众所周知的大气数据计算机,其原理如图 2.2.1 所示。但它实际上是一种非常复杂的模拟计算机,每个函数伺服系统都有多种输出信号,系统的复杂性使功率损耗和重量增加、体积增大和平均故障间隔时间缩短,因此,可靠性成为一个严重问题。

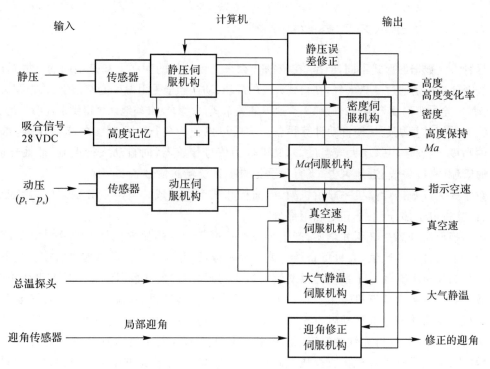

图 2.2.1 机电模拟式大气数据计算机原理示意图

2.2.2　混合式(机电-数字)大气数据计算机

机电模拟式大气数据计算机一直应用到 20 世纪 60 年代。随着航空技术的发展,飞机的性能要求越来越高,需要越来越多的大气数据函数,这就使得大气数据计算机变得越来越复杂。其输出参数包括高度、指示高速、马赫数、真空速、大气总温和静温、当量空速、空气密度以及各种函数。一般来说,每增加一个大气数据函数,大气数据计算机就需要有一套新的伺服系统和一个函数解算装置,而且每个函数又派生出许多不同形式的输出。

精密的集成电路和运算放大器的出现使得固态模拟式大气数据计算机成为新的研究对象,此种设计变革性地去除了齿轮、凸轮、测速电动机、同步器和电位计的伺服机构。随着数字式计算机的微型化,混合式大气数据计算机(HADC)得到大力发展。20 世纪 70 年代,是 HADC 最重要的发展阶段。HADC 使用微处理机作为具有模拟和数字输入/输出的中央处理机。美国斯佩雷(Sperry)公司的混合式大气数据计算机首先在美国空军(USAF)的 F-15 战斗机上获得成功,之后在 F-16 战斗机上又进行了改型,其实际平均故障间隔时间约为 2 000～3 000 h,具有很高的可靠性。除军用飞机外,斯佩雷公司还为洛克希德(Lockheed)公司的 L1011 和空中客车公司的 A300A、A300B 提供混合式大气数据计算机。霍尼韦尔公司在 1970—1979 年间为 B747、B737、B300 等飞机提供了 HG-480C1、HG-480B 型混合式大气数据计算机。其重点放在降低成本、缩小尺寸和减轻重量,同时提高性能、可靠性和可维护性以适应客户的需求。该系列产品可用于速度高达 $Ma=3$ 的军用飞机、商用客机、直升机、导弹和其他要求苛刻的交通工具。

2.2.3　数字式大气数据计算机

尽管大气数据的形式不同,但是,在依据什么来进行计算的问题上却是相同的。概括地说,大气数据计算机是通过测量大气,在得到大气的静压、动压和全受阻温度的基础上,再根据大气的静压、动压、全受阻温度与高度、马赫数、空速等的关系式,来综合、自动地计算得到上述参数的。

大气数据计算机是一种自动计算设备。它既可以作为飞行人员判读的指示仪表,指示出飞机的高度、空速、马赫数、大气温度等,又可作为信号传感器,向自动飞行控制、惯性导航、空中交通管制、高度警戒、近地警告、飞行数据记录等系统输送信号。

数字式大气数据计算机一般由机架、前面板和三个室组成。三个室分别是压力换能组件部分、计算机电子部分、电子和电源组部分。

压力换能组件感受静压和全压,产生每一参数更新计算的比率信号。计算机电子部分用以变换调节和计算参数值,它也可将数字值变为模拟量,并为计算机运算提供监控。电子和电源组部分为飞机上其他电子系统提供交流参数,并为数字式大气数据计算工具提供所需电源。

数字式大气数据计算机采用了集成电路和固态压力传感器,革除了模拟式大气数据计算机的机械传动机构和电气活动触点。它与模拟大气数据计算机比较有如下优点:减小了体积和重量,提供了工作的可靠性和精度,易于维修,便于实现飞机的综合性计算机管理及自动控制。数字式大气数据计算机接收全压、静压和全温信号,并根据这些信号计算出高度、马赫数、空速、升降速率、真空速和温度。

20 世纪 80 年代,根据飞机发展的需要,美国又设计了数字式大气数据计算机(DADC)。DADC 是按照美国航空无线电公司规范 ARINC 706(DADC)和 ARINC 429(DITS)规定的准则而设计的。DADC 应用微处理机和半导体存储技术,直接由程序进行大气数据的计算。DADC 有处理模拟、离散和数字输入的能力,并提供离散和数字输出。图 2.2.2 所示为数字式大气数据计算机的典型原理框图。为了计算出经气压修正后的高度(例如:相对高度、绝对高度),某些大气数据计算机中引入了气压修正信号。如果要求算出经温度修正后的高度,也可以引入基准面(机场地平面或实际海平面)的实际高度和气温。

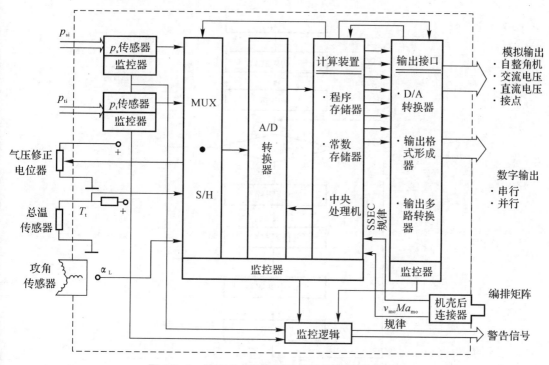

图 2.2.2　数字式大气数据计算机的典型原理框图

　　所有原始信息的模拟量,经输入多路转换器,依次在 A/D(模拟/数字)转换器中转换为适于计算机处理的数字量,随后引入计算装置中。输入多路转换器以时间分隔的形式把多个并行的输入信号变成按一定次序排列的信号序列,以提高设备(如 A/D 转换器)的利用率。计算装置由中央信息处理机和存储器组成。中央信息处理机通常包括控制器和运算器,用于控制和执行机器的基本指令系统。存储器则包括程序存储器(用于存放已编排好的程序)、表格或常数存储器(用于存放操作过程中用到的一些固定常数)以及随机存储器(用于存放运算中的中间结果)。中央处理机的计算结果经过 D/A(数字/模拟)转换器转换成所要求的模拟量形式,或经过数字输出格式形成器(又叫数字信息变换器)变成所要求的不同格式的数字码形式,然后经过输出多路分配器,把同一总线上的各种信号分别接至相应的输出线上。微处理器是整个大气数据计算机的核心部分。由于时代和机型不同,微处理器的 CPU 芯片也随之变化。例如,MD82 飞机上安装的大气数据计算机 HG - 280 和 B737 飞机上安装的大气数据计算机 HG - 480B 均应用 Intel 公司生产的 INTEL 8005 CPU(中央处理器),B757/B767 和 AC310 飞机上安装的大气数据计算机 ARINC 706 均应用 Zilog 公司生产的 Z8002 CPU。INTEL 8005 是

8 位处理器,而 Z8002 是 16 位处理器。

无论是 HG - 280、HG - 480B 还是 ARINC 706,大气数据计算机软件通常分为三部分:①管理程序;②实时大气数据计算程序;③非实时的自检和故障监控程序。

管理程序起着管理和调度整机工作的作用,根据计算机的不同状态调用不同功能的子程序,达到控制管理功能。总体上说,管理程序包括初始化程序、中断服务程序、自检程序和故障监控程序。实时计算往往是中断服务程序的主要内容。图 2.2.3 所示为数字式大气数据计算机主程序的流程图。

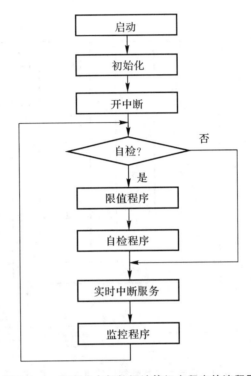

图 2.2.3 数字式大气数据计算机主程序的流程图

计算机一旦接通电源,由上电复位电路启动 CPU 工作,首先执行初始化程序。初始化的目的是为整机工作设置一定的初始状态,使管理程序按照设置的条件正确地调用相应的子程序。例如,设置电源中断条件、多速率结构的调用周期、存储器初值等。设定高度、马赫数参数的计算速率高,而设定高度速率、马赫速率及静温的计算速率低,可以通过初始化程序和子程序中的相应语句来实现。当整机的基本计算周期为 65 ms 时,大部分参数每个周期计算一次,这都要由初始化设置条件,根据此条件调用计算子程序。又如初始化程序中有很多相似的计数器,对计数器预置初值,控制某一系统的工作。初始化程序执行完之后,CPU 查询输入口,查看是否有自检要求。自检是飞机起飞前或着陆后在地面上对大气数据计算机进行功能或简单定量检查。若有自检要求时,进一步判断飞机是在地面上还是在空中。若是在地面上,则转入执行自检程序;若在空中,则对自检要求不予理睬,转而执行正常主程序(数据运算和故障监控程序等),这样设计的目的是避免空中执行自检程序而把错误的输出送给用户系统。非实时的故障监控程序,不论在地面还是在空中,只要大气数据计算机工作,都穿插在计算机的空闲时间内执行,即只要计算机不再执行实时中断服务程序或自检程序,就连续不断地对计算机自身的硬件和软件进行故障监视。判断飞机是在地面还是在空中的最简便方法是比较动压 p_d 大于还是小于规定的最小值。

在实时中断服务程序中,包含原始信息输入程序、大气数据计算程序和输出程序。计算机内有实时时钟,以预定频率(周期)发出中断申请。当计算机不再执行自检程序时,就及时响应中断,转而执行实时中断服务程序。

ARINC 706 大气数据计算机软件从功能上分为工作程序(OPPG)和自检程序(BIT),均由 16 位指令字构成。全部程序由 50 多个模块组成,其中少数几个模块供 BIT 专用,但是更多的 BIT 功能是贯穿在工作程序中执行的。工作程序存储在特定存储区,其地址为 0000~67FF。ARINC 706 的管理程序主要由 PEXEC1 和 PEXEC2 两个执行程序模块组成。PEXEC1 模块的功能是对初始化和模块输入进行管理。电源中断(SPINT)程序模块是上电后 CPU 初始化程序的一部分。输入处理程序包括模/数(A/D)转换程序模块 SAD。PEXEC2 模块的功能是对全部计算、数据修正等程序进行管理,还对穿插在工作程序之中的 BIT 以及离散字、维护字、故障信息进行管理。

计算程序按照大气数据方程进行求解,经过修正各种误差之后,形成数据输出程序,计算程序占整个工作程序的绝大部分。

DADC 工作程序流程如图 2.2.4 所示。工作流程由实时时钟 RTC 启动,首先从存储器的程序区首地址取出 PEXEC1,然后取出 PEXEC2 和 PSCAL 静压传感器的系数校正程序。PPSI 通过静压的温度修正算出指示静压,PPS 通过静压源误差修正算出校正静压,PHP 从静压算出气压高度,PHR 算出高度变化率,PHB 算出气压校正高度,PAOAL 算出指示攻角,PAOAC 算出修正攻角,STTI 算出总温。当实时时钟计数为偶数时,进行速度及马赫数计算;当实时时钟计数为奇数时,进行气压修正及总温计算。在偶数支路上首先运行存储器"和数"检查的监控程序 PKSUM,然后运行 RAM 存储器"和数"检查的监控程序 PRAMCK。PTCAL 计算全压传感器校正系数,PPTI 算出指示全压,PMACH 算出马赫数,PTAS 算出真空速,PMOVOMO 算出最大使用速度范围并确定超速警告离散量的值。在奇数支路上,首先运行 PBC 气压修正值的换算程序,然后运行 PSTEMP 静压传感器的温度修正程序和总温计算程序 PTAT。PSAMP 为本计算机进行例题验证。PMAIN 形成三个维护字放入输出缓冲器。到此为止,全部计算处理程序结束,等待 RTC 实时时钟的中断,从而进入下一个工作程序的循环过程。

工作程序循环一次,并非每个子程序模块都调用一次,有的多次调用,有的要在两个循环周期中调用一次。同时,输出服务程序也是多速率结构。气压高度等每个程序周期输出一次,而各维护字、离散字、速度信息等 8 个程序周期中逐个输出,对于单个数据字来说,每 8 个循环输出一次。

ARINC 706 整机工作时对输入、频/数(F/D)转换、模/数(A/D)转换、ARINC 发送器、ARINC 接收器、CPU、静压传感器、全压传感器和电源进行自检。自检中的监控部分是贯穿在工作程序中进行的。

如图 2.2.4 所示,数字式大气数据计算机大多数使用了 ARINC 429 总线结构,该总线能向各系统提供大气数据信息。可以预料,DADC 在计算机科学技术迅速发展的基础上,在计算功能和监控功能方面将会更加完善,并将进一步减小体积、重量、功率损耗和逐渐降低价格。因此,在国外,大多数民用飞机都装备了按照 ARINC 706 规范所设计的数字式大气数据计算机。而在军用飞机上则主要装备英国马可尼公司研制生产的标准大气数据计算机(SCADC)

系列。SCADC 由若干标准模块和少量专用模块组成,能装备于 37 种军用飞机上。

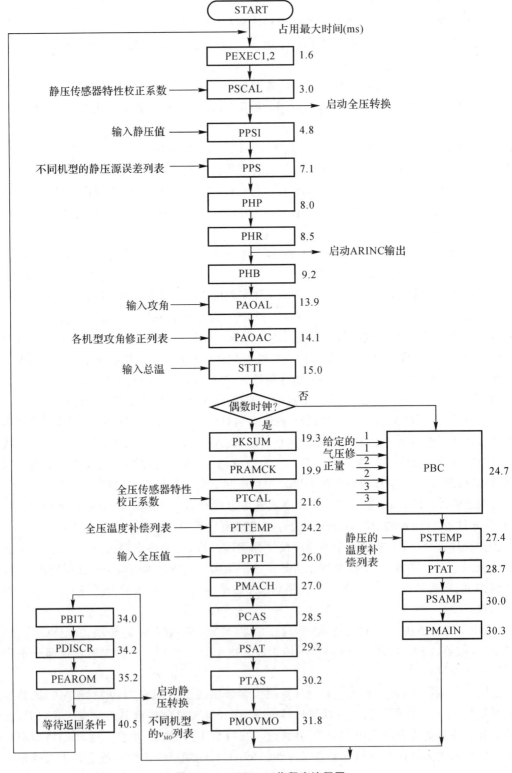

图 2.2.4 DADC 工作程序流程图

2.3　国内大气数据系统的发展历程

　　我国的大气数据计算机的研制始于 20 世纪 70 年代,因为早期主要以引进国外的产品为主,所以早期的国产大气数据计算机主要以混合式大气数据计算机为主。目前,国内已经有多家科研单位和企业在研制大气数据计算机,研制生产的大气数据计算机分别装备在各类歼击机、运输机等飞机上,在掌握大气数据系统的构型和软件算法的基础上,形成了标准化、系列化的产品,应用广泛。并且,拥有大气数据系统所需核心部件——高精度、高可靠性、高稳定性的压力传感器的自主知识产权。此外,形成了气动计算和仿真分析,建立起了满足系统预研、科研、生产和试验等所需要的保障条件。

　　1954 年 11 月 8 日和 30 日,太原航空仪表有限公司分别制成了空速管和磁罗盘,从此结束了我国不能生产制造航空仪表的历史,这是我国航空仪表发展史上的第一个里程碑。第一个气压高度表也是由太原航空仪表有限公司试制成功的。数字大气数据计算机由原理样机到试飞样机的升级试验,再到平显火控计算机的地面交联试验,实现了我国第一台微处理机式平显火控系统与我国第一台微处理机式大气数据计算机的第一次机上交联。1994 年,高精度高度表生产定型和批量投产实现了我国空中交通管制顺利与国际接轨。

　　1983 年,四川航空工业川西机器有限责任公司成功研发出了我国第一台 6 000 t 冷等静压机,打破了西方发达国家对我国等静压装备及技术的封锁,获得了年国家优秀新产品奖和航空工业部重大科技成果奖。目前,该公司已经成为我国最大的等静压装备科研生产基地,以及国际知名、亚洲最大的等静压装备研制生产企业。

　　1984 年,中航工业成都凯天电子股份有限公司试制成功了我国第一台数字式大气数据计算机并装机,开启了大气数据系统技术发展的新时代。1985 年 7 月,由凯天电子股份有限公司自行设计研制的歼八型飞机配套使用的大气数据计算机诞生了,并于 1988 年 3 月试飞定型成为我国第一台成功采用大规模集成电路技术的数字式大气数据计算机。该公司与美国霍尼韦尔、派克,英国通用电气、飞行加油、德鲁克等国际著名公司有着广泛的技术经济合作。其中与美国霍尼韦尔公司在 1998 年共同研制开发的高精度航空大气参数压力控制器/校准器 ADT222C 已达到当时国际同类产品的最高水平,批量投放国际、国内市场。该公司目前研制生产的飞机数字式大气数据计算机已为国内外 10 余种军、民机配套使用,性能优良,1994 年评为中国名牌产品。该产品已为美国 MD－90 飞机所选用,并已取得美国霍尼韦尔公司的许可证。

　　经过多年的不断开拓创新,凯天电子股份有限公司在大气数据探测领域研制发展了不同阶段、多种形式的大气数据系统(见图 2.3.1),并在掌握大气数据计算机的系统构型和软件算法的基础上,形成了标准化、系列化的产品型谱,应用广泛,大气数据系统多项产品取得了中国民用航空总局颁发的技术标准项目批准书(CTSOA),并达到了 90％以上的市场占有率。凯天电子股份有限公司拥有大气数据系统所需核心部件——高精度、高可靠性、高稳定性的振动筒压力传感器的自主知识产权,是国内唯一能自主保障的单位。该公司研制生产的飞行集成数据系统,满足 TSO－C124a/ED－55/ED－56 抗坠毁防护标准,具有飞机设备状况实时监控、大容量数据存储、地面数据处理回放、飞行品质评估、飞行轨迹复现等功能,目前已配套装备于包括各个重点工程在内的国内歼击机、强击机、轰炸机、运输机、直升机、预警机、无人机等上。此外,凯天电子股份有限公司掌握了大气数据系统的气动计算和仿真分析,建立起了满足系统预研、科研、生产和试验等所需要的保障条件。

图 2.3.1 凯天大气数据系统发展图

目前,国内多家研究机构编制了军用及民用飞机大气数据计算机的标准,为飞机大气数据计算机的设计、研制和生产提供了依据。

2.4 典型飞机大气数据系统应用

2.4.1 典型军用飞机的大气数据系统调研分析

国外军用飞机在发展过程中选用大气数据系统因为飞机用途的不同而不同,因为研制体系的不同而不同,因为国家技术水平的不同而不同。常规的大气数据系统都有一根长长的空速管装在机头,大气数据计算机在机头内部,空速管与大气数据计算机以管道连接,目前世界上最新型 F-35"闪电 H"联合攻击机就是采用的这种结构。部分飞机如超级大黄蜂,其机头则没有明显的空速管,而法国的阵风战斗机以及欧洲战斗机则采用了更为灵巧的旋转式多功能探头(Mobile Multi-function Probe, MMP),它将空速管和攻角传感器的功能融合在一起,以多功能的旋转探头替代固定的空速管和攻角传感器,在减少气流紊乱,降低空气阻力,提高飞机雷达反射特性的同时,也对气动补偿提出更高的要求。

1. F-35 战斗机

F-35 战斗机起源自美国联合攻击战斗机(Joint Strike Fighter, JSF)计划。该计划是 20世纪最后一个重大的军用飞机研制和采购项目,亦为全世界进行中的最庞大战斗机研发计划,设计目的是为了替代美国空军、美国海军、美国海军陆战队以及英国皇家海军的 F-16、F/A-18C/D、AV-8 等各种军机。F-35 战斗机被定位为低成本的武器系统,这是因为现代先进战斗机,如 F-22 战斗机的成本不断高涨,美国及其他国家均感到,单纯依靠这样的高性能且高价格的战斗机组成战斗机部队,在财政上难以承受。因此美国各军种改变以往各自研制战斗机的传统,联合起来,共同研制一种用途广泛、性能先进而价格可承受的低档战斗机。由于军方对 F-35 战斗机技术要求不高,因此其最高飞行速度仅为 $Ma=1.6$,超声速巡航能力不强。这方面 F-35 战斗机似乎和三代战斗机没有太大差别。但 F-35 战斗机的机动性能并不差,通过精确的气动布局设计,再加上先进的飞控计算机,该机拥有比三代机更优越的机动性。

F-35 战斗机上均安装了以空速管为标志的传统大气数据系统,其具体布局结构如图2.4.1 所示。

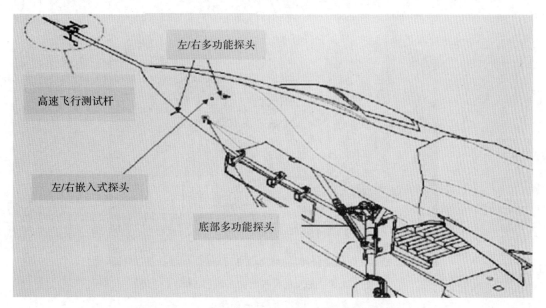

左/右多功能探头

高速飞行测试杆

左/右嵌入式探头

底部多功能探头

图 2.4.1　F－35 战斗机大气数据系统布局结构示意图

2. F－22 战斗机

如图 2.4.2 所示,F－22 战斗机是由美国洛克希德·马丁公司和波音公司联合研制的单座双发高隐身性第五代战斗机,也是世界上第一种进入服役的第五代战斗机。F－22 战斗机于 21 世纪初期陆续进入美国空军服役,以取代上一代的主力机种 F－15 鹰式战斗机。洛克希德·马丁公司为主承包商,负责设计大部分机身、武器系统和 F－22 战斗机的最终组装。计划合作伙伴波音公司则提供机翼、后机身、航空电子综合系统和培训系统。

图 2.4.2　F－22 战斗机

F－22 战斗机的大气数系统采用的是新型的嵌入式大气数据系统(FADS),如图 2.4.3 所示。

图 2.4.3　嵌入式大气数据系统(FADS)

　　F-22 战斗机试飞时在机头安装了空速管和风标传感器,装备服役后则全部撤去,如图 2.4.4 所示。

图 2.4.4　F-22 战斗机试飞状态(左)和服役状态(右)

3. 苏-27 战斗机

　　事实上空速管即全静压受感器的安装方式因飞机的速度要求和机动性要求等不一样而不同,可以在机头、机翼、机身两侧、垂尾和机身静压孔等位置布局。大气数据计算机(以下简称大气机)方面,除了因空速管安装位置不同引起大气机安装位置的变化外,现役俄制大气机和欧美大气机存在较大差别,俄制大气机普遍体积较大,内部电路集成化程度低。以苏-27 战斗机(见图 2.4.5)某型大气机为例,全机共有 95 个组件,各类元器件 1 606 个,其中采用了 689个小规模集成电路,约 2 500 根连接线,机械装配大都采用铆接工艺,体积大、重量重、功耗大、工作时需专门的通风装置进行散热(0～10℃的冷却空气流量不小于 16 kg/h)。而同时期欧美大气机大量采用组合化、模块化的大规模集成电路,印制板大多都在 10 块左右,内部连接线不超过 100 根,重量、体积大大减小。以往的大气机都属于集中式的,目前,大气数据系统新的发展趋势,即信号采集、处理、转化不再区分得那么明确,原空速管和大气机的功能不再分别实现,将传感器和大气机分拆,在不同的飞机部位采集所需信号的同时即实现信号的处理、转化、传递,大气数据系统以分布式的形式出现。

图 2.4.5 苏 - 27 战斗机(空速管位于机头正前方)

2.4.2 典型民用飞机的大气数据系统调研分析

1. 广泛应用的霍尼韦尔大气数据系统

霍尼韦尔是一家年营业额达 300 多亿美元的多元化高科技制造企业,其航空航天产品几乎被应用于全球每一架正在运营的民航及商务飞机上,是全球领先的大气数据计算机(ADC)和大气数据传感器(ADT)的供应商,其在大气数据业务领域拥有超过 45 年的经验,生产了 76 000 多部大气数据计算机,是我国 ARJ21 飞机机载设备和飞行控制系统的主要供应商之一。

霍尼韦尔在大气数据方面的成就:1953 年,开发了 BG - 35——世界上第一部中央大气数据计算机(CADC);1970 年,在 DC - 10 客机上第一次实现数字大气数据输入;在 A - 320 客机上安装了世界上第一个分布式大气数据系统;已累计生产了超过 25 000 台民用 ADC 和 10 000 台军用 ADC;累计出货超过 35 000 台发动机压比(EPR)传感器。

霍尼韦尔于 2010 年 5 月 4 日宣布,其大气数据惯性基准系统(ADIRS)已经被选定为空客 A320、A330、A340 和 A350 客机家族的标准惯性基准系统。

在霍尼韦尔大气数据惯性基准系统的帮助下,空客运营商每年在一架飞机上可以节约至少 15 000 美元的维护费用和燃油费用。与同类竞争产品相比,霍尼韦尔的大气数据惯性基准系统可靠性高出两倍,平均服务期 40 000 h,质量减少 39 lb(1lb=0.453 6 kg)。该系统的 3 个大气数据惯性基准组件(ADIRU)中的每一个都由另外 3 个环形激光陀螺仪和 3 个石英加速度表组成,它们可以准确感应飞机的位置和高度。通过整合惯性感应器和全球定位系统的数据,大气数据惯性基准系统可以提供自动初始化、更快的时间校准和 100% 的所需导航性能信息。

A320 系列飞机的大气数据系统主要由 3 个大气数据惯性基准组件、8 个大气数据组件、安装在飞机外部的传感器以及连接这些部件的气管路组成,而飞机外部的传感器包括 3 个皮托管、6 个静压孔、3 个迎角传感器和两个总温探头,这些传感器感受和探测飞机外部的大气情况,最终由大气数据惯性基准组件计算并获得飞机的大气数据,供机组和飞机的其他系统使用,系统整体如图2.4.6所示。

图 2.4.6　A320 系列飞机的大气数据系统

B737、B747、B757、B767 系列型号的飞机采用的是霍尼韦尔的第三代大气数据惯性基准系统(ADIRS),该系统与数字陀螺仪为全球民用航空客户提供了高性能的服务。ADIRS 具有较高的可靠性,为运营商降低了运营和维护成本。

霍尼韦尔与中国商用飞机有限责任公司签订主合同,为 C919 窄体飞机提供搭载惯性基准系统和大气数据系统的航电产品。

惯性参考系统(IRS)为飞机电传飞控系统提供位置数据,使飞机在飞行期间实现精密进近与精确定位。大气数据系统(ADS)测算关键的大气数据参数,并向飞机驾驶舱显示屏、飞行控制与飞行管理系统提供信息。

根据协议条款,霍尼韦尔将为 LASEREF VI 惯性参考系统提供惯性参考系统(IRS)和一套载入霍尼韦尔 PG1152 大气数据模块的综合大气数据系统。

2. B787 飞机与 A380 飞机大气数据系统

(1)B787 大气数据传感器方案。B787 大气数据传感器由 8 个大气数据模块、6 个静压孔、3 个全压探头、2 个迎角传感器和 1 个总温探头组成。B787 取消了传统的大气数据计算机,利用大气数据模块(ADM)将总压和静压的气动压力信号转换为数字信号经飞控作动电路发送给飞控计算机,由飞控计算机承担原大气数据计算机的软件计算任务,再由飞控计算机发出大气数据供其他系统使用,如图 2.4.7 所示。

由图 2.4.7 可知,ADM 通过气动管路与全压探头和静压孔相连。其中有两个对称的静压孔气动平均后连到一个 ADM,该对静压与一个全压作为备用大气数据源得到备用的空速和高度等大气数据信号,独立于飞控计算机和 ADM,其余的 2 个全压探头和 4 个静压孔通过气动管路各连接到一个 ADM。B787 安装了 2 个迎角传感器,测量迎角信息;安装了一个双通道的总温传感器,接收发动机总温信号(共 6 个总温输入信号)。飞行控制/作动器控制电子设备采集数字压力信号、局部迎角信号和总温信号,将信号传递给驻留在飞控计算机内的大气数据应用软件,软件根据总压、静压、总温数据计算并表决得到可靠的空速、高度、马赫数等信息,提供给显示系统和飞控等用户系统。

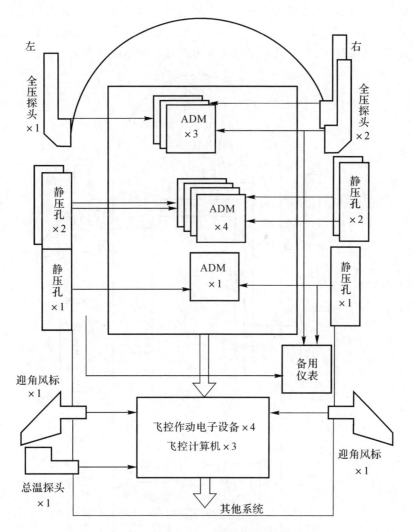

图 2.4.7 B787 大气数据传感器方案

(2)A380 大气数据传感器方案。A380 采用了传统的传感器加大气数据计算机架构,但使用了新型多功能探头。该多功能探头可同时测量全压、迎角和总温。每套独立的大气数据计算机均连接一个多功能探头、一对静压孔和一个侧滑角传感器。根据总压、静压、总温数据即可以计算出空速、高度、马赫数等信息。计算得到的大气数据通过总线发送给到其他系统,如图 2.4.8 所示。

A380 有专门的备用仪表探头,在 3 套大气数据失效时向备用仪表提供压力信息,用于备用飞行显示和备用导航显示。因此 A380 有 4 套独立的大气数据源。

(3)两种方案的差异和原因分析。波音飞机的设计相对于空客飞机一般较为保守,倾向于使用相对传统成熟的设计方案;而空客飞机更倾向于利用最新的技术。两种机型大气数据传感器方案主要差异和原因分析如下:

1)传感器集成度不同。B787 采用传统独立的全压探头、静压孔、迎角风标、总温探头架构;A380 采用了高度集成的多功能探头,可以利用一个探头同时测量全压、迎角和总温信号,减少了设备重量。这是因为空客飞机更倾向于利用最新的技术,在空客系列飞机上对大气数据系统进行了持续的改进,最新研制的目前在试飞阶段的 A350 飞机采用了集成度更高的智能探头解决方案。而波音系列飞机更多地是利用现有的成熟解决方案。

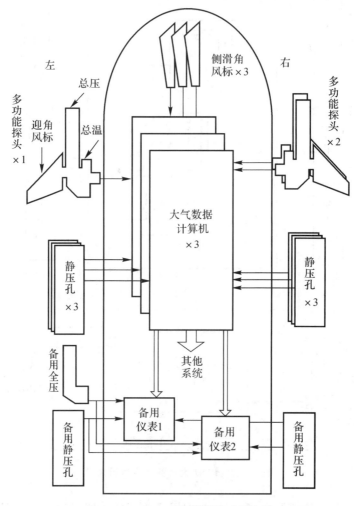

图 2.4.8　A380 大气数据传感器方案

2)大气数据系统架构不同。B787 利用飞控计算机取代原大气数据计算机对所有大气数据进行计算,减少了设备,降低了系统重量;A380 采用了传统的大气数据计算机架构。这是因为 B787 的大气数据传感器和飞控系统是由同一个设备供应商提供,该供应商提供了集成度较高的完整解决方案。而 A380 的大气数据系统和飞控系统由不同的设备供应商提供,因此没有提供类似的解决方案。

3)提供的迎角和侧滑角冗余数量不同。B787 提供 2 个独立的迎角数据,不直接由传感器提供侧滑角数据;A380 则提供 3 个独立的迎角数据和 3 个独立的侧滑角数据。这是因为 B787 和 A380 飞控系统的设计理念不同,所以对大气数据系统的信号需求也不同。B787 飞控系统的功能相对传统,而 A380 有着复杂的迎角保护功能以及脚蹬直接控制飞机侧滑角的特性,因此 A380 大气数据系统需要提供更可靠的迎角数据和直接的侧滑角数据。

4)备用仪表数据源架构不同。B787 的备用仪表和大气数据系统共用全、静压传感器，A380 备用仪表使用专用的探头。这是因为备用仪表需要简单直接的全、静压源，A380 的多功能探头测得初始数据后还需复杂的数据处理，而且多功能探头不能提供静压信号，因此需要专用的全、静压传感器。而 B787 使用的传统全、静压传感器无此问题，可以直接连到备用仪表。

2.4.3　重点军用运输机的大气数据系统调研分析

20 世纪 50 年代服役的"大力神"运输机逐渐不适合现代战争要求，世界战术运输机市场存在巨大缺口，空客 A400M 运输机，应运而生。空客 A400M 运输机采用的是传统带有空速管的大气数据测量系统。

空客和 EADS - CASA 选中古德里奇公司为 A400M 军用运输机提供大气数据系统。该系统使用了古德里奇 SmartProbe™ 技术，为飞机提供所有主要和备用的大气数据信息。空客 A400M 运输机是首个使用该项技术的欧洲军用项目。

SmartProbe 大气数据系统（见图 2.4.9）与传统大气数据系统相比有以下优点：SmartProbe 系统将多功能传感探针、压力传感器和处理装置集成到一起，减少了各装置的分散安装，显著提高了可靠性，重量和飞行阻力也有所降低。

SmartProbe ADS 是古德里奇公司的最新研究成果，是一个多功能探头大气数据系统，专为满足线传飞行控制和数字飞行控制。SmartProbe ADS 提供更准确的数字大气数据输出，提高了系统的性能，降低了生命周期成本。SmartProbe ADS 广泛安装在各种军用和商用飞机、直升机以及无人驾驶车辆上。

图 2.4.9　SmartProbe 大气数据系统

传统大气数据系统与 SmartProbe 大气数据系统的结构如图 2.4.10 所示。

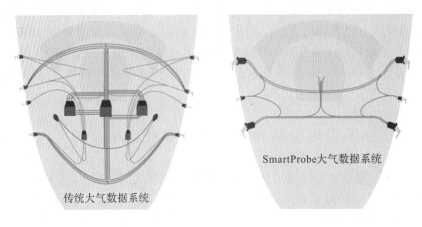

图 2.4.10 传统大气数据系统与 SmartProbe 大气数据系统结构

SmartProbe 大气数据系统主要应用于各种军/民用飞机上,如图 2.4.11 所示。

图 2.4.11 SmartProbe 大气数据系统的应用

2.4.4 典型直升机大气数据系统调研分析

1. 武装直升机大气数据传感器技术发展需求

武装直升机以其能够垂直起降、空中悬停、低空或贴地飞行、全向机动及较强的战场生存能力,在未来战场环境、气象环境复杂的信息化战争中占据有利地位。随着直升机旋翼技术、附加推力技术的发展,直升机的飞行速度将可能突破 900 km/h,航程达到 1 500 km,武装直升机将成为对海、对地攻击装备中的佼佼者。大气数据系统是武装直升机的重要组成部分,其提供的气压高度、空速或三轴向速度、马赫数、升降速度、大气温度、攻角和侧滑角的准确度影响着直升机的飞行安全与武器打击精度。为适应未来复杂战场环境的需求,武装直升机大气数据传感器技术必然会不断地变革。

为适应未来复杂的战场环境,武装直升机将向集高航速、大航程、优越的隐身性能、高机动性和敏捷性、长生命周期一体的方向发展,这使得武装直升机大气数据传感器技术的发展面临着新的挑战。

(1)传统的外伸空速管式单轴或双轴式大气数据系统不能满足参数输出的需要,武装直升机大气数据系统应具备三轴向速度(垂直真空速、纵向真空速、横向真空速)、攻角和侧滑角输出能力,且三轴向速度测量范围应为 $-300\sim900$ km/h,攻角和侧滑角输出精度在 $\pm1°$ 范围内。

(2)以气压为信息源的三轴大气数据系统应具有特殊外形和高度集成的特点,能够集温度传感器、结冰探测器为一体,具有躲避雷达波隐身、红外隐身、激光隐身和音响隐身的特性,并且体积小、质量轻,应比现役的最先进的质量约为 7 kg 的三轴大气数据系统质量更轻、体积更小。

(3)基于光学测量原理的光学大气数据系统和多孔测量原理的嵌入式大气数据系统是未来武装直升机大气数据系统研究的主要方向,其隐身性能最好、受气动影响最小,试飞调参周期短,能够缩短装备的交付周期。

(4)数据融合和重构功能是未来武装直升机大气数据传感器技术中必不可少的要求。当大气数据系统实体受到攻击,其气动外形或自身信息源被破坏,不能保证提供的参数的精度时,可借助 GPS(全球定位系统)、惯导系统、飞控系统、气象雷达等机上其他系统提供的信息选择合适的数据融合方法,构建一套虚拟的大气数据系统,提供满足飞行安全和武器打击精度的大气参数。

2. 直升机三轴全向大气数据系统的由来

从前,直升机都是简单借用固定翼飞机的空速管(单轴向传感器)感受大气总压和静压,与一些传统大气仪表如膜盒高度表、膜盒空速表、温度表等一起,组成单轴高度-空速装置,或与大气数据计算机一起组成单轴大气数据系统。单轴高度-空速装置与单轴大气数据系统都可以被称之为单轴系统,就其大气数据测量原理来说,是相同的。由于单轴大气数据系统是由单轴高度-空速装置发展而来的,它采用了对输入信号的数据化计算和处理技术,计算和处理的结果可以输送给其他机上系统,性能也好于单轴高度-空速装置,因此可以代表单轴系统。

现在,单轴大气数据系统已经广泛用于高空、高速度的固定翼飞机,包括民航的客机、货机,用于军事的歼击机、轰炸机、运输机等,但是,低空、低速度的直升机与高空、高速度的固定翼飞机有很大的差异,大气数据的测量要困难得多。20 世纪 70 年代,为了克服常规空速管测量大气参数的不足,首先开发使用的是二轴大气数据系统,如美国 PACER 公司的 OADS(全向大气数据系统)。二轴大气数据系统的关键部件是二轴向的空速传感器,它是基于风速测量原理,由一电机驱动、在水平面上恒定旋转的双臂文氏管组成。在两臂交接处的差压传感器感受来自两臂气流的压力差,从而粗略地测量水平面上纵向和横向两个空速分量。二轴大气数据系统与单轴大气数据系统比较,它能测量纵向低空速和横向空速。但由于测量原理限制,二轴大气数据系统存在一些固有的不足,主要有:①不能测量垂直空速和攻角参数,也测量不了下洗流,能输出的大气参数种类太少;②由于使用常规的单轴大气数据系统的静压部件,因此与静压有关的大气参数如高度、静压、动压等精度很低;③二轴向的空速传感器装在桨毂上,不能完全避免旋翼诱导气流的影响(尤其在直升机作俯冲等动作下降高度时),输出的大气参数精度低;④安装复杂,并且由于文氏管不停地旋转和雨水的进入,容易损坏,可靠性差;⑤为了避免旋翼诱导气流的影响,二轴向的空速传感器只能装在直升机上唯一的一个特殊位置——旋翼上面的桨毂上,使得一些更重要的设备如雷达、夜视仪、潜望瞄准具等无法安装在这里。由于上述原因,二轴大气数据系统只在国外两个直升机型号上使用过,很快就被淘汰。

随着直升机性能的提高,为了向直升机飞行控制、武器投放、导航及显示等设备提供更多、更为精确可靠的全向空速大气数据,满足因直升机战术技术性能不断进步带来的需求,克服单轴、双轴大气数据系统的不足,国外各发达国家经过近20年的努力,至20世纪80年代取得突破性进展,英国和俄罗斯先后研制成功三轴全向大气数据系统:英国GEC公司的HADS(直升机大气数据系统),俄罗斯的CBC。而HADS和CBC的工作原理相同。从20世纪90年代中期开始,中国航空工业第一集团成都航空仪表公司对三轴全向大气数据系统进行努力开发研制,已取得可喜进展。在成功地进行了样机验证试飞后,目前,中国直升机三轴全向大气数据系统(C-HADS)已进入型号应用阶段。

3. 武装直升机大气数据传感器技术研究现状

以"黑鹰""米-4"武装直升机为代表的传统的武装直升机大气数据系统已得到广泛应用。该系统类似于固定翼飞机的大气数据系统,利用L形空速管感受直升机飞行过程中的总压、静压,并结合攻角传感器、侧滑角传感器及静温传感器实现总压、静压、攻角、侧滑角及静温的直接测量,然后利用大气数据计算机中固定的解算与校正方法,完成大气数据的解算与修正。这种大气数据系统存在以下问题:

(1)空速管、攻角传感器及侧滑角传感器需要安装在受机身扰动小、气流稳定的位置,存在测量的大气参数与真实值之间的误差大的缺点。

(2)空速管、攻角传感器及侧滑角传感器存在加工误差和安装误差,压力、角度测量值与理想值之间存在偏差。

(3)提高大气参数测量精度成为传统大气数据传感器技术的主要研究方向。

(4)躲避雷达波隐身、红外隐身、激光隐身和音响隐身的特性差,主要依靠其外形达到隐身性能难度大。

(5)输出的速度参数中只有横向真空速,没有纵向真空速和垂直真空速,并且75 km/h以下的低空速无法测量,武器打击需要借助其他系统提供的参数或者仅靠驾驶员的感觉进行。

20世纪90年代,中国成为继英、俄之后,又一个能够研制生产三轴全向大气数据系统的国家。三轴全向大气数据系统是由两个集静压、总压、攻角、侧滑角一体的全向矢量传感器和大气数据计算机两部分组成的大气数据系统,用安装在诱导气流场中的速度矢量传感器测量合成气流,经分解可测量纵向、横向和垂直三个空速分量和诱导速度,其测量范围广、精度高。这种大气数据系统已在以AH-64D长弓阿帕奇武装直升机、米-8N武装直升机、直-10武装直升机、直-19武装直升机为代表的直升机上得到成功应用。

但由于这种三轴大气数据系统具有旋转机构,全向矢量压力传感器需要长度适合的安装支臂支撑在具有稳定旋翼诱导气流的流场中,支臂可能会很长,维护较复杂,需要定期进行维护。在21世纪初,以美国为代表的相关机构公布了另一种支架式直升机用大气数据系统,由集飞行气压感受器、结冰探测、总温传感器为一体的支杆和数据处理装置组成。这种装置伸出机头安装,能够测量直升机飞行过程中旋翼诱导气流、侧滑角、垂直真空速、前向真空速、横向真空速、后向真空速,测量受机身影响较大。正装备俄罗斯军队的卡-52武装直升机的新一代HADS,改进了压力受感装置,并集温度传感器和数据解算装置为一体,其特殊的外形替代了旋转机构,系统质量仅 7 kg,集成度高,质量较轻,维护方便。中国的大气数据专业厂家也在积极研究此类新型三轴大气数据系统。

4. 直升机三轴全向大气数据系统在国外的应用

据有关的资料显示,到 1999 年,英 GEC 公司生产的直升机三轴全向大气数据系统(HAOS)已超过 1 500 套,装备的机种在 20 个以上,至少包括:Agusta A129;Westland Wessex Ⅲ;Westland Lynx(RN and AH-1);MBB B0105;Bell YAH-63,AH-IG ,AH-IS,UH-1B,UH-1C,NUH-1M 和 CH-135;Boeing Vertol 公司的 CH-47,YUH-61;Sikorsky YUH-60,UH-60A;阿帕奇;Westland WAH-64(英国攻击直升机);亚尔 330L"美洲豹"/SOCAT;日本自卫队反坦克直升机。

俄罗斯生产的直升机三轴全向大气数据系统 CBC 也有一定数量,装备的机种至少包括米-38、卡-62 和米-28N。

法国 Meggit 公司生产的直升机大气数据系统如图 2.4.12 所示。

该产品是混合式大气数据系统结构,主要应用于欧洲直升机公司生产的 BO 105、美国贝尔直升机公司生产的 UH-1、西科斯基公司生产的黑鹰直升机 UH-60、波音公司生产的 AH-64"阿帕奇"武装直升机以及欧洲阿古斯塔·韦斯特兰公司生产的 EH-101。

图 2.4.12　Meggit 公司生产的直升机大气数据系统

直升机三轴全向大气数据系统在美、英、俄等国的许多直升机上获得了广泛应用,可以说,三轴全向大气数据系统是目前最先进的、真正意义上的直升机大气数据系统,代表了现代直升机大气数据系统的发展方向。

2.5　大气数据系统技术发展趋势分析

2.5.1　传统大气数据系统技术

传统大气数据系统由全静压传感器、全静压管路和大气数据计算机组成。全静压传感器安装在机体外部,主要用于准确收集气流的全压和静压。全压孔用来收集气流的全压,全压孔位于全静压传感器中正对气流方向,空气流至全压孔时,完全受阻,流速为零,因而得到气流的全压。静压孔用来收集气流的静压,静压孔位于机身周围没有紊流的地方,静压经静压管路进入大气数据计算机。全静压传感器是流线型的管子,表面十分光滑,其目的是减少对气流的扰动。

大气数据计算机通过对全静压传感器和全静压管路收集到的全压和静压进行解算,得到飞机重要的参数,如高度、空速、升降速度、马赫数等等。

传统的大气数据系统的缺陷也十分明显,首先全静压管路存在压力延迟,若飞机当前压力变化较快,则会出现飞行指示空速或高度滞后于实际飞机空速或高度的问题。对于民航客机,这种情况主要影响地面起飞滑跑,由于飞机起飞时,总压变化较快,管路的迟滞对起飞速度和滑跑距离有着直接的影响,所以 FAA(美国联邦航空管理局)发布 109 号修正案,针对延迟情况进行了具体的规定。

其次,为了保证测量的准确性,对全静压管路的安装和维护有着很高的要求,同时,管路越长,出现管路堵塞或泄漏的可能性越大,而管路堵塞或泄漏会造成飞机空速和高度的误指示,给飞机带来灾难性的影响,所以 FAA 咨询通报 AC25-11A 将飞机所有空速高度误指示定为灾难类的风险。法航 447 事故就是由于全静压传感器的堵塞造成飞行员得到错误的空速高度指示,最终导致机毁人亡的惨剧。

但是传统的大气数据系统存在的问题也非常明显:首先,过长的压力管路会导致管路压力延迟过大,影响飞机测试参数的实时性;其次,为了保证大气数据测量的准确性,对大气数据管路的安装要求非常高,不利于维护工作;再次,过多的组件导致此类大气数据系统结构复杂,不利于减重并且降低了可靠性。

为了解决传统大气数据系统出现的问题,全球各大气数据系统供应商开发出了大气数据模块和集成式全静压传感器等产品。

1. 集成式全静压传感器(Integrated Pitot Probe)

集成式全静压传感器顾名思义,即将传统的全静压传感器与大气数据计算机进行了集成,免去了传统飞机使用的全静压管路,消除了管路压力延迟对飞行状态指示的影响,同时不需要考虑管路的泄露对大气数据系统测量精度的影响。目前 ERJ190/195 系列飞机使用的即为此类产品,此类产品的维修性也比较好,拆卸、安装都较传统全静压传感器容易,但是此类传感器成本较高,航空公司运营维修成本较大。典型的集成式全静压传感器如图 2.5.1 所示。

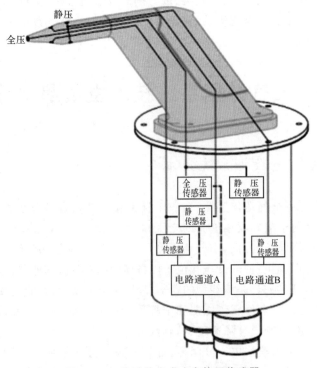

图 2.5.1 典型的集成式全静压传感器

　　传统全静压传感器主要由空速管和侧滑角传感器组成,如图 2.5.2 所示,空速管正前部为总压孔,两侧分布两排细小的静压孔,上述两孔各自通过总、静压导管向后传递气流,空速管内部空隙处布满加热丝,组成防冰和除冰系统。

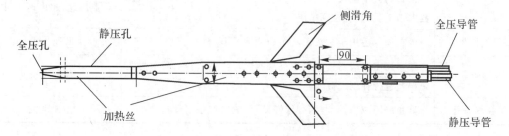

图 2.5.2　传统全静压传感器示意图

　　全静压传感器的布局一般遵循以下原则:

　　(1)按接受全静压压力源设备来布局。

　　(2)要尽量缩短管路的长度,减少弯曲,减少接头。

　　(3)对于机身两侧布局的传感器或机身静压孔,为减少侧滑角测量的影响,其管路尽量对称布局。

　　(4)收集水分和杂物的沉淀器一般应设置在全静压管路的最低处,也可设置在与全静压传感器相连接的某段水平管路上。沉淀器距传感器的长度,要满足使传感器头部进入导管的水分都能被沉淀器收集,而不因管道的内壁阻力使水分停留在管路里。

　　对于不同的全静压传感器,根据飞机特点可采用五种布局,即机头、机身、机翼、垂尾和机身静压孔等布局方案,具体位置如图 2.5.3 所示。

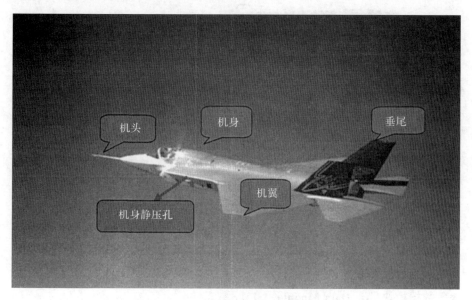

图 2.5.3　全静压传感器布局示意图

　　全静压传感器在飞机上可根据飞机需求的不同选择不同的布局,在不同的布局情况下各有利弊,具体布局见表 2.5.1。

表 2.5.1　全静压传感器布局比较

布　局	说　明	适　用
机头	该布局对于位置误差具有良好的重复性和规律性,在马赫数大于1后,具有较高精度	亚声速、超声速飞机
机翼两侧	该布局仅适用于机头无法布局的情况下	低速飞机
机身两侧	该布局需要成对地布局于机身两侧,压力管路短,需对静压源误差进行补偿	各种飞机
机身静压孔	该布局因测压精度低,规律性差,一般用作备用方案	各种飞机

　　全静压传感器误差主要来源有以下几个:静压源(装置)位置误差;静压源重复误差;静压源校准误差;全压误差;管路压力滞后误差;泄漏误差。

　　依据上述分析和研究结果,我国新型飞机必将是高机动性、高速、隐身性能好、信息化程度高的跨代飞机,结合目前我国大气补偿能力、风洞试验能力,对新型全静压传感器(见图 2.5.4)可做如下选择:

　　(1)将侧滑角传感器从全静压传感器中分离,成为纯粹的空速管,功能定义为感受大气中的全压、静压,并传递气流。

　　(2)将空速管对称布局于机身两侧,对静压源误差进行补偿。

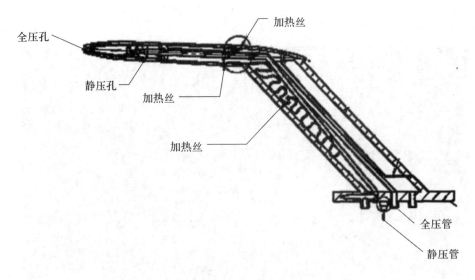

图 2.5.4　新型全静压传感器示意图

2. 大气数据模块(Air Data Module,ADM)

　　大气数据模块的功能代替了大气数据计算机中模/数转换部分的功能,其一般带有一个压力输入端和一个电信号输出端,可将任何压力信号转换为电信号输出。大气数据模块一般体积小,工作稳定,使用灵活,可安装在飞机全压/静压传感器蒙皮附近,这样可让压力传感器和大气数据模块间的管路尽量短,减小压力延迟。

　　将大气机组合简单化,强化数据处理功能,将全静压传感器的数据处理功能后延,将大气机传感器功能前移,缩短大气传输管路,减少管道误差,主要的组成部分简化为传感器组合、中央处理机组合、电源组合、机箱组合。新型大气数据处理模块构想如图 2.5.5 所示。

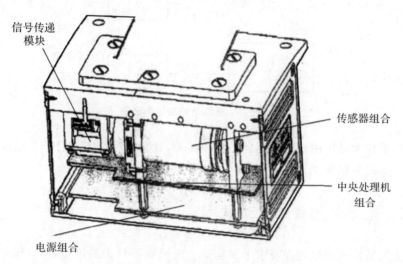

信号传递模块

传感器组合

中央处理机组合

电源组合

图 2.5.5　新型大气数据处理模块构想

　　大气机内部全静压传感器采用振动筒压力传感器,它的核心是一个薄壁圆筒,在压力的作用下引起应力变化,从而改变自身的频率,由拾振线圈和激振线圈通过保持放大器维持稳定振荡,输出与压力成对应关系的频率脉冲信号,这两个组合在测试原理、测量路线、结构组成等方面完全近似,它们分别感受全静压管路的全压(p_t)/静压(p_s)的压力,输出频率与压力成函数关系的低脉冲信号,送到中央处理机组合。

　　其中,激励放大器和振动筒内的激振线圈,组成了一个满足自激振荡的正反馈闭环系统,如图 2.5.6 所示,其工作过程如下:

　　电源未接通时,振动筒处于静止状态,一旦直流电源接通激振放大器,放大器的固有噪声在激振线圈中产生微弱的随机脉冲,该脉冲信号通过激磁线圈时引起的磁场改变,造成一个脉动力,从而使振动筒的筒壁变形,使圆筒以低振幅的谐振频率振动。而筒壁的位移被拾振线圈感受,在拾振线圈中产生感应电势,该电势经过放大器放大整形再反馈到激励线圈,形成一个正反馈回路,从而保证输出一个与压力成对应关系的频率脉冲信号。

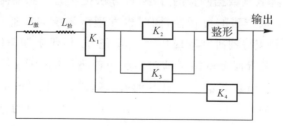

$L_激$　$L_拾$　　　　　　　　　　　输出

K_1　　K_2　　整形

K_3

K_4

图 2.5.6　振动筒传感器工作原理图

　　同时,在相同压力条件下,为了保证压力传感器的输出频率不随温度的变化而变化,必须对传感器的环境温度进行相应的修正,利用二极管的正向电压随温度变化的特性来检测传感器的工作温度,因此要在传感器组合底座内安置一个感温二极管,组成感温电路,如图 2.5.7 所示。

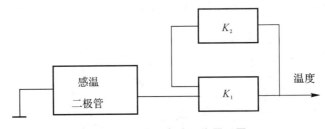

图 2.5.7　感温电路工作原理图

大气数据模块大量应用于当前运营的主流机型,比如 B787、B747、B777 以及 A380、A330 都大量使用了大气数据模块。

2.5.2　先进大气数据系统技术

新型的大气数据系统虽然在技术上和构架上已经有了较大的进步,但是依然存在着多种风险,由于大气数据对于飞机的飞行安全非常重要,全静压探头、全静压管路、大气数据计算机任一出现故障,都会导致指示空速、高度、马赫数数据出现错误。目前国外一些前沿机构开发出更先进的大气数据系统,并在验证机上进行了实际的验证工作。

1. 嵌入式大气数据系统(FADS)

嵌入式大气数据系统依靠嵌入在飞机前端或机翼不同位置上的压力传感器阵列来测量飞机表面的压力分布,并由压力分布获取大气参数。这一技术的提出与发展,全面提升了大气数据传感技术的进步。由于 FADS 气动模型能够捕捉到流场的特征,所以可以利用气动模型将压力分布与大气状态联系起来,从而实现大气参数的测量。

FADS 最早产生于 20 世纪 60 年代,美国国家航空航天局(NASA)在进行航天飞机的飞行研究时,发现传统大气数据传感系统难以在高超声速下使用,为此设计了一种新的大气数据传感系统,并在 X-15 项目中进行实验验证。该设计采用半球结构,球形内部加入桨片,这样的机械结构使整个验证效果并不理想。在 20 世纪 80 年代,NASA Langley 研究中心在 SEAR 项目中采用了一种大气数据测量的方法,该方法把压力传感器阵列固定在飞机头部周围,通过风洞试验验证了该方法的可行性,同时也发现该系统同样适用于低速条件下,于是 FADS 开始在各个航空领域得到研究和应用。20 世纪 90 年代末期,日本也进行了 FADS 的研究,并在“希望号”空天飞行器上试验了针对高超声速飞行试验研制的 FADS。X-15 项目的试验效果虽然并不理想,但是奠定了 FADS 的研究基础,为 FADS 的设计向数字电子进化指明了方向。此后的 SEAD 项目(KC-135,F-14)在 X-15 项目的基础上采用数字电子装置,精简了 FADS 硬件构造,通过风洞和飞行试验验证了 FADS 的可行性。到 90 年代的 HI-FADS 项目(F-18)使 FADS 取得了突破性进展,该项目通过一个简单有效的压力模型来实现,并采用了最小二乘迭代法,这是第一个成熟的 FADS 算法,同时提出了一种故障检测的方法,即 χ^2 分布的方法;随后大幅提高了 FADS 硬件系统的集成度,并尝试向模块化的方向发展,并验证了 FADS 在超大迎角下($-5°\sim70°$)的可行性;同一时期的 X-33 项目,提出了三点法的 FADS 算法,算法简单实用。经过近半个世纪的发展,FADS 的高精度压力传感器、大气参数解算算法、误差修正算法、故障检测与冗余管理等技术逐渐成熟,并进行了多次风洞和飞行试验的验证。此时,对于 FADS 来说,其硬件和软件都达到了实际应用的水平,FADS 进入成熟阶段。1996 年的矢量推动短距离起降项目中 FADS 被成功运用到超声速飞行器幻影 F-4 和 X-31 中。2004 年 11 月 16 日,NASA 进行的"Hyper-X"项目中 X-43A 以最高速度为 $Ma=9.8$ 验证了 FADS,标志着 FADS 在极超声速飞行器的应用取得成功。目前,FADS 已成功应用于从亚声速到高超声速的各类高性能飞行器上,如美国的 F-18,X-31,X-33,X-34,X-38,X-43A 以及日本的 HYFLEX 飞行器。另外,德国"锐边-2"(SHEFEX Ⅱ)高超声速飞行器也准备采用 FADS,意大利、法国、印度等国对 FADS 的算法方面也展开了相关研究。近几年,我国的歼-20 开始采用 FADS,标志着我国的 FADS 研究进入了成熟阶段。

由于 FADS 总体性能优越,因此备受各国航空航天领域工程技术人员的广泛关注。对以下几个主要技术方面的深入分析和研究,是当下 FADS 技术走向成熟的关键。

(1)测压孔布局技术。测压孔布局直接影响着 FADS 的测量精度和可靠性。测压孔的安装位置最好选择在压力和温度比较稳定的区域,并且所测压力受外界干扰尽可能小,同时又能最大限度地感知来流的变化。FADS 测压孔的分布形式有十字形、扇形和放射形,其中十字形相对较为简单,在美国的 X-34,X-38,X-43A 以及日本的 HYFLEX 等飞行器上均有应用,而扇形和放射形一般应用于特殊飞行需求的飞行器,如具有大攻角飞行特性的美国 F-18 和 X-31。测压孔个数方面,理论上至少需要 5 个测压孔才能实现大气参数的解算,通过增加测压孔个数可提高测量精度和可靠性,同时还要兼顾系统的设计复杂程度和计算负担,要求在确保测量精度的前提下提高系统的动态性和稳定性。由于测压孔布局与机体外形及飞行需求密切相关,并且与取气装置、引气管路、压力传感器等装置的安装布局和 FADS 算法设计之间相互影响和制约,因此,如何合理进行测压孔布局设计与优化是一项值得研究的问题。

(2)取气装置与引气管路热防护技术。飞行器高超声速飞行时,取气装置直接接触高温气流,如德国的 SHEFEX Ⅱ飞行器的头部尖端区域的温度最高可超过 1 800 ℃,因此取气装置必须采用耐高温且隔热效果较好的材料。为确保取气装置的密封性以及飞行器表面材料不会在开孔处受到严重烧蚀,要求取气装置和飞行器表面材料的热膨胀系数相近,并在安装时对结构连接处进行密封和粘接,如美国 X-33 飞行器的 FADS 取气装置材料选用与机体外表面热防护材料(碳-碳复合材料)热膨胀系数相近的铌铪合金 C-103,取得了良好的应用效果。另外,引气管路材料也应该是耐高温材料,由于引气管路热传导是管路内气体温度升高的主要因素,因此有必要对引气管路热传导特性进行研究。作用在压力传感器上的气体可能具有较高的温度,为确保传感器正常工作,有必要对引气管路中的气体进行一定的降温处理。

(3)FADS 算法。国外经过几十年的研究,已发展了一套完整的 FADS 解算、校准及修正算法,并且在实践中得到了应用。经典的 FADS 算法有加权最小二乘法、三点法、神经网络求解法、数字滤波法等,不同算法之间的性能分析对比结果见表 2.5.2。

表 2.5.2　FADS算法特点及应用情况对比表

类型	原理	测压孔布局影响	实时性	稳定性	抗干扰性	发展程序	应用精度
加权最小二乘法	利用加权最小二乘进行迭代求解	最小	较差	高马赫数时差	强	成熟	F-18HARV： 攻角：±0.5°；侧滑角：±0.5°； 马赫数：±4%
三点法	利用三个点的压力进行迭代求解	较大	较差	好	较强	成熟	X-33： 攻角：±0.5°；侧滑角：±0.5°； 马赫数：±5%；高度：±60.96 m； 动压：±718 Pa
神经网络算法	利用大量的前期数据对网络进行训练	较小	较好	好	较强	发展方向	F/A-18B SRA： 攻角：±0.4°；侧滑角：±0.4°； 马赫数：±2%；静压：±813 Pa； 动压：±574 Pa
数字滤波法	利用数字滤波理论进行迭代计算	较小	较好	—	较强	不成熟	HYELEX： 攻角：±0.5°；侧滑角：±0.2°； 动压：±6%
压力系数法	与惯性导航系统（INS）数据进行融合估计	较小	较好	—	—	不成熟	X-43A： 攻角：±0.5°；动压：±5%

各种算法都有自身的适用条件和优缺点,应该综合考虑应用需求和算法的特点对算法进行选取或组合。目前FADS算法研究集中在对已有算法的改进和新算法的开发中,更加强调算法的实时性、准确性和容错性。随着计算机技术在FADS中的广泛应用,神经网络算法成为研究的热点。美国 Thomas J. Rohloff 等人研究了基于神经网络的FADS算法,该算法所具有的容错性和稳定性已在 F/A-18B SRA 飞行器上得到验证;英国 Ihab Samy 等人研究 FADS在微型飞行器中应用的可行性问题时,利用神经网络非线性特性拟合飞行器的气动模型,最终实现了大气参数的测量。此外,国内部分学者针对神经网络算法也进行了相关的理论仿真研究。

(4)气动延时补偿技术。受气动延时和气动导管频率响应特性限制,FADS在高机动和高空飞行时测量精度下降,严重影响系统的实时性。为解决这一问题,美国 Stephen A. Whitmore 等人通过建立气动导管压力传递数学模型,研究了测压管路频率特性,通过合理配置气动导管尺寸来减小气动延时误差。国内高隆隆等人也对压力延时问题进行了分析和讨论。另外,由于惯导系统对机动性比较敏感,利用惯导解算的大气参数实时性好,但纯惯导推算的大气参数存在系统误差,将 FADS 和惯导进行互补融合的方法是解决气动延时问题的有效途径和发展方向。

综上所述,FADS通过在机体表面的微小取气装置测量压力,大大提高了压力测量的安全性和准确性,某一区域的问题不会导致飞机完全丢失大气数据信息,但是FADS更适用于高速飞行时测量的问题,而目前世界上航线运营的客机的巡航速度都较低,从经济性考虑,不适合使用FADS,但是超声速民航客机很可能是下一个发展方向,所以此项技术依然有良好的发展空间。

2. 虚拟大气数据系统(VADS)

为适应复杂战场环境的需要,高性能飞行器对大气数据系统的测量精度、隐身性和可靠性要求越来越高,目前通常采取系统冗余配置的方式来提高大气数据系统的容错性,但是这种方法不仅代价较高,同时势必会降低飞行器隐身性。VADS是一种在不增加系统测量设备的基础上,整合现有机载系统的信息资源,利用信息融合的方法实现大气参数的精确估计。图2.5.8为VADS原理图。

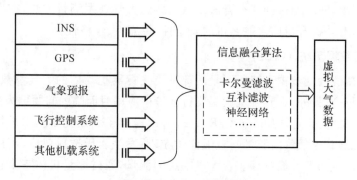

图2.5.8　VADS原理图

虚拟大气数据传感技术是逐渐发展、丰富起来的一种新的大气数据估计方法,该方法在早期表现为对某个或某几个大气参数进行估计。随着飞行器对大气参数需求的提高,虚拟大气数据传感技术也不断发展完善。早在20世纪80年代,美国Stiphen A. Whitmore等人就利用虚拟大气数据传感技术解决了再入式航天飞机大气参数测量问题,他们采用线性卡尔曼滤波的方法将惯导信息和气象预报信息进行融合,实现大气参数的精确估计。美国Kevin A. Wise等人为提高无人战斗机X-45A攻角/侧滑角测量的可靠性和容错性,充分利用惯导系统和飞行控制系统参数,根据扩展卡尔曼滤波算法实现攻角/侧滑角的精确估计。2009年,意大利太空研究中心Francesco Nebula等人为解决再入式飞行器大气参数测量问题,首次提出了VADS的概念,并对VADS的可行性进行了验证性研究。相对国外,我国在这方面的研究工作较少,部分学者利用INS/GPS信息对攻角和侧滑角估计方法进行过探讨性研究,缺乏对虚拟大气数据传感技术及其应用方面的深入研究。

虚拟大气数据传感技术是通过软件算法为飞行器增加一套大气数据系统,有效利用了现有机载信息,不需要安装大气数据测量装置,隐身性好,同时可以精简结构器件、减少重量、降低成本。VADS能够实现对真实大气数据系统进行故障检测和备份的双重功能,提高了大气数据系统的精度、可靠性与容错性以及对恶劣飞行环境的适应性,在多种类型的高性能飞行器上都具有广泛的应用前景。

同样地,民航客机对于安全性的要求非常严格,为了提高大气数据系统的安全性,也采取系统冗余配置的方式来提高大气数据系统的容错性,为了满足安全性要求,增加了多套大气数据测量系统,代价较高。民航客机应用虚拟大气数据系统,就可以在不增加系统测量设备的基础上,整合现有机载系统的信息资源,利用信息融合的方法实现大气参数的精确估计。

虚拟大气数据传感器通过软件算法为飞机增加了一套大气数据系统,有效利用了现有的机载信息,不需要安装其他大气数据系统,成本和重量都得到了减少,实现了对真实大气数据系统进行故障检测和备份的双重功能,提高了大气数据系统的精度、可靠性与容错性。目前

FAA(美国联邦航空管理局)对于运营飞机的安全性要求越来越高,在不需大规模更改飞机大气数据系统架构的情况下,通过引入虚拟大气数据技术,可有效地提高飞机运行的安全性和经济性。美国、意大利等国对于虚拟大气数据技术已经有比较深入的研究,相信 VADS 会在未来成为民航客机上可靠的大气数据系统之一。

目前在大气数据传感技术上的前沿技术还不成熟,但是由于它们具有优越的性能和巨大的潜力,因此将成为大气数据传感器技术的重要内容和发展方向。另外,可以结合现代科技的发展,寻找易于实现,同时能避开现有方法缺点的新的大气数据测量方法,在大气数据系统的发展上有所突破,有效提升目前民航客机的安全性、可靠性、经济性。

3. 光学大气数据系统(OADS)

上述两种类型的大气数据系统所测量的都是受飞行器扰动后的大气参数,系统校准工作复杂且维护费用较高,另外,在直升机旋涡飞行环境中应用时面临的问题更为复杂。在光学技术发展的推动下,1981 年美国 Phikip L. Rogers 首次提出了利用光学技术进行大气参数测量的思想,根据激光遇到大气气溶胶(固体/液体微粒)后发生米氏散射效应,利用接收到的后向散射激光信号所产生的多普勒频移实现大气空速的测量,通过测量机体三个轴向的速度进而得到攻角和侧滑角的光学大气数据测量方法。另外,他还针对激光遇到空气分子后发生荧光散射效应来对大气密度、温度、压力等参数的测量方法进行了研究。20 世纪 90 年代,美国在 F - 16、F - 104 等飞行器上对这种光学大气数据测量方法进行了多次试验,验证了光学大气数据传感技术的可行性和优越性。

美国 NASA 与 Ophir 公司从 1985 年开始就致力于光学大气数据传感技术的研究工作,并于 2002—2004 年对基于气溶胶瑞利散射的光学大气数据系统(Optical Air Data System,OADS)进行了验证性研究。受气溶胶数量影响,OADS 在高空或纯净大气环境中无法实现大气参数的测量,另外,该系统测量参数较少(只能测量真空速、攻角和侧滑角)。近年来,人们提出的分子光学大气数据系统(Molecular Optical Air Data System,MOADS)有效地解决了 OADS 的不足,它利用激光与大气分子和气溶胶分别发生瑞利散射和米氏散射效应,根据后向散射信号的强度和多普勒频移,能够实现所有大气参数的测量。MOADS 基本工作原理如图 2.5.9 所示。目前,美国 Ophir 公司和密歇根航天公司都已推出 MOADS 的产品,并在一定范围内得到应用。MOADS 的出现提高了 OADS 的测量范围和可靠性,促进了光学大气数据传感技术的不断发展。

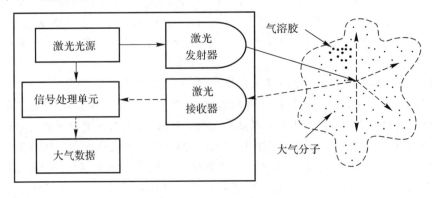

图 2.5.9 MOADS 基本工作原理

光学大气数据系统在进行大气参数测量时不受气流扰动影响,适用于跨声速、大攻角、高机动等飞行特性的高性能战斗机,解决了处于旋涡气流和强震动飞行环境中的直升机大气数据的测量问题。同时,该系统采用埋入式设计,增强飞机的隐身性能。另外,光学大气数据系统可显著降低大气数据系统的校准和维护成本。虽然目前该技术的研究还不是十分成熟,但由于其无法比拟的优点和应用潜力已成为大气数据研究人员关注的热点。

4. 大气数据传感技术展望

随着航空技术的不断发展,大气数据传感技术发展迅猛,涌现出多种新型的测量方式。从过去的研究状况和高性能飞行器未来的发展需求来看,目前大气数据传感技术主要有以下几个发展趋势:

(1)目前三种新型的大气数据传感技术发展还不是十分成熟,尤其是 OADS 技术和 VADS 技术发展较晚,但由于它们具有优越的性能和巨大的应用潜力,将成为大气数据传感技术探索与研究的重要内容和发展方向。另外,可以结合现代科技的发展,寻找易于实现,同时能避开现有方法缺点的新的大气数据测量方法。

(2)针对高性能飞行器特殊的飞行环境和飞行状态,单一的大气数据传感技术面临着不足,利用已有大气数据测量方法的优点,克服不足,将不同类型的大气数据系统相组合(如传统大气数据系统和 FADS 相结合)的方法将是一种提高大气数据传感技术应用效果的有效途径。

(3)为满足新一代航空飞行器可靠性要求,大气数据系统的故障监测及容错技术越来越受到重视,针对大气数据系统架构和传感器配置的容错方案与算法设计是提高大气数据系统可靠性和容错性的关键技术。

(4)大气数据信息与其他导航系统的多信息融合技术能够取长补短,获得优于任何一种系统的计算精度和可靠性,如采用大气/惯性数据信息融合技术的大气数据惯性基准系统(ADIRS)是未来大气数据传感技术的重要应用方向。

大气数据传感技术在各种飞行器中发挥了无以替代的作用,具有广阔的发展前景。大气数据传感技术的进步与发展需要传感器技术、测量技术、计算机技术、机械制造技术、信息融合技术等众多技术领域发展的推动,其发展又能推动所涉及学科和技术的进步与发展。我国在传统大气数据传感技术方面的研究和应用较为成熟,但在嵌入式尤其是光学式和虚拟大气数据系统方面的研究起步较晚,还存在许多富有挑战性的问题亟待解决。我们应紧密关注国际上的发展状况,充分考虑未来高性能飞行器的发展趋势和应用需求,通过借鉴外来先进技术和自主研发相结合,以期推动我国高性能飞行器大气数据传感技术的综合发展。

2.6 国外第五代战斗机大气数据系统的发展趋势分析

第五代战斗机是依照军事上对喷气式战斗机的划代标准,目前世界现役机中最先进的一代战斗机。第五代战斗机的性能特点一般可以用 4S 来概括,即 Stealth(隐身)、Super Sonic Cruise(超声速巡航能力)、Super Maneuverability(超机动能力)和 Superior Avionics for Battle Awareness and Effectiveness(超级信息优势),其中在早期美国的 F-117A 时代具备革命性的就是隐身性能。隐身性能依赖于外形、材料和内部武器舱,即使是装备完全的作战配置,战斗机依然只有非常低的雷达反射截面积。美国的第五代战斗机利用了此前为 F-117A、B-2 轰炸机和 AGM-129"先进巡航导弹"所发展的隐身技术。对于那些单纯凭借机动性取胜的战斗机,这种几乎看不见的作战能力决定了第五代战斗机平台发展中最为重要的革命性部分。

第五代战斗机较前一代战斗机最大的特点就是第五代航空发动机的使用以及低可侦测性技术的全面运用,并具备高机动性、先进航电系统、高度集成计算机网络,具备优异的战场状况感知能力以及信息融合能力。目前服役的第五代战斗机是美国洛克希德·马丁公司生产的 F-22、F-35,中国航空工业集团公司生产的歼-20,另外还有俄罗斯联合飞机集团苏霍伊公司生产的苏-57(其原型是俄罗斯的 T-50),以及中国中航工业沈阳飞机工业集团公司生产的 FC-31 等战机。第五代战斗机通过对发动机与隐身、综合航空电子系统和后勤保障的重大改进,将机动性、敏捷性、飞行性能、隐身性、信息融合、更好的态势感知(situational awareness)和能够网络作战等完全结合,产生了此前战斗机发展各个阶段从未出现过的优势。

2.6.1　硬件集成与软件算法相融合

传统大气数据系统可提供包含真空速、马赫数、高度、升降速度等飞行参数,这为大气数据系统与其他机载系统的信息融合和参数精度提高创造了条件。目前传统大气数据系统主要和惯性导航系统互补使用,且国外已将以往相互独立的两系统进行了系统硬件级的集成和软件算法级的融合,形成了大气数据惯性基准系统(Air Data Inertial Reference System,ADIRS)。ADIRS 充分利用了大气数据系统和惯性导航系统的优势,简化了系统结构和组件,使用维护方便灵活,同时提高了系统整体的可靠性和输出参数的精度。在民用航空飞行器导航需求牵引下,惯性基准系统与大气数据系统逐渐融合,形成大气数据惯性基准系统,ADIRS 的核心技术便是大气/惯性数据信息融合技术。大气数据系统与惯性基准系统利用各自的优势取长补短,获得优于任何一种系统的计算精度和可靠性。现在,大气数据惯性基准系统已成功应用于波音和空客公司的多种型号飞机,如 B757、B777、A320、A330、A340 和 A380,并使用了不同型式的余度组合技术,使整体结构大为减少,可靠性提高,而成本相对降低,维护使用更加方便。提高 ADIRS 的功能及测量精度,是未来航空电子系统的发展方向。ADIRS 代表了机载航电系统一个新的发展趋势。

机载大气/惯性数据信息融合与评估技术是现代飞机提高飞行品质,尤其是提高飞机最具挑战性的跨声速阶段飞行品质的关键技术。在战斗机方面,超声速巡航能力不仅是我国第三代战斗机的一项重要特征,也是最先进的第五代战斗机性能提升的关键。机载大气/惯性数据信息融合与评估技术对解决跨声速阶段飞行信息的精确获取以及战斗机性能的提升有着显著的效果,具有十分突出的军事应用价值和前景;作为第五代战斗机的关键支撑系统技术之一的大气惯性基准系统技术的核心部分,大气/惯性数据信息融合与评估技术的研究,对于我国即将全面展开的大飞机以及新一代高性能飞行器的研制都具有重要意义。

在大气/惯导的数据融合算法方面,国外进行了基于大气/惯导/飞行器动力学模型的攻角/侧滑角算法研究、基于大气/惯导/气象模型的马赫数/攻角/侧滑角算法研究、利用惯导信息对大气数据的估计和修正研究以及 ADIRS 的故障冗余方面的研究工作。目前,国外大气/

惯性数据信息融合技术研究比较成熟和相对公开的方法有两种,一种是基于经典的卡尔曼滤波的大气/惯性信息融合方法,另一种是基于计算攻角/侧滑角系统(Computational Alpha-Beta System,CABS)的攻角/侧滑角互补融合方法。

国内在大气/惯性数据信息融合技术方面的研究,基本上是针对惯性导航系统高度通道发散的问题,基于经典控制理论设计二阶或三阶回路,利用大气数据系统的气压高度信息阻尼惯导系统高度通道的发散。相比较而言,国内对 ADIRS 的研究起步较晚,对于大气/惯性数据信息融合方面的研究也比较有限,仅限于对系统的结构组成和原理的初步研究;大气/惯导信息融合方面的研究主要针对利用大气和惯导信息形成组合高度系统,利用大气高度阻尼并抑制惯导高度的发散。另外,大气信息也可与其他多种类型的信息源进行数据融合,现已开展了惯导/GPS/大气、差分 GPS/磁航向/惯导/大气、惯导/塔康/大气/光电的多信息组合导航研究,这些研究的目标主要是利用大气信息的辅助,提高组合导航系统的精度和可靠性,而针对传统大气数据系统,且在跨声速、大攻角等特殊飞行条件下提升大气数据系统性能的研究则较少。

目前,来源于实际飞行的大气惯性数据信息融合需求,已不仅仅局限于一般飞行状态下的大气与惯性数据信息的融合,对融合的方式方法、应用背景的要求也越来越高。可以预见,大气/惯性数据信息融合技术将成为各国先进飞行器争夺的关键技术之一,大气/惯性数据信息融合技术也将趋于多样化的发展,并且具有更强的针对性。

2.6.2 适应高速环境条件和隐身性要求

随着先进飞行器技术的涌现和发展,现代航空飞行器对飞行速度、机动性、隐身性的要求不断提高,飞行环境更加苛刻复杂,如高超声速飞行器要面对因与空气摩擦产生的高热环境,此时空速管将被烧蚀;先进战斗机需要进行大攻角飞行和机动,机头的气流分离使空速管难以有效测量;第五代飞行器更加注重隐身性能,而凸出在机体外的传感器会显著增大雷达反射面积;等等。基于空速管的传统大气数据系统由于硬件材料、测量机理、结构外形等因素,难以满足在高温、高机动等恶劣环境下的大气数据测量需要,因此,嵌入式大气数据系统(Flush Air Data System,FADS)应运而生。FADS 利用嵌入在飞行器不同位置的压力传感器测量机体表面的压力,根据压力分布与大气参数的模型关系,解算出总压、静压、攻角和侧滑角等基本大气信息,进而计算其他更多的飞行参数,供机载系统使用。FADS 压力传感器嵌入在飞行器内部,机体表面无凸出物,不仅有利于隐身性能的提高,也使其能够适用于高超声速飞行和大攻角机动条件。FADS 部件集成度高,便于安装、调试和维护,可实现系统软硬件方面的冗余和容错,具有优良的可靠性和稳定性,是新一代的大气数据传感测量系统。

飞行器所需的大气信息与其周围的大气特性紧密相关,稳定的气流状态有利于大气数据传感器的正常传感测量。飞行器在亚声速和超声速飞行时,周围气流平稳,此时测量的大气数据可靠有效,满足飞行器的使用需求;而在跨声速区间,飞行器突破声速时会产生激波,造成机体周围大气特性的突变以及气流的剧烈扰动,影响大气数据的正常测量与有效解算。正常飞行时,飞行器跨声速的气压高度误差可达 600~700 m,攻角误差可达 2°~3°;当飞行器进行机动时,大气参数误差将更大,进而引起机体振动或颤振,严重影响飞行器跨声速飞行的稳定性、可操纵性和安全性。目前世界上第三代战斗机可进行超声速飞行,第四代战斗机可进行超声速巡航,跨声速已成为现代先进飞行器不可避免的飞行阶段,并且跨声速飞行的时间也有增长的趋势。而跨声速时大气特性复杂多变,大气数据系统性能下降的问题难以通过系统自身得以解决,因此,需要引入外界可用信息,对大气数据系统的测量或解算进行修正或补偿,研究跨声速特殊飞行条件下的大气数据计算与修正等测量技术,进而提高飞行器跨声速时的大气数据准确性和飞行平稳性。

高速飞行是现代先进航空飞行器的一个主要发展方向,高速飞行器特别是高超声速飞行器可以有效实现高速突防和战区退出,从而提高远程作战效能。飞行器在高超声速飞行时,机体与周围大气相互作用和剧烈摩擦,在飞行器头部周围产生强激波,激波的压缩作用使空气温度急速升高,通过气体对流和辐射的方式使机体表面产生大量气动热,此时飞行器头部前端的温度可达2 000℃以上,远高于空速管等传感器的许用温度,传统大气数据系统将不能适用。高超声速飞行器在飞行过程中还要经受复杂和严酷的力学环境,主动段和再入段的高过载、飞行时的气动力,以及各种高低频的瞬态与随机振动载荷,如发动机点火、关机和级间分离产生的瞬态振动,火工品分离装置产生的爆炸冲击环境,以及气动噪声通过结构传递的高频随机振动环境,等等。这些载荷是材料、部组件、系统结构变形、断裂的主因之一,也是飞行器电子产品失效的主要原因。

FADS没有凸出在机体外的测量装置,因而可用于高速飞行环境。高超声速飞行器飞行时,机体周围流场复杂,用于FADS大气参数解算的压力场模型与机体结构外形、飞行条件、大气状态等因素相互耦合。一般情况下,FADS压力场模型需先进行复杂的气动理论计算与分析,然后通过风洞试验和飞行试验做进一步校正。另外,大气参数解算算法也需根据FADS压力场模型和测压点布局进行设计。高超声速飞行器是现代及未来的先进航空飞行器,FADS作为此类飞行器的关键机载系统,其气动模型分析、理论算法设计及系统研制与实现是大气数据测量技术的重要研究方向。

2.6.3 新式大气数据测量技术的应用

在大气数据测量技术领域,传统ADS和FADS都基于压力测量实现大气参数的解算。除此之外,一些基于新的物理效应的大气数据测量技术也在不断发展。光学大气测量技术及虚拟大气技术将会是第五代战斗机发展的试验方向之一。

1. 光学大气测量技术

光学大气数据测量系统的基本组成包括光源、散射介质、光学组件、探测器和信号处理电路。光学大气数据测量系统的出现不仅可以显著降低大气数据测量系统的维护成本,而且能够提高测量精度。同时,光学测量系统可以进行埋入式设计,增强飞机的隐身性能。除了为飞机提供大气数据,光学大气数据测量系统还有着更为广泛的用途。

多年来,光学测量方法在风洞试验中得到了广泛的应用。基于光学方法的测量使得试验人员可以不必借助其他技术而直接观察流体动力学特性。同时,由于测量过程不会影响试验条件,研究人员可以集中精力去评估试验结果,而不必将精力浪费在校正和修正测量引起的误差上。对风洞试验环境而言,由于是在地面,设备的运行拥有足够大的空间和功率,激光光束也可以得到安全的控制。风洞中的空气处于封闭状态,可以采用某些特殊操作(例如使用示踪粒子),因而可以比较容易地得到高的信噪比。

　　尽管在飞行中应用光学方法测量大气数据存在诸多技术难题,但是从 20 世纪 70 年代初开始,国外相继开发出若干光学空速测量系统(见表 2.6.1),并在一定范围内得到应用。在飞行中使用光学方法测量空速,须借助大气悬浮尘粒(或大气分子)的反射,这对光源有比较高的要求。二氧化碳激光器的发明提供了这种可能性,它的波长为 10 μm,处于远红外波段,这是相干检波器所能探测的大气悬浮尘粒反射光多普勒频移的必要相干波长。由于这些早期系统尺寸较大并且功率需求较大,往往需要使用大型飞机。目前,由于技术的进步,系统可以做得很小,功率需求也有所降低,可以安装在直升机及高性能战斗机上使用了。

表 2.6.1　几种早期光学空速测量系统

年份	公司/飞机	波长/模型/功率	类型	应用及意义
1971	霍尼韦尔/CV990	0.6 μm/CW/10 W、50 W	聚焦参考光束测速器	测量 20 m 的空速;首台飞行试验激光测速器
1975	雷神/UH - 1	10.6 μm/CW/3.5 W	聚焦参考光速测速器	直升机发射火箭弹弹道修正,范围 1~32 m;首个扫描系统,首次实施翼下洗修正
1984	洛克希德/L1011,F - 104	0.8 μm/CW/9 W	平面对渡越时间测速器	测量 2.5 m 处空速;首次平面对系统飞行试验
1984	Sextant(Crouzet)/幻影 3	10.6 μm/CW/4 W	聚焦参考光束测速器	测量 40 m 处空速;首次超声速激光测速器飞行试验

　　密歇根航宇公司研制的分子光学大气数据系统(Molecular Optical Air Data System, MOADS)是一种应用激光雷达技术探测大气数据的光学大气数据测量系统。MOADS 可以只通过大气分子的逆散射来确定大气数据,而不一定需要大气悬浮颗粒的存在。但是,如果大气中有悬浮颗粒,MOADS 也会利用其反射光。MOADS 可以替代当前的皮托管空速测量技术,并可以进行埋入式设计,而不需伸出机身蒙皮。MOADS 可以采集三个维度的空速值,同时测量大气密度和温度,通过测量这些基本量,所有的大气参数都可以获得。MOADS 操作中的关键因素为高精度频谱干涉仪,它可以提供稳定而灵敏的幅频特性,将多普勒频移转换为幅度变化。幅度方差可以转换为多普勒频移的估计,从而可以得出空速。

　　光学大气数据系统在进行大气参数测量时不受气流扰动影响,适用于跨声速、大攻角、高机动等飞行特性的高性能战斗机,解决了处于旋涡气流和强震动飞行环境中的直升机大气数据的测量问题,同时,该系统采用埋入式设计,增强飞机的隐身性能。另外,光学大气数据系统可显著降低大气数据系统的校准和维护成本。虽然目前该技术的研究还不是十分成熟,但由于其无法比拟的优点和应用潜力已成为大气数据研究人员关注的热点。

2. 虚拟大气数据技术

　　虚拟大气数据系统(VADS)是一种利用飞机机载系统的参数和飞行过程中获取的先验信息,如惯性导航系统、GPS、飞行控制系统以及气象预报等方式提供的各种数据,通过设计信息融合算法(如卡尔曼滤波、互补滤波、神经网络等方法),在不增加额外大气数据传感器测量装置情况下,实现对大气数据的实时精确估计的大气数据系统,其工作原理框图如图 2.6.1 所示。虚拟大气数据系统的思想是逐渐发展、丰富起来的一类大气数据估计方法,该思想在早期表现为对某个或某几个大气参数进行估计,随着飞机对大气数据的需求的提高,此类算法不断发展完善。

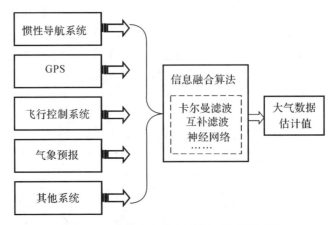

图 2.6.1 虚拟大气数据系统工作原理框图

VADS 可以在不增加系统硬件设备的基础上,有效利用机载系统的输出参数,通过融合算法实现大气数据估计。由于 VADS 不需要安装大气数据测量装置,因此便于飞机隐身,同时可以精简结构器件、减少重量、降低成本。利用 VADS 估计的大气数据可作为物理大气数据的冗余参数,也可用于对大气数据系统性能要求不高或者低价格的飞机等。根据大气数据估计值与实际测量的大气数据,利用故障诊断和性能监测算法,评估判断实际大气数据系统的工作状况。此外,在大气数据系统故障的情况下,根据 VADS 估算的大气数据,可以在一定时间内,作为大气数据系统的备份,为飞机飞行提供大气数据,在多种类型的高性能飞行器上都具有广泛的应用前景。

对虚拟大气数据系统的研究和应用,主要集中在发达国家,在虚拟大气数据技术领域,美国是发展最早、水平最高、研发最多的国家。

20 世纪 80 年代,美国 Stiphen A. Whitmore 等人研究了利用惯导系统和气象预报提供的数据,采用线性卡尔曼滤波的方法进行参数融合,实现对大气数据的估计,有效地解决了载入式航天飞机大气数据测量问题。另外采用这种方法可以实现对高机动飞行状态下大气数据测量误差的校正。Zeis 等人利用惯导系统提供的导航参数,对大气攻角进行了无风条件下的估计。

20 世纪 90 年代,美国进行大攻角飞机 F−18 研制过程中,利用了惯导系统和大气数据系统提供的数据进行卡尔曼滤波的方法,旨在解决高机动飞行条件下大气数据测量误差波动与延迟问题。

2005 年,美国 Kevin A. Wise 等人为提高无人战斗机 X−45A 攻角/侧滑角测量的可靠性和容错性,充分利用惯导系统、飞行控制系统、大气数据系统的参数和扩展卡尔曼滤波算法设计了一种攻角/侧滑角计算系统(Computational Alpha-Beta System,CABS),实现了攻角和侧滑角的精确估计。

2007 年,意大利太空研究中心 Francesco Nebula 等人针对跨声速投掷式飞行试验(DTFT),提出了一种基于惯导系统参数和气象参数,利用扩展卡尔曼滤波算法和神经网络算法设计的虚拟大气数据系统,首次提出了 VADS 的概念,并对 VADS 的可行性进行了验证性研究。

2008 年,美国 John Perry 等人利用低精度的导航系统参数对微小型飞行器在大攻角高机动飞行状态下的攻角和侧滑角估计方法进行设计,并验证了其有效性。

相对于国外,我国在虚拟大气数据系统方面的研究尚处于起步阶段,在这方面的研究工作较少,部分学者对攻角和侧滑角估计方法进行过探讨性研究,缺乏对虚拟大气数据传感技术及其应用方面的深入研究,已经开展的一些少量相关工作在飞机中的试验验证和应用也比较欠缺。

2.6.4　大信息量的显示控制系统

随着新军事变革思想的提出和发展,现代战斗机即将面临复杂甚至极端恶劣的战场环境,在多维立体化条件下执行多平台多任务的高度信息化作战。为了掌握作战主动权,驾驶员必须获得清晰、真实和全面战场态势感知。未来战斗机为了隐身,会减小座舱空间,进而缩小座舱显示面积。这些因素给未来战斗机座舱显控系统的设计带来了极为严峻的挑战。在未来战争对战斗机座舱显示控制系统的需求牵引下,随着现代高新技术的发展和推动,国内外信息显示和控制专家提出了各种先进的座舱显控概念。

1. 基于"大图像"的全景座舱显控系统

1990 年,美国空军研究实验室提出了"全景座舱控制和显示系统(PCCADS)"计划。同时,美国麦道飞机公司提出了"大图像"智能化座舱的概念。后来,由美国莱特研究和开发中心(WRDC)与麦道飞机公司联合试验和验证了 PCCADS 概念。该方案主要面向 21 世纪战斗机座舱,目的是为了解决驾驶员在低能见度和恶劣气候条件下的态势感知,以及头盔离轴目标截获武器瞄准等问题。

基于"大图像"的全景座舱显控系统,主导思想表现在三个方面:①采用大屏幕显示器显示超视距全局 SA(空间自相关),主要是正前方和下视战场态势信息,大大增强驾驶员对战场态势的感知。图形图像支持二维、三维和四维显示,支持全屏、分屏、开窗、叠加和镶嵌等。②采用头盔显示器作为视距战术态势感知的主显示器,实现大离轴目标获取武器瞄准。③采用握杆操纵控制、触敏控制、头位跟踪和控制技术实现多通道综合控制。

国外第四代战机 F-22 的座舱(见图 2.6.2)显示系统代表了现代战斗机座舱配置的最高水平,它采用了电子综合图形显示系统来替代制导、导航、控制、操纵等系统的指针式仪表,使驾驶舱的各种机械仪表大幅度减少,同时给驾驶员大量的有序辅助信息和操作提示。该显控系统由 1 个平视显示器和 6 个下视显示器组成。其中广角全息平视显示器视场为 $20° \times 30°$,配有联合头盔指示系统。6 个下视显示器分三类:1 个 8 in(1 in=2.54 cm)主多功能显示器,3 个 6 in 辅助多功能显示器,2 个 3×4 in^2 前上方显示器,每个显示色彩为 5 级灰度,全部采用平板 AMLCD(主动矩阵液晶显示器),总分辨率为 135 万像素,显示总面积 201 in^2。

而最新的联合攻击战斗机 F-35 是先进战斗机的又一次革新,它的航电系统具有高度综合性,本身的隐身性良好,同时还融合了很多先进的机载传感器,使其具有更强的数据管理能力。更为引人注目的是它的座舱显示/控制系统不仅继承和完善了 F-22 战斗机的优点,还充分实现了玻璃座舱系统大屏幕的一体化显示。该座舱采用了两个 20 cm×25 cm 的平板显示器拼接成了一个 20 cm×50 cm 的大型触摸式多功能显示器,两个显示器工作相互独立,互为备份,当其中一个发生故障时,所有的显示信息将会自动转移到另一个显示器上进行显示。这样飞行员就可以通过触摸屏来轻松完成飞机空中加油模式和飞机控制系统测试模式的切换;

可以控制各种机载无线电系统,任务系统计算机,敌我识别系统和导航系统;还可以根据自己的意愿任意划分信息显示窗口的大小,实现多种灵活的显示模式,如全屏、分屏、分窗,如图2.6.3 所示。

图 2.6.2　F‒22 座舱

图 2.6.3　F‒35 战斗机座舱显示画面

这样的设计模式和风格也使飞行员在作战过程中只需要用手指轻轻触摸控制模块的相应区域,就可以随意调整各种信息的显示方式和显示顺序,这些信息包括:雷达、红外图像,发动机状态,态势信息,武器系统状态,等等;完成任意画面间的切换;或者重新启动整个显示系统,直到整个画面信息的显示令人满意为止,大大减少了飞行负荷。除此之外,在运用高分辨率显示器改进后的座舱里,飞行员的空战命中率提高了 45%。

2. 超级全景座舱

20 世纪 90 年代末期,美国空军研究实验室的高级显示器专家 Hopper 提出了超级全景座舱(SPC)概念,主要目的是为了适应未来战斗机的无窗口座舱的显控需求。SPC 方案将建立一个大屏幕中心显示器,左右各有一个环绕座舱内壁的大型曲面显示器,以期达到拥有 100°以上视野的下视显示系统。另外,由一组平板显示器组成的全景平视显示系统将在飞行员视觉正前方建立第二个 100°视野,提供夜间、潮湿结冰天气、激光作用下的飞行能力。在座舱盖的设计方案中,近期目标采用座舱盖遮蔽帘,远期目标是实现曲形座舱罩显示系超级全景座舱,除了向飞行员提供最大范围的全景显示外,还将有语音控制和触敏控制功能,从而减轻飞行员的工作负荷,提高作战和防御能力。

3. 虚拟座舱

虚拟座舱显示系统是目前军事领域研究的重点,它不仅能够提供传统飞行器所能达到的基本功能,还具有虚拟现实的沉溺感、交互性和构想性,能更好地动态生成各种仿真场景、数据特征等,使仿真结果更接近飞机飞行的真实情况。

另外,虚拟座舱是飞行员执行任务时的主要活动场所,也是飞行员与飞机之间交换信息的接口,飞机性能与人的能力发挥如何很大程度上取决于"接口"与"人-机"是否适应。在作战过程中,飞行员必须依靠多样的座舱显示系统画面和自身的感知能力获取飞行的所有相关信息,以确保航路的准确性和飞行的安全性。虚拟座舱所提供的飞行信息主要包括飞机飞行的三维真实环境,飞机的飞行高速、速度和水平状态,飞机飞行的俯视图、尾随图,飞机所处位置的坐标,等等。这就使飞行员能够直观、快速地获取飞行的具体信息,了解飞机当前的飞行状态,并通过具体判断对具体情况做出相应的决策,及时调节飞机的飞行航路,避免高空事故的发生。

根据虚拟现实技术在有人和无人战斗机的应用情况,虚拟座舱的研究可以分为两个方面:

(1)有人战斗机虚拟座舱。这是一种超越 SPC 的方案,又称为"浸入式"座舱。它由计算机虚拟环境发生器,头盔显示器,交互式大屏幕显示器,声音告警系统,话音识别器,头/眼/手的测量、定位和跟踪系统以及触觉/动觉系统构成。虚拟座舱能使人进入一种封闭的虚拟环境,通过人机接口输出三维视觉、听觉和触觉信息,多通道刺激人的感观,在人头脑中形成身临其境的感觉。同时,它还能接受人手指的动作、话音、头眼指向多通道控制信息,实现真正的人机交互。利用虚拟座舱技术,能增强驾驶员态势感知,摆脱常规任务,减轻工作负担,大大提高工作效率,并实现座舱显示/控制的综合化和智能化。

(2)无人战斗机构建自动虚拟环境。无人战斗机的飞行依靠操纵员的遥控,操纵员位于控制室,即位于空中指挥所或是地面空勤位置。操纵员依靠虚拟环境显示控制系统来控制无人机。洞穴自动虚拟环境是一个由大屏幕显示器构成的房间,图形投影在三面墙和地板上。来自飞行中无人战斗机或某些机外信息源的探测器视频信息充满整个房间。通过虚拟显示技术,操纵员可以"浮"在飞行中的无人战斗机之内。

4. 四维显示座舱

所谓四维显示,就是指在空间三维信息外还加上了一个带有预见预测信息的时间维的显示,即在三维立体显示的基础上加上预见预测信息,使置身于座舱内部的驾驶员不但能直观地得到飞机三维真实飞行的信息,还可以得到飞机的预见轨迹和飞机在未来一段时间内的预测输出状态(时间维信息)。因此飞行员就可以更好地实现对目标信号进行无延迟的跟踪。四维显示也是未来座舱显示器发展的趋势。其主要的关键技术包括预见预测多功能座舱显示器、最优预见控制理论、智能误差信号显示控制理论、智能误差信号显示等。

参 考 文 献

[1]　张振华. 分布式大气数据系统的结构和软件设计[D]. 成都:电子科技大学,2012.

[2]　孟博. 跨音速/高超音速大气数据测量技术研究[D]. 南京:南京航空航天大学,2011.

［3］ 杨斐. 大气数据系统参数的形成与还原显示［J］. 西飞科技，2004（4）：4.

［4］ 孙志鹏. 皮托静压系统相关飞行仪表研究及仿真［J］. 中国仪表仪器，2017（3）：20.

［5］ 史利剑. 无人驾驶飞机大气数据计算机系统的研究［D］. 西安：西北工业大学，2001.

［6］ 戴莹春. 基于 FPGA 的无人机大气数据简易系统研究［D］. 西安：西北工业大学，2006.

［7］ 李越峰. 数字式大气数据计算机的设计与实现［D］. 西安：西安电子科技大学，2012.

［8］ 徐悦，陶建伟. B787 飞机和 A380 飞机大气数据传感器方案对比研究［J］. 科技咨询，2014（19）：2.

［9］ 谭静. 武装直升机大气数据传感器技术研究进展［J］. 电子技术与软件工程，2015（20）：1.

［10］ 李骏. 大气数据系统的发展现状及展望［J］. 军民两用技术与产品，2018（2）：1.

［11］ 马航帅，雷廷万，李荣冰，等. 高性能飞行器大气数据传感技术研究进展［J］. 航空计算技术，2011，41（5）：6.

［12］ 李睿佳. 机载大气/惯性数据信息融合与评估技术研究［D］. 南京：南京航空航天大学，2010.

［13］ 刘宝善. 战斗机座舱显示与控制新技术发展动态［J］. 人类工效学，1999，5（1）：4.

第三章 大气数据系统关键技术

3.1 大气数据系统构型研究

大气数据是飞机驾驶员最重要的信息,因为飞机首先要依赖于空气飞行。最早的飞机是在没有任何飞行仪表的情况下飞行的,驾驶员只能依赖于自己的视觉、感觉和听觉给出相对地面的高度和速度等。这种飞行要求飞行员的感官非常敏感,他必须能够根据作用到脸上的风力和作用到飞机结构绳索上的空气发出的声音来测定飞机的速度。在早年,这种飞行只限于在良好的气候条件下进行,试图在能见度差的条件下飞行往往会发生事故。

随着航空技术的发展,专家们认识到必须有在能见度差的条件下操纵飞机的系统,即飞行状态仪表。大气数据仪表系统是飞行状态仪表的一部分。

基本的空速指示器,是利用表内的开口膜盒,在动压(全受阻压力与大气静压之差)作用下膨胀,从而带动指针指示出相应的空速。因为动压的大小与气流的速度等因素有关,所以指针的指示能够反映气流速度的大小,即空速的大小。

最初的高度表很简单,它是真空膜盒式气压计,以米或英尺计量高度。因为在标准大气条件下,高度与气压(静压)有一一对应的单值函数关系,所以用气压的大小来反映高度的高低。由于膜盒内部抽成接近真空,作用在膜盒外部的为环境气压(静压),因此这样的高度表便是测量绝对压力的气压计,不过刻度为与气压相对应的高度罢了。

气动式大气数据仪表的进一步发展,便出现了垂直速度(升/降速度)指示器和马赫数指示器。

机械式大气数据仪表依靠空气动力直接驱动指示器,结构简单,可靠性好。经过多年的研制,出现了许多修正方案,如温度误差的机械补偿、气压校正及克服加速影响等,因而提高了指示精度。这些气动指示器至今仍然用作小型飞机的基本飞行仪表,即使在最新型的军用和民用飞机上,也作为备份仪表使用。

气动仪表的进一步发展促使气动传感器的出现,这对于大气数据计算机(ADC)的发展是非常重要的。

在 20 世纪 40 年代和 50 年代,许多高空、高速运输机和轰炸机相继出现。随着飞机性能要求的提高,自动驾驶仪和飞机增稳系统(SAS)也随之安装在飞机上。这些设备有助于减轻驾驶员长时间飞行产生的疲劳。自动驾驶仪的增益调节、高度和空速保持方式及伺服回路控制速率等都需要大气数据信息。每一种新的要求,通常促使一种新的大气数据传感器的出现。由于一个分立式传感器只能输出一个信号,当需要大量大气数据信息时,就必须重复使用大量的传感器。这样,不仅增加了重量和体积,而且会使全压、静压管路的长度和容量增加,从而增大全压、静压系统的状态(延迟)误差。此外,由于飞机对气流的扰动,静压孔实际感受到的静压与飞机周围自由气流的静压不相等,从而产生静压源误差。全压、静压系统的延迟误差和静压源误差会引起自动驾驶仪控制伺服系统的稳定性变差,从而使其不适应高性能飞机的要求。

当时,飞机设计师们认识到大气数据传感器的数量不能再继续增加了,为提高飞机性能,他们设计出第一代大气数据计算机。其基本原理是将大量的分立式压力传感器综合为两个传感器,即静压传感器和全压传感器。利用先进的闭环伺服回路技术,把经过高度、空速、马赫数等函数解算后的结果输送到自动驾驶仪及所有需要大气数据信息的系统。这种综合式设备就是众所周知的中央大气数据计算机(CADC),如图 3.1.1 所示。

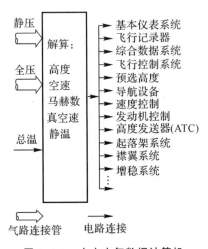

图 3.1.1 中央大气数据计算机

电气机械式(即模拟式)CADC 与分立式传感器相比,在结构上有了很大改进,整体重量减少 50%,大大减小了管路的复杂性,全压、静压系统表壳的总容量明显减少,从而使气动时间常数大大减小,自动驾驶仪的稳定性有了很大改进。

由图 1.3.3 可以看出,根据静压、全压、总温(及迎角)几个基本原始参数,可以求解出若干个所需要的飞行参数,用于输出指示和控制信号。

在军用和民用飞机上,这种电气机械式中央大气数据计算机一直持续应用到 20 世纪 60 年代。随着飞机性能的提高,需要越来越多的大气数据的函数,这就使中央大气数据计算机变得越来越复杂。其输出参数包括高度、指示空速、马赫数、真空速、大气总温和静温、当量空速、空气密度以及它们的各种函数。一般来说,每增加一个大气数据函数,CADC 就相应要有一个新的伺服系统和一个函数解算装置(函数凸轮或函数电位计),并且每个函数又派生出许多不同形式的输出。仅就高度信息而言,CADC 的电气输出形式有如下一些:单转子三线同步器、多转子三线同步器、线性二线同步器、带离合器的同步器输出、各种线性直流电位计、数字式高度信息、高度控制开关信号。

每个函数伺服系统(如高度、空速等)都有多种输出信号,所以,CADC 实际上是一种非常复杂的模拟计算机。系统的复杂性使功率损耗和重量增加,体积增大和平均故障间隔时间缩短,因此,可靠性成为一个严重问题。

精密的集成电路和运算放大器的出现,使工程师们有可能设计出固态模拟式大气数据计算机。电子工程师们变革性地去除了 CADC 中的齿轮、凸轮、测速电动机、同步器和电位计的伺服机构。随着数字式计算机的微型化,固态模拟式大气数据计算机迅速地向混合式大气数据计算机(HADC)方向发展。

20世纪70年代,是HADC最重要的发展阶段。HADC使用微处理机作为具有模拟和数字输入/输出的中央处理机。美国斯佩雷(SPERRY)公司的混合式大气数据计算机首先在美国空军(USAF)的F-15飞机上获得成功,之后在F-16飞机上又进行了改型。

与机电模拟式大气数据计算机相比,HADC在体积和重量上均减少了约1/2。在F-15、F-16飞机上,HADC的实际平均故障间隔时间为2 000~3 000 h,大大提高了可靠性。

继F-15、F-16飞机上的HADC成功之后,斯佩雷公司的HADC新技术还被美国海军F-18飞机选用。除军用飞机外,斯佩雷公司还为洛克希德(Lockheed)公司的L 1011和空中客车A300 A、A300 B提供混合式大气数据计算机。

根据20世纪80年代飞机发展的需要,美国又设计了数字式大气数据计算机(DADC),DADC是按照美国航空无线电公司规范ARINC 706(DADC)和ARINC 429(DITS)规定的准则而设计的。DADC应用微处理机和半导体存储器技术,由程序直接完成大气数据的计算。DADC有处理模拟、离散和数字输入的能力,并提供离散和数字输出。典型的ARINC 706 DADC重约13 lb(1 lb＝0.453 6 kg),平均故障间隔时间为15 000 h。这种DADC使用了ARINC 429总线结构,该总线能向各系统提供大气数据信息。可以预料,DADC在计算机科学技术迅速发展的基础上,在计算功能和监控功能方面将会更加完善,并将进一步减小体积、重量、功率损耗,逐渐降低价格。表3.1.1列出了大气数据计算机的发展概况。

表3.1.1　大气数据计算机发展概况

类　型	年　代	典型应用
高度控制	1250—1955	自动驾驶仪高度保持
气压计算机	20世纪50年代中期	自动驾驶仪增稳系统
简单机电式	1958—1962	无人驾驶军用飞机
中等复杂的机电式	1962—1965	CADC(DC-8,DC-9,B727)
高级复杂的机电式	1965—1975	CADC(L1011,B707 A300,B747)
数字/模拟混合式	1975—1979	HADC(F-15,F-16,F-18,DC-9,B737,L1011,A300A,A300B,B747)
ARINC 706数字式	1979—1989	DADC(A310,B757,B767)

当前,航空技术向着更高的集成方向发展,即向"大系统"过渡。所谓"大系统",就是飞机上装备一个中心计算机,由它对飞机上所有电子设备进行系统监控、故障诊断和操作管理。每个子系统与中心计算机之间由总线连接起来,而大气数据计算机只是其中一个独立的子系统。随着计算机速度的提高,内存容量的扩大,子系统的计算任务可以由中心计算机承担,大气数据传感器输出的信息亦可直接传送到中心计算机的数据采集系统。这样,减少了子系统计算机的数量,实现了机载显示和控制系统的高度综合化,且使用和维护更加简单,成本降低。

大气数据计算机输入量中最主要的是静压、全压(或动压)和总温。根据这三个原始参数(输入信号),可计算出除迎角和侧滑角以外的若干个输出量。但是,在迎角和测滑角变化较大的飞机中,必须引入迎角和侧滑角信号,以补偿由它们引起的静压源误差。在大气数据计算机中引入这两个信号,还可补偿迎角和侧滑角传感器本身输出的角度误差(角度误差通常是马赫数的函数),以获得真实迎角和测滑角信号。气压给定装置是计算相对于某一基准面(如跑道)的飞行高度所必需的。一般大气数据计算机的输入和输出如图 3.1.2 所示。

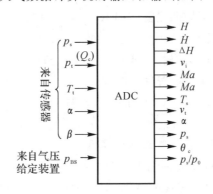

图 3.1.2 中央大气数据计算机

大气数据计算机的输出信号可以是模拟式的(交流或直流)、数字式的(并行和串行)和分离式的(电压或电流)。下面是典型数字式大气数据计算机的输出量:

H_{bc}	气压校正后的高度
p_s	静压
p_s/p_0	静压比
$\dot{H}_p$	气压高度速率
ΔH	气压高度保持误差信号
p_t'	总压
Q_c	冲压($Ma < 0.3$ 时,$Q_c = q_c$)
v_c	计算空速(校正后的空速)
$\dot{v}_c$	计算空速速率(校正空速速率)
Δv_c	计算空速保持误差信息(校正空速保持)
p_t/p_s	气压比(马赫数的函数)
p_s/p_t	气压比(马赫数的函数)
Ma	马赫数
$\dot{Ma}$	马赫数速率
ΔMa	马赫数保持误差信息
T_t	总温
T_s	静温
σ	密度比(空气)
ρ	空气密度
v_t	真空速
a	声速(空气中)
α_L	局部迎角
α_T	真迎角

图 3.1.3 是典型的模拟式大气数据计算机的原理方块图。图中,静压伺服系统本身就包含函数转换装置,因此,它能输出 H、$\ln p_s$ 等仅与静压有关的函数量。动压伺服系统与马赫数伺服系统也是如此。

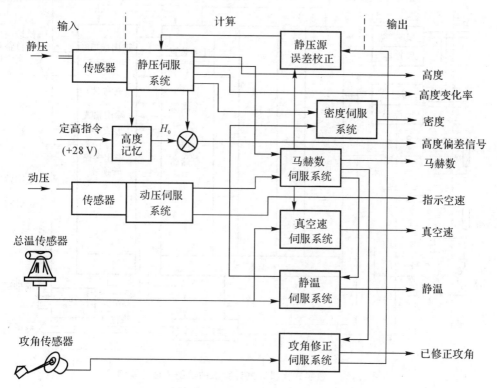

图 3.1.3 典型模拟式大气数据计算机原理方块图

静压伺服系统中,高度输出轴的转角与高度成正比,故该轴的转速就与高度变化率成正比。此转速可以通过测速发电机转换为电压,故静压伺服系统可以输出高度变化率信号。同样,如果需要,也可以从动压伺服系统和马赫数伺服系统中获得相应的变化率信号。

数字式大气数据计算机的典型原理方块图如图 3.1.4 所示。它由压力传感器、总温传感器及迎角传感器提供原始信息(即 p_{si},p_t 或 q_c,T_t 和 α_L),所有这些原始信息的模拟量经输入多路转换器后,依次在模拟 / 数字(A/D)转换中变换为数字量,随后引入微处理器中进行运算处理。输入多路转换器以时间分隔的形式把多个并行的输入信号变成按一定顺序排列的信息序列,以提高设备的利用率。

运算装置由中央处理机和存储器组成。中央处理机通常包括控制器和运算器,它们用于控制和执行机器的基本指令。存储器则包括程序存储器(用于存放已编排好的程序)、表格或常数存储器(用于存放操作过程中用到的一些固定常数),以及随机存取存储器(用于存放操作过程中的中间结果)。中央处理机的计算结果,经过数 / 模(D/A)转换器变为所要求的形式输出。在数 / 模混合式大气数据计算机中,有电压等模拟量输出,也有不同格式的数字量输出,这些量经过输出多路转换器分别接至相应的输出线上。最大工作速度 v_{MO}、最大工作马赫数 Ma_{MO}、静压源误差校正 SSEC 根据不同形式的飞机而有不同的极限和特性规律。DADC 机壳后的连接器(插头)有 6 根连接线,可编排 32 种连接矩阵,与各种飞机的 v_{MO}、Ma_{MO}、SSEC 规律相对应。在最新型的 ARINC 706 数字式大气数据计算机中,中央处理机输出的信息经数字信息变换系统后,由总线输送到飞机显示部分或其他系统,但也有少量的离散信息输出。

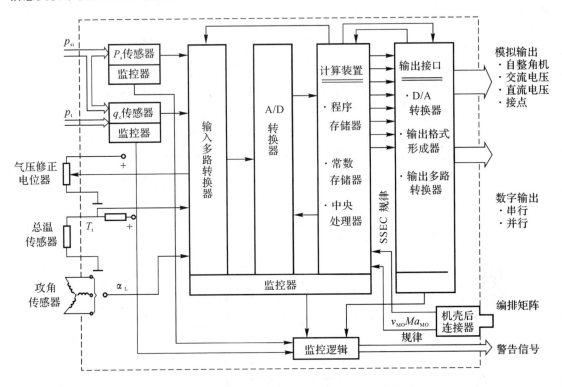

图 3.1.4   数字式大气数据计算机的典型原理方块图

3.2   大气数据系统基本组成

大气数据系统一般情况下主要由三个部分组成:装在机头或机身外部接收原始大气参数的传感器(受感器),在机头内部的用来解算、处理大气参数的大气数据计算机,在座舱的显示设备,主要的结构关系如图 3.2.1 所示。

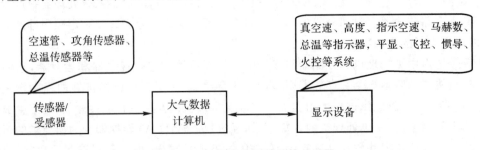

图 3.2.1   大气数据系统结构关系图

传感器(SENSOR)是由敏感元件和转换元件组成的可将电量或非电量转换为可测量的电量的检测装置。如果把计算机比作人的大脑,通信是神经网络,那么传感器就是人的感觉器官,它所采集的信息对于计算机大脑的思维及处理结果具有决定性的意义。大气数据系统所涉及的传感器主要包含全静压受感器、总温传感器、迎角传感器、侧滑角感受器等,是整个大气数据系统乃至真个飞机的信号源头之一。

大气数据计算机是一种多输入多输出的机载综合测量系统,又称大气数据中心仪,简称大气机,是大气数据系统的核心部分,担负着数据处理、传输功能,它根据空速管、迎角、总温传感器等设备测得的少量原始信号,如静压、总压、总温、迎角等计算出较多的与大气数据有关的参数,如飞行高度、高度偏差、升降速度、真实空速、指示空速、马赫数、马赫数变化率、总温、真实静压、大气静温、大气密度比、真实迎角等,并通过总线等传输途径送给座舱显示、飞行控制、导航、发动机控制、火力控制等机载系统,可以说,大气机是整个大气数据系统的中枢神经。

显示设备实现电子显示和仪表显示。其中电子显示是将大气数据中的总压、静压、气压高度、迎角、总温、升降速度等参数经任务计算机在平显、多功能显示器等电子设备显示,仪表显示是将大气参数在独立的指示空速表、马赫数表、气压高度表等仪表显示。

大气数据系统是一种综合测量系统,它根据传感器测得的基本原始信息,如静压、动压、迎角、总温等,处理计算出其他与大气数据有关的参数,如气压高度、高度偏差、升降速度、真空速、指示空速、马赫数、马赫数变化率、大气密度比等,送给飞行控制系统、导航系统、发动机控制系统以及飞行数据记录系统等其他航空电子系统,是各种飞行器必需的航空电子分系统之一。它一般由三部分组成:提供原始信息的传感器部分、任务计算机或补偿解算装置、信号输出装置。

大气数据系统的基础是传感器元件,它敏感气流的总压、静压、大气总温、迎角和侧滑角信息;任务计算机根据气压高度、升降速度、校正空速、真空速、马赫数等参数与总压、大气总温等的关系式,进行综合的计算处理,得到上述诸多大气数据参数;传统的大气数据传感系统敏感原始信息的传感器部分通常包括空速管(静压和总压传感器)、大气总温传感器、迎角传感器和侧滑角传感器,用大气数据计算机进行各种大气数据参数的计算,最后以一定的形式输出到各种需要的航空电子系统中。大气数据系统的基本组成如图 3.2.2 所示。

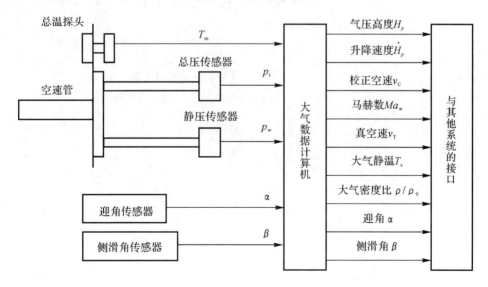

图 3.2.2 大气数据系统基本组成图

3.3 大气数据系统传感器设计技术

3.3.1 压力传感器

压力传感器是大气数据计算机的核心部件。机电式模拟大气数据计算机均采用伺服式压力传感器。下面介绍几种典型的压力传感器。

1. 位置平衡式压力传感器

图 3.3.1 是位置平衡式压力传感器的原理图,其工作过程如下:

膜盒感受压力产生的位移,通过连杆机构变为差动变压器衔铁的位移,于是差动变压器零位状态被破坏,输出电信号经伺服放大器放大后,控制电机转动,经减速器减速,一方面输出转角信号,另一方面带动差动变压器的定子组件(线圈和铁芯)跟随衔铁运转,直至差动变压器回到零位状态,系统恢复平衡。这样,系统的输出就对应于膜盒所感受的压力。

在该系统中,反馈的具体形式是:输出角度通过机械传递带动差动变压器的定子组件。差动变压器是比较元件,系统平衡时应保证差动变压器的衔铁和定子组件的相对位置达到零位平衡状态(差动变压器输出信号为 0)。因此,该系统称位置平衡系统或位置反馈系统。在伺服传感器系统中,为了保证有较高的精度,必须对各机械元件提出较高的要求。从动态要求看,无论膜盒和连杆机构是处于闭环之外还是闭环之内,反馈系数都应有严格的要求。从静态要求看,对闭环的各环节(差动变压器、放大器、伺服电机及处于闭环内的部分减速器)无严格的要求。

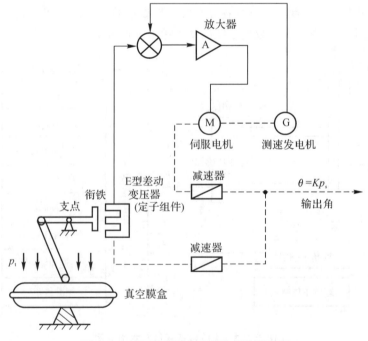

图 3.3.1 位置平衡式压力传感器原理图

采用位置平衡式伺服系统的主要目的是进行力矩放大,减小摩擦误差,使输出轴可以带动较多、较大的负载。但是,这种系统对压力敏感元件及部分机械传动机构的静特性要求较高。从工作原理可以看出,膜盒的输出量是位移,在整个测量范围内,要求弹性膜盒输出较大的位移量,以提高灵敏度。因此,要求迟滞较小。由于膜盒运动系统处于伺服回路之外,难以对它的动态性能进行校正,故对它的动态品质要求也较高。

2. 力平衡式压力传感器

力平衡式(力矩平衡式)压力传感器是机电模拟式大气数据计算机中用得最多的一类传感器,图 3.3.2 是这类传感器的基本原理图。

图 3.3.2 中,波纹管是感受压力的敏感元件,它感受的是全压与静压之差(即动压)。波纹管的一端固定在机壳上,另一端与杠杆的一端相连。杠杆的另一端连接反馈弹簧的下端,反馈弹簧的上端通过反馈螺钉与伺服电机相连。波纹管产生的力和反馈弹簧产生的力同时作用在平衡杠杆上。

设开始时系统处于平衡状态,即波纹管产生的力和反馈弹簧产生的力相对杠杆支点所形成的力矩相等,杠杆处于平衡状态。此时,固定在杠杆一端的两个可变电容的公用动片,正好处于两个固定极片中间,使 $C_1 = C_2$,由四个电容器(两个可变电容 C_1 和 C_2 及两个固定电容 C_3 和 C_4)组成的交流电桥处于零位平衡状态,电桥无信号输出。

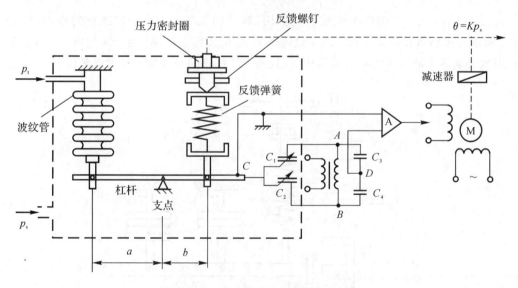

图 3.3.2　力平衡式压力传感器原理图

当被测压力变化时,感压箱产生的力发生变化,杠杆的平衡状态被破坏而发生倾斜,可变电容器 C_1 和 C_2 的动片偏离中间位置,电桥不再平衡,电桥的 C、D 两点之间有信号输出。此电压信号经放大器放大后,驱动伺服电机转动,再经过减速器,一方面带动输出轴转动,输出目视信号或控制信号,另一方面带动反馈螺钉转动,压缩(或拉伸)反馈弹簧,直到使杠杆恢复平衡位置,可变电容的公用动片回到中间位置,电桥恢复零位平衡状态,输出电压消失,整个系统恢复平衡。此时,系统输出的角位移正比于被测压力。

上述过程也可理解为:当被测压力通过波纹管产生使杠杆失去平衡的力(弹性力)时,伺服系统工作的结果总是使反馈弹簧通过杠杆施加反作用力到波纹管。当作用到波纹管上的被测压力与反馈力达到平衡（相等）时，杠杆达到平衡，即系统达到平衡。因此，这样的系统称为力平衡系统。被测力与反馈力实际上是在波纹管上的波纹管上进行比较的，不管被测压力的大小如何，当系统平衡时，作为测量敏感元件的波纹管不会产生位移，故对其特性的要求（主要是迟滞和线性度）可以大大降低。但是，对反馈弹簧的特性却相应地提出了较高的要求。反馈弹簧存在着迟滞特性，其刚度易受温度的影响，为了保证测量精度，要求其刚度变化小，迟滞小，弹簧工作重复性好。由于弹簧的特性总不会是完全稳定的，故需要进一步改进测量方法。

在图 3.3.3 中，必须用密封圈来解决反馈螺钉的动密封问题，以保证除伞压管、静压管外，传感器测量部分装在密封壳体内，但这对制造和维修带来不便。也有一些力平衡式压力传感器（如装在三叉戟飞机上的）为了避开动密封问题而采用了双波纹管形式。由于大气数据计算机采用的静压传感器和动压传感器在结构上相同，它的工作原理仍是力平衡伺服系统，因此这里不再重复，下面只说明一下它的特点。

在图 3.3.3 中，传感器中的两个波纹管对支点是等距的，其中一个波纹管内部充以全压（总压），另一个充以静压。波纹管外部（即传感器的壳体内）与机舱相通。设机舱内的压力为 p，波纹管的有效面积为 A_B，波纹管与支点的距离为 l，则两个波纹管绕支点产生的力矩 M_B 为

$$M_B = (p_t - p)A_B l - (p_s - p)A_B l$$
$$= (p_t - p_s)A_B l \approx q_c A_B l \tag{3.3.1}$$

可以看出，图 3.3.3 中两个波纹管的作用，等于图 3.3.2 中一个波纹管的作用，但是图 3.3.3 所示的传感器其壳体无须密封。这是因为，它的工作力矩 M_B 与壳体气压 p 无关。这种结构形式要求两个波纹管的有效面积相等，且两个波纹管的安装位置对支点对称。

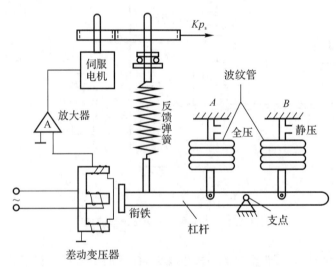

图 3.3.3　史密斯公司的动压传感器

静压传感器与动压传感器的区别，仅表现为波纹管 A 内充以静压 p_s，波纹管 B 内抽成真空。这时有

$$M_B = (p_s - p)A_B l - (0 - p)A_B l = p_s A_B l \tag{3.3.2}$$

把力平衡系统与位置平衡系统比较后可知，前者伺服系统的反馈点比后者向前移了。系统平衡时，力平衡式传感器的弹性敏感元件不发生位移，所以对弹性敏感元件无特殊要求。位

置平衡式传感器的敏感元件是以输出位移量为前提的,对位移特性有严格要求,这给制造和维修带来不便。除此之外,精度低、价格高也使它逐渐被淘汰。在力平衡式压力传感器中,实际上是以提高对反馈弹簧的特性要求来达到放宽对压力敏感元件的特性要求的,所以,对弹簧特性的加工工艺提出很高的要求。尽管如此,也很难提高测量精度。因此,它逐渐被可变支点的力平衡式压力传感器所取代。

3. 可变支点的力平衡式压力传感器

可变支点的力平衡式压力传感器基本工作原理如图 3.3.4 所示。左边波纹管(也可为膜盒)感受静压(或感受动压),产生正比于被测压力(静压或动压)的力。这个力与右边的弹簧力同时作用于一个平衡杠杆上。杠杆的支点是可动的,杠杆右端装一个遮光板,当杠杆处于零位平衡(水平)时,遮光板处在两个光电池中间,由光源射出的光线经聚光镜对称地照射到两个光电池上,两个光电池输出相等的电流,使放大器输入信号为零,系统处于协调状态。

当被测压力改变时,杠杆失去平衡,遮光板随之移动,使照射到两个光电池上的光照度不再相等,其差值信号经放大器放大后,驱动伺服电机转动,一方面通过减速器,带动输出轴输出与被测压力相应的角度信号,另一方面带动丝杆转动,使活动螺母沿导杆在丝杆上移动,从而改变杠杆的支点。

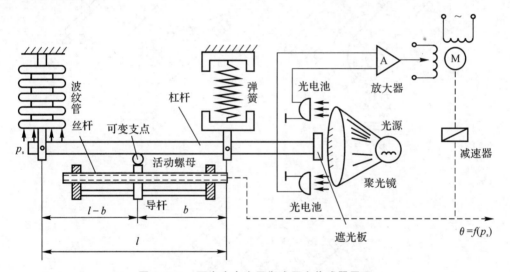

图 3.3.4 可变支点力平衡式压力传感器原理

设杠杆右端弹簧产生的力作用点与可变支点间的距离为 b,左端波纹管产生的力作用点与可变支点间的距离为 $l-b$,l 为波纹管与弹黄之间的距离。当杠杆平衡时,有

$$F_p(l-b) = F_s b \qquad (3.3.3)$$

$$b = \frac{F_p}{F_s + F_p} l \qquad (3.3.4)$$

式中:F_p 为波纹管产生的力;F_s 为弹簧产生的力。

入射系统输出轴的转角为 θ,它与距离 b 成正比(齿轮线性传递),即 $\theta = k_1 b$,故

$$\theta = k_1 l \frac{F_p}{F_s + F_p} \qquad (3.1.5)$$

由于 k_1、l 和 F_s 均为常数(统平衡时弹簧不产生位移,所以 F_s 不变),故 θ 是 F_p(动压或静压)的单值函数,即 $\theta = f(F_p)$。也就是说,输出轴转角 θ 的大小可以反映被测压力的大小。

这种可变支点的力平衡式压力传感器,具有一般力平衡系统的特点,它对弹性敏感元件特性要求不高。此外,由于该系统是通过支点的移动来改变被测力与弹簧力的力臂,从而达到两者对杠杆支点的力矩平衡的,故不管被测压力如何变化,系统协调时(力矩平衡时)弹簧和弹性敏感元件都不产生位移,弹簧力为常数。这样,对弹簧的特性要求也可以大大降低。但在该系统中,对可变支点和丝杆等活动部件的精度要求仍然较高,加工工艺较难且维修不方便,同时体积也不易减小。

可变支点力矩平衡式压力传感器具有很多优点,经过不断完善和改进,它已成为模拟式压力传感器的标准形式。图 3.3.4 所示的这类传感器已应用到大气数据计算机 HG-180U 系列中,安装在 B707 飞机上。

作为原始参数变换器的静压传感器和动压传感器,力矩平衡式压力传感器是大气数据计算机的最基本部件。在 HG-180U 各型 ADC 中,采用了一种独特的可变支点的力矩平衡式压力传感器,下面结合图 3.3.5 说明它的工作原理。

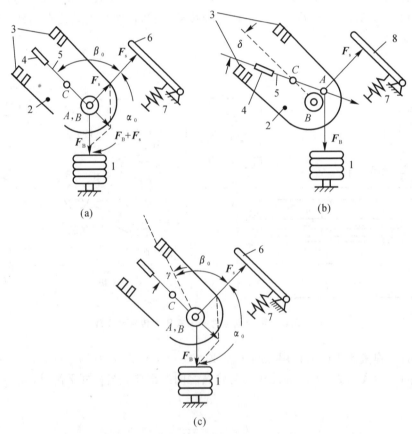

图 3.3.5　静压传感器的平衡关系

(a)气压高度为零时的平衡状态;　(b)失去平衡状态;　(c)恢复到平衡状态

压力传感器的核心部件是波纹管 1(或膜盒)、力矩反馈弹簧 7 和差动变压器形式的电感变换器 3 和 4。波纹管 1 是直接感受静压(或动压)的敏感元件,如为静压传感器,则它的内部被抽成真空,其外部(即传感器壳体内)通以静压。差动变压器的衔铁 4 固定在敏感臂 5 的一端,而差动变压器的铁芯与绕组 3 固定在随动臂 2 的端部。敏感臂 5 的另一端有一支撑轴(A 轴)。A 轴通过钢带与波纹管 1 的硬中心相连,同时,还通过另一个钢带与反馈弹簧 7 的支臂 6 相连,而弹簧支臂 6 与反馈弹簧 7 的活动端相连。因此,波纹管 1 与反馈弹簧 7 都可以通过钢带对 A 轴施加作用力。敏感臂 5 的中间还有一个轴(C 轴),它通过滚珠轴承安装在随动臂 2 上,所以敏感臂 5 可以绕 C 轴相对于随动臂 2 转动。随动臂 2 上也有一根轴(B 轴),其轴承安装在传感器的上下平板上。应当注意,敏感臂 5 上的 A 轴与随动臂 2 上的 B 轴不是同一根轴,但它们与 C 轴之间的距离相等。当 A 轴与 B 轴重合时,差动变压器的衔铁 4 正好处在两个铁芯绕组 3 的中间,即处于零位,此时,差动变压器无信号输出(电平衡时),传感器也处于机械平衡位置。

安装时,波纹管对 A 轴有一个预拉力,而反馈弹簧有一个预压力,它通过弹簧支臂和钢带也对 A 轴产生一个预拉力。在标准海平面气压高度($H_p = 0$)时,波纹管作用在 A 轴上的力包含预拉力与标准海平面气压 p_0 所产生的力之和,该合力对 C 轴产生一转矩,同时,反馈弹簧也对 C 轴产生一转矩,两者方向相反,其转矩之差值驱使 C 轴转动。当传感器达到机械平衡时,作用在 C 轴上的合力矩为零,此时,合力与两个分力之间的关系为力的矢量平衡状态。

当压力变化时,差动变压器输出电压信号,该信号经放大器放大后驱动伺服电动机转动。为使伺服系统达到平衡状态,除机械力平衡外,还必须达到位置平衡(信号消失),即 A 轴必须与 B 轴重合,差动变压器处于零位平衡状态(电平衡状态)。二者缺一就不是平衡状态,也达不到平衡状态。

图 3.3.5 所示为标准大气零高度(标准海平面)系统平衡机构的位置关系。线 BC 表示随动臂 2 的几何对称面,BC 的转角就是反馈轴 B 的转角。线 AC 表示感应臂 5 的对称面。系统平衡时,A 轴与 B 轴重合,而 B 轴因与壳体相连,其位置永远不变,故 F_B 与 F_s 之间的夹角在平衡情况下始终保持为 $\alpha_0 (135°)$。α_0 是设计确定的参数。设 F_s 与 BC 之间的起始夹角为 β_0,当 $H_p = 0$ 时,波纹管对 A 轴的拉力为 $F_B = F_{B_0} + p_0 A_B$(A_B 为波纹管的有效面积,F_{B_0} 为波纹管的预拉力,$p_0 A_B$ 为标准海平面气压产生的力)。所以,机械平衡时,有

$$(F_{B_0} + p_0 A_B) \sin(\alpha_0 + \beta_0 - \pi) AC = F_s \sin(\pi - \beta_0) AC \tag{3.3.6}$$

设飞机从零高度上升,静压由 p_0 变为 p_s,$p_s < p_0$,因而波纹管产生的拉力 F_B 减小,起始的机械平衡关系被破坏,感应臂在波纹管和弹簧所产生的合力矩作用下,绕 C 轴逆时针旋转,即感应臂 5 相对于随动臂 2 绕 C 轴逆时针转一个 δ 角[见图3.3.5(b)],以达到新的机械力矩平衡。这时 A 轴将不再与 B 轴重合。

只要感应臂 5 相对于随动臂 2 稍微转过一角度,差动变压器的零位平衡状态就被破坏,输出的电压信号(感应臂上的衔铁偏离平衡中心线 0.001 in,产生 450 mV 的信号)经伺服放大器放大后,控制伺服电机转动,经减速器、函数凸轮(解算凸轮)装置和波面带修正机构(图中未画出)带动传感器的反馈轴 B 转动(即使随动臂 2 绕 B 轴转动,其转动方向也是逆时针的)。因 C 轴是在随动臂 2 上,所以随动臂绕 B 轴逆时针转动时,C 轴在随动臂上以 CB 为半径绕 B 轴转动同样的角度,结果使得反馈弹簧 7 和波纹管 1 对 C 轴产生的力矩同时发生变化,作用在 A 轴上的合力矩将使 C 轴相对随动臂顺时针方向转动(β 角和 α 角的变化使得 F_s 和 F_B 产生的力矩变化),即,使 A 轴向着与 B 轴重合的方向变化(保证其合力矩的方向顺时针变化),直到随动臂转过一定角度后,A 轴完全与 B 轴重合,差动变压器重新回到零位,系统恢复平衡状态,电

信号消失,系统才停止工作。这时电机输出轴的转角恰好对应于被测压力(p_s)。图 3.3.5(c)展示了此时的平衡关系,其平衡表达式为

$$(F_{B_0} + p_s A_B) \sin(\alpha_0 + \beta_0 + \gamma - \pi) = F_s \sin(\pi - \beta_0 - \gamma) \tag{3.3.7}$$

因为 α_0、β_0、A_B、F_{B_0}、p_0、F_s 都是设计时确定的参数(常数),所以 γ 角是被测静压(或动压)的单值函数,即反馈轴 B 的转角 γ 反映了静压(或动压)的大小。

综上所述,无论被测压力大小如何,当传感器达到平衡时,A 轴总是处于和 B 轴重合的位置,而 B 轴的位置是不变的。因此,平衡时 A 轴的位置也是不变的。而传感器平衡位置的获得,是由波纹管力(力矩)与反馈弹簧力(力矩)的平衡关系实现的。在平衡过程中,波纹管只在起始位置附近产生微小位移,并且在平衡状态下又恢复到原始位置,所以波纹管和反馈弹簧在伺服系统协调时都不产生位移,保持原始状态。因此,设计时对波纹管及反馈弹簧的特性要求都可以大大降低,这一特点与前面讲到的可变支点力平衡压力传感器是相同的。不过,此传感器的可变支点是围绕 B 轴转动的 C 轴,它与杠杆式可变支点比较起来,其优点是可以减小结构尺寸,不需要精度很高的平移支点结构。

3.3.2　温度传感器

温度传感器又称总温探头,装在机身外部没有气流扰动的蒙皮上,其对称轴与飞机纵轴平行。总温探头不属于大气数据计算机的一部分,但它是大气数据计算机重要的信号源。图 3.3.6 所示为总温传感器,它是一个金属管腔,传感器感受通过其腔内的气流温度。如图中箭头所示,空气从前口进入,从后口及周围几个出口流出。探测元件(感温电阻)被封装在两个同心管内,气流在探测元件附近近于全受阻状态。感温电阻的电阻值与全受阻温度相对应,该电阻值经电路转换,输出与全受阻温度相对应的电压值。设计时保证了各温度条件下的标准电阻值(如有些传感器在 0℃ 时为 500 Ω,在 −70℃ 时为 361.54 Ω,在 150℃ 时为 784.80 Ω)。温度探测器的命名常以 0℃ 时的电阻而定,如 50 Ω 探头或 500 Ω 探头,表示在 0℃ 时元件的电阻值为 50 Ω 或 500 Ω。

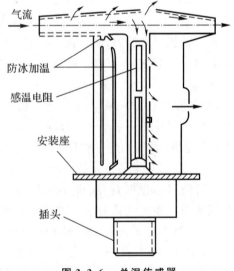

气流

防冰加温

感温电阻

安装座

插头

图 3.3.6　总温传感器

感温电阻是由高纯度的全退火无应力铂丝制成。铂丝比其他电阻丝的精度都高,它在 $-250\sim+600℃$ 范围内保持严格的稳定特性,其温度-电阻关系可用公式表示为

$$\frac{R_T}{R_0}=1+\alpha\left[T-\delta\left(\frac{T}{100}-1\right)\left(\frac{T}{100}\right)-\beta\left(\frac{T}{100}-1\right)\left(\frac{T^3}{100}\right)\right] \tag{3.3.8}$$

式中:R_T 为在 $T℃$ 时的元件电阻值;R_0 为在 $0℃$ 时的元件电阻值;α、β、δ 为设计探头时所确定的常数。

总温探头测量的是环境大气温度(静止空气温度 —— 静温)和运动空气受阻时动能所转化的温度(动温)之和,所以叫总温。在 $Ma<0.2$ 时,总温非常接近于静温,随着马赫数的增加,静温与总温的关系按下面的方程变化:

$$T_t=T_s(1+0.2Ma^2) \tag{3.3.9}$$

式中:T_t 和 T_s 分别为总温和静温的绝对值。

温度探头是在绝热条件下设计的。

在高空飞行时,空气中的水分有可能结冰而堵塞感温探头的进气口或排气孔,故温度探测器设置了由加温电阻组成的防冰加温元件。由于气流首先通过感温电阻周围,然后通过加温电阻元件,因此气流将加温元件的热量带出,使加温元件的热量不致影响感温电阻的测量。

3.3.3 气流角度传感器

迎角(α)和侧滑角(β)是大气数据系统中产生静压源误差的因素之一,在现代高速飞机上,这已愈来愈受到人们的重视。

为测量迎角(α)和侧滑角(β),通常将传感器设计成能伸出到飞机外的气流中的形式,但安装处应无扰动气流。常用的传感器形式如图 3.3.7 所示,图中,右侧为翼形,左侧为锥形。

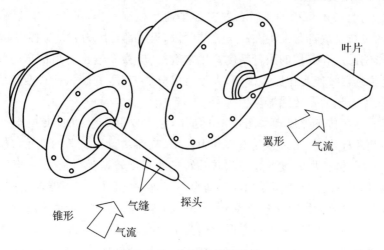

图 3.3.7 气流角度传感器

翼形传感器即旋转风标式传感器,它由一个经过静力平衡的风标(叶片)、传动机构、信号变换器(自整角机或电位计)及固定连接部分等组成。

由于风标预先经过静力平衡,具有对称的剖面形状,故在飞行中它始终停留在使其本身的对称面与气流速度平行的方向上。因此,当传感器相对飞机的纵轴平行安装时,风标旋转的角度就是飞机迎角的值,这个角度经过变换后即可输出相应的电气信号。

锥形传感器是差动式传感器。它的探测部分主要是一个圆锥形管,在管子对称面(中性面)上开有一条缝隙,以接收迎面来的气流。当气流不在缝隙(气缝)所在的对称面上时,传感器便输出一个角度信号。这个锥形管即是传感器的探头。

当安装迎角传感器时,锥形管的中性面在飞机横轴和纵轴平面内,且圆锥的轴线与飞机的横轴平行。当锥形管的中性面在飞机的横轴和纵轴平面内,且圆锥的轴线与飞机的纵轴平行时,则为侧滑角传感器。

锥形探头借助于位于探头逆流方向两侧的差压槽进行测量,两个槽之间的压力差在传感器内转换为电信号,以作为迎角或侧滑角传感器的输出信号。

翼形和锥形传感器都有电气变换器,它们都是按机型的迎角和侧滑角的函数关系,把电信号发送给大气数据计算机的。一般情况下,飞机上装有两个迎角或侧滑角传感器,对称地分布于机身两侧。大气数据计算机使用两个传感器信号的平均值,这样可把传感器局部气流扰动的影响减到最小。

3.4　迎角传感器和侧滑角传感器设计技术

3.4.1　迎角传感器和侧滑角传感器

迎角是飞行器速度矢量在飞行器对称面上的投影与机体轴之间的夹角。它直接影响飞行器的升力和阻力,是必不可少的飞行参数。如果迎角控制不当,可能会导致飞行器的升力不足,有相当多的飞行事故都是发生在起飞着陆阶段,很多都是因为迎角失控引起失速造成的。另外,迎角还影响总压和静压的测量精度。用来敏感、转换和输出迎角信息的装置,称为迎角传感器。迎角传感器按照工作原理不同,大致可以分成三种:旋转风标式迎角传感器、差压管式迎角传感器、零差压迎角传感器。

旋转风标式迎角传感器原理如图 3.4.1 所示,它主要由叶片、角度变换器和转轴等构成。叶片在测量中起风标作用,用来感受空气动力作用,从而测量飞行器的迎角,转轴主要起支撑作用并随着叶片一起转动,角度变化器将转轴转过的角度转换为电信号。当飞行器轴线与气流方向不一致时,叶片上、下表面受到的气动力不等,从而相对于飞行器轴线转动,直到叶片中心线与气流方向一致,叶片上、下表面受到气动力相等,停止转动,此时叶片中心线与飞行器轴线间的夹角就是飞行器的迎角,也就是叶片转过的角度,电位器将这一转动的角度转化为电信号输出。旋转风标式迎角传感器结构简单、体积小、没有原理误差,但安装位置误差影响较大,而高速飞行器难以找到气流平稳的部位,并且风标容易受微小扰动影响,本身就不稳定的气流会造成风标的不稳定摆动。

差压管式迎角传感器由差压管和压力传感器组成。在差压管轴线上、下对称地各开一个小孔,当差压管轴线与气流方向一致时,各孔引入的压力均相等;当有迎角时,压力不等时,可以根据迎角与压差之间的关系得出迎角大小。在差压管轴线左、右对称地再各开一个小孔,可以同时用来测量迎角和侧滑角。

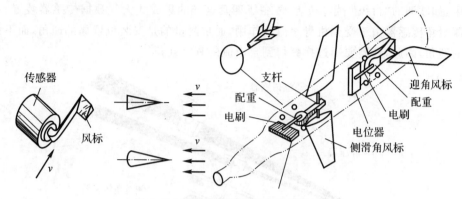

图 3.4.1　旋转风标式迎角传感器原理

零压差式迎角传感器是差压式迎角传感器的进一步发展,如图 3.4.2 所示,它由探头、气室、桨叶和角度变换器等组成,探头、角度变换器和桨叶都是固定在空心轴上,探头呈圆锥体状,并且中间有隔板,中心线两侧对称地开有两排进气孔。飞行中,探头的轴线平行于飞行器横轴,当迎角为零时,隔板平面与气流方向平行,上下两排测压孔的对称平面与气流方向间的夹角为零,桨叶受到的总气动力矩为零,空心轴不转动,电位器输出信号为零;当迎角不为零时,探头上下两排测压孔的对称平面与气流的方向不一致,进气槽也相对气流方向转动一个相同的角度。通过两排进气槽进入气孔的气动压力不再相等,桨叶受到一个气动力矩而带动空心轴和探头一起转动,直到上下两排测压孔的对称平面与气流方向一致时,停止转动,转过的角度即为飞行器的迎角,电位器将其转换为电信号并输出。零差压式迎角传感器是一个反馈测量系统,因而误差较小,主要误差来源于安装位置和各种摩擦力矩等。

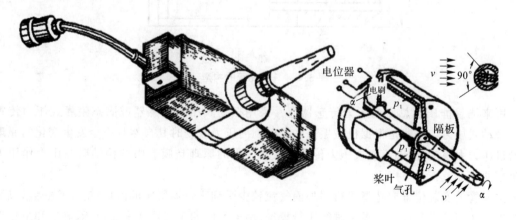

图 3.4.2　零压差式迎角传感器

侧滑角传感器与迎角传感器原理几乎一样,只是敏感元件的安装轴线与迎角传感器的垂直。

不管哪种迎角传感器,安装位置对误差影响都很大,应尽量寻找气流扰动小的位置安装,或者应用两个传感器并尽可能地安装在飞机的对称面内。通常可以将迎角／侧滑角传感器安装在空速管上,气流相对稳定,并且可以同时测量迎角、侧滑角、总压和静压,如图3.4.3所示。或者将空速探头及静压孔安装在风标上,同时测量迎角、侧滑角、总压和静压,这种集成式的空速管／迎角信标系统结构紧凑,能大大减小高迎角对压力测量的影响,因此在高性能飞机上得到了使用,如欧洲的"台风"战斗机上,配备了四套这样的集成式大气数据传感器装置。另外,迎角／侧滑角传感器由于受到机身紊流的作用,通常测量的是安装位置局部迎角,而不是前方自由流的迎角,因此,还需要通过换算得到自由流的真实迎角。

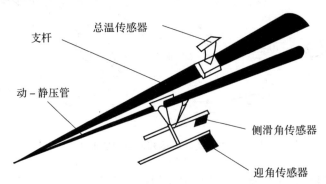

图 3.4.3　迎角／侧滑角传感器安装位置

空速管又叫皮托管,由法国H.皮托发明,是测量气流总压和静压的一种管状装置。空速管的构造如图3.4.4所示,头部为半球形,用一双层套管传送气流,后面与温度传感器相连。测量时头部朝着来流方向,气流由头部中心处小孔(总压孔)引入,经内管传送至温度传感器(总压传感器),敏感得到来流总压 p_t,管壁外层开有一排静压孔,气流经外套管传至温度传感器(静压传感器),敏感得到来流静压 p_∞。

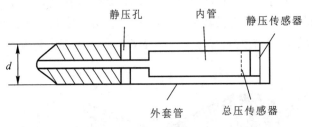

图 3.4.4　皮托管的构造

用来测量静压和总压的压力传感器通常采用振动式压力传感器或固态膜囊式压力传感器。振动式压力传感器是根据机械振荡系统受到的压力改变时其自然频率会发生变化的原理来测量压力大小的;固态膜囊式压力传感器敏感压力的原理是膜囊中的振动膜在压力作用下发生弯曲变形。

空速管的安装位置要选择飞行器外面气流较少受到飞行器影响的区域,空速管安装好后,需要进行风洞校准和在飞行器上进行飞行校准,由于不同的飞行器和安装位置,静压和总压误差的大小随马赫数、迎角的变化规律不同,因此,空速管安装并校准后,不能在不同飞行器或者同一飞行器的不同位置上任意互换。空速管一般安装在飞行器头部正前方,如俄罗斯苏-27、我国的歼-10等,如图3.4.5所示;也可以安装在其他位置,如中巴联合研制的枭龙战机安装在机头左侧、德法共同研制的阿尔法喷气教练机也安装在机头左侧,如图3.4.6所示。

图 3.4.5　空速管安装在机头正前方 —— 歼-10

图 3.4.6　空速管安装在机头左侧 —— 阿尔法喷气教练机-10

3.5　静压及总压传感器设计技术

用来测量静压和总压的压力传感器通常有固态石英压力传感器、压阻式压力传感器、振膜式压力传感器和振动筒式压力传感器。

3.5.1　固态石英压力传感器

1. 基本工作原理

固态石英压力传感器的基本测量元件是一个石英膜盒。它由两片纯石英膜片熔凝而成,每个膜片的内表面都沉积着金属电容极片,如图 3.5.1 所示。

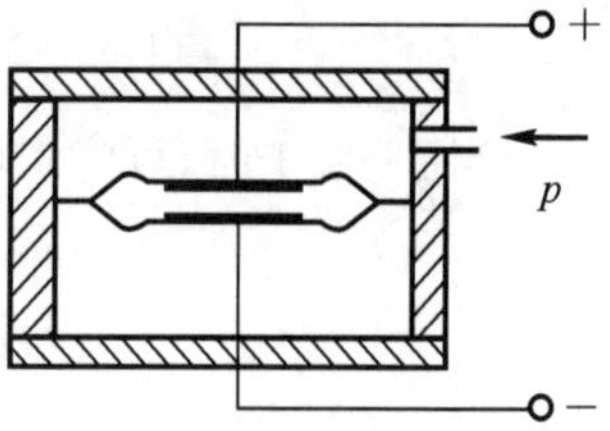

两个金属电容极片在被测压力 p 作用下,其间隙发生变化,则两极板间的电容值变化。所以说,它实际是一个变间隙式的电容传感器。

当被测压力变化时,石英膜盒感受压力变化而产生位移,为

图 3.5.1　石英膜盒

提高测量精度,要求膜盒具有迟滞性小,灵敏度高,且不受温度影响的特性。而石英晶体机械

强度高,可承受较大压力,在冲击力作用下漂移小,弹性系数大,迟滞小且不受温度影响。因此,有的大气数据计算机在测量压力时,采用石英膜盒。

石英膜盒的压力-位移特性曲线一般呈非线性:被测压力大时,改变单位压力,膜片位移量较小;被测压力小时,改变单位压力,膜片位移量较大。膜盒压力和位移的数学表达式为

$$\frac{pR^4}{Eh^4} = a\,\frac{\Delta\delta}{h} + b\,\frac{\Delta\delta^3}{h^3} \qquad (3.5.1)$$

式中:$\Delta\delta$ 为膜片中心(即电容极片)的位移量;p 为作用于膜片上的压力;R 为膜盒半径;h 为膜片厚度;E 为石英膜片弹性系数;a、b 为与膜片形状有关的常数。

变换式(3.5.1)可得

$$p = \frac{Eh^4}{R^4}\left(a\,\frac{\Delta\delta}{h}\right) + \frac{Eh^4}{R^4}\left(b\,\frac{\Delta\delta^3}{h^3}\right) = a_1\Delta\delta + a_3\Delta\delta^3 \qquad (3.5.2)$$

式中:

$$\left.\begin{array}{l} a_1 = \dfrac{Eh^3}{R^4}a \\[2mm] a_3 = \dfrac{Eh^3}{R^4}b \end{array}\right\} \qquad (3.5.3)$$

从上看出,压力和位移的关系取决于常数 a_1 和 a_3,已知石英膜盒的材料为石英晶体,则 E 已知,根据传感器容积大小和测量精度要求可选定膜盒半径和膜片厚度。当膜盒中心(即电容两极片)的位移较小时,则

$$p = a_1\Delta\delta \qquad (3.5.4)$$

石英膜盒上的两金属片组成电容器是一个平板电容器,当忽略边缘效应时,其电容为

$$C = \frac{\varepsilon S}{\delta} \qquad (3.5.5)$$

当被测压力未变化时,则以空气为介质($\varepsilon_r = 1$)的平板电容器的初始值为

$$C_0 = \frac{\varepsilon_0 S}{\delta_0} \qquad (3.5.6)$$

如被测压力变化,电容器极板产生位移,则两极板间间隙发生变化,此时电容值为

$$C_x = C_0 + \Delta C = \frac{\varepsilon_0 S}{\delta_0 \mp \Delta\delta} = C_0\,\frac{1}{1 \mp \dfrac{\Delta\delta}{\delta_0}} \qquad (3.5.7)$$

电容的相对变化量为

$$\frac{\Delta C}{C_0} = \frac{\Delta\delta}{\delta_0} \Big/ \left(1 \mp \frac{\Delta\delta}{\delta_0}\right) \qquad (3.5.8)$$

当 $\dfrac{\Delta\delta}{\delta_0} \ll 1$ 时,可将式(3.5.8)展开成级数,则得

$$\frac{\Delta C}{C_0} = \frac{\Delta\delta}{\delta_0}\left[1 \pm \frac{\Delta\delta}{\delta_0} \pm \left(\frac{\Delta\delta}{\delta_0}\right)^2 \pm \left(\frac{\Delta\delta}{\delta_0}\right)^3 + \cdots\right] \qquad (3.5.9)$$

由于 $\dfrac{\Delta\delta}{\delta_0}$ 很小,故式(3.5.9)可变为

$$\frac{\Delta C}{C_0} \approx \frac{\Delta\delta}{\delta_0} \qquad (3.5.10)$$

这种形式的电容器,一方面减小了非线性程度,另一方面则提高了灵敏度,其灵敏度为

$$k=\frac{\frac{\Delta C}{C_0}}{\Delta\delta}=\frac{2}{\delta_0} \tag{3.5.11}$$

大气数据计算机中,采用内部抽成真空的石英膜盒,这样当膜盒外部气压变化时,膜盒变形,电容量发生变化。为了把电容的变化转换为输出电压,采用了如图3.5.2所示的测量电路。

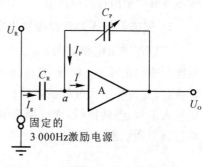

图3.5.2中,C_P为传感器电容,即式(3.5.6)中的C_x;C_R为固定石英参考电容,其电容值不随被测压力变化;U_R为稳定的参考电压,它加在C_R上,使C_R两极板电压保持恒定。

图 3.5.2　石英压力传感器原理图

这种测量电路的最大特点是能够克服变间隙式平板电容器特性的非线性关系,从而使输出电压信号和被测压力有线性关系。现分析其原理如下。

固定石英参考电容C_R接在一个高增益的运算放大器的输入端,传感器电容C_P接在运算放大器的反馈回路中。由于运算放大器增益高,所以,如果运算放大器未达到饱合前,其输入电压非常小,与其他电压相比接近于零。例如放大器有 10 V 的输出,运算放大器增量为 10^5 时,则对应输入为 10^{-4} V,即可以认为放大器输入近似为零,即 $U_a \approx 0$。一般将 a 点称为"虚地"点。同时,运算放大器的输入阻抗很高,因此放大器所吸取的电流与其他电流相比较,也近似为零,即 $I=0$。可列出下列关系式:

$$\left. \begin{aligned} U_R &= -\mathrm{j}\frac{1}{\omega C_R}I_g+U_a \\ U &= -\mathrm{j}\frac{1}{\omega C_P}I_P+U_a \\ I_g+I_P &= 0 \end{aligned} \right\} \tag{3.5.12}$$

已知运算放大器 $U_a=0$,$I=0$,所以

$$\left. \begin{aligned} U_R &= -\mathrm{j}\frac{1}{\omega C_R}I_g \\ U_O &= -\mathrm{j}\frac{1}{\omega C_P}I_P \\ I_g+I_P &= 0 \end{aligned} \right\} \tag{3.5.13}$$

联解上式,可得

$$U_O=-\frac{C_R}{C_P}U_R=-\frac{C_R}{C_x}U_R \tag{3.5.14}$$

将传感器电容的表达式 $C_x=\dfrac{q_0S}{\delta}$ 代入式(3.5.14),可得

$$U_O=-\frac{C_R\delta}{\varepsilon_0 S}U_R \tag{3.5.15}$$

式(3.5.15)表明,输出电压 U_O 与传感器电容 C_P(即 C_x)两极片间的间隙 δ 成线性关系,

其精度较高。但由于输出电压除取决于 δ 值外,还和电源电压 U_R、固定电容 C_R 及传感器电容参数 ε_0 和 S 有关,这些参数中,任一个参数的波动都将使输出特性产生误差,因此,为了消除上述因素对输出特性的影响,信号源电压采用固定的 3 000 Hz 激励电源,C_R 采用固定石英参考电容,传感器电容采用石英膜盒电容。这样可大大减小温度及其他因素的影响,提高传感器的精度。

2. 固态石英压力传感器输出电路

传感器输出电路如图 3.5.3 所示。从图中看出输出电压 U_O 在放大器 A_1 输入端与 D/A 转换器的输出电压 U_D 相减,其电压差值经放大、滤波、解调后,变成直流电压,再经 A/D 转换器转换后,变为易于大气数据计算机接收的电信号,送入大气数据计算机。D/A 转换器从计算机引入信号,经转换后,变成模拟电压,送到放大器 A_1 输入端,并使电压差为零,从而使输入电路达到平衡状态。

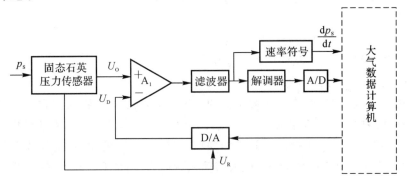

图 3.5.3　固态石英压力传感器输出电路

输出电压传送过程中,在进行 A/D 转换的同时,还能得到压力变化率信号。

3.5.2　压阻式压力传感器

有些飞机的大气数据计算机中,采用压阻式压力传感器测量大气的静压和动压(或总压),从而输出与被测压力成比例的电压信号。这种传感器是利用压阻效应工作的,所以又叫压阻式压力传感器。

1. 压阻效应

固体受到作用力后,电阻率(或电阻)就要发生变化,这种效应称为压阻效应。

由物理学中知道,导体受到作用力后就要发生变形,因而引起导体材料的电阻系数及其几何尺寸(长度和截面)改变,从而引起导体电阻发生变化。任何导体材料电阻的变化率都可由下式决定:

$$\frac{\Delta R}{R} = \frac{\Delta \rho}{\rho} + \frac{\Delta l}{l} - \frac{\Delta S}{S} \tag{3.5.16}$$

式中:$\dfrac{\Delta \rho}{\rho}$ 为导体材料电阻率的相对变化量;$\dfrac{\Delta l}{l}$ 为导体材料长度的相对变化量;$\dfrac{\Delta S}{S}$ 为导体材料截面的相对变化量。

对金属而言,式(3.5.16)中的 $\Delta\rho/\rho$ 项较小,即电阻率变化较小,有时可忽略不计,而 $\Delta l/l$

与 $\Delta S/S$ 项较大,即几何尺寸的变化较大,故金属电阻的变化主要是由与 $\Delta S/S$ 引起的,这就是金属应变片的基本工作原理。式(3.5.16)不仅适用于金属导体材料,也适用于半导体材料,由于半导体材料在受到作用力后,其电阻率变化较大,而几何尺寸变化较小,可忽略不计,则式(3.5.16)就变为

$$\frac{\Delta R}{R} \approx \frac{\Delta \rho}{\rho} \tag{3.5.17}$$

也就是说,半导体电阻变化主要是由电阻率变化所引起的。

如果作用力是简单的拉伸或压缩应力,那么当应力的方向和电流方向一致时,电阻率的相对变化量和应力的关系可表示为

$$\frac{\Delta \rho}{\rho} = \pi \sigma \tag{3.5.18}$$

式中:π 为压阻系数;σ 为应力。

实用中的半导体膜片是圆平膜片。由于半导体为各向异性材料,它的压阻效应与晶向有关,从实验可知,圆平膜片的纵向应力和横向应力对电阻变化影响都比较大,因而在研究半导体膜片的压阻效应时,不但要考虑纵向应力的影响,而且也要考虑横向应力的影响,此时半导体圆平膜片的电阻相对变化量可表示为

$$\frac{\mathrm{d}R}{R} = \pi_{\mathrm{v}} \sigma_{\mathrm{v}} + \pi_{\mathrm{h}} \sigma_{\mathrm{h}} \tag{3.5.19}$$

式中:π_{v},σ_{v} 分别为纵向压阻系数和纵向应力;π_{h},σ_{h} 分别为横向压阻系数和横向应力。

纵向和横向压阻系数和晶向有关;纵向和横向应力由膜片上各点的径向应力 σ_{r} 和切向应力 σ_{t} 来决定。由弹性元件的受力情况可知,受到均匀压力的圆平膜片的径向应力 σ_{r} 和切向应力 σ_{t} 分别为

$$\sigma_{\mathrm{r}} = \frac{3p}{8h^2} \left[(1+\mu) r_0^2 - (3+\mu) r^2 \right] \tag{3.5.20}$$

$$\sigma_{\mathrm{t}} = \frac{3p}{8h^2} \left[(1+\mu) r_0^2 - (1+3\mu) r^2 \right] \tag{3.5.21}$$

式中:p 为压力;h,r_0 为分别为膜片的厚度和有效半径;μ 为泊松比,对于硅来说,$\mu = 0.35$;r 为计算点半径,即扩散电阻距硅膜片中心的距离。

$r = 0.635r_0$ 时,$\sigma_{\mathrm{r}} = 0$;$r < 0.635r_0$ 时,$\sigma_{\mathrm{r}} > 0$,为拉应力;$r > 0.635r_0$ 时,$\sigma_{\mathrm{r}} < 0$,为压应力。同时,当 $r = 0.812r_0$ 时,$\sigma_{\mathrm{t}} = 0$,仅有 σ_{r} 存在,其应力分布如图3.5.4所示。从图3.5.4中可知,$r = 0$ 时,两应力都具有正的最大值,即

$$\sigma_{\mathrm{r}} = \sigma_{\mathrm{t}} = \frac{3p(1+\mu)}{8h^3} r_0^2 \tag{3.5.22}$$

当 $r = r_0$ 时,两应力都具有负的最大值,即

$$\left. \begin{array}{l} \sigma_{\mathrm{r}} = -\dfrac{3p}{4h^2} r_0^2 \\[3mm] \rho_{\mathrm{t}} = -\dfrac{3p\mu}{4h^2} r_0^2 \end{array} \right\} \tag{3.5.23}$$

所以

$$\sigma_{\mathrm{t}} = \mu \sigma_{\mathrm{r}} \tag{3.5.24}$$

如果圆平膜片的扩散电阻方案已定,可根据扩散电阻的不同位置和晶向求出其径向应力和切向应力,那么沿径向和切向扩散在膜片上的电阻相对变化量可分别由以下两式求出:

$$\left(\frac{\Delta R}{R}\right)_r = \pi_v \sigma_r + \pi_h \sigma_t \tag{3.5.25}$$

$$\left(\frac{\Delta R}{R}\right)_t = \pi_v \sigma_t + \pi_h \sigma_r \tag{3.5.26}$$

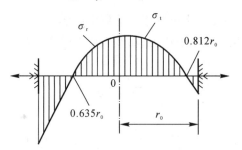

图 3.5.4　圆平膜片的应力分布

2. 压阻式压力传感器的基本原理

压阻式压力传感器的核心是一个 N 型单晶硅片。在硅片上用集成电路的工艺方法,将 P 型杂质扩散到 N 型硅片上,形成四个 P 型电阻条,构成惠登斯电桥的四个桥臂,装上引线和接点后,就形成半导体应变片,如图 3.5.5 所示。硅片四周用圆形硅环固定,在壳体两端有进气接口,如图 3.5.6 所示,分别接大气压力和被测压力,显然这种传感器是相对压力传感器,可以测量动压。如果传感器的一端密封,并抽成真空,则可以测量静压。

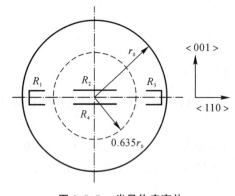

图 3.5.5　半导体应变片

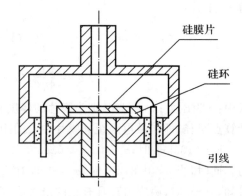

图 3.5.6　压阻式压力传感器

在硅片上,根据 P 型电阻扩散方向不同可分为径向电阻和切向电阻。扩散电阻的长边平行于膜片半径时为径向电阻 R_r,垂直于膜片半径时为切向电阻 R_t。

硅片纵向压阻系数 π_v 和横向压阻系数 π_h 的大小与硅片的晶向有关。可分别用以下两式求出:

$$\pi_v = \pi_{11} - 2(\pi_{11} - \pi_{12} - \pi_{44})(l_1^2 m_1^2 + m_1^2 n_1^2 + l_1^2 n_1^2) \tag{3.5.27}$$

$$\pi_h = \pi_{12} + (\pi_{11} - \pi_{12} - \pi_{44})(l_1^2 l_2^2 + m_1^2 m_2^2 + n_1^2 n_2^2) \tag{3.5.28}$$

式中:l_1, m_1, n_1 为扩散电阻纵向与原晶轴坐标的方向余弦;l_2, m_2, n_2 为扩散电阻横向与原晶轴坐标的方向余弦。

式(3.5.27)和式(3.5.28)中π_{11}、π_{12}和π_{44}分别是半导体单晶硅相对于三个晶轴方向的纵向、横向和剪切压阻系数。对于不同的半导体材料,π_{11}、π_{12}和π_{44}的值不同,而且和掺杂浓度有关。

对于 P 型硅来讲,π_{11}和π_{12}较小,在计算时可将π_{11}和π_{12}略去不计,只取π_{44}计算。对于 N 型硅来讲,π_{44}忽略,只取π_{11}和π_{12}计算。

由于单晶硅是各向异性材料,晶向不同,其特性也不相同,如在图 3.5.5 所示的 N 型圆形硅片上,沿$\langle110\rangle$晶向,在$0.635r_0$半径的内、外各扩散两个电阻。由于晶向$\langle110\rangle$的横向为$\langle001\rangle$,可根据式(3.5.27)和式(3.5.28)计算,或查有关表格,即可求得π_{11}和π_h之值为

$$\pi_{11} = \frac{1}{2}\pi_{44} \tag{3.5.29}$$

$$\pi_h = 0 \tag{3.5.30}$$

故内、外电阻的变化率为

$$\frac{\Delta R}{R} = \pi_{11}\sigma_{11} + \pi_h\sigma_h = \frac{1}{2}\pi_{44}\sigma_r \tag{3.5.31}$$

从图 3.5.4 可以看出,在$0.635r_0$半径之内σ_r为正值,在$0.635r_0$半径之外σ_r为负值,故内、外电阻的变化分别为

$$\left(\frac{\Delta R}{R}\right)_{in} = \frac{1}{2}\pi_{44}\bar{\sigma}_{r_{in}} \tag{3.5.32}$$

$$\left(\frac{\Delta R}{R}\right)_{out} = -\frac{1}{2}\pi_{44}\bar{\sigma}_{r_{out}} \tag{3.5.33}$$

式中:$\bar{\sigma}_{r_{in}}$,$\bar{\sigma}_{r_{out}}$为处于$0.635r_0$半径内、外电阻所受径向力的平均值。

压阻式压力传感器的原理电路如图 3.5.7 所示。圆形硅膜片既是受力应变元件,又是变换元件。在膜片不受力时,膜片上、下压力相等,电桥四个桥臂电阻的阻值相等,即$R_1 = R_2 = R_3 = R_4$,电桥平衡,无信号电压输出,即$U_O = 0$。

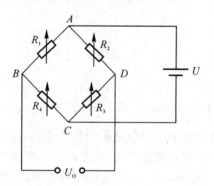

图 3.5.7　压阻式压力传感器的电路

当有被测压力进入压阻式压力传感器内腔时,膜片上、下出现压力差。在压差应力作用下,由于R_2,R_4处于膜片正应力区,故其阻值增加ΔR;R_1,R_3处于膜片负应力区,故其阻值减小ΔR,电桥失去平衡,则电桥的输出电压为

$$U_O = \frac{R_4 + \Delta R}{R_1 - \Delta R + R_4 + \Delta R} - \frac{R_3 + \Delta R}{R_3 - \Delta R + R_2 + \Delta R} = \frac{\Delta R}{R}U \tag{3.5.34}$$

式中：$R_1 = R_2 = R_3 = R_4 = R$。

从式(3.5.34)中看出,电桥输出电压和膜片上电阻变化成正比,也就是和被测压力成正比。只要测得电桥在不平衡时的输出电压,就可知道膜片所受压力的大小。

压阻式压力传感器的优点是结构简单,易于实现微型化;工作可靠,可在恶劣的环境条件下正常工作;灵敏度高,测压范围可小到毫克级,大到百千克级;频率响应高,可测 10 kHz 以上的脉动压力。其缺点是温度误差较大,同时输出电压信号还受电源电压和电流波动的影响,因此,在采用压阻式压力传感器测量压力时,一定要用恒定电源供电,并采用一定的温度补偿措施。

(1) 压阻式压力传感器的供电。压阻式压力传感器的电桥供电有两种方式:一是恒压源供电,二是恒流源供电。前者虽能提供恒定电源电压,但不能消除温度对输出电压信号的影响。为了减小温度影响。压阻式压力传感器一般采用恒流源供电,如图 3.5.8 所示。

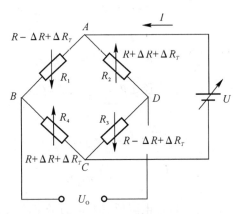

图 3.5.8 恒流源供电

假设电桥中两个支路的电阻相等,即

$$R_{ABC} = R_{ADC} = 2(R + \Delta R_T) \tag{3.5.35}$$

故有

$$I_{ABC} = I_{ADC} = \frac{1}{2}I \tag{3.5.36}$$

因此电桥的输出为

$$U_O = U_{BD} = \frac{1}{2}I(R + \Delta R + \Delta R_T) - \frac{1}{2}I(R - \Delta R + \Delta R_T) = I\Delta R \tag{3.5.37}$$

由式(3.5.37)可知,电桥的输出电压与电阻变化成正比,与恒流电流成正比,即输出电压与恒流源电流大小和精度有关,而与温度无关,因此不受温度影响。

但是压阻器件本身受到温度影响后,要引起温度误差漂移,因此必须采取温度补偿措施。

(2)压阻式压力传感器温度补偿电路。压阻器件本身由于温度变化所引起的误差由两部分组成:一是 P 型扩散电阻的阻值随温度变化所引起的漂移——零点温度漂移;二是压阻器件的压阻系数随温度变化所引起的漂移——灵敏度漂移。下面分别叙述其补偿方法。

1)零点温度补偿。零点温度漂移是由于四个扩散电阻的阻值及其温度系数不一致造成的。扩散电阻的温度系数和电阻层杂质浓度的高低有关。电阻层杂质浓度高时,温度系数小些;电阻层杂质浓度低时,温度系数大些。四个扩散电阻的电阻层杂质浓度不可能完全一致,因而当温度变化时,就要引起零点温度漂移。

零点温度漂移一般采用串、并联电阻法进行补偿,如图 3.5.9 所示。

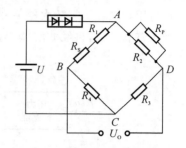

图 3.5.9 中,R_S 是串联电阻,R_P 是并联电阻。串联电阻起调零作用,并联电阻起补偿作用,补偿原理如下:由于零点温度漂移,B、D 两点电位不等。例如,当温度升高时,R_2 增大比较大,使 D 点电位低于 B 点,则 B、D 两点的电位差即为零位漂移。要消除 B、D 两点的电位差,最简单的办法是在 R_2 上并联一个温度系数为负,阻值较大的电阻 R_P,用来约束 R_2

图 3.5.9　温度漂移补偿电路

的变化,这样,当温度变化时,可减小 B、D 两点之间的电位差,以达到补偿的目的。当然这时在 R_4 上串联一个正温度系数且阻值较大的电阻来进行补偿,其作用也是一样的。

2) 灵敏度温度补偿。灵敏度温度漂移是由于压阻系数随温度变化而引起的。温度升高时,压阻系数变小;温度降低时,压阻系数变大。这说明传感器的灵敏度温度系数是负值。

传感器的灵敏度温度漂移可以在电源回路中用串联二极管或改变电源电压的方法来进行补偿。如电源回路中未串联二极管时,温度升高,传感器的灵敏度要降低,这时如果提高电桥的电源电压,使电桥的输出适当增大,便可达到补偿的目的。反之,温度降低时,传感器的灵敏度要增大,如果使电源电压降低些,使电桥的输出适当减小,同样可以达到补偿的目的。电源回路中串联二极管后,由于二极管的温度特性是负的,温度每升高 1℃ 时,正向压降约减小 $1.9 \sim 2.4$ mV。将适当数量的二极管串联在电桥的电源回路中,则当温度升高时,二极管的正向压降减小,于是电桥的电压增加,使其输出增大。只要计算出所需二极管的个数,将其串入电桥电源回路,便可以达到补偿的目的。

根据电桥的输出电压,应有

$$U_O = \frac{\Delta R}{R} U \text{ 或 } \Delta U_O = \frac{\Delta R}{R} \Delta U \tag{3.5.38}$$

式中:ΔU_O 为灵敏度温度漂移;ΔU 为温度影响下,电源电压变化量。

如传感器低温时满量程输出为 U'_O,高温时满量程输出为 U''_O,则 $\Delta U_O = U'_O - U''_O$,因此

$$U'_O - U''_O = \frac{\Delta R}{R} \Delta U \tag{3.5.39}$$

式中:$\frac{\Delta R}{R}$ 可根据常温下传感器的电源电压与满量程输出计算,从而可求得 ΔU,这就是为了补偿目的,电桥电压需要补偿的数值。

当电源回路中有几个二极管串联时,可得

$$n\theta\Delta T = \Delta U \tag{3.5.40}$$

式中:n 为串联二极管的个数;θ 为二极管 PN 结正向压降的温度系数,一般为 -2 mV/℃;ΔT 为温度的变化范围。

根据式(3.5.40)可计算出

$$n = \frac{\Delta U}{\theta \Delta T} \tag{3.5.41}$$

用这种方法进行补偿时,必须考虑二极管正向压降的阈值,硅管为 0.7 V,锗管为 0.3 V,因此,要求恒压源提供的电压应适当增大些。

(3)压阻式压力传感器输出电路。传感器的输出电路如图 3.5.10 所示。从图中看出,输

出电压U_O,在运算放大器 A 的输入端和 D/A 转换器输出的反馈电压U_F相减,其电压差值经放大器放大后,再经滤波、解调和 A/D 转换后,就把被测压力转换为数字信息N。

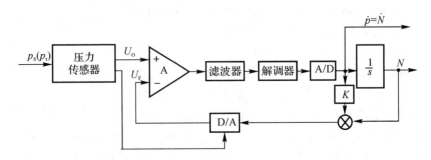

图 3.5.10   压阻式压力传感器输出电路

图 3.5.10 中,U_O是与输入压力p_s(或p_t)成正比的模拟电压信号。为了使系统稳定,D/A 转换器的输出电压U_F必须与U_O相平衡。积分器$1/s$输出的数字量N将能正确反映输入压力p_s(或p_t)的大小。而积分器$1/s$的输入量可反映被测压力的微分值。在 A/D 转换的周期内,当被测压力变化时,压力传感器的输出电压$U_O=kp$,故 A/D 转换后的输出可正确反映被测压力的变化率p,即N正比于p。这种获取速度变化率的方法几乎没有延迟误差。适当选择k可使系统获得合适的相对阻尼比,使系统具有良好的动态性能。

3. 压阻式压力传感器的主要性能

压阻式压力传感器型号很多,以 CYG 系列 D 级为例,其主要性能有:

测量范围:$0\sim1$ 或 $0\sim2$ kg/cm^2。

使用温度范围:$-40\sim460℃$。

灵敏度:100 mVFS。

零位温度系数:$<0.5\times10^{-4}/℃$。

线性度:$<\pm0.1\%$。

压力迟滞:$<0.05\%$。

重复性:$<0.05\%$。

零位时间漂移:0.1 mV‰(室温 4 h)。

电源电压:3VDC 或 6VDC。

输入阻抗:$400\sim550$ Ω。

3.5.3   振膜式压力传感器

振膜式压力传感器的敏感元件是一个恒弹性合金膜片。其固有频率与作用在膜片上的压力有单值函数关系。利用这种原理制成的传感器在有些大气数据计算机中得到应用。在大气数据计算机中用于测量大气的静压和动压的振膜式压力传感器都是由一个频率转换电路和两个电路插件组成的。

1. 弹性敏感元件的基本特性

振膜式压力传感器中恒弹性合金膜片在外力作用下,其几何尺寸和形状要发生改变,在外力消失后,又能恢复其原来的几何尺寸和形状,所以它是一个弹性敏感元件。通过这种特性,可以直接把被测压力转换为固有频率。下面先讨论弹性敏感元件的主要特性。

(1)弹性特性。作用在弹性敏感元件上的外力与其相应形变之间的关系,称为弹性特性,它可能是线性的,也可能是非线性的。弹性特性可由刚度或灵敏度表示。

1)刚度。刚度是指弹性敏感元件在外力作用下抵抗变形的能力,一般用 K 表示,其表达式为

$$K = \lim_{\Delta x \to \infty} \left(\frac{\Delta p}{\Delta x} \right) = \frac{\mathrm{d}p}{\mathrm{d}x} \tag{3.5.42}$$

式中:p 为作用在弹性敏感元件上的力;x 为弹性敏感元件的变形。

刚度也可以从弹性特性曲线上求得,图 3.5.11 中曲线 3 上 A 点的刚度,可用 $\tan\theta = \dfrac{\mathrm{d}p}{\mathrm{d}x}$ 表示。如特性曲线是线性的(如曲线 1),则其刚度是一个常数。

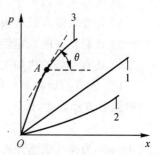

2)灵敏度。灵敏度是刚度的倒数,一般用 S 表示,即

$$S = \frac{\mathrm{d}x}{\mathrm{d}p} \tag{3.5.43}$$

图 3.5.11　弹性特性

从式(3.5.43)可知,灵敏度就是单位力产生变形的大小。与刚度相似,当特性曲线是线性的时,灵敏度也是一个常数,它表示此弹性元件在弹性变形范围内,曲线上各点由单位力产生的变形相同。

在传感器中,有时需用几个弹性敏感元件串联或并联。当弹性敏感元件并联时,系统的灵敏度为

$$S_n = \frac{1}{\displaystyle\sum_{i=1}^{n} \frac{1}{S_i}} \tag{3.5.44}$$

当弹性敏感元件串联时,系统的灵敏度为

$$S_n = \sum_{i=1}^{n} S_i \tag{3.5.45}$$

(2)弹性滞后和弹性后效。弹簧敏感元件工作时,都会产生弹性滞后和弹性后效,如图 3.5.12 所示。弹性敏感元件受到作用力和去掉作用力时的特性曲线不重合,这种现象叫弹性滞后,它表明作用力对弹性敏感元件做的功有一部分由于材料的内摩擦而消耗掉了。

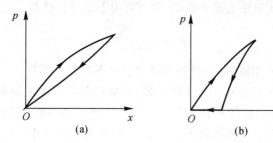

图 3.5.12　弹性滞后与弹性后效

(a)弹性滞后;　(b)弹性后效

在作用于弹性敏感元件上的力去掉后,弹性敏感元件并不立即恢复原状,尚存有小部分变

形,过一段时间才能完全消失,这种现象叫弹性后效。弹性后效降低了弹性敏感元件动态性能,它们对弹性敏感元件的工作都是有害的,直接影响测量设备的精度,所以采用振膜式压力传感器测量压力时,对压力膜片的要求是:在任何情况下,它都应该保证有良好的弹性特性,在长时间的使用中和温度变化时,都应保持稳定的特性。因此,对制造弹性敏感元件的材料的基本要求是:

1) 弹性滞后和弹性后效要小。

2) 弹性模数的温度系数要小。

3) 线膨胀系数要小,并且稳定。

4) 弹性极限和强度极限要高。

5) 具有良好的稳定性和耐腐蚀性。

6) 具有良好的机加工和热处理能力。

(3) 固有振动频率。传感器的弹性敏感元件属于一个单自由度的强迫振动系统,一般用二阶微分方程表达,即

$$m\ddot{x} + c\dot{x} + kx = p(t) \tag{3.5.46}$$

式中:$m\ddot{x}$ 为弹性敏感元件的惯性力;$c\dot{x}$ 为弹性敏感元件的阻尼力;kx 为弹性敏感元件的弹性力;$p(t)$ 为激振力。

当系统处于共振状态时,弹性力与惯性力互相平衡,外力仅仅用于克服阻尼力,即

$$kx = m\ddot{x} \tag{3.5.47}$$

$$p(t) = c\dot{x} \tag{3.5.48}$$

当阻尼力很小时,只要很小的外力就可以使系统产生振荡,也就是说,要使系统谐振,外力应等于阻尼力,即外加激振力只要能始终克服阻尼力,系统的振荡就可以维持下去。一般用品质因数 Q 来表征阻尼力的大小,其定义为每周期储存的能量 E_M 与阻尼消耗的能量 E_C 之比,即

$$Q = \frac{E_M}{E_C} \tag{3.5.49}$$

Q 值的大小直接影响传感器频率选择性的好坏。Q 值越大,能量损耗越小,谐振频率的稳定性越好,传感器也就越稳定,抗外界振动干扰的能力越强,传感器的重复性也越好。一般设计振动膜片时,总是使 Q 尽可能大一些,而提高 Q 值,则必须提高振膜的固有频率。固有频率的计算比较复杂,实用中常通过实验来确定,但也可用下式进行估算:

$$f_0 = \frac{1}{2\pi}\sqrt{\frac{K}{m}} \tag{3.5.50}$$

式中:K 为弹性敏感元件的刚度;m 为弹性敏感元件的等效振动质量。

从式(3.5.50)知,对于已使用的压力传感器,其振动膜片的质量 m 是一个常数,这样谐振频率 f_0 仅随弹性敏感元件的刚度 K 而变化。而弹性敏感元件的刚度是负载压力的函数,其值与振动膜片的大小有关,推导其关系式比较困难,一般用实验公式来表达,即

$$K = A(B + Cx^2) \tag{3.5.51}$$

这时弹性膜片所受到的作用力为

$$p = D\left(B + \frac{1}{3Cx^2}\right) \tag{3.5.52}$$

式中:x 为在压力 p 的作用下,膜片中心的位移量;A,B,C,D 为由膜片几何尺寸和膜片材料的弹性特性决定的常数。

2. 振膜式压力传感器的结构和工作原理

振膜式压力传感器的结构如图 3.5.13 所示。它有一个形如杯状的恒弹性合金膜片,膜片谐振部分的厚度,决定于被测压力的大小。膜片中心固定着一个小型永久磁铁。紧靠膜片中心的是拾振线圈,它感受膜片谐振时的磁场变化,从而产生与振动频率有单值函数关系的感应电势。基座上固定有电感线圈,它接收振荡放大器的反馈信号,使膜片振动迅速进入和稳定在谐振状态,所以这个电感线圈又叫激振线圈,其电气参数和拾振线圈相同。膜片和基座由同一材料制成,以确保压力的准确传递。外壳和膜片之间的空腔抽成真空,这个真空室作为测量压力的基准;真空室和被测压力室由振动膜片隔开。被测压力由导管引入。基座上还装有感温电阻,与传感器感受相同的环境温度,以达到补偿振动膜片温度误差的目的。

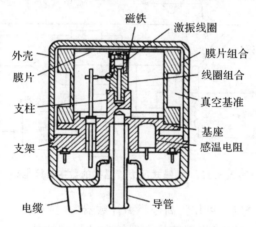

图 3.5.13　振膜式压力传感器结构

振动膜片被激振后,便以其固有频率发生振动。当有被测压力经导管进入被测压力室时,恒弹性合金膜片的刚度随之改变,则谐振频率也发生变化。该频率随被测压力增大而增大,且呈抛物线变化。拾振线圈的感应电势也随之变化。膜片属于机械振动系统,由于阻尼作用,振荡是逐渐衰减的。为此,通过基本振荡电路输出的感应电势,再反馈一部分到激振线圈,产生激振力,于是,膜片便会迅速地进入新的谐振状态。

3. 振膜式压力传感器的测量线路

振膜式压力传感器的测量线路如图 3.5.14 和图 3.5.15 所示。测量线路包含有传感器原理电路,也就是基本激振电路和数字转换电路。在电气平衡的 RL 桥路中有两只电阻,还有激磁线圈和铁磁体组成的电感,它产生激磁驱动力。这个驱动电路相当于一个较大阻抗,以实现恒流驱动。为了消除激磁线圈产生的相位误差,在基本激振电路中设置了一个配值电感线圈。拾振线圈经变压器和放大器连接,将线圈电势送到放大器的输入端。电路中的增益电路用来提供放大器的负反馈控制电压。R_A 用来调节放大器的增益值,保证传感器振荡回路输出电压为一常值。在调节 R_A 时,其最小极限值应保证振荡电路能自行启动。和 R_A 相串联的电容值较大。它用来隔断直流电压,也就是进行零位直流补偿,维持振荡器直流输出电压为零。整个基本谐振回路的输出,稳定在膜片的谐振频率上,输出频率与电路其他参数无关,所以振膜式压力传感器又叫频率式传感器。

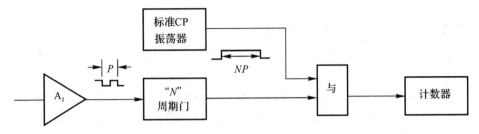

图 3.5.14　振膜式压力传感器原理电路

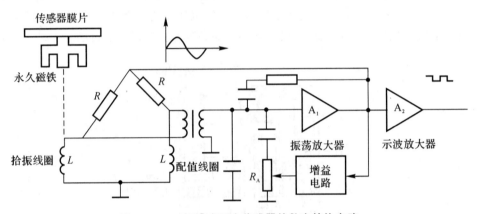

图 3.5.15　振膜式压力传感器的数字转换电路

基本振荡电路的方波输出,可作为高分辨力计数器的门控信号,这就提供了正比于膜片上所感受压力的计数输出。也可以将振荡放大器输出的正弦波信号变换成 TTL 兼容的 5V 方波,输入到频率 / 数字(F/D)变换电路。方波的频率与膜片所受压力成正比。

4. 振膜式压力传感器的主要技术性能

以某型振膜式压力传感器为例,其主要性能有:

测量范围:$0 \sim 2 \ \text{kg/cm}^2$。

使用温度范围:$-50 \sim +60℃$。

灵敏度:40 pC/kgf。

非线性:(0 级)$\leqslant 0.5\%$FS。

压力迟滞:$\leqslant 0.6$FS。

绝缘电阻:$\geqslant 10 \ \text{M}\Omega$。

3.5.4　振动筒式压力传感器

振动筒式压力传感器是利用振动筒的固有频率来测量压力的。其固有频率的大小取决于筒的形状、大小、材料和筒周围的介质。应用均匀薄壁圆筒做敏感元件是近年来发展起来的一种新技术。这种传感器的优点是迟滞误差和漂移误差小、稳定性好、分辨力高以及轻便、成本低。它主要用于测量气体的压力,在大气数据计算机中用于测量大气静压和大气动压。

1. 振动筒式压力传感器的结构

振动筒式压力传感器的基本结构如图 3.5.16 所示。它由振动圆筒、激振线圈、拾振线圈、基座和外壳组成。

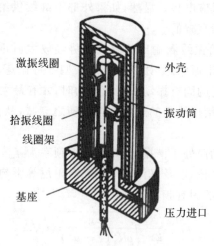

图 3.5.16 振动筒式压力传感器

振动筒传感器的核心是振动筒,通常是一只壁厚为 0.08 mm 左右的薄壁圆筒。圆筒的一端密闭,为自由端,另一端固定在基座上。改变筒的壁厚,可以获得不同的测压范围。圆筒采用有良好的磁性能、低温高弹性和高导磁性的材料制成。

电磁系统是两个线圈 —— 激振线圈和拾振线圈。在振动筒支架上按一定距离成十字形交叉排列。激振线圈是振动筒的激励源,它驱使振动筒发生振动。拾振线圈感受振动筒的振动,并输出与振动频率成比例的感应电势。在激振线圈和拾振线圈中心,分别有一根导磁棒和永磁棒。

基座用来安装振动筒和线圈组件;外壳用来保护振动筒,并起电磁屏蔽作用。在外壳和振动筒之间抽成真空,作为参考压力标准。

2. 振动筒式压力传感器的工作原理

振动筒可以等效为一个二阶强迫振荡系统,它有一个固有的谐振频率,品质因数很高。激振线圈和拾振线圈通过振动筒相互耦合,用集成运放组成一个正反馈的振荡电路,如图 3.5.17 所示,再经过整形电路输出一系列脉冲方波。

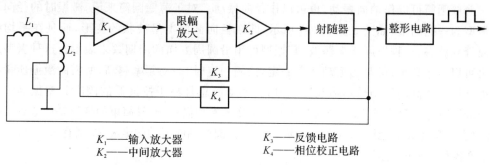

K_1——输入放大器　　　　　K_3——反馈电路
K_2——中间放大器　　　　　K_4——相位校正电路

图 3.5.17 振动筒式传感器原理方块图

当电源未接通时,振动筒处于静止状态,一旦接通激励放大器直流电源,放大器的固有噪声便在激振线圈中产生微弱的随机脉冲。该阶跃信号通过激振线圈时引起磁场改变,形成脉动力,从而引起振动筒的筒壁变形,使筒壁以低振幅的谐振频率振动。筒壁位移被拾振线圈感受,从而在拾振线圈中产生感应电势。显然,如果外部不继续供给能量给激振的机械系统,则由于阻尼作用,振荡将是逐渐衰减的。

为此,通过外部电路使拾振线圈输出的感应电势经放大后再反馈到激振线圈,产生激振力,于是,振动筒便迅速进入谐振状态,并以一定的振型维持振荡。由于振动筒有着很高的品质因数,所以振动筒只有在它的固有振动频率上振动时,才有最大的振幅。如果偏离了固有振动频率,其振幅就迅速衰减,拾振线圈的感应电势也随之衰减,从而使电路不能满足振荡条件而停止振荡。

当被测压力为零时,振动筒处于谐振状态,其谐振频率为 f_0,这时振动筒内外腔的压力相等,如果忽略介质质量和内摩擦,以及气体介质的黏滞阻尼等影响,则根据振动筒的振动理论,可推导出振动筒在零压力下的固有频率为

$$f_0 = \frac{1}{2\pi} \sqrt{\frac{Eg}{\rho R^2 (1-\mu^2)}} \cdot \sqrt{\Delta} \tag{3.5.53}$$

式中:$\Delta = \frac{(1-\mu^2)\lambda^4}{(\lambda^2+n^2)^2} + \alpha(\lambda^2+n^2)^2$;$\lambda = \pi R m / l$;$\alpha = \frac{h^2}{12R}$;$g$ 为当地重力加速度;ρ 为振动筒材料的密度;μ 为振动筒材料的泊松比;E 为振动筒材料的弹性系数;h 为振动筒壁厚;R 为振动筒中曲面半径;l 为振动筒的有效长度;n 为振动筒振动时沿圆周的周期数;m 为振动筒振动时的轴向半波数。

当被测压力进入振动筒内腔时,由于被测压力的作用,振动筒的刚度发生变化,从而改变了其谐振频率。拾振线圈一方面直接检测出随压力而变的振动频率增量,并立即将此电势信号经放大、整形电路输出;另一方面又不断地把输出的感应电势正反馈到激振线圈,产生激振力,使振动筒迅速进入新的谐振状态。输入压力不同,振动筒的谐振频率不同。因此,振动筒频率大小可以表征被测压力的大小。

3. 振动筒的基本振型

任何弹性体被激振后都可能出现多种振动波形,一般情况下对弹性体系统只考虑其最低固有频率的共振波形,即基本振型。所谓振型就是指弹性系统振动位移的一种形态或模式。

振动筒是一种分布参数的弹性体,有无限多个自由度,因而它受激励振动的情况是比较复杂的。薄壁圆筒可以作轴向振动,也可以作径向振动。对于薄壁圆筒来说,激振时的径向最低能级振型为一椭圆形,如图 3.5.18(a)所示,即在径向截面上呈波状的变形,而且在平均圆内外有波峰和波谷,这种波属于振荡波,其振型可用沿圆周方向的周期数来表示。这种振型从理论上讲可以有无数个,但是当振动能量一定,振幅一定时,振动频率越高,所需的激振能量就越大。振动频率越高的振型越不易起振。因此,振动筒总是易于按最低的固有频率振动。对于轴向两端被固定的薄壁圆筒,其轴向截面的振动变形有如简单梁,最简单的变形是中心处位移最大,即仅有一个波节,如图 3.5.18(b)所示。设 m 为圆筒轴向振动的半波数,则有 $m=1,m=2,m=3$ 等各种类型的变形。

当振动能量和振动波型一定时,m 和 n 越大,固有振动频率和振型等级越高。从测量的角

度考虑,必须选择一种不易受其他谐振影响,具有最低固有频率和最大振幅的振型,以达到容易起振、有较高的灵敏度和较长的振动周期,便于提高测量精度。因此,目前用振动筒作压力测量元件多选用 $m=1,n=4$ 的基本振型,这种振型容易起振,在压力测量范围内轴向和径向尺寸的微小变化对固有频率的影响都比较小。

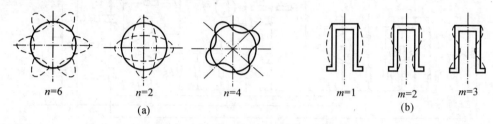

$$n=6 \qquad n=2 \qquad n=4$$
$$(a)$$

$$m=1 \qquad m=2 \qquad m=3$$
$$(b)$$

图 3.5.18　振动筒的基本振型

4. 振动频率和压力的关系

由式(3.5.53)可知,当压力为零时,振动筒的谐振频率是振动筒材料性能和几何尺寸的函数。因此,谐振频率的稳定性主要取决于材料物理性质的稳定性。当压力不为零时,振动筒内外腔压力之差引起筒壁应力变化,振动筒刚度发生变化,系统的振动频率也随之改变,谐振频率和被测压力成单值函数关系。实验指出,在恒温条件下,谐振频率与被测压力不是线性关系,而是一条近似抛物线,如图 3.5.19 所示。一般可用下列方程表示:

$$p = a_0 + a_1(\Delta f) + a_2(\Delta f)^2 + a_3(\Delta f)^3 \tag{3.5.54}$$

式中:P 为被测压力;a_0, a_1, a_2, a_3 为常数,一般由实验方法求得,通常 a_3 很小,因而式中 3 次项可忽略不计;Δf 为频率差,$\Delta f = f_p - f_0$。

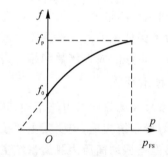

图 3.5.19　压力和频率的关系曲线

当常数 a_1 和 a_2 满足一定条件时,由式(3.5.54)可写出传感器的输出频率和被测压力的关系为

$$f_p = f_0 \sqrt{1 + Ap} \tag{3.5.55}$$

式中:A 为振动筒常数,与振动筒材料的物理性能和尺寸有关。当被测压力通入振动筒内腔时取正值,通入振动筒外腔时取负值。一般可以近似地用下式求 A 值:

$$A \approx \frac{12(1-\mu^2)}{En^2}\left(\frac{R}{h}\right)^3 \tag{3.5.56}$$

式中:n 为振动筒振动时沿圆周的周期数。它可以根据下式近似计算:

$$n = \sqrt{2\lambda}\sqrt[4]{\frac{R}{h}} \tag{3.5.57}$$

目前国内生产的振动筒式压力传感器,其振动筒的几何尺寸为 $h \approx 0.08$ mm, $l \approx 57$ mm, $R \approx 9$ mm。

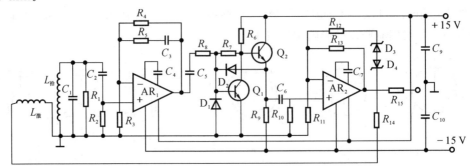

图 3.5.20　压力测量线路

5. 振动筒压力传感器的测量电路

振动筒压力传感器的压力测量线路如图 3.5.20 所示。第一级 AR_1 组成同相电压放大器,为了获得偏置电压和稳定运算放大器的工作状态,电路中设置电压负反馈。AR_2 组成同相放大器整形电路,使得输出电压信号的峰值保持在 10 V 左右。D_3,D_4 是互补稳压管,用于限制 AR_2 输出电压的振幅,起到整形作用。C_1 为相位调节电容,通过 C_1 的调节,可使激振信号电压和拾振线圈的感应电势有合适的相位关系。C_4,C_7 为运算放大器的消振电容,调节其大小可调节运算放大器输出电压相位,使其在确定的瞬间向激振线圈提供激振电压信号。C_2,C_5,C_6 为耦合电容。C_9,C_{10} 为电源滤波电容。D_1,D_2,Q_1,Q_2 组成电压放大器,D_1 为 Q_1 的温度补偿二极管。D_2 为负反馈二极管。C_3 和 R_5 组成有源滤波电容。R_{14} 为正反馈电阻。传感器输出的频率信号一方面经 R_{15} 输出到频率测量电路,另一方面经 R_{14} 正反馈到激振线圈,产生激振力,维持振动筒的等幅振荡。为了保证振动筒在被测压力范围内均能可靠地振动,压力测量线路除具有正反馈信号外,还应具有足够的放大倍数和相位裕度。

6. 振动筒压力传感器的主要技术性能

由于采用振动筒压力传感器型号及测量转换电路不同,其技术性能也不一样,仅以某型大气数据计算机所用的振动筒压力测量系统为例,说明其主要技术性能,见表 3.5.1。

表 3.5.1　某型号振动筒压力测量系统主要技术性能

静压测量范围	$18 \sim 825$ mmHg,输出频率 4.5 $\sim$ 5.5 kHz
总压测量范围	$18 \sim 1950$ mmHg,输出频率 4.5 $\sim$ 6.5 kHz
压力测量精度	静压绝对误差 0.75 mmHg,相对误差 0.09%FS 总压绝对误差 1 mmHg,相对误差 0.05%FS
压力测量分辨率	静压分辨率 0.004 mmHg 总压分辨率 0.008 mmHg
工作温度范围	$-54 \sim +71$℃
电源电压	-15 V± 1 V,$+15$ V± 1 V
重复性	0.01%FS
迟滞性	0.01%FS

注:1 mmHg $\approx$ 133 Pa。

3.6　总温传感器设计技术

总温传感器是用来测量高速气流全受阻的测量元件。它主要向大气数据计算机输出大气总温信号,以便进行真空速计算。

1. 总温传感器的结构和工作原理

总温传感器是一个横截面沿轴向收敛的管子,其外形和原理结构如图 3.6.1 所示。在靠近管子的最小横截面处有一凸台。当气流流过管子最小截面处时,由于气流有黏性,在管子内壁形成附面层,气流受到阻滞,流速减到最小极限值。由于受阻滞的气流来不及与外界进行热交换,所以可认为是绝热阻滞过程,气流的动能几乎全部转换为热能,使管子内壁温度升高。由于压差和凸台的作用,进入管子的气流,一部分继续作直线运动,从管子出气口流出;另一部分在凸台作用下,气流转弯 90°,进入感温元件周围的空腔,并从"D"处流出。流出气流的温度就是气流在管内凸台处受到阻滞时的阻滞温度,它近似地等于气流总温。

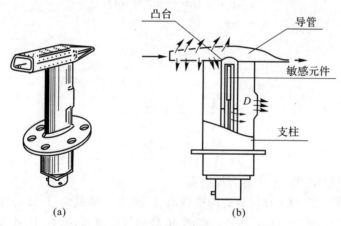

图 3.6.1　总温传感器外形及原理结构图

(a)外形；　(b)原理结构图

感温元件是一个将铂金属电阻丝绕在绝缘骨架上组成的感温电阻。它是利用铂金属丝的电阻率随温度变化而变化的特性工作的。从已知的金属材料中,铂是目前制造感温电阻的最好材料,在制造标准电阻温度计或在高温下需要精密测量时,一般用铂感温电阻。

在测温范围为 $0 \sim 660℃$ 时,铂金属丝感温电阻的特性方程为

$$R_t = R_0(1 + At + Bt^2) \tag{3.6.1}$$

式中:R_t 为温度为 $t℃$ 时,铂金属丝的电阻值;R_0 为温度为 $0℃$ 时,铂金属丝的电阻值;A,B 为常数,不同纯度的铂,其常数 A,B 不同。

在测温范围为 $-190 \sim 0℃$ 时,铂金属丝感温电阻的特性方程为

$$R_t = R_0[1 + At + Bt^2 + C(t - 100)t^3] \tag{3.6.2}$$

式中:C 为常数。

大气总温传感器带凸台的分流机构,避免了气流对感温电阻的直接冲击和气流中杂质对

测量精度的影响,保证了感温电阻测温的安全性。采用双感温电阻,并同时输出两个信号的双余度结构,使总温传感器测量可靠性得到了加强。在管子周围有众多有序排列的排气小孔,使管子内壁附面层的气流迅速排出,避免了管子内壁各点阻滞温度的相互影响,提高了测量的准确度。

2. 总温传感器的测量原理

当气流速度较小时,可认为气流是稳定流动。此时,气流通过总温传感器的管子时,气流速度的大小和管子横截面的大小有关,根据气流连续方程可知:

$$\frac{Av}{\gamma} = Q = 常数 \tag{3.6.3}$$

式中:A 为管子截面积;v 为气流流速;γ 为比容值$\left(\gamma = \dfrac{1}{r}, r \text{ 为比重}\right)$;$Q$ 为气体流量。

式(3.6.3)给出了气流流速、管子横截面和比容三者之间的关系。对于流速较小的气流,因为不考虑空气压缩性,所以 γ 是常数,这时流速和横截面成反比。但是气流速度较大时,气体压缩性就不能忽略,此时对式(3.6.3)求对数得

$$\ln A + \ln v - \ln \gamma = \ln Q \tag{3.6.4}$$

对上式进行微分得

$$\frac{\mathrm{d}A}{A} + \frac{\mathrm{d}v}{v} - \frac{\mathrm{d}\gamma}{\gamma} = 0 \tag{3.6.5}$$

或

$$\frac{\mathrm{d}A}{A} + \frac{\mathrm{d}v}{v} + \frac{\mathrm{d}\gamma}{\gamma} = 0 \tag{3.6.6}$$

$$\frac{\mathrm{d}A}{A} + \frac{\mathrm{d}v}{v} + \frac{\mathrm{d}\rho}{\rho} = 0 \tag{3.6.7}$$

式中:$\gamma = \rho g$;ρ 为气体密度;g 为重力加速度。

在管子中,任意选取两个比较靠近的横截面 Ⅰ 和 Ⅱ。横截面 Ⅰ 处的气流流速、压力、比重和管子横截面积分别为 v, p, r 和 A。截面 Ⅱ 处的气流流速、压力、比重和管子横截面相对于横截面 Ⅰ 有一个微小的变化,可用 $v + \mathrm{d}v, p + \mathrm{d}p, r + \mathrm{d}r$ 和 $A + \mathrm{d}A$ 表示。那么单位时间内,沿轴向流入和流出这段管子的气体动量差为

$$\frac{rvA}{g}\left[(v + \mathrm{d}v) - v\right] = \rho v A \, \mathrm{d}v \tag{3.6.8}$$

这段气流沿轴向所受的力有推动气流前进的力 pA 及阻止气流前进的力 $(A + \mathrm{d}A) \cdot (p + \mathrm{d}p)$。如取横截面 Ⅰ 和 Ⅱ 处气体压力的平均值$(p + \mathrm{d}p/2)$代替沿轴向变化的管壁作用于气流上的压力,则管壁作用于气流上的轴向分力为 F_a,即

$$F_a = \left(p + \frac{1}{2}\mathrm{d}p\right) \cdot \mathrm{d}A \tag{3.6.9}$$

根据动量方程,作用于任一段气流上沿轴向的合力,等于单位时间内从轴向进入和流出横截面 Ⅰ 和 Ⅱ 段气流的动量之差,即

$$pA - (p + \mathrm{d}p)(A + \mathrm{d}A) + \left(p + \frac{1}{2}\mathrm{d}p\right)\mathrm{d}A = \rho v A \cdot \mathrm{d}v \tag{3.6.10}$$

忽略高阶量 $\mathrm{d}p \cdot \mathrm{d}A$,则上式可简化为

$$-A \cdot \mathrm{d}p = \rho v A \cdot \mathrm{d}v \tag{3.6.11}$$

或

$$\mathrm{d}p = -\rho v \mathrm{d}v \tag{3.6.12}$$

已知声速公式为 $\mathrm{d}p = a^2 \cdot \mathrm{d}\rho$，所以 $\mathrm{d}p = a^2 \cdot \mathrm{d}\rho$，将 $\mathrm{d}p$ 代入上式,可得

$$a^2 \mathrm{d}\rho = -\rho v \mathrm{d}v \tag{3.6.13}$$

用 $1/a^2 \rho$ 乘等式两边,可得

$$\frac{\mathrm{d}\rho}{\rho} = -\frac{v}{a^2}\mathrm{d}v = -\frac{v^2}{a^2}\frac{\mathrm{d}v}{v} = -Ma^2 \frac{\mathrm{d}v}{v} \tag{3.6.14}$$

式中: Ma 为气流的马赫数。

从上式可以看出,速度相对变化量和密度相对变化量的关系取决于 Ma 的大小。 Ma 越大,速度变化一定数值所引起密度相对减小量越多。"一"表示 $\mathrm{d}v/v$ 和 $\mathrm{d}\rho/\rho$ 的变化是相反的。

将式(3.6.14)代入式(3.6.7)可得

$$\frac{\mathrm{d}A}{A} + \frac{\mathrm{d}v}{v} + \left(-Ma^2\frac{\mathrm{d}v}{v}\right) = 0 \tag{3.6.15}$$

移项后可得

$$\frac{\mathrm{d}A}{A} = (Ma^2 - 1)\frac{\mathrm{d}v}{v} \tag{3.6.16}$$

从上式可以看出,当气流马赫数小于1时, $(Ma^2 - 1)$ 为负值,这说明亚声速飞行时,气流速度进入总温传感器管道时,由于管道截面沿轴向减小,则气流速度增大;当气流马赫数大于1时, $(Ma^2 - 1)$ 为正值,由于管道截面沿轴向减小,故气流速度也减小。

从上面的分析看出,当气流进入总温传感器管道时,如果 $Ma < 1$,气流会增速;如果 $Ma > 1$,气流会减速。在管道凸台处,由于气体的黏性,它紧贴管壁的一层空气受到管壁的阻滞作用,其速度近似为零,这时可根据伯努利方程得出

$$\frac{v^2}{2} + \frac{K}{K-1}gRT_1 = \frac{K}{K-1}gRT_2 \tag{3.6.17}$$

式中: T_1 为大气静温,即 T_s ; T_2 为大气总温,即 T_t 。

变换上式可得

$$T_\mathrm{t} = \frac{K-1}{2KgR}v^2 + T_\mathrm{s} \tag{3.6.18}$$

又因为

$$a = \sqrt{KgRT_\mathrm{s}} \tag{3.6.19}$$

$$Ma = \frac{v}{a} \tag{3.6.20}$$

所以

$$T_\mathrm{t}' = (1 + 0.2\gamma Ma^2)T_\mathrm{s} \tag{3.6.21}$$

上式表明,总温传感器管道中凸台处的阻滞温度和气流速度有关。气流速度增大,阻滞温度升高。凸台处的分流气流将此温度传递给感温电阻,所以铂感温电阻感受的是气流全受阻温度,即气流总温。但实际上,感温电阻感受到的阻滞温度 T_t' 小于理论值 T_t 。这是因为分流气流带走了一部分热量的缘故。另外,热量辐射和传导过程中也要损失一部分。为了表示气

流动能转换为感温电阻感受热能的程度,引入恢复系数 r 的概念,其值为

$$r = \frac{T'_t - T_s}{T_t - T_s} \tag{3.6.22}$$

CW1002 总温传感器的恢复系数是马赫数的函数,其关系见表 3.6.1。

表 3.6.1　恢复函数与马赫数的关系

Ma	r	Ma	r
0.1	1.000 0	1.0	0.982 0
0.2	0.987 4	1.1	0.984 6
0.3	0.985 0	1.2	0.986 6
0.4	0.983 9	1.5	0.989 7
0.5	0.983 7	1.75	0.991 7
0.6	0.983 6	2.0	0.992 0
0.7	0.983 2	2.25	0.992 4
0.8	0.982 4	2.5	0.992 8
0.9	0.982 1		

当测得气流总温 T'_t 和气流的 Ma 时,即可求得大气静温为

$$T_s = \frac{T'_t}{1 + 0.2\gamma Ma^2} \tag{3.6.23}$$

3. 总温传感器的主要技术性能

以 CW1002 总温传感器为例,说明其主要技术性能,见表 3.6.2。

表 3.6.2　CW1002 传感器主要技术性能

使用温度范围	$-70℃ \sim +350℃$
Ma	$0 \sim 3.0$
飞行高度	$0 \sim 30 \text{ km}$
总温恢复系数	见表 3.6.1
零度时电阻	$(300 \pm 0.3)\ \Omega$
允许通过电流	$\leqslant 5 \text{ mA}$
耐湿性	相对温度 100%
静态误差	$\pm(0.3 + 0.3t\%)℃$
抗振性	$6g, 20 \sim 200 \text{ Hz}$
电阻、温度特性	查表

3.7　总　线　技　术

3.7.1　RS-232C

该标准的全称是 EIA-RS-232C 标准(Electronic Industrial Associate-Recommended Standard 232C),是美国电子工业协会(EIA)与 BELL 等公司于 1969 年公布的通信协议。它适合于数据传输速率在 0~20 000 b/s 范围内的通信。这个标准对串行通信接口的有关问题,如信号线功能、电气特性都做了明确规定。通信设备厂商都生产与 RS-232C 标准兼容的通信设备,因此该标准目前在微机串行通信接口中广泛采用。

在讨论 RS-232C 接口标准的内容之前,有必要说明如下两点:

(1)RS-232C 标准最初是为远程通信中的数据终端设备(Data Terminal Equipment,DTE)与数据通信设备(Data Communication Equipment,DCE)而制定的。因此,这个标准的制定,并未考虑计算机系统的应用要求。但目前它又广泛地被借用于计算机(确切地说,是计算机接口)与终端或外设之间的近端连接。显然,这个标准的有些规定及定义和计算机系统是不一致的,甚至是相矛盾的。有了对这种背景的了解,对 RS-232C 标准与计算机不兼容的地方就不难理解了。

(2)RS-232C 标准中所提到的"发送"和"接收",是以数据终端设备(DTE),而不是以数据通信设备(DCE)来定义的。在计算机系统中,往往是 CPU 和 I/O 设备之间传送信息,两者都是 DTE,因此双方都能发送或接收。

1. EIA-RS-232C 标准的信号线

(1)信号的名称、引脚号及功能。EIA-RS-232C 标准规定了在串行通信时,DTE 和 DCE 之间的接口信号。表 3.7.1 列出了 25 芯的 RS-232C 信号线的名称、引脚号及功能。

表 3.7.1　RS-232C 信号线

脚号	信号名	缩写名	方向	功能说明
1	保护她	PC	无方向	设备地
2	发送数据*	TxD	DTE→DCE	终端发送串行数据
3	接收数据*	RxD	DTE→DCE	终端接收串行数据
4	请求发送*	RTS	DTE→DCE	终端请求通信设备切换到发送方向
5	清除发送*	CTS	DTE→DCE	通信设备已切换到发送方向
6	数传机就绪*	DSR	DTE→DCE	通信设备就绪,设备可用
7	信号地*	SG	无方向	信号地,所有信号公共地
8	数据载波检出	DCD	DTE→DCE	通信设备正在接收通信链路的信号
	(接收线号检出)*	(RLSD)		

续表

脚号	信号名	缩写名	方向	功能说明
9	未定义			
10	未定义			
11	未定义			
12	辅信道接收线信号检测			
13	辅信道的清除发送			
14	辅信道的发送数据			
15	发送器定时时钟(DCE 源)			
16	辅信道的接收数据			
17	接收器定时时钟			
18	未定义			
19	辅信道的请求发送			
20	数据终端就绪*	DTR	DTE→DCE	终端设备就绪,设备可用
21	信号质量测定器			
22	振铃指示*	RID	TE→DCE	通信设备通知终端,通信链路有振铃
23	数据信号速率选择器 DTE 源/DCE 源			
24	发送器定时时钟(DTE 源)			
25	未定义			

由表 3.7.1 可知,RS-232C 标准为主信道和辅信道共分配了 25 根线,其中辅信道的信号线几乎没有使用,而主信道的 9 根信号线(表中带 * 号者)才是远距离串行通信接口标准中的基本信号线。9 根信号线如下:

1)2 号线:发送数据(Transmitted Data,TxD),通过 TxD 线,终端将串行数据发送到调制解调器(MODEM)。

2)3 号线:接收数据(Received Data,RxD),通过 RxD 线,终端接收从 MODEM 发来的串行数据。

3)4 号线:请求发送(Request To Send,RTS),用来表示 DTE 请求 DCE 发送数据,即当终端要发送数据时,使该信号有效(ON 状态),向 MODEM 请求发送。它用来控制 MODEM 是否要进入发送状态。

4)5 号线:清除发送(Clear To Send,CTS),用来表示 DCE 准备好接收 DTE 发来的数据,是对请求发送信号 RTS 的响应信号。当 MODEM 已准备好接收终端传来的数据时,使该信号有效,通知终端开始沿发送数据线 TxD 发送数据。

这对 RTS/CTS 请求应答联络信号多用于半双工通信方式,作为采用 MODEM 的系统中发送方式和接收方式之间的切换。在全双工系统中,因配置双向通道,故不需 RTS/CTS 联络信号,直接使其变高。

5)6 号线:数传机就绪(Data Set Ready,DSR),有效时(ON 状态),表明 MODEM 处于可以使用的状态。

6)7 号线:信号地(Signal Groud,SG),无方向。

7)8 号线:数据载波检出(Data Carrier Detection,DCD),用来表示 DCE 已接通通信链路,通知 DTE 准备接收数据。当本地的 MODEM 接收到由通信链路另一端(远地)的 MODEM 送来的载波信号时,使 DCD 信号有效,通知终端准备接收,并且由 MODEM 将接收的载波信号解调成数字量数据后,沿接收数据线 RxD 送到终端。

8)20 号线:数据终端就绪(Data Terminal Ready,DTR),有效时(ON 状态),表明数据终端可以使用。

DTR 和 DSR 这两个信号有时直接连到电源上,上电立即有效。目前有些 RS-232C 接口甚至省去了用以指示设备是否准备好的这类信号,认为设备是始终都准备好的。可见这两个设备状态信号有效,只表示设备本身可用,并不说明通信链路可以开始进行通信了。

9)22 号线:振铃指示(Ringing Indicator,RI),当 MODEM 收到交换台送来的振铃呼叫信号时,使该信号有效(ON 状态),通知终端,已被呼叫。

上述控制信号线何时有效、何时无效的顺序表示了接口信号的传送过程。只有当 DSR 和 DTR 都处于有效(ON)状态时,才能在 DTE 和 DCE 之间进行传送操作。若 DTE 要发送数据,则预先将 RTS 线置成有效(ON)状态,等 CTS 收到有效(ON)状态的回答后,才能在 TxD 线上发送串行数据。这种顺序的规定对半双工的通信线路特别有用,因为半双工的通信线路进行双向传送时有一个换向问题,只有当收到 DCE 的 CTS 线为有效(ON)状态后,才能确定 DCE 已由接收方向改为发送方向,这时线路才能开始发送。

(2)信号线的连接和使用。

1)远距离与近距离通信时,所使用的信号线是不同的。近距离是指传输距离小于 15 m 的通信。在 15 m 以上的远距离通信时,一般要加调制解调器(MODEM),故所使用的信号线较多。此时,若在通信双方的 MODEM 之间采用专用电话线进行通信,则只要使用 2 号~8 号信号线进行联络与控制,如图 3.7.1(a)所示。若在双方 MODEM 之间采用普通电话交换线进行通信,则还要增加 RI(22 号线)和 DTR(20 号线)两个信号线进行联络,如图 3.7.1(b)所示。

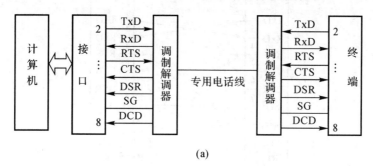

(a)

图 3.7.1 采用 MODEM 时 RS-232C 信号线的使用

(a)采用 MODEM 和专用线通信时信号线的连接

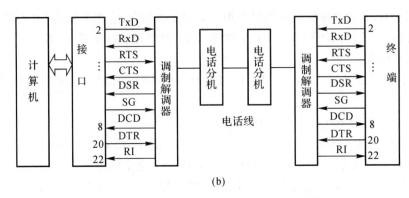

(b)

续图 3.7.1 采用 MODEM 时 RS‒232C 信号线的使用

(b)采用 MODEM 和电话网通信时信号线的连接

2)近距离通信时,不采用 MODEM(称零 MODEM 方式),通信双方可以直接连接,这种情况下,只需使用少数几根信号线。最简单的情况,在通信中根本不要 RS‒232C 的控制联络信号,只需使用 3 根线(发送线 TxD、接收线 RxD、信号地线 SG)便可实现全双工异步串行通信,如图 3.7.2 所示。图中的 2 号线与 3 号线交叉连接是因为直连方式时,把通信双方都当作数据终端设备看待,双方都可发送,也可接收。在这种方式下,通信双方的任何一方,只要请求发送 RTS 有效和数据终端准备好 DTR 有效就能开始发送和接收。

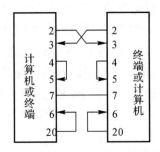

图 3.7.2 零 MODEM 方式的最简单连接

如果想在直接连接时,而又考虑 RS‒232C 的联络控制信号,则采用零 MODEM 方式的标准信号连接,如图 3.7.3 所示。

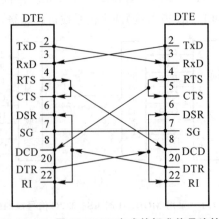

图 3.7.3 零 MODEM 方式的标准信号连接

从图 3.7.3 可知,RS－232C 接口标准定义的所有信号线都用到了,并且是按照 DTE 和 DCE 之间信息交换协议的要求进行连接的,只不过是把 DTE 本身发出的信号线回送过来进行自接,当作对方 DCE 发来的信号,因此,又把这种连接称为双交叉环回接口。

双方握手信号关系如下:

a. 甲方的数据终端就绪(DTR)和乙方的数传机就绪(DSR)及振铃信号(RI)互连。这时,一旦甲方的 DTR 有效,乙方的 RI 就立即有效,产生呼叫,并应答响应,同时又使乙方的 DSR 有效。这意味着,只要一方的 DTE 准备好,便同时认为对方的 DCE 准备好,尽管实际上对方的 DCE 并不存在。

b. 甲方的请求发送(RTS)及清除发送(CTS)自连,并与乙方的数据载体检出(DCD)互连。这时,一旦甲方请求发送(RTS 有效),便立即得到发送允许(CTS 有效),同时使乙方的 DCD 有效,即检测到载波信号,表明数据通信链路已接通。这意味着只在一方面的 DTE 请求发送,同时也为对方的 DCE 准备好接收(即允许发送),尽管实际上对方 DCE 并不存在。

c. 双方的发送数据(TxD)和接收数据(RxD)互连。这意味着双方都是数据终端设备(DTE),只要上述的握手关系一经建立,双方即可进行全双工传输或半双工传输。

2. EIA－RS－232C 电气特性

EIA－RS－232C 对电气特性、逻辑电平都做了规定:

(1)在 TxD 和 RxD 数据上。

1)逻辑 1(MARK):－3V～－15V。

2)逻辑 0(SPACE):＋3V～＋15V。

(2)在 RTS、CTS、DSR、DTR、CD 等控制线上。

1)信号有效(接通,ON 状态,正电压):＋3V～＋15V。

2)信号无效(断开,OFF 状态,负电压):－3V～－15V。

以上规定说明了 RS－232C 标准对逻辑电平的定义。对于数据(信息码):逻辑"1"(传号)的电平低于－3V,逻辑"0"(空号)的电平高于＋3V;对于控制信号:接通状态(ON)即信号有效的电平高于＋3V,断开状态(OFF)即信号无效的电平低于－3V,也就是当传输电平的绝对值大于 3V 时,电路可以有效地检查出来,介于－3V～＋3V 之间的电压无意义,低于－15V 或高于＋15V 的电压也认为无意义,因此,实际工作时,应保证电平在±(5～15)V 之间。

(3)EIA－RS－232C 与 TTL 转换。很明显,EIA－RS－232C 是用正、负电压来表示逻辑状态的,与 TTL 以高、低电平表示逻辑状态的规定不同。因此,为了能够同计算机接口或终端的 TTL 器件连接,必须在 EIA－RS－232C 与 TTL 电路之间进行电平和逻辑关系的变换。实现这种变换的方法可用分立元件,也可用集成电路芯片。

目前,较广泛地使用集成电路转换器件,如 MC1488、SN75150 芯片可完成 TTL 电平到 EIA 电平的转换,而 MC1489、SN75154 芯片可实现 EIA 电平到 TTL 电平的转换。MAX232 芯片可完成 TTL、EIA 双向电平转换。图 3.7.4 所示为 MC1488 和 MC1489 的内部结构和引脚。

MC1488 的引脚 2,4,5,9,10,12,13 接 TTL 输入,引脚 3,6,8,11 输出端接 EIA－RS－232C。MC1489 的 1,4,10,13 脚接 EIA 输入,而 3,6,8,11 脚接 TTL 输出。具体连接方法如图 3.7.5 所示。图 3.7.5 中左边是微机串行接口电路中的主芯片 UART,它是 TTL 器件,右边是 EIA－RS－232C 连接器,要求 EIA 电压。因此,RS－232C 所有的输出、输入信号线都要分别经过 MC1488 和 MC1489 转换器进行电平转换后才能送到连接器上去或从连接器上送进来。

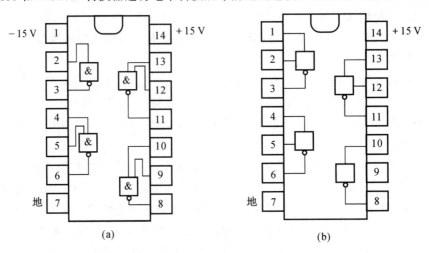

图 3.7.4 电平转换器 MC1488 和 MC1489 芯片内部结构和引脚

(a)MC1488； (b)MC1489 芯片

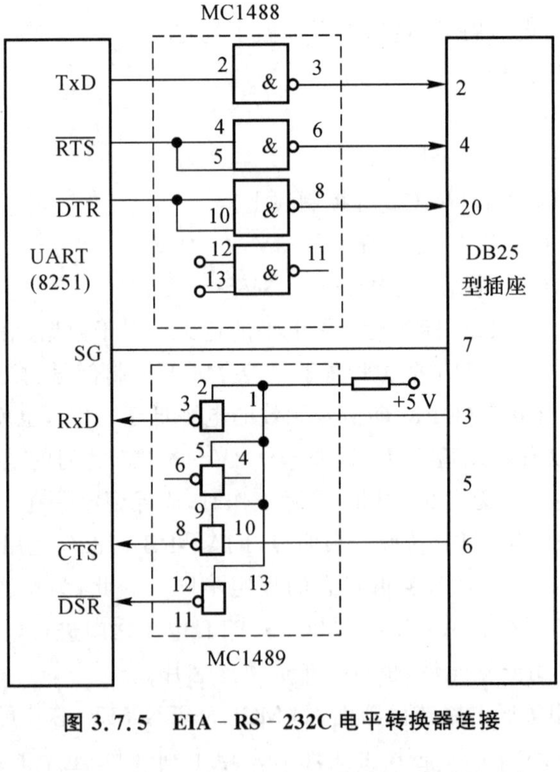

图 3.7.5 EIA‐RS‐232C 电平转换器连接

由于 MC1488 要求使用±15V 高压电源,不太方便,现在有一种新型电平转换芯片 MAX232,可以实现 TTL 电平与 RS‐323 电平双向转换。MAX232 内部有电压倍增电路和转换电路,仅需+5V 电源便可工作,使用十分方便。图 3.7.6 是其内部逻辑框图,从该图可知,一个 MAX232 芯片可连接两对收/发线。MAX232 把 UART 的 TxD 和 RxD 端 TTL/CMOS 电平（0V～5V)转换成 RS‐232 的电平（＋10V～－10V)。

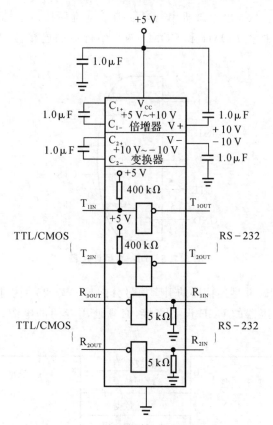

图 3.7.6　MAX232 内部逻辑框图

3. EIA - RS - 232C 机械特性

(1)连接器。RS - 232 并未定义连接器的物理特性,因此出现了 DB - 25 型连接器和 DB - 9 型连接器,其引脚的定义也各不相同,使用时要特别注意。

1)DB - 25 型连接器。虽然 RS - 232 标准定义了 25 根信号,但实际进行异步通信时,只需 9 个信号:2 个数据信号、6 个控制信号、1 个地线信号。早期 PC 除了支持 EIA 电压接口外,还支持 20 mA 电流环接口,另需 4 个电流信号,因此它们采用 DB - 25 型连接器作为 DTE 与 DCE 之间通信电缆连接。DB - 25 型连接器的外形及信号分配如图 3.7.7 所示。

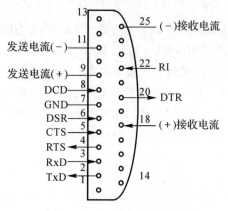

图 3.7.7　DB - 25 型连接器

2)DB－9 型连接器。286 以上微机串行口取消了电流环接口，因此采用 DB－9 型连接器作为多功能 I/O 卡或主板上 COM1 和 COM2 两个串行口的连接器，其引脚及信号分配如图 3.7.8 所示。

DCD
1
RxD
2
TxD
3
DTR
4
GND
5
6
DSR
7
RTS
8
CTS
9
RI

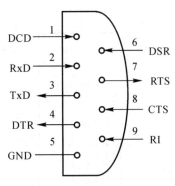

图 3.7.8　DB－9 型连接器

由图 3.7.8 可知，DB－9 型连接器的引脚信号分配与 DB－25 型引脚信号完全不同。因此，若与配接 DB－25 型连接器的 DCE 设备连接，必须使用专门的电缆，其对应关系如图 3.7.9 所示。

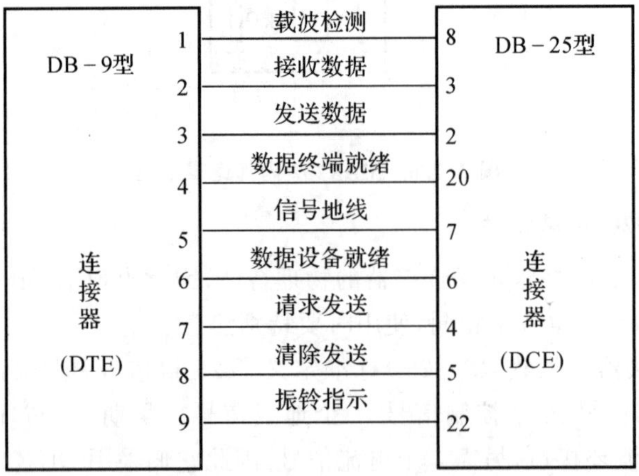

DB－9型
连接器
(DTE)
DB－25型
连接器
(DCE)
1 载波检测 8
2 接收数据 3
3 发送数据 2
4 数据终端就绪 20
5 信号地线 7
6 数据设备就绪 6
7 请求发送 4
8 清除发送 5
9 振铃指示 22

图 3.7.9　DB－9 型(DTE)与 DB－25 型(DCE)连接器之间的连接

(2)电缆长度。在通信速率低于 20 kb/s 时，RS－232C 所能直接连接的最大物理距离为 15 m。

(3)最大直接传输距离的说明。RS－232C 标准规定，若不使用 MODEM，在码元畸变小于 4%的情况下，DTE 和 DCE 之间最大传输距离为 15 m。可见，这个最大的距离是在码元畸变小于 4%的前提下给出的。为了保证码元畸变小于 4%的要求，接口标准在电气特性中规定，驱动器的负载电容应小于 2 500 pF。例如，采用每 0.3 m 的电容值为 40～50 pF 的普通非屏蔽多芯电缆作传输线，则传输电缆的长度，即传输距离为

$$L=\frac{2\ 500\ \text{pF}}{50\ \text{pF/ft}}=50\ \text{ft}\approx 15.24\ \text{m} \tag{3.7.1}$$

然而，在实际应用中，码元畸变超过 4%，甚至为 10%～20%时，也能正常传输信息，这意味着驱动器的负载电容可以超过 2 500 pF，因而传输距离可大大超过 15 m，这说明了 RS－232C

标准所规定的直接传送最大距离为 15 m 是偏于保守的。

3.7.2 RS-422

推出 RS-232C 接口标准的初衷并不是为了实现计算机系统之间的互连,因此,采用 RS-232C 实现计算机互连时必然存在不足之处,主要表现在:传送距离近,容易产生电平偏移,抗干扰能力差,传送速率偏低等。针对 RS-232C 的不足,电子工业协会(EIA)制定了 RS-422 总线标准。RS-422 的输入/输出端均采用差分驱动。RS-423 总线标准是 RS-232C 和 RS-422 总线标准之间的过渡标准,该标准称为单端口电气标准或非平衡传输电气标准,其输出端的驱动与 RS-232C 类似,而输入端的驱动和 RS-422 标准相同。RS-423 标准在当今的系统中已经很少使用。

1. RS-422 电气连接

使用 MC3487、75174 等器件可以将串行口控制器输出的 TTL 电平转换为 RS-422 差分信号,使用 MC3486、75175 等器件可以将 RS-422 差分信号转换为 TTL 电平。RS-422/RS-423 的电气连接如图 3.7.10 所示,为了便于比较,图中同时给出了 RS-232C 接口的电气连接。

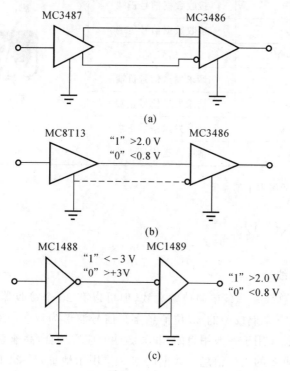

图 3.7.10 RS-232/RS-422/RS-423 的电气连接

2. RS-422 标准的主要特点

(1)如果传输过程中混入干扰与噪声,由于双端输入差分放大作用,干扰噪声互相抵消,从而增强了总线的抗干扰能力。

(2)RS-422 由两条信号线形成信号回路,与信号地无关,双方的信号地也不必连在一起,这样就避免了"电平偏移",同时了解决了潜在的接地的问题。

（3）RS-422输出端采用双端平衡驱动,比RS-423输出端所采用的单端不平衡驱动对电压信号的放大倍数要大1倍。

（4）RS-422的传输速率可以达到10 Mb/s,而RS-423只能达到300 kb/s。

（5）为了提高抗干扰能力,RS-422总线使用双绞线作为连接电缆。

3. RS-422D 引脚定义

RS-449是与RS-422电气规范配套的机械规范。目前的IPC主板或串行通信卡提供的RS-422总线都未采用RS-449机械规范,而采用9针D型连接器(DB-9)。连接器的引脚分配没有统一的标准,表3.7.2是大多数板卡提供RS-422总线时对DB-9连接器所做的引脚分配和定义。

表3.7.2　RS-422 的引脚定义

引脚号	信号名	信号说明	连接器
1	TX-	发送数据信号负端	
2	TX+	发送数据信号正端	
3	RX+	接收数据信号正端	
4	RX-	接收数据信号负端	
5	GND	信号地	脚1　脚5
6	RTS-*	请求发送信号负端	
7	RTS+*	请求发送信号正端	
8	CTS+*	清除发送信号正端	脚6　脚9
9	CTS-*	清除发送信号负端	

注：有*的信号在有的板卡中不提供。

3.7.3　ARINC 429

1. ARINC 429 总线

ARINC 429数据总线是一条单向传输总线,但可以有20个接收器。其通信的3个状态的多路信息流,采用带有奇偶校验的32位消息字。信号波形为双向归零码,其位宽取决于总线的工作速率。低速总线用于一般用途的、非关键性的应用场合,高速总线则用于传输的数据量比较大或那些至关重要的飞行信息。数据的前8位用于地址,后24位用于数据。例如,美国的一种电子飞行仪表系统,它的数据大约按每秒19,9.5和2.4倍速度更新。对于每一个字的同步,可通过检测每个字第1位的跃变来实现。在连续传输的字与字之间至少有4个位时的时间间隔。

（1）概述。

1) ARINC 429规范是由美国航空电子工程委员会（Airline Electronic Engineering Commission,AEEC)制定,美国航空无线电公司（Aeronautical Radio Inc. ,ARINC)出版的一

种民用飞机机载总线规范。

2）ARINC 429 规范全称为"数字信息传输系统"（Digital Information Transfer System，DITS)，于 1977 年首次出版，是当前实用最为广泛的 ARINC 标准。

3）ARINC 429 是规范，而不是总线。

4）该标准数据资源丰富，而且数据精度高，在当代航空及其他设备中得到广泛应用。

5）ARINC 429 总线是一种串行标准，为面向接口型的单向广播式传输总线。

6）该总线上只允许有一个发送器，但可以有多个接收器（最多为 20 个）。

7）在一条总线上定义有一个发送器和一个或多个接收器，以差动输出的对称（平衡）方式工作。

8）采用双绞屏蔽线异步传输数据。

9）总线用标志码字来区分设备和信号名称。

10）ARINC 429 标准使设备互换性的物理和电气特性达到最大程度的标准化，提高了地面和机载设备的兼容性。

（2）数据。

1）ARINC 429 通信采用带有奇偶校验的 32 位信息字，采用双极性归零码的三态调制编码方式，调制信号有"高""零""低"三种电平状态。

2）接收器输入端（考虑到干扰情况下）：高电平为 $+6.5$ V$\sim+13$ V，零电平为 -2.5 V$\sim+2.5$ V，低电平为 -6.5 V~-13 V。

3）一般情况下，数据传输中，发送端以足够高的速率传输数据，按开环方式控制传输，不需要接收器通知发送器已接收到信息。

4）采用双绞电缆线进行数据的传输，要求电缆线的两端和所有断开点都应该屏蔽接地，以提高传输过程中的抗干扰能力。

（3）应用。

1）以 ARINC 429 总线构成的数传系统可以说是一个单信息源、多接收器的数据传输系统。

2）实现设备之间的双向通信，必须建立一个双向的数据传输链路。

3）对于一个 ARINC 429 数据传输系统来说，如果要增加一个设备，或者由于改进而增加设备，那么对于每一个与它有交连的设备来说，它们之间都应增加适当的数据链路，这样，随着设备的增加，所需要的 ARINC 429 链路的数量也就越来越大，这样就无形中增加了飞机的体积和重量，同时也降低了整个系统的可靠性和稳定性。

ARINC 429 数据传输系统增加设备连接的示意图如图 3.7.11 所示。

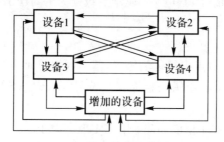

图 3.7.11　ARINC 429 数据传输系统增加设备连接示意图

4）ARINC 429 总线结构简单、性能稳定、传输可靠,抗干扰能力强,广泛用于先进民航飞机。

5）波音 B737/B757/B767/B777、空中客车 A300 - 600 等所采用。

6）俄制军用飞机也选用了类似的技术。

7）这种总线在民用飞机上大多采用低速(12.5 kb/s)接收和发送,军用飞机则普遍采用高速(100 kb/s)接收和发送。

2．ARINC 429 总线标准及协议

（1）总线规范及编码标准。

1）ARINC 429 速率为 12.5 kb/s 或 100 kb/s,通常以脉冲形式发送,并采用双极归零方式调制,如图 3.7.12 所示。

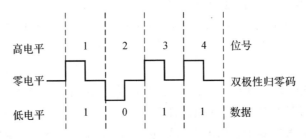

图 3.7.12　双极归零调制方式

2）对于每一个字的同步,可通过检测每个字第一位的跃变来实现。

3）在连续传输的字与字之间至少有 4 个位的时间间隔,如图 3.7.13 所示。

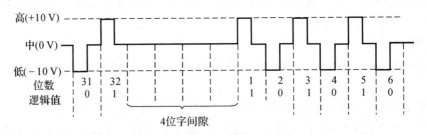

图 3.7.13　时间间隔示意

4）ARINC 429 数据信号是一对差分信号,由专用驱动芯片驱动到总线,数据发送时经过差分驱动。

5）驱动前级为两个标准的 TTL 电平,驱动后级则为一对±5 V 电平前级,而差分运算结果是参考电压的 2 倍。

（2）基本信息单元。

1）ARINC 429 是简单点对点串行传输协议,基本数据单元是 32 位数据字。

2）数据字主要包括五部分：奇偶校验位(P)、符号/状态位(SSM)、数据位(Data)、源/目的标识(SDI)和标号(Label)。

3）两个数据字之间至少有 4 位的间隔,用来实现字同步。

4）数据以 32 位(25 位)字(Word)格式传送。每个字包含 1 位校验位,8 位标号。

5)标号定义了飞行数据的功能,即保持被传输数据的所属类型,例如经度数据、纬度数据等。

6)其余的数据位或以数字(二进制或 BCD 编码),或以字母编码,根据标号而区分成不同的域。

7)标号是信息标识符,其用途一是识别数据字内包含的信息,二是识别做离散、维护和数据用的字。标号用八进制表示(0~377)。

8)第 9 和第 10 位用作数据的源、目标标识(SDI)功能。当需要将特定字发送给多系统设备的某一特定接收系统时,或者多系统设备的源系统需要根据字的内容被接受器识别时,可用源、目标标识符功能。在两种情况下第 9 和第 10 位不表示源、目标标识功能:一种是字母和数字(ISO 5 号字母表)数据字;另一种是根据分辨率的需要,把第 9 和第 10 位用作有效数据的数据字。

9)SSM 是符号/状态矩阵,表示数字数据字的符号或者数据的状态,对于不同字的 SSM 有不同的定义。不同数据位的功能见表 3.7.3。

表 3.7.3　不同数据位的功能

数据位	1~8	9~10	11	12~27	28	29~31	32
功能	Label	SDI 或 Data	LSB	Data	MSB	SSM	Parity Status
备注	标号域	数据源或数据的一部分	数据最低有效位	数据	数据最高有效位	符号/状态矩阵	奇偶校验位

(3)有关说明。

1)标号位发送数据顺序与正常顺序相反,先发送高字位再发送低字位。

2)数据传输顺序是先发第 1 位,然后依次发送至第 32 位。

3)先传标号,后传数据。传输标号时,应先传高有效位,后传低有效位。传数据时,应先传低有效位,后传高有效位,即字的最低有效位就是标号的最高有效位。

4)对于每一个字的同步,可通过检测每一个字第一位的跃变来实现,在连续传输的字与字之间,至少有 4 个位的时间间隔,紧跟其后要发送的第一位即为新字的起点。

5)数据位(DATA)第 11~29 位可以单独使用,即用第 11~29 位来表示物理量的大小。如果物理量为无符号数,直接用第 11~29 位来表示;如果物理量为有符号数,第 29 位表示符号,第 11~28 位表示数据大小。

(4)电气标准。

1)信号电平。

a. ARINC 429 信号采用双极性归零制的三态码调制方式,即调制信号由"HI""NULL""LO"状态组成的三电平状态调制。

b. ARINC 429 单个发送器通过一对双绞屏蔽线可连接多达 20 个数据接收器,而且每个接收器采用隔离措施,防止本接收器发生故障时,影响连在传输总线上的其他接收器正常接收数据。

c. 系统之间的交联采用双绞屏蔽线,双绞线电缆屏蔽层的两端,以及沿着该电缆上的任何断开处都应该接地,同时屏蔽层到地之间的连接线应尽可能地短。

d. ARINC 429 正常传输电压为 +5~−5V,有 A、B 端之分,ARINC‐429 信号的电平

标准见表 3.7.4(表中所列为线 A 到线 B 的电位差),由于考虑到额定电压将受到噪声和脉冲畸变的干扰,接收器应能识别比发送端所发送信号范围更宽的电平。

e. 空载时,发送器输出端的差分输出电压见表 3.7.4。

表 3.7.4　空载时发送器输出端的差分输出电压

名　　称	高电平/V	零电平/V	低电平/V
线 A 到线 B	+10±1.0	0±0.5	-10±1.0
线 A 到地	5±0.5	0±0.25	-5±0.5
线 B 到地	-5±0.5	0±0.25	5±0.5

f. 接收器接收到的差分电压取决于导线长度、负载大小等因素。线 A 或线 B 到地之间的电压值未作规定。接收器两端之间要求能承受稳态 30 V 交流电压(有效值),或者在接收器 A 端或 B 端到地之间能够承受 30 V 的直流电压而不会损坏。接收器端(A 和 B 之间)的标称电压见表 3.7.5。

表 3.7.5　接收器端的标称电压

名　　称	高电平/V	零电平/V	低电平/V
信号线上无噪声	+7.25～+11	+0.5～-0.5	-7.25～-11
实际装置中有噪声影响	+6.5～+13	+2.5～-0.25	-6.5～-13

2)阻抗。

a. 发送器输出阻抗。

发送器输出阻抗是 70～80Ω。

发送器输出阻抗在线 A 和线 B 之间均分,使输出阻抗平衡。

b. 接收器输入阻抗。接收器的典型输入特性如下:差分输入阻抗值 RI=12 000 Ω(最小值);差分输入电容值=50 pF(最大值);到地的电阻值≥12 000 Ω,到地的电容值≤50 pF;接收器的总输入阻抗值应不小于 8 000 Ω;对任何发送器,规定接入的接收器数量最多为 20 个。

c. 电缆阻抗。连接电缆导线的线规为 10～26 号,具体选择取决于所需电缆的强度要求和重量限制。

电缆典型的特性阻抗值在 60～80 Ω 之间。发送器的输出阻抗选定 75 Ω 为标称值,以便与该范围内的电缆阻抗相匹配。

(5)时间特性。

1)定时标准。

a. 同步是 ARINC 429 数字信息传输系统所固有的特性。

b. 字同步是以传输周期间至少四位的时间间隔为基准的,紧跟该字间隔后要发送的第一位的起点即为新字的起点。

c. 位间隔是根据双极性归零代码从原先的"零"状态变至"高"电平或"低"电平来实现的。

2)位速率。

a. 串行信号的位速率有两种工作状态:

高速工作状态位速率应为$(100.0\pm1\%)$kb/s。

低速工作状态的位速率应在 12.0～14.5 kb/s 范围内,选定后的位速率其误差范围应在$\pm1\%$之内。

俄罗斯标准增加了 48 kb/s、50 kb/s 等速率。

b. 不同种工作状态(位速率)的信息不能在同一条传输线上传输。

3)信息速率。

a. 每一个信息的最小和最大发送时间间隔由 ARINC 429 规范规定。

b. 相同标号和不同 SDI 代码的各个字作为唯一信息项来处理。

c. 每项以及所有独特的信息项在限定的间隔时间长度内发送一次,这个限定的时间范围取决于 ARINC 429 规定的最小值和最大值。

d. 数据字中的离散位按照位速率传送,并以主数据的刷新率重复。

4)信息流方向。

a. 一个系统单元的信息输出是从指定端口发送到需要该信息的其他系统各接收端口的连接处。

b. 任何情况下,信息流不能流入指定为发送的端口。

c. 当需要在两个系统单元之间进行数据的双向流动时,要为每个方向使用分开的数据总线,即双绞屏蔽线。

(6)容差及故障处理。

1)容差。

a. 飞机发动机上的发电机为飞机提供电力。电源在任何时候不可能是稳定不变的,系统故障会导致电源不稳定,但一般不会影响 ARINC 429 的正常工作。

b. 外部电压故障引起一个发送器故障时,一般不会影响其他发送器电路工作。发送器应能持久经受住一个跨接的短路电路而不会造成持续的损坏。

c. 短路包括 A、B 端之间短路,A 端与地之间短路,B 端与地之间短路,A、B 端同时与地短路。

2)故障处理。

a. 每个发送器具有隔离措施。

b. 在任何故障的情况下,确保 A、B 之间的输出电压不超过 30 V 交流电压有效值,A 到地之间输出的直流电压不超过±29 V,B 到地之间输出的直流电压不超过±29 V。

c. 每个接收器具有隔离措施,以确保出现内部外场可更换单元故障或者总线接收器故障时,不会使输入总线上的电压超过其规定的工作范围。

3. ARINC 429 总线协议芯片

(1)概述。

1)ARINC 429 接口芯片分为两种,即总线协议芯片和接口驱动芯片。

2)ARINC 429 总线协议芯片主要用来完成收、发时所必须具备的串并、并串转换功能。一般芯片具有两路接收、一路发送。收、发互相独立,收、发过程中自动完成串并、并串转换。

3)总线驱动芯片用来完成对两路信号的差分驱动。

4)目前 ARINC 429 接口芯片以 Device Engineering 公司的 DEI1016 和 BD429 以及 HARRIS 公司的 HS3282 和 HS3281 应用最为广泛,两种芯片逻辑上完全兼容。

5)DEI1016 是高性能 COMS 型 429 接口,能够满足类似的时分多路串行数据通信,整个芯片只需单 5V 工作电源,它具有两路接收、一路发送,接收器和发送器相互独立,同时工作,BD429 是满足 ARINC 429 规范的,双极数据输入的线驱动器。

(2)协议芯片。

1)Device Engineering 公司的 DEI1016 及 BD429 配套使用。其中 DEI1016 提供有标准航空串行数据和 16 位宽数据总线接口。该接口电路包括一个单通道发送器、两个独立的接收通道和可选择操作方式的可编程控制器。

2)发送器电路包括一个发送缓存器和一个控制逻辑,发送缓存器是一个 8×32b 的 FIFO,而控制逻辑则允许主机给发送器写数据块,并通过主机使能发送器来使该数据块自动发送出去。数据在 TTL 电平格式下经过 BD429 电平转换器后发送出去。而每一个接收通道都可以直接连接到 ARINC 429 数据总线,而不需要电平转换。

(3)主要功能。

1)具有自测试功能;

2)串行数据字长为 32 位或 25 位;

3)串行数据标准速率为 100 kb/s 或 12.5 kb/s;

4)具有独立的一发两收电路,接收器可直接与 ARINC 429 总线接口;

5)8 个字的发送 FIFO;

6)对接收的数据可进行奇偶状态校验,并可对发送数据奇偶状态进行设置;

7)可自动产生字与字之间的间隔;

8)采用单一+5V 供电;

9)支持 ARINC 429、ARINC 571、ARINC 575、ARINC 706 协议;

10)温度范围为:工业级−40℃/+85℃和军品级−55℃/+125℃。

4. ARINC 429 总线接口设计

(1)概述。

1)ARINC 429 接口板的主要功能是在 ARINC 429 总线及上位机之间起到桥梁作用,实现 ARINC 429 总线数据信息的接收和发送,它能够将接收到的串行 ARINC 429 数据信息转换为上位机可以接收的并行数据信息传送到上位机,同时也可以将上位机发送的并行数据信息转化为串行的 ARINC 429 数据信息发送给外部设备。

2)接口板应该采用智能化设计方案,由板上 DSP 处理器 F2812 对 ARINC 429 总线数据信息进行处理,通过板上的 64K 字的双口存储器与上位机实时交换数据,完成数据的接收和发送。

(2)总体思想。

1)上位机通过 PCI9052 接口芯片和 F2812 利用在双口 RAM 中约定的地址单元进行通信,完成 ARINC 429 数据的收发功能。

2)接口卡最多可有 8 个发送通道,16 个接收通道,通信波特率可由软件设为 100K、12.5K、96K、48K 四种,支持连续发送数据和周期发送数据两种模式,满足不同制式设备对通信波特率的要求。

3)接收数据时,根据用户的需要可以利用查询方式,也可以利用中断方式。

4)可编程逻辑器件 EP1C12(FPGA)连接 F2812、双口 RAM 和 8 组 ARINC 429 接口芯片

DEI1016,实现数据传输、逻辑控制和地址译码功能。

（3）系统框图。

ARINC 429 总线系统框图如图 3.7.14 所示。

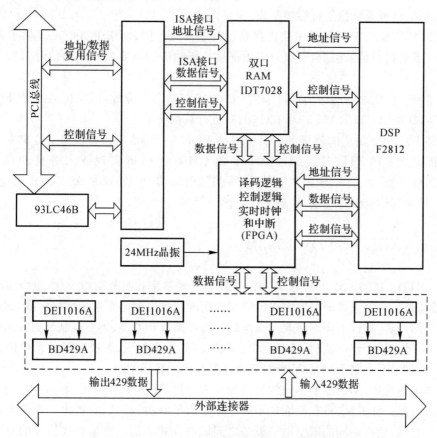

图 3.7.14　ARINC 429 总线系统框图大气层分布图

（4）硬件设计。

1）TMS320F2812（F2812）芯片。F2812 是 TI 公司推出的 C2000 家族中一款 32 位定点数字信号处理器。在本接口卡的设计中，嵌入式处理器选择了 F2812，由它负责和上位机通过 PCI 总线通信，执行上位机的指令，返回上位机需要的结果。

F2812 是高性能的 32 位中央处理器，可以进行 16 位×16 位和 32 位×32 位的乘法累加操作，可以提供高达 150MIPS 的计算带宽，大大提高了接口板的数据处理能力。

F2812 片内具有大容量存储器，最多达 128 K×16 位的 Flash 存储器和 18 K×16 位的数据/程序存储器，方便了产品开发过程中的程序调试。

TI 公司集成高效的 DSP 程序开发、调试环境提高了程序设计及调试的效率，节省了接口卡的开发时间。而且，F2812 支持通过 JTAG 端口向片内 Flash 串行下载程序，方便了接口卡的开发设计和驱动软件升级。

F2812 作为一款低功耗的 DSP 芯片，它的内核供电要求 1.8 V，外设供电要求 3.3 V。

2）F2812 上电复位电路设计。F2812 作为一款低功耗的 DSP 芯片，它的内核供电要求 1.8 V，外设供电要求 3.3 V。在上电启动时，对上电的顺序和时序有严格的要求，如果不能严格满足要求,会造成上电启动不可靠的现象。

在本设计中采用了 PCI 插槽的 3.3 V 电源作为 F2812 的外设供电,并把 PCI 插槽的 5 V 电源经过 LT1764EQ - 1.8 芯片转换为 1.8 V 作为 F2812 的内核供电,很好地满足了 F2812 的上电要求,接口板能够稳定可靠地工作。

3)PCI 接口设计。PCI 插槽电路连接是比较容易设计的,由于 PCI9052 提供了和 PCI 总线信号一致的接口信号引脚,所以只须根据接口板功能的需要将相关的信号引脚对应连接起来即可。

接口卡和上位机之间的通信接口采用 PCI9052 接口芯片完成,上位机通过 PCI9052 接口芯片和 F2812(利用双口 RAM 芯片 IDT7028)进行数据交换。

通过将 IDT7028 的引脚连接到 PCI9052 的 LINT1 引脚实现接口板向上位机发送中断的功能,将 IDT7028 的 引脚连接到 PCI9052 的 CHRDY 引脚实现插入等待功能,分别将 IDT7028 的地址线、数据线、输出使能及读/写使能引脚与 PCI9052 的 ISA 模式的地址线、数据线、读信号和写信号引脚相连,实现上位机读/写数据的功能。

3.7.4　MIL - STD - 1553B

MIL - STD - 1553B(以下简称 1553B)总线是一种数字式时分制指令/响应型多路传输数据总线,最初是为适应飞机的发展由美国空军提出的飞机内部电子系统联网标准,其后为了适应各种不同的要求,进行了多次修改。该总线的特点是分布处理、集中控制和实时响应。其可靠性较高,防错、容错、错误监测、错误定位、错误隔离、错误校正、系统监控及系统恢复的功能保证了高可靠性,系统采用双冗余通道,提高了整个系统的可靠性。

航空电子系统中,不仅需要不同的硬件接口来应付不同的航空设备,而且航空设备内部接口连线也十分复杂和混乱,可靠性能也不高。正是为了解决该问题而提出了在航空电子系统中使用数据总线,使得不同的航空电子设备之间能够互相通信。数据总线协议的总线型拓扑结构的优良特性使它在航空电子系统中得到了广泛的应用。

1. 1553B 总线概述

1973 年 8 月,美国军方制定时分制指令/响应式多路传输数据总线军用标准 MIL - STD - 1553,以后逐步完善,推出的 1553A、1553B 是迄今为止最成功、应用最广泛的航电系统数据总线。

1553B 总线具有如下特点:

1)实时可确定性。总线的命令响应的协议方式保证了 1553B 总线传输的实时的可确定性。这可能是大多数系统设计者在设计关键系统时选择 1553B 总线的最主要的原因。

2)线性局域网络结构。合理的拓扑结构使得总线成为航空系统或地面车辆系统中分布式设备的理想连接方式。与点对点连接相比,它减少了所需电缆、所需空间和系统的重量,便于维护,易于增加或删除节点,提高设计灵活性。

3)冗余容错能力。由于其固有的双通道设计,总线通过在两个通道间自动切换来获得冗余容错能力,提高可靠性。通道的自动切换对软件透明。

4)支持"哑"节点和"智能"节点。1553B 总线支持非智能的远程终端。这种远程终端提供与传感器和激励器的连接接口,十分适合智能中央处理模块和分布式从属设备的连接。

5)高水平的电器保障性能。由于采用了电气屏蔽和总线耦合方式,每个节点都能够安全地与网络隔离,减少了潜在的损坏计算机等设备的可能性。

(1)硬件构成。1553B总线具有双向传输特性,实时性和可靠性高,主要硬件配置包括传输介质、远程终端(Remote Terminal,RT)、总线控制器(Bus Controler,BC)、总线监视器(Moniter Terminal,MT),如图3.7.15所示。

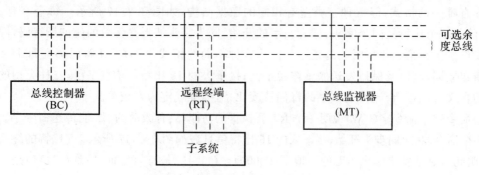

图3.7.15 典型的1553B总线系统结构

1)传输介质。传输介质为屏蔽双绞线,总线耦合方式有直接耦合和变压器耦合。直接耦合方式短截线最长距离约为30 cm,输入电平1.2~20.0 V,输出电压为6.0~9.0 V。变压器耦合方式短截线最长距离约为6.10 m,输入电平0.86~14.0 V,输出电压为18.0~27.0 V。

2)远程终端。典型远程终端(RT)包括一个收发器、一个编/解码器、一个协议控制器、一个缓冲区或者存储器和一个子系统接口。它从总线接收和解译命令并做出相应的应答,具有缓冲消息的能力,还能检测传送错误和执行对数据的有效性检查,以及报告消息传送的状态。对双冗余系统,它要能同时在两条总线上接收并解码命令。RT对命令的响应要在规定的时间内完成,否则放弃响应这个命令。

3)总线控制器。总线控制器(BC)负责指挥总线上的数据传输。总线上可以存在多个总线控制器,但是一个时刻只能有一个激活的总线控制器。只有总线控制器才能在总线上发布命令,这些命令可以是传送数据,也可以是控制和管理总线。

4)总线监视器。总线监视器(MT)负责监视数据总线上传输的信息。

(2)编码方式。1553B采用脉冲编码调制对总线上传输的信号进行调制,而对要传输的数据按照曼彻斯特(Manchester)Ⅱ型码进行编码,如图3.7.16所示。

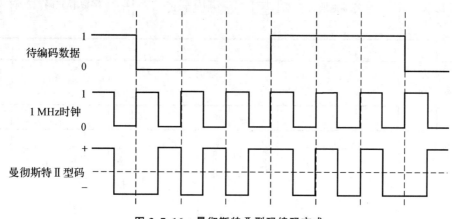

图3.7.16 曼彻斯特Ⅱ型码编码方式

1553B 的数据传输速率是 1 Mb/s。按照曼彻斯特Ⅱ型码规则,将逻辑"0"用编码"01"来表示,其中"0"和"1"各占 $0.5\mu s$,也即用一个由低到高的跳变来表示;将逻辑"1"用编码"10"来表示,其中"1"和"0"各占 $0.5\mu s$,也即用一个由高到低的跳变来表示。

(3)字的类型。1553B 总线标准定义了三种字类型:命令字、数据字和状态字。每一种字类型都有唯一的格式,但三种字类型有相同的数据结构,如图 3.7.17 所示。每个字有 20 比特,最前面三个比特是同步字头,标志新字的开始,同步字头波形是无效的曼彻斯特码,因为其跳变仅仅发生在第二比特时间的正中。使用这种不同的模式,是为了让解码器在每个字的开头重新建立同步,以及保持发送的整体稳定性;接下去的 16 比特是信息字段,三种类型的字有不同的含义;最后一个比特是该字的奇偶校验比特,标准规定为奇校验。

1)命令字。命令字(CW)说明一个 RT 要执行的功能,只有激活的 BC 能传送命令字。命令字以一个命令/状态同步头开始,接下来的 16 比特信息域如图 3.7.17 所示。5 比特的终端地址域,说明此命令是发给哪个 RT 的。地址(00000)~(11110)是有效地址,地址(11111)是广播地址。另外,BC 并不要求占有一个地址,这样数据总线上的终端的最大数目能达到 31 个。

命令字的第 9 比特是发送/接收比特。此比特定义了信息的流向,是从 RT 的角度来定义的。发送命令(逻辑 1)指示 RT 要传送数据,接收命令(逻辑 0)指示 RT 要接收数据。

第 10~14 比特是子地址/模式命令比特。这个域的所有其他组合用来把数据指向子系统的不同功能。例如,(00001)可能代表位置和速度数据,(00010)可能是频率数据。逻辑(00000)和(11111)表明这个域是模式命令,如果子地址/模式命令比特是除去逻辑(00000)和(11111)之外的数值,则表示普通的子地址。

第 15~19 比特是字计数器或者模式码。如果子地址/模式命令域是(00000)或者(11111),那么这个域就定义了将要被执行的模式码。如果不是模式码,这个域就代表将要收到或者发送的字的数目,是接收还是发送就要看 T/R 域。(00000)代表 32 个字。

最后一个比特是字奇偶校验比特,协议定义为奇校验。

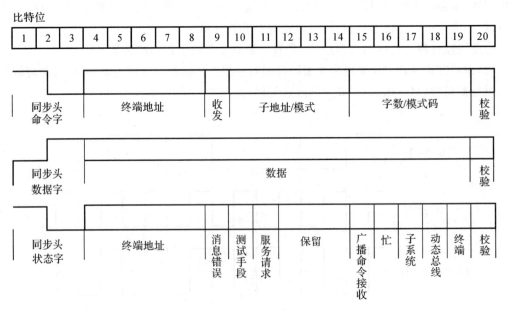

图 3.7.17 三种不同字的位定义

2)数据字。数据字(DW)包含被传送的实际信息。同样的,其前三比特是同步域,此同步域与命令字和状态字的同步域恰恰相反,是它独有的。数据字可以由 RT 或者 BC 传送。接下来的 16 比特信息域是要传递的有效数据。

3)状态字。RT 对一个有效的消息的响应,只是传送状态字(SW)。状态字告诉 BC 一条消息是否被正确地收到了或者反映 RT 当前的工作状态。

状态字的第 9 比特是消息错误比特(ME)。当 RT 检测到发给此 RT 的消息出错或者是无效消息(非法命令)时,此比特置位。这种错误可能在消息的任何一个状态字中出现。当终端检测到错误并置位此比特时,这条消息的所有数据都不会被使用。事实上,一旦检测到错误,终端可以选择不解码其余的消息,但大多数情况下仍对余下的消息解码。如果检测到一条消息出错,ME 置位,此 RT 不能传送状态字。如果终端检测到一条非法命令,则 ME 置位且状态字被传送。逻辑 1 代表消息出错。所有 RT 必须响应状态字中的 ME 比特。

状态字的第 10 比特留作测试用,且总为逻辑 0。

状态字的第 11 比特为服务请求比特(SR),被 RT 用来通知 BC 它需要被服务。此比特被子系统设置为逻辑 1,表示它需要服务。当 BC 轮询各个终端是否需要服务时,该比特被使用。BC 收到置为 1 的 SR 比特后,启动一个预定的行动,比如发布一系列消息或者请求 RT 发送进一步的数据。后者能通过要求终端从一个指定的子地址传数,或使用传送矢量字模式码来完成。

状态字的第 12~14 比特是保留域,必须设置成逻辑 0。如果 RT 的应答中这个域的任一比特置位,BC 将认为消息出错。

状态字的第 15 比特是收到广播命令(BCR)比特,表示 RT 收到一条有效的广播命令。收到一条有效广播命令后,RT 将此比特置位,但并不发送状态字。BC 可以发送"传送状态字"模式码,或"传送上一条命令字"模式码,来判断终端是否准确收到了那条消息。

状态字的第 16 比特是忙(Busy)比特,状态字的 Busy 比特告诉 BC:RT 不能按 BC 命令的要求在 RT 和子系统间移动数据。在 1553 总线标准的早期,要用 Busy 比特是因为许多子系统接口比多路复用总线的速度慢得多,一些终端不能足够快地移动数据。终端可以通过设置 Busy 比特告诉 BC,此时不能处理新的数据,让 BC 稍后再试。现在,Busy 比特的使用减少了,但仍然有些系统使用。例如,在某系统里,BC 发送命令,要求电台调谐到某个频率。这要花电台几秒才能完成调谐。当它正在调谐时,设置 Busy 比特来通知 BC,它正在忙。当终端忙时,它不必按正常方式响应命令。对接收命令,终端采集数据,但不必把此数据传给子系统。对传送命令,终端只发送状态字。这样,当一个终端忙时,它不能向系统的其他成员提供数据。这可能影响整个系统的数据流,并可能增加数据等待时间。有些终端用 Busy 比特来克服设计问题,当需要的时候就置位此比特。

状态字的第 17 比特是子系统标志(SSF)比特,表示与对应 RT 相连的子系统的"健康状况"。多个子系统可以将各自的子系统标志信号逻辑或成一个单一的标志位,来得到一个综合的健康状态指示。此比特仅仅告诉 BC 或者该数据的用户:数据可能有错。关于到底是什么样的错误,必须用其他方法得到。一般子系统标志保留为自检信息用。如果不使用,此比特应置为逻辑 0。

状态字的第 18 比特是动态总线控制接受(DBCA)比特,可以通知 BC 该 RT 收到"动态总线控制"模式码,并且接收总线的控制权。对 RT 而言,此比特的置位受子系统控制。该 RT

在传送此状态字时,就变成了 BC。原来的 BC,在收到从该 RT 发送来的状态字后,就变成了一个 RT 或 MT。

状态字的第 19 比特是终端标志(TF),可以通知 BC 对应的 RT 电路有错。逻辑 1 代表有错。此比特仅仅通知 BC 该 RT 有错,关于到底是什么样的错误,要用其他方式获取。一般地,子地址♯30 保留给 RT 的自检信息用,或者 BC 可以发送一条传送 BIT 字方式指令。

最后一个比特是字奇偶校验比特,协议定义为奇校验。

(4)消息传输格式。1553B 总线标准定义了 10 种类型的信息传输格式,所有格式都使用上述 3 种字类型。10 种格式分为两组:一组是非广播信息传输格式,如图 3.7.18 所示;另一组是广播信息格式,如图 3.7.19 所示。在非广播方式下,BC 发出命令字后需得到 RT 状态字的响应。在广播方式下,如果一条信息在同一时间由多个 RT 收到,则不需要用状态字响应。总线控制器为了确定 RT 是否收到消息,可以用相关探询的方式指令得到状态信息。

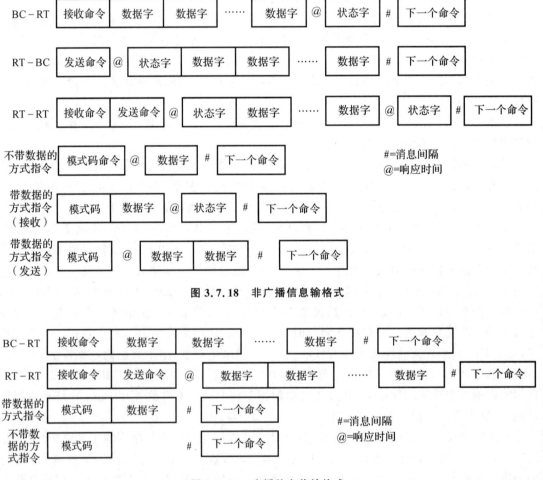

图 3.7.18 非广播信息输格式

图 3.7.19 广播信息传输格式

1)非广播数据传输格式。

BC→RT:BC 给 RT 一个接收命令后,发送规定数目的数据字;RT 接收后,向 BC 返回状态字。

RT→BC:BC 给 RT 一个发送命令后,RT 向 BC 发送状态字和相应数目的数据字。

RT→RT:BC 给一个 RT 发送接收命令,给另一个 RT 发送发送命令,该 RT 返回状态字确认发送命令后向另一个 RT 发送数据字;接收完毕后,接收数据字的 RT 向 BC 发送状态字。

2)广播数据传输格式。

BC→各 RT:BC 给 RT 发一个接收命令,命令中的地址字段是广播地址 31,发送规定数目的数据字。RT 接收后,不向 BC 返回状态字而仅仅把状态字中的第 15 位置为 1。

RT→RT:BC 给总线上的某 RT 发一个接收命令,命令中的地址字段是广播地址 31。BC 再给另一个 RT 发送发送命令,该 RT 确认发送命令后向其他 RT 发数据字。接收完毕,接收数据字的 RT 不向 BC 返回状态字而仅仅把状态字中的第 15 位置为 1。

(5)方式指令。由之前介绍的命令字中可以了解到,当命令字中子地址比特为 0 或 31(即 00000 或 11111 时),此指令不再是一般的数据通信指令,而是方式指令,也称模式指令,即对系统进行故障诊断或管理的指令。方式指令专门用于 BC 通信过程或终端(或子系统)错误/故障的监控、诊断和控制/管理。当总线控制器发出的命令字中的子地址位全为 0(00000)或全为 1(11111)时,此指令即为方式指令,而具体是何种方式指令,则由数据字字数比特域中的 5 位码具体表现出来。方式指令的方式码具体分配见表 3.7.6。

表 3.7.6　方式代码的分配

方式指令	方式码	方式指令	方式码
动态总线控制	00000	发送矢量字	10000
同步	00001	同步	10001
发送状态字	00010	发送上一指令字	10010
启动自测试	00011	发送自检测字	10011
发送器关闭	00100	选定的发送器关闭	10100
取消发送器关闭	00101	取消选定的发送器关闭	10101
禁止终端标志位	00110		
取消禁止终端标志位	00111		
复位远程终端			

2. 1553B 总线接口功能

1553B 总线接口完成总线和子系统的信息的交换,其数据处理流程如图 3.7.20 所示。

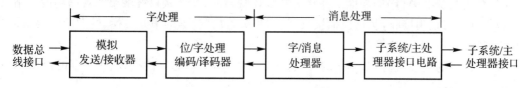

图 3.7.20　1553B 总线接口数据处理流程

1553B 数据总线接口最主要的任务就是实现数据的正确接收、发送和处理。终端的工作方式可以分为三种不同的情况,分别为总线控制器模式(BC)、远程终端模式(RT)和总线监视器模式(MT)。

(1)总线控制器的功能。在作为总线控制器(BC)时,总线接口终端的主要任务是负责总线上数据流的调度。多个总线接口终端可以充当总线控制器的角色,但是在同一时刻,总线上只允许一个总线控制器存在。它是总线上唯一可以发出命令的终端,这个命令可以是消息的调度,也可以是总线的控制(模式代码)。总线控制器按其设计的复杂程度可以分为三种类型:字控制器、消息控制器和帧控制器。

在早期的 BC 设计里面,主要是采用字控制器的形式来实现 BC 的功能。在这种设计形式里面,BC 每次只能向子系统发送一个字,这样,消息缓冲和确认的任务则完全交给子系统去实现,这无疑给子系统带来了很大的负担。

在现阶段采用的最广泛的则是消息控制器方式的 BC 设计模式,同时这也是本书采用的设计方式。总线控制器一次发出一个消息(包含一个命令字和多个数据字),在消息结束或发生错误时才与主处理器通信。外界处理器通过相关的控制寄存器来控制 BC 的操作,如通知协议处理器要处理的消息在存储器中存储的位置、选择哪条通道进行传输以及消息出错时的处理机制等。

帧处理器的设计是目前总线控制器的最先进的设计方式。随着微电子技术的发展,这种方式应用得越来越广泛。它能够一次性地处理由外部宿主机定义好的多条消息组成的消息帧,实现消息队列的缓冲。通过这种设计,在很大程度上降低了子系统或宿主机对消息的处理负担,大大提高了系统的可靠性和稳定性。

根据 1553B 总线标准和现有协议芯片,结合可编程逻辑芯片设计的特点,对总线控制器需要实现的任务总结如下:

1)数据字的正确接收,包括模拟接收器、同步头检出、数据的串并转换、曼彻斯特码错误检错及奇偶校验、位/字计数等。

2)数据字的正确发送,包括编码时钟的产生、同步头的生成、数据的编码、发送控制等。

3)字/消息的处理,包括命令字的分析、状态字的接收、状态字的译码、中断与检错、存储器的缓冲等。

(2)远程终端(RT)的功能。在作为远程终端时,总线接口终端要实现的功能包括:

1)数据字的正确接收,包括模拟接收器、同步头检出、数据的串并转换、曼彻斯特码错误检错及奇偶校验、位/字计数等。

2)数据字的发送,包括编码时钟的产生、同步头的生成、数据的编码、发送控制等。

3)字/消息的处理,包括命令字的接收、命令字的译码、状态字的设置、命令字的寄存、中断与检错、存储器的缓冲等。

(3)总线监视器(MT)的功能。在作为总线监视器时,总线接口终端要实现的功能包括:

1)数据字的正确接收,包括模拟接收器、同步头检出、数据的串并转换、曼彻斯特码错误检错及奇偶校验、位/字计数等。

2)字/消息的处理,包括命令字的接收、命令字的译码、状态字的接收、状态字的译码、中断与检错、存储器的缓冲等。

(4)BC/RT/MT 通用终端的功能。由上面的分析可以看到,BC、RT 和 MT 三种单个类型的终端可以做成统一的通用终端,这种灵活的终端接口设计也是用户所希望的,这种终端可以执行三种终端功能中的任何一种。作为 1553B 总线的通用终端应完成的任务:

1)将总线上的串行信息流转换成处理机可以处理的并行信息或者与之相反。

2)接收或发送信息时,能够识别或生成标准的 1553B 信息字和消息。

3)完成与处理机之间的信息交换,包括 1553B 信息地址的分配,命令字/状态字的译码或返回状态字、发送数据字等。

因此,通用终端要实现的功能包括:

1)数据字的正确接收,包括模拟接收器、同步头检出、数据检出、数据的串并转换、曼彻斯特码错误检出、奇偶检测、位/字计数。

2)数据字的发送,包括发送控制、同步/数据编码、奇偶产生、时钟产生。

3)字/消息的处理,包括命令字的接收、命令字的译码、状态字的接收、命令字的锁存、状态字的译码、中断与检错、存储器的缓冲等。

3. 1553B 总线接口整体设计

1553B 总线接口用于总线与子系统或处理机之间的信息交流综合、资源共享、任务协调和容错重构。这里采用 FPGA 来实现 1553B 总线接口板,而通信主体是基于 DSP 的子系统。

对于实现设计单个 1553B 总线 BC/RT/MT 功能的接口板来说,一般采用专用协议芯片来实现。对于通用接口板来说,需要完成以下设计目标:

(1)正确接收总线上的曼彻斯特编码的数据,按照规定的格式发送曼彻斯特编码的数据字、状态字或命令字。

(2)在作为某一 RT 时,对 BC 的命令字能够在 4～12 s 内做出正确响应。

(3)可作为 BC,实现 BC 的功能。

(4)可作为 RT,实现 RT 的功能。

(5)可作为 MT,实现 MT 的功能。

(6)主机可以对接口板的工作状态和方式进行控制。

依据 1553B 协议的规定以及总线要实现的功能,整个设计划分为四个大的模块:模拟收发器部分、总线接口部分、总线协议处理部分以及主处理器接口部分,如图 3.7.21 所示。

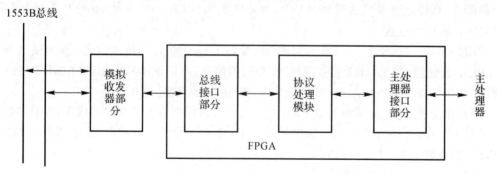

图 3.7.21 1553B 总线接口整体模块划分

1)模拟收发器部分。接收部分主要是将双电平曼彻斯特码转换成为单电平曼彻斯特码,而发送部分则是将单电平曼彻斯特码转化为双电平曼彻斯特码。这一部分采用单一的一颗收发器芯片来实现。

2)总线接口部分。它包括曼彻斯特编解码单元和 RT 响应超时及发送超时单元。它主要的功能是实现对曼彻斯特码和单极性不归零码(NRZ)码之间的转换。作为接收部分时实现同步头的检测、奇偶校验以及串并转换等功能。发送部分则主要实现对同步头的编码、数据字的编码、奇偶位的产生以及并串转换等。

3)协议处理模块。它主要实现命令字、状态字以及方式字译码,进行 RT 地址比较、错误检测以及发送中断信号等,并为其余模块发送相应控制量,实现对总线接口的控制。

4)主处理器接口部分。它主要实现外部主处理器与总线接口交换信息的功能,通过数据缓冲区即双口 RAM 来实现。该部分主要包括并行通信接口、存储器接口和双端口 RAM 等几个模块。

3.7.5 IEEE 1394 总线

1. IEEE 1394 总线概述

(1)IEEE 1394 总线的特征。IEEE 1394 总线是 Apple 公司于 1986 年首先提出的,又名"Fire wire",目的在于取代高速并行接口 SCSI,来实现外围设备与计算机的连接,后经 IEEE 协会于 1995 年 12 月正式接纳成为一个工业标准,全称为 IEEE 1394—1995 高性能串行总线标准(IEEE 1394 High Performance Serial BUS Standard)。在 Microsoft、Intel 和 Compaq 几家公司共同制定的 PC97 和 PC98 系统设计指南中,规定把 USB、IEEE 1394 作为外设的新接口标准加以推行。

因为 IEEE 1394—1995 中存在一些模糊的定义,所以采用 IEEE 1394 接口的设备在标准颁布的前几年并不普遍。IEEE 1394a—2000 是 IEEE 1394—1995 的修订,用以澄清疑点、更正错误并添加了一些功能。该版本改善了 IEEE 1394—1995 的很多方面,特别是总线性能,传输速率达到了 400 Mb/s。IEEE 1394a—2000 提供了仲裁加速器,改善了总线重置速率,增加了总线的挂起/恢复及电源管理的能力。

IEEE 1394b—2002 是 IEEE 在 2002 年对 IEEE 1394—1995 和 IEEE 1394a—2000 的进一步补充修订,与 IEEE 1394—1995 相比,在带宽、传输速率、距离、成本效率等方面都有了大幅度提高,最高传输速率可达到 800Mb/s,但是插头从 IEEE 1394a—2000 的 6 芯变为 9 芯,因此需要经由转接线连接。

IEEE 1394c—2006 于 2007 年 6 月颁布,提供了一个重大的技术改进,新的接头规格和 RJ45 相同,并使用 CAT-5(5 类双绞线)和相同的协议,可以使用相同端口的 IEEE 1394 装置连接到 IEEE 802.3(1000BASE-T 以太网)的设备,但传输速率仍为 800 Mb/s。

IEEE 协会于 2008 年颁布了 IEEE 1394—2008,该标准修正了众多的错误,并且传输速率得到了很大提高,允许高达 3.2Gb/s 的传输速率(还有一种 S1600 规范,传输速率 1.6Gb/s),两种规范都兼容 IEEE 1394 接口。

IEEE 1394 总线有如下特征:

1)遵从 IEEE 1212 控制和状态寄存器结构标准。

2)总线传输类型包括块读/写和单个 4B 读/写,传输方式有等时和异步两种。

3)自动地址分配,具有即插即用功能。

4)采用公平仲裁和优先级相结合的总线访问,保证所有节点有机会使用总线。

5)提供两种传输方式,即底板(Backplane)模式和电缆(Cable)模式,使其拓扑结构非常灵活。

6)支持多种数据传输速率,IEEE 1394—1995 在底板环境下,TTL 底板速率为 24.576Mb/s(常记为 25Mb/s),对于 BTL(Backplane Transceiver Logic,总线底板收发器逻辑)及 ECL 底板则为 49.152Mb/s(约 50Mb/s)。在电缆环境下,传输速率为 98.304Mb/s、196.608Mb/s 和 393.216Mb/s(常记为 100Mb/s,200Mb/s 和 400Mb/s)。IEEE 1394 标准已将传输速率提高到 800 Mb/s~3.2 Gb/s。

7)两个设备之间最多可相连 16 个电缆单位,每个电缆单位的单距可达 4.5m,这样最多可用电缆连接相距 72m 的设备。

8)IEEE 1394 标准的接口信号线采用 6 芯电缆和 6 针插头,其中 4 根信号线组成两对双绞线传送信息,2 根电源线向被连设备提供电源。

(2)IEEE 1394 总线的主要性能。

1)通用性强。IEEE 1394 采用树形或菊花链结构,以级联方式在一个接口上最多可以连接 63 个不同种类的设备。

IEEE 1394 连接的设备不仅数量多,而且种类多,包括多媒体设备(声卡、视频卡)、传统的外设(如硬盘、磁盘阵列、光驱、打印机、扫描仪)、电子产品(如数码相机、DVD 播放机、视频电话)以及家用电器(如 VCR、HDTV、音响等),为微机外设和电子产品提供了一个统一的接口,对实现计算机家电化将起重要推动作用。

2)传输速率高。IEEE 1394 支持最高的数据传输速率为 3.2Gb/s,这样的高速传输适用于各种高速设备。

3)实时性好。IEEE 1394 的高传输速率,再加上它的等时传送方式,使数据传送的实时性好,这对多媒体数据特别重要,因为,实时性能保证图像和声音不会出现时断时续的现象。传输速率为 400Mb/s 时,只要 60%的带宽用于等时传送就可以支持不经压缩的高质量数字化视频信息流传输。并且在开始新的等时传送前,它将保证计算实时传送,如果做不到,则不允许开始传送。所以,只要一开始传送影像、声音等多媒体数据就不会出现断续的情况。

4)为被连接设备提供电源。IEEE 1394 电缆由 6 芯组成,其中 4 条信号线分别做成两对双绞线,用以传输信息;其他两条线作为电源线,向被连接的设备提供(4~10)V/1.5A 的电源。IEEE 1394 总线能够向设备提供电源,一方面,可以免除为每台设备配置独立的供电系统;另一方面,当设备断电或出现故障时,也不影响整个系统的正常运行。

5)系统中设备之间是对等关系。IEEE 1394 总线和常用的 USB 总线不同之处在于,IEEE 1394 总线上的任何一个设备都可以主动地发出请求,而 USB 总线上的设备则都是在等待主机发送指令,然后做相应的动作。任何两个带有 IEEE 1394 接口的设备可以直接连接,不需要通过 PC 的控制。IEEE 1394 总线的这个特性决定了 IEEE 1394 可以脱离以桌面主机为中心的束缚,对于数字化家电来说,IEEE 1394 更加有吸引力。例如,可以把数码相机与打印机直接连接,实现照片直接输入打印机进入印刷的系统。

6)连接简单,使用方便。IEEE 1394 采用设备自动配置技术,允许热插拔和即插即用,用户不必关机即可插入或者移走设备。设备加入或拆除后,IEEE 1394 会自动调整拓扑结构,重设系统的外设配置。

2. IEEE 1394 拓扑结构

IEEE 1394 总线标准既可用于内部总线连接,又可用于设备之间的电缆连接,计算机的基本单元(CPU、RAM)和外设都可用它连接。IEEE 1394 总线设备设计成可以提供多个接头，允许采用菊花链或树形拓扑结构。典型的 IEEE 1394 总线系统连接如图 3.7.22 所示，它包含了两种环境：一种是电缆连接，即电缆环境；另一种是内部总线连接，即底板环境。不同环境之间用桥连接起来。系统允许有多个 CPU，且相互独立。

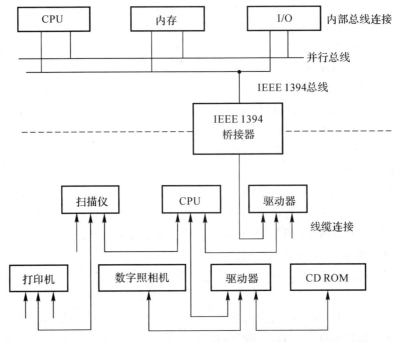

图 3.7.22　IEEE 1394 总线系统连接

(1)电缆环境。电缆环境的物理拓扑结构是一个非环状的网络，且分支和深度均有限。非环状意味着不能把各种设备连接起来形成回路。电缆由两对信号线和一对电源线组成，用来连接不同节点的端口。每个端口由终端、收发器和一些简单逻辑组成。

电缆环境支持三种信号传输速率：100 Mb/s、200 Mb/s 和 400 Mb/s，可以任意选择。

在电缆环境下，设备地址是 64 位，因此一共可以寻址 1 023 条总线，每条总线可连 63 个节点，每个节点最大有 2^{48} MB 存储空间。每个节点有唯一的地址，能够被单独定址、复位和识别。

每个单独的节点可以连接起来，构成一个树状结构或菊花链结构。两个节点之间的距离不超过 4.5 m。节点之间的距离受到限制的原因是信号的衰减。

(2)底板环境。底板环境的物理拓扑结构是一个内部总线结构，一般特指主机并行底板。节点可以通过分布在总线上的连接插口插入总线。

底板环境支持 12.5 Mb/s、25 Mb/s、50 Mb/s 的传输速率。

在底板环境下，节点物理地址可以通过底板上的插槽位置来设定。

(3)桥接器与节点。

1)桥接器两种环境存在差别，因此在系统中两种环境之间需要有一个桥接器进行连接。桥接器就是转换器，IEEE 1394 桥接器主要完成数据的接收和重新封装成数据包，并进行转发。

2)节点串行总线结构由一些节点的实体构成。一个节点也是一个地址化的实体,它可以独立地设定与识别。一个物理模块可以包括多个节点,一个节点可以包括多个端口(功能单元)。

3.地址分配

IEEE 1394 总线的设备地址为 64 位宽,其中高端 16 位是串行总线的节点标志(node. ID)。这意味着允许系统最多有 65 536 个节点。串行总线的 node - ID 又分为两个更小的域:高 10 位是总线 ID(bus - ID),当此 10 位全部为 1 时,表示广播到所有总线上;低 6 位是物理节点 ID(physical - ID)。此 6 位全部为 1 表示广播到网络上所有的节点。因为这两个域都保留了全 1 时的值作特殊用途,这样,所有的地址组合就能提供 1 023 个总线地址,而每条总线就可直接连接 63 个节点。余下的 248 位在节点内部,分别用作命令和状态寄存器(CSRs)和一般存储器空间。

用 IEEE 1394 连接起来的设备,它们采用一种内存编址的方法,各设备就像内存的存储单元一样。可以将设备资源当作寄存器或内存,因此可进行处理器到内存的直接传送,不必经过 I/O 通道,有很大的优越性。

4.协议结构

IEEE 1394 总线协议包括交换层、链接层和物理层三层。总线管理将这三层连接起来。总线协议的结构如图 3.7.23 所示。

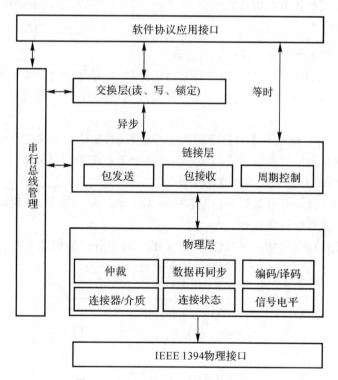

图 3.7.23　IEEE 1394 总线协议结构

(1)交换层。交换层定义请求应答协议以执行总线传输,为用户的应用隐藏了 IEEE 1394 较低层的细节。

该层对异步传输协议的读/写和锁定提供支持,写命令从发送端传输数据到接收端,读命令则向发送端返回数据,锁定命令综合了写和读的功能,它在发送端和接收端之间建立一条通道,并完成接收端应完成的动作。

(2)链接层。IEEE 1394 总线标准是一种基于数据传输包的协议标准。链接层定义了以包形式进行的数据传输服务。数据传输的编址、数据的校验以及串行数据包制作都在该层完成。

该层为数据包提供两种传输方式:异步传输和等时传输。异步传输是一种传统的传输方式,数据和交换层的信息以包形式送到一个特定地址,并以应答方式进行确认。而等时传输则按预定的速率以顺序定长的包形式进行传输,这种方式使用简单的寻址,并且无应答,这对时间要求严格的多媒体数据的及时传送非常重要。

(3)物理层。根据不同的总线物理介质,在物理层将数据链接层的逻辑信号转换成实际的物理电信号,也提供了保证每次只有一种设备传输数据的仲裁服务。该层又包含两个子层:

1)物理协议子层(PHY):控制和管理总线仲裁方式,并且提供根据本地时钟再同步数据的功能,以及数据传输速度的自动检测功能。

2)物理介质相关子层(PMD):定义了到 IEEE 1394 总线的机械和电气接口,以及信号输的方法。实际上,物理层在两种环境下(电缆和底板环境)有所不同。

(4)总线管理。协议结构中,还有一个串行总线管理模块,它提供了基本的控制功能和标准的 CSRs,这是总线上各节点所必需的。

5. 通信模型

IEEE 1394 总线支持异步传输和等时传输。

(1)异步传输。异步传输需以固定的速率传送数据,这种传输通过唯一的地址确定某一特定的节点,不要求有稳定的总线带宽。因此不需要规则地使用总线,但必须获得时间上的公平访问。

(2)等时传输。等时传输要求以稳定的间隔传送数据,这种传输规定一个信道号码而不是唯一的地址。等时数据流根据信道号码向一个或多个节点广播。这种传输要求有规则的总线访问,因此比异步传输具有更高的总线优先级。

串行总线事务通过一系列数据和信息包传输来完成。每一事务被"请求者"初始化,该请求被称为"响应者"的目标设备接收。

异步事务要求目标节点做出响应,这导致了额外的事务。如图 3.7.24 所示,响应节点接收或返回数据。

图 3.7.24　请求-响应协议

串行总线提供了事务处理进程中更多的服务。

如图 3.7.25 所示,等时事务在请求后面完成。注意,等时事务使用一个信道号码而不是一个地址来标识目标节点,另外,目标节点不返回任何响应。

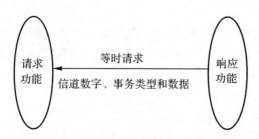

图 3.7.25　等时事务只包括一个请求事务

经过电缆的实际数据传输是使用数据选通编码串行地完成。可以以传输速率为 100 Mb/s、200 Mb/s、400 Mb/s 发送数据。

传输数据之前,传送节点必须通过仲裁机制获得 IEEE 1394 总线的所有权,这可确保同一时间只有一个节点在电线上传送数据。

如图 3.7.26 所示,从总线带宽的分配来看,经由串行总线的等时和异步事务可以共享整个总线带宽。注意,总线带宽的分配以 125 μs 的时间间隔(称为周期)为基础。

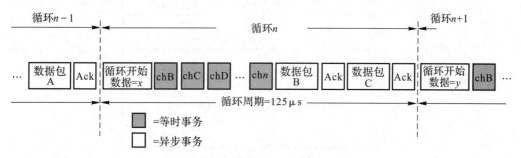

图 3.7.26　等时和异步事务共享总线带宽

异步传输使用确定的 64 位地址来指向某一特定的节点,异步传输共同占有 20%(最小值)的总线带宽,因此,传输数据量取决于传输速度。一个给定的节点不被分配任何特定的总线带宽,但能保证它在适当的时间间隔内获得对总线的公平访问。每个执行异步传输的节点都能在单一的适当间隔内准确地访问总线。异步传输也使用 CRC 校验来验证数据的传送。若传输期间发生错误,可由软件控制重传。

等时传输通过与传输关联的一个 6 位信道号码来确定一个或多个(多播传输)设备。

等时收听者可用信道号码来访问应用层的内存缓冲区,这个缓冲区可以是节点的 256TB 地址空间,也可以不是。希望执行等时传输的应用程序必须向等时资源管理节点申请带宽,总线带宽按周期分配。一旦等时传输获得了总线带宽,那么信道就在每个 125 μs 周期内收到保证的时间包。每个总线周期最多有 80%(100 μs)可分配给等时传输。

6. 线缆和连接器

IEEE 1394 规范支持两种类型的线缆。最初 IEEE 1394—1995 规范定义了单一 6 针连接器类型和线缆,连接器在线缆两端相同,并在节点间、两端都可以插入;IEEE 1394a 附录定义了一种替代的 4 针连接器和线缆,它们没有电源针。使用这种连接器的线缆可在线缆一端拥有 4 针连接器,而另一端是 6 针连接器,或两端都是 4 针连接器,规范对使用 4 针连接器的设备类型做了限制。

(1)6 针连接器。最初 IEEE 1394—1995 规范定义了 6 针插头和插座,如图 3.7.27 所示。表 3.7.7 列出了联系信号分配,以 1995 版本的规范为基础的集成线缆在线缆每端有完全相同的插头,所有 IEEE 1394 设备都使用标准 6 针插槽。

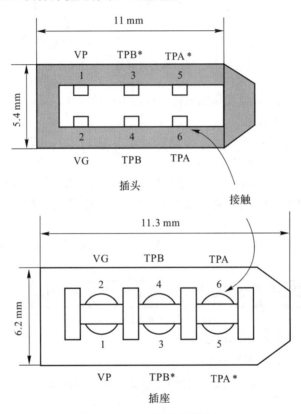

图 3.7.27 6 针插头及插座

表 3.7.7 联系信号分配及号码

联系号码	信号名称	描 述
1	VP	线缆电源(电压范围是 8~40 V)
2	VC	线缆地线
3	TPB*	双铰线 B:在 TPB 上传送差分数据,并接收差分选通信号
4	TPB	
5	TPA*	双铰线 A:在 TPA 上传送差分选通信号,并接收差分数据
6	TPA	

　　6针插座形状相对较小(11.3 mm×6.2 mm),由外壳和接触圆片组成。当插入插头时,插头体接入插座外壳而在插头体内的接触圆片伏在插槽的接触圆片上。

　　(2)4针连接器。最早 Apple 公司开发的 IEEE 1394 接口是 6 针连接器,后来,索尼公司看中了它数据传输速率快的特点,将早期的 6 针连接器进行改良,重新设计成为现在常见的 4 针连接器,并且命名为 iLink。图 3.7.28 所示为 4 针插头和插槽,IEEE 1394a 附录采用了索尼的设计。

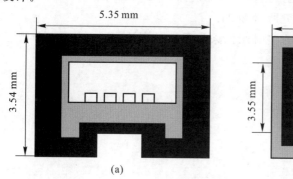
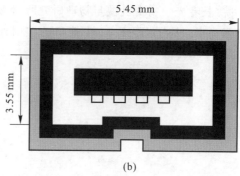

图 3.7.28　4 针插头及插槽

　　6 针连接器主要用于普通的台式计算机,特别是 Apple 计算机,统统采用的这种接口;4 针连接器从外观上要比 6 针连接器小很多,主要用于笔记本计算机和 DV。与 6 针连接器相比,4 针连接器没有提供电源引脚,所以无法供电。

　　(3)线缆的电气特性。IEEE 1394 的 4 导线和 6 导线线缆的电气特征是一致的(除了 4 导线线缆不包括电源线之外)。线缆的标准电气特征如下:

　　1)建议最大线缆长度为 4.5m(信号速度为 5.05 ns/m)。

　　2)110 Ω 特征电阻——差分模式。

　　3)33 Ω 特征电阻——共用模式。

　　4)小于或等于 5.05 ns/m 的信号传输速度。

　　5)100 MHz 时最大衰减为 2.3 dB/m,200 MHz 时最大衰减为 3.2 dB/m,400 MHz 时最大衰减为 5.8 dB/m。

　　6)TPA 至 TPB 交叉干扰小于或等于−26 dB(在 1～500 MHz 范围内)。

参 考 文 献

[1]　张玉泉,皮桂英,杨登仿. 一种电子式速度高度传感器研制[J]. 信息技术,2005,29(6):4.

[2]　吴志远. 机载大气数据计算专用机的研制[D]. 成都:四川大学,2001.

[3]　孙志鹏. 皮托静压系统相关飞行仪表研究及仿真[J]. 中国仪表仪器,2017(3):20.

[4]　史利剑. 无人驾驶飞机大气数据计算机系统的研究[D]. 西安:西北工业大学,2001.

[5]　刘健,毛辉. 数控铣床的控制系统设计与分析[J]. 机电技术,2010,33(3):2.

[6]　丛志民,唐福军. 某型飞机模拟式大气数据系统的故障分析[J]. 航空维修与工程,2018(6):3.

[7] 单宝琛. 硅压阻式压力传感器宽温补偿方法研究及系统设计[D]. 太原：中北大学, 2021.

[8] 吴晓男, 于进勇, 徐宇茹. 振动筒压力传感器在飞机上的应用[J]. 仪表技术, 2010(6):20.

[9] 李志刚, 盖宇. 基于 FPGA 的 1553B 总线编码解码器的设计[J]. 计测技术, 2006, 26(4)：45 - 48.

[10] 李国欣. 自主运行的点对点高速数据串行传输的探讨[D]. 长春：中国科学院研究生院(长春光学精密机械与物理研究所), 2004.

[11] 张尚启. 基于 IEEE 1394 接口的实时图像采集系统的研究[D]. 合肥：合肥工业大学, 2006.

第四章　国内外典型大气数据系统分析

4.1　集中式大气数据系统

　　外置在飞机外的空速管、攻角/侧滑角传感器是集中式大气数据系统的重点标志,以中央大气数据计算机(简称中央大气机)为核心,基本的机载传感器通过与机身周围空气直接接触,为大气数据系统提供外界气流的温度、气压、自由来流的方向(即攻角和侧滑角)等信息,经过大气机解算、补偿和修正后,得到其他飞行控制参数(包括真空速、指示空速、马赫数等),信号显示及输出装置将此类大气参数提供给其他机载系统。航空技术不断发展进步的同时也带动了大气数据系统及其测量技术的发展,并广泛应用于国内外多种客机、战斗机及运输机,如我国的歼八、歼十战斗机(见图4.1.1),美国的F-16战斗机,俄罗斯的苏-27、苏-30战斗机及民航机,如空客A380(见图4.1.2)。

图 4.1.1　战斗机大气数据系统　　　　　　　图 4.1.2　客机大气数据系统

　　集中式大气数据系统测量大气信息时,外置空速管感知的外界大气压力不能直接导入中央大气机进行解算,需要通过一段较长的压力传输导管,该结构特点导致了两个明显的测量缺陷:第一,较长的压力传输装置占据了一定的空间资源,并且需要另外安装除冰供热装置,防止气候严寒时空速管出现结冰现象导致失效。第二,在战斗机高机动飞行时存在严重的气动延迟现象,大气信息的滞后性比较严重。此外,所有的大气参数均传输到中央大气机里解算,对大气机的性能和可靠性提出了非常高的要求。

　　集中式大气数据系统,即传统大气数据系统由全静压传感器、全静压管路和大气数据计算机组成,以伸出机体的空速管为标志,并结合其他传感器(攻角、侧滑角、总温传感器)实现总压、静压、攻角、侧滑角及总温的直接测量,然后利用大气数据计算机进行相关的解算和校正,完成大气数据的测量。全静压传感器安装在机体外部,主要用于准确收集气流的全压和静压,全压孔用来收集气流的全压,全压口位于全静压传感器中正对气流方向,空气流至全压孔时,完全受阻,流速为零,因而得到气流的全压。静压孔用来收集气流的静压,静压孔位于机身周围没有紊流的地方,静压经静压管路进入大气数据计算机。全静压传感器是流线型的管子,表面十分光滑,其目的是减少对气流的扰动。大气数据计算机通过对全静压传感器和全静压管路收集到的全压和静压进行解算,得到飞机重要的参数如高度、空速、升降速度、马赫数等。

由于受机体自身扰动导致传感器测量的大气参数存在一定的误差,另外各传感器在加工、安装时也会与理想值存在偏差,因此从系统硬件配置和算法修正方面提高大气参数测量精度,成为传统大气数据传感技术的主要研究方向。目前,传统式大气数据测量装置由于具有测量原理简单、精度高以及技术成熟等优点,在常规飞行器上应用较广,其测量装置如图 4.1.3 所示,但是复杂的测量结构和较高的消费比逐渐难以满足新一代航空飞行器的飞行需求。国外针对传统式测量装置进行改进和研究,设计出一种集总压、静压、攻角、侧滑角测量功能于一体的新型多功能探头,其外形如图 4.1.4 所示,它具有结构简单、集成度高、功能强大、校正及维修费用低等优点,并且适用于亚声速、跨声速及超声速全飞行包线环境,已在美国 F-35、意大利 M-346 以及韩国的 T-50/A-50 等新型战机中得到应用。

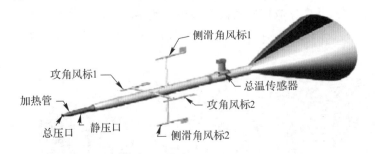

图 4.1.3　传统式大气数据测量装置　　　　图 4.1.4　新型多功能探头

传统的大气数据系统的缺陷也十分明显,首先全静压管路存在压力延迟,若飞机当前压力变化较快,会出现飞行指示空速或高度滞后于实际飞机空速或高度,对于民航客机,这种情况主要影响地面起飞滑跑,由于飞机起飞时,总压变化较快,管路的迟滞对起飞速度和滑跑距离有着直接的影响,所以 FAA 发布 109 号修正案,针对延迟情况进行了具体的规定。同时,为了保证测量的准确性,对全静压管路的安装和维护有着很高的要求,管路越长,出现管路堵塞或泄漏的可能性越大,而管路堵塞或泄漏会造成飞机空速和高度的误指示,给飞机带来灾难性的影响,所以 FAA 咨询通报 AC25-11A 将飞机所有空速高度误指示定为灾难类的风险,法航 447 事故也是由于全静压传感器的堵塞造成飞行员得到错误的空速高度指示,最终导致机毁人亡的惨剧。但是传统的大气数据系统存在的问题也非常明显:首先,过长的压力管路会导致管路压力延迟过大,影响飞机测试参数的实时性;其次,为了保证大气数据测量的准确性,对大气数据管路的安装要求非常高,不利于维护工作;再次,过多的组件导致此类大气数据系统结构复杂,不利于减重并且降低了可靠性。

传统大气数据系统测量原理简单、发展最早、技术成熟稳定,已在国内外军机和民机上广泛应用。但随着现代航空技术的不断发展,传统大气数据传感技术逐渐难以满足高性能飞行器的飞行需求,如大攻角飞行状态下,受气流分离影响,传统大气数据系统难以测量精确的压力,且伸出的装置将成为引起头部涡流及侧向不稳定的主要因素,导致其操控性能严重下降;在高超声速飞行状态下,凸出的测量装置难以适应高温环境,且严重影响高超声速飞行器高度一体化的气动外形设计;另外伸出的测量装置也难以满足飞行器隐身性需求。

4.2　分布式大气数据系统

4.2.1　分布式大气数据系统技术发展概述

分布式大气数据系统是将攻角传感器、总温传感器、侧滑角传感器单列,将全静压传感器与大气机相结合,强化空速管感受压力的功能,弱化大气机的个体角色。采用 L 形空速管用来感受飞行时的来流总压、所在高度的环境静压,结合稳定传感器测量的大气温度信号,用专用软件解算大气参数,并通过数字量信号送给机上相关设备。直升机载分布式大气数据系统一般由 L 形空速管和大气温度传感器组成,安装在直升机驾驶舱前蒙皮外部,左右对称布置。

国外军用飞机在发展过程中选用大气数据系统因为飞机用途不同而不同,因为研制体系的不同而不同,因为国家技术水平的不同而不同。常规的大气数据系统都有一根长长的空速管装在机头,大气数据计算机在机头内部,空速管与大气数据计算机以管道连接,目前世界上最新型的 F-35“闪电 H”联合攻击机也是采用的这种结构。部分飞机如超级大黄蜂则没有明显的常见的长长的空速管在机头,而法国的阵风战斗机(RAFALE)以及欧洲战斗机(Euro FIGHTER)则采用了更为灵巧的旋转式多功能探头(Mobile Multi-function Probe,MMP),它将空速管和攻角传感器的功能融合在一起,以多功能的旋转探头替代固定的空速管和攻角传感器,在减少气流紊乱、降低空气阻力、提高飞机雷达反射特性的同时,也对气动补偿提出更高的要求。

事实上空速管即全静压受感器的安装方式由于飞机的速度要求和机动性等要求不一样而不同,可以在机头、机翼、机身两侧、垂尾和机身静压孔等位置布局。大气数据计算机方面,除了因空速管安装位置不同引起大气机安装位置的变化外,现役俄制大气机和欧美大气机存在较大差别,俄制大气机普遍体积较大,内部电路集成化程度低。以苏-27 某型大气机为例:全机共有 95 个组件,各类元器件 1 606 只,其中采用了 689 只小规模集成电路,约 2 500 根连接线,机械装配大都采用铆接工艺,体积大、重量重、功耗大,工作时需专门的通风装置进行散热(0~10℃ 的冷却空气流量每小时不小于 16 kg)。而同时期欧美大气机大量采用组合化、模块化的大规模集成电路,印制板大多都在 10 块左右,内部连接线不超过 100 根,重量、体积大大减小。以往的大气机都属于集中式的,目前,大气数据系统新的发展趋势,即信号采集和信号处理、转变不再严格区分,将原空速管和大气机的功能不再分别实现,将传感器和大气机分拆,在飞机的不同部位采集所需信号的同时即实现信号的处理、转化、传递,大气数据系统以分布式的形式出现。

分布式大气数据计算机采用空速管、压力传感器和解算模块一体化设计思想,采用了传感器数据融合技术、大机动飞行升降速度解算技术、系统非相似余度控制技术、系统重构技术和综合技术,简化了动静压管路设计(通过电信号传送压力信号),减轻了系统重量,提高了大气数据的动态响应速度。

4.2.2　分布式大气数据系统的构型设计研究

分布式大气数据系统(Distributed Air Data Systems,DADS)将传感器以及解算模块进行高度集成,去除外界环境(温度、气压)测量时的气压传输通道,通过外部探头直接测量总压、总温、攻角等大气参数,形成了新的结构布局方法。分布式大气数据系统的多功能探头(Multi-Funciton Probes,MFPs)广泛应用了高性能的测量装置,取代以往外置于机头位置的空速管,降低了管道结冰以及气动延迟现象的影响,提高了大气数据测量的实时性与精确度。对于装载了分布式大气数据系统的新一代战斗机而言,分布式大气数据系统是飞行器管理系统(Vehicle Management System,VMS)的主要子系统之一,需为飞行器管理系统提供精确的、完整的大气数据,同时也服务于座舱显示系统、机载数据记录仪以及实时遥控系统。新一代战斗机对分布式大气数据系统的检错容错等安全操作性能也提出严格的要求,因此分布式大气数据系统通常装载了多组传感器系统。分布式大气数据系统的结构框图如图 4.2.1 所示,多功能探头分布示意图如图 4.2.2 所示。在飞行器前部顶端安装有一个高速飞行测试杆(Nose Boom),其作用是测量皮托管压力、静压、攻角、侧滑角以及总温等信息。另有一套传感器系统,具有三个多功能探头,均安装在测试杆周围,用以测量皮托管压力、静压以及当地的气流角。机体前段侧面还安装了两个嵌入式压力探头用以测量静压。

分布式大气数据系统是在集中式大气数据系统的基础上衍变发展而来的,大大精简了动静压传输管路,以电信号传输方式取代传统的压力传输方式,提高了系统空间利用率,改善了大气信息的动态响应,减轻了系统重量,降低了除冰系统的功耗以及设备维修成本,具有集成度比较高、维修费用低、功能齐全等优点。

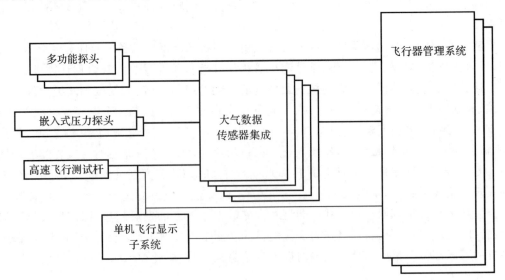

图 4.2.1　分布式大气数据系统结构框架示意图

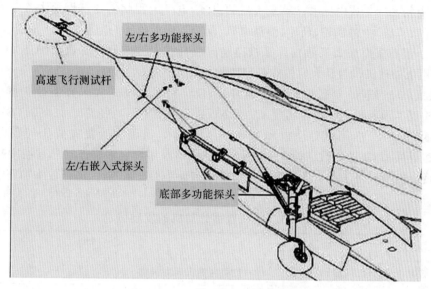

图 4.2.2　多功能探头分布示意图

4.2.3　国内外分布式数字大气数据系统现状分析

1. 国外研究现状

目前,分布式大气数据系统已应用在美国 F35、意大利 M346 等高性能战机中。

世界多国大力发展先进航空航天器,对飞行速度、机动性、隐身性提出严格要求的新型飞行器接连问世,飞行器的飞行环境也随之改变,从常规飞行环境发展到大攻角、跨声速、高超声速等高机动恶劣飞行环境,因此对大气数据的测量也提出更高要求。例如:高超声速飞行时需要承受与周围空气剧烈摩擦而产生的高热环境,届时传统的外置探头难免会被烧蚀;大迎角飞行和高机动(例如眼镜蛇机动)时,气流在机头位置开始分离,大气参数难以被有效测量,传感器测得参数可靠性极差;隐身性能逐渐成为新型飞行器的重要指标之一,雷达反射面积会在飞行过程中被外置在空气中的空速管、传感器等装置明显增大,降低了隐身性能。

许多高空、高速运输机和轰炸机相继出现。随之而来,对飞机性能的要求提高。这就需要越来越多的大气数据的函数,也使大气数据计算机变得越来越复杂。其输出参数包括高度、指示空速、马赫数、真空速、大气总温、静温以及它们的各种函数。大气数据计算机的发展主要经历了模拟式大气数据计算机、混合式大气数据计算机和数字式大气数据计算机三个阶段。

(1)早期飞机上与大气数据有关的飞行参数,由分立式传感器和仪表提供,存在设备重复、精度低、输出信号量少等缺点。由于一个分立式传感器只能输出一个信号,因此,输出大量信号就需要大量的传感器。大量的传感器不仅增加了重量和体积,还增大了全压、静压系统的状态(延迟)误差。20 世纪 50 年代开始采用少量共用的传感器,由模拟式计算机处理原始数据获得多种飞行参数。第一代大气数据计算机,其基本原理是将大量的分立式压力传感器综合为两个传感器,即静压传感器和全压传感器。利用闭环伺服回路技术,把经过高度、空速、马赫数等函数解算后的结果输送到自动驾驶仪及所有需要大气数据信息的系统。

（2）随着精密的集成电路和运算放大器的出现，电子工程师们变革性地去除了CADC（中央航空数据计算机）中的齿轮、凸轮、测速电机、同步器和电位计的伺服机构。随着数字式计算机的微型化，固态模拟式大气数据计算机迅速向混合式大气数据计算机（HADC）方向发展。HADC使用微处理机作为具有模拟和数字输入/输出的中央处理机。

（3）根据20世纪80年代飞机发展的需要，设计出了数字式大气数据计算机（DADC），DADC是按照美国航空无线电公司规范ARINC 706（DADC）和ARINC 429（DITS）规定的准则而设计的。DADC应用微处理机和半导体存储技术，由程序直接完成大气数据的计算。DADC有处理模拟、离散和数字输入的能力，并提供离散和数字输出。它具有精度高、输出信号量多和便于与机载电子设备实施信号综合等优点。为提高可靠性、降低成本和便于维修，大气数据计算机的硬、软件已实行模块化、标准化。大气数据计算机的发展概况见表4.2.1。

表 4.2.1　大气数据计算机的发展概况

类　型	年　代	典型应用
高度控制	1950—1955	自动驾驶仪高度保持
气压计算机	20世纪50年代中期	自动驾驶仪增稳系统
简单机电式	1958—1962	无人驾驶军用飞机
中等复杂的机电式	1962—1965	CADC（DC-8，DC-9，B727）
高级复杂的机电式	1965—1975	CADC（L1011，B707，A300，B747）
数字/模拟混合式	1970—1979	HADC（F-15，F-16，F-18，DC-9，B737，L1011，A300A，A300B，B747）
ARINC 706数字式	1979—1989	DADC（A310，B757，B767）

当前，航空技术向着更高的集成方向发展，大气数据计算机系统的发展趋势是：由传统的集中式计算结构，发展为分布式计算结构。也就是具有独立功能的电子仪表（诸如综合电子显示系统、飞行数据记录系统、失速警告系统、空中交通管制系统、飞行性能计算系统等）各自视为一个子系统，然后均与一个中心计算机相互联系，该计算机负责从各子系统采集数据信息，然后按照一定的算法计算，最后，将计算数值结果返回各子系统或其他需要的子系统，用于显示或进一步的计算。中心计算机负责整个飞机飞行参数的监测，并及时对故障做出反应，是操控飞机的重要部分。这样，对于整个系统来说更具一体化，有效地减少了子系统的计算机的使用数量。

国外大气数据计算机的标准化，促使军用飞机的标准大气数据计算机和民用飞机的ARINC 706标准的出现。

1984年，马可尼公司生产了1 000台标准大气数据计算机（简称SCADC），外加5 000台供选用。SCADC包括CP-XXX1、CP-XXX3、CP-XXX4、CP-XXX5、CP-XXX6五个型号。其中，CP-XXX6型是全数字式SCADC，美国空军把它们装配到A-4M、C-5A、F-111A、F-4C、RF-4C、S-3A、KS-3A等37种飞机上。

在民用机方面，美国斯佩雷（Sperry）公司、霍尼韦尔（Honeywell）公司等分别研制出符合ARINC 706规范的标准大气数据计算机，并应用于B737、B747、B757、B767、MD-11、A310

等飞机。比较典型的产品是美国斯佩雷(Sperry)公司研制的、用于装配 B757、B767、A310 飞机的标准大气数据计算机。

采用模块化设计,把大气数据计算机按一定功能分成若干个模块。借鉴国外飞机大气数据计算机的研制经验和技术途径,采用模块化设计、系列化装机的原则,有利于我国大气数据计算机装备和研制的发展。

2. 国内研究现状

我国开始研制数字式大气数据计算机已有四五十年。国内大气数据系统研制机构相继完成了我国第一台气压高度表、第一台数字式大气数据计算机,并与美国霍尼韦尔、PARKER,英国 GEC、FRL、DRUCK 等国际著名公司开展广泛的技术合作,已形成了大气数据系统全系统解决能力,研制的大气数据系统产品广泛应用于各类飞机和直升机。

4.2.4　分布式大气数据系统的发展前景分析

分布式大气数据系统应用是非常广泛的,它主要适用于对机动性能要求比较高的超声速飞机,当具体机型选择分布式大气数据系统时,可根据飞机选用总线情况、飞机气动布局情况、机载设备总的要求情况进行设计和选择。

4.2.5　多功能探头式大气数据分系统

目前国外出现了一种专门为超声速飞机设计生产的旋转式的多功能探头(MMP),如图 4.2.3 所示,主要目的是将攻角传感器和全静压传感器的部分功能组合在一起。目前,此项技术已经在法国的阵风战斗机(RAFALE)和欧洲战斗机(Euro FIGHTER)中得到了应用和证实。MMP 主要由多功能传感器和电子组件构成。其风标结构如图 4.2.4 所示。

图 4.2.3　旋转式多功能探头

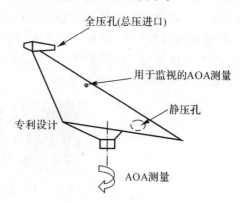

图 4.2.4　风标结构示意图

1. 风标

在风标前端为全压孔,尾端为静压孔,下端为旋转轴,风标中间开有两组压力进气孔,每组开有 4 个孔以测量风标上下面压差,并用以驱动伺服系统使风标至零气动攻角处,由此保证风标的气动攻角为零。风标旋转轴在位于坐标轴两边 75° 处的两个阻尼缓冲器间旋转。旋转轴连接了一个双同步器,按规定的精度和可靠性测量机械攻角(α_m),并用传感器测量压差($\delta p = p\alpha_2 - p\alpha_1$)以便提供风标相对气流的气动攻角角偏差($\alpha\delta p$)的测量,同时用柔性电缆提供安装在轴上的零件间的电气连接。

一般情况下风标为纯镍材质金属制成,符合工业标准规定的风标强度要求。风标脚带有两个法兰,与旋转轴构成整体,风标与机身的连接,可在闪电时起雷电抑制器作用,还可在积水时起到排水的作用。

2. 电子组件

电子组件作为一个独立的功能单元工作,可以对气流传感器的数据进行处理和监控,实现伺服控制,并通过飞机提供的 28V 直流电源或 115 V 可变频电网电源实施除冰温度控制。电子组件可提供:来自流量计的压差数据;基于压差 δp 的伺服控制;采用来自除冰电路自身的电信号进行除冰温度调节控制;"除冰正常"离散量信号;"局部攻角正常"离散量信号。

该多功能探头的设计与应用使机头空速管被取消、减少飞机总长度并有利于本机雷达探测性能的提高。取消机身空速管和攻角传感器可提升空气动力学特性,减少气流紊乱,降低空气阻力,降低燃油消耗量;同时在整个飞行包线保证参数精度,如低速时的攻角精度,高速和低速时的速度精度、侧滑角精度;简化飞机结构,减少飞机的接口数量,减少飞机 LRU 数量并降低除冰系统功耗。

4.2.6 智能探头式大气数据分系统

智能探头是集成测量(总压、静压)和解算(迎角、速度、高度)为一体的大气数据传感器,如图 4.2.5 所示。智能探头式大气数据传感器由 L 形多功能探头和大气数据计算机构成。气流遇到 L 形探头的顶端后受到阻滞,速度降为零,此处开孔可以测得总压 p_t。随后气流向后方流动,侧面上下开的一对静压孔(p_{s1} 和 p_{s2})用于测量静压,如图 4.2.6 所示。大气数据计算机利用这一对静压孔与迎角之间的关系,可以计算得到迎角,在接收到来自温度传感器的信号后,经过相关校准算法,计算得到速度、高度等信息,最后以数据总线形式输出总压、静压、迎角、高度、速度等大气数据参数。与传统的分布式大气数据测量系统相比,智能探头式大气数据系统具有集成度高、可靠性高的优点。

图 4.2.5 Q400 飞机的智能探头式大气数据传感器

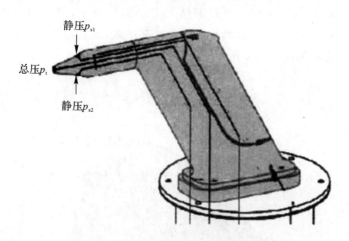

图 4.2.6 智能探头式大气数据传感器结构

某型民用运输飞机的初始方案阶段拟选用智能探头式大气数据传感器,作为大气数据系统的重要组成部分。本小节以此为研究背景,介绍计算流体力学方法所选取的计算模型、计算条件和计算网格。

智能探头式大气数据传感器对于安装位置的基本要求有:① 在飞机使用包线范围内流场稳定,没有明显的流动分离;② 避开飞机凸出物、进气道等部件的干扰;③ 避免传感器之间的相互干扰和对其他机载设备的影响。综合结构安装、系统布置等多方面的因素,大气数据传感器适宜安装在飞机机头以及前机身的位置,因此 CFD 计算模型选择机身和机翼以及翼身整流区的翼身组合体,如图 4.2.7 所示。

图 4.2.7 民用运输飞机的翼身组合体计算模型

根据某型民用运输飞机的飞行包线,大气数据传感器的工作范围以巡航状态的高度、速度和迎角为主要考虑因素,兼顾起飞和着陆阶段情况,所选取的计算状态见表 4.2.2。

表 4.2.2 计算状态表

状态	马赫数	高度 /m	迎角计算范围
起飞 / 着陆	0.2	0	$-4° \sim 10°, \Delta = 2°$
巡航	0.5	6 000	$-4° \sim 10°, \Delta = 2°$

网格划分工具为 ICEM‑CFD,计算网格为多块结构网格,翼身组合体的网格规模为1 200 万个。为了更好地模拟黏性流动,提供准确的静压数据,对边界层内的网格进行了加密处理,第一层网格高度限制在 0.001 mm,网格增长率为 1.2 左右。图 4.2.8 为机头表面计算网格示意图。

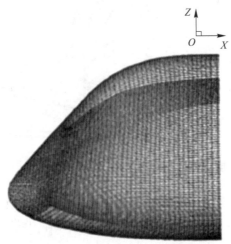

图 4.2.8　机头表面计算网格示意图

为了确定智能探头的安装位置,需要进行流场计算分析,选择符合规范要求、反映流场特性的位置区域。这部分的研究工作分 3 个步骤:① 对智能探头传感器在自由来流中的流场分析;② 计算分析机头部位的表面压力分布情况,并结合第一步的分析结果,初步确定智能探头的安装位置;③ 对机头加装智能探头的构型进行计算分析,以检验安装位置是否合理,静压数值是否符合规范要求。

首先对智能探头进行计算分析,其目的在于分析传感器本身在自由来流情况下,上下静压孔的测量平均值以及传感器基座中心点静压值与来流的变化关系。图 4.2.9 是马赫数 $Ma=0.5$,迎角 $\alpha=2°$ 时,传感器的表面压力分布,表 4.2.3 列举了不同来流情况时,上下静压孔的平均值以及基座中心点的静压。可以看出,在相同的来流条件下,静压孔的静压系数平均值比基座中心点的静压系数值要大 0.06 左右。

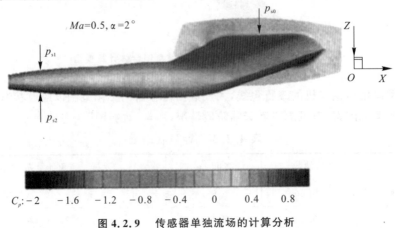

图 4.2.9　传感器单独流场的计算分析

表 4.2.3　静压系数平均值以及基座中心处的静压系数

Ma	$\alpha/(°)$	p_{s0}	$(p_{s1}+p_{s2})/2$
0.2	0	$-0.061\ 0$	$0.000\ 1$
	2	$-0.060\ 8$	$0.000\ 9$
	4	$-0.060\ 6$	$0.002\ 7$
	6	$-0.057\ 7$	$0.007\ 6$
0.5	0	$-0.063\ 4$	$0.003\ 3$
	2	$-0.069\ 9$	$0.003\ 5$
	4	$-0.070\ 2$	$0.005\ 7$
	6	$-0.066\ 6$	$0.011\ 5$

　　根据《总静压系统设计和安装通用规范》(GJB 1623—1993) 的要求,静压孔的安装位置误差在 $-0.015\sim0.02$ 之间。从传感器的流场分析中可以看出,静压孔的静压系数平均值比基座中心点的静压系数值要大 0.06 左右。为了尽量使静压孔的测量值接近 0 值,智能探头的安装基座适宜选择在机头位置的静压值在 $[-0.06,-0.07]$ 之间的范围。

　　实际应用中,以巡航状态的马赫数和迎角条件下的压力分布作为基准,找到静压孔的合适安装区域,在其他条件下通过各类补偿修正方式来满足静压测量要求。参照上述规范,将机头部位符合测量要求的静压值为 $[-0.1,0.0]$ 的区域用彩色条带标出,如图 4.2.10 所示。水平方向上从 $-0.4\sim0.4$ m 做出标线。等高线 $Z=0.4$ m 与静压分布线相交于 A 点和 B 点,等高线 $Z=-0.4$ m 与静压分布线相交于 C 点和 D 点,其中 A 和 C 点代表此处静压 $C_p=-0.05$,B 和 D 点代表此处静压 $C_p=-0.07$,$ABCD$ 连线所包围的区域可视为合适的智能探头安装区域。

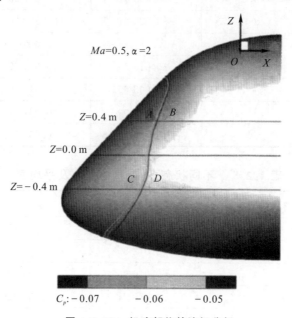

图 4.2.10　机头部位的流场分析

综合总体布置、结构安装等方面的考虑,以及飞控系统四余度设计的要求,最终确定智能探头式大气数据传感器的安装位置如图 4.2.11 所示。当传感器的安装位置确定后,再对智能探头的静压分布进行计算分析,检查验证其是否符合要求。两个智能探头的上下静压孔的数值及平均值分别见表 4.2.4 和表 4.2.5。从表中可以看出,静压系数平均值都在规范所要求的 $[-0.15, 0.02]$ 的范围内。

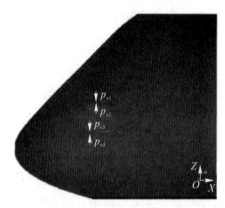

图 4.2.11　智能探头安装位置及其静压孔编号

表 4.2.4　不同状态下的 p_{s1} 和 p_{s2} 及平均值

Ma	$\alpha/(°)$	p_{s1}	p_{s2}	$(p_{s1}+p_{s2})/2$
	0	0.034 87	$-0.013\ 26$	0.010 81
	2	0.018 59	0.002 50	0.010 55
0.2	4	0.004 24	0.019 05	0.011 64
	6	$-0.009\ 91$	0.037 95	0.014 02
	8	$-0.026\ 61$	0.058 23	0.015 81
	0	0.031 59	$-0.015\ 31$	0.008 14
	2	0.016 66	$-0.003\ 77$	0.006 45
0.5	4	0.003 60	0.013 19	0.008 39
	6	$-0.008\ 00$	0.031 07	0.011 54
	8	$-0.016\ 52$	0.051 71	0.017 60

表 4.2.5　不同状态下的 p_{s3} 和 p_{s4} 及平均值

Ma	$\alpha/(°)$	p_{s3}	p_{s4}	$(p_{s3}+p_{s4})/2$
	0	0.035 10	$-0.043\ 77$	$-0.004\ 34$
	2	0.012 85	$-0.016\ 05$	$-0.001\ 60$
0.2	4	$-0.010\ 96$	0.005 89	$-0.002\ 54$
	6	$-0.036\ 21$	0.030 92	$-0.002\ 65$
	8	$-0.066\ 79$	0.059 87	$-0.003\ 46$

续表

Ma	$\alpha/(°)$	p_{s3}	p_{s4}	$(p_{s3}+p_{s4})/2$
0.5	0	0.037 12	−0.052 49	−0.007 69
	2	0.013 49	−0.024 50	−0.005 50
	4	−0.009 87	0.001 58	−0.004 15
	6	−0.031 41	0.028 71	−0.001 35
	8	−0.059 91	0.059 82	−0.000 05

　　大气数据传感器均安装于飞机的机身或机头上,其测量的数据是在安装位置处的当地数据。

　　对于总温和总压数据,测量出的当地数值与来流数值基本相当,可以不进行修正。而对于安装位置非常敏感的迎角以及静压,需要进行位置误差修正,经过换算后才能得到真实数据。本节介绍迎角和静压的修正方法,以及马赫数、高度和速度的校正算法,并利用地面设备进行模拟试验。

　　智能探头式大气数据传感器利用一对静压孔的差值,来实现对迎角的测量,图 4.2.12 中显示了马赫数为 0.2 和 0.5 时,两对静压孔的静压系数压差随迎角的变化曲线。在这段迎角范围内,压差与迎角有着较好的线性关系,因此可以利用压差(ΔC_p)与迎角(α)的线性关系求得迎角,拟合表达式为

$$\alpha = K \times \Delta C_p + \alpha_0 \tag{4.1.1}$$

不同条件下拟合的斜率 K 和截距 α_0 的数值见表 4.2.6。

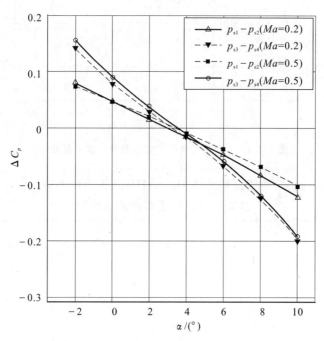

图 4.2.12　静压系数压差与迎角变化关系曲线

表 4.2.6 　不同状态下线性拟合的斜率和截距

Ma	ΔC_p	K	α_0
0.2	$p_{s1} - p_{s2}$	-59.54	2.94
	$p_{s3} - p_{s4}$	-36.29	3.16
0.5	$p_{s1} - p_{s2}$	-67.68	3.26
	$p_{s3} - p_{s4}$	-35.66	3.48

　　智能探头式大气数据传感器利用一对静压孔的算数平均值作为静压值,图 4.2.13 显示了马赫数分别为 0.2 和 0.5 时,两对静压孔的静压系数算数平均值随迎角的变化曲线。通过对计算结果的分析,每个静压受感器的位置误差在同一马赫数随迎角的变化规律可以用二次多项式很好地拟合,拟合的迎角范围为 $-2° \sim 10°$,拟合的函数表达式为

$$C_p(\alpha) = C_0 + C_1 \times \alpha + C_2 \times \alpha^2 \qquad (4.1.2)$$

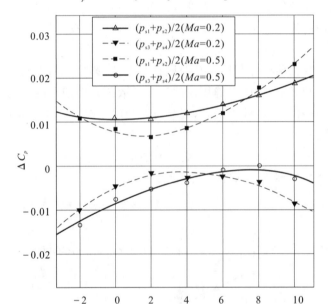

图 4.2.13 　静压系数平均值与迎角变化关系曲线

表 4.2.7 给出了静压受感器位置误差曲线用二次多项式拟合的系数值。

表 4.2.7 　静压拟合曲线系数

Ma	C_p	C_0	C_1	C_2
0.2	$(p_{s1} + p_{s2})/2$	0.010 63	$-0.000 04$	0.000 09
	$(p_{s3} - p_{s4})/2$	$-0.005 07$	0.001 77	$-0.000 21$
0.5	$(p_{s1} + p_{s2})/2$	0.007 69	$-0.000 73$	0.000 23
	$(p_{s3} - p_{s4})/2$	$-0.008 22$	0.001 79	$-0.000 12$

大气数据计算机采用以下校正算法对马赫数、气压高度、指示空速和真空速进行校准。大气数据传感器对总压、静压、总温的初始测量值为 p_t、p_s、T_t。通过传感器的测量值换算出大气数据的步骤如下：① 总压 p_t、静压 p_s 值计算得到修正马赫数 Ma_1；② 通过静压孔的压差，经过修正得到真实迎角 α；③ 从初始马赫数 Ma_0 和真实迎角 α，由静压误差拟合函数得到静压位置误差 ΔC_p；④ 从静压位置误差 ΔC_p、静压 p_s、总压 p_t、修正马赫数 Ma_1，得到最终修正的静压 p_s；⑤ 从静压 p_s、总压 p_t 得到最终修正的马赫数 Ma；⑥ 从静压 p_s 得到气压高度 H_p；⑦ 从静压 p_s、总压 p_t 得到指示动压 Q_i 以及指示空速 v_i；⑧ 从总温 T_t、马赫数 Ma 得到静温 T_s、声速 a 以及真空速 v_i。

4.3　嵌入式大气数据系统

大气数据的精确测量对飞行器的飞行控制、导航及飞行后的评估至关重要。完整的大气数据状态可以用马赫数、迎角、侧滑角、静压及真空速 5 个参数来描述。最初的大气数据测量通过探针式大气数据测量系统来实现，其依赖外露的空速管，并与角度传感器组合进行大气数据的测量。然而，当飞行器高超声速飞行时，传统的探针式测量系统难以适应飞行器机体头部的高温环境，同时该装置与周围大气相互作用形成的激波干扰将使飞行器的气动性能下降，此外该测量装置还严重影响飞行器的隐身性能。外露的传感器也难以满足飞行器大迎角飞行时对测量精度的要求。

因此，嵌入式大气数据传感（Flush Air Data Sensing，FADS）系统应运而生。FADS 系统采用嵌入在飞行器前端或机翼不同位置处的压力传感器阵列来测量飞行器表面的压力分布，通过模/数转换将压力值传送到计算机，根据压力分布的数值，通过特定的算法推算大气数据，再将其传送给飞行器的控制系统。

4.3.1　嵌入式大气数据系统的原理与组成

与传统大气数据系统采用压力和迎角传感器分别测量总压、静压和迎角等不同，嵌入式大气数据传感系统依靠压力传感器阵列敏感飞行器表面的压力分布，从而间接测量飞行器的动压、静压、迎角和侧滑角。完整的 FADS 系统包括气动外形（嵌入安装取气装置）、引气管路、压力传感器模块（传感器及信号处理单元）、软件算法、硬件电路等组成部分。FADS 系统的组成如图 4.3.1 所示。气流通过测压孔经引气管路到达压力传感器，压力传感器将敏感到的压力数据通过总线（或光纤）传到计算机，计算机根据预设的算法从测得的压力数据中解算出迎角 α、侧滑角 β、动压 q_c、静压 p_∞，并进一步计算出其他的大气数据参数。

FADS 系统工作时，压力传感器阵列测量不同位置测压孔处的压力，将测量值传送到大气数据计算机，通过特定的系统算法推算出大气数据，再将其传送给飞行器的其他系统。针对 FADS 系统的工作原理，研究人员在测压孔布局、气动模型与求解算法、校正算法、故障检测与管理等关键技术上开展了大量研究。

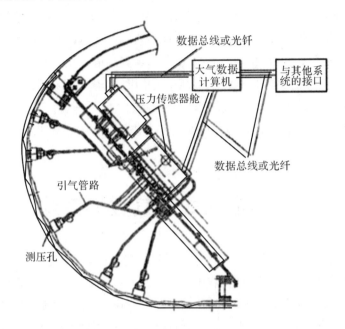

图 4.3.1　FADS 组成图

　　测压孔通常布置在飞行器头部,也可以布置在机翼前缘(可以避免影响火控雷达等其他系统安装),垂直于飞行器表面,测压孔直径一般在零点几毫米到几毫米之间;引气管路的长度和大小会影响气流在其中流动的速度和时间,从而影响系统延迟时间,要根据需要具体设计;压力传感器封装在压力传感器舱中,该压力传感器舱的温度可以控制,以保证压力传感器的测量精度,压力传感器舱中还包括压力扫描模块,测量开始时,压力扫描模块读出压力传感器的值,送给大气数据计算机;数据总线要求传输速度尽可能快;大气数据计算机首先根据预设的解算算法解算出迎角、侧滑角、动压和静压,再对解算出的数据进行校准(如迎角、侧滑角校准等),最后根据其他大气数据与它们的关系计算出其余的大气数据(马赫数、气压高度、升降速度等)。FADS 系统无活动式测量器件,整个系统便于集成和小型化,图 4.3.2 所示为 EADS 公司生产的集成化 FADS 系统。

图 4.3.2　FADS 系统集成外观

1. 测压孔

测压孔是 FADS 系统与被测气流直接接触的地方,其大小、位置、数量等都会对测量结果造成影响。测压孔要布置在气流比较稳定的地方,通常在飞行器头部,也可以是机翼前缘,测压孔大小要适宜,跟飞行器的飞行包线有关,要保证气流能正常流入,让压力传感器敏感到准确的气流压力,一般呈圆形,直径为零点几毫米到几毫米之间,为限制阻滞点的热效应,阻滞点测压孔的直径应该较小,如 X-43A 上下表面直径为 0.04 in(约 1 mm),而前端测压孔直径只有 0.02 in(约 0.5 mm)。需要估计 4 个参数(迎角 α、侧滑角 β、动压 q_c、静压 p_∞),至少需要 4 个测压孔的数据,为减轻对噪声的灵敏度,还需要提供一个附加的传感器。因此,通常的测压孔都在 5 个或以上。为了提高测量精确度,还需要按照一定的准则和方法对测压孔布局进行优化设计,考虑对噪声的抑制和冗余,也需要对测压孔的数量和位置进行优化,将在之后的小节中详述。

2. 测压孔布局优化

测压孔布局是 FADS 系统设计中的重要环节。测压孔的布局会影响大气数据的解算精度,若布局不合理则有可能导致算法发散或产生多解问题。FADS 系统压力传感器敏感的压力是位于测压孔处的表面压力,相关理论研究和实验表明,测压孔的位置、数量,都会影响 FADS 系统的空气动力学模型,由于很多 FADS 系统求解算法都是基于 FADS 系统空气动力学模型的,如常用的三点法,因此,这些算法都是依赖于测压孔布局的,测压孔位置选择不当会给解算算法带来麻烦(如导致收敛性问题、多解问题等)。另外,不同的压力传感器数量、测压孔不同的布局形式、布置在不同的位置还会影响测量结果精度、系统的复杂性和可靠性。为了方便 FADS 系统求解算法的设计、提高嵌入式大气数据传感系统的测量精度、减小系统复杂性和提高系统的可靠性,需要按照一定准则和方法,对 FADS 系统中飞行器表面测压孔的位置和数量进行优化设计。此处研究的测压孔均布置在飞行器头部,在机翼前缘的优化方法与此相似。

测压孔优化布局的目的是增加系统的可靠性、减小噪声提高精度,系统的冗余度太大和太小对系统性能都不利。优化方法根据 FADS 系统主要测量参数可以有所不同,如主要测量迎角时,可直接采用数值计算得到迎角误差最小的位置,也可以根据相关研究总结的对测压孔布局需要遵循的一些原则进行优化,还可以根据实际需要选择一个目标函数,如迎角误差最小、噪声最小等,采用一定的优化方法,如梯度下降法、遗传算法等寻找使得目标函数最小时的测压孔布局,从而得到最优的测压孔布局。

测压孔安装位置一般选择在压力和温度较稳定的区域,所测压力受外界干扰应尽可能小,同时能最大限度地感受来流变化。测压孔通常布置在机头或机翼前缘,多采用十字型布局。一般地,至少需要 5 个测压孔才能解算所有的大气参数。随着测压孔数量的增多,解算出的大气数据可能具有更高的精度及可靠性,然而测压孔数量过多会增加计算负担并使得系统更加复杂。

X-33 的 FADS 系统采用头部 6 点十字型测压点布局,如图 4.3.3 所示。其系统解算得到的大气数据误差可达马赫数 ±5%,迎角 ±0.5°,侧滑角 ±0.5°,高度 60.69 m,动压 718 Pa。

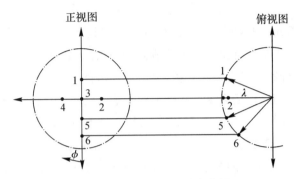

图 4.3.3   X-33 的测压点布局

随后,逐渐增加测压点的个数以期得到更高的测量精度。X-34 采用头部 8 点十字型测压点布局形式,X-38 采用头部 9 点十字型测压点布局。SHEFEX Ⅱ 在飞行器前体设置了 12 个测压孔,用于估算飞行迎角、侧滑角及马赫数。

在 F-18 HARV 计划中,研究了不同测压点数量对测量精度的影响,所安装的 FADS(HI-FADS)系统共在机头表面装有 25 个测压孔,其中 24 个分布在 4 个圆环上,1 个在机头顶点处(如图 4.3.4 所示,图中 1 in=0.025 4 m),每个测压孔的直径为 1.524 mm,这些圆环关于机头的对称轴对称。并对比分析了由所有 25 个孔构成的系统和由其中的 9 个孔构成的子系统,其测量所得大气参数的平均误差见表 4.3.1。

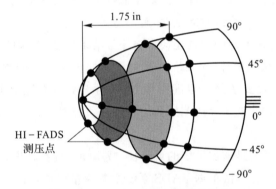

图 4.3.4   F-18 HARV 测压点分布

表 4.3.1   孔与 25 孔测量大气数据的平均误差

大气参数	平均误差	
	9 孔	25 孔
$\alpha/(°)$	0.02	0.02
$\beta/(°)$	0.10	0.10
Ma_∞	0.000 8	0.000 7
高度 /m	3.47	2.80
空速 /(m·s^{-1})	0.259	0.223

从表4.3.1可以看出：9孔与25孔有着同等量级的测量精度，从工程应用的角度来讲，9孔十字型布局是最优选择。测压孔安装位置及数量的不同会对FADS系统的精度及可靠性产生重要影响，在满足测量精度及系统可靠性的前提下，合理选择测压孔的布局是FADS系统设计的一项关键技术。

（1）数值计算迎角误差法。对某些安装了惯性导航系统的飞行器（如高超声速飞行器X-43）的FADS系统，马赫数可以用惯性导航系统给出，FADS系统主要是提供高精度的迎角和侧滑角，此时的优化目的是使得FADS系统对迎角和侧滑角测量误差尽可能小，可以直接通过数值计算，选择迎角误差小的位置布置测压孔。

迎角测量测压孔通常布置在飞行器的竖直中心线上，相关研究表明，飞行器上下表面压力、对应位置的压力差与迎角、侧滑角和马赫数有关，马赫数通过惯性导航系统给出，通常将压力和压力差看成是迎角、侧滑角的函数，可以通过一定的方法拟合出这一关系，如尖头、高超声速飞行器的头部上下表面压强差与迎角呈线性关系，如图4.3.5所示。下面以某飞行器上下表面线性关系为例说明根据迎角误差选择测压孔位置的过程。

可以将迎角与压强的关系表示为

$$\alpha = \alpha_0 + \frac{p}{q_c} C_{ppt} \tag{4.3.1}$$

式中：C_{ppt} 为压力系数；p 为各位置处的压力；q_c 为动压，并且

$$q_c = \frac{1}{2}\rho v^2 \tag{4.3.2}$$

对于不同的马赫数 Ma_∞ 和迎角 α 状态组合，各个位置处的压力 p 通过压力传感器直接测量得到（忽略引气管路延迟），压力系数 C_{ppt} 和 α_0 为需要求解的未知数。可见，对某一马赫数 Ma_∞ 情况下，至少需要测得两个不同迎角状态下的压力分布情况，才可以计算出 C_{ppt} 和 α_0。

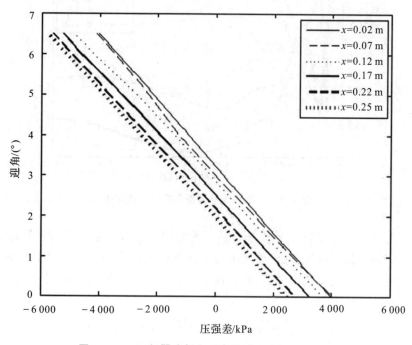

图 4.3.5　飞行器头部上下表面压强差与迎角关系

将式(4.3.1)在不同迎角情况下写成矩阵形式：

$$Y = AX \tag{4.3.3}$$

式中：

$$Y = \begin{bmatrix} \alpha_1 \\ \vdots \\ \alpha_n \end{bmatrix}, \quad A = \begin{bmatrix} 1 & \dfrac{p_1}{q_c} \\ \vdots & \vdots \\ 1 & \dfrac{p_n}{q_c} \end{bmatrix}, \quad X = \begin{bmatrix} \alpha_0 \\ C_{\mathrm{ppt}} \end{bmatrix}$$

根据线性方程组求解理论，其最小二乘解为

$$X = A^+ Y \tag{4.3.4}$$

即可得到各个位置处的 α_0 和 C_{ppt}，然后将上下表面测压孔的压强或压强差代入式(4.3.1)，得到迎角估计值 $\hat{\alpha}$，根据下式可计算测压孔布置在该位置处的迎角误差：

$$e = \sqrt{(\hat{\alpha}_1 - \alpha)^2 - \cdots - (\hat{\alpha}_i - \alpha)^2 - \cdots - (\hat{\alpha}_n - \alpha)^2} \tag{4.3.5}$$

选择误差最小的位置作为竖直中心线上测压孔布局的最优位置。

图 4.3.6 显示了测压孔在不同位置时的迎角误差，由图可以看出，不同位置的迎角误差差别还是比较大的，各个迎角状态均在离头部顶端约 0.04 m 处误差较小，因此该 FADS 系统测压孔布置在离头部顶端 0.04 m 处比较合理。

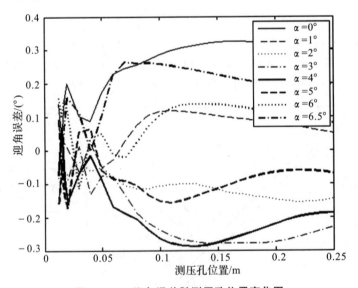

图 4.3.6　迎角误差随测压孔位置变化图

需要指出的是，式(4.3.5)的计算是在某一确定的马赫数下进行的，当马赫数变化时，有可能会导致不同的马赫数情况下，误差最小的位置会有所不同，此时可选择 FADS 系统通常工作的马赫数范围内迎角误差最小位置，或将各个马赫数下每个位置的误差加权求和，选择最小的作为最佳测压孔布置点。

$$e_{\mathrm{sum}} = \sqrt{(w_1 e_1)^2 + (w_2 e_2)^2 + \cdots + (w_m e_m)^2} \tag{4.3.6}$$

式中：w 为权值。

用于测量侧滑角的测压孔通常布置在水平中心线上。水平中心线上的位置选择与上述过程基本一致,高精度压力传感器敏感的是水平中心线上的压力分布,计算的是侧滑角的误差,选择侧滑角误差小的点作为水平中心线上测压孔布置的最优位置。

(2)基于模糊逻辑优化法。相关研究表明,FADS系统测压孔布局需要遵守如下原则:① 选取使总压测量值最大的位置;② 选取使静压测量值最小的位置;③ 选取使攻角气压测量值最大的位置;④ 静压测量与攻角气压测量选取同一截面;⑤ 总压测量优化除飞行器最前缘处之外,最优和次优站位间的距离不小于3个站位;⑥ 静压与攻角气压的最优和次优站位间的距离不小于5个站位。

根据这些原则,可以使用基于模糊逻辑的设计方法,该方法用模糊集合来描述上述原则,然后根据一定的模糊逻辑计算,进行集合变换,得出各个状态下(不同迎角、侧滑角和马赫数组合)飞行器头部表面每个位置对上述规则的符合程度,由此选出最佳的测压孔位置。相关的计算结果表明,这种方法能够选择出误差小、灵敏度高的测压孔布局位置。

(3)目标函数极值优化方法。测压孔布局优化的一个重要目的是使压力测量随机噪声对大气数据计算的影响最小。测压孔布置影响迎角、侧滑角和阻滞压力(用来计算自由流动压)等大气数据参数计算的精度。通常说来,为了精确测量阻滞点压力,测压孔必须靠近阻滞点,但是,为了计算迎角和侧滑角,测压孔又需要布置在远离阻滞点的位置,因此,需要一种方法来使大气数据参数的某性能最好。

优化流程图如图4.3.7所示。大气数据参数可以通过一定的仿真方法得到(如大气数据计算的蒙特-卡洛仿真)。给定飞行器参考姿态(迎角α_r,侧滑角β_r)和阻滞压力(p_{tr}),用修正的牛顿理论或位势流理论可以计算出各测压孔处的压力p_{Ni}[式(4.3.7)],并在这个压力上加一个压力修正项ε_p以模拟预期的飞行压力p_i[式(4.3.8)]。在这个飞行压力值上加上随机分布噪声ε_N以模拟压力测量的不确定性[式(4.3.10)]。用这些包含噪声的压力数据来估计迎角、侧滑角和滞点压力。估计得到的迎角α_{tmj}、侧滑角β_{tmj}和滞点压力p_{tmj}与对应的参考值(α_r、β_r、p_{tr})相比较,并用来计算一个确定的目标函数的值。

孔的位置可以在笛卡儿坐标系中详细指出,也可以用圆锥角和圆周角表示。圆锥角和圆周角与孔位置处的曲面法线有关。

飞行器头部表面某一位置的压力通过以下关系给出:

$$p_{Ni} = f(\theta_i, p_t) \tag{4.3.7}$$

$$p_i = p_{Ni} - \varepsilon_p \lambda_i / \lambda_{ref} \tag{4.3.8}$$

式中:p_{Ni}是第i个测压孔处理论计算得到的压力值(位势流理论或修正的牛顿流理论);ε_p是压力修正系数;λ_i,λ_{ref}分别为第i个测压孔处的圆锥角和圆周角;θ_i是气流入射角,它与迎角、侧滑角的关系为

$$\cos\theta_i = \cos\alpha\cos\beta\cos\lambda_i + \sin\beta\sin\lambda_i\cos\varphi_i + \sin\alpha\sin\lambda_i\sin\varphi_i \tag{4.3.9}$$

用一个随机分布数来作为压力的噪声模型,该随机分布噪声的均值为零并在压力传感器满量程的1%范围内变动,此处假定噪声的变化是参考阻滞压力的1%。在大气数据计算的仿真中,用理想的飞行压力加上一个随机数来模拟仿真测量值。仿真测量值由下式给出:

$$p_{mi} = p_i + \varepsilon_N \tag{4.3.10}$$

式中:ε_N在不同的孔和仿真中是不同的随机数,来自于一个随机数集。

在每次仿真中都要通过求解有n个未知数的m个方程($m > n$)来计算大气数据,以保证

解在最小二乘意义下是最合适的。整理得到的求解方程组如下:

$$\begin{bmatrix} p_{m1} \\ \vdots \\ p_{mn} \end{bmatrix} = \begin{bmatrix} f(\theta_{m1}, p_{tm}) \\ \vdots \\ f(\theta_{mn}, p_{tm}) \end{bmatrix} \tag{4.3.11}$$

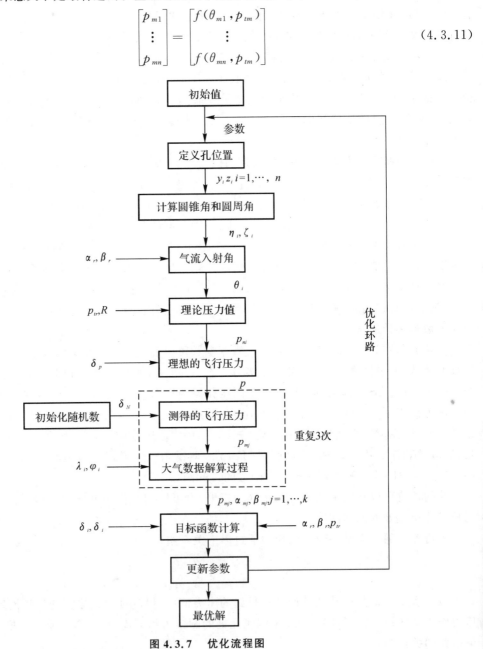

图 4.3.7　优化流程图

上述方程组在最小二乘意义下的解可以通过求解以下问题得到:

$$\mathop{X \in R^3}\limits^{\min} \parallel \{ p_{mi} - f_i(X, \lambda_i, \varphi_i) \} \parallel_2 \tag{4.3.12}$$

其中 $\parallel \cdot \parallel$ 表示欧几里得范数,X 是如下的状态向量:

$$X = [p_{tm}, \alpha_m, \beta_m]^T \tag{4.3.13}$$

通过线性化方程式(4.3.11)的右半部分来求解,线性化的方程为

$$\Delta p_m = A \Delta X \tag{4.3.14}$$

式中：

$$\Delta \boldsymbol{p}_m = \begin{bmatrix} p_{m1} - f(\boldsymbol{X}^j, \lambda_1, \varphi_1) \\ \vdots \\ p_{mn} - f(\boldsymbol{X}^j, \lambda_n, \varphi_n) \end{bmatrix}$$

$$\boldsymbol{A} = \begin{bmatrix} \dfrac{\partial f_1}{\partial \boldsymbol{X}(1)} & \dfrac{\partial f_1}{\partial \boldsymbol{X}(1)} & \dfrac{\partial f_1}{\partial \boldsymbol{X}(1)} \\ \vdots & \vdots & \vdots \\ \dfrac{\partial f_n}{\partial \boldsymbol{X}(1)} & \dfrac{\partial f_n}{\partial \boldsymbol{X}(1)} & \dfrac{\partial f_n}{\partial \boldsymbol{X}(1)} \end{bmatrix}_{\boldsymbol{X}=\boldsymbol{X}^j}$$

$$\Delta \boldsymbol{X} = \begin{bmatrix} p_{tm} - p^j{}_{tm} \\ \alpha_m - \alpha^j{}_m \\ \beta_m - \beta^j{}_m \end{bmatrix}$$

(4.3.15)

根据 f 的具体形式，可以求得其对 $\boldsymbol{X}$ 的偏导数，上述线性化的方程通过迭代法求解。以一个假设的初始值（迎角、侧滑角和阻滞压力）开始（$j=0$，求解方程式（4.3.14）得到 $\Delta \boldsymbol{X}$ 的解，用来更新初始值 $\boldsymbol{X}$，$f(\boldsymbol{X}, \lambda_i, \varphi_i)$ 和 $\partial f(\boldsymbol{X}, \lambda_i, \varphi_i)/\partial \boldsymbol{X}$。重复这个迭代过程直到收敛得到迎角、侧滑角和滞点压力的解。用来模拟噪声的随机数（总共有 $n \times k$ 个随机数）集保持不变，对每个孔均使用噪声压力值集重复仿真，用来估计所有不同的情况。所有的结果都用来计算目标函数。

要使噪声对测量结果的影响最小，可以考虑在有噪声情况下误差的均方根作为优化的目标函数 J，它是测得的大气参数的函数：

$$J = \varepsilon_1 [\varepsilon_2 \Delta \alpha + (1 - \varepsilon_2) \Delta \beta] + (1 - \varepsilon_1) \Delta p_t \tag{4.3.16}$$

式中：

$$\sqrt{\frac{1}{k} \sum_{j=1}^{k} (\alpha_{mj} - \alpha_r)^2} \tag{4.3.17}$$

$$\Delta \beta = \sqrt{\frac{1}{k} \sum_{j=1}^{k} (\beta_{mj} - \beta_r)^2} \tag{4.3.18}$$

式中：ε_1、ε_2 是权重因子，根据测量需要选择 $0 \leqslant (\varepsilon_1, \varepsilon_2) \leqslant 1$。

考虑到方便理论计算压力的限制，测压孔位置必须限制在椭球体头锥区域。假设优化的位置在一个矩形区域，需要增加一个限制测压孔位置的补偿函数。假设椭球体区域的界限在 x 方向上最大为 $x = x_{\max}$。对所有的位于椭球区域外的测压孔，x 的值均超过 $x_{\max}$，对于这样的测压孔，在目标函数上需要增加另外一个补偿项。另外一个测压孔位置约束是相邻的两个测压孔不能靠得太近，彼此之间的距离至少不得小于 $d_{\min}$，这个约束也需要在目标函数上增加一个补偿项。考虑到这两种约束，目标函数变为

$$J^* = J + 10 \sum_{i=1}^{n} C_i + 10 \sum_{i=1}^{n-1} \sum_{j=i+1}^{n} D_{ij} \tag{4.3.19}$$

其中：补偿函数 C_i 和 D_{ij} 分别为

$$C_i = \begin{cases} 0, & x_i \leqslant x_{\max} \\ (x_i - x_{\max})^2, & x_i > x_{\max} \end{cases} \tag{4.3.20}$$

$$D_{ij} = \begin{cases} d_{ij}, & d_{ij} \leqslant d_{\min} \\ 0, & d_{ij} > d_{\min} \end{cases} \tag{4.3.21}$$

$$d_{ij} = \sqrt{(x_i - x_j)^2 + (y_i - y_j)^2 + (z_i - z_j)^2} \tag{4.3.22}$$

通过上面的分析,将测压孔布局优化转化为式(4.3.18)的目标函数最小值问题,该问题的解决方法有很多,常见的如梯度下降法及其改进算法、遗传算法等。对某些优化问题,梯度法得到的可能是局部最优值,而遗传算法可以得到全局最优解。

1) 梯度搜索法。梯度法按照负梯度方向搜索最优解,是一种比较简单的优化方法。该方法首先假定目标函数 J 在变量 x 附近连续可微,且 $g = \nabla J \neq 0$,不难看到,负梯度方向 $-g/\|g\|$ 是一个下降方向,并且是最快速的下降方向,因此又称最速下降法,即对充分小的 $\alpha > 0$,有

$$J(x - \alpha g/\|g\|) < J(x)$$

2) 遗传算法。这是一种基于自然界生物进化的基本原理,在参数空间内随机搜索最优解的方法。遗传算法首先对优化参数编码,然后随机生成一个初始编码(即初始值),再根据一些遗传操作得到新的解,相当于一步迭代,根据适应度函数(与目标函数有关)对得到的新解进行判断,再进行下一步操作(即下一步迭代),直至最后收敛到最优解。遗传算法能够在初始值不好的情况下也得到全局最优解,而梯度法初始值不恰当,可能会收敛到局部的最优解,并且遗传算法应用范围更广,如能够用于一些不可导和不连续的目标函数优化,基于导数的梯度法显然不能。遗传算法依靠遗传操作来得到新的解(相当于一个迭代过程),遗传操作有选择、交叉和变异三种。选择是按一定规则从旧的群体中随机选取若干个体作为繁殖后代的群体。选择的依据是个体的适度值或存活率,适度值或存活率越大,被选中的概率就越大,通常采用偏置轮盘方法。偏置轮盘中的区域大小与适应度值成比例,每转动一轮轮盘,指针将随机地指向轮盘中的个体,这个个体就作为新一代群体中的一个个体,经过多次选择操作得到初始群体。选择是从旧群体中选出对环境适应度高的个体,并没有生成新的个体,要产生新的个体还需要进行交叉和变异操作。

交叉操作利用了来自不同染色体的基因通过交换和重组来产生新一代染色体,从而产生新个体。其过程如下:在当前群体中任选两个个体,按给定的交叉概率 P_c,在染色体的基因链上选取交叉位置,将这两个个体从该位置起的末尾部分基因互换,得到两个新的染色体,如图4.3.8所示。交叉操作是产生新个体的主要方法,大大提高了遗传算法的搜索能力,交叉概率选择要适中,过大会破坏群体中的优良模式,过小会影响算法效率,通常取为 $0.59 \sim 0.99$。变异是按给定的变异概率 P_m 改变某个体的某一基因值,以生产一个新的个体,在二进制编码中,就是将变异位置处的基因由0变成1,或者由1变成0,如图4.3.9所示。

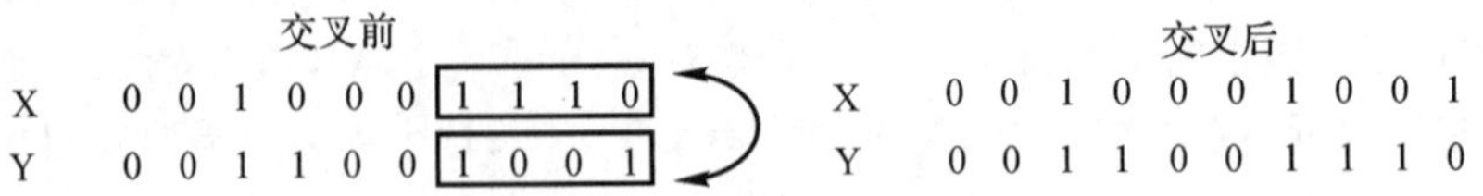

交叉前	交叉后
X 0 0 1 0 0 0 <u>1 1 1 0</u>	X 0 0 1 0 0 0 1 0 0 1
Y 0 0 1 1 0 0 <u>1 0 0 1</u>	Y 0 0 1 1 0 0 1 1 1 0

图 4.3.8 交叉示意图

变异前	变异后
X 0 0 1 0 0 <u>0</u> 1 0 0 1	X 0 0 1 0 0 <u>1</u> 1 0 0 1

图 4.3.9 变异示意图

变异操作为新个体的产生提供了机会。变异概率 P_m 不宜选取过大,过大可能会把群体中较好的个体变异掉。变异概率一般取 0.000 1 ~ 0.1。选择和交叉完成了大部分搜索,而通过变异操作,可以在初始基因组合以外的空间进行搜索避免了进化过程在早期就陷入局部解而进入终止过程,从而保证了遗传算法的有效性,提供了得到全局最优解的方法。

3. 压力传感器

压力传感器在 FADS 系统中用来敏感大气压力,是 FADS 系统重要的组成部分。FADS 系统从亚声速到超声速再到高超声速均能使用,测量非常宽,因此使用在 FADS 系统的压力传感器需要的量程非常大,同时,由于压力传感器测量的精度对结果的影响很大,尤其是对静压的影响非常显著,因此压力传感器需要有非常高的精度。这对压力传感器的性能要求很高,通常难以设计出如此高性能的压力传感器,可以采用一对压力传感器来敏感某个压力孔的气压,一个测量高马赫数的压力,一个测量低马赫数的压力。FADS 系统中采用的压力传感器包括测量单个测压孔中气流压力的绝对压力传感器,也有测量两个测压孔之间压力差的差分压力传感器。压力传感器必须具有高的通信速率,为大气数据计算机提供足够的时间解算大气数据。压力传感器还必须具有较好的鲁棒性以保证在温度、振动和电磁兼容等不利的环境条件下具有满意的性能。此外,在设计或选择压力传感器时,尺寸和数量也要考虑进去,以便于系统集成和小型化。

图 4.3.10 所示为德国法兰克福的大气数据系统公司 Nord-Micro 开发的压力传感器,该压力传感器是电容性的陶瓷压力传感器,压力传感器本身是由氧化铝制成的盘状电容器。当压力改变时,电容有皮法(pF)级的改变,并由传感器舱后面的专用集成电路直接以数字信号将这个改变输出。这个专用集成电路融入压力传感器背面的小混合物中,这个混合物中还包括小型热电偶,用来提供原始的温度数据,这些温度数据进一步数字化后为压力信号提供温度补偿。将这些压力传感器的输出用光纤(或数据总线)直接与大气数据计算机相连,为后面的大气数据计算提供实时的压力数据。安装压力传感器的仓应该受到静电屏蔽,并且要将温度保持在一个适合传感器工作的恰当范围内。该传感器将压力传感器及相关的电子器件都集成在一起,形成了一个小型化的传感器系统。

图 4.3.10 Nord-Micro 开发的压力传感器

4. 引气管路

引气管路的作用是将气流从测压孔引到压力传感器。管路的布置主要从冗余配置和抑制延迟两方面进行考虑。为实现冗余结构,可以将引气管路设计成双传压管路,即一个测压孔同时用两个管路引导气流流向压力传感器。另外,气流流过引气管路需要一定的时间,这就造成了敏感到压力数据的延迟,会造成 FADS 系统测量的延迟,实际上,这是 FADS 系统动态性能不佳的一个重要因素,因此在设计引气管路时,要着重考虑压力的延迟。由于每一个引气管路的直径、长度不同,所以每一个测压孔(或一对测压孔)都对应一个压力延迟模型,通常可以采用一阶模型来模拟:

$$\frac{p_L}{p_0} = \frac{k}{s+k} \tag{4.3.23}$$

式中:p_L 为与压力传感器相连处的压力;p_0 为测压孔处的压力;k 为常数,与测压孔处的压力,引气管路的长度、直径、有效容积有关:

$$k = \frac{1}{\tau} = \frac{p_0}{\mu}\left[\frac{g\pi D^4}{128LV_e}\right] \tag{4.3.24}$$

式中:μ 为管路中气流的动态黏滞度;D 是管子直径;L 是管子长度;V_e 是有效容积。

前面提到,压力传感器可以是绝对的,也可以用差分的,敏感一对测压孔的压力差,因此,对引气管路传输过来的气压可以有两种测量方式,一种是采用高精度绝对压力传感器和差分压力传感器进行测量,另外一种是每一个测压孔都通过一个绝对压力传感器进测量。相关研究表明,采用绝对压力测量中的测压管路延迟特性在整个压力范围内的变化很大,而采用了差分压力传感器的延迟特性在整个压力范围内基本是恒定的,换句话说就是由一对测压孔作为输入的差分压力测量的延迟只是马赫数的函数,它与输入压力无关,这样就大大简化了延迟模型,方便对延迟进行补偿。

4.3.2 嵌入式大气数据系统空气动力学模型

FADS 系统根据压力传感器阵列测得的压力分布来间接测量飞行参数(迎角 α、侧滑角 β、动压 q_c、静压 p_∞、马赫数 Ma_∞),在大气数据计算机中对大气压力进行故障检测和解算,并对解算结果加以校正,得到最终系统测量的大气数据参数输出。这些过程需要以压力分布和飞行参数之间的函数关系式,即 FADS 系统的空气动力学模型为基础。FADS 系统的空气动力学模型表征了所测量的当地压力数据与大气数据之间的映射关系,其建立及求解是大气数据实时预估技术的关键所在。

建立气动模型的方法通常有压力表达式法、数据表法及反向传播(Back Propagation,BP)神经网络法,求解算法有最小二乘法、三点法、查表法及 BP 神经网络法。所建立的气动模型必须能够准确地描述当地压力数据与大气数据的函数关系,且在全飞行包线内不存在多解问题。相应的求解算法的选择则需考虑收敛性、解算精度及实时反馈能力。

F-18 战斗机的 HARV 计划及 SRA 计划中,应用亚声速球体势流理论和超声速修正牛顿理论相结合的气动模型,该气动模型通过引入形压因子 ε,将飞行器表面的当地压力表示为

$$p_\theta = q_c(\cos^2\theta + \varepsilon\sin^2\theta) + p_\infty \tag{4.3.25}$$

$$q_c = \begin{cases} \dfrac{p_{t_\infty} - p_\infty}{q_\infty}, & Ma_\infty \leqslant 1 \\ \dfrac{p_{t_2} - p_\infty}{q_\infty}, & Ma_\infty > 1 \end{cases} \tag{4.3.26}$$

式中:θ 为当地气流入射角;p_{t_∞} 为来流总压;p_{t_2} 为头部激波后总压。

亚声速飞行条件下,马赫数与动静压之比的关系可以由等熵流体定律确定,超声速飞行条件下,马赫数与动静压关系可以由修正形式的 Rayleigh-Pitot 方程描述,这样就得到了动静压之比与马赫数之间存在如下关系(取空气比热 $c=1.4$):

$$\frac{q_c}{p_\infty}=g(Ma_\infty)=\begin{cases}[1.0+0.2Ma_\infty^2]^{3.5}-1, & Ma_\infty\leqslant 1\\166.92Ma_\infty^2\left[\dfrac{Ma_\infty^2}{7Ma_\infty^2-1}\right]^{2.5}-1, & Ma_\infty\geqslant 1\end{cases} \tag{4.3.27}$$

由经验决定的形压系数 ε 与飞行器的飞行马赫数、迎角、侧滑角都有关系,用下式表示:

$$\varepsilon=f(\alpha,\beta,Ma_\infty) \tag{4.3.28}$$

该气动模型在 X-33、X-34、F-18 等飞行器的 FADS 系统上得到了广泛应用,对其求解算法也已经开展了诸多研究。

国内的南京航空航天大学采用训练神经网络模型的方法建立了 FADS 空气动力学模型,但数据证明其受外形影响大,不利于解算算法的通用性,而神经网络模型具有强大的非线性映射功能,因此可以用来模拟 FADS 的空气动力学模型:$(p_1,p_2,\cdots,p_n)\to(\alpha,\beta,q_c,p_\infty)$。FADS 的神经网络模型为 n(n 为测压孔个数)输入 4 输出,此处为 5 输入 4 输出的,通过一些仿真(如 CFD 仿真)或试验(如风洞试验、飞行测试),得到大量的输入/输出数据后,训练得到神经网络模型。

FADS 系统利用神经网络的非线性映射功能来模拟输入/输出之间的非线性关系。考虑到各种神经网络的应用情况,采用最常用的 BP 网络模型,该模型是一种多层前馈型网络。通常,该模型包含一个输入层和一个输出层,隐含层可以有多个,增加隐含层可以提高精度,但是隐含层过多使得网络变得很复杂,而精度的提高可以通过增加隐含层的神经元个数来实现,因此采用单隐含层。输入层包含 5 个神经元(测压孔个数),隐含层具有多个神经元(设为 m),根据精度决定。输出层包含 4 个神经元(迎角、侧滑角、动压和静压),如图 4.3.11 所示,它的左右各层之间全连接,即输入层的每个神经元都与隐含层各神经元相连,隐含层各神经元与输出层各神经元均有连接,而同层之间的各神经元无连接。激活函数采用 Signoid 形函数。可以利用 MATLAB 神经网络工具箱函数 nesff() 建立 FADS 系统的 BP 网络模型。这样,得到一个神经网络来模拟 FADS 系统的空气动力学模型。

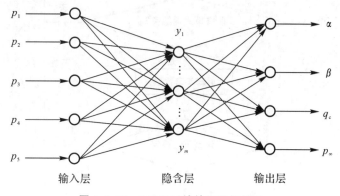

图 4.3.11　FADS 系统神经网络模型

建立好上述 BP 网络模型后,还需要要对该网络进行训练。训练之前首先需要得到样本,即根据一定的方法(如 CFD 仿真、风洞试验以及飞行测试等)得到输入向量及对应的输出向量序列 $(p_1,p_2,p_3,p_4,p_5)_k \rightarrow (\alpha,\beta,q_c,p_\infty)_k$,训练过程中不断地调整权值和阈值,使得神经网络的表现函数值达到最小。BP 网络的学习方式属于有导师的学习,其训练过程是:给网络一个训练样本,输入样本经输入端按照一定的权值和激活函数向隐含层传播,隐含层再按一定的权值和输出函数向输出层传播,在输出端得到该输入对应的网络输出,计算网络输出与期望输出之间的误差,按照使误差减小的原则,反向修正各层之间的权值和阈值,对网络权值和阈值的修正沿着表现函数下降最快的方向,即负梯度方向;按照上述过程循环训练完所有的模式,之后判断误差是否达到需求,达到则结束,否则增加学习次数,继续学习,训练流程图如图 4.3.12 所示。

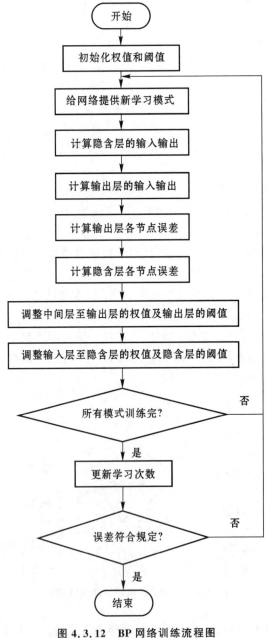

图 4.3.12 BP 网络训练流程图

假设输入层节点为 p_i，隐含层节点为 y_i，输出层节点为 x_l，输出层期望输出为 x_{lr}，输入节点与隐含层节点之间的连接权值为 w_{ji}，隐含层与输出层之间的连接权值为 v_{lj}，隐含层与输出层阈值分别为 θ_j、θ_l，训练中用到的参数计算方法如下（其中上标 k 表示第 k 次训练的值）：

（1）隐含层输入输出。

输入：

$$\text{net}_j^k = \sum_{i=1}^{5} v_{ji}^k p_i^k - \theta_j^k \tag{4.3.29}$$

输出：

$$y_j^k = f(\text{net}_j^k) = f\left(\sum_{1}^{5} w_{ji}^k p_i^k - \theta_j^k\right) \tag{4.3.30}$$

（2）输出层输入输出。

输入：

$$\text{net}_l^k = \sum_{j=1}^{m} v_{lj}^k y_j^k - \theta_l^k \tag{4.3.31}$$

输出：

$$x_l^k = f(\text{net}_l^k) = f\left(\sum_{j=1}^{m} v_{lj}^k y_j^k - \theta_l^k\right) \tag{4.3.32}$$

（3）输出层校正误差。

$$e_l^k = (x_{lr}^k - x_l^k) f'(\text{net}_l^k) \tag{4.3.33}$$

（4）隐含层校正误差。

$$e_j^k = f'(\text{net}_j^k) \sum_{l=1}^{4} e_l^k v_{lj}^k \tag{4.3.34}$$

（5）隐含层至输出层之间的连接权值和输出层的阈值调整。

$$v_{lj}^{k+1} = v_{lj}^k + \eta_1 e_l^k y_j^k \tag{4.3.35}$$

$$\theta_l^{k+1} = \theta_l^k + \eta_1 e_l^k \tag{4.3.36}$$

（6）输入层至隐含层之间的连接权值调整。

$$w_{ji}^{k+1} = w_{ji}^k + \eta_2 e_j^k p_i^k \tag{4.3.37}$$

$$\theta_j^{k+1} = \theta_j^k + \eta_2 e_j^k \tag{4.3.38}$$

上面的 $f(\cdot)$ 函数就是前面提到的激活函数，可以有多种形式，其形式不同，权值调整的规则也不同。MATLAB 神经网络工具箱包含了许多用于 BP 网络分析与设计的函数，可以用来对该 BP 网络训练，只需要给出训练数据对，选择激活函数和训练函数，无须自己再去编写具体的训练函数，训练次数和训练目标均可根据实际需要设定，非常方便。这样，训练结束后，即得到了 FADS 系统的空气动力学模型。

4.3.3 确定 FADS 系统压力分布模型的方法研究

1. 计算流体动力学测量压力分布

计算流体动力学（Computational Fluid Dynamics，CFD）是通过计算机数值计算和图像显示，对包含有流体流动和热传导等相关物理现象的系统所做的分析。CFD 的基本思想可以归结为：把原来在时间域及空间域上连续的物理量的场，如速度场和压力场，用一系列有限个离散点上的变量值的集合来代替，通过一定的原则和方式建立起关于这些离散点上场变量之间关系的代数方程组，然后求解代数方程组获得场变量的近似值。

CFD 方法与传统的理论分析方法、实验测量方法组成了研究流体流动问题的完整体系。理论分析方法的优点在于所得结果具有普遍性，各种影响因素清晰可见，是指导实验研究和验证新的数值计算方法的理论基础。但是，它往往要求对计算对象进行抽象和简化，才有可能得出理论解。对于非线性情况，只有少数流动才能给出解析结果。

实验测量方法所得到的实验结果真实可信，它是理论分析和数值方法的基础，其重要性不容低估。然而，实验往往受到模型尺寸、流场扰动、人身安全和测量精度的限制，有时可能很难通过实验方法得到结果。此外，实验还会遇到经费投入、人力和物力的巨大耗费以及周期长等许多困难。

CFD 方法恰好克服了前面两种方法的弱点，在计算机上实现一个特定的计算，就好像在计算机上做一次物理实验。例如，机翼的绕流，通过计算并将其结果在屏幕上显示，就可以看到流场的各种细节，如激波的运动、强度，涡的生成与传播，流动的分离，表面的压力分布、受力大小及其随时间的变化等。数值模拟可以形象地再现流动情景，与做实验没有什么区别。

在国外，已经有人研究用 CFD 方法来校正 FADS 系统。采用 CFD 方法校正的 FADS 系统在迎角和侧滑角的测量精度上，已经可以满足大范围的超声速飞行器的控制需要。动压的测量精度优于或者等于机载的惯性测量元件的精度。如果单纯使用修正牛顿流理论而不采用 CFD 校正的话，那么迎角和动压的测量精度不能满足控制需要，侧滑角的精度与采用 CFD 校正的结果很接近。甚至有人认为 FADS 系统的实验校正不是必需的，单独采用 CFD 校正方法就已经足够了。图 4.3.13 所示为对某飞行器头部的 CFD 分析情况。

图 4.3.13　某飞行器头部 CFD 分析示意图

当然，目前情况下，还不能确定可以依赖 CFD 方法。但是，至少在预研阶段，CFD 方法提供的数值结果还是很有用处的。可以采用这些结果来对系统的数学模型进行检验。而在后期，可以通过实验数据对这些数值结果进行检验和修正。目前比较成熟而且应用广泛的 CFD 软件包括 Fluent，CFX，CFDRC-fastran 等。

CFD 分析方法一般需要通过下列步骤来实现：

第一步：确定问题的区域。

必须确定所分析问题的明确的范围,将问题的边界设置在条件已知的地方,如果并不知道精确的边界条件而必须作假定时,就不要将分析的边界设在靠近感兴趣区域的地方,也不要将边界设在求解变量变化梯度大的地方。有时,也许并不知道自己的问题中哪个地方梯度变化最大,这就要先作一个试探性的分析,然后再根据结果来修改分析区域。

第二步:确定流体的状态。

需要估计流体的特征,流体的特征是流体性质、几何边界以及流场的速度幅值的函数。一般说来,CFD 软件能求解的流体包括气流和液流,其性质可随温度而发生显著变化,大部分CFD 中的气流只能是理想气体。须自己确定温度对流体的密度、黏性和热传导系数的影响是否很重要,在大多数情况下,近似认为流体性质不随温度而变化,都可以得到足够精确的解。

通常用雷诺数来判别流体是层流或紊流,雷诺数反映了惯性力和黏性力的相对强度。通常用马赫数来判别流体是否可压缩。流场中任意一点的马赫数是该点流体速度与该点声速之比,当马赫数大于 0.3 时,就应考虑用可压缩算法来进行求解;当马赫数大于 0.7 时,可压缩算法与不可压缩算法之间就会有极其明显的差异。

第三步:生成有限元网格。

必须事先确定流场中哪个地方流体的梯度变化较大,在这些地方,网格必须作适当的调整。例如:如果用了紊流模型,靠近壁面的区域的网格密度必须比层流模型密得多,如果太粗,该网格就不能在求解中捕捉到由于巨大的变化梯度对流动造成的显著影响,相反,那些长边与低梯度方向一致的单元可以有很大的长宽比。

为了得到精确的结果,应使用映射网格划分,因其能在边界上更好地保持恒定的网格特性,映射网格划分可由 CFD 的某些命令来实现。不同的 CFD 软件经常采用不同的网格划分工具。

第四步:施加边界条件。

可在划分网格之前或之后对模型施加边界条件,此时要将模型所有的边界条件都考虑进去,如果与某个相关变量的条件没有加上去,则该变量沿边界的法向值的梯度将被假定为零。求解中,可在重启动之间改变边界条件的值,如果需改变边界条件的值或不小心忽略了某边界条件,无须重启动,除非该改变引起了分析的不稳定。

第五步:设置模型分析参数。

为了使用诸如紊流模型或求解温度方程等选项,必须激活它们。诸如流体性质等特定项目的设置,是与所求解的流体问题的类型相关的,CFD 软件手册中一般都会详细描述各种流体类型以及所建议的参数设置。

第六步:求解。

通过观察求解过程中相关变量的改变率,可以监视求解的收敛性及稳定性。这些变量包括速度、压力、温度、动能(ENKE 自由度)和动能耗散率(ENDS 自由度)等紊流量以及有效黏性(EVIS)。一个分析通常需要多次重启动。

第七步:检查结果。

可对输出结果进行后处理,也可在打印输出文件里对结果进行检查,此时必须使用自己的工程经验来估计所用的求解手段、所定义的流体性质以及所加的边界条件的可信程度。

2. 风洞试验测量压力分布

模型压力分布测量通常又叫测压实验,其目的是测量飞行器各部件,如机翼、尾翼、机身、操纵面、外挂物表面的压力分布,为飞行器及其各部件结构强度计算提供载荷;为研究飞行器及其各部件的性能,研究绕模型的流动特性提供数据。通过压力分布测量可以确定机翼上最小压力点的位置、激波位置,气流是否分离,以及作用在模型上的升力、压差阻力和压力中心的位置等。因此,风洞模型压力分布测量是研究飞行器特性,验证数值计算方法是否准确的一个重要手段。

一般情况下,风洞模型试验结果应按风洞试验数据与飞行数据相关的修正体系,对风洞流场、洞壁干扰、支架干扰、进气、喷流、气动弹性、雷诺数及附加物等各项逐一作修正之后,方能与飞行数据作比较。

3. 飞行试验测量压力分布

飞行试验是对飞行器飞行状态的真实模拟。通过飞行试验所得到的压力分布应该是最可靠的。可以这样认为,飞行试验是检验 FADS 系统是否可行的最高标准。EADS 公司研制的 FADS 系统首先进行了在 F‐4F 上的搭载飞行试验,如图 4.3.14 所示,然后才进行了安装在 X‐31A 上的飞行试验,如图 4.3.15 所示。

在进行 X‐31A 上的试验中,首先要对 X‐31A 进行改装。为了避免空速管对 FADS 系统的影响,把空速管的位置提高了。在上天之前,安装了 FADS 系统的 X‐31A 的模型在风洞中进行了试验。最后才进行了实际飞行。在实际飞行中,FADS 系统只是进行了大气数据的计算和记录,并没有参与到控制系统之中。飞行实验中测量到的压力数据成为以后工作的基准。

图 4.3.14　FADS 系统在 F‐4F 上的搭载飞行试验

图 4.3.15　FADS 系统安装在 X‐31A 上的飞行试验

4.3.4　嵌入式飞机大气数据系统的求解与校正算法

1. 最小二乘法

基于 F-18 战斗机的 HARV 计划及 SRA 计划中应用的气动模型,该计划中利用最小二乘法通过反复的线性化气动模型解算出大气数据,其解算方法经飞行试验已被成功验证。该算法的优点是精度高,并且具有很强的抗小扰动能力。但是其解算耗时长,且高度依赖初始值的选择,同时在飞行器作跨声速、超声速飞行和出现失效点时存在收敛问题。因此,在 X-33 验证机计划中,研究人员提出了一种新的算法——三点法。该方法通过选择一些特殊位置的三点组合(例如,计算迎角时选择竖直轴上的三点,计算侧滑角时选择水平轴上的三点),在很大程度上简化了求解表达式,精度较高且已被证明不存在稳定性问题,但测压孔的选择对计算结果会产生很大的影响,同时马赫数大于 8 时算法可能发散。

对于高超声速无人机 X-43A,其最后一次飞行试验马赫数达到了 9.8,因此三点法不再适用,其 FADS 系统上利用压力系数表估计迎角,压力系数表通过风洞试验获得,其马赫数通过惯性系统获取,根据压力和马赫数可反推出迎角。

针对 X-43A 这类尖楔前体外形飞行器,王鹏等提出利用切楔斜激波理论构建其气动模型的方法,马赫数仍由惯性系统获取,压力及迎角等直接由激波前后的总静压关系及斜激波理论解算出来。

基于压力经验表达式的气动模型受飞行器外形影响大,不利于算法的通用性,而神经网络模型有强大的非线性映射功能。因此,T. J. Rohloff 等提出了神经网络 FADS(Neural Network FADS,NNFADS)系统,在 F/A-18B 机头分布 11 个测点(见图 4.3.16),基于飞行数据训练了 11 输入 4 输出($\alpha,\beta,p_\infty,q_c$)的神经网络。NNFADS 系统适用于亚声速及超声速范围内的飞行状态,其系统解算得到的大气数据误差能达到 $Ma = 0.02$,迎角与侧滑角均为 $0.4°$,静压为 813.96 Pa。Liu Haipu 等以 Kriging 模型和 BP 神经网络模型建立了 FADS 系统模型,其训练样本点通过 CFD 手段获得,为了避免样本点过大影响算法的时效性,考虑到不同高度(4~10 km)、相同状态(马赫数、迎角、偏航角)、同一测点的压强系数差别不大,以压强系数作为输入,马赫数、迎角、侧滑角作为输出,大幅减少了工作量。数据显示,基于压强系数的 Kriging 模型预测的马赫数的误差小于 0.005,迎角和侧滑角的误差均小于 0.5°。

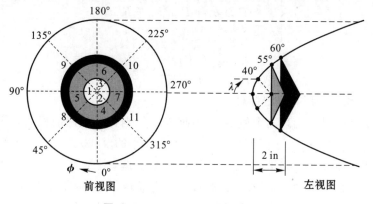

图 4.3.16　NNFADS 测压点分布

现有的 FADS 系统气动模型建立方法及求解算法存在自身的优缺点,在实际工程应用中,应综合考虑系统精度需求、系统复杂性、实时性等要求合理选择气动模型与相应的求解算法。

除了上述空气动力学模型所用的最小二乘法外,还有三点法、BP 网络法和查表法。下面对这三种方法做简单的介绍。

2. 三点法

三点法通过选择一些特殊位置的三点组合(通常计算迎角时可选择竖直轴上的三点,计算侧滑角时选择水平轴上),利用数字变形将形压系数消去,这样就可以解析地求解迎角和侧滑角,减少方程组未知数个数,再采用迭代方法求解动、静压和形压系数。该方法是 NASA 开发的,并将它成功应用与 X-33 上。三点法的优点是解析地求出部分参数,降低了非线性方程组的维数,但也有一些缺点,如过分依赖外形、在高马赫的时候可能不收敛等。该方法最大的好处就在于得到了迎角和侧滑角的解析表达式,大大简化了方程组的求解,可以根据这点对求解算法进行多种改进。

选择竖直对称轴上的三点,经过化简整理,可消去形压系数、动压和静压以及当地侧滑角,得到当地迎角的解析表达式,再选水平对称轴上的三点,经过相似的化简过程,可得到当地侧滑角的解析表达式,此处不作详细推导,以下仅给出计算式:

$$
\left.
\begin{aligned}
\alpha_e &= \begin{cases} \dfrac{1}{2}\arctan\dfrac{A}{B}, & |\alpha| \leqslant 45^\circ \\[2mm] \dfrac{1}{2}\left(\pi - \arctan\dfrac{A}{B}\right), & |\alpha| > 45^\circ \end{cases} \\[4mm]
\beta_e &= \begin{cases} \arctan\left(-\dfrac{B'}{2A'} \pm \sqrt{\left(\dfrac{B'}{2A'}\right)^2 - \dfrac{C'}{A}}\right), & A' \neq 0 \\[2mm] \dfrac{1}{2}\arctan\dfrac{C'}{B'}, & A' = 0 \end{cases}
\end{aligned}
\right\} \tag{4.3.39}
$$

式中:

$$
\begin{cases}
A = (\Gamma_{kj}\sin^2\lambda_i + \Gamma_{kj}\sin^2\lambda_j + \Gamma_{ji}\sin^2\lambda_k) \\
B = \Gamma_{kj}\cos\lambda_i\sin\lambda_i\cos\varphi_i + \Gamma_{ik}\cos\lambda_j\sin\lambda_j\cos\varphi_j + \Gamma_{ik}\cos\lambda_k\sin\lambda_k\cos\varphi_k
\end{cases}
$$

$$
\begin{cases}
A' = \Gamma_{kj}b_i^2 + \Gamma_{ik}b_j^2 + \Gamma_{ji}b_k^2 \\
B' = \Gamma_{kj}a_ib_i + \Gamma_{ik}a_jb_j + \Gamma_{ji}a_kb_k \\
C' = \Gamma_{kj}a_i^2 + \Gamma_{ik}a_j^2 + \Gamma_{ji}a_k^2
\end{cases}
$$

$$
\Gamma_{ij} = P_i - P_j, \ \Gamma_{jk} = P_j - P_k, \Gamma_{ki} = P_k - P_i
$$

$$
\Gamma_{ji} = -\Gamma_{ij}, \Gamma_{kj} = -\Gamma_{jk}, \ \Gamma_{ik} = -\Gamma_{ki}
$$

式中:下标 i、j、k 均为测压孔位置标号。

侧滑角计算中 ± 号会出现两个值,通常根据以下原则选择正确的根:① 当三个点都在水平对称线上(即 $\varphi = \pm 90^\circ$)时,选择使得 $|\tan\beta|$ 绝对值小的解;② 当三个点不都在水平对称线上时,这种情况比较复杂,大多数情况选取绝对值小的解,但是当三点关于竖直线对称(即 $\varphi_{i,j} = \pm 90^\circ$,$\varphi°_k$)时,会出现奇异情况,此时如果没有其他信息,则需要重新选点计算,其他的复杂情况此处不再一一列出,根据实际情况(测量的范围等)具体分析,选择正确的根。

分别取不同的三点组合,可以得到多个当地迎角值和当地侧滑角值,分别取它们的平均值作为当地迎角和当地侧滑角:

$$\left.\begin{array}{l}\alpha_e = \dfrac{1}{m}(\alpha_{e1} + \alpha_{e2} + \cdots + \alpha_{em}) \\[3mm] \beta_e = \dfrac{1}{n}(\beta_{e1} + \beta_{e2} + \cdots + \beta_{em})\end{array}\right\} \tag{4.3.40}$$

式中:m、n 分别为迎角、侧滑角有效的三点组合数。

求出当地迎角和当地侧滑角后,写成矩阵形式:

$$\begin{bmatrix} p_1 \\ \vdots \\ p_i \\ \vdots \\ p_n \end{bmatrix} = \begin{bmatrix} \cos^2\theta_1 + \varepsilon\sin^2\theta_1 & 1 \\ \vdots & \vdots \\ \cos^2\theta_i + \varepsilon\sin^2\theta_i & 1 \\ \vdots & \vdots \\ \cos^2\theta_n + \varepsilon\sin^2\theta_n & 1 \end{bmatrix} \begin{bmatrix} q_c \\ p_\infty \end{bmatrix} \tag{4.3.41}$$

由于形压系数 ε 与马赫数有关,即与动静压之比有关,因此,该方程组仍然是非线性的,难以得到其解析解,但只含有两个独立未知数,降低了求解过程和收敛性分析的难度。仍然可以通过迭代求解,NASA 为 X - 33 开发了如下的迭代过程:先给出初始形压系数 $\varepsilon^j (j = 0)$,再求解式(4.3.36),其最小二乘解为

$$\begin{bmatrix} q_c \\ p_\infty \end{bmatrix}^{j+1} = \left[(\boldsymbol{M}^j)^{\mathrm{T}} \boldsymbol{Q} \boldsymbol{M}^j \right]^{-1} (\boldsymbol{M}^j)^{\mathrm{T}} \boldsymbol{Q} \begin{bmatrix} p_1 \\ \vdots \\ p_n \end{bmatrix} \tag{4.3.42}$$

式中:

$$\boldsymbol{M}^j = \begin{bmatrix} \cos^2\theta_1 + \varepsilon^j\sin^2\theta_1 & 1 \\ \vdots & \vdots \\ \cos^2\theta_n + \varepsilon^j\sin^2\theta_n & 1 \end{bmatrix} \tag{4.3.43}$$

$\boldsymbol{Q}$ 为权值矩阵,与最小二乘法中权值矩阵的定义相同。

然后根据动静压计算马赫数 $Ma_\infty^{(j+1)}$。有了马赫数、迎角、侧滑角就可以求解此时的形压系数 $\varepsilon^{(j+1)}$。将两次的形压系数 ε^j 和 $\varepsilon^{(j+1)}$ 进行比较,若 $|\varepsilon^{(j+1)} - \varepsilon^j| < \sigma$,则认为迭代已经收敛;不满足,则认为没有收敛,继续进行迭代。σ 为根据精度要求选取的阈值。通常为保证迭代算法确实已经收敛,需在 $|\varepsilon^{(j+1)} - \varepsilon^j| < \sigma$ 满足后,继续迭代几次,每次条件都满足时才推出迭代程序。

采用小扰动线性化方法,NASA 的这一迭代过程收敛性分析可以得到解决,但仍稍显复杂,同时迭代过程中仍然包含了矩阵求逆运算,影响算法的实时性。郑成军等人对其作了进一步改进,将二元的非线性方程组化成只有一个未知数的非线性方程,进行单变量迭代,从而降低求解所需时间,同时一维的非线性方程的收敛性分析变得更加容易。该方法在求出当地迎角 α_e 和当地侧滑角 β_e 后,避免直接解出动压 q_c 和静压 p_∞,而是得到动静压之比 p_∞/q_c 和形压系数 ε 的关系,即可得到马赫数 Ma_∞ 与形压系数 ε 的关系,通过马赫数和总静压的关系式消掉马赫数 Ma_∞,从而得到只与形压系数 ε 有关的一个非线性方程。首先通过求解式(4.3.25),

得到

$$X = \begin{bmatrix} q_c + p_\infty \\ q_c(\varepsilon - 1) \end{bmatrix} \tag{4.3.44}$$

然后令

$$t = \frac{X(1)}{X(2)} = \frac{q_c + p_\infty}{q_c(\varepsilon - 1)} \tag{4.3.45}$$

从而得到

$$\frac{q_c}{p_\infty} = \frac{1}{t(\varepsilon - 1) - 1} \tag{4.3.46}$$

代入式(4.3.28),可得

$$\varepsilon = f(\alpha_e, \beta_e, Ma_\infty) = f\left[\alpha_e, \beta_e, g^{-1}\left(\frac{q_c}{p_\infty}\right)\right]$$

$$= f\left\{\alpha_e, \beta_e, g^{-1}\left[\frac{1}{t(\varepsilon - 1) - 1}\right]\right\} \tag{4.3.47}$$

从式(4.3.47)可以看出,在迭代前解析可以求出 t,而 t 与形压系数 ε 又存在某种对应关系,通过 t 能够得到形压系数 ε,即能得到动压 q_c 和静压 p_∞,并且式(4.3.47)只有 ε 一个未知数,很容易通过迭代求解。

3. BP 网络法

前面已经提到,FADS 空气动力学模型可以根据一些理论和经验的公式来建立,也可以通过建立一个神经网络模型来模拟,最小二乘法、三点法及其一些改进都是基于理论和经验公式模型的求解算法,这些求解算法都是通过在线迭代求解非线性方程组来完成的,可能会存在一些问题,如高马赫数时收敛问题、实时性问题等。而神经网络模型建立和训练都是在飞行前进行的,在线可以直接计算,不存在实时性问题,同时只要有足够多的神经元,神经网络可以模拟任意非线性关系,因此精度也能够得到解决。可以用一个神经网络来求解出所有参数,也可以用许多神经网络共同求解,降低网络复杂度和提高容错能力。

对于单个 BP 网络求解大气数据,前文已经介绍过用一个 BP 网络来建立 FADS 空气动力学模型,因此 BP 网络建立和训练好以后,使用非常方便,输入一组压力值,即直接得到大气数据。神经网络方法的主要工作在建立和训练网络阶段,建立好空气动力学模型后,求解变得非常容易,数值仿真可以直接采用 MATLAB 神经网络工具箱的 sim()函数。该 BP 网络结构非常简单,非常容易理解,但是工程应用有很多不方便之处,如故障管理难以实现,训练复杂等。在实际实施的过程中,在整个马赫数范围内,要达到足够的精度,需要的神经元个数非常多,在数值仿真计算中,发现采用上百个神经元花费大量时间,都难以达到较好的精度,大大限制了这种方法在工程上的应用。

为了便于进行故障管理和降低训练的复杂度,可以将一个复杂的结构分成若干个简单的结构,采用多个 BP 网络共同工作来实现 FADS 求解算法,如图 4.3.17 所示,这样,每个网络分开独立训练,并且这些网络的训练可以同时进行,大大提高训练的效率,同时,可以利用 BP 网络根据不同的测压孔组合数据分别计算大气数据,当其中某个 BP 网络故障时,其他的组合还是能计算出正确解,提高了整个网络的容错能力。

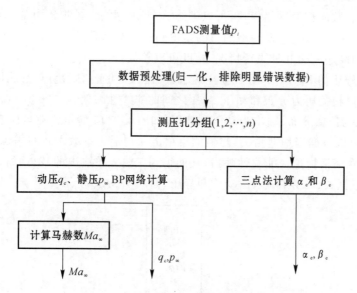

图 4.3.17 多个 BP 网络 FADS 求解算法示意图

结合理论和经验公式的 FADS 空气动力学模型,可以将整个 FADS 算法分成三个部分:当地迎角 α_e 和当地侧滑角 β_e 计算部分、动压 q_c 和静压 p_∞ 计算部分、马赫数 Ma_∞ 计算部分。充分利用三点法中解析求出当地迎角 α_e 和当地侧滑角 β_e 的优势,直接根据式(4.3.39)解析求出当地迎角和当地侧滑角,无须使用神经网络,降低神经网络的输出维数;马赫数也有精度足够高的解析式,如式(4.3.27),同样可以不用采用神经网络。可见,只有动静压需要采用 BP 网络计算,可以将动静压计算部分进一步分成几个小部分,如图 4.3.18 所示,先在整个马赫数范围内初步估算马赫数,该过程采用不同测压孔的组合形式,具有一定的容错功能,然后根据不同的马赫数范围,训练不同的 BP 网络,精确求解动静压。

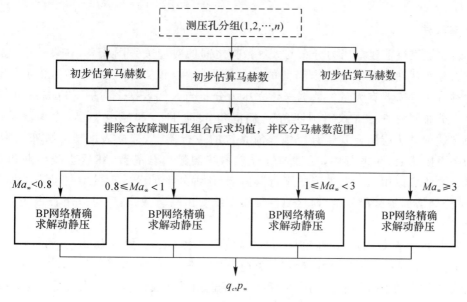

图 4.3.18 动静压 BP 网络处理模块

初步估算马赫数的神经网络模块,可以训练一个BP网络来模拟压力分布到马赫数的非线性映射$(p_1,\cdots,p_n)\rightarrow Ma_\infty$。该网络的目的是得到一个马赫数的大致范围,用于区分亚声速、跨声速、超声速和高超声速几种飞行情况,精度可以较低。

精确求解动静压的BP网络,分成亚声速、跨声速、超声速和高超声速几种情况,分别训练BP网络求解,可以根据压力分布和动压、静压之间的非线性映射$(p_1,\cdots,p_n)\rightarrow(q_c,p_\infty)$来建立BP网络,输入为压力分布,输出为动压和静压,如图4.3.19所示。在当地迎角α_e和当地侧滑角β_e确定后,可以根据当地迎角α_e、当地侧滑角β_e、t与形压系数之间的非线性映射:$(\alpha_e,\beta_e,t)\rightarrow\varepsilon$,建立BP网络模拟这一非线性映射,从而得到三输入单输出的BP网络,用BP网络求出形压系数后,再根据式(4.3.45)求出动压和静压,如图4.3.20所示。

图 4.3.19　BP 网络直接求解动静压

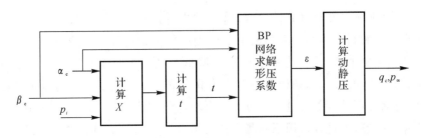

图 4.3.20　BP 网络先解形压系数再求动静压

4. 查表法

查表法在飞行前建立压力分布与大气数据之间的对应关系图或表,在飞行中直接根据当前压力分布从图或表中查找出当前的大气数据参数,该方法在美国 X-43 上得到了应用。这种方法也需要有大量的数据来建立压力分布与大气数据之间的对应关系图,并且要根据压力分布同时直接查找得到迎角α、侧滑角β、动压q_c和静压p_∞四个参数是很困难的。通常这种方法应用在安装有惯性导航系统的飞行器上,建立表面压力分布与迎角、侧滑角的关系图或表,在飞行中,通过惯性导航系统测量出马赫数,然后查找出迎角和侧滑角。这种方法可以用于一些楔形的飞行器头部,这种外形的公式型的空气动力学模型难以建立,神经网络训练又很复杂,通过惯性导航系统测出马赫数,然后可以用查表法得到迎角和侧滑角。

研究表明,马赫数确定时,迎角与上下表面的压力差(或压力)密切相关,而与侧面的压力几乎无关。可以对每一个马赫数,确定一条迎角随上下表面对应位置(关于轴线对称)压力差变化曲线、一条迎角随上表面压力变化曲线、一条迎角随下表面压力变化曲线。在飞行中,根据惯性导航系统测得的马赫数,找到对应的曲线,用上表面压力、下表面压力和上下表面对应位置的压力差分别查找得到迎角：

$$\left.\begin{aligned} \alpha_u &= f_u(p_u, Ma_\infty) \\ \alpha_d &= f_d(p_d, Ma_\infty) \\ \alpha_{ud} &= f_{ud}(p_u - p_d, Ma_\infty) \end{aligned}\right\} \qquad (4.3.48)$$

取它们的均值作为迎角：

$$\alpha = \frac{1}{3}(\alpha_u + \alpha_d + \alpha_{ud}) \qquad (4.3.49)$$

实际上，相关研究表明，上下表面对应位置压强差与迎角呈线性关系，因此，迎角和压强差的关系可以写成式(4.3.1)，飞行前确定对应的 α_0 和 C_{ppt} 即可，当然，它们也是马赫数的函数。

4.3.5　嵌入式大气数据系统快速智能故障检测和诊断技术

传感器故障检测和诊断技术可以提高测量数据的准确性和可靠性。FADS 系统中某个压力传感器出现异常，将对大气数据精度产生影响，进而影响控制系统，甚至会导致飞行事故。通过基于奇偶检测法和粗糙集的快速智能故障检测和诊断方法，能够对故障、较大测量误差的压力测量值进行快速隔离，保证 FADS 系统测量精度，提高控制系统可靠性。

1. 基于奇偶检测法的故障检测和诊断方法

三点算法是 NASA 发展的现有 FADS 求解方法中最为成熟的方法，算法稳定且具有较高的精度。该算法成功应用于 X-33，利用 FADS 数学模型得出迎角 α、侧滑角 β 的解析解。选取 FADS 中的 3 个压力传感器的测量值 p_i、p_j、p_k 进行组合，可得

$$\frac{p_i - p_j}{p_j - p_k} = \frac{\cos^2\theta_i - \cos^2\theta_j}{\cos^2\theta_j - \cos^2\theta_k} \qquad (4.3.50)$$

式中：θ 为入射角，是测压点的表面法线方向与来流速度矢量的夹角，是迎角、侧滑角和压力传感器的位置角（圆周角 φ_i、圆锥角 λ_i）的函数。

$$\cos\theta_i = \cos\alpha\cos\beta\cos\lambda_i + \sin\beta\sin\varphi_i\sin\lambda_i + \sin\alpha\cos\beta\cos\varphi_i\sin\lambda_i \qquad (4.3.51)$$

由式(4.3.50)和式(4.3.51)可以得到关于迎角 α、侧滑角 β 与已知参量 p_i、p_j、p_k、φ_i、λ_i 的方程，便可以求出 α、β 的估计值。FADS 系统中包含多个压力传感器，可以利用压力传感器测量值之间的解析冗余关系，设计奇偶校验方程，实现用压力传感器进行故障检测。

存在等式 $ap_i + bp_j + cp_k = 0$，a、b、c 是不全为零的实常数。当压力传感器测量值准确无误时，等式可写成如下形式：

$$\begin{bmatrix} \cos^2\theta_k - \cos^2\theta_j \\ \cos^2\theta_i - \cos^2\theta_k \\ \cos^2\theta_j - \cos^2\theta_i \end{bmatrix}^{\mathrm{T}} \begin{bmatrix} p_i \\ p_j \\ p_k \end{bmatrix} = \boldsymbol{g}^{\mathrm{T}}_{ijk} \begin{bmatrix} p_i \\ p_j \\ p_k \end{bmatrix} = 0, \forall i, j, k \in [1, \cdots, n] \qquad (4.3.52)$$

式中：n 为 FADS 系统中压力传感器数量，令

$$\boldsymbol{g}_{ijk} = \begin{bmatrix} \cos^2\theta_k - \cos^2\theta_j \\ \cos^2\theta_i - \cos^2\theta_k \\ \cos^2\theta_j - \cos^2\theta_i \end{bmatrix} \qquad (4.3.53)$$

如果压力测量 p_i、p_j、p_k 使得式(4.3.52)成立,则认为传感器无故障,三点法得出的解算值可信度高;否则,说明传感器中存在故障,或迎角估计值不可信。式(4.3.52)称为奇偶方程,这种故障检测方法称为奇偶检测法。

考虑到测量误差和模型误差的存在,正常情况下奇偶方程式(4.3.52)左端也不能严格为零。可以通过设置一个门限值 o_i,减少误警的发生,奇偶方程左端计算值小于 o_i,则认为式(4.3.52)成立。FADS 系统的压力传感器奇偶检测法故障检测流程如下:

步骤 1:利用三点法预估出迎角、侧滑角的值;

步骤 2:利用预估的迎角、侧滑角值,计算 FADS 系统各压力传感器的入射角 θ 值;

步骤 3:将 FADS 系统所有压力传感器测量值 3 个一组,代入式(4.3.52),将计算结果与经验门限值 o_i 比较;

步骤 4:若大于门限值 o_i,则认为存在故障情况,需进行故障诊断。

2. 粗糙集约简生成故障决策表

以 X-33 的 FADS 系统为例,其压力传感器布局示意图如图 4.3.21 所示。设三点法使用的是压力传感器 1,3,5,其余 6 个压力传感器中的三点的组合有 $C_6^3 - 1 = 19$ 种情况,列出 FADS 系统所有奇偶方程。定义奇偶检测值 $K_m(m=1,\cdots,19)$ 是二进制变量

$$K_m = \begin{cases} 1, & \boldsymbol{g}_{ijk}^{\mathrm{T}}\boldsymbol{P}_{3\times1} \geqslant o_m \\ 0, & \boldsymbol{g}_{ijk}^{\mathrm{T}}\boldsymbol{P}_{3\times1} < o_m \end{cases} \tag{4.3.54}$$

特定的故障对应特定的奇偶检测值 K_m 组合。根据奇偶检测值的组合,当出现 $K_m=1$ 值时,通过对表 4.3.2 的检索,便可实现故障诊断。为减少奇偶方程计算量,进一步利用方程间的内在联系,利用粗糙集方法可以对表 4.3.2 进行约简。

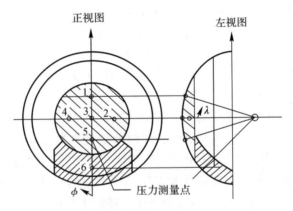

图 4.3.21　X-33 的 FADS 系统压力传感器布局示意图

表 4.3.2　奇偶检测值 K_m 与故障情况对应表

| 行标 | 奇偶检测值 | | | | | | | | | | | | | | | | | | | 故障类型 | |
	1	2	3	4	5	6	7	8	9	10	11	12	13	14	15	16	17	18	19	编号	压力测点
x_1	1	1	1	1	1	1	1	1	1	1	1	1	1	1	1	1	1	1	1	D_1	1 或 3 或 5
x_2	1	1	1	1	0	0	0	0	0	0	1	1	1	1	1	1	0	0	0	0	D_2	2

续表

行标	奇偶检测值																			故障类型	
	1	2	3	4	5	6	7	8	9	10	11	12	13	14	15	16	17	18	19	编号	压力测点
x_3	0	1	0	0	1	0	1	1	0	1	0	0	1	1	0	1	1	0	1	D_3	4
x_4	0	0	0	1	0	1	0	1	1	0	0	1	0	1	1	0	1	1	1	D_4	6
x_5	1	1	1	1	1	0	1	1	0	1	1	1	1	1	1	1	1	0	1	D_5	2.4
x_6	1	1	1	0	0	1	0	1	1	1	1	1	1	1	0	1	1	1	1	D_6	2.6
x_7	0	1	0	1	1	1	1	1	1	1	0	1	1	1	1	1	1	1	1	D_7	4.6

　　粗糙集理论是波兰数学家 Z. Pawlak 于 1982 年提出的,是一种新的处理含糊性和不确定性问题的数学工具。根据粗糙集理论简化决策规则,提取有效的信息,能够解决知识冗余性的问题。根据表 4.3.2 可以建立决策表,其中 $U=\{x_1,x_2,x_3,x_4,x_5,x_6,x_7\}$,$U$ 中各元素分别代表表 4.3.2 中每一行;属性集 $A=C\bigcup D$,条件属性集 $C=\{K_1,K_2,\cdots,K_{19}\}$,决策属性集 $D=\{D_1,D_2,D_3,D_4,D_5,D_6,D_7\}$。采用分明矩阵的方法对决策表进行条件属性约简,实施逻辑运算得到分明析取范式如下:

$$(K_6 \vee K_9 \vee K_{18}) \wedge (K_5 \vee K_7 \vee K_{16}) \wedge (K_1 \vee K_3 \vee K_{11}) \wedge$$
$$(K_8 \vee K_{17} \vee K_{19}) \wedge (K_4 \vee K_{12} \vee K_{15}) \wedge (K_2 \vee K_{10} \vee K_{13})$$

　　可以得到约简为 $\{K_1,K_2,K_4,K_5,K_6,K_8\}$,则表 4.3.2 可以简化成表 4.3.3,只需计算 6 个奇偶方程,便能实现故障诊断。通过粗糙集约简,减少奇偶方程计算数量,有效地提高了故障诊断的速度。

表 4.3.3　简化后的故障诊断决策表

U/A	K_m						D	
	1	2	4	5	6	8	编号	压力测点
x_1	1	1	1	1	1	1	D_1	1 或 3 或 5
x_2	1	1	1	0	0	0	D_2	2
x_3	0	1	0	1	0	1	D_3	4
x_4	0	0	1	0	1	1	D_4	6
x_5	1	1	1	1	0	1	D_5	2,4
x_6	1	1	1	0	1	1	D_6	2,6
x_7	0	1	1	1	1	1	D_7	4,6

3. 快速智能故障检测与诊断方法

FADS 快速智能故障检测与诊断实现流程如图 4.3.22 所示。

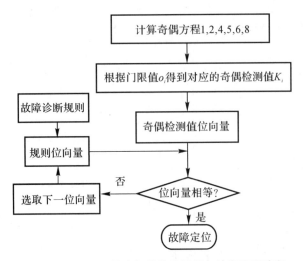

图 4.3.22 FADS 快速智能故障检测与诊断实现流程

步骤 1：建立诊断规则知识库。利用奇偶检测法列写奇偶检测值与故障情况对应表，利用粗糙集条件属性约简方法约简得到故障诊断决策表，进而写成诊断规则表，见表 4.3.4。

表 4.3.4 诊断规则表

序号	IF						THEN
	K_1	K_2	K_4	K_5	K_6	K_8	
1	0	0	0	0	0	0	系统正常
2	1	1	1	1	1	1	迎角估算不正确
3	1	1	1	0	0	0	测点 2 故障
4	0	1	0	1	0	1	测点 4 故障
5	0	1	0	1	0	1	测点 6 故障
6	1	1	1	1	0	1	测点 2,4 故障
7	1	1	1	0	1	1	测点 2,6 故障
8	0	1	1	1	1	1	测点 4,6 故障

步骤 2：计算奇偶方程，得到奇偶测试值 K_m。用三点法得到迎角和侧滑角的预估值，计算 $\cos\theta_i$ 的值，进而计算奇偶测试值 K_m($m = 1,2,4,5,6,8$)。

步骤 3：进行诊断推理。将表 4.3.4 中的 IF 部分表示成位向量的形式，如规则 3 的位向量形式：$B_3 = [1\ 1\ 1\ 0\ 0\ 0]$，位向量中每一位元素对应了特定的 K_m。然后将步骤 2 中得到的奇偶测试值以位向量形式表示为 B_3，诊断推理过程便可以简化为位向量的逻辑运算过程：若 $B_k = B_i$，$i = 1,\cdots,8$，则第 i 条规则的结论成立。

步骤 4：完成故障检测与诊断，隔离故障／异常测量值，使用正常的压力值进行大气数据解算。

设置压力传感器异常输出，对本方法进行仿真验证，诊断结果正确，算法时间消耗小于 1 ms。设置 FADS 系统三种故障：一个测压点测量值异常；两个测压点测量值异常；迎角估算值异常。以采用传统搜索方法作为方法1,以本书讨论方法作为方法2,分别对以上三种故障进行比较,诊断结果见表4.3.5。由表4.3.5可看出,两种方法都能正确诊断出故障。方法1相对于方法2搜索计算的复杂度高,且计算奇偶方程数量多,计算时间消耗大,因此本书提出的方法更为快速。

表 4.3.5　算法用时比较表

故障设置	算法用时 /ms	
	方法 1	方法 2
测点 4 故障	0.510	0.314
迎角估算不正确	0.507	0.306
测点 2,6 故障	0.511	0.314

4.3.6　嵌入式大气数据系统校准技术

与传统大气数据传感系统测量的迎角和侧滑角是所处位置的迎角和侧滑角一样,FADS系统测量的是飞行器表面的压力,测量出来的迎角和侧滑角也是测压孔所处位置的迎角和侧滑角(称为当地迎角 α_e 和当地侧滑角 β_e),由于飞行器本身对气流的影响(主要是上洗和侧洗),该迎角和侧滑角并不是自由流的迎角和侧滑角,因此,需要对迎角和侧滑角进行校准,以得到自由流迎角 α 和侧滑角 β。另外,形压系数 ε 是迎角和侧滑角的函数,因此,也需要校准。

1. 传感器校准基本方法

校准可以克服传感器自身的不足,提高传感器的精度、稳定性、可靠性等。普通传感器的校准通常通过硬件的电子线路实现,智能传感器还可以通过软件算法来实现,通过软件算法校准直接对传感器的输入 / 输出特性进行数值处理,在输出值中加入校准量,容易实现,不需要增加额外硬件电路,使用广泛。传感器校准就是对输入 / 输出的非线性关系进行修正,即采用一定的方法来修正实际的输入 / 输出关系,通常采用的校准方法有查表法和曲线拟合法。另外,神经网络具有强大的非线性映射功能,也可以用来进行传感器的校准,并且由于其功能的强大,得到了广泛的研究和应用。

查表法就是对校准曲线进行分段线性插值的方法。在应用中,根据精度需求,取一系列校准的数据点,并将这些数据点存入数据表中,传感器的校准曲线被这些点分成若干段,测量过程中,找到传感器的输出所对应的曲线段,在对应段中采用线性插值得到最终的校准值,即可得到校准后的测量结果,如图 4.3.23 所示,数据点为 $(x_1,y_1),\cdots,(x_N,y_N)$,将曲线分成 $N+1$ 段,将传感器未校准的输出对应到某一段,然后线性插值得到校准输出:

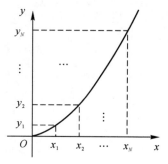

图 4.3.23　查表法校准示意图

$$y = y_k + \frac{x_{k+1} - x_k}{y_{k+1} - y_k}(y - y_k) \qquad (4.3.55)$$

曲线拟合采用一定的函数来拟合输入 / 输出之间的函数关系,通常采用多项式拟合,只要次数适当,多项式拟合可以用来拟合任意曲线。多项式拟合就是根据校准的数据点,确定合适的多项式次数和各个系数,在传感器测量中,只需要给出未校准的测量值,直接代入拟合出的多项式函数,就可以计算出校准后的值。多项式次数和系数确定的原则是使得各数据点对拟合曲线的误差最小或满足规定的精度需求。

将多项式校准数据$(x_1,y_1),\cdots,(x_N,y_N)$代入如下多项式:

$$y_i = a_0 + a_1 x_i + a_2 x_i^2 + \cdots + a_n x_i^n \tag{4.3.56}$$

然后,根据误差最小的原则确定多项式次数n和系数$(a_0,a_1,\cdots,a_n)$,即得到拟合的多项式函数。然后将传感器测得的未校准输入x代入拟合的多项式函数得到传感器校准后输出:

$$y = a_0 + a_1 x + a_2 x^2 + \cdots + a_n x^n \tag{4.3.57}$$

人工神经网络具有非常强大的功能,在应用方面取得了许多成果,因此,在智能传感器中的应用也得到了广泛的关注。神经网络校准是利用大量测试的输入与期望的输出数据(即训练数据),训练一个输入到期望输出的网络模型,实际测量时只需要把输入加到神经网络输入端,即可得到校准后的输出值。

2. FADS 校准算法

与其他传感器校准一样,FADS 系统也可以用查表法、曲线拟合法和神经网络方法来校准。查表法精度有限,本书采用曲线拟合和神经网络方法。曲线拟合是采用某种曲线拟合出校准公式,此处采用常用的多项式拟合;神经网络方法采用一个神经网络模型来模拟校准公式,采用当前应用广泛的 BP 网络。

(1)迎角和侧滑角校准。在一定飞行状态下,真实迎角α与当地迎角α_e、真实侧滑角β与当地侧滑角β_e之间存在如下关系:

$$\left.\begin{array}{l} \delta\alpha = \alpha_e - \alpha \\ \delta\beta = \beta_e - \beta \end{array}\right\} \tag{4.3.58}$$

图 4.3.24 显示了不同马赫数时迎角修正量$\delta\alpha$随当地迎角α_e变化曲线。明显可见,迎角修正量除了与当地迎角有关外,还有马赫数有关,马赫数较小的时候上洗修正量大,马赫数减小时,迎角修正量也减小,当马赫数大于 3 时,上洗修正量很小,此时当地迎角和真实迎角差别不大。随着当地迎角的增加,上洗修正量也增大,相关的研究表明,侧洗对攻角的影响非常有限,因此,可以将迎角修正量看成是当地迎角和马赫数的函数,即

$$\delta\alpha = f_a(\alpha_e, Ma_\infty) \tag{4.3.59}$$

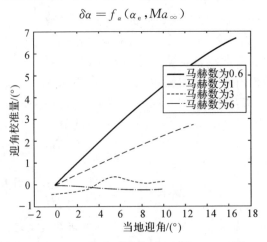

图 4.3.24　迎角修正量随当地迎角变化曲线图

采用一定的函数拟合出这一关系即可实现迎角校准。

采用多项式拟合该曲线,经过分析和观察数据变化规律,发现 $\delta\alpha$ 与当地迎角大致呈三次多项式关系,尤其在低马赫迎角修正量较大时,因此采用三次多项式来拟合,即

$$\delta\alpha_i = A_0(Ma_\infty) + A_1(Ma_\infty)\alpha_{ei} + A_2(Ma_\infty)\alpha_{ei}^2 + A_3(Ma_\infty)\alpha_{ei}^3 \quad (4.3.60)$$

取不同的迎角状态,得到一个超定线性方程组:

$$\delta\boldsymbol{\alpha} = \boldsymbol{B}\boldsymbol{A} \quad (4.3.61)$$

式中:

$$\delta\boldsymbol{\alpha} = \begin{bmatrix} \delta\alpha_1 \\ \vdots \\ \delta\alpha_i \\ \vdots \\ \delta\alpha_n \end{bmatrix}, \quad \boldsymbol{B} = \begin{bmatrix} 1 & \alpha_{e1} & \alpha_{e1}^2 & \alpha_{e1}^3 \\ \vdots & \vdots & \vdots & \vdots \\ 1 & \alpha_{ei} & \alpha_{ei}^2 & \alpha_{ei}^3 \\ \vdots & \vdots & \vdots & \vdots \\ 1 & \alpha_{en} & \alpha_{en}^2 & \alpha_{en}^3 \end{bmatrix}, \quad \boldsymbol{A} = \begin{bmatrix} A_0(Ma_\infty) \\ A_1(Ma_\infty) \\ A_2(Ma_\infty) \\ A_3(Ma_\infty) \end{bmatrix}$$

求方程(4.3.55)的最小二乘解:

$$\boldsymbol{A} = \boldsymbol{B}^+ \delta\boldsymbol{\alpha} \quad (4.3.62)$$

根据各个马赫数情况下当地迎角 α_{ei} 及对应的迎角修正量序列 $\delta_{ie}, \delta\alpha_i$,即可计算出系数矩阵 $\boldsymbol{A}$,存入数据表中。

在线校准过程中,根据马赫数 Ma_∞,找到对应的系数矩阵 $\boldsymbol{A}$,根据解算算法算出的当地迎角即可得到迎角修正量:

$$\delta\boldsymbol{\alpha} = [1, \alpha_e, \alpha_e^2, \alpha_e^3] \boldsymbol{A} \quad (4.3.63)$$

将这个迎角修正量代入式(4.3.53)即可得到校准后的真实迎角,采用三次多项式校准迎角后的迎角误差如图 4.3.25 所示,三次多项式校准的迎角误差均小于 $0.25°$,精度较高。侧滑角校准与迎角校准相似,在侧滑角较小的时候(本文研究的侧滑角不超过 $10°$),上洗对侧滑角基本上没有影响,因此,可以将侧滑角修正量 $\delta\beta$ 看成是当地侧滑角 β_e 和马赫数 Ma_∞ 的函数,而与当地迎角 α_e 无关:

$$\delta\beta = f(\beta_e, Ma_\infty) \quad (4.3.64)$$

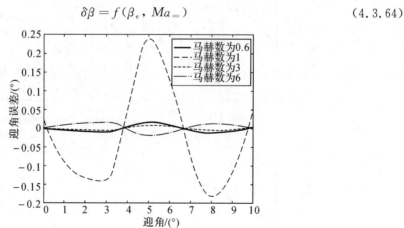

图 4.3.25　三次多项式校准迎角误差图

同样采用三次多项式拟合:

$$\delta\beta_i = B_0(Ma_\infty) + B_1(Ma_\infty)\beta_{ei} + B_2(Ma_\infty)\beta_{ei}^2 + B_3(Ma_\infty)\beta_{ei}^3 \quad (4.3.65)$$

（2）形压系数校准。形压系数 ε 随当地迎角和马赫数变化情况如图 4.3.26 所示。可见，随着马赫数增加，形压系数明显升高，但是有一个峰值，达到最大后又缓慢减小；当地迎角对形压系数也有影响，但没有马赫数的影响那么大。与迎角和侧滑角校准中不同的是，形压系数同时受当地迎角和当地侧滑角的影响，它是当地迎角 α_e、当地侧滑角 β_e 和马赫数 Ma_∞ 的函数，校正中要同时考虑三个量的影响，即

$$\varepsilon = f(\alpha_e, \beta_e, Ma_\infty) \tag{4.3.66}$$

形压系数随迎角变化情况如图 4.3.26 所示，可见，形压系数与当地迎角基本呈二次多项式关系，尤其是在低马赫数的时候，因此采用二次多项式来拟合形压系数校准曲线，同样，形压系数受侧滑角的影响也用二次多项式拟合：

$$\varepsilon_i = \varepsilon_M(Ma_\infty) + \varepsilon_{a1i}(Ma_\infty)\alpha_{ei} + \varepsilon_{a2i}(Ma_\infty)\alpha_{ei}^2 + \varepsilon_{\beta1i}(Ma_\infty)\beta_{ei} + \varepsilon_{\beta2i}(Ma_\infty)\beta_{ei}^2 \tag{4.3.67}$$

与迎角校准相似，取不同的当地迎角和当地侧滑角状态组合 $\alpha_{ei}\beta_{ei}$，（至少五个），可以得到一个超定线性方程组：

$$\boldsymbol{E} = \boldsymbol{BA} \tag{4.3.68}$$

式中：

$$\boldsymbol{E} = \begin{bmatrix} \varepsilon_1 \\ \vdots \\ \varepsilon_i \\ \vdots \\ \varepsilon_n \end{bmatrix}, \quad \boldsymbol{B} = \begin{bmatrix} 1 & \alpha_{e1} & \alpha_{e1}^2 & \beta_{e1} \\ \vdots & \vdots & \vdots & \vdots \\ 1 & \alpha_{ei} & \alpha_{ei}^2 & \beta_{ei} \\ \vdots & \vdots & \vdots & \vdots \\ 1 & \alpha_{en} & \alpha_{en}^2 & \beta_{en} \end{bmatrix}, \quad \boldsymbol{A} = \begin{bmatrix} \varepsilon_M \\ \varepsilon_{a1} \\ \varepsilon_{a2} \\ \varepsilon_{\beta1} \\ \varepsilon_{\beta2} \end{bmatrix}$$

解这个超定方程组，可得到系数矩阵 $\boldsymbol{A}$：

$$\boldsymbol{A} = \boldsymbol{B}^+ \boldsymbol{E} \tag{4.3.69}$$

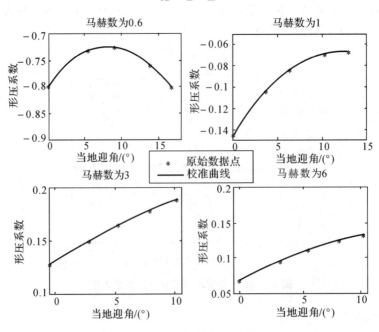

图 4.3.26　二次多项式校准形压系数

对不同的马赫数可以得到不同的校准曲线,在所有马赫数状态下,仍然得到的是一簇曲线,实际计算中需要首先根据马赫数查找到对应的曲线(系数矩阵),再代入计算。采用二次多项式校准形压系数效果如图 4.3.26 所示,可见,校准效果比较好,但是,相关研究表明,迎角和侧滑角有负值时,用二次多项式校准形压系数在整个迎角和侧滑角范围内难以达到满意效果。

与迎角校准相同,为了避免二次多项式校准不同马赫数时有不同的系数矩阵,多项式表达烦琐,同时为了提高校准精度,可以采用 BP 网络校准。该 BP 网络为三输入单输出网络,模拟当地迎角、当地侧滑角和马赫数与形压系数的对应关系 $\varepsilon \rightarrow (\alpha_e, \beta_e, Ma_\infty)$,该网络也很简单,隐含层所需神经元也较少(数值计算中采用十几个神经元就可以达到很好的效果),训练也很容易,采用 BP 网络校准形压系数效果如图 4.3.27 所示。

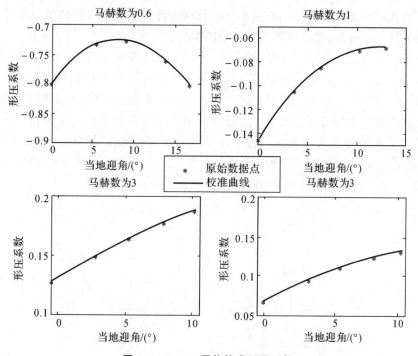

图 4.3.27　BP 网络校准形压系数

从上面的分析可以看出,迎角、侧滑角和形压系数的校准都只与三个参数有关:当地迎角 α_e、当地侧滑角 β_e 和马赫数 Ma_∞。因此,采用 BP 网络校准时,除了上述分别采用 BP 网络校准迎角、侧滑角和形压系数外,还可以采用一个三输入三输出的 BP 网络同时校准迎角、侧滑角和形压系数(见图 4.3.28),即用一个 BP 网络模拟映射:$(\alpha_e, \beta_e, Ma_\infty) \rightarrow (\alpha, \beta, \varepsilon)$。这样可以减少校准过程的神经网络个数,但是这样的多输入多输出 BP 网络所需隐含层神经元个数较多,训练比较费时。

图 4.3.28　一个 BP 网络校准迎角、侧滑角和形压系数

4.3.7　国内外嵌入式大气数据系统的应用

1. 美国单级入轨空天飞机 X‑33 的 FADS 系统

1996 年 7 月,美国航宇局和洛马公司签订了一项可重复使用运载器技术验证协议。根据协议,洛马公司将研制一种可复用运载器技术验证飞行器,并进行飞行试验,以为研制和经营可完全重复使用的实用型运载器进行技术上的准备。该验证机代号为 X‑33,而最终要研制的实用型飞行器被称为"冒险星",X‑33 实际上是"冒险星"按照 53% 比例的缩比原型机。

X‑33 的 FADS 系统采用的是安装在飞行器机头表面的测量气压的压力传感阵列,来测量飞行器表面的压力分布,从而估算出飞行中所需的大气参数。

该系统是比较典型的 FADS 系统,安装在 X‑33 的球形头部,采用 6 通道压力传感器测量表面的压力分布。传感器的数量是综合考虑测量精度的要求和在飞行器上安装压力传感器的成本选取的。因为有 4 个大气数据和 1 个修正参数需要估算,所以至少要 5 个独立的压力测量值来得到全部的大气数据。用 5 个传感器来估计大气数据等价于高次的样条拟合,在压力测量中估计算法对噪声比较敏感。为了提高冗余性、降低噪声敏感性,增加了第 6 个传感器,这样就会提高整体的性能。其测压孔分布如图 4.3.29 所示。其中的 λ、Φ 分别为圆锥角和圆周角,X‑33 的各测压孔的圆锥角和圆周角见表 4.3.6。

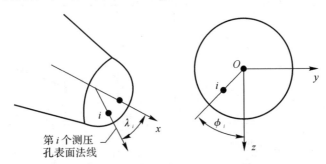

图 4.3.29　圆锥角和圆周角的定义

表 4.3.6　X‑33 各测压孔的圆周角与圆锥角

测量点标号 i	圆周角 $\varphi_i/(°)$	圆锥角 $\lambda_i/(°)$
1	180	20
2	270	20
3	0	0
4	90	20
5	0	20
6	0	45

FADS 系统采用的是高精度压力传感器。每个压力传感器都有串行数字输出,通过单独确定的地址,与 RS-485 总线相连。压力传感器同时有可选的数模输出。在实时计算和事后分析中,首先应用数字信号,在数字信号失效时,模拟信号作为冗余备份。

X-33 上压力传感器的安装充分考虑到了冗余性,采用了二重冗余的硬件结构,即每个测压孔都安装了两套压力传感器,图 4.3.30 给出了其安装的结构。

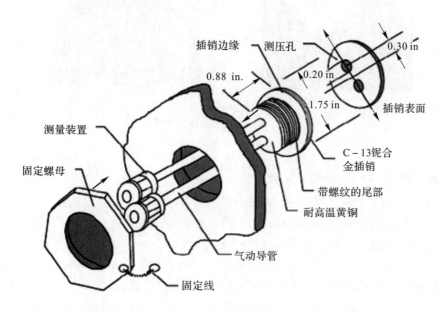

图 4.3.30　X-33 FADS 系统压力传感器插销安装设计

2. F-18 大攻角气动特性验证机(HARV)FADS 系统

美国国家航空航天局(National Aeronautics and Space Administration,NASA)最先开始了 FADS 系统的研究。20 世纪 60 年代,NASA 在 X-15 计划中提出了嵌入式大气数据传感系统的雏形,然而,由于采用了大量机械设备,该系统不仅笨重,还存在难以处理的缺陷,因而在 X-15 计划结束时 NASA 就放弃了这种在高超声速状态下采用机械装置进行大气数据测量的思想。

20 世纪 70 年代末期,NASA 在针对航天飞机项目的研究中,发展了航天飞机再入大气数据系统(Space Shuttle Entry Airdata System,SEADS),该系统在飞行器头部布置了传感器阵列来进行静压测量,例如"哥伦比亚"航天飞机的 SEADS 就是在机头处布置了 14 个测压孔。将该技术应用于速度较低的航空飞行器中并开展了相应的验证试验。试验虽证实了固定位置测压的可行性,但并未建立起测量数据与实际大气数据的映射关系,因此该技术仍不能应用于飞行器实时大气数据测量工作。

大气数据的实时预估算法在 NASA Dryden 的 F/A-18 大迎角验证机(High Alpha Research Vehicle,HARV)计划中首次提出。在其飞行试验中,为了验证 FADS 系统在大迎角飞行时的测量能力,验证机的飞行迎角达到了 55°。实时预估算法的提出与改进使得 FADS 系统能够应用于实际飞行器。事实上,在 NASA 后续的 F-18 SRA(System Research Aircraft)计划[见图 4.3.31(a)]、B-2 隐身轰炸机[见图 4.3.31(b)]及 X-33、X-34、X-38

等验证机中都使用了 FADS 系统进行大气数据测量。

 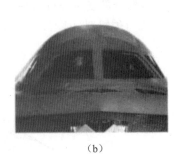

(a)　　　　　　　　　　　　　　　　　　(b)

图 4.3.31　FADS 系统的应用

(a)F－18 SRA 计划；　(b)B－2

3. 高超声速 X－43A 无人驾驶试验飞机

X－43A 是美国航空航天局(NASA)研制的一种高超声速无人驾驶试验飞机,X－43A 的前机体设计成能产生激波的形状,以对进入超声速燃烧冲压发动机进气道(安装在机体下方)的空气进行压缩,为其提供氧化剂,从而减轻飞行重量。X－43A 试验飞机拥有先进的扁平小巧的机身,机身长 3.6 m,翼展 1.5 m,质量约为 1 t,如图 4.3.32 所示。由于 X－43A 采用的是高超声速冲压发动机,其燃料为飞机上携带的液态氢,助燃剂(氧化剂)为空气中的氧,因而需要借助 B－52 载机和助推火箭飞入空中。在其最后一次试验飞行中达到了 $Ma=9.8$ 的速度。其上安装的大气数据系统即为能适用于高超声速飞行器的嵌入式大气数据系统。

图 4.3.32　高超声速无人机 X－43A

德国、日本等也开展了对 FADS 系统的研究。2004 年,德国 Nord－Micro 公司和 NASA 合作,在 X－31 飞行器的飞行试验中应用了 FADS 系统。2005 年,德国航天中心在挪威北部成功利用 FADS 系统进行了高超声速飞行器 SHEFEX 的飞行试验。20 世纪 90 年代,日本在 HYFLEX 项目中进行了高超声速飞行试验,其所使用的大气数据测量系统 HADS 类似于 SEADS。

4. 日本高超声速飞行试验件 FADS 系统

1996 年 2 月 12 日,由两级状态的 J1 火箭将 1 040 kg 的日本"希望"号航天飞机的"高超声速飞行试验件"(HYFLEX)(见图 4.3.33)射入亚轨道。HYFLEX 以大倾角(49°)再入大气层,速度达到 $Ma=14.4$,其主要是用于日本"希望号"号小型不载人航天飞机的研制试验。由于在高超声速条件下,传统的基于空速管的大气数据系统根本不适用,所以在 HYFLEX 上采用了比较先进的嵌入式大气数据系统(HADS)。

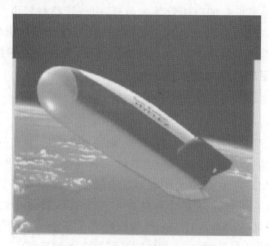

图 4.3.33　高超声速飞行试验件

相对于国外已经比较成熟的 FADS 技术而言,国内对 FADS 系统的研究还比较落后,还未见实际应用。目前国内主要是针对 FADS 系统可行性、发展现状、关键技术、求解和校准算法等做了一些理论研究。

4.3.8　嵌入式大气数据系统技术难点及发展方向分析

FADS 系统总体性能优越,备受各国航空航天领域工程技术人员的广为关注。对以下几个主要技术方面的深入分析和研究,有助于促进 FADS 技术走向成熟。

1. 测压孔布局技术

测压孔布局直接影响着 FADS 系统的测量精度和可靠性。测压孔的安装位置最好选择在压力和温度比较稳定的区域,并且所测压力受外界干扰尽可能小,同时又能最大限度地感知来流的变化。FADS 系统测压孔的分布形式有十字形、扇形和放射形,其中十字形相对较为简单,在美国的 X-34、X-38、X-43A 以及日本的 HYFLEX 等飞行器上均有应用,而扇形和放射形一般应用于特殊飞行需求的飞行器,如具有大攻角飞行特性的美国的 F-18 和 X-31 飞行器。测压孔个数方面,理论上至少需要 5 个测压孔才能实现大气参数的解算,通过增加测压孔个数可提高测量精度和可靠性,同时还要兼顾系统的设计复杂程度和计算负担,要求在确保测量精度的前提下提高系统的动态性和稳定性。由于测压孔布局与机体外形及飞行需求密切相关,并且与取气装置、引气管路、压力传感器等装置的安装布局和 FADS 算法设计之间相互影响和制约,因此,如何合理进行测压孔布局设计与优化是一项值得研究的问题。

2. 取气装置与引气管路热防护技术

高超声速飞行时,取气装置直接接触高温气流,如德国的 SHEFEX Ⅱ 飞行器的头部尖端区域的温度最高可超过 1 800℃,因此取气装置必须采用耐高温且隔热效果较好的材料。为确保取气装置的密封性以及飞行器表面材料不会在开孔处受到严重烧蚀,要求取气装置和飞行器表面材料的热膨胀系数相近,并在安装时对结构连接处进行密封和粘接,如美国 X‐33 飞行器的 FADS 取气装置材料选用与机体外表面热防护材料(碳/碳复合材料)热膨胀系数相近的铌铪合金 C‐103,取得了良好的应用效果。另外,引气管路材料也应该是耐高温材料,由于引气管路热传导是管路内气体温度升高的主要因素,因而有必要对引气管路热传导特性进行研究。作用在压力传感器上的气体可能具有较高的温度,为确保传感器正常工作,有必要对引气管路中的气体采取一定的降温处理措施。

3. FADS 系统算法

国外经过几十年的研究,已发展了一套完整的 FADS 解算、校准及修正算法,并且在实践中得到了应用。经典的 FADS 算法有加权最小二乘法、三点法、神经网络求解法、数字滤波法等。各种算法都有自身的适用条件和优缺点,应该综合考虑应用需求和算法的特点对算法进行选取或组合。目前 FADS 算法研究集中在对已有算法的改进和新算法的开发中,更加强调算法的实时性、准确性和容错性。随着计算机技术在 FADS 技术中的广泛应用,神经网络算法成为研究的热点,如美国 Thomas JRohloff 等人研究了基于神经网络的 FADS 算法,该算法所具有的容错性和稳定性已在 F/A‐18BSRA 飞行器上得到验证;英国 Ihab Samy 等人研究 FADS 技术在微型飞行器中应用的可行性问题时,利用神经网络非线性特性拟合飞行器的气动模型,最终实现了大气参数的测量。此外,国内部分学者针对神经网络算法也进行了相关的理论仿真研究。

4. 气动延时补偿技术

受气动延时和气动导管频率响应特性限制,FADS 系统在高机动和高空飞行时测量精度下降,严重影响系统的实时性。为解决这一问题,美国 Stephen A. Whitmore 等人通过建立气动导管压力传递数学模型,研究了测压管路频率特性,通过合理配置气动导管尺寸来减小气动延时误差,国内高隆隆等人也对压力延时问题进行了分析和讨论。另外,由于惯导系统对机动性比较敏感,利用惯导解算的大气参数实时性好,但纯惯导推算的大气参数存在系统误差,将FADS 系统和惯导进行互补融合的方法是解决气动延时问题的有效途径和发展方向。

4.3.9　飞翼布局飞行器嵌入式飞机大气数据系统应用研究

1. 研究背景

飞翼是一种机翼与机身融为一体的飞行结构,是一般飞机去掉尾翼和后部机身的无尾飞机,是一个翼身的融合体。飞翼的概念源远流长,出产于印度尼西亚爪哇岛一种大果柏的飞翼形状种子能在风的吹动下,漂亮地从它的蔓藤飞到地上,这表明以空气作为动力的时候,种子具有固有的稳定性。人类首先利用该种子形状的是澳大利亚的土著武士,他们做成的回旋镖是在运动和战争中经常使用的投掷装置。

人类从开始制造飞行器之日起,就想到飞翼了。飞翼飞机可大大减轻重量,降低阻力,节省制造费用，并且加上其惯性低，还增加了飞行的机动性。在大飞翼飞机宽敞的机翼内，还可安排客、货舱和各种设备。

国外对飞翼飞机的研究已经有很长的历史了。第一架飞翼飞机的设想诞生于1870年5月21日，当时英国的理查德·哈特向英女王递交了申请发明专利的信函，叙述了一个无尾的单翼飞机的设想，这个飞机已经具备了很多现代飞翼飞机的特点。许多航空界的先驱都制造了他们自己的飞翼飞机，其中有一些取得了很大的成就。目前世界上公认的第一架无机身、无垂直尾翼的全飞翼飞行器是由德国的豪顿兄弟研制的。1930年，他们设计的首架HOI全翼机面世，8年后，HOI-2，一种更先进的飞翼机也进行了试飞，由此初步奠定了飞翼机向实用化转化的基础。该飞翼机的最大特点是每侧翼上有3个控制面：翼尖控制面用以控制方向；中间控制面两个一起动作时为升降舵，差动时为副翼；内侧控制面则作为降落时的襟翼。与德国豪顿兄弟齐名的是非常具有才华的美国人杰克·诺斯罗普，他在一开始就设计出了与美国现役B-2隐身战略轰炸机外形大致相同的飞翼机。在接下来的几十年，诺斯罗普和他创建的公司陆续制造了一系列飞翼飞机，其中包括N-1M、N-9M、JB-1、JB-10、XP-56、MX-324、MX-334、XP-79、XB-35、YB-35和YB-49等。

但飞翼飞机因其自身的特殊结构和众多的操纵面，操纵起来比较复杂，也很容易受到风扰动的影响。在有人驾驶飞机中，气流的变化会不断地改变飞机的飞行状态，使飞行员应接不暇。这种情况直到电传操纵系统的出现才得以改观，由电脑控制的飞行控制系统可以很好地应对众多的操纵面和复杂多变的气流，弥补了人工操作的不足。这样也就促使了B-2隐身战略轰炸机的诞生。

由于飞翼飞行器的隐身性能，其上的大气数据系统不能使用传统的基于空速管的探针式大气数据系统，采用先进的FADS系统是一种很好的选择，飞翼布局飞行器由于其翼身融合布局，机翼流体上洗对FADS系统影响巨大，且无法回避，而且纵向、横向放宽静稳定，需要使用迎角、侧滑角信号作为主反馈，对迎角、侧滑角测量精度与带宽要求高。

2. 飞翼布局飞行平台 FADS 系统测压孔位置布局

对于FADS系统的设计来讲，首先要解决的就是测压孔的分布问题，由于飞行器在实际的飞行过程中存在诸多干扰，例如机头处的扰动气流、垂直阵风扰动等，因此，测压点应该选在尽量远离这些干扰源的地方，使得测压点受外界干扰尽可能地小。另外，需要选择适当的测压点个数，测压点过少，无法精确测量大气数据；测压点过多，则会增加系统的复杂性，使算法迭代次数增加，甚至影响算法的稳定性。在前面第三章介绍的几种飞行器上的FADS系统均采用的是安装在机头上或者是机身上的布局，如图4.3.34所示。采用这种布局主要是出于两方面的原因：首先就是在机头前端气流的诱导上洗较小，其次就是机头前端的气流在大攻角飞行的时候不会发生分离。

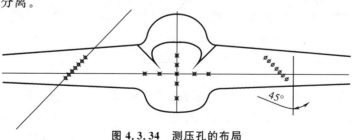

图4.3.34　测压孔的布局

针对飞翼布局飞行平台,为了满足飞翼飞行器对高精度迎角和侧滑角信号的依赖性,系统采用安装于机头表面的测压孔和机翼前缘的测压孔组合的方案来提高系统的精度和增加冗余性。对机头和机翼上的测压孔分别设计独立的计算通道,也即每个通道都可以独立地计算出大气数据的值,最终将选取哪个通道的计算结果输出到大气数据计算机,可以通过计算每个通道测量结果的最小均方误差来确定。

(1)机头表面的测压孔布局。对于机头上的测压孔,采用的是比较传统的十字形的结构,在压力传感器数量的选择上,对一般的 FADS 系统而言,至少需要来自于 4 个压力传感器的独立的压力值才能解算出所需的大气数据,但不能多于 9 个,超过 9 个之后,系统的精度不会随着传感器的数量的增加而增加,有时反而会降低,为此在机头上采用了 9 个压力传感器分别镶嵌在机头的不同部位,其中机头顶点一个,其上下左右各两个,如图 4.3.35 所示,其具体的位置用圆周角和圆锥角来表示。由图 4.3.35 可见,所有的测压点均分布在水平方向或垂直方向,也就是说其圆周角只可能有 4 种情况:$0°$、$90°$、$180°$ 和 $270°$,其圆锥角为 $40°$ 或 $55°$,各测压孔的圆锥角 λ 与圆周角 φ 见表 4.3.7。

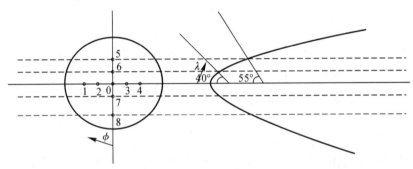

图 4.3.35　机头表面的测压孔分布图

表 4.3.7　机头上各测压孔的圆周角和圆锥角

序　　号	圆周角 $\varphi_i/(°)$	圆锥角 $\lambda_i/(°)$
1	90	55
2	90	40
3	270	40
4	270	55
5	180	55
6	180	40
7	0	40
8	0	55
0	0	0

(2)机翼前缘的测压孔分布。系统适用的是非后掠翼对称翼型,机翼的边缘呈半圆形,机翼的边缘共安装有 7 个成 $20°$ 的测压孔,如图 4.3.36 所示,相对于对称轴而言,它们的圆锥角分别为 $\pm60°$,$\pm40°$,$\pm20°$ 和 $0°$,圆周角为 $0°$ 或 $90°$(可以将测压孔看成是位于球面与过球心的

切面交线上的点),这些测压孔交错地安装在过中心轴的 $45°$ 的斜面上,这样就可以有效避免相邻测压孔之间的干扰,而且斜面应距离起落架有一定的距离,防止起落架对测压孔附近的气流产生干扰,如图 4.3.36 所示。

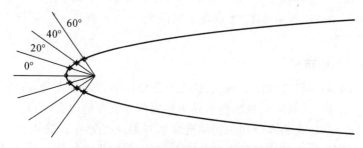

图 4.3.36　机翼表面测压孔布局(侧视图)

3. 飞翼布局 FADS 系统空气动力学建模

飞翼布局 FADS 系统建模方法基本上与前面论述的建模方法相同,最后得到的压力模型分布公式为

$$p(\theta_i) = q_c(\cos^2\theta_i + \varepsilon\sin^2\theta_i) + p_\infty \tag{4.3.70}$$

FADS 系统的完整的空气动力学模型,计算公式为

$$p(i) = q_c[\cos^2\theta(\alpha_e,\beta_e) + \varepsilon(Ma_\infty,\alpha_e,\beta_e)\sin^2\theta(\alpha_e,\beta_e)] + p_\infty \tag{4.3.71}$$

$$\cos(\theta_i) = \cos\alpha\cos\beta\cos\lambda_i + \sin\beta\sin\varphi_1\sin\lambda_i + \sin\alpha\cos\beta\cos\varphi_1\sin\lambda_i \tag{4.3.72}$$

$$\varepsilon = f(\alpha,\beta,Ma_\infty) \tag{4.3.73}$$

$$\frac{q_c}{p_\infty} = g(Ma_\infty) = \begin{cases} (1+0.2Ma_\infty^2)^{3.5} - 1, & Ma_\infty \leqslant 1 \\ 166.92Ma_\infty^2 \left(\dfrac{Ma_\infty^2}{7Ma_\infty^2 - 1}\right)^{2.5} - 1, & Ma_\infty > 1 \end{cases} \tag{4.3.74}$$

同样可以采用前面介绍的 CFD 以及风洞试验法对 FADS 系统进行建模。

4.3.10　全静压受感器的分析与选择过程

1. 传统全静压受感器结构

传统全静压受感器主要由空速管和侧滑角传感器组成,空速管正前部为总压孔,两侧分布两排细小的静压孔,上述两孔各自通过总、静压导管的形式向后传递气流,空速管内部空隙处布满加热丝,组成防冰和除冰系统,如图 4.3.37 所示。

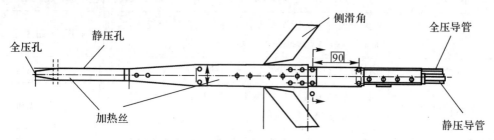

图 4.3.37　传统全静压受感器示意图

2. 全静压受感器的防冰系统

全静压受感器的防冰加热是一个非常重要又常规的的功能,一般要求如下:在工作状态下,冰风速为 190 m/s 左右,温度在 $-35℃$ 左右,含水量在 $1.59/m^3$ 左右时,空速管不应结冰。如在结冰状态下,启动空速管防冰系统,在规定时间内(2 min 或 4 min)应该去除总压孔、静压孔处结冰。

3. 全静压受感器的布局

全静压系统的布局一般遵循以下原则:接受全静压压力源设备来布局;要尽量缩短管路的长度,减少弯曲,减少接头;对于机身两侧布局的受感器或机身静压孔,为减少侧滑角测量的影响,其管路尽量对称布局;收集水分和杂物的沉淀器一般应设置在全静压管路的最低处,也可设置在与全静压受感器相连接的某段水平管路上,沉淀器距受感器的长度,要使受感器头部进入导管的水分都能被沉淀器收集,而不因管道的内壁阻力使水分停留在管路里。

主要的布局方案如下:对于不同的全静压受感器,根据飞机特点可采用五种布局,即机头、机身、机翼、垂尾和机身静压孔等布局方案,具体位置见图 4.3.38。

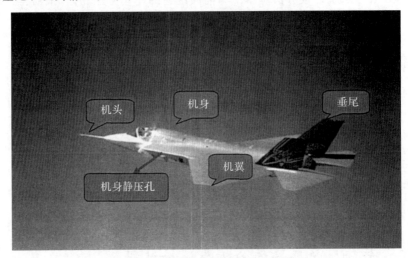

图 4.3.38　全静压受感器布局示意图

全静压受感器在飞机上可根据飞机需求的不同选择不同的布局,在不同的布局情况下各有利弊,布置在不同部位的使用情况见表 4.3.8。

表 4.3.8　全静压受感器布局比较

布　局	说　明	适　用
机　头	该布局对于位置误差具有良好的重复性和规律性,在马赫数大于 1 后,具有较高精度	亚声速、超声速飞机
机翼两侧	该布局仅适用于机头无法布局的情况下	低速飞机
机身两侧	该布局需要成对地布局于机身两侧,压力管路短,需对对静压源误差进行补偿	各种飞机
全压受感器/机身静压孔	该布局因测压精度低,规律性差,一般用作备用方案	各种飞机

4. 全静压系统存在的误差

全静压系统误差主要来源有以下几个：静压源（装置）位置误差；静压源重复误差；静压源校准误差；全压误差；管路压力滞后误差；泄漏误差。下面对以上几个误差来源进行分析和计算。对于静压源（装置）位置误差

$$C_p = \frac{p_s' - p_\infty}{q_c} = \frac{\Delta p}{q_c} \tag{4.3.75}$$

式中：p_s' 为静压装置测量静压；p_∞ 为未受干扰的大气静压；q_c 为可压缩流动压，即冲压。

5. 新型全静压受感器结构的确定

依据上述分析和研究结果，我国新型飞机必将是高机动性、高速、隐身性能好、信息化程度高的跨代飞机，结合目前我国大气补偿能力、风洞试验能力，新型全静压受感器可作如下选择：

（1）将侧滑角传感器从全静压传感器中分离，成为纯粹的空速管，功能定义为感受大气中的全压、静压，并传递气流。

（2）将空速管对称布局于机身两侧，对静压源误差进行补偿。

（3）为了安装方便制成 L 形。

新型全静压受感器主要由前部的全压孔、前部两侧两组静压孔、全压输送管、静压输送管以及内部加热丝组成，如图 4.3.39 所示。这种选择机身两侧对称布局的 L 形全静压传感器较之传统直杆型更为简洁明了。

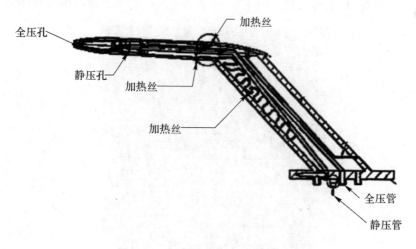

图 4.3.39　新型全静压受感器示意图

4.3.11　大气数据计算机分析与选择过程

1. 传统大气数据计算机结构

传统大气数据计算机主要由静压传感器组合（SPTU）、全压传感器组合（TPTU）、中央处理机组合（CPU）、输入接口组合、输出接口组合、多路总线模块（MBI）、电源组合（PSU）构成，

其组成如图 4.3.40 所示。

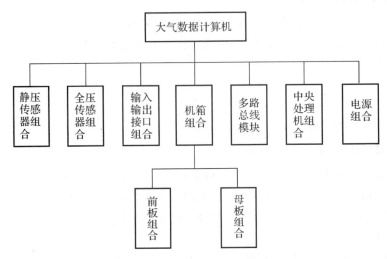

图 4.3.40　大气数据计算机组成示意图

传统大气数据计算机的各个组件都被装在箱内，并采用插拔式结构，机箱内壁一般由导热系数大的轻铝合金板构成，整机采用热传导结构，印制板上都安装有散热板，器件的热量通过散热板传给机壳，电源组合的功率元件装在用轻铝合金做的大散热板上，散热板紧贴在机箱侧板上，以提高散热板的传热效率，印制电路板插入机箱后，将其两侧锁紧架组合锁紧，就形成了整体结构，具有了传热、抗震等效果。图 4.3.41 为传流大气数据计算机的实物图。

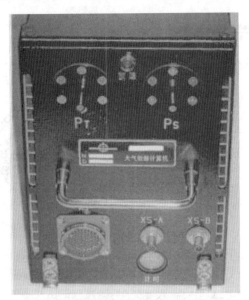

图 4.3.41　传统大气数据计算机实物图

2. 新型大气数据处理模块

将大气数据计算机组合简单化，强化数据处理功能，将全静压传感器的数据处理功能后延、将大气数据计算机传感器功能前移，缩短大气传输管路，减少管道误差，主要的组成部分简化为传感器组合、中央处理机组合、电源组合、机箱组合,新型大气数据处理模块构想如图4.3.42所示。

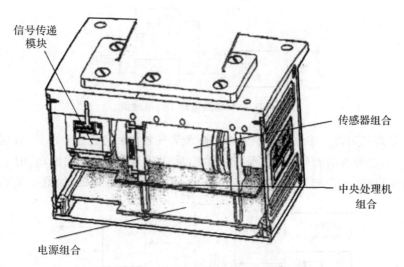

图 4.3.42 新型大气数据处理模块示意图

(1)压力传感器组合的压力转换。大气数据计算机内部全静压传感器采用振动筒压力传感器,它的核心是一个薄壁圆筒,在压力的作用下引起应力变化,从而改变自身的频率,由拾振线圈和激振线圈通过保持放大器维持稳定振荡,输出与压力成对应关系的频率脉冲信号,如图4.3.43 所示,这两个组合的测试原理、测量路线、结构组成等完全近似,它们分别感受全静压管路的全压(p_t)/ 静压(p_s)的压力,输出频率与压力成函数关系的低脉冲信号,送到中央处理机组合。

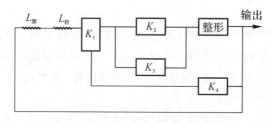

图 4.3.43 振动筒传感器工作原理图

其中,激励放大器和振动筒内的激振线圈 $L_{激}$ 和 $L_{拾}$,组成了一个满足自激振荡的正反馈闭环系统,工作过程如下:

电源未接通时,振动筒处于静止状态,一旦直流电源接通激振放大器,放大器的固有噪声在激振线圈中产生微弱的随机脉冲,该脉冲信号通过激磁线圈时引起的磁场改变,造成一个脉动力,从而使振动筒的筒壁变形,使圆筒以低振幅的谐振频率振动。而筒壁的位移被拾振线圈感受,在拾振线圈中产生感应电势,该电势经过放大器放大整形再反馈到激励线圈,形成一个正反馈回路,从而保证输出一个与压力成对应关系的频率脉冲信号。

同时,在相同压力条件下,为了保证压力传感器的输出频率不随温度的变化而变化,必须对传感器的环境温度进行相应的修正,利用二极管的正向电压随温度变化的特性来检测传感器的工作温度,因此要在传感器组合底座内安置一个感温二极管,组成感温电路,如图 4.3.44 所示。

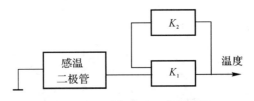

图 4.3.44 感温电路工作原理图

(2)中央处理机组合。中央处理机组合是整个大气数据系统的核心部件,数据处理的神经中枢、指挥中心,主要的功能是大气参数的实时控制、采集、计算以及输出,它的主要组成包括时钟电路、复位电路、A/D 电路、F/D 电路、中央处理器和输出通道等,如图 4.3.45 所示。

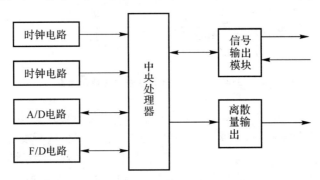

图 4.3.45 中央处理器组合示意图

中央处理器:一般采用数字信号处理器或其他相应微控制器,它的芯片内一般植入程序进行控制。

时钟电路:为数字信号处理器提供工作的主频时钟,为保证数据采集的实时性,在处理器内部设置一个定时时钟,处理器采用间断工作方式,一旦参数采集的时间到达中断时间,程序自动中断,进行下一个参数采集周期,保证了参数的实时性、准确性。

复位电路:为系统提供上电复位信号。

A/D 转换电路:转换来自传感器的温度电压、总温电压信号进行模/数转换。

F/D 转换电路:接受来自传感器的与频率成函数关系的低频脉冲信号进行频/数转换。

(3)电源组合。电源组合由飞机提供的 27 V 直流电源,经过 DC 转换、交变,转换成 5 V、15 V、−15 V 三种直流电源,提供给中央处理机组合、全静压受感器组合、传递通道组合和其他需要的组件,如图 4.3.46 所示。

图 4.3.46 电源组合原理图

4.4　三轴大气数据系统

4.4.1　单轴大气数据系统

从前,直升机都是简单借用固定翼飞机的空速管(单轴向传感器)感受大气总压和静压,与一些传统大气仪表如膜盒高度表、膜盒空速表、温度表等一起,组成单轴高度一空速装置,或与大气数据计算机一起组成单轴大气数据系统。单轴高度一空速装置与单轴大气数据系统都可以被称之为单轴系统,就其大气数据测量原理来说,是相同的,由于单轴大气数据系统是由单轴高度-空速装置发展而来,它采用了对输入信号的数据化计算和处理技术,计算和处理的结果可以输送给其他机上系统,性能也好于单轴高度-空速装置,可以代表单轴系统.所以,下面我们只阐述单轴大气数据系统。

现在,单轴大气数据系统已经广泛用于高空、高速度的固定翼飞机,包括民航的客机、货机,用于军事的歼击机、轰炸机、运输机等。但是,低空、低速度的直升机与高空、高速度的固定翼飞机有很大的差异,大气数据的测量要困难得多。

首先,单轴大气数据系统采用常规的空速管。这种常规空速管只能感受单方向的空速,即前向空速,不能测量直升机所需要的前、后、左、右、上、下各个方向的全向空速,输出参数少;其次,这种常规的空速管,只能感应40 kn(1 kn=1.852 km/h)以上的空速,对40 kn以下的空速不能感应,不能提供直升机通常需要的40 kn以下直到悬停状态范围的低空速测量,因而难以保证直升机全包线的安全飞行;再次,这种常规空速管一般都装在机头上,空速管长度有限,在直升机前向空速小于一定值时,此定值与直升机机型和旋翼平面面积大小有关,定值范围为50~180 kn/h,空速管所感受的总压总会受到旋翼诱导气流的影响:直升机静压系统在机身上,始终会受到直升机旋翼诱导气流的影响,不能提供精确的静压和动压;在旋翼诱导气流的影响下,在测量低空速时对传感器高精度和对空遮管低空运敏感度的需求下,导致直升机有关气压高度、空速(包括40 kn以上的空速)等大气参数数据(尤其在空中)的测量不准确,因而使飞行安全受到很大限制,飞行包线不能充分利用。

表4.4.1是典型直升机的高度,速度使用范围和典型固定翼飞机单轴大气数据系统的输出参数工作范围、精度比较。

表4.4.1　直升机二轴大气数据系统

参　数	典型直升机的高度、速度工作范围	典型固定翼飞机单独大气数据系统 输出高度、速度参数	
		工作范围	精度
绝对气压高度/m	0~6 000	0~18 000	10~50
前向空速/(km·h⁻¹)	0~400	200~1 500	10~5
后向空速/(km·h⁻¹)	0~80	不能提供	—

续表

参 数	典型直升机的高度、速度工作范围	典型固定翼飞机单独大气数据系统输出高度、速度参数	
		工作范围	精度
左向空速/(km·h⁻¹)	0～80	不能提供	—
右向空速/(km·h⁻¹)	0～80	不能提供	—
向上空速/(km·h⁻¹)	0～80	不能提供	—
向下空速/(km·h⁻¹)	0～80	不能提供	—
旋翼诱导气流速度/(km·h⁻¹)	30～180	不能提供	—

4.4.2 二轴大气数据系统

20 世纪 70 年代，为了克服常规空速管测量大气参数的不足，首先开发使用的是二轴大气数据系统，如美国 PACER 公司的 OADS。二轴大气数据系统的关键部件是二轴向的空速传感器，它是基于风速测量原理，由一电机驱动、在水平面上恒定旋转的双臂文氏管组成。在两臂交接处的差压传感器感受来自两臂气流的压力差，从而粗略地测量水平面上纵向和横向两个空速分量。二轴大气数据系统与单轴大气数据系统比较，它能测量纵向低空速和横向空速。但由于测量原理限制，二轴大气数据系统存在一些固有的不足。主要有：

（1）它不能测量垂直空速和攻角参数，也测量不了下洗流，能输出的大气参数种类太少。

（2）由于使用常规的单轴大气数据系统的静压部件，因此与静压有关的大气参数如高度、静压、动压等精度很低。

（3）二轴向的空速传感器装在桨毂上，不能完全避免旋翼诱导气流的影响（尤其在直升机作俯冲等动作下降高度时），输出的大气参数精度低。

（4）安装复杂，由于文氏管不停地旋转和雨水的进入，容易损坏，可靠性差。

（5）为了避免旋翼诱导气流的影响，二轴向的空速传感器只能装在直升机上唯一的一个特殊位置——旋翼上面的桨毂上，使得一些更重要的设备如雷达，夜视仪。潜望瞄准具等无法安装在这里。由于上述原因，二轴大气数据系统只在国外 2 个直升机型号上使用过，很快就被淘汰。

4.4.3 直升机三轴全向大气数据系统

随着直升机性能的提高，为了向直升机飞行控制、武器投放、导航及显示等设备提供更多、更为精确、可靠的全向空速大气数据，满足因直升机战术技术性能不断进步带来的需求，克服单轴、双轴大气数据系统的不足，国外各发达国家，经过近 20 年的努力，至 20 世纪 80 年代取得突破性进展，英国和俄罗斯先后研制成功三轴金向大气数据系统：英国 GEC 公司的 HADS，俄罗斯的 CBC。而 HADS 和 CBC 的工作原理相同。从 90 年代中期开始，中国航空工业第一集团成都航空仪表公司对三轴全向大气数据系统进行努力开发研制，已取得可喜进展。在成功地进行了样机验证试飞后,目前,中国直升机三轴全向大气数据系统(C–HADS)已进入型号应用阶段。

1. 系统组成和基本原理概述

直升机三轴全向大气数据系统的基本型,由三轴全向速度矢量传感器、大气数据计算机二个部分组成。直升机三轴全向大气数据系统,采用测量旋翼下诱导气流场中合成气流再进行分解的工作原理。

三轴全向速度矢量传感器是系统的关键部件,它直接被安装于旋翼下诱导气流场中感受合成气流。由总压、静压探头、万向接头、柱体、尾翼和大气温度传感器组成。探头是特殊设计的空速管,由前端的小孔感受总压,侧边的小孔感受静压,通过万向接头装在柱体上,可在俯仰±180°,方位±60°范围内转动,在尾翼作用下始终对准合成气流,使感受的总压、静压不受迎角的影响。气压经万向接头和柱体管路送到大气数据计算机的压力传感器。柱体内有两个高精度小型分解器,将探头相对于飞机轴线的俯仰、方位转角传送给大气数据计算机,用以分解空速矢量。尾翼装有可调整的配重,保证探头平衡,并经风洞试验,以保证其空气动力特性,即使合成气流的空速低于20节(直升机悬停)时,也能准确对准气流。温度传感器是铂电阻敏感元件,感受自由大气温度。在探头、万向接头、柱体、尾翼内部都装有防冰电路。柱体端头的定位销通过安装支柱固定在飞机上,相对飞机轴线校准后,不再需要重调。三轴全向速度矢量传感器不仅可以测量单轴向、双轴向的空速传感器所能测量的所有大气参数,还能提供下洗流。垂直空速和静压(不需要附加另外的静压传感器),以及攻角、侧滑角等大气参数。它不受安装位置的限制,可空出桨毂来安装雷达、夜视仪、潜望瞄准具等重要设备。它感受的空速范围大,可从悬停的零空速延伸到常规空速管的大空速,并且感受精度高,可靠性好。

大气数据计算机是系统的计算、控制中心。它由中央处理器、输入组件、输出组件、总线组件、电源组件、机箱和安装架等组成。接收来自三轴全向速度矢量传感器和机上其他系统送来的静压、总压、俯仰角、方位角、大气静温、垂直过载、直升机重量等输入信号;软件采用专用数学模型,对合成气流进行三轴空速矢量的分解、解算和修正,用数字量、模拟量、离散量等形式向交联的其他系统提供所需的大气数据。

2. 受感器主要技术

以气压为信息源的三轴大气数据系统应具有特殊外形和高度集成的特点,能够集温度传感器、结冰探测器为一体,具有躲避雷达波隐身、红外隐身、激光隐身和音响隐身的特性,并且体积小、质量轻,应比现役的最先进的质量约为7 kg的三轴大气数据系统重量更轻、体积更小。因此为了促进新型三轴大气数据传感器技术走向成熟,需要从以下几方面进行深入研究。

(1)CFD仿真技术。计算流体动力学(CFD)仿真计算在气动分析领域已得到广泛应用。结合旋翼的物理尺寸、转速等相关参数和直升机的飞行包线,通过CFD仿真技术对带旋翼的直升机进行气动分析计算,能够选择三轴大气数据系统的矢量压力传感器的最佳安装位置和受感压力孔的位置,得出三轴大气数据系统的矢量压力传感装置上的压力孔感受的气压的变化规律,并通过不断仿真数据迭代,对三轴大气数据系统的外形和数学模型不断优化,避免了仅靠试飞数据进行参数调整的狭隘性,能够大幅度缩短试飞调参周期,提高输出参数精度。

(2)3D打印技术。新型三轴大气数据系统面临着传感器数量多、集成度高、体积小、重量轻的技术挑战,新材料技术的应用能够大幅度减轻系统的重量,为了实际测量需要,新型三轴大气数据系统的零部件可能形状复杂、曲率加工难度大、整体制造要求较高,普通的工艺制造技术不能满足实际需要,3D打印技术在新型三轴大气数据系统零部件加工过程中的应用,降低了零部件的加工难度,使得体积更小、重量更轻、隐身性能好的三轴大气数据系统成为可能。

(3)数据融合技术。数据融合是利用不同时间与空间的多传感器信息资源,在一定准则下进行分析、综合和应用,获得对被测对象的一致性解释与描述,进而实现相应的决策和估计,使系统获得比它的各组成部分更充分的信息。若新型三轴大气数据系统能够根据飞行状态,适当选择自身系统的压力传感器数量或机上 GPS 系统、惯导系统及气象雷达系统的数据,按照一定的规则计算出直升机飞行和武器打击需要的大气参数,那么新型三轴大气数据系统在自身物理平台受到冲击或毁坏时,系统具有重新构建的能力,在复杂的信息化战争环境中,系统的可靠性更高,战场生存能力更强。

3. 使用三轴大气数据系统的必要性

(1)从系统性能比较看必要性。由于早期的单轴大气数据系统性能根本无法与三轴全向大气数据系统相比,所以本书只作二轴大气数据系统与三轴全向大气数据系统比较。

1)三轴全向大气数据系统输出大气参数多达 17 个,以后根据其他设备需要还可以增加,复盖了所有的大气参数;而二轴大气数据系统输出参数只有 8 个。

2)从输出参数精度看,三轴全向大气数据系统输出的大气参数精度全面高于二轴大气数据系统。

3)有些二轴大气数据系统为 7 增加输出大气参数种类,采用增加一些传统传感器来解决:但由于这些传感器属于单轴系统,由于其原理性缺陷,所以计算出的大气参数精度很低,如升降速度和攻角。

(2)从直升机安全性需要看必要性。

1)三轴全向大气数据系统不仅可以测量三个轴向的空速参数,还能提供下洗流、攻角、侧滑角等大气参数。下洗流、三轴空速和直升机攻角,是火控系统改善攻击性能、提高火控精度必不可少的输入参数。

2)三轴全向大气数据系统提供的直升机所需要的前、后、左、右、上、下各方向的全向空速参数,以及从悬停的零空速到常规空速管的大空速的各种大气参数,增加了直升机的飞行安全。

3)三轴全向大气数据系统可以根据垂直空速大小,引出涡环告警信号,使飞行员采取适当措施避免直升机进入涡环状态,向飞控系统提供高精度的低空速和后飞数据,可用来补偿和调整飞控系统的增益,提高直升机低空速飞行和后飞时的稳定性。

4)三轴全向速度矢量传感器不需要装在直升机上唯一的一个特殊位置——旋翼上面的桨毂上,使得雷达可以安装在这里,提高直升机的生存能力。

5)三轴全向大气数据系统测高精度高,可满足新航行管制中高度分层的要求。

(3)从减轻飞行员的负担看必要性。

1)三轴全向大气数据系统提供的大气参数种类多、精度高,改善直升机在全飞行包线内的操纵性,减轻飞行员的负担。

2)在直升机总的飞行包线内,三轴全向大气数据系统以飞行仪表、平显或飞行极限告警形式向飞行员提供足够的大气参数信息,使飞行员随时了解直升机当前飞行状态与最大性能极限的关系,可以正确操纵直升机,减轻心理压力。

3)向 D91 多普勒导航系统提供高精度大气参数,可改善导航精度和性能;高精度的气压高度、升降速度和无线电高度相结合,可改善直升机悬停精度;向飞控系统提供高精度的大气参数,可改善飞控系统操纵性。这些都减轻了飞行员的负担。

(4)从其他优点看必要性。三轴全向大气数据系统还具有其他一些突出优点,如可靠性高,易于安装,安装位置易安排,等等。

4. 国内外三轴大气数据系统的发展及其应用

直升机三轴大气数据系统是一个全新的大气数据系统,是一项应用很广泛,前景十分看好的,填补我国空白的产品。同时,它又是一项理论可行,但要真正实现却很不容易的项目。它是一项具有多个技术难点,难度较高,试验多,投入大的产品,所以,目前国外也只有几个国家掌握这项技术。

直升机三轴全向大气数据系统今后的可能发展途径:

(1)用在新研的高性能直升机型号上,提高新型直升机性能。

(2)对已在服役的直升机型号进行改进改型,用三轴全向大气数据系统替代单轴大气数据系统、单轴高度-空速装置和双轴大气数据系统,提高服役的直升机性能。

(3)针对输出参数精度更高、系统体积更小、重量更轻,系统工作更可靠的要求,研制新一代三轴大气数据系统。新一代三轴大气数据系统应采用先进的标准数据总线如 MIL - STD - 1553B、ARINC 429、ARINC 422、RS 232、RS 485 等,更便于在不同种类设备之间通信,提高三轴大气数据系统装机适用性。

(4)在直升机三轴全向大气数据系统基本型基础上,可采取增加少量成本方法,就可增加单轴大气数据系统功能,使之成为新型的功能更完善的三轴全向＋单轴大气数据系统。

(5)在直升机三轴全向大气数据系统的基础上,可加上其它一项或多项航空电子设备(如直升机飞行极限系统),或配套或合并研制,使之成为一个更高层次的航空电子系统。

20 世纪 70 年代,英、俄等发达国家在低空速测量和三向速度测量的技术上取得了突破性进展,如英国 GEC 公司的 HADS、俄罗斯的 CGC - B1。20 世纪 90 年代,中国成为继英、俄之后,又一个能够研制生产三轴全向大气数据系统的国家。三轴全向大气数据系统是由两个集静压、总压、攻角、侧滑角一体的全向矢量传感器和大气数据计算机两部分组成的大气数据系统,用安装在诱导气流场中的速度矢量传感器测量合成气流,经分解可测量纵向、横向和垂直三个空速分量和诱导速度,其测量范围广、精度高。这种大气数据已在以 AH - 64D 长弓阿帕奇武装直升机、米-28N 武装直升机、直-10 武装直升机、直-19 武装直升机为代表的直升机上得到成功应用。

但由于这种三轴大气数据系统具有旋转机构,全向矢量压力传感器需要长度适合的安装支臂支撑在具有稳定旋翼诱导气流的流场中,支臂可能会很长,维护较复杂,需要定期进行维护。在 21 世纪初,以美国为代表的相关机构公布了另一种支架式直升机用大气数据系统,由集飞行气压感受器、结冰探测、总温传感器一体的支杆和数据处理装置组成。这种装置伸出机头安装,能够测量直升机飞行过程中旋翼诱导气流、侧滑角、垂直真空速、前向真空速、横向真空速,后向真空速,测量受机身影响较大。以正装备俄罗斯军队的卡-52 武装直升机的新一代 HADS 系统,改进了压力受感装置,并集温度传感器和数据解算装置为一体,其特殊的外形替代了旋转机构,系统质量仅 7 kg、集成度高、质量较轻、维护方便,中国的大气数据专业厂家也在积极研究此类新型三轴大气数据系统。

参 考 文 献

[1] 马航帅，雷廷万，李荣冰，等. 高性能飞行器大气数据传感技术研究进展[J]. 航空计算技术，2011，41(5)：118 - 123.

[2] 黄雪妮，刘海涛，万振塬. 直升机机载分布式大气数据系统试飞技术研究[J]. 科学技术创新，2018(14)：60 - 61.

[3] 张振华. 分布式大气数据系统的结构和软件设计[D]. 成都：电子科技大学，2010.

[4] 李越峰. 数字式大气数据计算机的设计与实现[D]. 西安：西安电子科技大学，2012.

[5] 汪发亮. 智能探头式大气数据传感器的应用研究[J]. 测控技术，2016，35(7)：4 - 8.

[6] 肖地波. 嵌入式大气数据传感系统算法及其关键技术研究[D]. 南京：南京航空航天大学，2010.

[7] 张玮. 基于神经网络的数据统计建模[D]. 杭州：浙江工业大学，2009.

[8] 王臻，张彦军，雷武涛，等. 嵌入式大气数据传感系统研究进展[J]. 航空工程进展，2018，9(3)：309 - 315.

[9] 郭阳明，李清东，蔡小斌，等. 基于奇偶方程的FADS传感器故障检测方法[J]. 航空计算技术，2010，40(2)：98 - 100.

[10] 方习高. 嵌入式大气数据传感系统的技术及应用研究[D]. 南京：南京航空航天大学，2007.

[11] 蔡晟. 飞翼无人机的操纵性和稳定性分析及自动着陆控制律设计[D]. 南京：南京航空航天大学，2010.

[12] 周兴. 飞机大气数据系统及设计方式研究[J]. 科技创新导报，2017，14(25)：124 - 125.

[13] 李红梅. 大气数据计算机及其全自动测试[D]. 西安：西北工业大学，2001.

[14] 谭静. 武装直升机大气数据传感器技术研究进展[J]. 电子技术与软件工程，2015(20)：115.

第五章　大气数据惯性基准系统技术研究

5.1　大气数据惯性基准系统概述

5.1.1　引言

大气数据惯性基准系统是一个由大气数据计算机和惯性基准系统组合成一体的飞行数据和导航数据综合测量解算系统。它由大气数据计算机提供利用大气测定的飞行速度、高度及其变化率,由惯性基准系统提供用惯性方法测定的航向和姿态,以及用惯性的航位推测法解算得出的飞机位置和其他导航参数。它们组合成一体后便于利用大气数据对惯性导航进行支助,便于利用互补滤波器对飞行数据进行优化估值,并且在这种一体化设计下的组合,避免了采用外部的数据传输总线,因而提高了工作可靠性,减少了装备重量和成本。

大气数据系统是现代及未来的民用和军用飞机、跨大气层再入式空天飞机等飞行器必备的航电设备。鉴于大气数据系统对实际飞行环境的依赖性大,特别是气流情况对大气数据系统的影响凸显,因此在实际机型飞行试验数据支持下的,尤其是直接来源于我国先进战机研制和飞行品质改善需要的大气/惯性数据信息融合与评估技术研究有着重大的现实意义和应用价值。机载大气/惯性数据信息融合与评估技术基于不同系统的互补性的思想,利用大气数据系统和惯性导航系统误差特性的互补性和测量信息之间的相关性,将这两种系统的输出信息进行融合,为得到精度更高、可靠性更好和飞行适应性更广的基准信息奠定了基础。

机载大气/惯性数据信息融合与评估技术是现代飞机提高飞行品质,尤其是提高飞机最具挑战性的跨声速阶段飞行品质的关键技术。在战斗机方面,超声速巡航能力不仅是我国第三代战斗机的一项重要特征,也是研制中的第四代战斗机性能提升的关键。机载大气/惯性数据信息融合与评估技术对解决跨声速阶段飞行信息的精确获取以及战斗机性能的提升有着显著的效果,具有十分突出的军事应用价值和前景;在民机方面,作为大型民用航空飞行器的关键支撑系统技术之一的大气惯性基准系统技术的核心部分,大气/惯性数据信息融合与评估技术的研究,在民用航空领域也具有重要的应用价值,对于我国即将全面展开的大飞机以及新一代高性能飞行器的研制都具有重要意义。

机载大气/惯性数据信息融合与评估技术作为我国目前先进战斗机性能提升和改善的

关键技术,对于我国的飞机设计与研制具有重要的促进作用,对保卫我国领空以及为国防提供具有良好飞行品质的战斗机具有重要的现实意义,该技术应用于四代机,其潜在的战略价值和社会效益非常显著。同时,对于我国的大型民用客机的研制和改进也具有重要的参考价值。

机载大气/惯性数据信息融合与评估技术作为当前先进的战斗机和民用飞机的关键技术,已成为航空领域,尤其是航电系统技术研究的热点。在早期的民航客机上,ADS 和惯性基准系统作为两个独立系统使用。"空客"与"波音"多个型号的飞机都使用大气数据惯性基准系统(Air Data Inertial Reference System,ADIRS)。它同时具备大气数据的垂直导航与惯性基准系统的水平导航功能,完美地融合了两个系统的优势,获得优于任一单个系统的计算精度和可靠性。

5.1.2　ADIRS 组成

ADIRS 一般包含三套或者三套以上 ADIRU 以及若干 ADM,AOA,TAT 以及全静压探头(或全压/机身静压孔)。ADM 可以通过 A429 总线给 ADIRU 提供全压、静压数据。飞机上 ADM 具体应配置的数量需根据大气数据系统的架构来确定。每套相同的 ADIRU 设备应该分为两个独立的部分 ADR(Air Data Reference)和 IR(Inertial Reference),每个独立的部分可以在另外一个失效的情况下独立工作。ADIRU 输出的大气及惯性基准数据可用于驾驶舱显示系统及自动飞行控制系统等,其中 IR 可与 GNSS 系统接口来提高组合导航数据的精度。

1. ADIRU

ADIRU 使用 6 个唤醒激光陀螺传感器、6 个线性加速度计传感器、4 个程序传感器、3 个电源组件和 3 个双通道 ARINC 629 接口。环形激光陀螺沿着 6 根互不平行的、对称倾斜的轴安装,使系统可靠性大大提高。

2. IRU 功能

ADIRU 使用环形激光陀螺和加速度计来敏感角速率和线性加速度,该数据与大气数据输入一起计算后,得出下列参数:①姿态(俯仰、倾斜、偏航);②位置(经、纬度);③真航向;④磁航向;⑤惯性速度矢量;⑥线性加速度;⑦角速率;⑧航迹角;⑨风速风向;⑩惯性高度;⑪垂直速度。

如果出现故障,所有的 IRU 功能可由下列部件获得:4 个陀螺、4 个加速度计、2 个电源、1 个程序处理器和 1 个单 ARINC 629 接口。

在驾驶舱顶板上,ADIRU 有一个 ON/OFF 开关,当此开关置于"ON"位置时,ADIRU 就得到电源,然后在开始导航之前,ADIRU 通过许多功能模式的测试。当此开关置于"OFF"位置时,只要飞机在地面以及地速低于某个值时,ADIRU 就关闭。

3. 大气数据(ADC)功能

ADIRU 的 4 个程序处理器从大气数据模块得到大气数据。ADIRU 给出下列大气数据输出:高度变化率、气压高度、计算空速、马赫数、真空速、静空温、全空温、冲压空气压力、全压、静压和迎角。

4. SAARU

SAARU 给备用姿态指示器提供俯仰和倾斜姿态。它也为 PFD、PFCS、AFDS 及其他飞行系统提供备用的惯性导航源及大气数据源。

5. IRU 和大气数据功能

SAARU 使用下列部件：俯仰和倾斜姿态及航向，关于飞机俯仰、倾斜、偏航轴的角速率，沿着俯仰、倾斜、偏航轴的线性加速度，气压惯性高度，垂直速度，计算空速，真空速、高度、高度变化，静空温，余空温、马赫数和迎角。

SAARU 将俯仰和倾斜姿态信息通过一根 ARINC 429 数据总线送到备用姿态指示器。SAARU 没有人工模式控制供操作。当给飞机加上电源时，SAARU 就开始工作。

6. ADIRS 接口

机长或副驾驶在自己一侧的 EFIS 控制板上输入高度气压修正。如果一个 EFIS 控制板故障，那么气压修正可以从单一一侧的 CDU 上进入。在驾驶舱内有两个大气数据/姿态源选择开关，分别控制自己一侧的 PFD 的显示数据源。显示数据的主要来源是 ADIRU，备用来源是 SAARU。

ARIRU 在左、右 ARINC 629 飞行控制总线上发送数据，在全部三根 ARINC 629 飞行控制总线上接收数据。

SARRU 在中央飞行控制总线上发送数据，在左、中央、右飞行控制总线上接收数据。

ADIRU 和 SARRU 将惯性基准数据和大气数据送到 AIMS、AFDS、PFDS 和 CDUS。

AIMS 将惯性基准数据和大气数据送到许多其他的飞机系统和系统部件：GPS、WES、TCAS、EEC 和 APU。

ADIRU 和 SAARU 将故障数据存贮在它们的固态内存中，用维护接近终端（MAT）可以得到故障数据。

7. 大气数据模块（ADM）

每个皮托探头和静压孔均连到一个 629 ADM。ADM 将大气压力转换成 AIRNC 629 数字数据。ADIRU 及 SAARU 从 ADM 得到 ARINC 629 大气数据。

中央皮托探头和备用静压孔也有一个 429 ADM。备用高度和空速指示器从 429ADM 得到 429 大气数据。备用显示：SAARU 给备用姿态指示器提供俯仰和倾斜姿态信号。三个平板备用显示器显示指示空速、高度数据及 SAARU 来的姿态数据。

8. 大气数据传感器

迎角风向标将模拟信号送到本侧的 AIMS 柜。全空温探头是一个双元探头，有两个模拟输出，一个至右 AIMS 柜，另一个至左 AIMS 柜。ADM 在其固态内存中存储故障信息。CMF 可以对 ADM 进行测试及存储 ADM 故障。

这种系统的特征除了不同计算系统间的高度集成外，从图 5.1.1 中可以看出，传感器（包括全压探头、静压孔、攻角传感器以及总温传感器等），接收到的数据并不像独立式系统中直接传输给对应计算机，而是将传感器接收到的数据直接传输至 ADM 模块中，再由模块通过电子线路传输至总线，由总线将数据传输给其他需要这些数据的航电系统。与独立式系统相比，这类系统模块化程度提高,整个系统出现故障时,可根据具体的故障信息定位到故障模块。

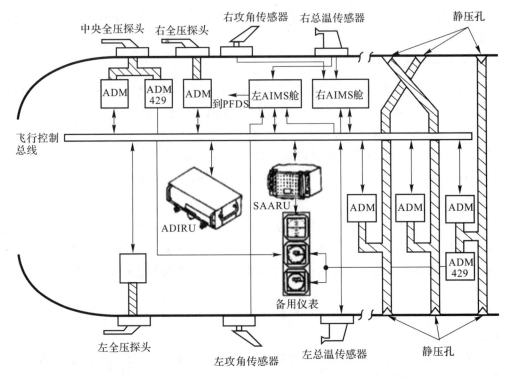

图 5.1.1　某民用飞机大气数据惯性基准系统大气数据部分简图

5.1.3　ADIRS 功能

1. 大气数据基准(ADR)功能

ADIRU 中的大气数据基准部分应包含大气数据计算功能,并具备存储静压源误差修正(SSEC)参数并进行修正的能力,并能以 A429 总线的形式输出以下的数据信息:计算空速,气压高度,修正气压高度,高度变化率,马赫数,真空速,最大空速门限,最大马赫数门限,总压,静压,动压,总温,静温,正驾驶场压修正高度,副驾驶场压修正高度,修正攻角,修正侧滑角。

2. 惯性基准(IR)功能

ADIRU 的 IR 部分应能够在横滚和偏航轴以及 $\pm 85°$ 俯仰轴上进行全自由度操作。ADIRU 惯性基准功能至少提供以下参数:俯仰角,横滚角,航向(真航向和磁航向),航迹(真航迹和磁航迹)(惯性/组合),地速(北向地速/东向地速)(惯性/组合),地速(惯性/组合),纬度(惯性/组合),经度(惯性/组合),惯性高度,风速和风向,偏流角,飞行路径角(惯性/组合)。

IR 除了能够接收来自 ADR 的真空速(True Air Speed,TAS)以及高度变化率即垂直速度(Vertical Speed,VS)数据,还应能和 ARINC743A GNSS 传感器交联,接收 GPS 的经纬度以及 Time Mark 等参数信号,以提高 IR 输出参数的精度。IR 最终计算出来的结果应通 ARINC429 高速总线输出给其他系统,例如 FCS,FRS,OMS 等。

5.1.4 ADIRS 性能指标

1. ADM 性能指标

如果将大约 47.5 mb(绝对)(1 mb＝10^2 Pa)到 1 900 mb(绝对)范围内的压力施加到压力装置,则不应当损坏 ADM;如果暴露在 2 900 mb(绝对)压力环境下,且压力输入不大于 950 mb,则不应当损坏 ADM。在测试 ADM 的泄漏速率的试验中,设定使用不超过 2L 的气体,在 40 000 ft 的高度,每套压力输入(不包括相关的飞机管路,如果有的话)的 ADM 泄漏速率不应当超过 0.1 mb/min。

2. ADR 输出参数性能指标

ADR 输出参数的性能指标见表 5.1.1。

表 5.1.1 ADR 输出的性能指标

参　　数	范　　围	精　　度	门限灵敏度
全压(未修正)	100～1 400 mb	±0.25 mb	0.031 25 mb
指示静压(未修正)	100～1 100 mb	±0.25 mb	0.031 25 mb
指示冲击压力(QCi)(未修正)	100～1 100 mb	±0.25 mb	0.031 25 mb
大气总温	−60～+99℃	±0.50℃	0.25°
指示攻角	−60°～+60°	±0.25°	0.05°
指示侧滑角	−60°～+60°	±0.25°	0.25°
修正侧滑角	−60°～+60°	±0.25°	0.25°

3. 惯性基准(IR)性能指标

IR 在外部环境温度高于 0℃,且纬度在 ±70°之间工作,从加载电源到完成自动对准过程所需时间应小于 10 min。IR 输出应满足以下性能:

(1)位置(组合):25 m(在有 SA 的情况下,100 m)。

(2)位置(惯性):如果飞行时间在 10 h 内,则应满 2NMPH(95％ CEP);如果飞行时间大于 10 h,垂直航迹位置误差不应当超过 ±20NM(95％CEP),沿航迹 ±25NM(95％ CEP)。

(3)磁航向精度(2σ):50°S＜纬度＜50°N,Accuracy＝2.0°;60°S＜纬度≤50°S,并 50°N≤纬度＜68°N,Accuracy＝3.0°;其他(82°S 和 82°N 之间,除两极区域),Accuracy＝4.0°。

(4)姿态:0.5°(2σ)。

5.1.5 ADIRS 相关操作

1. 大气数据基准(ADR)相关操作

(1)源选择开关(如图 5.1.2 所示,方框表示),通过此旋钮来选择正副驾驶的 PFD 上显示的大气数据相关的数据来源于哪套 ADIRS。位于"NORM"位置时,正驾驶 PFD 显示数据来自第一套,副驾驶 PFD 显示数据来自第二套,第三套备用;位于"CAPT3"位置时,正驾驶 PFD

显示数据来自第三套;位于"F/O3"位置时,副驾驶 PFD 显示数据来自第三套。

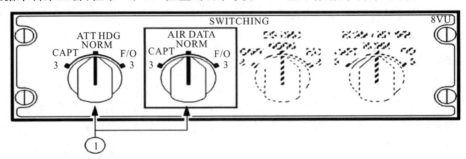

图 5.1.2　大气数据源选择开关

(2)气压修正旋钮,飞行员通过此旋钮来设置显示高度为标准气压高度或是修正了场压的修正气压高度。

(3)探头加热控制开关,通过此开关来控制大气数据探头加温。

2. 惯性基准(IR)相关操作

惯性基准(IR)应提供下列操作模式:

(1)OFF:断开全部电路(控制电路除外)。

(2)ALIGN:该模式是自动的,但在某些飞机上可由操作人员选择。这个自给过程利用了外部即时位置输入,系统应以当地垂直和方位基准计算即时方位,并进行自测试和校准。

(3)NAV:如果对准成功,系统应当提供姿态、位置、速度输出,机体和欧拉加速度、角速率,以及合成磁航向。

(4)ATT:如果连续更新的导航数据(惯性基准垂直和位置)丢失,系统应当操作模式,仅提供飞机姿态输出、方向基准、加速度和角速率。磁航向降低到"自由"DG 状态,由操作人员手动设置,修正漂移。

注:ATT 模式(对某些飞机机型是可选的)为备用模式,其性能不亚于优质的垂直陀螺和方位陀螺。仅当设备故障或者飞行中电源故障引起惯性基准垂直和位置信息不可用时,才使用该模式。正常工作中不适用该模式。通过 IR 数据源选择旋钮(如图 5.1.3 方框中所示)来选择正副驾驶的 PFD 上显示的惯性基准相关的数据来源于哪套 ADIRS。位于"NORM"位置时,正驾驶 PFD 显示数据来自第一套,副驾驶 PFD 显示数据来自第二套,第三套备用;位于"CAPT3"位置时,正驾驶 PFD 显示数据来自第三套;位于"F/O3"位置时,副驾驶 PFD 显示数据来自第三套。

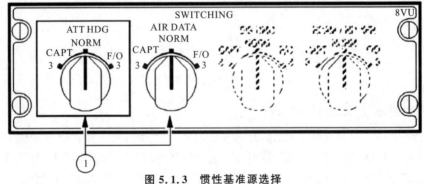

图 5.1.3　惯性基准源选择

5.1.6　ADIRS 安全性与可靠性

ADIRS 系统应该满足飞机的 FHA 的失效状态等级以及可靠性要求。ADIRS 为 A 级系统,失效概率达到 10E−9,其软件的研制保障等级为 DO−178BA 级,硬件的研制保障等级为 DO−254A 级,飞机一般有三套独立的 ADIRS,单套的 ADIRS 的失效概率达到 1E−4,其 MTBF 为 10 000 h。

5.1.7　ADIRS 维护性

为了确保不同制造商的设备具备可互换性,ADIRS 设备应当严格遵守 ARINC 600。具体来说,设备应当满足 ARINC 600 中关于尺寸、误差、手柄、冷却设施、以及重量和中心方面的要求,除了冷却口和前端紧固销位置,该装置应当遵循 ARINC 600 中 4MCU 外形参数基本标准,冷却口和前端紧固销位置应适用于 4MCU 类型。ADIRS 相关的传感器 AOA、TAT、空速管/机身静压孔均安装于飞机机头的两侧,具体的位置因飞机机头的形状而定。传感器布置在飞机外部,可达性较好,便于维护。ADIRS 设备的应提供数字化数据通信端口,以 ARINC 429 格式与机载维护系统(OMS)进行数据通信,向 OMS 系统报告 ADIRS 系统的 Maintenance Word 以及设备状态信息,以便于在地面对设备故障进行定位,并及时进行 ADIRS 系统的地面维护。

5.2　国内外大气/惯性数据信息融合技术研究现状

惯性导航系统(Inertial Navigation System,INS)是一种自主式的导航系统。它完全依靠机载设备自主地完成导航任务,和外界不发生任何光、电联系,因此隐蔽性好,工作不受气象条件的限制。这一独特的优点,使其成为航空、航天和航海领域中的一种广泛使用的主要导航方法。惯导系统的基础是牛顿运动定律,其核心的器件陀螺仪和加速度计,通过物理平台或者数学平台跟踪导航坐标系,从而获得载体的姿态,解算载体的速度和位置信息。正是基于惯性导航系统独立自主的特点,它成为大气数据系统进行参数融合算法开发的理想信息来源。两者融合能够在不降低系统自主性的情况下,改善两者的综合性能。大气/惯性数据信息融合的另一问题是融合效果的评价,即导航信息的评价技术问题。以往的导航信息评估技术,通常依靠更高精度的基准传感器,对分系统的参数精度进行计算,若基准传感器的精度不满足,信息评估将失去其意义。而当前,随着导航设备精度越来越高,以及经过多信息融合后的导航信息精度的提高,导航基准传感器越来越难以满足评估需求。当前飞机拥有多种传感器,这些传感器各有特点。将这些特点各异的导航数据进行融合,最后形成更高精度的导航基准数据,具有良好的稳定性、连续性、抗干扰性、高数据更新率。

随着航空技术的发展,特别是对现代飞行器结构、性能、一体化方面越来越高的追求,机载大气/惯性数据信息融合技术已经成为了飞行器总体设计和导航与控制系统关键技术之一。

从目前来看,国外对大气/惯性数据信息融合技术的研究主要是在大气数据惯性基准系统(ADIRS)的技术背景下展开的。在一些早期的机型中,大气数据系统与惯性基准系统是二个相互独立的系统,两者各自的工作原理和误差特性不尽相同,两者各有优势,也都有各自无法独立解决的问题。在民用航空飞行器导航需求牵引下,惯性基准系统与大气数据系统逐渐融合,形成大气数据惯性基准系统,ADIRS的核心技术便是大气/惯性数据信息融合技术。大气数据系统与惯性基准系统利用各自的优势取长补短,获得优于任何一种系统的计算精度和可靠性。现在,大气数据惯性基准系统已被广泛使用于"空客"和"波音"飞机中,并使用了不同型式的余度组合技术,使整体结构大为减少,可靠性提高,而成本相对降低,维护使用更加方便。提高ADIRS的功能及测量精度,是未来航空电子系统的发展方向。

ADIRS主要产品有霍尼韦尔公司大气数据惯性基准系统ADIRS、容错大气数据惯性基准系统FT/ADIRS和全球导航卫星系统/大气数据惯性基准系统GNS/ADIRS;诺斯罗普格鲁曼公司的ADIRS产品LTN-101及LTN-101E全球定位大气数据惯性基准系统等,图5.2.1为LTN-101的实物图,其将大气数据系统和惯性基准系统封装在一起。

图 5.2.1　LTN-101 实物图

目前,国外大气/惯性数据信息融合技术研究比较成熟和相对公开的方法有两种,一种是基于经典的卡尔曼滤波的大气/惯性信息融合方法,另一种是基于计算攻角/侧滑系统(CABS)的攻角/侧滑互补融合方法。

国内在大气/惯性数据信息融合技术方面的研究,基本上是针对惯性导航系统高度通道发散的问题,基于经典控制理论设计二阶或三阶回路,利用大气数据系统的气压高度信息阻尼惯导系统高度通道的发散。而ADIRS方面的研究起步不久,因此对于大气/惯性数据信息融合方面的研究也比较有限。

目前,来源于实际飞行的大气/惯性数据信息融合需求,已不仅仅局限一般飞行状态下的大气与惯性数据信息的融合,对融合的方式方法、应用背景的要求也越来越高。可以预见,大气/惯性数据信息融合技术将成为各国先进飞行器争夺的关键技术之一,大气/惯性数据信息融合技术也将趋于多样化的发展,并且具有更强、更专的针对性。

随着航空技术的发展,机载大气/惯性数据信息融合技术已经成为导航与控制系统关键技术之一。从目前看来,针对大气与惯性系统的信息融合技术的研究主要集中在美国。国外大气/惯性数据信息融合技术研究比较成熟和相对公开的方法有两种,一种是基于经典的卡尔曼滤波的大气/惯性信息融合方法,另一种是基于计算攻角/侧滑系统(CABS)的攻角/侧滑互补融合方法。国内在大气/惯性数据信息融合技术方面的研究,基本上是基于经典控制理论设计二阶或三阶回路,利用大气数据系统的气压高度信息阻尼惯性导航系统高度通道的发散。

可以预见,大气/惯性数据信息融合技术将成为高空长航无人机的关键技术之一,大气/惯性数据信息融合技术也将趋于多样化的发展。

5.3　大气数据系统特性与大气参数误差分析

大气数据系统与其他导航系统不同,有其独特的工作原理和特性。大气数据系统根据直接感受到的机身周围的大气静压、总压、总温以及攻角传感器直接测量得到的攻角、侧滑角信息解算获得其他各种飞行导航信息。因此,大气数据系统对环境的依赖性大,不同的飞行环境和飞行状态对大气数据系统的性能将产生直接的影响。

本节对大气数据系统的特性展开分析,包括其结构特性、工作原理、测量解算原理等,由于大气数据系统特性与机身周围气流情况紧密联系,因而对飞行过程中机身周围的气流特性展开分析和研究。本章在大气数据系统理论特性与机身周围气流特性分析的基础上,利用某型飞机的实际飞行数据对气压高度和大气攻角这两个关键的大气参数进行误差分析,特别是针对不同飞行状态下的气压高度和大气攻角的误差特性展开研究,为下面章节的大气/惯性融合算法指明方向、奠定基础。

5.3.1　大气数据系统及气流特性分析

大气数据系统以大气数据计算机为核心,具有多种输入/输出接口,用来测量、计算并指示飞机的多个飞行参数。大气数据系统通过伸在气流中的空速管感受压力和温度信息,压力和温度信息通过引气管路被压力传感器和温度传感器感知与测量,测量信号被传送到大气数据计算机,经过计算机的分析计算处理,输出并显示大气参数数据。

图 5.3.1 为大气数据系统典型结构示意图。该系统中,压力测量单元(Pressure Measure Unit,PMU)采用霍尼韦尔公司的精密压力传感器(Precision Pressure Transducer,PPT)作为大气数据系统的压力传感器。选择高精度、稳定可靠的压力传感器是大气数据系统设计的一个重要步骤,采用的 PPT 由硅压阻式压力传感器、微处理器和其他电路组成,经过数字补偿后,PPT 在整个工作温度范围($-40\sim+85$℃)内全量程的精度可达到 0.05%。大气数据计算机是一种宽温、体积小、接口丰富的小型单板计算机,具有浮点计算能力,适合在捷联惯导和大气数据系统等计算量较大的情况下使用,在大气数据系统中计算气压高度、空速和马赫数等飞机飞行参数。最后大气数据系统将计算得到的飞行参数通过串口传给彩色显示器以及飞行控制系统。

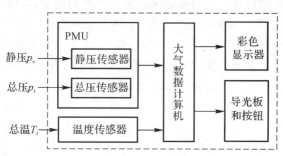

图 5.3.1　大气数据系统典型结构示意图

大气数据系统的主要功能如下：

(1)温度传感器是通过测量物质的某些物理参数随温度的变化而间接地测量温度的装置。大气数据系统的温度传感器主要测量飞行器周围气流的温度，并提供给大气数据计算机。

(2)压力传感器是一种将压力信号转变成电信号的传感器，主要分为静态和动态压力传感器两种。大气数据系统的压力传感器主要负责感知测量飞行器周围气流的总压与静压，作为大气数据计算机的主要数据来源，并据此计算出其他关键的飞行参数。

(3)大气数据计算机(ADC)是解算飞行参数，进行飞行管理的主要电子设备之一。其利用原始参数传感器测量的大气总压、静压、总温等参数，根据特定的大气数据方程，计算并输出高度、速度、升降速度、马赫数等飞行参数，而且可以生成多种一次性指令的装置。同时它还把这些参数和指令信号供给机上其他系统(飞控系统、火控系统等)。

早期的飞机对大气数据的测量都是由膜片式传感器来完成的，这种类型的传感器测量精度和可靠性都比较低。随着飞行器的现代化，对飞行品质提出了更高的要求，大气数据的测量精度也有了新的标准，膜片式传感器已不能满足现代飞行器的性能要求，因此，采用现代传感器技术的大气测量设备以其卓越的性能指标和高可靠性已被广泛应用于各种现代飞行器中。

大气数据测量的工作原理是：接收从空速管来的大气静压压力、总压压力和大气温度传感器的温度电阻信号，通过压力传感器将其转换为电信号，通过数学解算得到气压高度及速度等一系列数据，如图 5.3.2 所示。

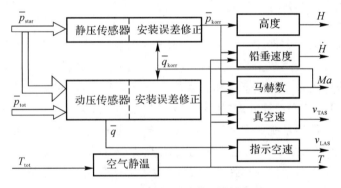

图 5.3.2　大气数据系统测量原理图

大气数据系统是通过感知机身周围气流的压力、温度等信息来解算获得丰富的导航数据信息，因此机身周围的气流状况直接决定了大气数据系统的测量精度和误差特性。在机载大气数据系统的实际应用中，飞行速度和状态对机身周围气流影响最为直接。

在航空航天领域，通常以飞行的马赫数来表示飞行器的速度，马赫数是指飞机的飞行速度 v 与当地大气(即一定的高度、温度和大气密度)中的声速 a 之比，表示为 $Ma = v/a$。根据马赫数的大小可以把飞行速度分为四类：① 亚声速($Ma \leqslant 0.8$)；② 跨声速($0.8 < Ma < 1.2$)；③ 超声速($Ma \geqslant 1.2$)；④ 高超声速($Ma \geqslant 5.0$)。这样的马赫数划分只是一种典型的划分方式，具体的飞行阶段划分方式还要根据实际的飞行情况进行调整。

飞机在空气中以不同的马赫数飞行时，空气被扰动的状态是不同的。若把飞机想象成一个微小的质点，该质点与周围空气相互撞击后产生扰动波，有下列四种情况：

(1)当质点没有运动速度时，则质点的扰动波以声速向四周传播，形成以质点为中心的同心球面波。

（2）当质点的飞行速度小于声速时，由于声速比质点运动速度大，所以质点总是落在它传出去的扰动波后方，在质点的周围造成偏向前进方向的不同心球面波。

（3）当质点的飞行速度与声速相等时，则无数扰动波都叠聚在质点前面，形成一个质点位置所在的与前进方向垂直的平面，该平面不断随质点向前移动，但质点所造成的空气扰动波不会传播到该平面前方去。

（4）当质点的飞行速度大于声速时，则所有扰动波都被质点超过，在飞行质点后方造成一个锥面，扰动波被局限在这个锥面内。这个锥面被称为扰动锥。

上述（3）（4）两种情况下，被质点所扰动的空气中存在一个扰动区和未被扰动区的分界面，这种由质点产生的扰动强度很微弱的波，称为"边界波"，是一种弱扰动。在边界波两边的空气压强、密度和温度等物理参数并没有什么变化。

然而，实际的飞机并不是微小质点，它是由无数质点组成的庞然大物。每一个质点都在飞机前方造成一道界面波，无数道界面波叠加在一起，造成一种与飞机形状有关的强扰动波，这种扰动波前后的空气压强、密度和温度都会发生突变，这样的边界波叫作激波。经过激波，气体的压强、密度、温度都会突然升高，流速则突然下降。空气在通过激波时，受到薄薄一层稠密空气的阻滞，使得气流速度急骤降低，由阻滞产生的热量来不及散布，于是加热了空气。加热所需的能量由消耗的动能而来。在此，能量发生了由动能到热能的转化。动能的消耗表示产生了一种特别的阻力，称为"波阻"，波阻对飞机的飞行性能影响很大。

各种飞行状态下，激波作用示意图如图5.3.3所示。

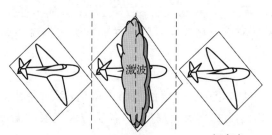

亚声速 $Ma=0.8$　跨声速 $Ma=1.2$　超声速

图5.3.3　大气数据系统测量原理图

亚声速区间：扰动传播速度比飞机运动速度大，扰动集中不起来，这时整个流场上流动参数（包括流速、压强等）的分布是连续的，飞机周围气流平稳，不会引起激波，大气数据系统工作稳定、性能良好。

超声速区间：扰动来不及传到物体的前面去，结果前面的气体受到运动物体突跃式的压缩，形成集中的强扰动，即激波。由于飞机始终在扰动气流的前面，因此激波始终在飞机飞行方向的后方，对飞机影响不大，大气数据系统工作相对稳定、性能良好。

跨声速区间：飞机由无激波的亚声速区进入激波位于飞机后方的超声速区，必然要穿越激波。在穿越激波的过程中，飞机受周围气体压强、密度、温度、流速等突变的影响，致使与机身周围气流情况紧密联系的大气数据系统受到直接影响，性能严重下降，误差剧增。同时此时，气流的阻力系数急骤增长好几倍，飞机的升力起伏不定。

跨声速是介于亚声速和超声速之间的一个过渡过程。飞行器从亚声速到超声速或从超声速到亚声速飞行必经过跨声速区。在1940年以前，当时飞机飞行的性能还不足以出现显著的跨声速效应,未能引起人们的重视,"跨声速"这个词直到 20 世纪 40 年代中期才被普遍使用。

跨声速区从飞行器表面上某点气流出现声速的所谓临界速度起到整个流场都是超声速为止,是飞行器表面的气流既有亚声速又有超声速的"混合流动"区,在理论上属混合型方程。这时马赫数和雷诺数都影响飞机的空气动力特性。飞机达到临界速度时,其表面形成激波并随马赫数增大而发展。激波后压力剧增,导致翼面附面层内气流分离。激波与附面层又相互作用。激波产生波阻,使阻力比亚声速时增大若干倍,升力减小,压力中心后移,力矩突变,飞机可能出现振动或颤振。升降舵和副翼等操纵面效率大为降低,而其铰链力矩大增。纵向、横向和航向平衡受到局部影响,尤其是纵向平衡,还容易出现蹬舵反倾斜现象。低空大表速、高空大马赫数的跨声速飞行容易出现自动倾斜,或称翼下冲。此外,高度表、速度表、马赫数表和升降速度表指针因激波而晃动,高度表指示误差急剧增大,这些都会给飞行员带来不便。

超声速飞机越过跨声速的时间短暂,这些影响还不致给驾驶员带来麻烦。但是,一旦跨声速飞行的时间增加,不仅阻力剧增,耗油量大,而且上述不利影响还会使驾驶员操纵困难。现代很少有专为跨声速飞行设计的飞机,因此研究跨声速条件下的融合与修正算法具有重要的价值和意义。

5.3.2　大气数据系统气压高度误差分析

在大气数据系统工作原理研究中提到,大气数据计算机利用大气传感器提供的静压、总压、攻角和总温这几个主要的原始参数,根据大气参数模型解算并输出各种关键的大气数据参数。

气压高度(H_p)与大气的压力和温度有关。在标准大气情况下,高度与大气参数具有如下函数关系:

$$H_p = f(p_s, p_b, t_b, \tau_b) \tag{5.3.1}$$

式中:p_b 为标准大气情况下,各相应大气层的压力下限值(Pa);t_b 为标准大气情况下,各相应大气层的温度下限值(℃);τ_b 为标准大气情况下,各相应大气层的温度梯度(℃/km);p_s 为飞机所在高度的大气静压(Pa)。

对于标准大气,p_b,t_b,τ_b 都是标准值(可参见标准大气表)。因此,只要能测出飞机所在高度的大气静压,就可以按照标准气压公式求得飞机的气压高度。标准气压高度公式如下:

当 $H_p < 36\ 089$ ft 时:

$$H_p = 145\ 442 \times \left[1 - \left(\frac{p_s}{29.291\ 3}\right)^{0.190\ 26}\right] \tag{5.3.2}$$

当 $36\ 089 \leqslant H_p < 65\ 617$ ft 时:

$$H_p = 36\ 089 - 20\ 806 \times \left[\ln\left(\frac{p_s}{6.683\ 24}\right)\right] \tag{5.3.3}$$

可以看出,在标准大气条件下,高度 H_p 只是静压 p_s 的函数。

当飞机正在经历跨声速飞行时,必然要穿越激波,大气数据系统将会受到激波和阻波等气流的影响,表现在大气数据传感器性能严重下降,测量误差急剧增加。由于气压高度是大气静压的函数,因此静压传感器的静压误差特性将会反映到气压高度上,直接影响飞行的安全与质量。

亚声速区间:飞机正常飞行时气流平稳,不会出现激波和阻波等气流现象,大气数据传感器工作正常,大气静压误差小,气压高度稳定可靠。

　　超声速区间:气流出现激波和阻波现象,但是由于激波始终位于飞机的后方,对大气数据系统的影响小,大气静压误差小,气压高度相对稳定可靠。

　　跨声速区间:飞机在飞行过程中要穿越激波,将进入气体的压强、密度、温度、流速等突变的区域,对大气数据系统造成直接的影响,大气静压误差增加,气压高度误差剧增。

　　下面,在理论分析的基础上,利用实际飞行数据对气压高度展开误差分析。利用某型飞机在实际飞行中的数据进行气压高度误差分析,此次飞行包括从亚声速到超声速的完整飞行过程,根据飞行马赫数的大小,分为亚声速区间、跨声速区间和超声速区间。

　　亚声速区间(马赫数在0.8以下),如图5.3.4所示,气压高度曲线变化平稳,性能稳定,能够较好地反映飞行过程中的真实高度信息;超声速区间(马赫数在1.2以上),如图5.3.5所示,气压高度曲线变化平稳,性能稳定,无明显的异常现象。当然,超声速飞行区间,由于气流的情况要比亚声速复杂,大气数据系统性能较亚声速区间将会有所下降。从目前实际飞行中的气压高度曲线可见,亚声速和超声速飞行区间,气压高度信息相对稳定可靠,可以提供给飞行员和飞控系统相对准确的参考信息。

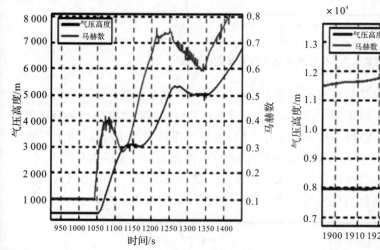

图 5.3.4　亚声速区间气压高度示意图　　　　图 5.3.5　超声速区间气压高度示意图

　　飞机在跨声速飞行区间,气压高度误差将会急剧增加。图5.3.6所示为整个飞行过程中气压高度的曲线,可以清晰地看出,气压高度在飞行过程中有两个明显的波动,波动幅值将近1 000 m。

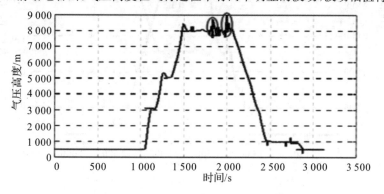

图 5.3.6　飞行过程中气压高度突变示意图

图 5.3.7 中将气压高度曲线与飞行马赫数曲线进行了比较,以此直观地表示误差剧增的马赫数区间。

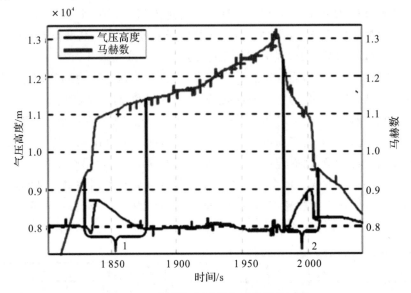

图 5.3.7　局部气压高度与马赫数比对图

可以看到,气压高度出现波动的区域是一个非常特殊的区域,这个区域跨越亚声速和超声速两个阶段,经历了马赫数从 1 以下到 1 以上,即跨声速飞行阶段。同时每次飞行的跨声速阶段又分为由亚声速到超声速阶段(图中以数字 1 标出)和由超声速到亚声速阶段(图中以数字 2 标出),这两个阶段由于飞机受气流和激波影响的方向不同,因此马赫数范围也有所不同。

由气压高度解算模型可知,气压高度仅是大气静压的函数。为了进一步确定气压高度误差源头,对实际飞行静压数据曲线与气压高度曲线进行了比对,如图 5.3.8 所示。

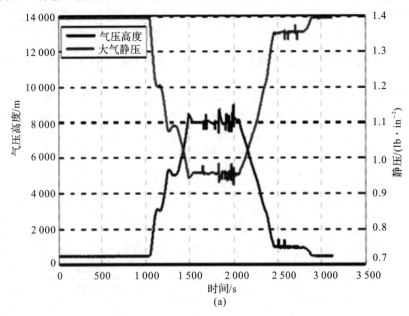

(a)

图 5.3.8　大气静压与气压高度比对图

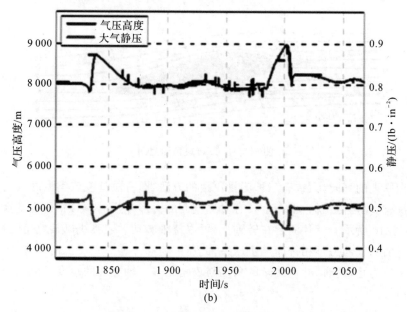

续图 5.3.8　大气静压与气压高度比对图

从图 5.3.8 可以清晰地看出,大气静压在亚声速和超声速区间相对平稳,而在跨声速区间出现了明显的波动,并且大气静压的波动与气压高度波动是完全一致的。也就是说,跨声速阶段气压高度的突变误差是由于跨声速阶段大气静压误差引起的。

由上述气压高度误差分析可以得出以下结论:

(1)大气数据系统测量的气压高度在亚声速和超声速飞行状态平稳可靠,而在跨声速飞行区间会出现显著的突变误差;跨声速区间突变误差的幅度大,可达正常误差的 5～10 倍,持续时间一般在 40 s 以上,对飞行器的正常飞行和安全产生较为明显的影响。

(2)跨声速阶段的气压高度突变在由亚声速到超声速的跨声速阶段和由超声速到亚声速的跨声速阶段均会出现,同时,由于气流干扰的方向不同,这两个阶段出现气压高度突变的马赫数略有不同。

(3)由于在大气数据计算机的解算过程中,气压高度仅为大气静压的函数,故跨声速阶段气压高度的突变误差是由于跨声速阶段大气静压误差引起的,更进一步,是由于静压传感器受到机体周围激波的影响所引起的。

5.3.3　大气数据系统大气攻角误差分析

1. 攻角与攻角传感器

飞机机翼弦线与迎面气流间的夹角称为攻角,如图 5.3.9 所示,它是确定机翼在气流中姿态的基准。攻角是影响飞机升力和阻力的重要参数,飞机的升力系数和阻力系数都取决于攻角的大小,当攻角达到临界攻角时,飞机将发生失速。现代飞机的大量事故便发生在起飞或着陆阶段,大多是因为攻角失控引起失速所致。在现代飞机上攻角还广泛用于火控系统、飞行控制系统、显示系统。特别是放宽静安定度的先进飞机,对攻角的依赖更大。

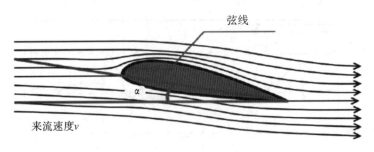

图 5.3.9　飞行攻角示意图

根据工作原理的不同,大致有三种测量攻角的方法,即有三种主流类型的攻角传感器:

(1)旋转风标攻角传感器:由一个具有对称剖面的翼形叶片(风标)和角度变换器(传感器)构成,如图 5.3.10 所示。叶片固定在转轴上,可以绕轴转动。当飞机以某攻角飞行时,由于作用于叶片上下面的气动力不相等而产生压差,此压差使叶片相对于飞机而旋转,直到其中心线与气流方向一致为止,此时,叶片旋转的角度与攻角相等。轴旋转的角度可以用任何角度变换器变换成电信号。

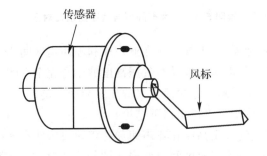

图 5.3.10　风标式攻角传感器

(2)差压管式攻角传感器:由差压管和压力传感器组成。差压管与空速管相似。如图 5.3.11 所示,在与差压管轴线对称的上下左右及轴线上各开有一个孔,当差压管轴线与气流方向一致时,各孔引入的压力均相等;当有攻角时,压力 p_2 和 p_4 将不相等;当有侧滑角时,压力 p_1 和 p_3 不相等。

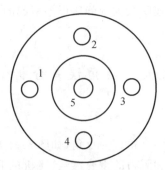

图 5.3.11　差压管截面图

(3)零压差式攻角传感器:由探头、气室、桨叶和角度变换器等部分组成,如图 5.3.12 所示。探头是一个中间有隔板、在中心线两侧对称开有两排进气孔的圆锥体。桨叶和电刷旋转的角度与攻角相等,电位器输出的信号与攻角成比例。

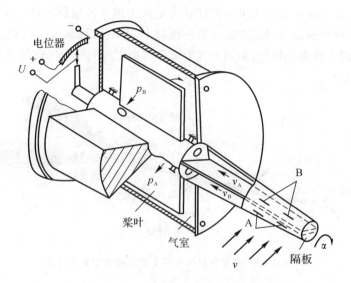

图 5.3.12　零压差式攻角传感器

2. 大气攻角测量误差分析

用攻角传感器所直接测量得到的仅是传感器所在处的气流方向与飞机翼弦间的夹角,称为局部攻角,而真实攻角是指未受扰动的气流方向与飞机翼弦之间的夹角。在假定大气以及飞行平稳、机身周围无扰动气流的前提下,局部攻角等同于真实攻角。然而实际上,这种假定通常不能满足,气流扰动无法避免。因此,攻角传感器直接测得的局部攻角需经过大气数据计算机的气源误差校正处理,方可获取最终的真实攻角信息。局部攻角与真实攻角之间的函数关系比较复杂,一般需要通过反复的风洞试验以及飞行试验才能最后确定。局部攻角 α_L 与真实攻角 α_T 之间的关系归纳为

$$\alpha_T = f_1(Ma)\alpha_L + f_2(Ma) \tag{5.3.4}$$

或

$$\alpha_L = K\alpha_T + \alpha_{L_0} \tag{5.3.5}$$

式中:$f_1(Ma)$,$f_2(Ma)$ 为 Ma 的函数;$K = 1/f_1(Ma)$;α_{L_0} 为 $\alpha_T = 0$ 时的局部攻角,$\alpha_{L_0} = -f_2(Ma)/f_1(Ma)$。

攻角传感器有两种安装方式,一种是直接安装在机身上,另一种则是安装在机头支杆上。图 5.3.13 所示为某一飞机机头的支杆构成,支杆左右两侧有一对风标式攻角传感器,与支杆和其他传感器一起构成机头空速管,同时可探测到侧滑角、总压、静压、总温等。从本质上讲,无论攻角传感器在机身还是在机头支杆,都会受周边气流扰动的影响,尤其在跨声速阶段,激波前后气体的压强、密度、温度都会发生剧烈变化,影响攻角传感器的正常测量,导致攻角传感器的误差增大,因此均无法直接获取真实攻角信息。但是相比两种安装方式,安装在机头支杆上,攻角传感器处的气流受机体本身扰动较小,故测得的攻角信息能够更好地接近真实攻角。

要测得真实攻角需要对攻角传感器进行试飞校准,攻角试飞一般以机头支杆的风标式攻

角传感器作为攻角测试基准,可对其他攻角传感器测得的原始大气攻角进行试飞校准,获得攻角的补偿修正值。但是由于机头的空速管及传感器会影响飞机的气动布局和雷达的正常使用,飞机正式装备使用时一般撤去机头支杆以及支杆上相关传感器。对于攻角测量将恢复原装攻角传感器,这些传感器一般是直接安装在机身上,受气流扰动大。此时,可基于试飞中风标攻角传感器得到的攻角补偿值,利用大气数据计算机对所测的大气攻角进行修正处理,得到精度较高的攻角信息。

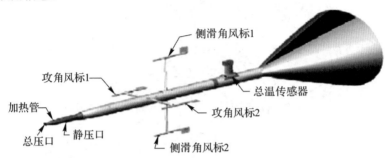

图 5.3.13 安装在机头支杆上的风标式攻角传感器

由于在不同飞行条件下机身周围的气流各具特点,气压高度在不同的飞行速度区间呈现出各自不同的误差特性。作为大气数据系统中另一个关键的传感器设备,攻角传感器也会受不同飞行条件下大气环境的影响,呈现出不同的误差特性。下面将利用飞机在实际飞行中的攻角数据进行特性分析,为大气/惯性攻角融合算法设计奠定基础。分析采用的是安装在机身上的攻角传感器测量的数据,因为安装在机身上的攻角传感器使用更加普遍,同时受机身周围气流影响更大。

如图 5.3.14 所示,与气压高度情况相同,大气攻角也可以分成三个不同的阶段,包括亚声速、跨声速和超声速。这三个阶段由于机身周围气流情况迥异,必然会导致攻角传感器的性能各异,大气攻角的误差特性也不尽相同。

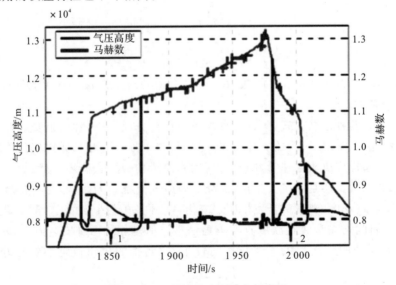

图 5.3.14 亚声速大气攻角示意图

在亚声速区间,如图 5.3.14 所示,攻角曲线变化平稳,攻角变化趋势符合实际飞行情况,但是,攻角曲线毛刺明显,平滑性仍有进一步改善的空间;在超声速区间,如图 5.3.15 所示,攻角曲线平稳可靠,但是与亚声速相同,攻角曲线的平滑性需要进一步提高和改进。

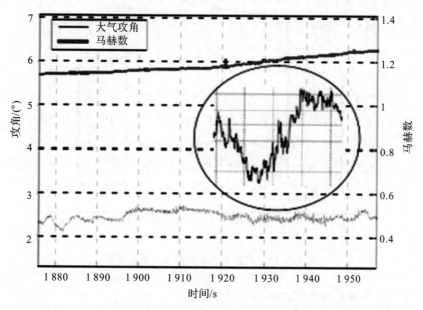

图 5.3.15　超声速大气攻角示意图

图 5.3.16 所示为整个飞行过程中大气攻角的曲线,可以清晰地看出,大气攻角在飞行过程中有两个明显的波动,波动呈锯齿状,波动幅值最大将近 4°。

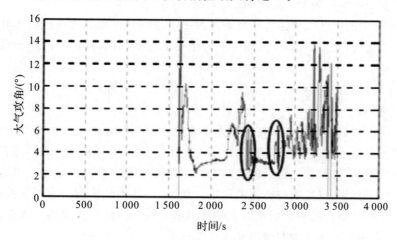

图 5.3.16　飞行过程中大气攻角波动示意图

图 5.3.17 将大气攻角曲线与飞行马赫数曲线进行了比较,以此直观地表示误差剧增的马赫数区间。由图可以看出,大气攻角出现锯齿状波动的区域和气压高度波动的区域几乎完全一致,即跨声速飞行阶段。同时每次飞行出现波动的亚声速到超声速的阶段(图中以数字 1 标出)和超声速到亚声速的阶段(图中以数字 2 标出)由于飞机受气流和激波影响的方向不同,因此波动马赫数范围也略有不同。

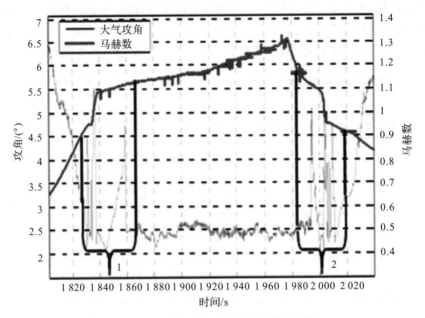

图 5.3.17　局部大气攻角与马赫数比对图

由上述大气攻角误差分析可以得出以下结论：

（1）机载攻角传感器测量的大气攻角在亚声速与超声速飞行区间总体来说平稳可靠，但是攻角曲线的平滑性有待改善。而在跨声速飞行区间攻角出现显著的锯齿状波动误差；跨声速大气攻角波动误差的幅度大，最大波动幅度可达将近 5°，持续时间一般在 40 s 以上，对飞行器的正常飞行和安全产生较为明显的影响。

（2）跨声速阶段的大气攻角锯齿状波动在由亚声速到超声速的跨声速阶段和由超声速到亚声速的跨声速阶段均会出现，同时，由于气流干扰的方向不同，这两个阶段出现攻角波动的马赫数略有不同。

（3）由于飞行攻角在安全飞行中的重要性不可替代，解决跨声速区间大气攻角的异常波动问题重要并且迫切。

实际飞行中大气数据系统气压高度和大气攻角等误差问题由来已久，特别是跨声速阶段异常明显的突变误差，但是一直没有有效的解决办法。在国内，目前对于跨声速的误差一般采用回避与忽略的方式，即依靠飞行员的经验来克服跨声速导航参数的波动。当跨声速的时间短暂时，驾驶员还可以暂且克服跨声速的困难。然而，一旦跨声速飞行的时间控制不好，不仅阻力剧增，耗油量大，而且驾驶员将难以克服跨声速导航参数的巨大误差。因此，开展机载大气/惯性数据信息融合技术研究非常必要且至关重要。

大气数据系统是一种多输入多输出的机载综合测量处理系统。它根据大气传感器测得的基本原始信息，如静压、总压、总温、攻角等，处理计算出几乎所有重要的导航信息。

本节首先详细分析了传统大气数据系统的结构特性、工作原理、测量解算原理等，由于大气数据系统特性与机身周围气流情况紧密联系，因此针对飞行过程中机身周围的气流特性展开了分析和研究。基于大气数据系统特性和气流特性研究，对气压高度以及大气攻角这两个关键的大气参数进行了误差分析，从测量解算原理和实际飞行数据两方面展开。气压高度方面：亚声速和超声速区间气压高度平稳可靠；跨声速区间由于机身周围气流影响，气压高度出现显著的突变误差，对飞行舒适与安全造成严重影响。大气攻角方面：亚声速和超声速区间气压高度平稳可靠，但是曲线平滑性不够理想；跨声速区间，受机身周围急剧变化的气流情况影响，大气攻角出现锯齿状波动，严重影响了飞行的稳定性与安全性。进行大气/惯性融合技术研究非常必要，能够使两者在不降低系统自主性的情况下，改善综合性能。

5.4 飞机大气数据基准系统信息融合与评估技术研究

5.4.1 跨声速大气/惯性高度融合算法研究

跨声速飞行条件下，大气数据系统测量的气压高度会出现突变误差，气压高度误差在很大程度上影响飞行的舒适性与安全性。另外，由于多数飞机上采用传统的气压高度阻尼惯导高度通道的方式，将跨声速气压高度的突变误差带入到了惯导高度通道，致使跨声速气压高度与惯导高度同时不可用，严重影响了飞行性能。

本节在气压高度和惯性高度误差分析的基础上，设计了一种跨声速大气/惯性高度融合算法，在跨声速阶段断开大气阻尼，利用纯惯性信息与气压高度信息进行融合，以修正气压高度的跨声速突变误差。本章利用实际飞行数据对跨声速大气/惯性高度融合算法进行了仿真验证。

1. 传统气压高度阻尼惯导高度通道误差分析

（1）气压高度阻尼惯导通道传统方式。与水平通道的导航计算相同，载体的即时高度 h 是由地理系下天向速度的积分得到的。由此，捷联惯导系统纯高度通道原理如图 5.4.1 所示，该系统的特征方程式为

$$s^2 - \frac{2g_0}{R} = (s + \sqrt{\frac{2g_0}{R}})(s - \sqrt{\frac{2g_0}{R}}) = 0 \tag{5.4.1}$$

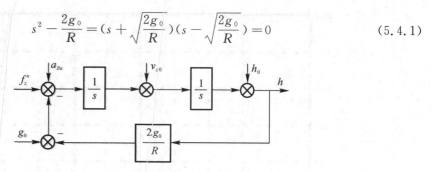

图 5.4.1 捷联惯导系统纯高度通道原理图

上述系统的特征方程式有一个正根存在，说明系统是不稳定的，即最后的计算高度 h 误差是扩散的，也就是说纯惯导的高度通道具有随时间发散的特性，故不能直接采用这种纯惯性的高度通道，而必须引入外部高度信息，对高度通道构成阻尼回路。一般飞机上多采用大气数据系统的气压高度对惯导高度通道进行阻尼，这也是目前国内研究大气/惯性数据信息融合技

术常用且几乎仅有的模式。利用大气数据系统与惯性导航系统各自的特性,两方面取长补短,得到动态品质好而误差又不随时间发散的组合高度系统,通常采用二阶阻尼或者三阶阻尼方式。

(2)惯导高度通道误差仿真分析。本节将根据气压高度阻尼惯导高度通道的原理,在Simulink仿真环境下搭建惯导垂直通道的三阶阻尼结构仿真平台,进行经过气压高度阻尼后的惯导高度通道的误差分析。图5.4.2为三阶阻尼通道的Simulink仿真结构图,其中a_u_1.mat表示惯导系统的天向加速度数据文件,Hp_1.mat表示大气数据系统气压高度数据文件。在仿真过程中,生成相对稳定可靠的气压高度数据,同时在特定时间段上为气压高度加上典型的误差信号Signal1,以此考察气压高度误差经过阻尼后对惯导高度的影响。

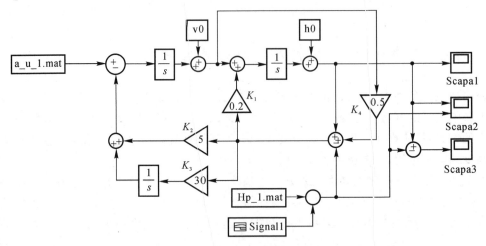

图5.4.2 惯导垂直通道三阶阻尼回路Simulink仿真结构图

为气压高度在某一时间段加入方波误差信号,即Signal1为一方波信号,如图5.4.3所示,误差周期40 s,幅值700 m。仿真输出的阻尼后惯导高度与原始气压高度对比如图5.4.4所示。

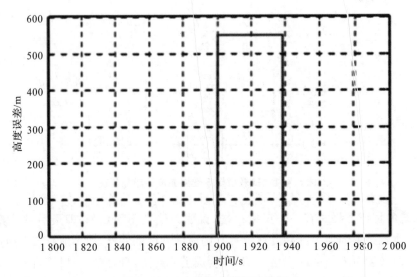

图5.4.3 方波误差信号示意图

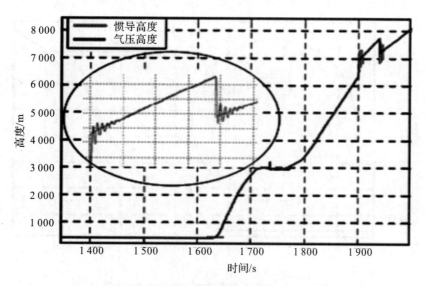

图 5.4.4　阻尼后惯导高度和气压高度对比图

在气压高度未加显著误差时,阻尼后惯导高度与气压高度趋势吻合,数值接近,平稳可靠。而在气压高度加入方波误差段,阻尼后惯导高度出现了与气压高度形状几乎相同的误差,只不过由于原始气压高度的方波误差属于突变误差,阻尼后惯导高度误差存在振荡过程,超调的存在导致惯导系统输出的高度比气压高度的跳动幅度更大。

为气压高度在某一时间段加入三角波误差信号,即 Signal1 为一三角波信号,如图 5.4.5 所示,误差周期 60 s,正向幅值 600 m,负向幅值 400 m。仿真输出的阻尼后惯导高度与原始气压高度对比如图 5.4.6 所示。在气压高度未加显著误差时,阻尼后惯导高度与气压高度趋势吻合,数值接近,都平稳可靠。而在气压高度加入三角波误差段,阻尼后的惯导高度出现了与气压高度形状几乎相同的误差,同时由于原始气压高度的三角波误差不是突变的,阻尼后惯导高度误差不存在振荡过程。

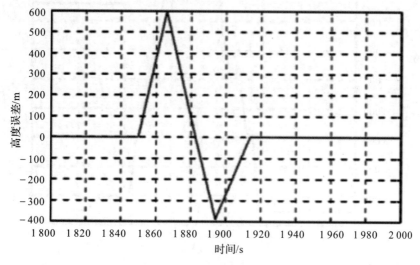

图 5.4.5　三角误差信号示意图

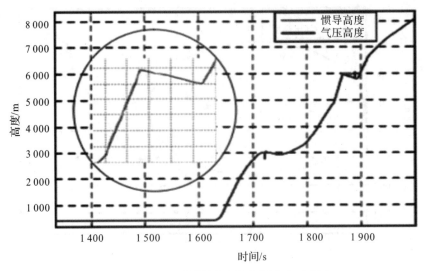

图 5.4.6　阻尼后惯导高度和气压高度对比图

为了进一步证实惯导高度阻尼通道的仿真误差分析,采用实际飞行数据进行分析,在图 5.4.2 中,令 a_u_1. mat 为实际飞行数据中惯导系统的天向加速度数据文件,Hp_1. mat 为实际飞行数据中大气数据系统气压高度文件,外加误差信号 Signal1 为零。Simulink 仿真结果如图 5.4.7、图 5.4.8 所示。图 5.4.7 对比了原始气压高度和阻尼后的惯导高度,图 5.4.8 为原始气压高度和阻尼后惯导高度的差值图。可见,经过垂直通道阻尼后的惯导高度趋势基本与气压高度趋势是一致的,特别是跨声速阶段,阻尼后的惯导高度出现了与气压高度相同的突变波动,也就是说气压高度的跨声速误差会直接带入其阻尼后的惯导高度中去,使得在跨声速阶段气压高度与惯导高度同时不可用。

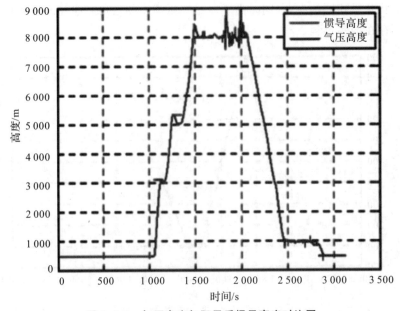

图 5.4.7　气压高度与阻尼后惯导高度对比图

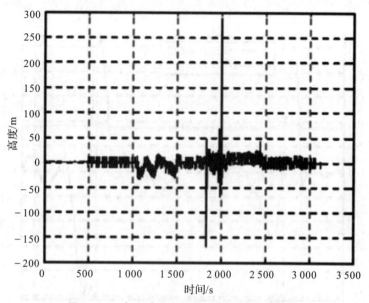

图 5.4.8 气压高度与阻尼后惯导高度差值图

(3)跨声速惯导高度通道实际飞行数据误差分析。根据上述分析可知,利用气压高度对纯惯导高度通道进行阻尼虽然可以有效抑制惯导天向速度的发散,但是气压高度的误差将会直接带入惯导系统的高度阻尼回路中去,使得在惯导高度通道上出现与气压高度误差趋势、方向、幅度都相似的误差。这一点上一节已经进行了仿真分析,本节将直接分析机载惯导系统的实际飞行数据,以进一步验证仿真分析的结论。图 5.4.9 所示为实际机型上的惯导天向速度与 GPS 天向速度的对比曲线。可见,实际飞行数据与上述理论分析完全一致,惯导天线速度出现了与气压高度类似的突变误差。图 5.4.10 将惯导天向速度与气压高度做了比较,以便清晰地显示天向速度突变与气压高度的关系。

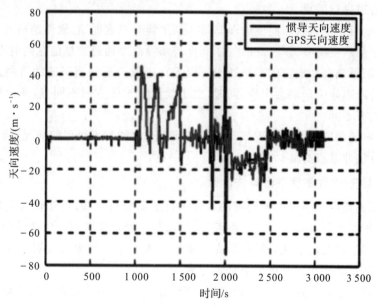

图 5.4.9 惯导/GPS 天向速度对比图

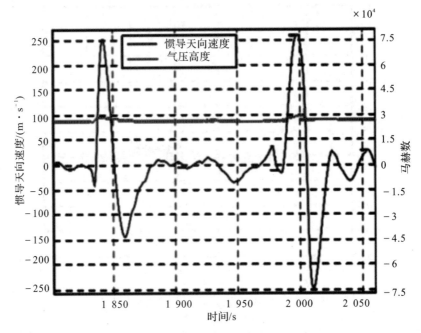

图 5.4.10　天向速度/气压高度对比图

可见,惯导天向速度发生突变误差的时段正是气压高度产生突变误差的飞行段,即由于气压高度阻尼的缘故,惯导天向速度在跨声速阶段会产生突变误差,同时惯导天向速度的突变稍稍滞后于气压高度的波动。惯导高度信息是由惯导天向速度的一次积分得到的,因此惯导天向速度的跨声速误差必然会导致惯导高度的跨声速误差,致使气压高度与惯导高度同时不可用。

由上述惯导高度通道误差分析可以得出以下结论:

(1)由于纯惯导高度通道具有随时间发散的特性,一般飞机多采用大气数据系统的气压高度对惯导高度通道进行阻尼。

(2)惯导高度阻尼使得气压高度的误差带入到了惯导高度通道,致使跨声速阶段惯导的天向速度与高度信息产生突变误差,此时气压高度与惯导高度通道数据信息同时不可用。

(3)惯性导航系统高度通道的跨声速突变误差在由亚声速到超声速的跨声速阶段和由超声速到亚声速的跨声速阶段均会出现,同时,由于气流干扰的方向不同,这两个阶段出现突变误差的马赫数略有不同。

(4)鉴于跨声速阶段很可能出现气压高度与惯导高度同时不可用的情况,研究跨声速气压高度融合修正算法非常有必要。

2. 跨声速大气/惯性高度融合算法设计

通过对气压高度以及惯导高度通道的实际飞行数据分析可知,由于惯导高度阻尼通道的作用,跨声速气压高度的波动会直接影响惯性高度,使得跨声速区间气压高度和惯导高度均不可用。跨声速大气/惯性高度融合算法旨在解决惯性导航系统和大气数据系统各自都无法独自解决的问题,使得融合后的高度信息稳定可靠。

图 5.4.11 表示了跨声速大气/惯性高度融合算法的总体方案流程。惯性导航系统和大气数据系统作为主要的信息融合源提供惯导天向速度、加速度、马赫数和气压高度等信息。通过

马赫数进行跨声速区间判断,在跨声速区间,断开气压高度对惯导高度通道的阻尼,实施跨声速惯导天向速度修正算法。用修正后的纯惯导信息与气压高度进行高度融合,得到跨声速高精度的融合高度信息。在跨声速大气/惯性高度融合算法的总体方案中,跨声速惯导天向速度修正算法和跨声速高度融合算法为关键。

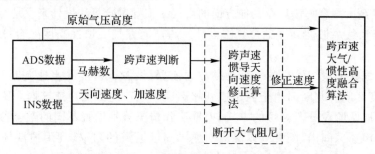

图 5.4.11 跨声速大气/惯性高度融合算法的总体方案流程图

(1)惯导跨声速天向速度修正算法设计。为了提高机载惯性导航系统在跨声速区间的性能,为大气/惯性高度融合算法做好前续准备,需在跨声速阶段对由于气压高度阻尼所引起的惯导天向速度的突变误差进行修正,即设计跨声速惯导天向速度修正算法。

修正方案思路为:在跨声速区间,利用惯导的加速度进行天向速度的递推,在速度发散段,用递推的纯惯性天向速度代替原始速度,以此来消除天向速度突变给后续融合带来的影响。由于天向速度发散段是一个相对短时间的过程,这样的处理是可行的。天向速度修正公式如下:

$$v_{up}(T) = v_{up}(T-1) + a_{up}(T) \times \Delta t \tag{5.4.2}$$

式中:$v_{up}(T)$ 表示当前 T 时刻的惯导天向速度;$v_{up}(T-1)$ 表示前一时刻的惯导天向速度;$a_{up}(T)$ 表示当前时刻惯导天向加速度;Δt 表示 T 和 $T-1$ 时刻的时间间隔。

利用上述方法,对在跨声速阶段惯导天向速度出现突变误差的实际飞行数据进行修正,修正后的惯导天向速度效果如图 5.4.12 所示。

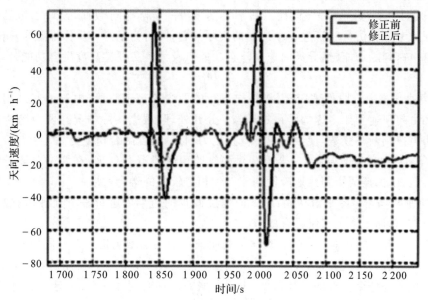

图 5.4.12 惯导天向速度修正效果图

从图 5.4.12 可知,利用天向加速度递推的方式对存在突变误差的惯导天向速度进行修正,可以起到较为明显的效果,惯导天向速度趋于平稳,突变误差平均减少将近 80%。当然,与此同时,惯导本身的发散特性以及其他的一些误差因素影响,使得修正后的天向速度仍然存在一定的误差,但是修正后的效果与原始的惯导天向速度相比已经大大改善,这样的改善对后续跨声速大气 / 惯性高度融合算法以及其他方面的大气 / 惯导融合算法设计来说是至关重要的。

(2) 跨声速大气 / 惯性高度融合算法设计。跨声速大气 / 惯性高度融合算法的设计思路及流程如下:

首先,以大气数据系统输出的飞行马赫数为依据,设置合适的跨声速判断马赫数,判定跨声速飞行的速度区间。判断时由亚声速到超声速和超声速到亚声速这两个跨声速阶段的气流影响不同,采取两阶段分段处理的方式,根据实际情况分别设置不同的融合参数。

其次,在跨声速区间内,断开气压高度对惯导高度通道的阻尼,利用惯性导航系统的加速度递推的方法修正惯导天向速度。T 时刻的惯导天向速度递推表达式见式(5.4.2)。

再次,用修正后的惯导天向速度计算惯导系统的高度,即用修正后的天向速度乘以两次计算的时间间隔,得到根据纯惯性信息推算的高度的增量 $\Delta H(T+\Delta t)$,由此得到 $T+\Delta t$ 时刻的纯惯性高度解算公式如下:

$$H(T+\Delta t)=H(T)+\Delta H(T+\Delta t) \tag{5.4.3}$$

最后,将纯惯性高度与原始气压高度进行跨声速区间的融合,融合时采用高度初值加权融合算法,即将两者以一定的加权系数进行融合,得到稳定可靠的飞行高度信息。

利用纯惯性数据信息对气压高度进行融合,可以在一定程度上平缓波动、消除误差。跨声速高度融合算法利用了纯惯性信息和未进入跨声速前平稳可靠的气压高度信息,便于工程实现。

3. 基于实际飞行数据的跨声速高度融合算法仿真验证

为了验证跨声速大气 / 惯性高度融合算法的有效性与可靠性,本节设计了算法的仿真验证程序,并利用实际飞行数据对算法进行验证。

(1) 高度融合算法仿真程序设计。基于某型飞机的实际飞行数据,设计了仿真程序对算法进行验证。考虑到仿真验证过程中遇到的实际问题,同时为了进一步保证融合算法的效果,程序除了跨声速判断功能、惯导天向速度修正功能以及大气 / 惯性高度融合功能外,还设计了以下功能:

1) 跨声速马赫数分段处理功能:将每次飞行的两个跨声速阶段(由亚声速到超声速的跨声速阶段和由超声速到亚声速的跨声速阶段) 分开处理,根据实际情况在两个跨声速阶段设置不同的跨声速判断马赫数,使天向速度修正更为精确,高度融合精度更高。

2) 融合参数分段处理功能:融合算法对两个跨声速段分开处理,在两个阶段分别设置不同的融合参数,以保证两个跨声速阶段均能得到相对较好的融合效果。

3) 天向速度修正边界平滑功能:对天向速度修正的边界处进行平滑处理,消除修正边界突变的情况,在总体效果上平滑融合效果。

(2) 基于实际飞行数据高度融合算法仿真验证。使用某型飞机三个不同架次的飞行数据对高度融合算法进行仿真验证,其中第一组数据为上文设计分析中所使用的数据,后两组数据为此型号飞机另外两个架次的飞行数据,飞行数据的采样时间为 0.2 s。选取合适的参数,高度融合效果如图 5.4.13 所示。

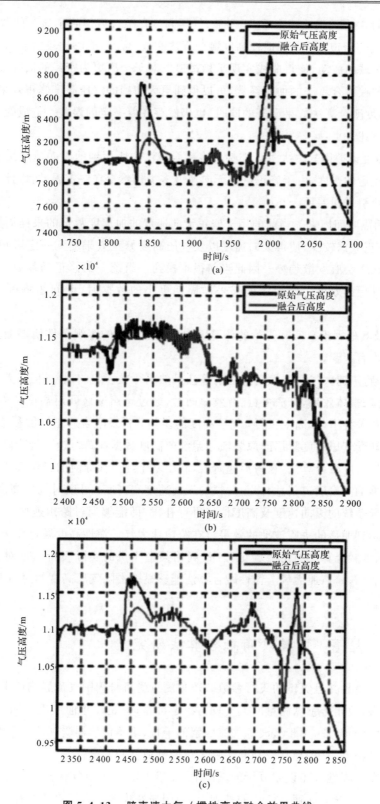

图 5.4.13　跨声速大气／惯性高度融合效果曲线
（a）第一组飞行数据高度融合曲线；　（b）第二组飞行数据高度融合曲线；　（c）第三组飞行数据高度融合曲线

从上述高度融合效果曲线来看,很明显,气压高度在融合后得到了显著的改善,高度误差减小了将近80%。跨声速大气/惯性高度融合算法有效、可靠,能够比较明显地去除气压高度曲线在跨声速区域的波动,使得曲线实现平滑过渡。对于今后更为密集的惯导数据,只要适当调整高度初值加权融合算法的加权系数,可以得到更为精确的气压高度修正效果。

另外,在高度融合算法效果显著的同时,也仍然存在着一定的误差。造成融合后高度误差的原因主要有下述几点:

(1)天向速度误差因素。大气/惯性高度融合算法中所用到的天向速度是利用惯导天向加速度递推修正后的速度,由于修正后的天向速度多少仍然存在一定误差,因此在用来修正气压高度时必然会引进误差项。

(2)修正间隔时间因素。当前的用于修正天向速度的加速度数据的采样周期为 0.2 s,时间间隔较长,修正数据较少,使得天向速度以及气压高度修正效果受到一定影响,当修正马赫数设置不合适时仍会有发散趋势。因此当前很难找到一组统一的修正马赫数,使得三组数据均能达到非常理想的效果。当后续能够采样周期更小的数据时,此问题将得到一定程度的解决。

(3)环境及其他因素。实际飞行的环境因素以及各方面的客观条件使得最后得到的实际修正效果与理论有差距。

综上情况,跨声速大气/惯性高度融合算法虽然仍存在一定的误差,但误差在可接受范围之内,不影响算法整体效果,算法可行、有效。同时,通过跨声速区间对高度的融合,可以为其他一些特殊飞行条件下(如高空飞行)气压高度的误差分析及融合修正提供参考。

气压高度和受气压高度阻尼的原装惯导系统的高度数据在跨声速飞行阶段存在波动。跨声速大气/惯性高度融合算法,在跨声速阶段,利用基于纯惯性导航的工作模式和算法递推得到的纯惯性递推的高度通道信息(修正的惯导天向速度和高度)可以对气压高度、受气压高度阻尼的原装惯导系统的天向速度及高度信息进行补偿,即能够通过跨声速区间大气/惯性高度融合的方法达到明显的去除波动的效果。在跨声速大气/惯性高度融合算法理论设计的基础上,设计了高度融合算法的仿真验证程序,利用某型飞机的实际飞行数据对算法进行了验证。验证结果表明,跨声速大气/惯性融合算法能够显著去除气压高度的跨声速波动,实现曲线的平稳过渡。

5.4.2　大气/惯性攻角融合算法研究

攻角是飞机重要并且关键的飞行参数。攻角测量受机身周围气流影响严重。在亚声速和超声速飞行阶段,攻角传感器测量的大气攻角稳定可靠,但是攻角曲线毛刺明显,平滑性不甚理想;在跨声速飞行阶段,由于激波等气流因素的干扰,攻角传感器受到严重影响,大气攻角出现剧烈的锯齿状波动,这种异常波动会影响飞行的舒适性和安全性。

在大气攻角与惯性攻角误差分析的基础上,介绍了基于变参数互补滤波器的大气/惯性攻角融合算法,在惯导天向速度修正的基础上,利用惯性攻角与大气攻角互补融合的方式修正大气攻角误差,消除跨声速攻角波动,同时平滑亚声速和超声速区间的飞行攻角曲线。另外,特别针对跨声速攻角精度不足的问题,设计了跨声速大气／惯性两步融合算法,在跨声速互补滤波融合的基础上,利用 BP 神经网络算法进一步修正飞行攻角,提高攻角精度。根据算法设计,利用实际飞行数据对算法进行了仿真验证。

1. 惯性攻角解算原理及误差分析

惯性数据是进行大气攻角融合的一种理想数据来源,在具体研究大气／惯性攻角融合算法之前,对惯性攻角解算原理进行研究与分析是前提。同时根据惯性攻角解算原理进一步对惯性攻角误差进行分析有利于为有的放矢地开展大气／惯性攻角融合算法研究奠定基础。

(1) 惯性攻角解算原理。惯性攻角 α_{INS} 的解算方法如下:

$$\alpha_{\text{INS}} = \arctan \frac{W_{\text{B}}}{U_{\text{B}}} \tag{5.4.4}$$

式中:U_{B}、W_{B} 分别为去除风干扰的纯惯性速度在机体坐标轴上前向与地向的分量。要获得不受风干扰的纯惯性速度,必须设法估计飞行当时当地的风速信息。对风速的估计方法中,相对简单和易实现的有两种:天气预报法和 Beaufort 模型法。本章采用天气预报法,根据当时当地的天气预报获取飞行时风速情况,并对惯性速度进行去除风速干扰的处理。

设飞机在东北天地理坐标系下的惯性速度为 $\boldsymbol{v}_{\text{n}} = \begin{bmatrix} v_{\text{n}}^1 & v_{\text{n}}^2 & v_{\text{n}}^3 \end{bmatrix}^{\text{T}}$,预报风速在东北天地理坐标系下的速度为 $\boldsymbol{v}_{\text{g}} = \begin{bmatrix} v_{\text{g}}^1 & v_{\text{g}}^2 & v_{\text{g}}^3 \end{bmatrix}^{\text{T}}$。因此去除风干扰后地理系下纯惯性速度为

$$\overline{\boldsymbol{v}_{\text{n}}} = \boldsymbol{v}_{\text{n}} - \boldsymbol{v}_{\text{g}} \tag{5.4.5}$$

设飞机相对东北天坐标系的姿态角为俯仰角 θ、航向角 ψ 和横滚角 γ,故由东北天坐标系到机体坐标系的转换矩阵 $\boldsymbol{C}_{\text{n}}^{\text{b}}$ 为

$$\boldsymbol{C}_{\text{n}}^{\text{b}} = \begin{bmatrix} \cos\gamma\cos\varphi + \sin\gamma\sin\theta\sin\varphi & -\cos\gamma\sin\psi + \sin\gamma\sin\theta\cos\varphi & -\sin\gamma\cos\theta \\ \cos\theta\sin\psi & \cos\theta\cos\psi & \sin\theta \\ \sin\gamma\cos\psi - \cos\gamma\sin\theta\sin\psi & -\sin\gamma\cos\psi - \cos\gamma\sin\theta\cos\psi & \cos\gamma\cos\theta \end{bmatrix}$$

$$\tag{5.4.6}$$

去除风干扰后机体系下纯惯性速度为

$$\boldsymbol{v}_{\text{b}} = \boldsymbol{C}_{\text{n}}^{\text{b}} \overline{\boldsymbol{v}_{\text{n}}} = \begin{bmatrix} v_{\text{b}}^{\text{r}} & v_{\text{b}}^{\text{f}} & v_{\text{b}}^{\text{u}} \end{bmatrix}^{\text{T}} \tag{5.4.7}$$

式中:v_{b}^{r}、v_{b}^{f}、v_{b}^{u} 分别为惯性速度在机体坐标轴上的右向、前向与天向分量。

故惯性攻角的解算公式可以进一步表达为

$$\alpha_{\text{INS}} = \arctan \frac{-v_{\text{b}}^{\text{u}}}{v_{\text{b}}^{\text{f}}} \tag{5.4.8}$$

因此,惯性攻角是机载惯性导航系统速度的函数,惯导系统的速度精度决定了惯性攻角的精度,进一步决定了大气／惯导攻角融合算法的精度。

(2) 惯性攻角误差分析。本书在 5.3 节中进行了大气攻角的误差特性分析,亚声速和超声速时,大气攻角平稳可靠,但是平滑性仍有待改善;跨声速大气攻角出现锯齿状波动,亟待去除和修正。作为大气攻角进行融合的信息来源,进行惯性攻角的误差特性分析,能为大气／惯性攻角融合算法设计奠定基础。利用某型飞机实际的飞行数据,根据式(5.4.8)解算惯性攻角。惯性攻角与大气攻角的对比如图 5.4.14 所示。

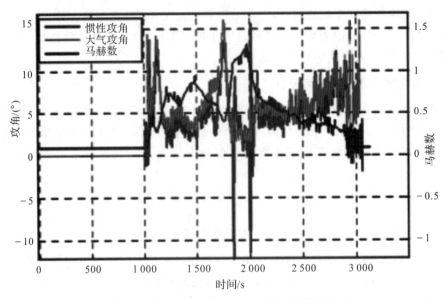

图 5.4.14　惯性攻角与大气攻角对比图

由图 5.4.14 可见,在亚声速和超声速区间,惯性攻角曲线变化平稳,无显著误差,但是由于惯性攻角属于一种近似的解算攻角,因此,其在数值上与大气攻角仍然存在一定误差;跨声速区间,惯性攻角除了正常的解算误差以外,出现了显著且剧烈的突变误差,如图 5.4.15 所示。此误差不同于大气攻角的跨声速锯齿状误差,不是由激波等气流的直接影响造成的,而是由惯导系统的天向速度误差引起的,其幅值达到了大气攻角跨声速锯齿状波动的 6 ～ 7 倍。在前文中已经分析了受气压高度阻尼的惯导高度通道的误差特性,另外根据惯性攻角的解算原理可知,惯性攻角是机载惯性导航系统速度的函数,惯导系统的速度精度决定了惯性攻角的精度,进一步决定了大气 / 惯导攻角融合算法的精度。

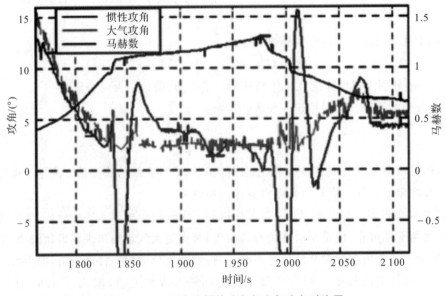

图 5.4.15　跨声速惯性攻角与大气攻角对比图

只有在惯性速度可靠的前提下,惯性攻角的可靠性与平稳性才能够得到保证。因此,在利用惯性攻角对大气攻角进行融合之前必须利用前文中的方法对跨声速惯导天向速度进行修正。

2. 大气／惯性攻角变参数互补融合算法设计

(1)互补滤波设计原理。互补滤波器是将两种性质不同,但特点互补的信息进行融合,获取各自优点,实现两种数据的互补,从而得到比两者都理想的数据信息。

基于互补滤波器的这种思想,若将无偏差但受噪声干扰大的大气数据系统所测得的大气攻角,与低噪声但存在偏差的惯导系统所解算得到的惯性攻角进行融合,获取各自想要的分量,必定能够实现更为精确的飞行攻角的获取。本书设计的互补滤波器的结构原理图如图 5.4.16 所示。其中 $\dot{\alpha}_{\text{INS}}$ 表示通过公式解算的惯性攻角的导数,α_{ADS} 表示大气数据系统给出的大气攻角,将 $\dot{\alpha}_{\text{INS}}$ 与 α_{ADS} 分别通过相应积分环节处理后进行融合,得到融合后的攻角 α。τ 为时间常数,与导航系统的采样周期有关。

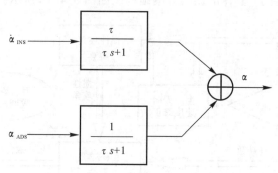

图 5.4.16　攻角互补滤波器结构原理图

(2)改进变参数互补滤波器设计。根据图 5.4.16 所示的互补滤波的原理,可得到如下融合公式:

$$\alpha(\tau) = \frac{\tau s \alpha_{\text{INS}}}{\tau s + 1} = \alpha_{\text{INS}} + \frac{\frac{1}{\tau}}{s + \frac{1}{\tau}}(\alpha_{\text{ADS}} - \alpha_{\text{INS}}) \tag{5.4.9}$$

对上述连续系统模型离散化,可得到如下滤波方程:

$$\overline{\alpha_{k+1}} = \left[\frac{1 - \dfrac{\Delta t}{2\tau}}{1 + \dfrac{\Delta t}{2\tau}}\right] \cdot \overline{\alpha_k} + K_{\text{A}}\left[\frac{\dfrac{\Delta t}{2\tau}}{1 + \dfrac{\Delta t}{2\tau}}\right] \cdot (\alpha_{\text{ADS}_{k+1}} + \alpha_{\text{ADS}_k}) +$$

$$\left[\frac{1 + (1 + K_{\text{A}})\dfrac{\Delta t}{2\tau}}{1 + \left(\dfrac{\Delta t}{2\tau}\right)}\right] \cdot \alpha_{\text{INS}_{k+1}} + \left[\frac{(1 - K_{\text{A}}) \cdot \left(\dfrac{\Delta t}{2\tau}\right) - 1}{1 + \left(\dfrac{\Delta t}{2\tau}\right)}\right] \cdot \alpha_{\text{INS}_k} \tag{5.4.10}$$

当前的互补滤波模型有 3 个可调参数,为了进一步增加滤波程序的灵活性与控制性,增加大气攻角与惯性攻角的可调范围,提高滤波效果,对式(5.4.10)进行进一步改进,增加 1 个可调滤波权值参数 α,得到最终的改进互补滤波方程:

$$\overline{\alpha_{k+1}} = \left[\frac{1 - \dfrac{\Delta t}{2\tau}}{1 + \dfrac{\Delta t}{2\tau}} \right] \cdot \overline{\alpha_k} + K_A \left[\frac{\dfrac{\Delta t}{2\tau}}{1 + \dfrac{\Delta t}{2\tau}} \right] \cdot (\alpha_{\mathrm{ADS}_{k+1}} + \alpha_{\mathrm{ADS}_k}) +$$

$$\left[\frac{1 + (1 + K_A) \dfrac{\Delta t}{2\tau}}{1 + \left(\dfrac{\Delta t}{2\tau} \right)} \right] \cdot \alpha_{\mathrm{INS}_{k+1}} \cdot \alpha + \left[\frac{(1 - K_A) \cdot \left(\dfrac{\Delta t}{2\tau} \right) - 1}{1 + \left(\dfrac{\Delta t}{2\tau} \right)} \right] \cdot \alpha_{\mathrm{INS}_k} \cdot \alpha \qquad (5.4.11)$$

方程中共有 4 个可调参数,分别是离散时间 Δt、时间常数 τ、权重系数 K_A 以及权值系数 a。因此,本书设计的互补滤波器为变参数互补滤波器,通过配合调试方程的可调参数,可以得到相对理想的融合效果。

(3)跨声速攻角互补融合实施方案。图 5.4.17 为大气/惯性攻角变参数互补融合方案的实施结构图,在执行互补融合算法的具体过程中,为了达到良好的攻角融合效果,需要对算法的互补融合参数进行调试。具体的调试方案结构图如图 5.4.18 所示。

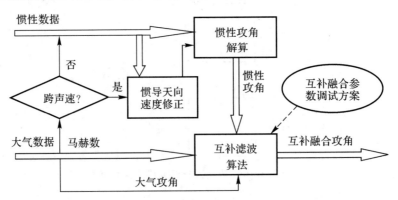

图 5.4.17 大气/惯性攻角互补融合方案实施结构图

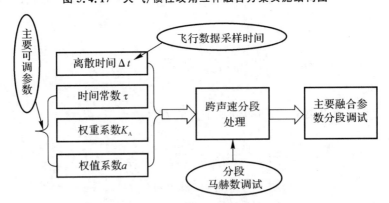

图 5.4.18 互补融合参数调试方案结构图

在参数调试方案中,互补滤波器的离散时间 Δt 为实际飞行数据的系统采样时间,一旦相应机型和机上导航系统确定,Δt 便为一常值,故主要可调参数为时间常数 τ、权重系数 K_A 以及权值系数 a。攻角融合方法与高度融合方法一样,采用对由亚声速到超声速和由超声速到亚声速这两个跨声速阶段分开处理的方式,分别设置不同的修正马赫数,并分别对这两段进行参数调试。一般来说,可调参数有如下规律:τ 的设置影响惯性攻角和大气攻角在融合作用中的比重,τ 越大,惯性攻角越在融合中起主导作用;权重系数 K_A 的大小表示大气攻角在融合中的影响比重,K_A 越大,大气攻角对最后融合攻角的影响就越大;权值系数 a 进一步控制惯性攻角在融合中的比重,进一步提高攻角融合精度。

3. 基于实际飞行数据的攻角变参数互补融合算法仿真验证

为了验证大气/惯性攻角变参数互补融合算法的有效性与可靠性,本节设计了算法的仿真验证程序,并利用实际飞行数据对算法进行验证。

(1)攻角变参数互补融合算法仿真程序设计。本书基于某型飞机的实际飞行数据,设计了仿真程序对算法进行验证。考虑到仿真验证过程中遇到的实际问题,同时为了进一步保证融合算法的效果,仿真程序除了跨声速判断功能、惯导天向速度修正功能、惯性攻角解算功能以及变参数互补滤波融合算法功能外,还设计了以下功能:

1)修正马赫数分段处理功能:将每次飞行的两个跨声速阶段(由亚声速到超声速的跨声速阶段和由超声速到亚声速的跨声速阶段)分开处理,根据实际情况在两个跨声速阶段设置不同的修正马赫数,使天向速度修正更为精确。

2)融合参数分段处理功能:融合算法对两个跨声速段分开处理,在两个阶段分别设置不同的融合参数,以保证两个跨声速阶段均能得到相对较好的融合效果。

3)天向速度修正边界平滑功能:对天向速度修正的边界处进行平滑处理,消除修正边界突变的情况,在总体上平滑融合效果。

(2)跨声速飞行条件下的攻角互补融合算法仿真验证。基于以上程序功能的设计,本书采用某型飞机的三个不同架次飞行数据,对跨声速条件下大气/攻角互补融合算法进行验证,飞行数据的采样时间为 0.2 s。对三组实际试飞数据进行了跨声速阶段的融合参数的反复调试。从调试的结果来看,参数具有一定的适应性,使得三组数据均具有相对较为理想的效果。跨声速阶段的攻角互补融合效果如图 5.4.19~图 5.4.21 所示。

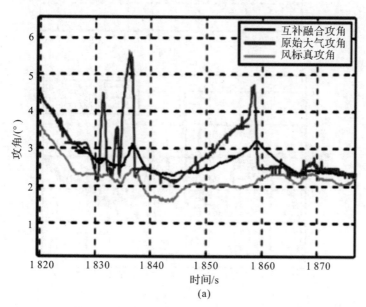

图 5.4.19 第一组飞行数据跨声速攻角融合效果曲线

(a)亚声速到超声速段融合曲线

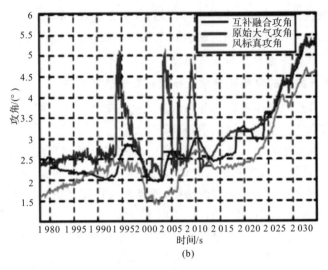

(b)

续图 5.4.19 第一组飞行数据跨声速攻角融合效果曲线

(b)超声速到亚声速段融合曲线

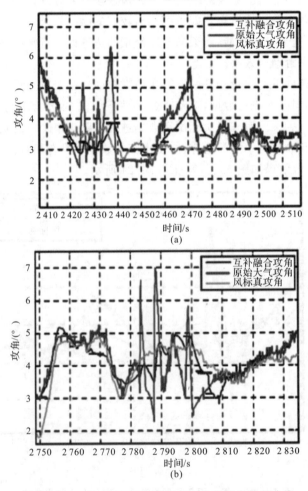

图 5.4.20 第二组飞行数据跨声速攻角融合效果曲线

(a)亚声速到超声速段融合曲线； (b)超声速到亚声速段融合曲线

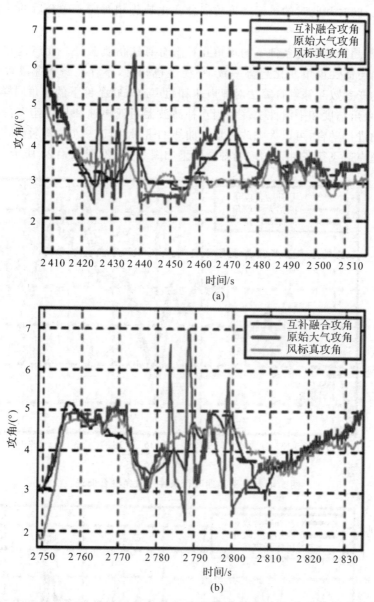

图 5.4.21 第三组飞行数据跨声速攻角融合效果曲线

(a)亚声速到超声速段融合曲线； (b)超声速到亚声速段融合曲线

上述曲线中,将互补融合后的攻角与原始大气攻角以及风标真攻角曲线进行了比较,其中风标真攻角信息是通过机头支杆上的风标式攻角传感器测得的,虽然不能完全等同于真实攻角,但能够较好地接近真实攻角的变化趋势和数值。但是机头支杆在正常飞行中由于会影响飞机的气动布局和雷达的正常使用将被撤去,因此,多数时候无法获得飞行的风标真攻角信息,于是本书设计的大气/惯性攻角融合算法就显得尤为关键。

从三组数据的跨声速攻角融合效果可以看出,通过算法程序的处理以及合理的参数设置,可以较好地兼顾从亚声速进入超声速以及从超声速回到亚声速这两个不同的跨声速阶段,使得两个跨声速阶段都有比较明显的融合效果。融合之后的攻角能够去除大气攻角在跨声速阶段的锯齿状波动,同时和此时的风标真攻角信息变化趋势相对应。融合后的攻角误差减小将近 90%。

(3)亚声速和超声速飞行条件下的攻角互补融合算法仿真验证。亚声速和超声速飞行条件下的大气攻角与惯性攻角变化趋势一致,平稳性也较好,不存在跨声速段攻角的锯齿状波动。本书设计的变参数互补融合算法对亚声速和超声速飞行条件下的攻角同样有融合修正效果,主要体现在攻角精度和平滑性上。利用互补滤波器对亚声速和超声速飞行条件下的大气攻角与惯性攻角进行融合,可以大大改善攻角曲线的平滑性,进一步提高整体飞行中的攻角精度。亚声速和超声速飞行条件下的攻角融合效果如图 5.4.22、图 5.4.23 所示。

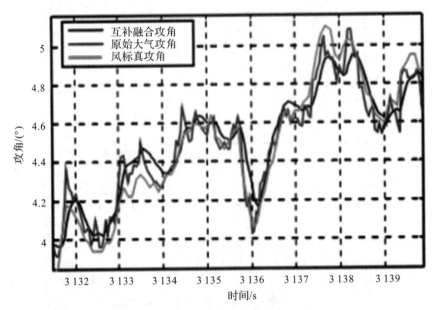

图 5.4.22　亚声速飞行条件下攻角融合曲线

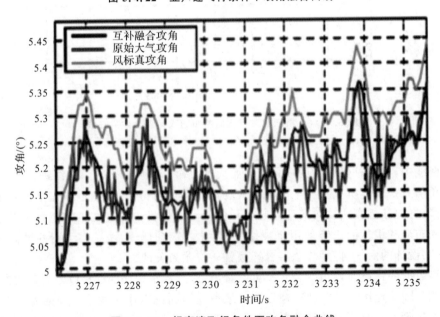

图 5.4.23　超声速飞行条件下攻角融合曲线

可见,在机身周围气流相对简单与平稳的亚声速和超声速飞行阶段进行基于变参数互补滤波器的大气/惯性攻角融合,能够进一步改善攻角的总体效果,特别是起到了很好的平滑效果。也就是说,大气/惯性攻角互补融合算法对所有飞行阶段都是有效的,可以有效提高飞机整体飞行的攻角精度。

4. 跨声速大气/惯性攻角两步融合算法的设计与验证

前面介绍的攻角变参数互补滤波融合算法适用于飞行器的各种飞行状态和阶段,能够保证整体飞行过程中攻角的平稳与可靠。然而,从图 5.4.19～图 5.4.21 可见,在跨声速飞行阶段,单纯采用攻角变参数互补滤波融合算法虽然基本上消除了大气攻角在跨声速阶段的锯齿状波动,实现了攻角的平稳过渡,但是融合攻角在数值上与风标真攻角信息仍然存在一定的差值。在认为风标真攻角信息精度相对较高,更为接近真实攻角的前提下,希望在跨声速阶段融合后的攻角能够更逼近真攻角信息。因此,在上文的基础上,设计了专门针对跨声速飞行攻角的跨声速大气/惯性攻角两步融合算法,得到平稳、可靠,并且高精度的飞行攻角信息。

(1)跨声速大气/惯性攻角两步融合算法思路。跨声速大气/惯性攻角两步融合算法的目的是在去除跨声速攻角锯齿状波动的前提下,进一步提高融合攻角的精度,使其更接近真实攻角。因此,跨声速大气/惯性攻角两步融合算法的第一步即为上文中详细介绍的跨声速攻角互补滤波融合算法,在此不再赘述;第二步为基于 BP 神经网络的跨声速攻角修正算法,将做详细讨论。跨声速大气/惯性攻角两步融合算法的主要目的是利用机载惯导系统,通过互补滤波融合与神经网络修正跨声速攻角显著的误差,获取接近真实攻角的高精度融合攻角信息。

算法流程图如图 5.4.24 所示,利用惯导系统信息与大气数据系统信息获取高精度的融合输出攻角,融合修正算法主要分为如下两步:

1)第一步:基于变参数互补滤波的攻角融合。这一步算法又分为跨声速惯导天向速度修正和变参数互补滤波融合两步,得到消除剧烈波动后的平稳的互补融合攻角。

2)第二步:基于 BP 网络的攻角修正。利用现有飞行数据训练 BP 网络,然后将新的飞行数据输入训练好的网络,网络输出攻角为经过修正的高精度攻角信息。

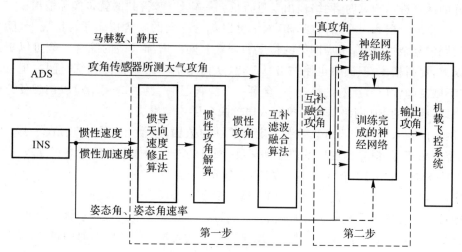

图 5.4.24　跨声速大气/惯性攻角两步融合算法流程图

(2)基于 BP 网络的攻角修正算法设计。

1)BP 网络结构与原理。BP 网络是人工神经网络实际应用中使用最广泛的一种,绝大部分的神经网络模型采用 BP 网络和它的变化形式。BP 网络由输入层、隐含层和输出层组成,层与层之间采用全互联方式,层内无相互联系,隐含层可以有一个或多个,其结构图如图 5.4.25 所示。

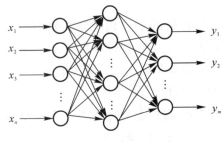

图 5.4.25　BP 网络结构图

BP 网络的学习过程由信号的正向传播与误差的反向传播两个过程组成。正向传播时,输入样本从输入层传入,经隐含层逐层处理后传向输出层。若输出层的实际输出与期望输出(导师信号)不符,则转向误差的反向传播阶段。误差的反向传播是将输出误差以某种形式通过隐含层向输入层逐层反传,并将误差分摊给各层的所有单元,从而获得各层单元的误差信号,此误差信号即作为修正各单元权值的依据。这种信号正向传播与误差反向传播的各层权值调整过程周而复始地进行。权值不断调整的过程,也就是网络的学习训练过程。此过程一直进行到网络输出的误差减小到可以接受的程度,或进行到预先设定的学习次数为止。

2)BP 网络的设计。实际应用中,传统 BP 算法存在自身的限制与不足,如易陷入局部极小点、收敛速度慢、神经网络泛化能力不能保证等,导致传统 BP 网络在实用性方面存在较大不足,因此就有了各种改进 BP 算法。典型的改进算法有附加动量法、自适应学习速率法、弹性 BP 算法、共轭梯度法和 Levenberg-Marquardt(LM)算法等。本书采用 LM 算法设计 BP 网络。

LM 算法是一种利用标准数值优化技术的快速算法,它是梯度下降法与高斯-牛顿法的结合,它既有高斯-牛顿法的局部收敛性,又具有梯度下降法的全局特性,不仅利用了目标函数的一阶导数信息,还利用了目标函数的二阶导数信息。

本书用于 BP 网络训练与测试的数据为某型飞机的实际试飞数据,网络的输入输出数据取值范围不同,其值参差不齐,为了计算方便并防止部分神经元达到过饱和状态,在 BP 网络训练前先对输入/输出数据进行归一化处理,使其限制在一定的范围内(如 -1 和 1 之间)。当对训练好的网络进行测试时,网络输出要进行反归一化处理,得到的就是实际输出。

除了一个输入层和一个输出层,BP 网络可以包含不同的隐含层。通常情况下,隐含层数应根据问题的复杂性,综合考虑网络的精度和训练时间。增加网络的隐含层数可以更进一步地降低误差,提高精度,但同时也使网络复杂化,从而增加网络权值的训练时间。理论上已经证明,在不限制隐含层节点数的情况下,含有一个隐含层的三层 BP 网络可以实现任意非线性映射。因此,此处的 BP 网络结构为单输入层单隐含层单输出层。

BP 网络的输入选择与飞行攻角有一定相关性的数据,包括互补融合攻角、马赫数、静压、姿态角、姿态角速率、惯导速度以及惯导加速度,网络的输出为修正后的较高精度攻角。因此,本书 BP 网络输入层有 13 个节点,输出层有 1 个节点。

确定隐含层的节点个数是十分复杂的问题,至今尚未找到一个很好的解析式,隐含层节点数往往根据前人经验和反复的试验来确定。一般认为,隐含层节点数与求解问题的要求、输入输出单元数多少都有直接的关系。另外,隐含层节点数太多会导致学习时间过长,而隐含层节点数太少,容错性差,识别未经学习的样本能力低,所以必须综合多方面的因素进行设计。根

据前人经验,隐含层节点数的初始值可以参照以下公式来确定:

$$n = \sqrt{n_i + n_o} + a$$

式中:n 为隐含层节点数;n_i 为输入层节点数;n_o 为输出层节点数;a 为 $1 \sim 10$ 之间的常数。此处 BP 网络隐含层节点数选择为 14。

输出层传递函数可以选择纯线性函数和双曲正切 S 型函数,两者收敛步数和误差相当。因为输入和输出数据做了归一化处理,此处选取隐含层和输出层传递函数都为纯线性函数。基于不同架次的三组实际试飞数据,利用前两组飞行数据进行 BP 网络的训练,最大训练步数设为 500,训练目标误差设为 0.001,采用不同的 BP 算法,从而得到不同的网络训练结果,亚声速到超声速以及超声速到亚声速两个跨声速阶段的结果比较见表 5.4.1。

表 5.4.1　不同 BP 算法的训练结果比较

BP 算法	亚声速到超声速阶段		超声速到亚声速阶段	
	训练步数	均方误差	训练步数	均方误差
标准 BP 算法	500	0.035 658	500	0.021 807
附加动量法	500	0.022 999	500	0.018 335
自适应学习速率法	500	0.003 113	500	0.001 639
弹性 BP 算法	500	0.001 199	69	0.000 990
共轭梯度算法	500	0.001 211	107	0.000 994
LM 算法	13	0.000 997	5	0.000 847

由表 5.4.1 可知,在相同的 BP 网络结构、传递函数、最大训练步数和训练目标误差的前提下,标准 BP 算法收敛速度慢,误差最大,各种改进 BP 算法误差均有所减小,其中 LM 算法收敛速度最快,且误差最小,从而进一步验证了本书采用 LM 算法设计 BP 网络的合理性。

BP 网络训练与测试流程图如图 5.4.26 所示,在利用前两组实际飞行数据作为训练集数据的同时,采用第三组飞行数据作为测试集数据。

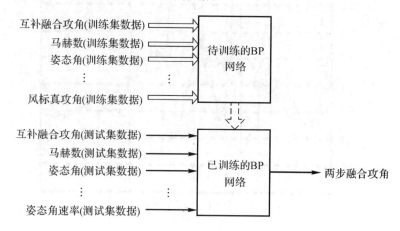

图 5.4.26　BP 网络训练与测试流程图

(3)基于实际飞行数据的跨声速大气/惯性攻角两步融合算法仿真验证。基于上述原理确定了 BP 网络结构并且进行 LM 算法的设计,即完成了跨声速大气/惯性攻角两步融合算法的第二步。利用实际飞行数据对跨声速大气/惯性攻角两步融合算法进行仿真验证,使用的飞行数据与上述章节中使用的数据相同,共有三组。利用前两组跨声速阶段的飞行数据进行 BP 网络的训练,将网络训练的输出与对应的风标真攻角进行对比。利用训练好的 BP 网络对第三组飞行数据进行测试,BP 网络输出攻角即为跨声速攻角两步融合算法的融合修正攻角。两个跨声速阶段的两步融合攻角效果曲线如图 5.4.27 所示。

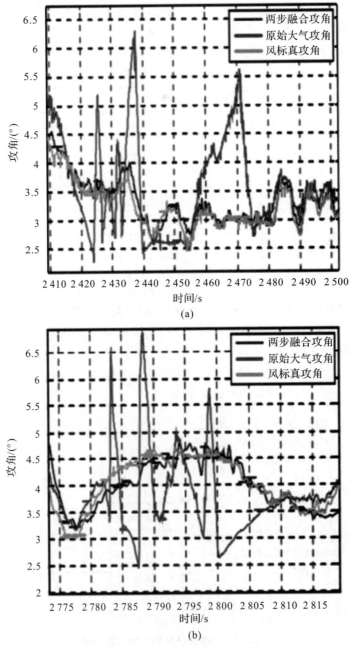

图 5.4.27 跨声速大气/惯性攻角两步融合算法效果曲线

(a)亚声速到超声速阶段融合曲线； (b)超声速到亚声速阶段融合曲线

以风标真攻角数据信息为基准,对原始大气攻角以及两步融合后的攻角的误差进行量化比较,其误差均值、标准差对比见表 5.4.2。

表 5.4.2　原始大气攻角与两步融合攻角误差比对表　　　　单位:(°)

飞行阶段	原始大气攻角		互补融合攻角		两步融合攻角	
	均值	标准值	均值	标准差	均值	标准差
亚声速到超声速阶段	−0.320 4	0.821 0	−0.216 6	0.474 2	−0.077 2	0.101 7
超声速到亚声速阶段	0.290 3	0.795 6	0.150 1	0.354 2	0.089 2	0.167 5

飞行攻角是一个与多种因素有关的复杂参数,难以实现精确建模。利用 BP 网络良好的非线性逼近特性可建立"黑箱"模型,避开对各因素间复杂关系的求解,且逼近原始参数间的输入/输出关系。

从上述跨声速阶段攻角两步融合的效果图以及误差的均值、标准差比较表可以看出,跨声速攻角在经过两步融合后不仅消除了跨声速阶段的攻角锯齿状波动,而且融合后的攻角趋势与风标真攻角基本一致,曲线吻合程度较好,误差显著减小。同时两步融合攻角曲线的平滑性与稳定性也较原始大气攻角得到显著的改善和提高,因此在跨声速段可将两步融合后的攻角近似代替波动较大的原始测量攻角,提高攻角信息的总体精度,实现对原始测量攻角的补偿修正。

飞行攻角是影响飞机升力和阻力的重要参数,是飞行控制及导航系统所必需的参数,直接关系到飞行质量与安全。航空飞行器在跨声速飞行中,激波严重影响机载大气数据系统对飞行攻角的测量精度,本节研究主要利用大气/惯性数据信息融合的方法以消除飞行攻角误差,提高飞行攻角的精度。

本节首先在大气/惯性攻角误差分析的基础上,设计了基于变参数互补滤波器的大气/惯性攻角融合算法,首先进行跨声速惯导天向速度修正,而后利用变参数互补滤波器进行大气/惯性攻角的融合,利用实际飞行数据对融合算法进行性能验证,结果表明,大气/惯性攻角变参数互补滤波算法能够有效去除跨声速大气攻角的剧烈波动,同时提高亚声速和超声速阶段飞行攻角的平稳性与可靠性。特别针对跨声速阶段攻角的精度问题,本节设计了一种基于变参数互补滤波器与 BP 网络的跨声速大气/惯性攻角两步融合算法。在互补滤波融合的基础上,对跨声速阶段的攻角进行基于 BP 网络算法的进一步修正,在消除跨声速攻角波动的同时,进一步提高攻角信息的精度,为精确导航和飞行控制提供一个有力的保障。

5.4.3　基于多传感器融合的导航性能评估技术研究

上述章节主要根据大气数据系统与惯性导航系统的工作原理以及各自的误差特性,展开了大气/惯性数据信息融合技术的研究。然而,除了融合算法的设计研究之外,对融合算法效果,以及融合后的大气数据系统、惯性导航系统开展性能评估也是重要的一方面。在进行导航性能评估时,需要有具体的导航基准作为评估标准。在上述章节的导航性能以及融合效果评价中,多采用 GPS 信息和风标真攻角信息作为评价的基准。

随着融合算法精度和被评估设备的精度越来越高,导航基准传感器越来越难以满足评估的要求,本节设计了一种基于多传感器融合的评估方法,这种方法不仅适用于大气/惯性融合技术的评估,也适用于对机载各导航传感器与导航信息的评估。

1. 基于多传感器融合的导航性能评估方案设计

在对融合算法以及导航信息评估的过程中,通常依靠更高精度的基准传感器对被评估对象的参数精度进行计算,若基准传感器的精度不满足,评估将失去意义。然而,目前的融合方法越来越先进,融合后的导航参数精度也越来越高,导航基准传感器越来越难以满足评估要求。

目前飞机上主要的导航设备包括惯性导航系统(INS)、大气数据系统(GPS)、全球卫星定位系统(GPS)、战术空中导航系统(TACAN)、联合信息分发系统(JIDS),以后还可能会增加地形辅助导航系统、SAR雷达成像导航系统,这些导航传感器各有特点,本节研究目标是将这些各有特点的导航数据进行融合,最后能够形成更高精度的导航基准数据,具有良好的稳定性、连续性、抗干扰性、高数据更新率。

(1)多传感器信息融合评估技术整体方案。多传感器信息融合评估技术研究的目的是采用多信息组合导航和飞行数据事后处理的理论方法,对多冗余导航传感器输出数据进行融合处理,得出一套较为完整的导航参数信息。

考虑到惯性导航系统是最基本、最主要的导航传感器,也是多冗余导航传感器输出频率最高、输出导航参数信息最丰富的系统,因此,它的输出数据必然是多传感器信息融合评估算法的最主要数据来源,为此,有关的数据融合处理算法都建立在它的基础上。

目前可应用于多传感器数据融合的算法主要有卡尔曼滤波、最优固定区间平滑滤波等方法。其中卡尔曼滤波是一种线性最小方差估计,它的估计准则是估计的方差最小,它的估计值是观测值的线性函数,并且是无偏估计。在计算方法上,它采用递推形式,通常需要两种或两种以上具有冗余测量信息的不同类型的系统。

为了进一步提高数据融合的精度,本节将研究并实现事后的全局数据信息融合方法,这种融合方法是最优固定区间平滑滤波算法。这种方法利用了被估计状态以后时刻的量测值来进行估计,通过增加量测值的方法,以提高状态估计精度。

最优固定区间平滑滤波算法是一种有效的基于全局信息的事后处理方法,原理上它的精度要优于卡尔曼滤波算法精度,在惯性导航的参数测试中得到了较多的应用。将卡尔曼滤波和最优固定区间平滑滤波结合,可以有效提高多冗余导航传感器输出数据的融合精度。**具体采用的思路是**:按时间顺序作卡尔曼滤波最优估计,在估计过程中存储有关信息,卡尔曼滤波结束后再按时间逆序作最优固定区间平滑处理,平滑结束后即获得融合后的结果数据。

另外,从工程实现角度考虑整体多传感器融合评估技术的实现,同时兼顾卡尔曼滤波算法的实现原理和具体实施过程,本节在卡尔曼滤波前提出了一种量测融合算法,即把机上多种导航系统的导航数据在卡尔曼滤波前进行初步融合,根据飞行器实时的飞行状态和条件判断各传感器精度状况,融合得到一组高精度的导航信息作为卡尔曼滤波的量测信息。这样,既有效使用了机上各个导航传感器,又保证了整体算法简洁,工程实现方便。

为此,综合上述的考虑,本节设计的评估技术的核心算法,即数据融合算法,包括三部分:

1)基于机载各导航传感器的量测融合。

2)基于集中卡尔曼滤波的导航数据融合。

3)在卡尔曼滤波基础上利用最优固定区间平滑滤波实现的全局信息优化融合。

(2)多传感器信息融合评估算法流程设计。进行多传感器信息融合评估技术研究首先涉及的是参与信息融合的导航传感系统的选择,其原则包括:

1)参与信息融合的导航信息来自于多数机上常备的导航传感系统,利用机上本身具备的导航传感器数据信息进行融合,可以在不增加飞机额外负担的情况下获取高精度的导航基准信息,并且便于对机上其他导航设备进行评估。

2)参与信息融合的导航传感器拥有各自不同的特性,且这些特性能够在一定程度上实现互补,各传感器取长补短,融合后能够得到高精度的导航基准信息。

根据上述原则,选择采用的信息融合的导航设备包括 INS、ADS、GPS、TACAN、JIDS,这些导航系统拥有各自的特点,其融合后可以扬长避短,优势互补,得到高精度的融合结果作为评价基准信息。基于上述导航设备,多传感器信息融合评估算法结构框图如图 5.4.28 所示。

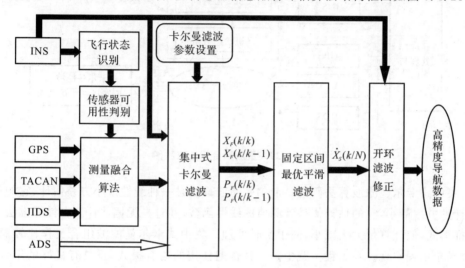

图 5.4.28　多传感器信息融合评估算法结构框图

如图 5.4.28 所示,INS 和 ADS 直接参与卡尔曼滤波,GPS、TACAN、JIDS 参与量测融合。首先根据惯导系统实时的导航信息判断飞机的飞行状态,根据飞机的飞行状态,判断各导航传感器的可用性与精度,继而进行量测融合。将惯导相关数据信息、大气数据系统数据信息与量测融合后的高精度量测信息通过集中式卡尔曼滤波器,而后进行固定区间最优平滑滤波,利用滤波后的信息对原始惯导数据进行开环滤波修正,得到最后的高精度导航数据作为评价基准。

2. 基于多传感器融合的导航性能评估技术算法研究

(1)量测融合算法研究。GPS、TACAN、JIDS 这三者的导航原理具有一定的相似性和互补性,同时导航信息具有一定的冗余性,因此,在进行卡尔曼滤波与固定区间平滑滤波之前,将这三种机载传感器所能提供的各冗余量测信息融合起来,以获得相对精度最高的量测信息,是保证导航信息最终融合精度的关键之一。本系统中所设计的量测融合算法主要是在集中卡尔曼滤波之前,将 GPS、TACAN、JIDS 这三种传感器信息进行融合。另外,为了区分量测融合前后的信息,把经过量测融合后的导航数据称为 GTJ(GPS&TACAN&JIDS)数据。

量测融合算法流程如图 5.4.29 所示,算法设计思路为:在量测融合前对数据进行简单的预处理,以得到相对规范的各导航传感器数据,以便后续处理。通过惯导数据进行飞机实时飞行状态的判断。飞行状态的判断采用经典的阈值判别法,这种判别方法相对简单与直观,并且容易实现。量测融合算法主要采用最优选择替代法,即根据飞行状态的识别判断某一时刻 GPS、TACAN 与 JIDS 的可用性和可靠性,选择那一时刻可靠性和精度相对最高的导航系统的数据作为 GTJ 数据,并且对于数据跳变节点做加权平滑处理。最后将更高精度的 GTJ 导航数据进行卡尔曼滤波以及更进一步的最优固定区间平滑滤波。

经过量测融合后的量测信息文件 GTJ 主要存在两种信息组合形式,即以位置、速度为量测信息的六维组合模式以及以位置为量测信息的三维组合模式。

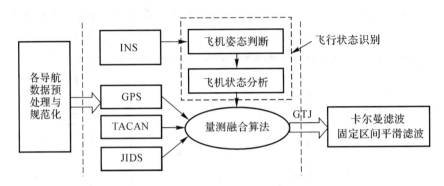

图 5. 4. 29 量测融合算法流程图

(2)集中式卡尔曼滤波算法研究。卡尔曼滤波算法是一种线性最小方差估计,它的估计准则是估计的方差最小,它的估计值是观测值的线性函数,并且是无偏估计。在计算方法上。它采用递推形式,使计算量大大减小,便于实时处理。集中式卡尔曼滤波组合工作比较简单,实时性好,易于工程实现。在工程实践中是一种普遍使用的组合模式,且具有良好的组合效果。因此本节采用的多传感器信息融合模型是集中卡尔曼滤波。

1)集中卡尔曼滤波器状态方程。综合惯性导航系统的基本导航参数误差方程和惯性仪表的误差方程,可得集中卡尔曼滤波器的状态方程如下式,本节涉及的数学模型均建立在"东北天"地理坐标系基础上。

$$\boldsymbol{X}(t)_{18\times1} = \boldsymbol{A}(t)_{18\times18}\boldsymbol{X}(t) + \boldsymbol{G}(t)_{18\times9}\boldsymbol{W}(t)_{9\times1} \tag{5.4.12}$$

本节使用的是 18 维状态量,包括 9 维惯导系统的基本导航参数误差,分别为 $\varphi_E, \varphi_N,$ φ_U(平台误差角),$\delta V_E, \delta V_N, \delta V_U$(东北天方向的速度误差),$\delta L, \delta\lambda, \delta h$(纬度、经度、高度位置误差)。9 维惯性仪表的误差状态量,分别为 $\varepsilon_{bx}, \varepsilon_{by}, \varepsilon_{bz}$(陀螺随机常值漂移),$\varepsilon_{rx}, \varepsilon_{ry}, \varepsilon_{rz}$(陀螺随机一阶马尔可夫过程漂移),$\nabla_x, \nabla_y, \nabla_z$(加速度计一阶马尔可夫过程漂移)。

2)集中卡尔曼滤波器的测量方程。测量方程是构成集中式卡尔曼滤波器的必要条件之一,它反映了系统的组合实质,也是将导航系统的输出量与系统的误差状态方程进行联系的唯一形式。

由于经过量测融合后,已将各冗余量测信息进行组合与优化,在此集中式卡尔曼滤波算法主要对惯导、大气以及量测融合后的 GTJ 导航信息进行滤波。根据 GTJ 信息的模式,以及多冗余导航传感器的构成情况,建立相应的集中式卡尔曼滤波量测方程。

共有三组观测值可供选择:第一组为位置观测值,即惯导给出的经、纬、高信息和量测融合后 GTJ 给出的相应信息的差值;第二组为速度观测值,即惯导系统和量测融合后 GTJ 给出的速度的差值;第三组为高度和垂直方向的速度观测值,即惯导和大气数据系统各自给出的高度

和垂直方向速度的差值。根据不同的导航信息与组合模式情况,有如下几种观测矢量:

惯导 / 大气数据系统组合观测矢量:

$$\mathbf{Z}(t) = \begin{bmatrix} h_I - h_{da} \\ v_{dI} - v_{dA} \end{bmatrix} = \begin{bmatrix} \delta h + N_{dA} \\ \delta v_d + M_{dA} \end{bmatrix} = [H_A(t)]\mathbf{X}(t) + [V_a(t)] \tag{5.4.13}$$

惯导 / 三维 GTJ 组合观测矢量:

$$\mathbf{Z}(t) = \begin{bmatrix} (L_I - L_G)R_M \\ (\lambda_I - \lambda_G)R_N\cos L \\ h_I - h_G \end{bmatrix} = \begin{bmatrix} R_M\delta L + N_N \\ R_N\cos L\delta\lambda + N_E \\ \delta h + N_h \end{bmatrix} = [H_p(t)]\mathbf{X}(t) + [V_p(t)]$$

$$\tag{5.4.14}$$

惯导 / 三维 GTJ / 大气数据系统组合观测矢量:

$$\mathbf{Z}(t) = \begin{bmatrix} v_{IE} - v_{GE} \\ (\lambda_I - \lambda_G)R_N\cos L \\ h_I - h_G \\ h_I - h_{dA} \\ v_{dI} - v_{dA} \end{bmatrix} = \begin{bmatrix} R_M\delta L + N_N \\ R_N\cos L\delta\lambda + N_E \\ \delta h + N_h \\ \delta h + N_{dA} \\ \delta_d + M_{dA} \end{bmatrix} = \begin{bmatrix} H_p(t) \\ H_A(t) \end{bmatrix}\mathbf{X}(t) + \begin{bmatrix} V_p(t) \\ V_A(t) \end{bmatrix}$$

$$\tag{5.4.15}$$

惯导 / 六维 GTJ 组合观测矢量:

$$\mathbf{Z}(t) = \begin{bmatrix} v_{IE} - v_{GE} \\ v_{IN} - v_{GN} \\ v_{IU} - v_{GU} \\ (L_I - L_G)R_M \\ (\lambda_I - \lambda_G)R_N\cos L \\ h_I - h_G \end{bmatrix} = \begin{bmatrix} \delta v_E + M_E \\ \delta v_N + M_N \\ \delta v_U + M_U \\ RM\delta L + NN \\ R_N\cos L\delta\lambda + N_E \\ \delta h + N_h \end{bmatrix} = \begin{bmatrix} H_v(t) \\ H_p(t) \end{bmatrix}\mathbf{X}(t) + \begin{bmatrix} V_v(t) \\ V_p(t) \end{bmatrix} \tag{5.4.16}$$

惯导 / 六维 GTJ / 大气数据系统组合观测矢量:

$$\mathbf{Z}(t) = \begin{bmatrix} v_{IE} - v_{GE} \\ v_{IN} - v_{GN} \\ v_{IU} - v_{GU} \\ (L_I - L_G)R_M \\ (\lambda_I - \lambda_G)R_N\cos L \\ h_I - h_G \\ h_I - h_{dA} \\ v_{dI} - v_{dA} \end{bmatrix} = \begin{bmatrix} \delta v_E + M_E \\ \delta v_N + M_N \\ \delta v_U + M_U \\ RM\delta L + NN \\ R_N\cos L\delta\lambda + N_E \\ \delta h + N_h \\ \delta h + N_{dA} \\ \delta v_d + M_{dA} \end{bmatrix} = \begin{bmatrix} H_v(t) \\ H_p(t) \\ H_A(t) \end{bmatrix}\mathbf{X}(t) + \begin{bmatrix} V_v(t) \\ V_p(t) \\ v_A(t) \end{bmatrix} \tag{5.4.17}$$

以上分别获得速度、位置和姿态的观测矩阵,根据不同的传感器组合选用不同的观测矩阵和测量白噪声,就获得不同组合下的量测方程。如惯性 / 六维 GTJ 组合,就选用相应的速度、位置量测方程;惯性 / 大气组合,就选用相应的高度和垂直速度量测方程;惯性 / 六维 GTJ / 大气机组合,就选用相应的速度、位置、高度和垂直速度组合量测方程。

3) 集中卡尔曼滤波器的设计与实现。由状态方程和量测方程,可得到集中卡尔曼滤波模式下组合导航系统的动态实时方程:

$$X(t)_{18\times1} = A(t)_{18\times18}X(t)_{18\times1} + G(t)_{18\times9}W(t)_{9\times1} \atop Z(t)_{N\times1} = H(t)_{N\times18}X(t)_{18\times1} + N(t)_{N\times1}} \quad (5.4.18)$$

N 的取值与组合模式有关,惯导 / 大气组合 N 取 2,惯导 / 三维 GTJ 组合 N 取 3,惯导 / 大气 / 三维 GTJ 组合 N 取 5,惯导 / 六维 GTJ 组合 N 取 6,惯导 / 大气 / 六维 GTJ 合 N 取 8。

取采样时间为 T,则离散化后的系统动态方程为

$$X(k) = \boldsymbol{\varphi}(k,k-1)X(k-1) + \boldsymbol{\Gamma}(k,k-1)W(k-1) \atop Z(k) = H(k)X(k) + N(k)} \quad (5.4.19)$$

根据离散的系统动态方程,集中卡尔曼滤波器的开环形式为

$$
\begin{aligned}
&x(k/k-1) = \boldsymbol{\varphi}(k,k-1)X(k-1/k-1) \\
&P(k/k-1) = \boldsymbol{\varphi}(k,k-1)P(k-1/k-1)\boldsymbol{\varphi}^{\mathrm{T}}(k,k-1) + \boldsymbol{\Gamma}(k,k-1)Q(k-1)\boldsymbol{\Gamma}^{\mathrm{T}}(k,k-1) \\
&K(k) = P(k/k-1)H^{\mathrm{T}}(k)[H(k)P(k/k-1)H^{\mathrm{T}}(k) + R(k)]^{-1} \\
&X(k/k) = X(k/k-1) + K(k)[Z(k) - H(k)X(k/k-1)] \\
&P(k/k) = [I - K(k)H(k)]P(k/k-1)[I - K(k)H(k)]^{\mathrm{T}} + K(k)R(k)K^{\mathrm{T}}(k)
\end{aligned}
$$

$$(5.4.20)$$

式中:$X(k/k)$ 表示 k 时刻的实时状态估计值;$X(k/k-1)$ 表示 $k-1$ 时刻对 k 时刻的状态预测值;$K(k)$ 表示 k 时刻的滤波增益阵;$P(k/k-1)$ 表示 $k-1$ 时刻对 k 时刻的预测误差估计的协方差阵;$P(k/k)$ 表示 k 时刻的实时误差估计协方差阵;$Q(k-1)$ 表示系统噪声方差阵;$R(k)$ 表示观测系统的噪声方差阵。

(3) 最优固定区间平滑滤波算法研究。不同类型导航传感器经过卡尔曼滤波后,系统的精度高于任一单独导航传感器的精度,如果不考虑对信息进行实时处理,而采用事后信息融合的方法,以进一步提高数据融合的精度,则可以采用最优固定区间平滑滤波算法。这种方法利用了被估计状态以后时刻的量测值来进行估计,通过增加量测值的方法,以进一步提高系统的估计精度。

利用最优固定区间平滑滤波算法对卡尔曼滤波过程中输出的状态估计进行平滑处理,并利用平滑后的状态估计对惯导系统进行开环输出校正,由于固定区间平滑滤波利用所有的观测数据来得到状态的最小方差估计,因此,该算法可以获得比卡尔曼滤波精度更高的融合结果。

由于平滑算法的精度比卡尔曼滤波的精度高,并且平滑结果反映了系统在理想情况下能够达到的潜在精度,因此可以采用最优平滑算法对组合导航系统进行事后分析。

1) 最优固定区间平滑滤波算法原理。R-T-S(Rauch-Tung-Striebel) 最优固定区间平滑算法是一种事后数据处理的方法,是 Rauch 等人在 1965 年提出的,该算法计算简单、工程实现容易,已被证明是一种有效的事后分析算法。R-T-S 最优固定区间平滑算法是在卡尔曼滤波的基础上利用整个时间间隔内所有量测数据来得到状态的最小方差估计,可以获得比卡尔曼滤波精度更高的融合结果。

最优固定区间平滑滤波算法的思路是:若整个导航时间区间为 $[0 \quad N]$,t 表示此时间间隔中的任一时刻,即 $0 \leqslant t \leqslant N$,则平滑估值表示为 $X_{t/N}$。在时间 0 到 N 的过程中,使用卡尔曼滤波器对误差进行估计,并储存各时刻的估计值,整个估计过程完毕后,再采用平滑滤波器,同时利用储存的估值来反顺序得到平滑估值 $X_{N-1/N},X_{N-2/N},\cdots,X_{0/N}$。最优固定区间平滑滤波已被证明是一种最优估计算法,可以获得比卡尔曼滤波精度更高的融合结果。

2) 最优固定区间平滑滤波算法的实现。在执行 R-T-S 最优固定区间平滑算法前,首先在

时间区间 $[0\quad N]$ 上利用方程对系统进行卡尔曼滤波,同时在卡尔曼滤波的过程中储存实时的状态估计值 $\boldsymbol{X}_F(k/k)$、状态预测值 $\boldsymbol{X}_F(k/k-1)$、实时误差估计协方差阵 $\boldsymbol{P}_F(k/k)$、预测误差估计的协方差阵 $\boldsymbol{P}_F(k/k-1)$ 以及系统状态转移系数阵 $\boldsymbol{\varphi}(k,k-1)$。卡尔曼滤波完成后,利用滤波过程中存储的数据进行 R-T-S 固定区间最优平滑,在平滑前先对平滑器进行初始化,即将卡尔曼滤结果作为平滑滤波初值。

图 5.4.30 为最优固定区间平滑滤波算法的原理图,图中详细表示了滤波算法的流程与递推公式。由图可见,最优固定区间平滑滤波利用的是卡尔曼滤波整体导航区间上的数据,在卡尔曼滤波完成后,利用滤波过程中存储的数据进行 R-T-S 最优固定区间平滑,在平滑前先对平滑器进行初始化,即用卡尔曼滤结果作为平滑滤波初值,继而进行从 $N-1$ 时刻到 0 时刻的反向递推。

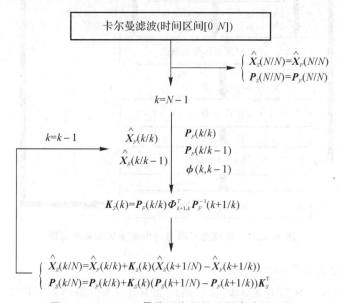

图 5.4.30　R-T-S 最优固定区间平滑滤波原理图

3. 基于多传感器融合的评估算法仿真实现与验证

5.2 节和 5.3 节详细分析了基于多传感器融合的导航信息评估算法的思路与设计原理,本节将根据多传感器融合评估算法的整体流程设计仿真平台,利用仿真数据对算法进行实现,对融合后基准信息的精度进行分析。具体方法是:首先进行飞行航迹仿真,以模拟各导航传感器数据信息,对融合算法结果数据进行分析,验证算法的可用性,分析融合结果的精度。

根据算法设计,参与多传感器融合的导航系统最多有 5 种,即 INS、GPS、ADS、TACAN 和 JIDS。其中,根据 TACAN 系统的导航定位原理,TACAN 需引进大气的高度信息才能解算出位置信息。仿真系统采用 INS、GPS、ADS、TACAN 和 JIDS 五种传感器全融合的模式。

(1)仿真系统结构设计。对基于多传感器融合的导航信息评估算法,最后的导航信息融合精度是算法性能评价的关键。采用仿真数据进行性能分析,可以找到一个在理论上完全理想的导航信息标准(理想航迹),以此作为评价最后融合精度的标准。

完整的仿真系统结构如图 5.4.31 所示,包括从飞行航迹仿真到最后的融合效果评价,其中融合评价中采用的评价基准是理想航迹数据。除了仿真理想航迹与惯性导航数据外,还需要仿真参与融合算法的其他传感器数据,包括 GPS、ADS、TACAN 和 JIDS,其中 GPS 数据仿真产生非姿态 GPS 数据,ADS 数据包括天向速度和高度,TACAN 与 ADS 组合解算后能够得到三维位置信息,JIDS 数据包括三维位置信息。

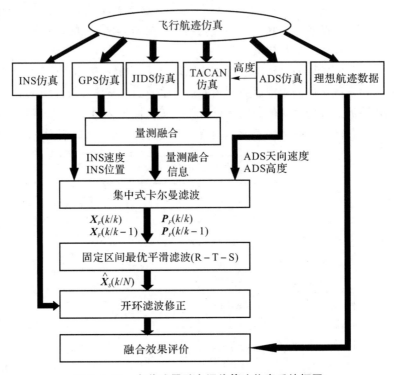

图 5.4.31　多传感器融合评价算法仿真系统框图

(2)仿真参数设置及传感器仿真。

1)飞行航迹仿真。在仿真系统的飞行航迹仿真中,飞行器初始经度 106.491°,初始纬度 29.528°,初始高度 300 m,姿态水平,航向 90°。飞行轨迹的设计包括典型的飞行动作,加速爬升、匀/加速飞行、机动转弯等。其直观的飞行轨迹如图 5.4.32 所示,仿真飞行时间 1 800 s,INS 解算周期为 0.025 s,输出周期为 0.25 s。

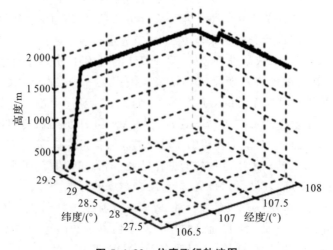

图 5.4.32　仿真飞行轨迹图

2)机载传感器仿真。仿真系统中惯导数据的初始条件见表 5.4.3。

表 5.4.3　惯导导航参数仿真条件

误差源	误差值
初始姿态角误差	150″/150″/300″(横滚/俯仰/航向)
初始位置误差	50 m/50 m/50 m(经度/纬度/高度)
初始速度误差	0.6 m/s/0.6 m/s/0.6 m/s(东向/北向/天向)
陀螺常值漂移	0.1°/h
陀螺白噪声误差	0.1°/h
陀螺一阶马尔可夫漂移误差	0.1°/h
加速度计马尔可夫偏置误差	0.000 1g

利用真实航迹数据对初始惯导数据进行评价,得到原始惯导数据实际精度见表 5.4.4,其中 λ、L、H 分别表示经度、纬度和高度,v_e、v_n、v_u 分别表示东向速度、北向速度和天向速度,γ、θ、ψ 分别表示横滚角、俯仰角和航向角,下文表示方法相同。

表 5.4.4　原始惯导数据误差均值、标准差表

指标	$\dfrac{\lambda}{m}$	$\dfrac{L}{m}$	$\dfrac{H}{m}$	$\dfrac{v_e}{m/s}$	$\dfrac{v_n}{m/s}$	$\dfrac{v_u}{m/s}$	$\dfrac{\gamma}{(″)}$	$\dfrac{\theta}{(″)}$	$\dfrac{\psi}{(″)}$
误差均值	114 2.00	356.93	529.71	1.75	0.26	0.94	−8.75	−22.47	−102.23
误差标准值	1 017.40	214.31	521.19	0.92	0.35	0.61	17.54	17.94	40.02

根据导航信息评估技术方案设计,除机载惯导系统外,参与信息融合的传感器还包括 GPS、ADS、TACAN 和 JIDS。4 种传感器仿真条件见表 5.4.5,其中,TACAN 数据假设为已引入气压高度后的解算结果。

表 5.4.5　机载传感器导航参数仿真条件

误差源	误差方差值
GPS 位置误差	GPS 位置误差
GPS 速度误差	0.2 m/s/0.2 m/s/0.2 m/s(东向/北向/天向)
ADS 高度/天向速度误差	20 m/0.3 m/s(高度/天向速度)
TACAN 位置误差	10 m/10 m/20 m(经度/纬度/高度)
JIDS 位置误差	10 m/10 m/20 m(经度/纬度/高度)

(3)多传感器融合结果分析。利用上述仿真条件下的数据对基于多传感器融合的评估算法进行有效性验证。在精度分析过程中以理想航迹的数据信息作为基准信息。根据图 5.4.31 的多传感器融合流程进行信息融合。经量测融合、卡尔曼滤波、最优固定区间平滑滤波、开环滤波修正后,最后利用理想航迹数据进行融合效果评价。导航数据误差曲线如图 5.4.33～图 5.4.41 所示。

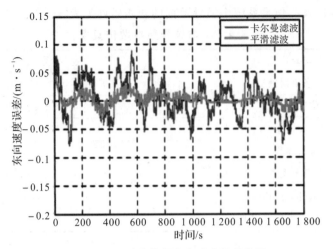

图 5.4.33　融合数据东向速度误差曲线

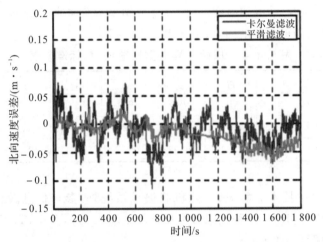

图 5.4.34　融合数据北向速度误差曲线

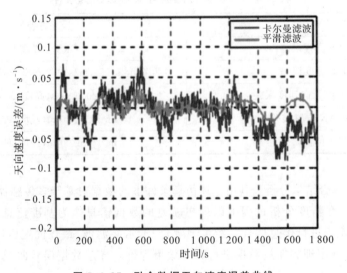

图 5.4.35　融合数据天向速度误差曲线

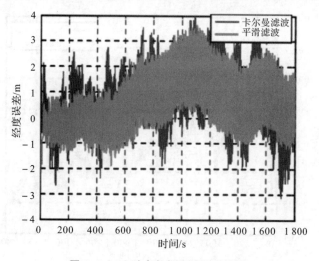

图 5.4.36　融合数据经度误差曲线

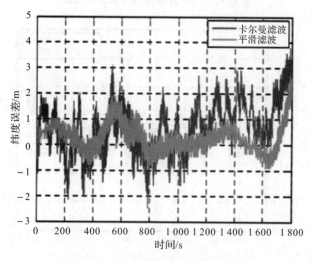

图 5.4.37　融合数据纬度误差曲线

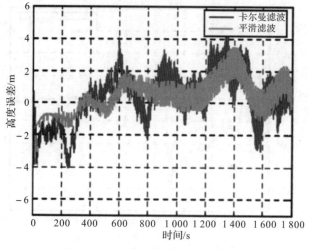

图 5.4.38　融合数据高度误差曲线

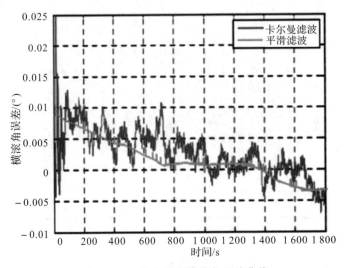

图 5.4.39　融合数据横滚角误差曲线

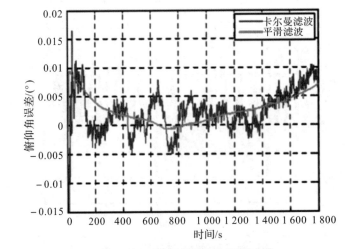

图 5.4.40　融合数据俯仰角误差曲线

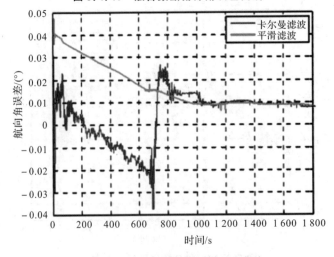

图 5.4.41　融合数据航向角误差曲线

由于 R-T-S 最优固定区间平滑滤波是以卡尔曼滤波结果为基础进行反向平滑的过程,即 R-T-S 滤波以卡尔曼滤波的终点作为其起点,故图中两种情况下的残差终点是重合的。从上述误差比对曲线可以看出,经过最优固定区间平滑滤波后整体的残差曲线的平稳性大大改善,去除了单纯卡尔曼滤波后残差的显著波动,整体残差平稳性显著提高,并且更接近于数值零。同时,相对于整个飞行阶段,融合后的导航信息在中间部分精度相对更高,而在开始与结束时刻相对差一些。这是因为卡尔曼滤波有一个收敛的过程,后期精度比前期高,而最优固定区间平滑滤波是在卡尔曼滤波的基础上进行的,是一个反推的滤波过程,也有一个收敛过程。综合两个滤波器的滤波性能,就导致上述现象。

进一步对融合效果进行量化分析,利用真实航迹数据对 INS、GPS、TACAN、ADS、JIDS 组合模式融合前后的导航数据进行评价,得到导航数据实际精度见表 5.4.6、表 5.4.7。

表 5.4.6　融合前后误差均值对比表

融合处理	$\dfrac{\lambda}{m}$	$\dfrac{L}{m}$	$\dfrac{H}{m}$	$\dfrac{v_e}{m/s}$	$\dfrac{v_n}{m/s}$	$\dfrac{v_u}{m/s}$	$\dfrac{\gamma}{('')}$	$\dfrac{\theta}{('')}$	$\dfrac{\psi}{('')}$
误差均值	1 142.00	356.93	529.71	1.75	0.26	0.94	-8.75	-22.47	-102.23
卡尔曼滤波	0.63	0.65	0.33	$2.60e-3$	-0.01	-0.01	10.28	8.44	15.58
平滑滤波	0.63	0.28	0.45	$2.49e-3$	-0.01	$9.68e-4$	6.20	9.54	59.77

表 5.4.7　融合前后误差标准差对比表

融合处理	$\dfrac{\lambda}{m}$	$\dfrac{L}{m}$	$\dfrac{H}{m}$	$\dfrac{v_e}{m/s}$	$\dfrac{v_n}{m/s}$	$\dfrac{v_u}{m/s}$	$\dfrac{\gamma}{('')}$	$\dfrac{\theta}{('')}$	$\dfrac{\psi}{('')}$
原始惯量	1 017.40	214.31	521.19	0.93	0.35	0.61	17.54	17.95	40.02
卡尔曼滤波	1.21	0.98	1.60	0.03	0.03	0.03	14.16	12.87	39.62
平滑滤波	1.03	0.49	0.97	0.008	0.02	0.01	12.02	8.29	35.11

由误差均值、标准差比对表可以看出,比起单纯的卡尔曼滤波,经过卡尔曼滤波与最优固定区间平滑两步滤波处理后,总体来讲各导航参数误差均值和标准差均有进一步减小的趋势,体现出融合后的结果平稳性与精确性更高,也体现出在卡尔曼滤波基础上进行最优固定区间平滑滤波的关键作用。上述误差的量化参数,能够进一步说明本节设计的基于机载多传感器融合方法的导航评估基准是有效和可用的。

另外,卡尔曼滤波和平滑滤波的协方差曲线表示了算法的收敛性,即收敛精度和收敛速度。收敛精度越高,表示算法精度越高,收敛速度越快,表示算法实时性越好。根据 3σ 原则,误差数值分布在 ± 3 倍协方差曲线范围内的概率为 99.74%,也就是说 ± 3 倍协方差曲线理论上应该基本上能够把融合后的导航误差曲线包络在内。据此,绘制导航参数误差曲线与 ± 3

倍协方差曲线包络图,如图 5.4.42～图 5.4.50 所示,在此,协方差曲线以及实际误差曲线都采用最后平滑滤波后的结果。

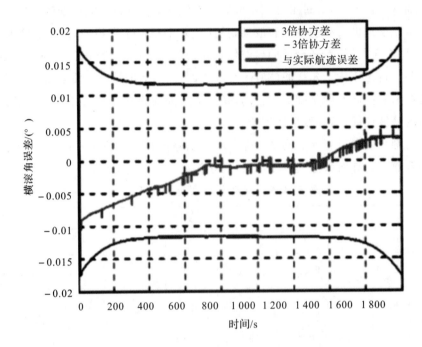

图 5.4.42　横滚角误差协方差对比曲线

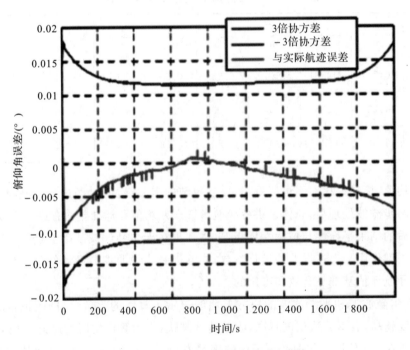

图 5.4.43　俯仰角误差协方差对比曲线

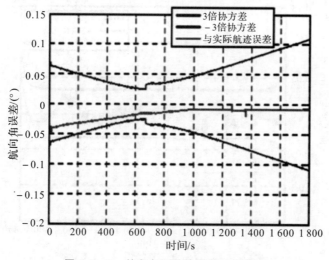

图 5.4.44 航向角误差协方差对比曲线

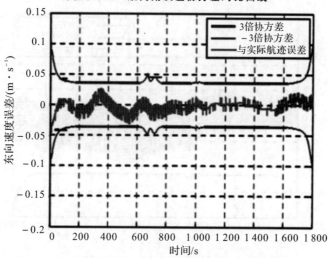

图 5.4.45 东向速度误差协方差对比曲线

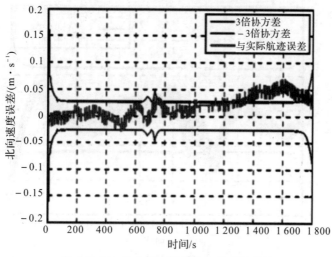

图 5.4.46 北向速度误差协方差对比曲线

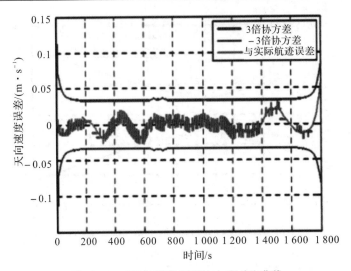

图 5.4.47　天向速度误差协方差对比曲线

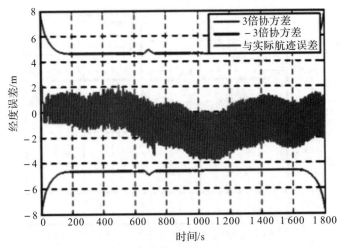

图 5.4.48　经度误差协方差对比曲线

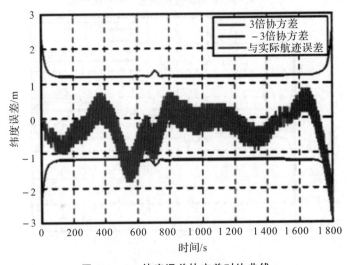

图 5.4.49　纬度误差协方差对比曲线

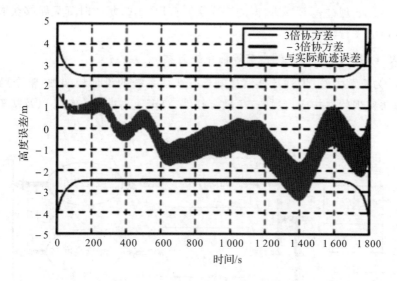

图 5.4.50 高度误差协方差对比曲线

上述±3 倍协方差曲线能够基本包络住误差曲线,说明对融合结果的协方差分析法与误差分析法是一致的。可见,多传感器融合算法结果精度高于任一导航传感器原始数据的精度,可以作为基准评价其他导航信息,由此验证了本套评估技术理论算法、方案设计及实现的正确性和有效性,完全可以满足对融合算法与其他导航设备的评估之用。

本节针对大气/惯性数据信息融合算法开展了评估技术研究,基于机载 INS、ADS、GPS、TACAN 和 JIDS 传感器融合的方法,获得导航信息的评价基准。首先,利用量测融合算法将 GPS、TACAN 和 JIDS 数据信息进行融合,得到高精度融合信息用于集中式卡尔曼滤波,而后,利用卡尔曼滤波结果进行最优固定区间平滑滤波,得到高精度的基准信息。

本节利用仿真数据对基于多传感器融合的评估算法进行了验证,仿真结果表明,经过多传感器信息融合后,能够得到高于任何一个机载传感器精度的导航信息,融合后的导航信息可以作为高精度基准信息评价其他的导航设备及信息。本节设计的算法有效、可靠。

5.4.4 机载大气/惯性数据信息融合与评估系统设计

上述章节中,对大气/惯性数据信息融合与评估算法进行了设计与验证,包括攻角融合算法、跨声速高度融合算法以及基于多传感器融合的导航信息评估算法。

为了实现融合与评估算法的工程应用,本节利用 C 语言进行机载大气/惯性数据信息融合与评估系统设计,系统包括攻角融合软件、跨声速高度融合软件、基于多传感器融合的评估软件三个部分。本节分别对这三个软件进行设计,并且利用实际的飞行数据模拟实际机上的使用环境对软件的性能进行半物理仿真验证。这三个软件相互联系与作用,组成了机载大气/惯性数据信息融合与评估系统。

本节的软件半物理仿真验证虽然与前面章节的算法仿真验证一样,使用的是实际飞行数据,但算法验证采用的是导入全部数据后,进行全局处理的方式,而本节的软件半物理仿真验证是模拟实际飞行处理过程,采取数据的顺序实时读取方式,每一时刻只能够获取当前时刻以及当前时刻以前的飞行数据。

1. 机载大气/惯性数据信息融合与评估系统方案

图 5.4.51 为机载大气/惯性数据信息融合与评估系统的设计构架图,整个融合评估系统主要由三个算法实现软件构成,包括攻角融合软件、跨声速高度融合软件以及基于多传感器融合的评估软件。

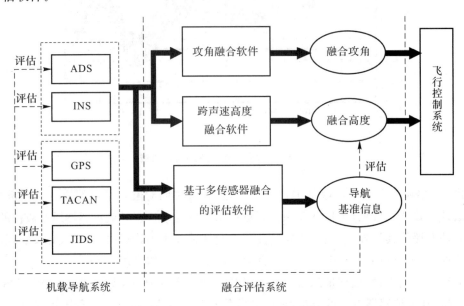

图 5.4.51　机载大气/惯性数据信息融合与评估系统的设计构架图

机载导航系统的实际输出信息作为融合评估系统的入口数据,大气和惯性数据信息输入攻角融合软件以及跨声速高度融合软件,其中,当前软件设计所使用的攻角融合算法为能够适应整体飞行阶段攻角融合要求的变参数互补融合算法。大气/惯性融合后的高度和攻角代替原始攻角和高度数据供给飞控系统。与此同时,机上拥有各冗余信息的导航传感器参与进行基于多传感器融合的评估算法,包括大气数据、惯性数据、GPS 数据、TACAN 数据和 JIDS 数据。将多信息融合后的导航信息作为评估基准,以此反向评价融合算法性能以及机载各导航传感器性能。

2. 跨声速大气/惯性高度融合软件设计与实现

本节将在前文算法设计的基础上,利用 C 语言开发设计可在机上实际使用的高度融合软件,作为大气/惯性数据信息融合与评估系统的重要部分。

(1)高度融合软件实现设计。根据融合算法和工程应用的需要,以及程序设计 C 语言的特点,除了主要算法功能实现以外,大气/惯性高度融合软件主要还采取了以下的处理方法:

1)对数据进行实时处理,即仿效工程环境,传入一个数据便处理一个,进行实时的高度融合,并可以进行实时输出。

2)通过设置标志位区分亚声速到超声速以及超声速到亚声速两个不同的跨声速阶段。为了达到更好的融合效果,算法分别对两个跨声速阶段定义不同的修正马赫数与融合参数,标志位的值随着不同的跨声速阶段不断切换,以此来指示当前的阶段。

3)考虑到大气数据与惯导数据采样周期有可能不统一的情况,融合软件在主模块中对大气与惯导的采样周期进行了判别。对于采样周期不一致的情况,采用最小二乘拟合的方法,利用先前时刻的数据对融合相关的惯导数据进行插值处理,继而进行后续的高度融合算法流程。

(2)高度融合软件主要函数模块设计。高度融合软件设计的总体思路是按照第三章的高度融合算法所制定的,但是,在实际工程应用中,会遇到机载大气数据系统和惯性导航系统的数据采样周期不同的情况。因此,跨声速大气/惯性高度融合软件的设计实现思路是:软件进行高度融合通过高度融合主模块实现,其入口参数为机载实时的大气数据和惯性数据,其出口参数为融合后的高度信息,同时高度融合模块内部又根据不同情况选择调用两个不同的高度融合子模块来完成高度融合任务。

HP_DirectModify 是高度直接融合修正的子模块,其特点是在高度融合前无须对惯导数据和大气数据做特殊处理。按照跨声速大气/惯性高度融合算法理论方案,设计软件实现流程。子模块 HP_DirectModify 流程图如图 5.4.52 所示。

HP_InterpolationModify 是高度插值融合修正子模块,其原理思路与子模块 HP_DirectModify 基本相同,其区别仅在于增加了对融合相关的惯导数据进行基于最小二乘拟合的插值处理环节。当惯导系统的采样周期不大于大气系统时,须对惯导数据做插值处理,之后才能对大气系统每一时刻的气压高度进行融合。子模块 HP_InterpolationModify 的流程如图 5.4.53 所示。

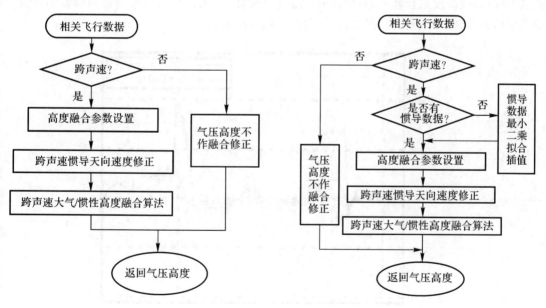

图 5.4.52　子模块 HP_DirectModify 流程图　　图 5.4.53　子模块 HP_InterpolationModify 流程图

由上述两个子模块构成如图 5.4.54 所示的高度融合主模块的流程图,它根据对惯导以及大气两个系统的采样周期的判断比较,选择调用子模块 HP_DirectModify 或是子模块 HP_

InterpolationModify，实现大气/惯性高度的融合修正。当大气数据系统采样周期不小于惯导系统，且大气数据系统有数据输出时将调用高度融合子模块 HP_DirectModify。当大气数据系统采样周期小于惯性导航系统时，调用高度融合子模块 HP_InterpolationModify。

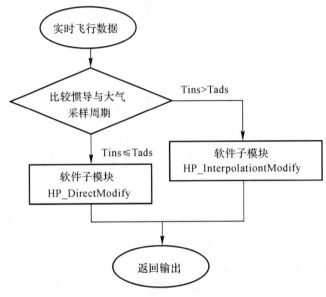

图 5.4.54　高度融合主模块流程图

(3)基于实际飞行数据的高度融合软件的半物理仿真性能验证。将实际飞行数据通过跨声速大气/惯性高度融合软件，对软件的性能进行验证，此飞行数据与跨声速马赫数的设置与第三章仿真验证中完全相同，融合效果图如 5.4.55 所示。

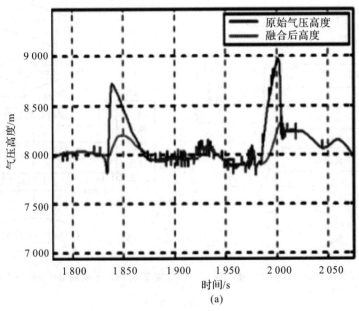

图 5.4.55　高度融合软件实现效果曲线

(a)第一组飞行数据高度融合曲线

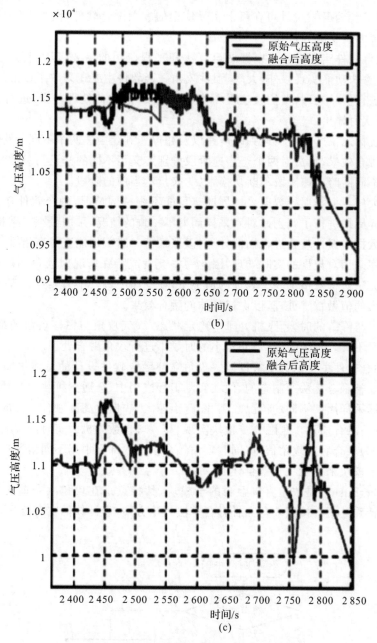

续图 5.4.55　高度融合软件实现效果曲线

(b)第二组飞行数据高度融合曲线；　(c)第三组飞行数据高度融合曲线

　　由图 5.4.55 可见,通过高度融合软件对原始气压高度进行融合后,显著减小了原始气压高度在跨声速区间的波动,使得曲线实现平稳过渡,其效果与仿真验证效果相当,高度误差减小了将近 80％。本节设计的跨声速大气/惯性高度融合软件可靠、有效,可以实现工程上的应用。

3. 大气/惯性攻角融合软件设计与实现

在前文完成了大气/惯性攻角互补融合算法的设计与仿真验证。下面将在前文算法设计的基础上,利用 C 语言开发设计可在机上实际使用的攻角融合软件,作为大气/惯性数据信息融合与评估系统的重要部分。

(1)攻角融合软件实现设计。根据融合算法和工程应用的需要,以及程序实现 C 语言的特点,除了主要算法功能实现以外,大气/惯性攻角融合软件主要还采取了以下的处理方法:

1)对数据进行实时处理,即仿效工程环境,传入一个数据便处理一个,进行实时的攻角融合,并可以进行实时输出。

2)通过设置标志位区分亚声速到超声速以及超声速到亚声速两个不同的跨声速阶段。为了达到更好的融合效果,算法对两个跨声速阶段分别定义了不同的修正马赫数与融合参数,标志位的值随着不同的跨声速阶段不断切换,以此来指示当前的阶段。

3)考虑到大气数据与惯导数据采样周期有可能不统一的情况,融合软件在主模块中对大气与惯导的采样周期进行了判别。对于采样周期不一致的情况,采用最小二乘拟合的方法,利用先前时刻的数据对惯性攻角进行插值处理,以保证每一时刻均能获得高精度的融合攻角。

4)由于程序采用对数据的实时处理,因此一些突发或特殊情况对攻角的融合效果会产生一定影响。在无法对特殊情况一一处理的情况下,在程序中进行了去噪点处理,将相邻两个时刻攻角突变较大的值做特殊处理,以保证整体的融合效果。

5)由于起飞与降落的时候,飞机处于不稳定状态,大气攻角与惯性攻角的准确性较差,进行攻角融合意义不大,因此在马赫数非常小的时候不进行攻角融合处理。

(2)攻角融合软件主要函数模块设计。攻角互补融合软件设计的总体思路是按照第四章的攻角变参数互补融合算法所制定的,但在实际工程应用中,会遇到机载大气数据系统和惯性导航系统的数据采样周期不同的情况。因此,跨声速大气/惯性高度融合软件的设计实现思路是:软件进行攻角融合通过攻角融合主模块实现,其入口参数为机载实时的大气数据与惯性数据,其出口参数为融合后的攻角信息,同时攻角融合模块内部又根据不同情况选择调用两个不同的攻角融合子模块来完成攻角融合任务。

AOA_DirectFusion 是攻角直接融合的子模块,其特点是在攻角融合前无须对惯导数据和大气数据做特殊处理。按照攻角互补融合算法理论方案,设计软件实现流程,其流程图如图 5.4.56 所示。

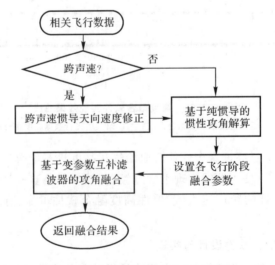

图 5.4.56 子模块 DirectFusion 流程图

AOA_DirectFusion 是攻角插值融合的子模块,其原理思路与子模块 AOA_DirectFusion 基本相同,其区别仅在于是否需要对惯性攻角数据进行基于最小二乘拟合的插值处理。当惯导系统的采样周期不大于大气系统的采样周期时,须利用之前的数据对惯性攻角做插值处理,之后才能进行大气/惯性攻角融合。子模块 AOA_InterpolationFusion 流程图如图 5.4.57 所示。

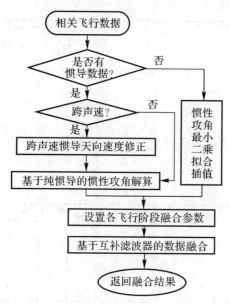

图 5.4.57　子模块 InterpolationFusion 流程图

由上述两个子模块构成如图 5.4.58 所示的攻角互补融合主模块流程图,它是根据对惯导以及大气两个系统的采样周期的判断比较,选择调用子模块 AOA_DirectFusion 或是子模块 AOA_InterpolationFusion,实现大气/惯性攻角互补融合。当大气数据系统采样周期不小于惯导系统,且大气数据系统有数据输出时将调用攻角融合子模块 AOA_DirectFusion。当大气数据系统采样周期小于惯性导航系统时,调用攻角融合子模块 AOA_InterpolationFusion。

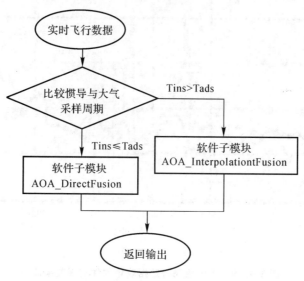

图 5.4.58　攻角互补融合主模块流程图

(3)基于实际飞行数据的攻角融合软件的半物理仿真性能验证。

1)跨声速飞行条件下的融合实现与验证。将实际飞行数据通过大气/惯性攻角互补融合软件,对软件的性能进行验证,融合参数与跨声速马赫数的设置与前文仿真验证中完全相同。跨声速融合效果如图 5.4.59～图 5.4.61 所示。

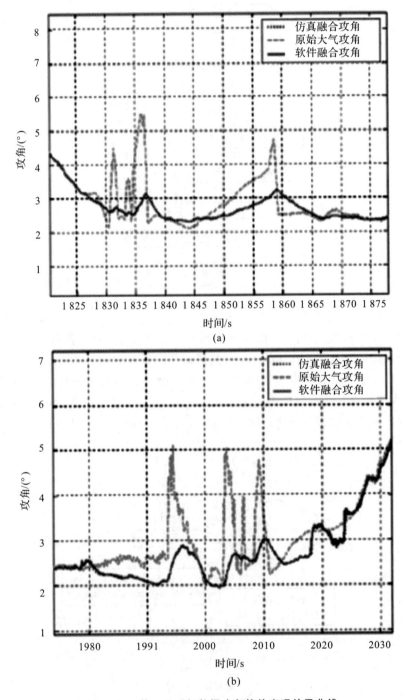

图 5.4.59　第一组飞行数据攻角软件实现效果曲线

(a)亚声速到超声速段融合曲线；　(b)超声速到亚声速段融合曲线

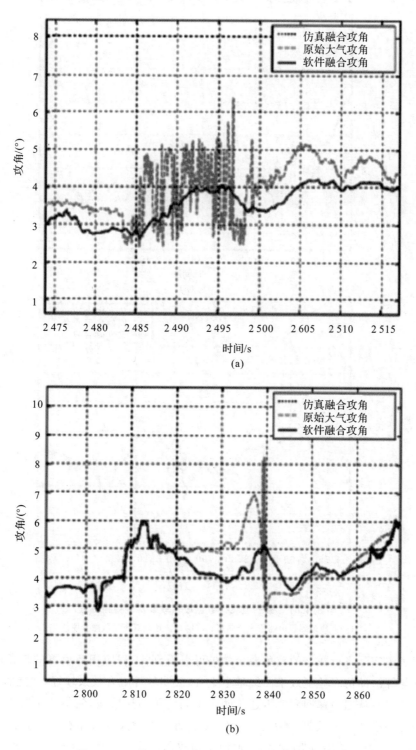

图 5.4.60　第二组飞行数据攻角软件实现效果曲线

(a)亚声速到超声速段融合曲线；　(b)超声速到亚声速段融合曲线

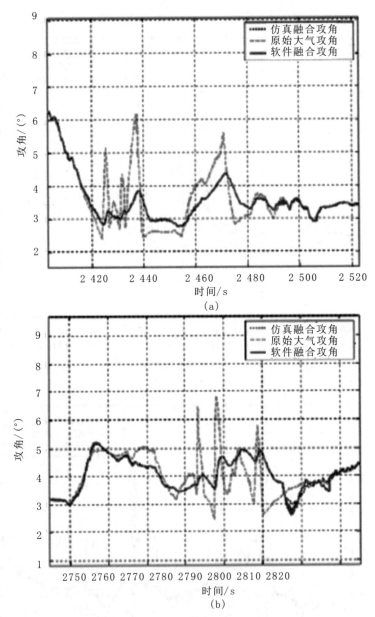

图 5.4.61　第三组飞行数据攻角软件实现效果曲线
(a)亚声速到超声速段融合曲线；　(b)超声速到亚声速段融合曲线

　　从上述三组实际飞行数据的攻角融合效果可以看到,工程应用环境下的攻角融合软件实现效果曲线与算法的仿真验证效果曲线基本重合,表明软件融合效果较好,并能兼顾到从亚声速进入超声速以及从超声速回到亚声速这两个不同的跨声速阶段,使得两个跨声速阶段都能获得比较明显的融合修正效果。融合之后的攻角能够去除大气攻角在跨声速阶段的剧烈波动,融合后的攻角误差减小将近90%,同时有平滑攻角曲线的作用。上述分析表明,本节设计的大气/惯性攻角互补融合软件可靠、有效,可以实现工程上的应用。

　　2)亚声速和超声速飞行条件下的攻角融合实现与验证。亚声速和超声速飞行条件下的大气攻角与惯性攻角变化趋势一致,平稳性也较好,不存在跨声速段攻角剧烈的锯齿状波动。因此,利用攻角融合软件对亚声速和超声速飞行条件下的大气攻角与惯性攻角进行融合,其修正融合效果主要体现在攻角精度和平滑性上,可以大大改善攻角的平滑性,进一步提高整体飞行攻角的精度。软件实现中亚声速和超声速飞行条件下的参数设置与仿真验证时相同,基于实际飞行数据的亚声速和超声速阶段攻角融合软件实现效果如图 5.4.62、图 5.4.63 所示。

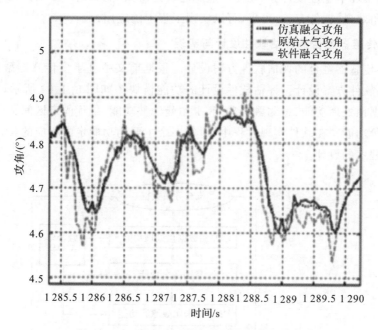

图 5.4.62 亚声速飞行条件下攻角融合曲线

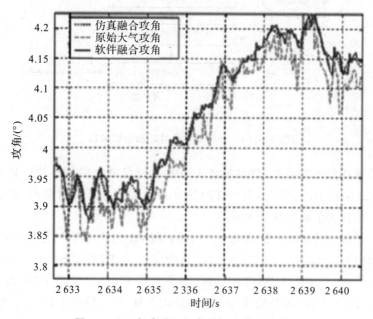

图 5.4.63 超声速飞行条件下攻角融合曲线

可见,大气/惯性攻角融合软件运用在机身周围气流较为简单与平稳的亚声速和超声速飞行区域,能够进一步改善攻角的总体效果,特别起到了很好的平滑效果。虽然局部区域融合软件的实现效果不如仿真验证环境下理想,但仍能够很明显地改善大气攻角的总体效果。

本节设计的机载大气/惯性攻角融合软件能够明显地去除跨声速阶段大气攻角的锯齿状波动,使得曲线实现平稳过渡,同时在亚声速和超声速阶段,能够进一步平滑攻角曲线,改善整体飞行中的攻角效果,软件有效、可靠,可以实现工程上的应用。

4. 基于多传感器融合的评估软件设计与实现

(1)基于多传感器融合的评估软件方案设计。根据前文中基于多传感器融合的评估算法设计,进行评估软件方案设计。评估软件设计的功能模块图如图5.4.64所示,软件的主要功能包括原始数据预处理功能、量测融合功能、卡尔曼滤波功能、最优固定区间平滑功能、开环滤波功能以及评价功能。在软件实现过程中,对每一个主要的功能定义相应的类,以面向对象的思想进行软件程序的设计。

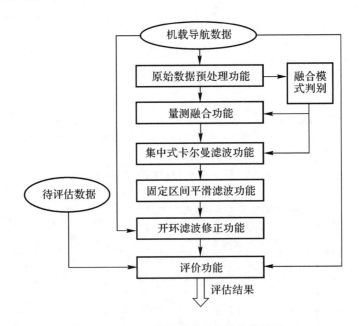

图5.4.64 评估软件设计的功能模块图

由前文评估算法的设计可知,评估软件中可参与信息融合的传感器信息最多包括 INS、GPS、ADS、TACAN 和 JIDS,同时,鉴于 TACAN 系统的工作解算原理,其需要引入 ADS 的高度信息才能完成位置信息的导航解算。

由此本评估软件支持的组合模式有 10 种:①INS/ADS 组合模式;②INS/GPS 组合模式;③INS/JIDS 组合模式;④INS/TACAN/ADS 组合模式;⑤INS/GPS/ADS 组合模式;⑥INS/ADS/JIDS 组合模式;⑦INS/GPS/TACAN/ADS 组合模式;⑧INS/GPS/JIDS 组合模式;⑨INS/TACAN/ADS/JIDS 组合模式;⑩INS/GPS/TACAN/ADS/JIDS 组合模式。

在实际使用中,根据飞机能够提供的传感器数据信息选择相应的组合模式。

（2）评估软件子功能设计。

1）原始数据预处理功能。为了给后续数据融合与结果评价提供标准化、规范化的数据文件，首先需要对原始数据进行分割规范处理，使之生成格式规范的各导航信息原始数据文件。

数据融合算法是在传感器数据有效的前提下实现的，而在载体实际飞行过程中，可能由于惯性测量器件故障或其他意外原因导致测量数据出现异常，此时惯性导航系统的导航结果就不够精确甚至是错误的，或者某些时刻根本没有采集到导航数据，出现了无信号段。

因此，在多传感器数据参与融合之前需要对多传感器数据进行有效性检验，即包括导航传感器数据故障检测、野点剔除、修复和平滑。原始数据预处理功能流程如图 5.4.65 所示。

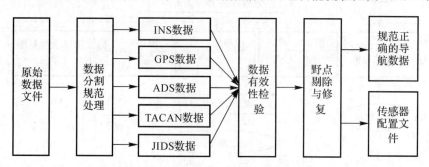

图 5.4.65　原始数据预处理功能流程图

2）量测融合功能。根据量测融合算法设计可知，参与量测融合算法的导航传感器可包括 GPS、TACAN 和 JIDS。并且认为，要进行量测融合，则机上至少可以提供其中一种传感器数据，因此，量测融合组合模式共有 7 种，根据数据预处理阶段对机载传感器的数据处理时存储的传感器配置文件以可以选择相应的量测融合模式。量测融合功能设计流程图如图 5.4.66 所示。

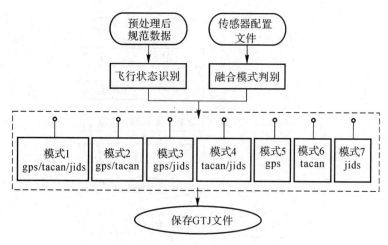

图 5.4.66　量测融合功能设计流程图

3）集中式卡尔曼滤波功能。由前文分析可知，经过量测融合得到的 GTJ 数据有位置/速度六维信息以及位置三维信息两种形式，加之大气数据，故在卡尔曼滤波时共有 5 种观测方程的模式，这与前文的分析量测方程分析是一致的。图 5.4.67 为集中卡尔曼滤波功能的软件实现流程图，其中虚线框中为 4 种量测方程的模式，图中的 KF 表示卡尔曼滤波。

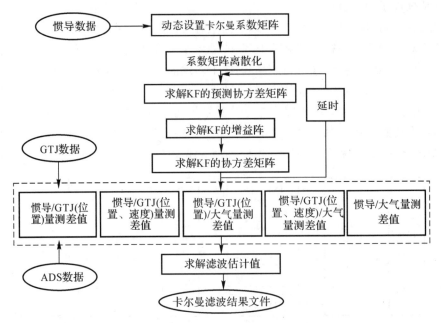

图 5.4.67 集中式卡尔曼滤波功能软件实现流程图

4)最优固定区间平滑滤波与评估功能。在最优固定区间平滑滤波与评估功能模块中,根据卡尔曼滤波过程中存储的结果,进行最优固定区间平滑滤波,平滑滤波结束后,利用平滑估值对原始惯导进行开环修正。评估系统的评价功能是利用多传感器三步融合后的高精度基准信息对待评估信息进行评价,评价的主要标准包括导航误差的最大值、最小值、均值与标准差。图 5.4.68 为最优固定区间平滑滤波与评估功能的软件实现流程图。

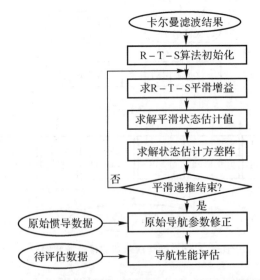

图 5.4.68 最优固定区间平滑滤波与评估功能软件实现流程图

(3)评估软件对跨声速大气/惯性高度融合算法的评估实现。本节利用某型飞机的实际飞行对跨声速大气/惯性高度融合算法进行评估的实现。实际飞行数据提供包括惯导速度、姿态、加速度信息，GPS 位置信息，气压高度信息。考虑到实际飞行数据的限制，首先对实际飞行数据进行简单处理，补齐惯导的位置信息。主要方法为：根据 GPS 高度信息，为惯导假定初始时刻的经纬高，通过惯导加速度信息对惯导位置信息进行递推，以获取完整的惯导系统位置、速度、姿态信息。根据惯导、GPS、ADS 信息情况，采用 INS/GPS 融合模式，利用融合后的高度作为基准评价跨声速大气/惯性高度融合软件性能。以第一组和第二组飞行数据为代表，评价结果见表 5.4.8、表 5.4.9。

表 5.4.8　第一组飞行数据评价结果

高度信息	评价结果			
	误差均值/m	误差标准差/m	误差最大值/m	误差最小值/m
原始气压高度	78.936	136.389	667.850	0
融合后气压高度	46.400	75.968	195.236	0

表 5.4.9　第二组飞行数据评价结果

高度信息	评价结果			
	误差均值/m	误差标准差/m	误差最大值/m	误差最小值/m
原始气压高度	56.850	109.490	381.676	0
融合后气压高度	45.930	79.667	168.442	0

由上述量化评估表可以看出，在经过大气/惯性高度融合软件后，高度误差的均值、标准差、最大值等评价指标全面改善。由于高度融合只是针对跨声速段进行的，而高度评价是针对整个飞行阶段开展的，因此评价指标的优化必然是由跨声速大气/惯导高度融合算法所带来的，即以科学化、标准化的方法证明了跨声速大气/惯性高度融合算法对飞机的实际飞行带来了性能上的改善，飞机可以获得更加稳定、可靠和精确的高度信息。

前文利用 C 语言进行了机载大气/惯性数据信息融合与评估系统设计。系统主要由攻角融合软件、跨声速高度融合软件以及基于多传感器融合的评估软件 3 个模块构成。机载各导航传感器的实测导航数据作为软件的入口参数，大气/惯性数据信息融合攻角、高度，以及评价结果作为软件的出口参数。软件输出的融合攻角和高度信息可以供飞行控制系统所使用。分别对系统的 3 个功能模块进行了设计，同时利用实际的飞行数据进行了软件性能的半物理仿真验证。验证结果表明：大气/惯性高度融合软件能够显著减小气压高度在跨声速区间的波动，实现曲线平稳过度；攻角融合软件能够去除跨声速大气攻角的锯齿状波动，并能够进一步平滑亚声速与超声速阶段的攻角曲线，改善整体飞行中的攻角效果；评估软件能够利用机上现有设备以量化标准评价其他的导航信息，结果合理可靠，且适于工程实际应用。

5.4.5　总结

大气数据系统和惯性导航系统是当前机上主要和关键的导航设备，两者的融合与评估技术是当前航空技术的热点和难点之一。在对大气数据系统与实际飞行中的大气参数进行了充分的特性分析与误差分析的基础上,研究了机载大气/惯性数据信息融合与评估技术;分析了飞行过程中气压高度的误差特性,设计了跨声速大气/惯性高度融合算法;分析了实际飞行中大气攻角的特性,设计了基于变参数互补滤波器的攻角融合算法;特别针对跨声速大气攻角的精度问题,设计了跨声速大气/惯性攻角两步融合算法;针对融合算法与导航性能评估的问题,研究了基于多传感器融合的导航性能评估算法。在上述研究的基础上,完成了能够工程实际应用的机载大气/惯性数据信息融合与评估系统的设计。

(1)研究了跨声速大气/惯性高度融合算法,在跨声速飞行阶段,打破了传统的气压高度阻尼惯导高度通道的方法,设计了一种大气数据系统与惯性导航系统高度通道的激波效应抑制的途径。在跨声速阶段,切断气压高度对惯导高度通道的阻尼,利用惯性导航系统的加速度,修正受大气阻尼后跨声速阶段误差显著的惯导天向速度。利用递推的惯导天向速度对气压高度的跨声速波动进行修正,消除跨声速阶段气压高度的突变误差。通过某型飞机的实际飞行数据对算法进行了实现与验证,高度误差减小了约 80%。

(2)研究了基于变参数互补滤波器的大气/惯性攻角融合算法。在传统的互补滤波器的基础上,对互补滤波模型进行改进,增加了一个可调的加权参数,通过飞机的实际飞行数据对算法进行了验证。结果表明:大气/惯性变参数互补滤波算法能够有效消除跨声速大气攻角剧烈波动,同时平滑亚声速和超声速阶段攻角曲线,改善整体飞行阶段的攻角的平稳性与可靠性。

(3)研究了跨声速大气/惯性攻角两步融合算法。该算法主要针对跨声速攻角精度问题所设计,在攻角互补滤波融合算法基础上,利用 BP 神经网络算法进一步修正跨声速的互补融合攻角,在有效抑制跨声速大气攻角波动基础上,使攻角进一步接近真实攻角,提高精度,提高飞行品质。

(4)研究了基于多传感器融合的导航信息评估技术。利用机上 INS、ADS、GPS、TACAN和 JIDS 导航信息进行三步融合:量测融合、集中式卡尔曼滤波、最优固定区间平滑滤波,得到高精度的导航量基准信息,解决了单一基准传感器精度不高的问题。该方法不仅可以用于本节设计的大气/惯性融合算法性能的评估,更可以广泛用于其他各种融合、修正、补偿算法的评价和机载各导航传感器的评价。

(5)设计了机载大气/惯性数据信息融合与评估系统,系统包括攻角融合软件、跨声速高度融合软件以及基于多传感器融合的评估软件。通过实际飞行数据的实现与验证,表明此套系统可靠、有效,能够实现工程上的应用。

本节对大气/惯性数据信息融合与评估技术展开了研究,完成了高度和攻角两方面的融合算法设计与仿真验证,同时开展了基于多传感器融合的导航信息评估技术研究。在理论研究和仿真验证的基础上,设计了机载大气/惯性数据信息融合与评估系统,同时利用实际飞行数据对系统软件进行了实现和验证。大气/惯性数据信息融合与评估技术是一项非常有前景和研究意义的工作,后续还可以进一步深入开展的工作有:

(1)跨声速大气/惯性高度融合算法已经通过软件在实际机型上得到了应用,大气/惯性攻角融合算法也可以进一步实现实际机型上的工程应用,并在实际飞行中不断改进与完善。

(2)除了高度和飞行攻角方面,大气/惯性数据信息融合技术方面仍然有很多的领域可以探索。例如,当前国外对 ADIRS 技术已经有了一定深度的研究,而我国在这方面的研究比较有限,作为 ADIRS 的核心技术,大气/惯性数据信息融合技术有着非常广阔的研究空间。

(3)目前,对于大气/惯性数据信息融合技术的验证采用的是对实际飞行数据的应用与验证,然而实际飞行数据不易获得,因此构建分布式的大气数据系统与惯性导航系统信息融合技术仿真试验系统非常必要,通过数字仿真、半物理仿真和实际飞行试验进行技术验证,可为本项技术适应四代机的需求而进行改进和应用奠定技术基础。

5.5 A340 大气数据惯性基准系统高度混合通道分析

5.5.1 引言

在早期的民航客机上,大气数据系统(ADS)和惯性基准系统(IRS)作为两个独立系统使用。前者具有大气数据基准(ADR)功能,完成垂直导航;后者具有惯性基准(IR)功能,完成水平导航。随着科学技术和计算机水平的发展,将上述两者结合起来,利用各自的优势,取长补短,获得优于任何一种系统的计算精度和可靠性,已经成为一种可能,即现在广泛被"空客"和"波音"飞机所使用的大气数据惯性基准系统(ADIRS),实现了集水平导航和垂直导航于一体的综合导航系统。

5.5.2 大气数据惯性基准系统(ADIRS)ADR 和 IR 的功能

ADIRS 既具有大气数据基准 ADR 的功能,又有惯性基准 IR 的功能,同时,又使垂直通道的功能得以实现和完善,即 ADR 功能块向 IR 功能块输出气压高度(H_p)和高度变化率,通过混合高度通道,完成气压高度、高度变化率和惯性高度(H_{BI})、高度变化率的混合。图 5.5.1 为 ADIRS 基本功能图。

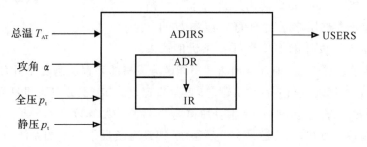

图 5.5.1 ADIRS 基本功能图

1. ADR 功能

与整个 ADIRU 相连的外部传感器有 3 种:总温探头、功角传感器和全/静压转换组件,它们都是 ADR 功能的传感器,ADR 中央微处理器完成以下功能:

1)飞行状态参数计算,包括:气压高度和高度变化率(ALT/ALTrate);马赫数(Ma);空速(CAS/TAS);温度计算(SSAT/TAT)。

2)处理和飞机有关的参数,包括:静压源误差校正(SSEC);功角(AOA);最大操作空速马赫数(Mmo/Vmo)。

其中气压高度和高度变化率的测量原理如下：

（1）气压高度（H_p）和高度变化率计算。大气数据惯性基准系统接收全静压系统收集的全、静压，将其进行线性化和温度补偿的处理，再进行静压源误差校正，输出被校正的静压数字信号给中央处理器。其中，进行静压源误差校正时，需要依据飞机当时的襟翼位置、马赫数和功角的大小来决定校正量的大小，而且机型和传感器的安装位置不同，校正量也不同。这些参数被以数据表格的形式保存在只读存储器中。依据国际民航组织（ICAO）于 1962 年规定的标准大气条件下，气压高度和飞机所在的静压之间的一一对应关系，计算气压高度和高度变化率。

（2）校正高度计算。当正、副驾驶员在飞行控制组件 FCU 选择基准面气压值——气压校正值时，ADR 中央微处理器接收此信号，计算出相对所选基准面的气压高度，如标准气压高度和相对气压高度等多种高度。

（3）延时误差的存在。全静压系统收集和传输的全压、静压是否准确和迅速，直接影响大气数据计算机计算的准确性和及时性。传输管路的结构，决定了全静压系统输送压力有延时误差，计算出的高度及高度变化率等参数不准确，造成计算瞬时性和精度不够高。

2. IR 功能

惯性基准组件以捷联式惯导系统为原理，依据牛顿力学定律，利用载体上安装的两种惯性传感器：激光陀螺和加速度计，即沿飞机 3 个机体轴分别装有一个加速度计和一个激光陀螺，测量飞机沿机体 3 个轴的线速度和绕机体 3 轴转动的角速度，送入惯性基准部分的微处理器，进行导航参数的计算。

3 个激光陀螺测量机体俯仰、横滚、偏航角速率，经坐标转换并滤去地球自转引起的牵连角速度，用来建立导航坐标系，并随时修正该坐标系，作为转换坐标系使用。

3 个加速度计的输出，会受到重力加速度影响，经坐标转换并滤去有害加速度，计算出水平加速度和垂直加速度分量。其中水平分量被用来进行水平导航参数计算，垂直分量被用来进行垂直导航参数的计算。单独用垂直加速度计的输出来计算飞机的高度

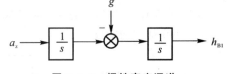

图 5.5.2　惯性高度通道

和垂直加速度存在一个问题，即垂直加速度不能区分飞机的垂直加速度和引力加速度（或重力加速度）。用垂直加速度进行一次积分运算，得垂直速度，二次积分得飞机高度。图 5.5.2 所示为惯性高度（h_{BI}）通道，其中 a_z 为垂直加速度，g 为重力加速度。

由自动控制理论可知，该通道是个开环系统，即没有负反馈环节的系统，这样的系统是发散的。当加速度计有零点漂移误差或受外界干扰时，这种系统所形成的误差会越来越大。因此，要想利用垂直加速度来计算高度，除了采取措施补偿引力（或重力）加速度外，还要引入外部高度信息与惯性垂直通道信息进行综合，修正惯性高度，这就导致混合高度通道的出现。

5.5.3　混合高度通道的综合性（高度及升降速度计算快速性、种类多样性和精度恒定）

在 IR 功能块中，通过一个气压-惯性回路软件系统，完成惯性高度及惯性垂直速度的计算，实际上是混合高度和混合垂直速度的计算。这个混合通道将 IR 系统的瞬时灵敏性和 ADR 系统的随时间稳定性即没有漂移有机地结合在一起，使最后输出的高度既精确又及时。

图 5.5.3 所示为三阶混合高度通道,其中 K_1、K_2、K_3 为 3 个比例环节。

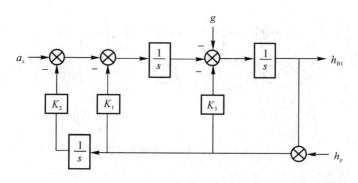

图 5.5.3　三阶混合高度通道

1. 稳定性的提高

由于组合的形式和使用要求不同,混合高度的形式有所不同。空客飞机 A340 机型采用三阶混合系统,图 5.5.4 所示为三阶惯性高度通道。

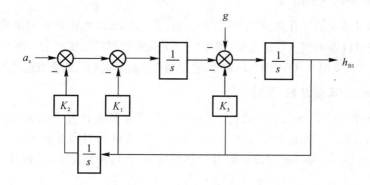

图 5.5.4　三阶惯性高度通道

在原高度通道上并联 K_1 和 K_3 环节,使原系统变为一型系统。其中 K_1 环节增加系统的阻尼,使输出误差衰减振荡;K_3 环节提高系统的振荡频率,加快输出误差的衰减。合理选择它们的大小,提高系统的动态稳定性。但一型系统对于加速度的输入,其稳态误差为无穷大,即在加速度计有漂移误差时,此一型系统测量的高度误差也会随时间积累。为此,并联积分环节和比例环节 K_2,即积分环节 K_2/S,使系统为二型。输入为加速度时,该系统的稳态误差为常值,和 K_2 有关,只要合理选择 K_2,即可使系统稳态误差为最小,补偿由加速度计的漂移引起的系统稳态误差。因此,合理选择 K_1、K_2 和 K_3 环节,一方面提高系统的动态稳定性,另一方面减小系统计算稳态高度误差,满足精度要求。

2. 漂移误差的减少

在上述基础上,引入气压高度和惯性高度混合。气压高度对系统的影响,发生在等高 $(a_z = 0)$ 飞行的情况下,图 5.5.5 所示为三阶气压高度修正通道。此为一型系统,当输入为稳定的气压高度(定高)时,系统无稳态误差,惯性高度跟踪气压高度,漂移误差减小,整个系统输出的高度以气压高度为准。

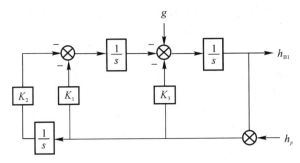

图 5.5.5　气压高度修正通道

3. 延时误差的避免

当飞机高度突然发生变化时,全静压系统收集并传送给大气数据系统的静压,滞后于外界瞬时值,由此算出的高度及高度变化率,即瞬时高度和瞬时高度变化率滞后于外界的变化。而惯性基准系统采用的惯性元件激光陀螺和挠性加速度计灵敏度高,且测量准确,能及时敏感机体的加速度变化。此时混合通道输出的高度以惯性高度为准。

4. 测量的高度种类的增加

根据惯性基准系统的工作原理,它计算的高度,是飞机相对地面的几何高度,即真实高度。而大气数据系统可以输出气压校正高度,即标准气压高度和相对气压高度。因此,惯性高度经气压高度校正及气压高度混合,以不同高度输出,这是惯性基准系统独立的垂直通道所不能完成的。

5. 计算的风速/风向准确、及时

大气数据子系统计算飞机真空速(TAS),惯性基准子系统计算飞机地速(GS),根据两者之间的矢量关系,由惯性基准子系统的中央处理器计算飞机当时所受的风速大小及方向。如果 TAS 低于 100 kn,或大气数据源没有有效数据输出,在这种情况下,风速计算无效。

5.5.4　结　论

大气数据系统和惯性基准系统的结合,使惯性基准系统的水平和垂直导航成为可能,也降低了大气数据系统的瞬时高度误差。在飞机高度变化中,系统输出的高度及垂直速度以惯性高度和惯性垂直速度为准;在飞机稳定的高度飞行中,系统输出的高以气压高度为准。同时,惯性高度被气压高度修正,精度得以提高,减小漂移误差。这样,混合高度系统测量的高度和垂直速度,优于以上任何一子系统测量的精度,且不受飞行条件的限制。

5.6　民用飞机中机载导航系统信息融合技术发展现状及发展趋势分析

机载导航系统是飞机航行中不可缺少的重要组成部分,其可通过各种传感器获取飞机飞行状态参数,并测量、解算出飞机的瞬时运动状态和位置信息进行显示,提供给驾驶员或自动驾驶仪实现对飞机的正确操纵或控制,是飞机安全运行的可靠保障。

随着科学技术的发展,航空技术装备自动化和电子化水平不断提高,可以利用的导航信息源越来越多。在众多导航传感器可利用的情况下,导航数据的信息融合显得尤为重要,其可通过对各传感器的有效选择,充分利用各传感器的优势,相互间取长补短,给出飞机位置、速度、姿态的最优估值,以提高系统的整体导航精度及导航性能,从而为飞机提供更为精确的导航信息,以确保飞机的安全航行。

5.6.1　机载导航系统信息融合方案设计

1. 机载导航系统的构成

目前,可供装备的机载导航系统主要有惯性基准系统(IRS)、GPS 导航系统、VOR、DME、自动定向仪(ADF)、无线电高度表、大气数据系统(ADS)、磁罗盘、仪表着陆系统等。飞管计算机将接收各导航子系统的信息,通过故障诊断、隔离、重构和信息融合,给出飞机位置、速度、姿态等导航信息的最优估值,并将数据通过总线传输给飞行控制、显示、自动油门及其他系统。

导航系统功能组成示意图如图 5.6.1 所示。

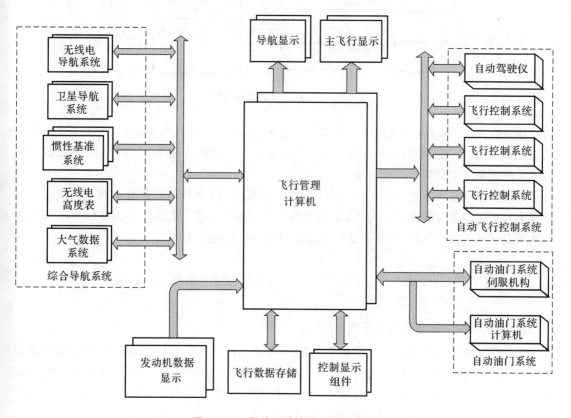

图 5.6.1　导航系统功能组成示意图

机载导航系统信息融合方案设计的主要工作是针对导航各子系统的信息融合技术展开研究,以期充分利用各传感器的优势,取长补短,达到长时间、高精度导航的目的。

2. 组合导航技术方案分析

随着科学技术的发展,航空技术装备自动化和电子化水平不断提高,对导航系统的要求也越来越高,主要体现在高精度、高可靠性、高动态性能以及高抗干扰性能。任何一种导航设备的性能和应用范围都有一定的局限性,不可能完全满足现代导航的要求,为了实现高精度、高可靠性、全球、全天候连续定位导航,就需要把多种单一的导航设备组合起来,构成一个有机的整体。联合滤波算法是 NACarlson 结合组合导航研究提出的一种并行两级结构的分散滤波方法,其基本滤波流程框图如图 5.6.2 所示。

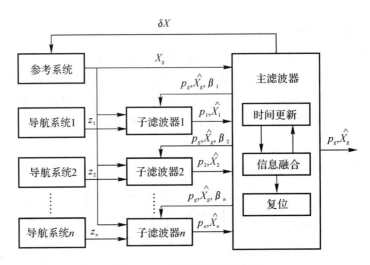

图 5.6.2 联合滤波流程框图

联合滤波过程中,首先选取一个公共参考系统,然后其他每个导航系统均与参考系统组成一系列子系统,并分别通过各子滤波器对各子系统进行信息融合处理,最终利用一主滤波器将各子系统的输出信息进行综合处理。

考虑到惯性基准系统在导航中占有非常重要的地位,以惯性基准系统为基础的组合导航是未来导航系统的发展方向。为此,将 IRS 作为公共参考系统,其余各传感器分别与 IRS 先构成子系统进行滤波解算,最终再通过主滤波器进行信息融合处理。

5.6.2 IRS/GPS/VOR/DME/ADS 组合导航系统设计

1. IRS/GPS 组合导航技术研究

IRS 是一种精度较高的自主导航定位方法,但其工作时采用的是推算式方式,具有原理误差,并且该误差随时间发散,不适合长时间的单独导航;GPS 能够进行全球、全天候和实时的导航,其定位误差与时间无关,且有较高的定位和测速精度,但当载体作高动态的运动时,常使 GPS 接收机不易捕获和跟踪卫星载波信号,甚至产生"周跳"现象,使得在航空载体上单独使用 GPS 导航也受到限制。由此可见,GPS 和 IRS 具有优势互补的特点,研究 IRS/GPS 组合导航系统可进一步提高系统的整体导航精度及导航性能。

现给出 IRS/GPS 组合导航原理框图,如图 5.6.3 所示。

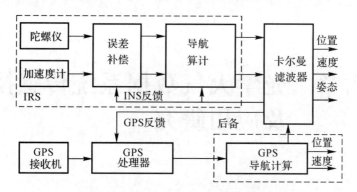

图 5.6.3　IRS/GPS 组合导航原理框图

2. IRS/VOR/DME 组合导航技术研究

VOR 和 DME 是两种近距离无线电测量系统,在 VOR/DME 信号覆盖范围内,利用 VOR/DME 的测量信息和 IRS 组合,可以提高飞机区域导航或着陆进近前进场所需的导航信息精度。

3. IRS/ADS 组合方式

ADS 提供的导航信息为真空速和气压高度。由于真空速与惯性系统的地速的空间矢量不一致,它们之间的矢量差为风速矢量,因此常利用大气数据系统的真空速和惯性基准系统的地速计算估计风速与风向、航迹角与偏流角等。而气压高度则常被用于以反馈控制的方式直接进入惯性高度回路对惯性高度回路进行二阶阻尼控制,以抑制惯导在高度方向的发散。

机载导航系统是飞机航行中不可缺少的重要组成部分,其可实时获取飞机的位置、速度和姿态等导航信息,是飞机安全运行的可靠保障,具有重要的应用价值。

参 考 文 献

[1]　李睿佳. 机载大气/惯性数据信息融合与评估技术研究[D]. 南京:南京航空航天大学,2010.

[2]　张辉. 民用飞机 ADIRS 系统级需求研究[J]. 科技资讯,2015,13(18):30-31.

[3]　白俊峰,刘中平,梁凤霞,等. 机载大气信息融合与评估技术研究[J]. 科技创新与应用,2014(19):17.

[4]　于永军. 高空长航无人机多信息融合自主导航关键技术研究[D]. 南京:南京航空航天大学,2011.

[5]　孟博. 跨音速/高超音速大气数据测量技术研究[D]. 南京:南京航空航天大学,2011.

[6]　刘浩. 机载微惯性姿态测量系统性能优化技术研究[D]. 南京:南京航空航天大学,2017.

[7]　叶卫东,熊鹏. 分布式大气数据计算机综合测试系统设计[J]. 微计算机信息,2008(31):72-74.

[8]　张浩. SINS/GPS 组合导航系统滤波算法研究及工程实现[D]. 南京:南京理工大学,2004.

[9]　李睿佳,李荣冰,刘建业,等. 卫星/惯性组合导航事后高精度融合算法研究[J]. 系统仿真学报,2010,22(S1):75-78.

第六章 光学大气数据系统传感技术及应用研究

6.1 激光遥测技术概述

6.1.1 激光遥测技术起源

激光遥测是一种通过探测远距离目标的散射光特性来获取目标相关信息的光学遥感技术。随着超短脉冲激光技术、高灵敏度的信号探测和高速数据采集系统的发展和应用,激光遥测以它的高测量精度、精细的时间和空间分辨率以及大的探测跨度而成为一种重要的主动遥感工具。

随着工业的发展,环境污染问题越来越突出,严重损害人们的身体健康和影响生态平衡。环境保护和污染防治问题已引起广泛重视,许多国家制定了环境保护的法律,以加强环境管理及污染控制和治理。污染检测是环境管理的基础性工作,是环保工作的眼睛,不仅要提供准确可靠的污染总体数据和变化情况,还要提供各种污染源的排放情况。而一般常规监测所采用的定点取样、实验室分析等方法有一定的局限性,特别是对污染源的排放,如烟道气和火炬气体的排放情况等,较难进行监测。激光遥测在这方面具有一定的优越性,主要表现在:

(1)简便、快速:激光遥测是远距离的直接检测,不需要取样。在激光扫描的有效检测半径内,只要将装置对准所要检测的任何高度的某一地点,即可在很短时间内得到检测数据。变换检测装置的方位转角和体角,可以获得污染物大面积的立体分布信息。

(2)不受时间等的限制:可以昼夜 24 h 工作。在夜间由于没有日光和其他干扰,更可提高检测灵敏度。即使在恶劣的气象条件下,检测范围等虽受到一定限制,仍能在一定程度上进行检测。

(3)能对污染源的排放情况进行随时监测和检查,特别是对工厂烟道口和排放可燃物的火炬上方的污染物浓度检测,更是一般检测方法难以比拟的。同时,还可以用来搜索污染源,跟踪污染物的漂移途径。

激光遥测雷达使用的频段,除了金属目标物有明显的反射外,其他非金属物质诸如岩石、雨滴等只能产生极其微弱的回波信号。在大气探测应用中只能与大气中的云、雨、雪等大尺寸粒子或大范围的大气不均匀体相互作用产生回波,一些细小目标物,如大气分子和气溶胶,基本上不会产生可探测的回波信号,从而对晴空均匀大气直接穿透形成探测盲区。激光雷达主要使用电磁波谱中的近红外、可见光及紫外等波段,波长可以从 250 nm 到 11 μm ,比以往雷达用的微波和毫米波短得多,并且激光光束因其发散角小,有着很窄的波束,能量集中,加之光束本身良好的相干性,这样可以达到很高的角分辨率、速度分辨率和距离分辨率,更小尺度的目标物也能产生回波信号,对探测细小颗粒有着特有的优势。激光雷达探测原理如图 6.1.1 所示。

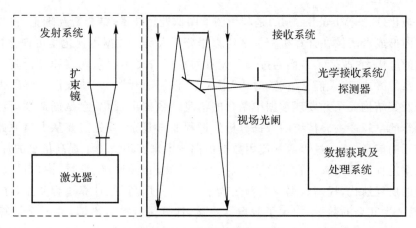

图 6.1.1　激光雷达探测原理

6.1.2　激光遥测主要关键技术

由于大气激光雷达数据的上述特点,仅从回波数据与相关信息上几乎无法得到区域大气参数的时空分布与变化趋势,需要对大气激光雷达数据进行分析,从单区域探测站点与多区域探测站点数据层面进行数据分析。可视化分析是对大气激光雷达探测数据进行有效分析的主要手段,基于计算机科学中的数据处理与图形图像处理技术,构造区域数据的可视化图形,呈现出大气参数的等值面、等值线、剖面结构等,显示其范围及变化趋势,使研究人员充分了解计算过程中数据的变化情况,并对数据做出正确解释。可视化分析技术是利用映射技术,将数据转换为图形图像元素,通过计算机程序,基于计算机图形、图像、动画等可视化形式呈现数据中的复杂结构及变化的动态行为,挖掘隐藏在数据中的有用信息。这个过程涉及多个学科领域,包括计算机图形图像学、机器学习、自动控制、计算机辅助设计、用户界面设计以及人机交互技术等领域。

1. 科学计算可视化

科学计算可视化(Visualization in Scientific Computing)是 20 世纪 80 年代后期出现的新的研究领域。目前,科学计算可视化已经成为人们进行知识探索中的一个重要工具,是可视化领域中的一个重要分支。科学计算可视化的主要出发点是,运用计算机科学的计算与图形图像处理技术,为研究人员提供由计算机分析得出的最终数据计算结果,以及数据计算过程中的数据转变情况,给研究人员提供详实的数据流转情况,有利于帮助研究人员做出更具体的数据处理操作。因此,科学计算可视化的主要内容是将研究人员在科学数据计算过程中产生的实验数据与计算结果进行可视化,并使用交互处理理论与人机交互技术,让研究人员及时了解数据的演变过程,通过计算机图形图像展示数据在各个处理阶段的相关联系。科学数据可视化是一个复杂的过程,它的整个过程离不开计算机图形学、计算机辅助设计,视觉系统以及人机交互理论等各个学科的理论支撑。随着技术的发展,科学计算可视化的含义已经不仅限于此,它不但包括科学计算数据的可视化,而且包括工程计算数据的可视化。

2. 数据可视化

数据可视化(Data Visualization)是利用图形图像处理技术,结合交互理论,清晰有效地将数据转换成图形或者图像在计算机上呈现给数据分析人员。数据可视化是可视化技术在非空间数据领域的应用,它改变了人们通过杂乱无章的数据与文字信息观察和分析其中的深层信息与相关关系的方式,将人们从"读数时代"带入了"读图时代"。它使人们能够以更直观的方式了解数据及其结构关系并发现数据中隐含的信息。数据可视化,它是创造性设计美学和严谨的工程科学的卓越产物。传统的数据分析的过程非常复杂,首先需要从大量原始的数据信息中获取有用的信息,这个过程通常使用数据挖掘技术来实现。为了提高信息的提取精度,往往在数据挖掘过程中使用人工智能算法(包括遗传算法、神经网络、聚类、模拟退火等算法)进行计算过程的反复迭代,提高数据挖掘算法效率。这些过程往往计算过程复杂,计算量大,容易出错,且易产生冗余的数据,加大了数据计算量,计算过程稍有不慎,甚至使计算进入死锁状态,浪费大量的精力与时间。数据可视化可将大量数据转换为各种二维或三维图形,给研究人员视觉冲击,使其更容易发现数据的相关结构及其相互关系与演变趋势。数据可视化加强了研究人员的洞察力,加深了其对数据含义的理解,提供了更好的决策力和更强的自动化处理能力,加快获取知识的速度。数据可视化已经成为各个行业领域获取知识信息的重要技术。

6.1.3 国内外激光遥测发展现状

激光技术自 20 世纪 60 年代初问世以来,很快应用于大气探测的诸多科研当中,伴随这项技术的发展,高水平的探测方法被逐渐开发出来。虽然早就有人用激光雷达对平流层中的气溶胶层进行观测研究,但总体而言,以激光雷达为代表的遥测技术在气象及大气环境上的应用,在近几年才获得了惊人的进展。

1. 云-气溶胶探测激光雷达

用于气溶胶探测的激光雷达主要是以单波长或多波长米散射激光雷达为主,地基、机载、星载等多种平台应用,技术比较成熟。单波长米散射激光雷达可以用来探测大气气溶胶的光学特性,主要有散射系数、消光系数、雷达比,而多波长激光雷达除了可以得到上述参数以外,还常用于反演气溶胶的粒谱分布及不同波长的气溶胶消光系数,为研究激光在大气中的传输特性、大气湍流等提供科学依据。

1994 年搭载发现号航天飞机升空的 LITE 激光雷达是世界上第一台星载激光雷达,它采用 355nm、532nm 和 1 064nm 三个波长,在 10 天的飞行任务中,LITE 共收集了 45 h 的大气散射曲线数据,对层云、对流层和平流层的气溶胶、沙漠气溶胶、化学燃烧的烟雾等进行了初步探测,LITE 的探测结果令人非常满意。图 6.1.2 是 LITE 的外形图。

2003 年,美国地球观测 GLAS 激光测高系统装载到全球首颗激光测高试验卫星 ICESat 升空,GLAS 采用了 532 nm 和 1 064 nm 两个波长,主要科学目的是了解极地冰雪变化物质总量平衡、测量全球范围云层高度和云/气溶胶垂直结构以及绘制陆地拓扑图。图 6.1.3 是 GLAS 激光测高系统外形图。发射机为半导体泵浦的 Nd：YAG，激光器脉冲宽度为 5 ns，1 064 nm 脉冲能量为 75 mJ，532 nm 脉冲能量为 35 mJ，接收望远镜口径为 100 cm。

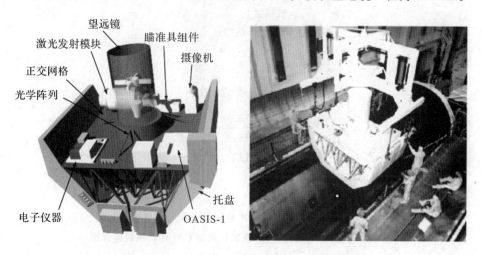

图 6.1.2　星载大气探测激光雷达 LITE 外形图

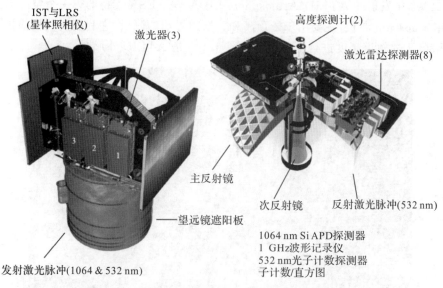

图 6.1.3　美国地球观测 GLAS 激光测高系统外形图

　　2006 年 4 月 28 日，装载正交偏振云-气溶胶激光雷达（CALIOP）的 CALIPSO 卫星由德尔它-Ⅱ火箭发射升空。图 6.1.4 是 CALIOP 系统外形图。CALIPSO 卫星的配置包括三个仪器：①云-气溶胶激光雷达 CALIOP；②三通道红外成像辐射计 IIR（Imaging Infrared Radiometer）；③宽带照相机（Wide Field Camera）。CALIOP 除采用 532 nm 和 1 064 nm 两个波长外，还增加了偏振检测技术，实现了全球覆盖，其首批试验结果更表明，CALIOP 具备识别气溶胶、沙尘、烟尘以及卷云的能力，它成为世界上首个应用型的星载云和气溶胶激光雷达，其观测能力优异。

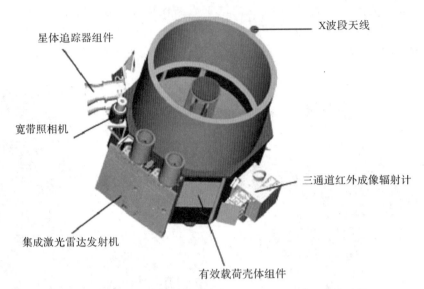

图 6.1.4 正交偏振云-气溶胶激光雷达 CALIOP 系统外形图

欧洲空间局(ESA)在过去 20 年进行了多项激光雷达试验,其中包括后向散射激光雷达 ATLID。1996 年发射的 ATLID(Atmosphere LIDAR)是 ESA 支持的第一个空间激光雷达项目,它采用 1 064 nm 波长,主要用于云顶高和云层边界层的测量,它利用线性扫描扩大观测视场以保证 800 km 轨道高度进行全球覆盖。图 6.1.5 是 ATLID 外形图。

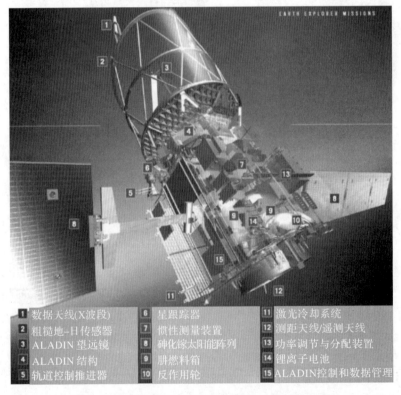

图 6.1.5 欧空局后向散射激光雷达 ATLID 外形图

　　ESA 预计 2013 年发射 EarthCARE 卫星,其主要目的是定量测量云和气溶胶之间的相互转换,并准确地添加进气候和天气预报数学模型中。该卫星配置有后向散射激光雷达 ATLID、云廓线雷达(Cloud Profiling Radar)、多光谱成像仪(Multi-Spectral Imager)和宽带辐射计(Broad-Band Radiometer),其中 ATLID 激光雷达采用 355 nm 的紫外激光光源,脉冲能量 30 mJ,重复频率 74 Hz,激光线宽 50 MHz,接收望远镜直径为 0.6 m。

　　我国尚没有星载大气激光雷达发射计划,主要的激光雷达研究单位有中国科学院安徽光机所、中国科学院上海光机所、中国科学院武汉物数所、中国科学院空间中心、中国海洋大学、武汉大学、西安理工大学、北京理工大学、中国科技大学、中国电子科技集团、北京遥测技术研究所等单位。其中,中国海洋大学较早开始基于高谱分辨激光雷达的气溶胶及风场探测工作,还为中欧开展的龙计划 Ⅱ 开发了新型地基激光雷达。中国科学院安徽光机所在激光雷达设备研制上积累了多年经验,研发了多种激光雷达,取得了很好的应用效果。中国科技大学研发了米-瑞利-钠荧光和多普勒测风激光雷达。西安理工大学发展了多套不同类型的激光雷达。中国科学院上海光机所和中国电子科技集团分别研发了测风激光雷达系统。北京理工大学最近也研制了一台拉曼-米散射激光雷达进行气溶胶探测。中国科学院光电研究院还和法国科学家合作进行机载激光雷达探测的研究。

　　北京遥测技术研究所在 2012 年成功研制了具有国际先进技术水平的大气探测激光雷达产品,能够在复杂天气条件下长期运行,工作性能稳定,可提供高质量的一级、二级、三级数据产品。其反演数据能够准确表征大气中气溶胶、云层等目标的三维精细结构和时空演化过程,可有效分辨大气中气溶胶的不同模态和云层相态,区分局地颗粒物和外来沙尘以及局地污染和远距离输送污染,并可实时跟踪污染物的时空演化状态,有助于分析污染物来源和传输路径。北京遥测技术研究所多波长拉曼偏振大气探测激光雷达产品实物和数据结果分别示于图 6.1.6 和图 6.1.7。该产品在对沙尘、灰霾、火山灰等大气环境的实时三维空间监测中表现出优异的性能。

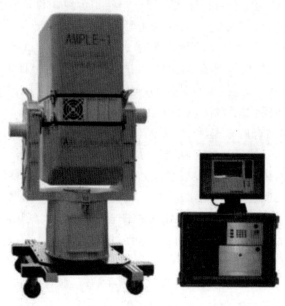

图 6.1.6　北京遥测技术研究所多波长拉曼偏振大气探测激光雷达产品实物图

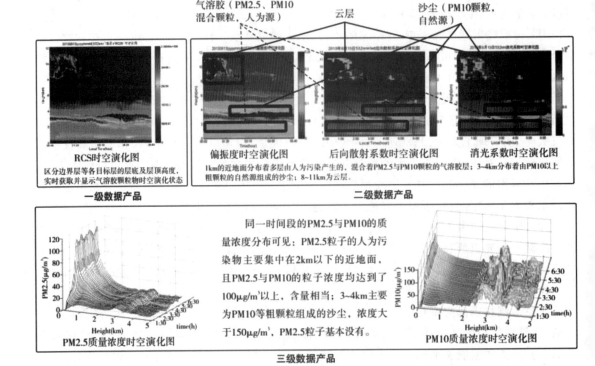

图 6.1.7　北京遥测技术研究所多波长拉曼偏振大气探测激光雷达数据结果

2. 多普勒测风激光雷达

激光雷达通过测量大气中自然出现的少量颗粒的后向散射,可以检测风速、探测紊流、实时测量风场等。激光雷达通常有两种探测机制——非相干多普勒测风激光雷达与相干多普勒测风激光雷达,国外使用激光雷达进行大气风速测量始于 20 世纪 70 年代初期,当前欧洲、美国、日本均已研制了机载大气风场探测激光雷达,并已进行了相关试验。世界上第一台星载大气风场探测激光雷达是欧空局研制的 ALADIN,并于 2014 年由 ADM-AEOLUS 卫星携带升空,它采用 355 nm 直接探测多普勒测风激光雷达,可实现 0～30 km 高度三维风场测量。美国 NASA 和 NOAA 也研制了星载测风激光雷达 NPOESS,它采用 355nm 直接多普勒探测和 2μm 相干多普勒探测相结合的方式,可实现全球高度三维风场测量。中国海洋大学也已成功研制出测风激光雷达,其系统外观和实测结果分别示于图 6.1.8 和图 6.1.9。

(1)非相干多普勒测风激光雷达发展状况。1979 年,美国 Michigan 大学的空间物理研究实验室研制了第一台车载激光多普勒雷达,其系统光源为 Nd:YAG 激光器和染料激光器,采用高分辨率的 Fabry-Perot 干涉仪和多环阳极探测器,模拟了大气风场的测量。该雷达在对流层、平流层可以实现的测风精度为 2 m/s,中间层精度为 5 m/s。1994 年,该所研制了可移动的高分辨率多普勒激光雷达,激光源为 532 nm 的 Nd:YAG 种子注入倍频激光器,脉冲能量 60 mJ,重复频率 50 Hz,线宽为 0.004 5 cm(135 Hz)、脉冲振动不超过±0.6 ns。采用 Fabry-Perot 干涉仪和窄带干涉滤光片相结合的方法滤除白天背景光,在大气对流层和低平流层实现了风速测量和气融腔负载轮廓的测量,白天探测距离为 1 500 m,白天和黑夜在大气边界层垂直分辨率为 100 m,时间分辨率为 5 min,风速精度为 1~2 m/s。

图 6.1.8　中国海洋大学测风激光雷达系统外观

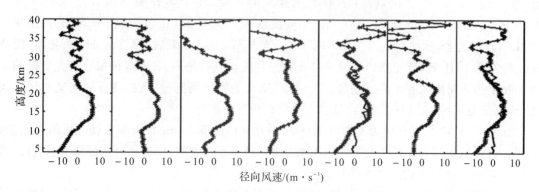

图 6.1.9　中国海洋大学测风激光雷达实测结果

　　法国国家科学研究中心研制了地基非相干多普勒激光测风系统,激光源波长 532 nm,脉冲能量 2 500 mJ,重复频率 30 Hz,采用双 Fabry-Perot 干涉仪来测量大气分子散射,获得了高度为 25~60 km 的高空风速数据。

　　美国 Cornell 大学的 Arecibo 观测中心也研制了一台 Rayleigh 非相干多普勒激光雷达系统,获得了中高空大气的水平风场信息。

　　2000 年,日本福井大学研制了小型测风激光雷达,系统采用 Fabry-Perot 单边缘技术及连续二极管泵浦的 Nd:YAG 激光器,波长 532 nm,激光重复频率从 1 kHz 到 10 kHz 进行调节,当重复频率为 10 kHz 时,脉冲能量 0.1 mJ,由于发射能量小,该雷达只对 4 km 以下风场进行测量。

　　美国 NASA/GSFC 于 2001 年研制成功的 GLOW(Goddard Lidar Observatory for Wind)系统,是一套基于双边缘检测技术的车载测风激光雷达。GLOW 系统实物示于图 6.1.10,它可以实现从地面到 20 km 高度、垂直分辨率为 1 km 的风廓线测量。

　　美国 Michigan 航天公司于 2001 年研制了两套 GroundWinds 地基测风激光雷达系统,分别位于 New Hampshire 和 Hawaii,系统采用 Fabry-Perot 双边缘技术测量 0.5~40 km 的风廓线。

　　2002 年,美国 Colorado 州立大学的 She 等人在纳荧光激光雷达中使用 Faraday 滤波器滤除白天背景光,实现了在中层大气的温度和风速测量。

图 6.1.10　GLOW 系统实物图

（2）相干多普勒测风激光雷达发展状况。最早的相干多普勒测风激光雷达研究始于 20 世纪 70 年代，进入 90 年代以来，随着激光技术的发展，相干多普勒测风激光雷达历经了 10.6 μm 波段、1.06 μm 波段、2.0～2.1 μm 波段和 1.5～1.6 μm 波段几个阶段，先后采用了连续 CO_2 激光器，脉冲 CO_2 激光器，固体 Nd 激光器，闪光灯泵浦 Cr、Tm、Ho 激光器，固体 Tm 激光器，固体 Er 激光器作为激光器光源。目前，美国、德国、日本等国家已经先后研制了多套相干多普勒测风激光雷达系统，广泛应用于机场的风场测量、飞机飞行的气流和尾迹探测、大气湍流探测、全球气流监控、森林火警辅助预警等场合。

2001 年，CTI 公司开始为美国海军研制 TODWL 机载 2 μm 相干多普勒测风激光雷达，用于评估强风条件下海洋和大气之间的动力学和能量交换情况，同时研究水面的反射效应，图 6.1.11 给出了该激光雷达实物照片。

2002 年美国 CTI 公司推出了 WindTracer 相干多普勒测风激光雷达商业产品，实物如图 6.1.12 所示。这是一套可用来测量大气风速、切变风风场和旋风轨迹的激光雷达系统。

图 6.1.11　TODWL 机载 2μm 相干多普勒测风激光雷达实物图

图 6.1.12　WindTracer 相干多普勒测风激光雷达产品示意图

2008 年美国利用 CTI 公司的 1.6 μm WTX‑16 激光头研制了机载多普勒测风雷达,对台风进行了研究。图 6.1.13 为雷达实物及机载安装图。该激光雷达脉冲能量为 1 mJ,重复频率为 2 000 Hz,风速测量精度小于 1 m/s,根据不同的气溶胶条件,作用距离可达3~20 km。

图 6.1.13　CTI 公司的机载多普勒测风雷达实物及机载安装图

美国 NASA 的 LaRC 一直针对可用于全球三维风场信息测量的星载测风激光雷达进行研究。早在 1996 年就报道了该雷达的大能量、高效率、高稳定性。它采用紧凑型的 2 μm 激光雷达光源,发射机主要是侧重于可以获得大能量输出的半导体侧面泵浦的 Tm、Ho 共掺的单纵模激光器,并在 LD 泵浦 2 μm 种子注入锁定激光器方面做了大量研究工作。2010 年 NASA 搭建了相干激光雷达 DOWN 系统,采用两级放大,脉冲输出能量为 250 mJ,脉宽为 200 ns,重复频率 10 Hz。LaRC 将 2 μm 测风激光雷达系统安装在 NASA DC‑8 试验飞机上,成功进行了飞行测风试验。2012 年在原有激光器基础上,最终获得脉冲能量 400 mJ、脉宽 180 ns、重复频率 10 Hz 的单纵模激光输出。

6.2 光学大气数据系统概述

6.2.1 基本原理概述

飞机的空速、迎角、侧滑角等大气数据无论对于飞行员还是对于飞控系统、航电系统等都是非常重要的参数。传统的空速传感器常见的是组合式空速传感器，它利用皮托管测量大气的总压和静压，并引入大气温度，按已知方程解算出空速。常用的迎角/侧滑角传感器为零压式迎角传感器，它通过一个开有对称气窗的圆锥形探头，向被隔板隔开的两个气室分别引入气流，气压的不平衡导致探头随气流偏转，从而测出气流偏角。F－16、F－18和F－117飞机上使用空速管/静压口/迎角传感器来测量大气数据。F－22和F－35采用了古德里奇公司研制的"智能探针"(smart probe)大气数据系统，该系统集大气数据计算机和多种传感器于一体，能够用一个装置提供全套大气数据，但仍属于传统的大气数据测量系统。传统大气数据测量系统存在3个缺陷：

(1)测量范围已不能满足现代战斗机的要求，现代高机动、高性能飞机会在非常规姿态(比如90°迎角)下飞行，超越了传统大气数据测量技术的测量范围。

(2)传统大气数据系统的校正和维护成本较高，成本分析表明，可观的资源消耗在校正和维护大气数据系统上。

(3)伸出机身蒙皮的空速管破坏了军用飞机精心设计的用来降低雷达截面积的机身外形，影响隐身性能。

光学大气数据系统以激光气溶胶散射和多普勒频移为基本原理，结合温度、压力传感器可解算出飞行器相对空速、大气总温和大气静压，进而解算出其他大气参数值，其具有测量精度高、系统结构简单、安装方便、校正维护成本低、能进行大机动测量等优点。

大气对激光的作用主要表现在大气分子和气溶胶粒子对其吸收和散射。在大气中常见的散射有米散射、瑞利散射和拉曼散射。其中米散射主要是由大气中的气溶胶(云雾、尘埃)或大颗粒的悬浮物等半径大于$\lambda_0/2\pi$的粒子引起的，它是一种弹性散射，散射光往往较瑞利散射和拉曼散射强，并且散射光波长不变，因此采集米散射信号是大气多普勒频移探测的一个有效手段。

激光相干测速利用多普勒效应，将频率已经发生变化的信号光进行采集并与本振光在耦合器处进行混频，得到两者的差频信息Δf。多普勒频移与运动物体速度间的关系为

$$\Delta f = \frac{2\upsilon\cos\theta}{\lambda} \tag{6.2.1}$$

式中：Δf为多普勒频移量；υ为运动物体的速度；θ为物体运动速度与激光视线方向的夹角；λ为发射激光的波长。假设本振光与回波信号光的电场分别为

$$e_1(t) = E_1\cos[2\pi f_0 t + \varphi_1] \tag{6.2.2}$$

$$e_s(t) = E_s\cos[2\pi(f_0 + \Delta f)t + \varphi_s] \tag{6.2.3}$$

式中：f_0为激光器本振频率；φ_1、φ_s分别为本振光与信号光的相位。

　　根据光电探测器的二次方率响应特性,以及光电探测器响应带宽的限制,光电流的高频分量将得不到响应,实际输出的光电流为

$$i(t) = I_s + I_t + 2\sqrt{I_s I_t}\cos(2\pi\Delta ft + \varphi_1 - \varphi_s) \tag{6.2.4}$$

式中:I_s、I_t分别为信号光与本振光产生的直流电流。滤除I_s与I_t,光电流仅剩下包含多普勒频移Δf的中频信号,经数据处理,利用式(6.2.1)可推导出物体的径向速度。

　　光学大气数据测量系统的基本组成包括光源、散射介质、光学组件、探测器和信号处理电路,如图6.2.1所示。

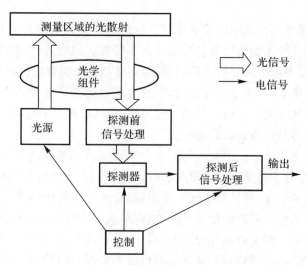

图 6.2.1　光学大气数据测量系统的基本组成

　　(1)光源。光学大气数据测量系统使用激光作为光源。激光具有极好的方向性,并且是相干的,电能转换为光能的效率也非常高。现代激光器在震动环境下使用,且小巧、易安装。某些系统使用脉冲激光来限定测量的区域范围,也可以通过光学组件对测量区域的聚焦和让探测器只探测特定部分的测量区域来限定测量范围。由于激光具有很高的强度,所以使用时需要考虑安全性,有必要采取适当的安全措施。

　　(2)测量区域中的光散射。多数光学大气数据测量系统使用大气悬浮颗粒的散射光作为信号来源。大气分子也可作为散射介质,但是空气分子散射光的功率非常低。波长较短的光散射比较困难。对于大气层内飞行来说,空气分子总是存在,这相比于大气悬浮粒的散射是一个优势。大气悬浮颗粒的密度随着高度的升高而降低,这意味着必须考虑到由于大气悬浮颗粒密度的降低而导致的散射水平降低的问题。通常,对于用得较多的参考光束测速器来说,25 000 ft(1 ft=0.304 8 m)以下不会产生太大问题。

　　(3)探测前信号处理。在光学功能区,散射光信号可以在转换为电信号之前进行一轮处理。例如,可以在光束中插入滤波片。更为先进的处理方式是利用光的相干特性将较高的光信号频率转化为较低的(即多普勒频移)频率。这种相干探测特性是使用激光的优势之一。

　　(4)探测器。光信号将从光学功能区传输到探测器。探测器的效率取决于光的波长范围。对每一种激光波段,都可以选择一种高效率的探测器。半导体材料的使用使得探测器可以做得很小巧。

　　(5)探测后信号处理。这里常用的信号处理方法是傅里叶变换或者测量散射光的传输时

间,以此来得到速度信息。

(6)控制。当应用激光脉冲和选通探测方式的时候,对时间的控制尤为重要。所谓的范围选通就是用从发射脉冲到接收到逆散射光信号的时间来控制所测量的大气范围。范围选通系统发射一段很短的激光脉冲,探测器通过控制时闸的开合来选择接收特定范围的测量区域所反射回来的光信号。

6.2.2 国外研究现状

多年来,光学测量方法在风洞试验中得到了广泛的应用。基于光学方法的测量使得试验人员可以不必借助其他技术而直接观察流体动力学特性。同时,由于测量过程不会影响试验条件,研究人员可以集中精力去评估试验结果,而不必将精力浪费在校正和修正测量引起的误差上。对风洞试验环境而言,由于是在地面,设备的运行拥有足够大的空间和功率,激光光束也可以得到安全的控制。风洞中的空气处于封闭状态,可以采用某些特殊操作(例如使用示踪粒子),因而可以比较容易地得到高的信噪比。

尽管在飞行中应用光学方法测量大气数据存在诸多技术难题,但是从20世纪70年代初开始,国外相继开发出若干光学空速测量系统(见表6.2.1),并在一定范围内得到应用。在飞行中使用光学方法测量空速,须借助大气悬浮尘粒(或大气分子)的反射,这对光源有比较高的要求。二氧化碳激光器的发明提供这种可能性,它的波长为 $10~\mu m$,处于远红外波段,这是相干必要波长。由于这些早期系统尺寸较大并且功率需求较大,往往需要使用大型飞机。当前,由于技术的进步,系统可以做得很小,功率需求也有所降低,可以直接安装在直升机及高性能战斗机上使用了。

表 6.2.1 几种早期光学气流速度测量系统

年　份	公司/飞机	波长/模型/功率	类　型	应用及意义
1971	霍尼韦尔/CV990	$0.6~\mu m$/CW/10W、50W	聚焦参考光束测速器	测量20 m的空速;首台飞行试验激光测速器
1975	雷神/UH-1	$10.6~\mu m$/CW/3.5W	聚焦参考光束测速器	直升机发射火箭弹弹道修正,范围1~32 m;首个扫描系统;首次实施旋翼下洗修正
1984	Sextant(Crouzet)/幻影3	$10.6~\mu m$/CW/4W	聚焦参考光束测速器	测量40 m处空速;首次超声速激光测速器飞行试验

1. 密歇根航宇公司的"分子光学大气数据系统"

分子光学大气数据系统(Molecular Optical Air Data System,MOADS)是密歇根航宇公司研制的一种应用激光雷达技术探测大气数据的光学大气数据测量系统。MOADS可以只通过大气分子的逆散射来确定大气数据,而不一定需要大气悬浮颗粒的存在。但是,如果大气中有悬浮颗粒,MOADS也会利用其反射光。MOADS可以替代当前的皮托管空速测量技术,并可以进行埋入式设计,而不需伸出机身蒙皮。MOADS可以采集三个维度的空速值,同时测量大气密度和温度,通过测量这些基本量,所有的大气参数都可以获得。

MOADS 是一种直接测量系统(即它基于非相干测量而不是相干测量)。图 6.2.2 为 MOADS 系统原理图。如图所示,MOADS 通过发射三条激光束,探测反射回来的信号来实现其功能。在镜头焦点处,有一条光缆,可以传输光信号到一组滤波器和法布里-珀罗干涉仪。干涉仪测得的结果经 CCD 成像,通过分析得出大气数据量值。MOADS 可以在 3 个轴上同时发射激光束和测量返回信号,不需要使用任何活动组件,同时能够进行自校正。MOADS 使用 226nm 的紫外线,为非可见光。该波长可以产生很高程度的分子逆散射,但是由于臭氧的吸收而不会穿射太远的距离。MOADS 操作中的关键因素为高精度频谱干涉仪,它可以提供稳定而灵敏的幅频特性,将多普勒频移转换为幅度变化。幅度方差可以转换为多普勒频移的估计,从而可以得出空速。由于紫外波段的相干探测无法实行,所以需要使用高精度频谱干涉仪进行多普勒频移的直接探测。

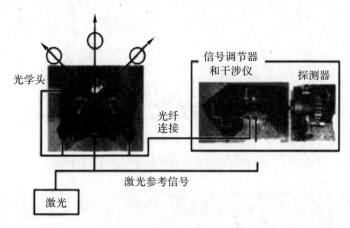

图 6.2.2　MODAS 系统原理图

2. NASA 的 ACLAIM 前方紊流告警系统及飞行试验

ACLAIM 项目始于 1994 年,由 NASA 德莱顿飞行研究中心领导,其研究目标为开发和演示一种可以探测飞机前方紊流的空中多普勒激光雷达系统。ACLALM 意为"用于飞行中前方测量的空中相干激光雷达"(airbomc coherent lidar for advanced inflight measurements)。

ACLAIM 项目的最初目的是探测超声速飞机前方的紊流,给飞机以足够的告警时间,安全度过紊流大气区域。如果能够在紊流影响飞机之前探测出来并向乘客和机组人员发出告警,就可以显著减少伤害。探测出来的紊流信息可以用于改变自动驾驶仪模态,降低垂直加速度峰值,或者作为飞行控制系统的输入来主动抵消紊流的影响。

ACLAIM 激光雷达系统样机的首次飞行试验在 1998 年 3 月末至 4 月初进行。飞行试验使用了国家大气研究中心的 L-188 飞机。该飞机安装了大气悬浮颗粒探测系统、阵风探测器、全球定位系统以及数据采集系统,可以将激光雷达测得的数据与飞机其他仪器所测数据进行对比。此次飞行试验的目标是:①验证 ACLAIM 激光雷达系统可以在飞行试验环境中可靠地运行。②研究测量激光雷达性能与大气悬浮颗粒逆散射系数的函数关系。③使用激光雷达系统测量大气紊流并与飞机上其他仪器所测数据进行比较。在 5 次飞行中,共采集了 14 个小时的飞行数据。

图 6.2.3 为该激光雷达所测数据与飞机法向加速度的比较。法向加速度数据做了 6s 的

延迟,以显示激光雷达预测值与飞机响应值之间的关系。激光雷达数据提供了 6 s 的紊流预警。应该指出的是,这不是预警的最大可能值,只是为了方便分析,预警时间最长可以达 100 s。为了比较,纵向的单位做了无量纲化。2003 年春,NASA 又使用了 DC-8 飞机来进行 ACLAIM 系统的山丘回旋气流的探测试验,评估激光雷达远距离探测紊流的有效性。图 6.2.4 所示为 NASA DC-8 飞机以及安装于其上的转向镜。这次试验的结果表明,使用 ACLAIM 系统可以在 2 km 范围内可靠地探测出紊流。在某些特殊条件下,探测范围可以扩展到 6 km。

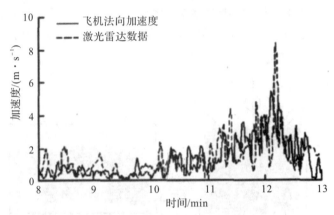

图 6.2.3　激光雷达测得数据与法向加速度的比较

图 6.2.4　NASA DC-8 飞机以及安装于其上的转向镜

3. 尾涡探测系统的飞行试验

在由欧盟委员会支持的 I-Wake 项目中,开发了一种可以探测各种大气威胁(尾涡、晴空紊流、风切变和火山灰)的光学系统。该项目的合作组织包括泰雷斯航电公司、空客、德国航宇中心(DLR)、荷兰国家航宇实验室(NLR)等。

2004 年夏,进行了对尾涡探测系统样机的飞行试验。样机被安装在 NLR 的塞斯纳"奖状 II"研究飞机上,跟随一架空客 A340-600 飞机进行试飞。通过调整"奖状 II"相对于 A340 的位置,尾涡探测系统可以在不同距离下测定 A340 的尾涡。在飞行中对尾涡进行测量,并通过一种优化的算法快速而可靠地对尾涡进行数据辨识。

为了保护探测器不受气流的破坏,在飞机侧部加装了一个整流罩。探测器的一部分需要露在机身外侧,使得激光束可以扫描飞机前方的测量区域。飞机上的一个窗户被去掉,让探测器可以连接到红外光束。图 6.2.5 所示为带有石英玻璃窗的整流罩。

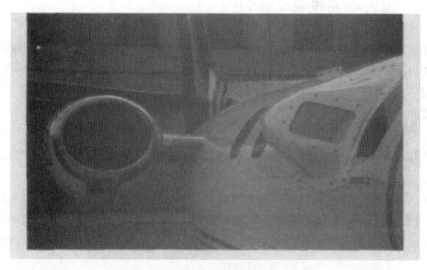

图 6.2.5 带有石英玻璃窗的整流罩

I-Wake 设备可以扫描 800～2 400 m 的距离,水平角度为机身右侧 3°～15°,垂直角度下方为 7.5°～10.5°,这些角度都是相对于飞机体轴。I-Wake 系统可以快速扫描飞机前方 19 个平面,每个平面有大约 2 400 个气流数据。通过监视从激光脉冲发射到接收到散射光的时间,可以获得光束方向上的分辨率。光学系统包括水冷却固态激光器(可发射约 2 μm 波长的光束)、可以对测量区域进行扫描的先进镜像控制系统。此外,控制、信号处理和存储电子系统及显示系统安装于机舱内,这些设备占据了相当大一部分舱内空间。

试验先进行地面滑跑,然后进行空中的飞行试验。为了直观地显示整流罩后面的气流状态,用一些线簇贴在飞机的外表面(见图 6.2.6)。机上的照相机记录了这些线簇的行为。另一架研究飞机贴近飞行,对这些线簇进行拍照和录像。这架研究飞机上还有一名空气动力学专家,近距离观察线簇的行为。飞行中和飞行后的评价都表明,加装了整流罩之后,气流没有出现异常。

图 6.2.6 贴在飞机的外表面的线簇

6.2.3　国内研究现状

为了提高我国综合实力,国内有关方面也开始进行大气背景测量研究,目前仍处于初步试验探索阶段,尚未形成成熟的体系,发表的有关我国背景测量多通道光学系统的文献寥寥无几,故无法得到准确信息,仅有部分基础理论研究,情况如下:

许尤富等人认为,为了在复杂背景中更好地探测出目标,必须对大气环境背景特性做深入研究;邵力,李双刚等人对大气吸收特性做了深入研究,提出了有利于对大气背景红外辐射测量的最佳波段和探测器类型,为后续设计研究背景测量光学系统打下了基础。其他有关单位和研究人员也在对该领域进行研究,取得了一些有意义的研究成果。

由于缺乏高质量的覆盖红外辐射主要波段的探测器和信息融合处理技术,在实际测量方面,相关单位也进行了大量的实际测量和数据分析,大气背景测量方面仍处于起步阶段。随着我国航天技术的进一步发展和经济实力的增强,大气背景光学测量等领域的研究必将会有质的飞跃。

6.3　真空速光学测量技术

众所周知,空速是无人机乃至有人机上的基本测量参数之一,多年来在无人机上都是使用简易的高度速度测量系统,起到了一定的积极作用。但是,随着导航系统要求的提高,传感器测量系统的精度越来越受重视。

6.3.1　测量原理

飞行速度是衡量无人机飞行的重要指标之一,它是无人机飞行控制、任务规划或者是指挥控制中用到的重要参数,特别是需要做定速飞行时,该参数是实时参与推进系统闭环运算的。

1. 与空速相关的定义

空速,就是指无人机相对于空气的运动速度,与之相关的定义主要有:

(1)动压(p_q):假定空气为理想气体,不可压缩的气体到达驻点时,单位面积上作用的力就是动压,动压 = 总压 − 静压。

(2)真空速(v):指无人机相对来流面气流的速度,使用大气的静压、动压和大气温度解算出的空速,就是真空速。

(3)指示空速(v_i):将真空速归一化到海平面基准面的大气参数值,假定大气密度不随高度变化,视静压和大气温度不变,均为常数,该常数值取海平面标准面的大气静压和大气温度,这样解算出的空速,称为指示空速。

(4)声速(a):声波在空气中的传播速度。

(5)马赫数(Ma):无人机真空速与所在高度上的声速的比值,它是衡量气流的主要参数,通常描述自由气流的状态稳定值,它是一个无量纲的数。

(6) 静温(T_s):无人机飞行中,其附近范围内忽略扰动的大气温度。

(7) 总温(T_t):压缩空气的速度达到运动物体的速度时,空气全受阻时的采样温度。因为采样空气在绝热压缩时产生附加热量,故总温比静温高。

2. 空速测量的相关理论

无人机在飞行中,平台相对空气产生运动,反过来假设无人机不动,空气以大小相等、方向相反的运动流向无人机。通过激波理论可知,空气运动速度大于或等于一倍声速时会产生激波,在激波附近空气的状态数据会产生剧烈的变化,激波前后的气流运送会有非常大的差压。所以在计算空速时需要对大于声速和小于声速的情况进行描述。

(1) 气流速度小于声速的情况。在图 6.3.1 所示的空气流管上,在垂直方向上取空气流管中心线的两个截面 1—1 和 2—2。在空气流速小于 720 km/h 的情况下,假设流体密度不变,即不考虑流体的压缩效应的条件下,空气流管不同截面处气流流速 v_i 和密度 ρ_i、气体压力 p_i 之间的关系可由贝努利方程计算,即

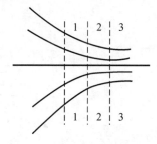

$$p_1 + \frac{\rho v_1^2}{2} = p_2 + \frac{\rho v_2^2}{2} = \cdots = 常数 \qquad (6.3.1)$$

图 6.3.1 空气流管的示意图

式(6.3.1)两端的第一项 p 分别是截面 1—1 和截面 2—2 处的空气的静压 p_s,第二项与空气的流速有关,也就是大气的动压 p_q。由贝努利方程可知,在空气稳定流动、绝热情况下,不考虑它的压缩性时,在任意截面处的空气的动压与静压之和为一常数。一般把静压与动压之和称之为总压 p_t。

当空气气流流速大于 720 km/h 时,空气密度会发生变化,必须考虑流体的压缩效应,在压缩过程中认为是绝热的,则贝努利方程变为

$$\frac{k}{k-1} \frac{p_1}{\rho_1} + \frac{v_1^2}{2} = \frac{k}{k-1} \frac{p_2}{\rho_2} + \frac{v_2^2}{2} = \cdots = 常数 \qquad (6.3.2)$$

式中:k 是绝热指数,空气运动中 k 取 1.4。

(2) 空气流速大于或等于声速的情况。当无人机相对空气的运动速度大于或者等于声速时,会产生激波。产生激波后的温度及空气压力密度等都会产生剧烈的变化,上述的伯努利方程不再适用。在这种情况下,空气的静压、总压和空气的流速之间的转换关系为

$$f = a \cdot p_q + b \qquad (6.3.3)$$

式中:f 表示总压;b 表示静压。

整理式(6.3.3),可得

$$\frac{p_t - p_s}{p_s} = \frac{166.922 v^7}{a^2 (7v^2 - a^2)^{2.5}} - 1 \qquad (6.3.4)$$

式中:p_t 为空气总压;p_s 为空气静压;v 为真空速;a 为声速;k 为绝热指数,空气中 k 取 1.4。

3. 空速测量原理

由前面的理论可知,空速 v 与大气密度 ρ、动压 p_q 存在对应的函数关系。因此,我们可以通过测量空气的差压来计算无人机的空速,这种方法称为压力法。而空气压力和密度又与空气温度有关,故也可通过测量空气温度来测量空速,称之为热力法。在下面的讨论中只对压力

法测量空速的相关理论进行描述。

无人机测量差压有专门的测量芯片,它的气流是通过空速管(也称皮托管)引入测量芯片上的。皮托管通常是一个管状装置,它由一个垂直在支杆上的圆筒形流量头组成。在该装置的侧壁周围会打几个静压孔,它的顶端一般会开一个迎流的全压孔。气压变化通过空速管传到测量芯片上,从而测出差压,根据差压、空气密度可以进一步解算出空速。

皮托管的测量原理是基于伯努利方程在空气中应用的一个实例,如图 6.3.2 所示。当理想流体均匀地平行流向静止物体时,设想其中一条流线撞在物体上(即图 6.3.2 中的 A 点),在此处流体发生分岔,A 点称为滞止点或驻点,A 点的流速为零,即 $v_A = 0$。

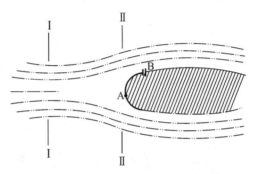

图 6.3.2 皮托管静压管原理结构图

选择两个截面 Ⅰ—Ⅰ、Ⅱ—Ⅱ。Ⅰ—Ⅰ 截面流动没有受到任何的影响,流束是平行的,流速形成规则的速度分布,截面上各点的静压力相等。Ⅱ—Ⅱ 截面流动受到影响,流束密集,流速加快,静压降低。当气流流过空速管时,在空速管的前缘气流被分成两个部分:一部分流向空速管上部,另一部分流向空速管下部。中间是一个分界的流管,这个流管既也不向下弯也不向上弯。气流沿着法线方向接向圆管,在圆管上受撞击后,运动受阻,所有的动能全部丢失,所以空速管在头部处气流速度变为零,动能全部转化为压力能。这个使气流速度转为零的点,通常称为驻点(即零速点)。

(1)气流速度小于 720 km/h,不考虑空气的压缩性。使用贝努利方程式(6.3.1),由上讨论可知,当气流达到驻点(零速点)时,速度 v_2 为零,有

$$p_1 + \frac{\rho v_1^2}{2} = p_2 = 常数 \tag{6.3.5}$$

由上式可以看出,在驻点(零速点)处,压力 p_2 等效成两部分组成:一部分是大气静压 p_1,用 p_s 表示;另一部分就是由 $v_2 = 0$,气流的动能转化成的压力能,即 $\rho v_1^2/2$。因此,驻点(零速点)压力 p_2 可以看成总压,用 p_t 表示。这样,式(6.3.5)又可改写为

$$p_t = p_s + p_q = p_s + \frac{\rho_s v^2}{2} \tag{6.3.6}$$

式中:ρ_s 为未压缩的大气密度。

由式(6.3.6)可得

$$v = \sqrt{\frac{2p_q}{\rho_s}} \tag{6.3.7}$$

由式(6.3.7)可知,空速是动压 p_q 和大气密度 ρ_s 的函数,可以通过它们求得空速。

（2）气流速度大于 720 km/h，考虑空气的压缩性。这个过程为绝热过程，空气压缩很快。在绝热过程中，ρ_1 和 ρ_2 的关系为

$$\frac{\rho_2}{\rho_1} = \left(\frac{p_2}{p_1}\right)^{\frac{1}{k}} \tag{6.3.8}$$

或

$$\rho_2 = \left(\frac{p_2}{p_1}\right)^{\frac{1}{k}} \rho_1 \tag{6.3.9}$$

式中分别取 $\rho_1 = \rho_s, \rho_2 = \rho_t, v_1 = v, p_1 = p_2, \rho, v, p_s$ 分别取空气压缩前静止的大气密度、气流流速和大气静压，ρ_t 是压缩空气后的大气密度，所以有

$$\rho_t = \left(\frac{p_t}{p_s}\right)^{\frac{1}{k}} \rho_s \tag{6.3.10}$$

将上式和 $v_2 = 0$ 代入式（6.3.2）的伯努利方程中，则

$$\frac{v^2}{2} + \frac{k}{k-1} \frac{p_s}{\rho_s} = \frac{k}{k-1} \frac{p_t}{\rho_t} \tag{6.3.11}$$

由式（6.3.11）可得

$$v = \sqrt{\frac{2k}{k-1}\left(\frac{p_s}{\rho_s}\right)\left[\left(\frac{p_t}{\rho_s}\right)^{\frac{k-1}{k}} - 1\right]} \tag{6.3.12}$$

由于

$$\rho_s = \frac{p_s}{RT_s} \tag{6.3.13}$$

因此有

$$v = \sqrt{\frac{2k}{k-1}RT_s\left[\left(\frac{p_t}{\rho_s}\right)^{\frac{k-1}{k}} - 1\right]} \tag{6.3.14}$$

或

$$v = \sqrt{\frac{2k}{k-1}RT_s\left[\left(1 + \frac{p_q}{\rho_s}\right)^{\frac{k-1}{k}} - 1\right]} \tag{6.3.15}$$

因为声速 a 与大气压力、温度和大气密度有如下函数关系：

$$a = \sqrt{k\frac{p_s}{\rho_s}} = \sqrt{kRT_s} \tag{6.3.16}$$

故式（6.3.14）可化为

$$p_q = p_s\left[\left(1 + \frac{k-1}{2}\frac{v^2}{a^2}\right)^{\frac{k}{k-1}} - 1\right] \tag{6.3.17}$$

利用二项式定理展开，即

$$
\begin{aligned}
p_q &= p_s\left[1 + \frac{k}{2}\left(\frac{v}{a}\right)^2 + \frac{k}{8}\left(\frac{v}{a}\right)^4 + \frac{k(2-k)}{48}\left(\frac{v}{a}\right)^6 + \cdots - 1\right] \\
&= \frac{kv^2 p_s}{2a^2}\left[1 + \frac{1}{4}\left(\frac{v}{a}\right)^2 + \frac{2-k}{24}\left(\frac{v}{a}\right)^4 + \cdots\right] \\
&= \frac{1}{2}\rho_s v^2(1 + \varepsilon) \tag{6.3.18}
\end{aligned}
$$

式中:ε 为压缩效应修正系数。

空气中 k 取 1.4,所以有

$$\varepsilon = \frac{1}{4}\left(\frac{v}{a}\right)^2 + \frac{1}{40}\left(\frac{v}{a}\right)^4 + \cdots \tag{6.3.19}$$

由式(6.3.18)可得,当飞行速度小于声速,没有到达激波状态时,考虑空气压缩性,空速 v 仍可变换为式(6.3.7)的形式,即

$$v = \sqrt{\frac{2p_q}{\rho_s(1+\varepsilon)}} \tag{6.3.20}$$

(3)飞行速度大于声速(即 $Ma > 1$)时,对超声速流的气动力方程式(6.3.3)作适当的整理,可得

$$
\begin{aligned}
p_q &= \frac{k+1}{2}\left(\frac{v}{a}\right)p_s\left[\frac{(k+1)^2}{4k-2(k-1)\left(\frac{a}{v}\right)^2}\right]^{\frac{1}{k-1}} - p_s \\
&= \frac{k+1}{2}(Ma)^2 p_s\left[\frac{(k+1)^2(Ma)^2}{4k(Ma)^2-2(k-1)}\right]^{\frac{1}{k-1}} - p_s \\
&= \frac{1}{2}\rho_s v^2(1+\varepsilon')
\end{aligned} \tag{6.3.21}
$$

由上式得

$$v = \sqrt{\frac{2p_q}{\rho_s(1+\varepsilon')}} \tag{6.3.22}$$

式中:ε' 为超声速时压缩效应修正系数,且

$$\varepsilon' = \frac{238.459(Ma)^5}{[7(Ma)^2-1]^{2.5}} - \frac{1.429}{(Ma)^2} - 1 \tag{6.3.23}$$

由式(6.3.7)、式(6.3.9)、式(6.3.23)可见,不管是超声速还是亚声速气流,也不管是否考虑空气压缩效应,空速与静压 p_s、动压 p_q、大气密度 ρ_s 和大气温度等都存在确定的函数关系。通过测量大气的静压、动压、密度和温度就可以间接地测量空速。

4. 指示空速测量原理

把上述讨论的大气静压 p_s、大气密度 ρ_s 和大气静温 T_s 分别归一化到标准海平面处的大气静压 p_0、大气密度 ρ_0 和大气静温 T_0,则可分别得到:

(1)$a \leqslant 1$ 且不考虑空气压缩性时:

$$v_i = \sqrt{\frac{2p_q}{\rho_0}} = \sqrt{\frac{2RT_0 p_q}{p_0}} \tag{6.3.24}$$

(2)$Ma \leqslant 1$,考虑空气压缩性时:

$$v_i = \sqrt{2RT_0\left(\frac{k}{k-1}\right)\left[\left(1+\frac{p_q}{p_0}\right)^{\frac{k-1}{k}}-1\right]} = \sqrt{\frac{p_q}{\rho_0(1+\varepsilon_0)}} \tag{6.3.25}$$

式中:

$$\varepsilon_0 = \frac{1}{4}\left(\frac{v_i}{a}\right)^2 + \frac{2-k}{24}\left(\frac{v_i}{a}\right)^4 + \cdots \tag{6.3.26}$$

k 取 1.4 时

$$\varepsilon_0 = \frac{1}{4}\left(\frac{v_i}{a}\right)^2 + \frac{1}{40}\left(\frac{v_i}{a}\right)^4 + \cdots \approx \frac{1}{4}\left(\frac{v_i}{a}\right)^2 = \frac{v_i^2}{4kRT_0} = \frac{v_i^2}{1\,607.5T_0} \quad (6.3.27)$$

（3）当 $Ma \geqslant l$ 时

$$p_q = \frac{k+1}{2}\left(\frac{v_i}{a}\right)^2 p_0 \left[\frac{(k+1)^2}{4k - 2(k-1)\left(\frac{a_0}{v_i}\right)^2}\right]^{\frac{1}{k-1}} - p_0$$

$$= \frac{k+1}{2}(Ma_i)^2 p_0 \left[\frac{(k+1)^2(Ma_i)^2}{4k(Ma_i)^2 - 2(k-1)}\right]^{\frac{1}{k-1}} - p_0$$

$$= \frac{1}{2}\rho_0 v_i^2(1 + \varepsilon_0') \quad (6.3.28)$$

式中：Ma_i 为 v_i 对应的马赫数。

由式（6.3.28）可得

$$v_i = \sqrt{\frac{2p_q}{\rho_0(1 + \varepsilon_0')}} \quad (6.3.29)$$

式中：

$$\varepsilon_0' = \frac{238.459(Ma_i)^5}{[7(Ma_i)^2 - 1]^{2.5}} - \frac{1.429}{(Ma_i)^2} - 1 \quad (6.3.30)$$

从上述公式可以看出，指示空速 v_i 是动压 p_q 的单值函数。指示空速 v_i 计算中没有考虑大气密度 ρ_s 的变化，它的值随高度变化而变化。因此，在标准海平面上指示空速 v_i 的值就等于真空速，在其他高度上，真空速大于指示空速，而且高度越高，差值越大。

5. 无人机指示空速与真空速转换关系

（1）指示空速计算公式。一般来讲，无人机的飞行速度都要低于 Ma，而且飞行高度范围都在大气层中的对流层，而本书的无人机速度又远远低于 Ma，高度更是小于 11 000 m，所以在下文中不考虑马赫数和大气温度等参数的影响。式（6.3.25）就是符合本书所说的指示空速的公式，即

$$v_i = \sqrt{2RT_0\left(\frac{k}{k-1}\right)\left[\left(1 + \frac{p_q}{p_0}\right)^{\frac{k-1}{k}} - 1\right]} = \sqrt{\frac{p_q}{\rho_0(1 + \varepsilon_0)}} \quad (6.3.31)$$

简化得

$$v_i = a_0\sqrt{\frac{2}{k-1}\left[\left(1 + \frac{p_q}{p_0}\right)^{\frac{k-1}{k}} - 1\right]} \quad (6.3.32)$$

将标准平面的大气静压 p_0、声速 a_0 和 k 代入上式，得

$$v_i = 1\,225.058\sqrt{5\left[\left(1 + \frac{p_q}{101\,325}\right)^{\frac{2}{7}} - 1\right]} \quad (6.3.33)$$

式中：动压 p_q 的单位是 Pa；v_i 的单位是 km/h。由于本书所研究的主要对象便是利用 DSC 芯片构造测量系统来计算飞行速度远远小于 $Ma = 1$，飞行高度小于 5 000 m 的无人机指示空速，所以这个公式将作为后期函数运算模块设计的理论依据之一。

（2）真实空速计算公式。同样,在只考虑亚声速且空气压缩的情况下,可以通过式(6.3.15)解算出无人机的真实空速。但是在实际工程应用中,会采用工程化的公式以简化计算。

指示空速 v_i 可以采用

$$v_i = \sqrt{\frac{2p_q}{\rho_0(1+\varepsilon_0)}} \tag{6.3.34}$$

而真实空速 v 为

$$v = \sqrt{\frac{2p_q}{\rho_s(1+\varepsilon_s)}} \tag{6.3.35}$$

式中: ε_s 和 ρ_s, ε_0 和 ρ_0 分别是无人机飞行高度上和标准海平面的静止大气密度和压缩效应修正系数。由式(6.3.35)除以式(6.3.34),可得

$$\sqrt{\frac{v}{v_i}} = \sqrt{\frac{\rho_0}{\rho_s}}\sqrt{\frac{1+\varepsilon_0}{1+\varepsilon_s}} \tag{6.3.36}$$

或

$$v = v_i\sqrt{\frac{\rho_0}{\rho_s}}\sqrt{\frac{1+\varepsilon_0}{1+\varepsilon_s}} = v_i\xi_1\xi_2 \tag{6.3.37}$$

式中:大气密度的相对变化量 ξ_1 为

$$\xi_1 = \sqrt{\frac{\rho_0}{\rho_s}}\sqrt{\frac{p_0}{p_s}\frac{T_s}{T_0}} \tag{6.3.38}$$

高度变化的压缩修正系数 ξ_2 为

$$\xi_2 = \sqrt{\frac{1+\varepsilon_0}{1+\varepsilon_s}} \approx 1 \tag{6.3.39}$$

所以,真实空速可用以下公式表示:

$$v = v_i\xi_1 = v_i\sqrt{\frac{p_0}{p_s}\frac{T_s}{T_0}} \tag{6.3.40}$$

整个大气层75%的质量都在对流层,对流层的上界为 $7 \sim 11$ km,上界随纬度变化而变化,在这层上,气温随高度升高而降低,气温垂直变化率为 $6.49℃/km$,高度每上升1 km,气温下降 $6.49℃$;对流层上面是平流层,高度为 $11 \sim 25$ km,气温不随高度变化,等于 $-56.60℃$;高度超过25 km后,气温随高度的升高略有上升,气温的垂直变化率约为1℃/km。而每一高度分层的温度与重力势高度成线性变化,即

$$T_H = T_b + \beta(H - H_b) \tag{6.3.41}$$

式中: H_b 为相应层的重力势高度下阈值; T_b 为相应大气温度下阈值; β 为空气温度垂直变化率($\beta = \mathrm{d}T/\mathrm{d}H$)。

而由式(6.3.41),在平流层中把大气静温用如下公式进行替换,即

$$T_s = T_0 + \beta H_p = T_0\left(1 + \frac{\beta}{T_0}H_p\right) \tag{6.3.42}$$

由于

$$p_s = p_0\left[1 + \frac{\beta}{T_b}H_p\right]^{-\frac{g_n}{\beta R}} \tag{6.3.43}$$

将式(6.3.42)、式(6.3.43)代入式(6.3.41)中,可得

$$v = v_i \sqrt{\frac{p_0}{p_0\left(1+\frac{\beta}{T_0}H_p\right)^{-\frac{g_n}{\beta R}}} \cdot \frac{T_0\left(1+\frac{\beta}{T_0}H_p\right)}{T_0}} = v_i\left(1+\frac{\beta}{T_0}H_p\right)^{\frac{1+\frac{g_n}{\beta R}}{2}}$$

$$= v_i\left(1-\frac{0.006\,5}{288.15}H_p\right)^{-2.126} \tag{6.3.44}$$

由式(6.3.44)可以看出,通过指示空速 v_i 及气压高度 H_p 就可以解算出真实空速 v 来。指示空速 v_i 和气压高度 H_p 是无人机的重要指标之一,在飞行控制系统中起到重要的作用。在本书中可以使用动压 p_q 和静压 p_s 求出处于低速($Ma \ll 1$)、低空(高度小于 5 000 m)飞行的无人机指示空速 v_i 和气压高度 H_p。

6.3.2　关键技术分析

从以上公式推导过程可以看出,在解算真空速时省去了大气温度传感器,使整个空速测量系统简化到最小,但必然带来测量上的误差,通过分析计算可以看出省去大气温度传感器后对真空速的影响情况。

利用式(6.3.41)来解算真空速时参数 T_{0b} 是取的理想值,实际上,众所周知大气温度随着季节的变化而变化,以我国北方地区为例,一年的大气温度相差高达 40℃,这实际上对真空速的影响是很大的。在地面温度 t_a 高于海平面温度时,测量值比实际值要小;在地面温度 t_a 低于海平面温度(海平面温度为 15℃)时,测量值比实际值要大,在气压高度值为 1 500 m 和 2 500 m,指示空速为 360 km/h,地面(海拔取 500 m)温度取不同值时,用式(6.3.31)～式(6.3.44)求出真空速值,结果见表 6.3.1、表 6.3.2。

表 6.3.1　真空速在不同温度下的计算值($H = 1\,500$ m)

参　数	数　值						
$t_a/℃$	0	10	15	20	25	30	35
$V_H/(\text{km}\cdot\text{h}^{-1})$	366.26	369.73	373.06	376.36	379.63	382.87	386.09

表 6.3.2　真空速在不同温度下的计算值($H = 2\,500$ m)

参　数	数　值						
$t_a/℃$	0	10	15	20	25	30	35
$V_H/(\text{km}\cdot\text{h}^{-1})$	380.06	383.03	386.57	390.06	393.52	396.96	400.43

由上述两个表的计算结果可以看出,在指示空速一定的情况下,随着地面温度的升高,真空速的测量值将越来越大。

通过分析计算,假如地面温度分别在 0℃ 和 35℃,气压高度在 2 500 m 下,真空速的解算相差多达 20 km/h,即使用近似公式解算也有 17 km/h 的差别,这显然不能满足控制与导航推算的需要。在无人机这样的小型系统上,为了提高测量准确度,又不使系统复杂化,最好的

解决办法是实时检测地面温度,在不增加系统复杂程度的情况下,通过地面的任务加载系统将地面温度参数加载到空速解算系统,从而消除大气温度不同带来的误差。

6.3.3 标定测试方法

通过以上理论推导,在飞行高度不高(海拔一般不大于 6 000 m)的情况下,解算真空速时省去了大气温度传感器使整个空速测量系统简化到最小,这样既简化了系统的复杂程度又降低了成本,但必然带来测量上的误差。本系统选用不带大气温度测量的空速管感受器,用硅压阻式绝压传感器来测量大气静压,硅压阻式差压传感器来测量飞行速度产生的动压。通过大气静压计算飞机相对海平面的气压高度,通过动压计算飞机的指示空速,通过式(6.3.44)可解算真空速。

系统组成框图如图 6.3.3 所示。

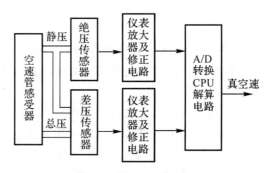

图 6.3.3 真空速测量系统组成

图 6.3.3 介绍的系统中,空速管感受器采用 KS‐l 型空速管;传感器采用 CYg19T 型差压传感器和 CYg44 型绝压传感器,传感器在设计过程中,将温度敏感元件和压力膜片装在同一腔体内,构成了复合传感器,在放大和补偿电路中对传感器的温度特性可方便地进行补偿,使其具有较好的温度特性;A/D 转换采用 12 位转换器 AD1674 芯片,CPU 解算电路采用以8031 为核心的单片机电路,使空速解算分辨力达 0.1 km/h。

6.4 大气静温光学测量技术

6.4.1 测量原理

大气静温是指静止大气中的温度。航空器在飞行中由于气流迎面奔向机体,机身外部的任何测温探头只能测得大气总温,无法测得大气静温。大气总温中含有气流到达停滞点上速度骤降为 0 时其动能转化为热能而形成的温升。

航空器上的大气静温表必须通过计算,减去这种以速度为函数的温升后才能得出大气静温值。近代飞机上通常由大气数据计算机进行计算后输出大气静温的数据。

利用拉曼散射探测大气温度,虽然存在信号强度非常微弱,相对系统效率低的弱点,但其具有较宽的光谱范围,如果采取合适的方法,如采取较高的激光能量和较大的望远镜接收系统,以及采用有效的分光方法剔除强背景噪声,完全可以提取出有效的拉曼信号实现高精度探测大气温度。此外,由于转动拉曼光谱强度比振动拉曼光谱强度高约 2 个数量级,且转动拉曼测温激光雷达技术受气溶胶粒子的散射信号干扰的程度较小,因此,转动拉曼激光雷达能够对气溶胶粒子大量聚集的低层大气,特别是大气边界层内的温度廓线进行有效的高精度探测。

1. 激光与大气物质的相互作用

激光入射到大气中,会与大气物质发生相互作用而产生不同类型的散射。通常根据激光的发射波长与大气中引起散射的粒子尺寸之间的关系,主要可以将散射类型分为弹性散射(elastic scattering)和非弹性散射(inelastic scattering)两类。弹性散射主要包括米(Mie)散射和瑞利(Rayleigh)散射,非弹性散射则主要是拉曼(Raman)散射和共振荧光(Resonance Fluorescence)散射等。

米散射指的是大气中的各种固态或液态的气溶胶粒子,主要包括烟雾、霾、灰尘等与激光的相互作用。通常发生米散射的散射粒子的尺寸和发射的激光波长相比,较为接近甚至更大。最重要的一点是,米散射的散射光波长和入射激光波长是相同的,整个散射过程中光能量没有发生交换,因此被称为弹性散射。米散射的散射光能量与粒子的大小密切相关。粒子对于激光向四周的散射并非均匀的,而是粒子越大,向前方散射的光也就越多,后向散射的光越少。米散射的散射截面与诸多因素有关,包括粒子尺寸、形状等。和其他光散射相比,米散射的散射截面最大,因此,米散射的回波信号通常都很强。

瑞利散射主要是激光与大气中的各种分子、原子相互作用而发生的散射过程。与米散射相同,瑞利散射也是一种弹性散射。而不同之处在于,其散射粒子的尺寸一般比激光波长要小,其前向散射和后向散射的光能量相等,向两侧的散射很小。瑞利散射的散射截面比米散射的要小,一般理论上认为与入射光波长的 4 次方成反比。这样,若激光波长选用较短波长的紫外光,则可以获得较强的回波信号。

拉曼散射是激光与大气中各种分子之间的一种非弹性相互作用过程。其最主要的特点就是散射波长与入射的激光波长不同,会产生一定的波长偏移,偏移量与散射的分子密切相关。与前两种散射机制相比,拉曼散射的散射截面很小,这也导致了对其回波信号的探测较为困难。

共振荧光散射指的是原子和分子在吸收了入射光能量之后再发射的光。如果激发态原子能跃回到初始能级,就是共振荧光过程。在共振荧光过程中,荧光波长和入射光波波长是相等的。同时,由于共振荧光散射截面比瑞利散射截面要大得多,因此,选用适当的激光波长与原子、分子发生共振荧光,可用来识别原子或分子的种类,并监测其浓度。

2. 转动拉曼绝对探测大气温度原理

由上一节内容可以知道,当激光器发出的脉冲光束射入大气之后,激光会与大气中的各种物质(大气分子和气溶胶等粒子)发生相互作用,产生不同种类的后向散射,包括米散射、瑞利散射、拉曼散射、荧光散射等。其中,包含有大气的温度信息的拉曼散射还分为转动拉曼散射和振动拉曼散射两种情况。拉曼散射属于一种较弱的分子散射过程,其特性主要由散射光束与入射光束之间的频率偏移决定。在拉曼散射谱线中,原有谱线两侧的对称位置上,将出现一些新的弱谱线,波长较长一侧的谱线被称为拉曼散射的斯托克斯成分(Stokes),相对应的短波长一侧的谱线则被称为拉曼散射的反斯托克斯成分(Anti-Stokes)。入射光子的部分能量被转化为分子的转动-振动能级能量,是导致散射光子发生频率偏移的主要原因。频移量则取决于与光子发生相互作用的分子的转动-振动能级结构。由此可以知道,对于不同种类的大气分子,散射光的频移量是不同的。那么,对于特定波长的入射光来说,散射光的频移量是发生拉曼散射的重要标志。

拉曼散射是大气分子对光的一种非弹性散射,其最大特点是散射光的波长和入射光的波长不同。在散射过程中,大气分子与激光光子相互碰撞,其间两者相互交换能量,使得散射波长发生改变,产生了向长波或短波方向的移动。严格来说,由于大气分子和激光光子交换能量的多少主要取决于各种分子内部固有的能级特性,因此,散射光波长的改变量与散射分子的种类密切相关。另外,拉曼散射存在一个最大缺点就是其散射截面太小(约为瑞利散射的 $1/1\,000$)。因此,拉曼散射激光雷达一般只适用于对浓度较高和距离较近的对象进行辨认分子种类的探测。

在分子的拉曼散射过程中,入射光子 $\hbar\omega_L$ 经过与分子碰撞后,非弹性散射成为光子 $\hbar\omega_S$,从而发生了入射光子与分子之间能量的交换,而能量差等于分子振动和转动能级的差异。如图 6.4.1 所示,在入射光子 $\hbar\omega_L$ 被吸收后,由初始态跃迁到一个虚中间态,随即辐射出散射光子 $\hbar\omega_S$,并由中间虚态回到终态。与此同时,产生一个频率为 ω_q 的元激发。当 $\hbar\omega_S < \hbar\omega_L$,即分子吸收能量时,光子能量的降低将在入射光谱的长波长方向产生斯托克斯线(Stokes scattering);当 $\hbar\omega_S > \omega_L$,即分子损失能量时发生反斯托克斯散射,将在入射光谱的短波长方向产生反斯托克斯线(Anti-Stokes scattering)。大气中的很多分子与光子相互作用都可以发生拉曼散射,如氮气、氧气、二氧化碳等。由于在近地范围内,氮气在空气中的占有量约为 78%,因此它的拉曼散射效应最为明显,通常也作为探测大气温度的主要气体。激光束在大气的传播过程中与大气分子发生拉曼散射,散射光强随探测距离按指数规律增强,而激光光束能量则逐渐减弱。

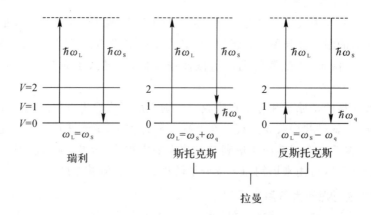

图 6.4.1　瑞利、拉曼(斯托克斯、反斯托克斯)散射过程中量子跃迁

与瑞利散射相同,拉曼散射强度也与探测激光光束波长的 4 次方成反比,因此,在探测过程中选用较短的激光波长可以有利于增强拉曼散射的散射光强度。但是,考虑到将要选用的分光元件 FBG 的固有特性(目前 FBG 的工作波长较长),并结合现有的实验条件,决定选择

Nd：YAG 脉冲激光的二倍频输出 532.25 nm 作为光源。在大气中氮气所占的密度比例是最大的，相对于其他分子，这种大气分子的分子数密度随时间和地点变化较小，相对比较稳定。因此，本书选择大气中氮气分子的纯转动拉曼谱线作为研究对象。

氮气分子和氧气分子都属于同核的二原子分子，同核的两个原子同时由相互作用的化学键连接。在分子结构内部，不仅仅有电子的运动，两个原子之间还存在着相对位置的振动，同时整个分子在空间还存在着转动。这几种运动的实际存在，就使得分子的能级结构要比原子的能级结构复杂了许多。分子能级的基本构成是许多不同的振动能级存在于电子基态中，一般以 $V=0,1,2,\cdots$ 表示。在相同的振动能级中，又存在着很多很多的不同的转动能级，用 $J=0,1,2,\cdots$ 表示。在通常的情况中，分子一般处在电子的基态上，像本书研究的氮气分子和氧气分子这些同核的双原子分子，它们的振动能级间距相对大一些，由于这个原因的存在就使得绝大多数的氮气分子和氧气分子都位于电子基态的最低振动能级上，即 $V=0$ 上。但是在 $V=0$ 的每个转动能级上，分子按照波尔兹曼分布规律集聚在一起。

假设有一频率为 ν 的激光激发这类像氮气分子和氧气分子的同核双原子分子后，发生拉曼散射，此时位于电子基态的最低的振动能级为 $V=0$，这种情况下 J 为各种值的氮气分子和氧气分子都可以跃迁，到达电子基态的某一个虚能级，并且这些分子必须遵循 $\Delta V=0,\pm 1$ 和 $\Delta J=0,\pm 2$ 的跃迁规则，从而重新返回到电子基态。

同样以同核双原子分子为例，由于分子都处 $V=0$ 的最低振动能级上，在拉曼散射还没有发生之前。假设散射之后分子仍可以重新返回到 $V=0$ 的能级，可以得出散射前后在振动能级上没有发生什么改变，只是在转动能级上发生一些变化，我们称这种散射过程为转动拉曼散射。在这种散射的途中，由于只有能级间距比较小的转动能级发生变化，所以拉曼散射后的谱线频率与入射激光频率相比后，变化不大，而且这些谱线对称地分布于入射激光弹性散射光谱的两侧。根据上面我们提到的跃迁选择的规则，当 $\Delta J=+2$ 时，即为发生散射之后转动量子数 $+2$，这就说明了散射光频率与入射光频率相比降低，所以它的谱线位于入射谱线的右侧，被称为斯托克斯谱线。同样的道理，当 $\Delta J=-2$ 时，它的谱线位于入射谱线的左侧，被称为反斯托克斯谱线。

在物理学上，用氮气分子和氧气分子测量大气温度的可能性是显而易见的，这是由于波尔兹曼分布，单个纯转动拉曼谱线强度取决于大气温度，将氮气分子和氧气分子看作是简单线性分子，即角动量不会耦合至散射分子。虽然这种近似会使氧气分子产生误差，但是由此引入的误差在期望的实验误差内。而简单线性分子的转动拉曼谱的跃迁规则遵循 $J\to J\pm 2$，此处 J 是转动量子数，氮气和氧气分子的同核双原子的转动能量可表示为

$$E(J)=hcB_0J(J+1)-hcD_0J^2(J+1)^2 \tag{6.4.1}$$

式中：B_0 和 D_0 分别是振动基态的转动系数和离心伸缩系数。

已知斯托克斯分支 $(J\to J+2)$ 的拉曼频移：

$$\Delta\tilde v_S(J)=\tilde v_{J+2}-\tilde v_J$$
$$=-2B_0(2J+3)+D_0\left[3(2J+3)+(2J+3)^3\right],J=0,1,2,\cdots \tag{6.4.2}$$

反斯托克斯分支 $(J\to J-2)$ 的拉曼频移：

$$\Delta\tilde v_A(J)=\tilde v_{J-2}-\tilde v_J$$
$$=-2B_0(2J-1)-D_0\left[3(2J-1)+(2J-1)^3\right],J=2,3,4,\cdots \tag{6.4.3}$$

温度 T 的热平衡状态下，同核双原子分子气体中的转动量子数 J 的分子布局数，即概率

$F(J,T)$ 为

$$F(J,T) = \frac{g(J)}{Q(T)}(2J+1)\exp\left[-\frac{E(J)}{kT}\right] \tag{6.4.4}$$

式中:玻尔兹曼常数 $k=1.380\,658\times10^{-23}$ J/K;$g(J)$ 为原子核自旋统计权重因子;$Q(T)$ 为转动配分函数,转动拉曼配分函数确保所有转动量子态的粒子数分布和为1,即 $\Sigma F(J,T)=1$,对于同核分子,$Q(T)$ 可近似表示为

$$Q(T) \approx \frac{(2I+1)^2 kT}{2hcB_0} \tag{6.4.5}$$

式中:I 是核自旋量子数。

当激光照射在单个氮气分子时,其微分后向散射截面为

$$\sigma_{J\to J'} = \frac{64\pi^4}{45} b_{J\to J'}(\omega_0 + \Delta\omega_{J\to J'})^4 \gamma^2 \tag{6.4.6}$$

式中:$b_{J\to J'}$ 是 Placzek-Teller 系数;ω_0 是入射光频率,单位为 cm^{-1};γ 是分子极化率张量的各向异性系数。对于简单线性分子(SLM)

$$b_{J\to J+2} = \frac{3(J+1)(J+2)}{2(2J+1)(2J+3)} \tag{6.4.7}$$

$$b_{J\to J-2} = \frac{3J(J-1)}{2(2J-1)(2J+1)} \tag{6.4.8}$$

$$b_{J\to J} = \frac{J(J+1)}{(2J-1)(2J+3)} \tag{6.4.9}$$

因此,氮气分子单条谱线的同入射光偏振态的微分后向散射截面可表示为

$$\left(\frac{d\sigma}{d\Omega}\right)_p (J,T) = F(J,T)\sigma_{J\to J+2}$$

$$= \frac{64\pi^4}{15} \cdot \frac{g(J)hcB_0[\tilde{v}_0 + \Delta\tilde{v}(J)]^4 \gamma^2}{(2I+1)^2 kT} X(J)\exp\left(-\frac{E(J)}{kT}\right) \tag{6.4.10}$$

对于斯托克斯分支

$$X(J) = \frac{(J+1)(J+2)}{2J+3}, J=0,1,2,\cdots \tag{6.4.11}$$

对于反斯托克斯分支

$$X(J) = \frac{J(J-1)}{2J-1}, J=2,3,4,\cdots \tag{6.4.12}$$

由于纯转动拉曼散射的偏振比为3:4,即如果入射光为线偏振光,则后向散射光中4/7相对于入射光的偏振平面是平行的,而另外3/7则垂直入射光偏振平面,故氮气分子单条谱线的微分后向散射截面可表示为

$$\left(\frac{d\sigma}{d\Omega}\right)_m (J,T) = \frac{7}{4}\left(\frac{d\sigma}{d\Omega}\right)_p (J,T)$$

$$= \frac{112\pi^4}{15} \cdot \frac{g(J)hcB_0[\tilde{v}_0 + \Delta\tilde{v}(J)]^4 \gamma^2}{(2I+1)^2 kT} X(J)\exp\left(-\frac{E(J)}{kT}\right) \tag{6.4.13}$$

为了直观比较大气中氮气分子和氧气分子的转动拉曼信号强度,可依据不同气体种类的相对浓度,如氮气0.780 8和氧气0.209 5,对散射截面加权得出大气中的等效后向散射截面为

$$\left(\frac{\mathrm{d}\sigma}{\mathrm{d}\Omega}\right)(J,T) = N_{\mathrm{m}} \cdot \left(\frac{\mathrm{d}\sigma}{\mathrm{d}\Omega}\right)_{\mathrm{m}}(J,T)$$

$$= \frac{112\pi^4}{15} \cdot \frac{N_{\mathrm{m}}g(J)hcB_0[\tilde{v}_0 + \Delta\tilde{v}(J)]^4\gamma^2}{(2I+1)^2 kT} X(J)\exp\left(-\frac{E(J)}{kT}\right) \quad (6.4.14)$$

式中：N_{m} 是大气中某种分子的相对体积浓度。

大气中氮气分子和氧气分子的转动拉曼系数见表 6.4.1，结合式(6.4.14)可得氮气和氧气分子的单条转动拉曼谱的等效后向散射截面如图 6.4.2 所示。从图中可看出，氧气分子的转动拉曼散射截面通常低于氮气的，斯托克斯分支的散射截面略大于反斯托克斯分支；随着温度的增加，靠近中心激光波长的低转动量子数等效后向散射截面逐渐减小，而远离激光波长的高量子数截面则逐渐增大。因此选择不同波长处的转动拉曼散射信号强度，利用转动拉曼散射谱线强度与大气温度间的关系，可反演计算大气温度的变化情况。

表 6.4.1　计算氮气和氧气分子拉曼频移的参数

分子	B_0/cm^{-1}	D_0/cm^{-1}	$g(J$ 为偶数$)$	$g(J$ 为奇数$)$	I	$\gamma^2/(10^{-48}\ \mathrm{cm}^6)$
N_2	1.989 57	5.76×10^{-6}	6	3	1	0.509
O_2	1.437 68	4.85×10^{-6}	0	1	0	1.27

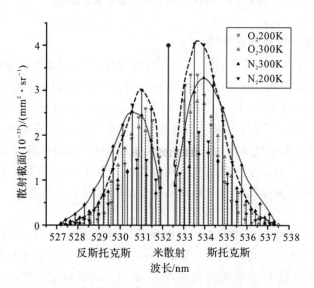

图 6.4.2　大气中氮气和氧气分子的后向散射截面

图 6.4.3 给出了转动拉曼散射截面差随着温度变化情况，纵轴表示 300 K 高温时等效后向散射截面与 200 K 低温时的差，可以看出，不论斯托克斯分支还是反斯托克斯分支，在低转动量子数区域，即 530.5～534.5 nm 波长范围内，拉曼谱线散射面具有负的温度系数，而在高量子数区域，即 527～530.5 nm 和 534.5～537.5 nm，则具有正温度系数。

拉曼散射谱线与弹性散射谱线(与激光发射波长相等的米散射和瑞利散射)十分接近。实际探测过程中对散射回波信号接收时，拉曼散射和弹性散射两种回波信号混在一起，为了从中有效分离出含有大气温度信息的拉曼散射信号，需要对被视为背景噪声的弹性散射信号进行滤除。弹性散射信号的强度要比拉曼散射信号强得多,一般来说,需要对前者的抑制率达到7个数量级以上才能获得有效的拉曼回波信号,除了抑制弹性散射信号外,本绝对探测中还需要精细的提取出多条谱线上氮气分子的转动拉曼谱线。因此,分光系统的分光能力要求特别高。

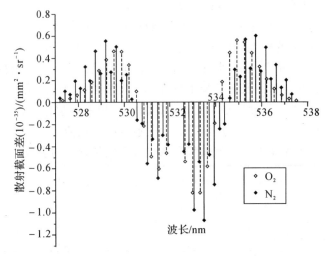

图 6.4.3　不同转动拉曼谱线的温度灵敏度

3. 相对测温原理与绝对测温原理

(1) 转动拉曼谱型的激光雷达工作原理。当激励源将激光脉冲发射到大气中时,激光将与大气中氮气等分子发生相互作用,产生转动拉曼散射信号,而这种转动拉曼散射谱型与大气温度之间存在一定的依赖关系,如图 6.4.3 所示。目前相对探测大气温度的转动拉曼激光雷达通常采用高低量子数光谱区域各取一个通道进行比值体现谱线强度对温度的依赖性,进而反演大气温度。实际上如果能够获取多路转动拉曼回波信号,则可进行大气温度的转动拉曼激光雷达绝对探测,并提高温度反演的精度和可靠性。另外,由于高量子数转动拉曼谱强度较小,该激光雷达系统可以从多条低量子数转动拉曼谱线数据反演出大气温度,可增加激光雷达系统探测距离。

(2) 相对探测与绝对探测原理对比。相对探测与绝对探测的原理如图 6.4.4 所示,相对探测提取两组拉曼信号,然后经过一定的反演算法,就可以得出大气的温度廓线,但是绝对探测需要提取出多条的单个谱线,然后经过反演算法,得出大气的温度谱线,具体的原理如下:

1) 相对探测:根据激光雷达方程,可以得到转动拉曼散射信号的功率为

$$P(J,T,z)=\frac{C \cdot \beta(J,T,z) \cdot \exp\left[-2\int_0^z \alpha(z)\,dz\right]}{z^2} \qquad (6.4.15)$$

式中:C 为系统常数,包括光学系统效率、激光脉冲能量、激光脉冲间隔时间、望远镜受光面积以及发送与接收器的光路重叠系数等参数;z 为探测高度;T 为大气温度;J 为拉曼散射谱线的转动量子数;$\alpha(z)$ 为高度 z 处的大气消光系数;$\beta(z)$ 为高度 z 处的后向散射系数,其是氮气分子数密度 $N(z)$ 和散射截面强度 $\sigma(J,T)$ 的乘积,即

$$\beta(J,T,z)=N(z) \cdot \sigma(J,T) \qquad (6.4.16)$$

式中,乘 0.78 得到氮气分子数密度,乘 0.21 得到氧气分子数密度。

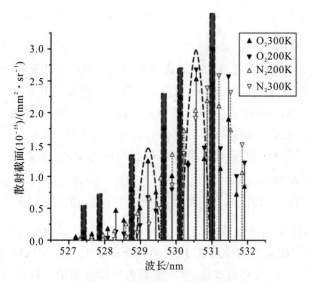

图 6.4.4　相对探测与绝对探测比较

式(6.4.15)中,除了大气消光系数 $\alpha(z)$ 和后向散射系数 $\beta(z)$ 以外的参数都是系统提供的已知量。设高、低量子数拉曼通道检测出的 2 条拉曼散射谱线信号强度分别由以下激光雷达方程表示:

$$P_i(J_i,T,z)=C_i \cdot N(z) \cdot \sigma_i(J_i,T) \cdot \exp\left[-2\int_0^z \alpha(z)\,\mathrm{d}z\right],i=1,2 \quad (6.4.17)$$

式中:i 表示拉曼通道号,$\sigma_i(J_i,T)$ 是温度为 T 时谱线为 J_i 的转动拉曼散射光谱的散射截面强度。

将两个通道的拉曼信号强度相比,得到两个拉曼散射谱线的信号强度比 $H(T,z)$ 为

$$H(T,z)=\frac{P_1(J_1,T,z)}{P_2(J_2,T,z)}=\frac{\sigma_1(J_1,T)}{\sigma_2(J_2,T)} \quad (6.4.18)$$

此时,在 J_1、J_2 两条谱线选定的情况下,便可以反演出大气温度廓线。但在实际中,如果只选择 J_1、J_2 两条谱线反演大气温度,由于其信号强度较低,不能有效提高系统信噪比,进而影响探测距离,因此,通常选择多个量子数的谱线。此时两个拉曼通道的多条谱线信号的强度比为

$$H(T,z)=\frac{\displaystyle\sum_{J=J_1-\Delta J}^{J_1+\Delta J} P_1(T,z)}{\displaystyle\sum_{J=J_2-\Delta J}^{J_2+\Delta J} P_2(T,z)} \approx \exp-\left[\frac{A}{T^2(z)}+\frac{B}{T(z)}+C\right] \quad (6.4.19)$$

式中:A、B、C 为常数。

利用无线电探空数据就上式进行标定就可拟合出常数 A、B、C。此时,利用下式便可以计算高度 z 处的大气温度 $T(z)$:

$$T(z)=-\frac{B\pm\sqrt{B^2-4A\left[\ln H(z)+C\right]}}{2\left[\ln H(z)+C\right]} \quad (6.4.20)$$

2) 绝对探测:各通道探测器接收的转动拉曼回波信号功率为

$$P_m(z,T) = K_m \cdot P_0 \cdot \frac{c \cdot \tau}{2} \cdot \frac{A_r}{z^2} \cdot Y(z) \cdot N(z) \cdot \sigma(J_m,T) \cdot \exp\left[-2\int_0^z \alpha(z)\,\mathrm{d}z\right]$$

$$= F(z)\sigma(J_m,T),\quad m=1,2,\cdots \tag{6.4.21}$$

式中:T 为大气温度;K_m 为各拉曼通道的系统常数;P_0 为激光脉冲平均功率;c 为光速;τ 为激光脉冲宽度;A_r 为望远镜受光面积;$Y(z)$ 为发送与接收的光路重叠系数;$N(z)$ 为高度 z 处的大气分子数密度;J_m 表示拉曼通道信号的转动量子数,$\sigma(J_m,T)$ 为温度 T 时转动量子数 J_m 的转动拉曼信号的散射截面;$\alpha(z)$ 为高度 z 处的大气消光系数。

假设各拉曼通道具有相同的系统常数 K_m,则各通道高度 z 处的系统因子 $F(z)$ 应该相同,可构建匹配误差函数 $Q_m(z,T)$:

$$Q_m(z,T) = \sum_m \left[P_m(z,T) - F(z)\sigma(J_m,T)\right]^2 \tag{6.4.22}$$

任意高度 z_a 处可使匹配误差函数 $Q_m(z,T)$ 最小,以获得最佳的转动拉曼谱型匹配,进而反演出系统因子 $F(z_a)$ 和温度廓线函数 $T(z_a)$,系统因子 $F(z_a)$ 可大略反映出匹配算法的稳定性。这样就可反演大气的绝对温度值,而不需其他的温度测量设备进行参数标定。

6.4.2 关键技术分析

在拉曼激光雷达测温系统中要从强烈的背景辐射中提取出微弱的转动拉曼信号,就需要对米-瑞利散射信号进行 7 个数量级以上的抑制,这就要求所设计出的转动拉曼测温激光雷达的分光系统具有极高的带外抑制能力和很高的光谱分辨能力。

激光雷达是一种主动遥感探测仪器,目前较为常用的拉曼测温激光雷达系统主要由激光发射系统、望远镜接收系统、光学分光系统、光电检测系统和信息处理系统五大部分组成。激光发射系统选用了脉冲 Nd:YAG 激光器的二次谐波,波长为 532.25 nm 的激光作为光源,光束由激光器出射,经过扩束器之后,再经过 3 个反射镜使其垂直入射到大气中。此光束与大气中的各种各样的粒子(主要是大气中的原子、分子等)发生相互作用,产生特定的后向散射信号,其中主要有由气溶胶所引起的米散射、由大气分子所引起的瑞利散射以及由分子振动和转动所引起的拉曼散射等。然后利用称为光学接收天线的望远镜来接收这些回波信号,随即将这些散射信号通过一定的分光系统分离出所需要的信号,并由光电探测器检测,最后传送至计算机进行数据处理以及分析。激光雷达系统如图 6.4.5 所示。

(1)激光发射系统。此系统包括 Nd:YAG 脉冲激光器、扩束器以及多个反射镜 M1、M2、M3;Nd:YAG 脉冲激光器发出脉冲激光束,经扩束器对脉冲激光准直扩束后,再通过多个反射镜 M1、M2、M3 垂直射向大气。激光器是激光雷达的主要部件,各种大气探测激光雷达多使用波长固定的高能脉冲激光器。Nd:YAG 脉冲激光器具有增益高、阈值低、量子效率高、重复率高、光束质量好、输出功率大等特点,由于其性能优越,已经成为目前使用最为广泛的固体激光器之一。

本系统采用的固体激光器基波长为 1 064 nm,对其基波进行倍频和混频等非线性频率变换,能高效获得 532.25 nm 的绿光(2 倍频)和 355 nm 的紫外光(3 倍频)。本系统选择 2 倍频产生的 532.25 nm 激光作为发射光。

（2）望远镜接收系统。本系统用于接收激光与大气中的分子和粒子相互作用后产生的后向散射光，并将接收到的后向散射光耦合到多模光纤，通过多模光纤导入分光系统。该系统选用日本高桥公司的μ250型卡塞格林望远镜。

卡塞格林望远镜主要由抛物面的主镜和双曲面的副镜组成，将光线两次反射后穿过主镜中心的孔洞，折射光学的设计缩短了镜筒的长度。

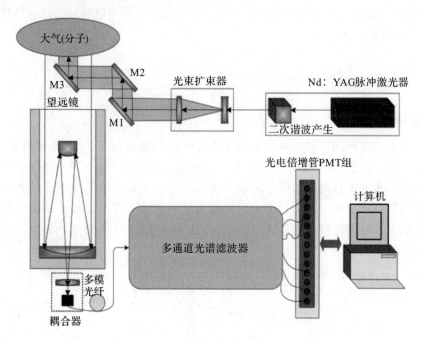

图 6.4.5　激光雷达系统结构图

（3）分光系统。用于将后向散射光中的转动拉曼散射信号、米-瑞利散射信号进行分离，并滤除米-瑞利散射信号和太阳背景噪声，将转动拉曼散射信号送入光电探测部分。

（4）光电检测系统。本系统用于将分离后的转动拉曼散射信号转换为电信号，并输送至信息处理系统。采用线阵的光电倍增管作为其高效光电探测系统的核心器件。

（5）信息处理系统。在信息处理系统中预装入气象和大气环境参数反演算法程序，用于对接收的不同转动量子数的转动拉曼散射信号和米-瑞利散射信号进行分析处理，得到大气温度气象参数、大气气溶胶消光系数、后向散射系数、气溶胶光学厚度和大气能见度大气环境参数值。

在这五部分当中，关键技术在于分光系统。究其原因，主要有以下 3 个方面：

第一，分光精度要求高。根据拉曼散射测温原理可知，在激光脉冲与大气中的氮气分子或氧气分子发生非弹性散射之后，利用回波信号的拉曼散射谱线对大气的垂直温度廓线进行反演。然而，和激光脉冲与大气分子的这种非弹性散射相比，如米散射、瑞利散射这样的弹性碰撞，其散射强度相比拉曼散射强度更为显著，它们可以同太阳背景光一起看作是背景光噪声。如果分光系统的分光精度不能达到一定水平，拉曼散射回波信号将会湮没在这些背景光噪声中，导致有用信号信噪比过低，以至于无法获得所需要的回波信号。

第二，系统的体积较大，搭建较为复杂。目前较为常用的分光系统的光学元件主要是光学透镜、光纤、滤光片、F-P腔等。这些光学元件本身就占有一定的体积,并且在搭建过程中相互之间会有固定的距离,这样就使得整个系统的体积也会相应增加。另外,目前分光系统的搭建大部分还是人为地徒手固定这些光学元件,这种固定方式不利于实现分光光束的精确传输,易产生偏差,同时也会造成元件的机械精度降低以及系统误差增大,最终影响整个分光系统的分光精度和分光效率。

第三,现有的转动拉曼测温分光系统一般情况下只能提取两组通道的拉曼信号强度,实现的是相对探测,误差较大。

6.4.3 标定测试方法

1. 双光栅分光系统

以图6.4.6所示的纯转动拉曼测温激光雷达中双光栅结构为基础,设计以双光栅为核心分光器件的多通道拉曼系统,如图6.4.7所示。此分光系统由两块光栅组成,均工作于输入/输出共焦面上。激光雷达的回波信号由输入光纤从第一光栅系统的焦平面送入,氮气分子的多条谱线分别被位于焦平面相应位置处的多根光纤所接收。在第二光栅系统的焦平面上,这几组光谱分别由严格选定的位置输入,使经第二光栅衍射后,反射到焦平面上,达到高带外抑制和高光谱分辨的目的。

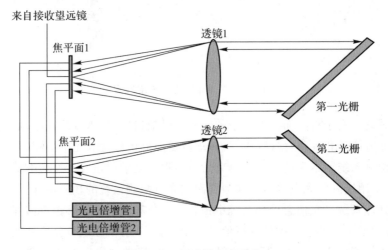

图6.4.6 双光栅分光系统

光栅(grating)是由按一定规律排列的狭缝(透光或不透光)构成的光学元件。从广义上理解,任何具有空间周期性的衍射屏,都可叫作光栅。一般常用的光栅是在玻璃片上刻出大量平行的刻痕,这些刻痕不透光,两个刻痕之间光滑的区域可以使光通过,这种结构相当于狭缝。精制的光栅,在1 cm宽度内刻有几千条乃至上万条刻痕。其中利用透射光发生衍射的光栅被称为透射光栅。此外还有利用两刻痕间的反射光衍射的光栅,这种光栅称为反射光栅。下面介绍闪耀光栅的性质。

决定各级主极大位置的公式称为光栅方程。光栅方程的普遍表示式为

$$d(\sin\varphi \pm \sin\theta) = m\lambda, \quad m = 0, \pm 1, \pm 2 \tag{6.4.23}$$

式中:φ 为入射角;θ 为衍射角。

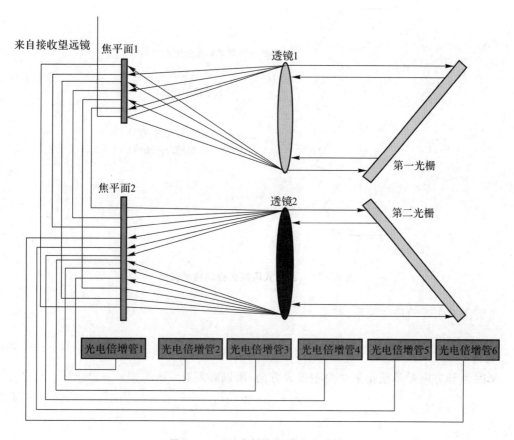

图 6.4.7　双光栅多通道分光系统

　　我们可以得到,对于非零级的光波,如果它的波长不同,则其衍射光的衍射角也会不同,这种现象称为"色散"现象。对于普通的衍射光栅来说,假如入射光中含有两个特别接近的波长,分别为 λ 和 λ′,因为存在色散现象,它们会独自各有一套窄而亮的主极大并且波长相差越大,级次越高,它们分得越开。对于低级次光谱来说,即 m 比较小的谱线,它们的光强比较强,但是彼此分开的距离很小;对于高级次光谱来说,即 m 比较大的谱线,虽然它们的光强较弱,但是彼此分得较开。光强最大的谱线为零级谱线,但是零级没有将光线分开的作用,光栅分光必须利用高级主极大,所以大部分能量将被浪费。在实际应用中必须改变通常光栅的衍射光的光线强度分布,使光强度集中到有用的那一光谱级上去,即为闪耀光栅。

　　下面以图 6.4.8 所示的反射式闪耀光栅为例,说明如何实现干涉零级和衍射中央主极大方向的分离。

　　假设锯齿形槽面与光栅平面的夹角为 θ_b(该角称为闪耀角),锯齿形槽宽度(也即刻槽周期)为 d,则对于按 φ 角入射的平行光束 A 来说,其单槽衍射中央主极大方向为其槽面的镜面反射方向 B。因干涉主极大方向由光栅方程决定,若希望 B 方向是第 m 级干涉主极大方向,则变换上面的光栅方程式,B 方向的衍射角应满足

$$2d \sin \frac{\varphi+\theta}{2} \cos \frac{\varphi-\theta}{2} = m\lambda \tag{6.4.24}$$

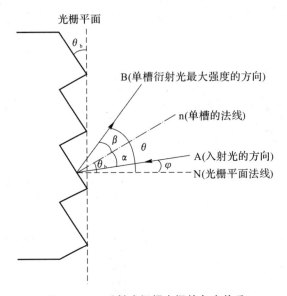

光栅平面

B(单槽衍射光最大强度的方向)

n(单槽的法线)

A(入射光的方向)

N(光栅平面法线)

图 6.4.8　反射式闪耀光栅的角度关系

考察图 6.4.8 的角度关系,有

$$\left.\begin{array}{l} \alpha = \theta_b - \varphi \\ \beta = \theta - \theta_b \end{array}\right\} \tag{6.4.25}$$

又因为 B 方向是单槽衍射中央主极大方向,所以必须有 $\alpha = \beta$,即

$$\theta_b - \varphi = \theta - \theta_b \tag{6.4.26}$$

或

$$\left.\begin{array}{l} \varphi + \theta = 2\theta_b \\ \theta - \varphi = 2\alpha \end{array}\right\} \tag{6.4.27}$$

因而有

$$2d\sin\theta_b\cos\alpha = m\lambda \tag{6.4.28}$$

这就是单槽衍射中央主极大方向同时为第 m 级干涉主极大所应该满足的关系式,若 m, λ,d 和入射角 φ 已知,即可确定相应的角度 θ_b。此时的 B 方向光很强,就如同物体光滑表面反射的耀眼的光一样,所以称该光栅为闪耀光栅。若光沿着槽面法线方向入射,则 $\alpha = \beta = 0$,因而 $\varphi = \theta = \theta_b$。在这种情况下,式(6.4.28)化简为

$$2d\sin\theta_b = m\lambda_M \tag{6.4.29}$$

该式称为闪耀光栅条件,波长 λ_M 称为该闪耀光栅的闪耀波长,m 是相应的闪耀级次,这时的闪耀光栅方向即为光栅的闪耀角 θ_b 的方向。因此,对于一定结构(θ_b)的闪耀光栅,其闪耀波长 λ_M、闪耀级次和闪耀方向均已确定。现在假设一块闪耀光栅对于波长 λ_b 的一级光谱闪耀,则式(6.4.29)变为

$$2d\sin\theta_b = m\lambda_b \tag{6.4.30}$$

此时,单槽衍射中央主极大方向正好落在 λ_b 的一级谱线上,又因为反射光栅的单槽面宽度近似等于刻槽周期,所以 λ_b 的其他光谱(包括零级)均成为缺级,如图 6.4.9 所示。现在的优质光栅可以近似 80% 为一级闪耀波长。由式(6.4.30)还可以看出,对 λ_b 的一级光谱闪耀

的光栅,也可分别对 $\lambda_b/2$、$\lambda_b/3$······ 的二级、三级 ······ 光谱闪耀。不过通常所称的某光栅的闪耀波长,是指光垂直槽面入射时[称为里特罗(Littrow)自准直系统]的一级闪耀波长 λ_b。比如,600 槽 /mm 刻痕的闪耀光栅,当闪耀角为 9.5° 时,它的闪耀波长为 $\lambda_b = 546.1\ nm$。

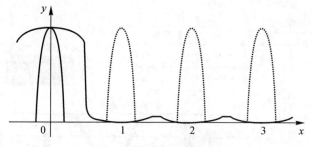

图 6.4.9　闪耀光栅光谱

尽管严格来说闪耀光栅在同一级光谱中对闪耀波长产生极大的光强,而对其他波长则不能,但是由于单槽衍射的中央主极大到极小有一定宽度,所以闪耀波长附近一定波长范围内的谱线也会得到相当程度的闪耀。

当入射角为 φ 时,衍射波长 λ 对应的衍射角 θ 为

$$\sin(\theta) = \frac{m\lambda}{d} - \sin(\varphi) \tag{6.4.31}$$

为使衍射波长 λ 具有较高的衍射效率,通常利用里特罗(Littrow)条件(指入射光和衍射光处于自准直状态 $\varphi = \theta$,即入射光线和出射光线沿同一路径),来约束光束入射角 φ,取 $m = 1$,即

$$\sin(\varphi) = \frac{\lambda}{2d} \tag{6.4.32}$$

由图 6.4.9 可以看出,增加双衍射光栅分光系统的拉曼通道,可以实现并行提取多路转动拉曼信号,但从图中可以看到,焦平面 2 处的光纤通道多达 12 处,给光纤的连接和排布带来很大的困难,结构将非常复杂,很难进行光路的调整,双光栅单色仪系统体积较大,光路结构复杂,成本相对较高,使得测量过程中的调整难度相当大,不利于机载、星载等移动平台的转动拉曼激光雷达的应用。

2. 窄带干涉滤光片分光系统设计

以图 6.4.10 所示的双窄带干涉滤光片分光的转动拉曼系统为基础,设计出可以提取多路通道的转动拉曼信号的多窄带干涉滤光片分光的转动拉曼系统如图 6.4.11 所示。望远镜接收到的回波信号经光纤传输至分光系统,经透镜准直入射至窄带干涉滤光片 IF1a 上,透过 IF1a 的信号再经过窄带干涉滤光片 IF1b,最后经过透镜聚焦后由光电倍增管 PMT1 接收,此为通道 1。由 IF1a 反射的信号,照射到窄带干涉滤光片 IF2a,透过 IF2a,再经过窄带干涉滤光片 IF2b,最后经过透镜聚焦后由光电倍增管 PMT2 接收,此为通道 2。通道 3、4、5、6 的分光过程同理。这样,使用以窄带干涉滤光片为核心光学器件的分光系统就可以分离出多路的拉曼谱线。

干涉滤光片的选取决定了系统的分光效率和对背景杂散信号的拟制能力。窄带干涉滤光片中心波长之间的关系为

$$\lambda(i) = \lambda_n \left[1 - \sin^2(i)/n^2\right]^{\frac{1}{2}} \tag{6.4.33}$$

式中:λ_n 是正入射时的中心波长;n 是滤光片的折射率。

选用正入射中心波长为 532 nm 的干涉滤光片,经过一定的转角后可以实现不同波长的提取。

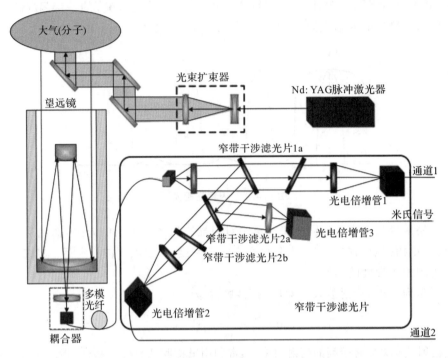

图 6.4.10 双窄带干涉滤光片分光的转动拉曼系统

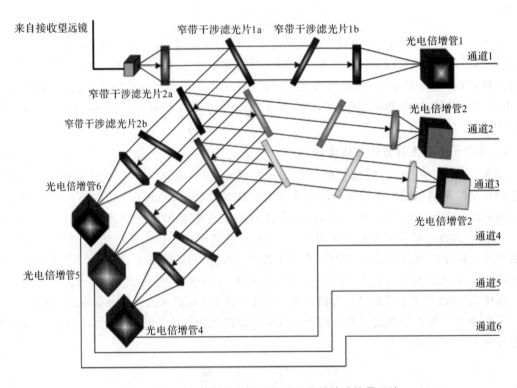

图 6.4.11 窄带干涉滤光片多路分光的转动拉曼系统

6.5　大气密度光学测量技术

6.5.1　测量原理

高速流场检测在国防建设、军事气象保障、航空航天、内燃机、燃烧、化工、热工以及大气物理等领域都有重要意义,它是实验力学的基本内容,也是研究流体力学和工程热物理的重要手段。高速流场检测的内容包括对流场的温度、速度、密度和物质组成等物理量的大小以及分布等的测量。

目前基于激光技术的分子流场检测技术主要有瑞利散射法(RS)、滤波瑞利散射法(FRS)、激光诱导荧光法(LIF)、拉曼光谱法、吸收光谱法、分子标记示踪法,其中分子标记示踪法又可分为拉曼激发激光诱导电子荧光方法(RELIEF)、激光诱导激发态或离子态标记法等。以上这些方法中的某些方法不仅可以用于分子流场,还可以用于原子、蒸汽以及等离子体的测量。

1. 瑞利散射法

瑞利散射技术是基于流场本身分子弹性散射的光学测量方法,它利用气体流场中分子的散射光来测量流场的信息,粒子的瑞利散射机理如图 6.5.1 所示。

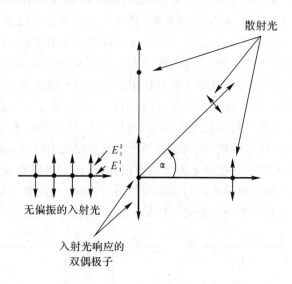

图 6.5.1　粒子的瑞利散射机理示意图

对于 N 个随机分布、各向同性且线度比波长小很多的微粒,它们在 φ 方向上的瑞利散射辐射强度 I 可写为

$$I = \frac{8\pi N\alpha^2 E^2}{\lambda^4}(1 + \cos^2\varphi) \tag{6.5.1}$$

由式(6.5.1)可以看到,瑞利散射光强与粒子数,即粒子的密度成正比;同时瑞利散射光中还含有因分子热运动引起的谱线加宽和流场中分子速度分布引起的多普勒频移分布,因此瑞利散射法可以对流场的结构、密度、速度和温度等多个参数进行综合测量。

瑞利散射法是一种非粒子注入的光学测量方法,它对测量区域的"冻结"(曝光时间)是由激光的脉冲宽度所决定的。如今随着超短脉冲技术的快速发展,很容易获得脉冲宽度为纳秒、皮秒或飞秒量级的高峰值功率的激光脉冲,并且随着高速、高增益、像增强的 ICCD 照相机/摄像机的出现以及谱线斜率滤波等技术的成熟,瑞利散射法不仅适合于低速场的测量,更适合高速场和瞬态过程的研究。另外,瑞利散射光的频率范围是由激光频率所决定的(加上多普勒频移),随着激光技术中波长调谐、窄线宽和频率稳定等技术的日趋成熟,瑞利散射可以通过滤波系统达到很高的信噪比和信息量。因此瑞利散射法适合许多极端情况,如超高速、高温、高焓值的等离子体流场等的测量。常见的瑞利散射方法有以下几种:

(1)紫外瑞利散射。瑞利散射光与入射激光有几乎相同的频率,因此其信号很容易受到背景杂散光和灰尘的米氏散射的干扰。由式(6.5.1)可知,瑞利散射光强与入射光波长的 4 次方成反比,另外它还与光的偏振率的 2 次方成正比,而且许多材料在短的波段反射率下降,这就意味着在测量中使用短波长的激光可以大大提高瑞利散射的信噪比。由于瑞利散射光强通常很弱,因此高的信噪比对于精确地测量流场参数是十分有利的。1989 年,R. Miles,Michael Smith 等人利用真空紫外激光(波长为 193 nm)首次获得了空气流场可压缩边界层的清晰结构图像,得到了流场密度的二维分布。

(2)滤波瑞利散射。滤波瑞利散射技术是瑞利散射技术的改进技术,它利用一种非常灵敏的原子/分子滤波器,并结合可调谐、窄线宽激光器,可有效滤除频率不变的背景杂散光,而仅让流场粒子产生的散射光通过,解决了干扰的问题,大大提高了信噪比,使对流场的密度、温度、速度和压力等参量进行定量测量成为可能。滤波瑞利散射的原理如图 6.5.2 所示,通过调谐使激光器的输出频率等于分子吸收凹陷(凹陷宽度为吉赫兹量级)的中心频率,此时背景杂散光被吸收凹陷吸收,而激光与流场分子相互作用产生的瑞利散射光由于多普勒效应被展宽,可以部分地通过吸收凹陷,从而作为检查信号,如图 6.5.2(a)所示。当流场处于流动状态时,瑞利散射信号由于产生多普勒效应而发生频移,由图 6.5.2(b)可以看到,此时绝大部分瑞利散射信号都可以通过分子吸收凹陷,偏离到分子滤波器的吸收谱线外,而发射激光以及那些没有发生频移的背景杂散光则会落在分子的吸收凹陷内,这样就可以有效地减少背景噪声的干扰。因此,在使用滤波瑞利散射技术进行流场测量时,可以通过调整入射光、散射光以及流场速度方向的位置关系,来获得更为清晰的流场结构图像。

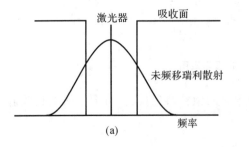
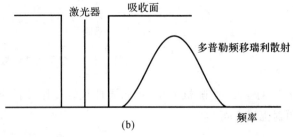

图 6.5.2　滤波瑞利散射原理图

滤波瑞利散射技术的诸多优点使其在国内外发展迅速,已被广泛应用于等离子体、高速燃烧流场和其他复杂流场的测量和诊断中。美国普林斯顿大学的 R. Miles 等人于 1990 年提出用滤波瑞利散射对高速空气流场的密度、速度和温度进行测量的原理,实现了利用滤波瑞利散射进行测量。他们是利用某些原子/分子气体中的一些非常锐利的强吸收谱线,将一束线宽非常窄的激光调谐到某一吸收谱线的中心或其中某一位置,此时激光微小的频率移动将导致吸收率的巨大变化,这样就可以减小和消除频率不变的杂散背景光的干扰。

2. 激光诱导荧光法(LIF)

激光诱导荧光技术是在分子、原子以及离子的发射光谱的基础上发展起来的流场测量技术。由于激光诱导荧光技术不仅可以显示流场结构,同时还可以检测某种物质的成分分布以及实现密度、速度、温度等多个参数的测量,并且其实验技术相对简单,因此在多个领域都被广泛采用。

荧光产生的基本原理是受激分子的能级跃迁。通过吸收激光光源某种波长的能量,受激分子会从某个振动和转动能级跃迁到能级较高的激发态,经过平均寿命后,受激分子通过自发辐射跃迁到能级较低的亚稳态能级。这时,在返回基态的过程中原子或分子通过自发辐射所发射的光称为荧光。荧光发射中有与入射光频率相同的共振荧光,以及频率不同的斯托克斯和反斯托克斯荧光。荧光发射与流场气体的状态和流场分子的类型及浓度有关。

荧光发射的主要测量参数是荧光强度和荧光光谱。荧光强度的测量是保持激光光强度不变,连续地调谐激发光波长,对某一波长位置处的分子激发荧光的强度变化进行测量。而荧光光谱表示的是荧光强度对应光波波长的分布。当保持激发光的波长和强度都不变时,用单色仪对记录的荧光光谱进行波长扫描,在不同波长上记录荧光强度,就得到荧光光谱。它反映了分子在不同波长上荧光发射的相对强度。

当频率为 ω_0,强度为 I_0 的激光对准分子的某一条吸收谱线时,在线性吸收区,单位体积分子向 $\Delta\Omega$ 立体角辐射的荧光强度与分子密度 N 的关系可写为

$$I_F = I_0 C_F N \Delta\Omega \frac{\partial \sigma_F(\omega)}{\partial \Omega} \tag{6.5.2}$$

可见分子密度与荧光辐射强度成正比。使用激光诱导荧光法测量温度时,是通过荧光光谱强度计算出两个能级粒子数比例,从而计算出高温体系的温度。

在各种非接触式测量方法中,电子束荧光法适用于低密度稀薄气体流场范围,拉曼光谱法适用于高密度流场范围,而激光诱导荧光法可适用于整个流场密度范围。激光诱导荧光技术对不同样品的分子有选择性,因此可以用于氧分子、氮分子、一氧化氮分子以及碘分子等物质的检测,同时与分子相关的荧光信号对气体流场的温度十分敏感。1983 年,McDaniel 等人利用激光诱导碘蒸气作为示踪物质的荧光测量了流场的密度和速度分布。1988 年,Miles 提出了利用空气中氧分子的激光诱导荧光和瑞利散射光测量空气流场密度和温度分布的原理。图6.5.3 是利用瑞利散射和激光诱导荧光法进行流场检测的框架图。

激光诱导荧光法具有以下优点:非接触测量,不干扰流场;时间分辨率和空间分辨率高;可多点多参数同时测量;诊断信息丰富,可测量流场的多种温度、数密度、速度、压力等重要物理量;适合大范围测量;可检测流场物质成分分布。但其也有一定的缺陷,如系统结构复杂,对气体分子、原子及激光波长有依赖性等。

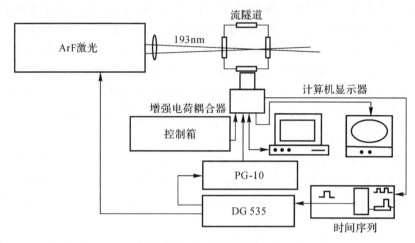

图 6.5.3　瑞利散射及激光诱导荧光法流场检测框图

3. 拉曼散射法

拉曼散射是光通过介质时由于入射光与分子运动相互作用而引起频率发生变化的散射。它首先是由科学家 C. V. Raman 和 K. S. Krishnan 于 1928 年在观察液体中的散射现象时发现的。当分子以固有频率 v_i 振动时，极化率也以 v_i 为频率作周期性变化，在频率为 v_0 的入射光作用下，v_0 和 v_i 两种频率通过耦合会产生 v_0、$v_0 \pm v_i$ 三种频率的光波，如图 6.5.4 所示，前者为瑞利散射光，后两种频率对应着拉曼散射谱线，长波长的谱线称红伴线或斯托克斯线，短波长的谱线称紫伴线或反斯托克斯线。由于不同分子对应着不同的拉曼频移，因此利用拉曼散射不仅可以获得流场的结构和密度分布，还可以对流场内物质的成分和含量进行测定，这是瑞利散射法所达不到的。拉曼散射光相对激发光会产生较大的频移，因此很容易将器壁的背景杂散光、瑞利散射光及布里渊散射光滤除。拉曼散射的效率很低，远小于瑞利散射，但随着激光技术的发展，在各个波段都有了可利用的强光光源，使拉曼光谱技术获得很大发展。

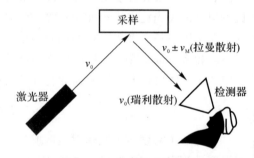

图 6.5.4　拉曼散射示意图

常用的拉曼散射方法有以下几种：

(1) 自发拉曼散射法。拉曼散射光的频移对应分子的振动和转动能级，自发拉曼谱线强度正比于初态 (v_i, J_i) 上的分子密度 $N(v_i, J_i)$，所以拉曼光谱能够提供关于粒子数分布 $N(v_i, J_i)$ 和它的局部变化，通过测量拉曼光谱就可以测出分子的能级分布概率。但由于自发拉曼散射光非常弱，远小于瑞利散射光，因此需要高强度的激光光源和高灵敏度的探测仪器，并且测量中还会受到荧光背景的干扰，对测量带来不便。

利用自发拉曼散射测量流场温度时，假设气体分子处于热平衡状态，服从波耳兹曼分布，则激光产生的 Q 支斯托克斯线拉曼散射强度为

$$s(V, J) = \frac{g(2J+1)(V+1)v^4}{Q_{rot}Q_{vib}} \exp\left[\frac{hcG(V, J)}{kT}\right] \quad (6.5.3)$$

式中:V、J 分别为振动和转动能级的量子数;Q_{rot} 和 Q_{vib} 分别为分子振动和转动能级的配分函数;g 是分子的核自旋权重系数;$G(V,J)$ 为分子的振动和转动能级光谱项;T 为介质温度。

　　将每一支的拉曼散射光谱强度进行求和就能得到总的散射强度。因此通过对流场拉曼散射强度的测量就可以得到流场温度的分布情况。另外,从式(6.5.3)中可以看到拉曼散射强度与入射激光频率的 4 次方成正比,因此使用短波长的紫外激光产生拉曼散射可以大大提高散射信号的强度。

　　(2)相干反斯托克斯-拉曼光谱法(CARS)。当频率为 ω_1 及 ω_2 的两束激光(假设 $\omega_1 > \omega_2$)同时入射到介质上时,由于分子的相互作用,特别是当 $\omega_1 - \omega_2$ 刚好等于散射分子的振动频率时,由于激光的相干作用,所有的分子都会按一定相位关系发生振动,从而产生相当强的反斯托克斯光子(频率为 $2\omega_1 - \omega_2$),并且每个分子散射出来的拉曼散射光都以同一相位传播而形成与激光类似的、高强度的相干波,如图 6.5.5 所示。

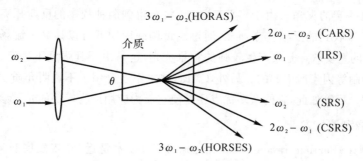

图 6.5.5　各种相干拉曼散射示意图

CARS 信号的光强可表示为

$$I_c = \frac{\mu^2 \omega_c^2}{n_1^2 n_2 n_c} |\chi^{(3)}|^2 I_1^2 I_2 L^2 \tag{6.5.4}$$

式中:n_1、n_2、n_c 分别为介质相对于 ω_1、ω_2、ω_c 光波的折射率;L 为产生 CARS 信号的作用区域长度。

　　CARS 的最大优点是能产生很强的信号,例如对于压强为 1.3×10^2 Pa 的氢气来说,理论上其强度可比正常拉曼散射大 10^{11} 倍。并且光束是沿相位匹配方向传播的,因此收集角可比自发散射所需的小 5 个数量级。CARS 不同于受激拉曼散射,它没有阈值,适合于微量物质的检测,利用高功率激光甚至可以探测到 10^{-10} 个大气压的微量气体含量。由于 CARS 输出的是相干光束,因此能很好地与样品的其他散射光、荧光和黑体辐射光分开,这使 CARS 技术可以用来探测一些不利的环境,如火焰、爆炸和等离子体等。CARS 光的频率较高,容易通过使用滤光片或其他分光技术来提高它的信噪比,使其具有很高的灵敏度,可以用于测量在某一特定振动和转动能级上的分子密度分布,或者用来确定该点的温度。由于在等离子体和火焰中,通常不存在真正的热平衡,所以必须区别振动和转动温度。当拉曼跃迁的基谱带和热谱带能够被很好地区分开时,就可以明确地推断出分子的转动温度。1973 年,P. R. Regnier 等人利用 CARS 技术得到甲烷和空气火焰中以毫米为分辨率的高温分解的氢气的空间分布图。

　　(3)多重 CARS 技术。多重 CARS 技术是指当试探光是宽带的,通过一束激光就可以得到整个拉曼光谱,然后利用分光计将各种频率分开,就可鉴别探测域中物质的种类及其温度等参量。多重 CARS 技术具有很高的灵敏度,对混合物中极为稀少的含量都能够加以鉴别。其空间分辨率可以通过使两束光相交以减小公共区域体积的方法来加以提高。

多重 CARS 技术可以获得单次激光发射时的有关温度的必要信息,因而更适合湍流、喷气以及高速流场的研究。由于 CARS 光的输出与斯托克斯光的输入成线性关系,因而由宽带激光产生的 CARS 信号可以由摄谱仪区分开,并用光学多通道分析器(OMA)或照相干板进行检测。尽管其分辨能力会受所用摄谱仪限制,但在单次激光发射时可以得到大部分拉曼光谱,从拉曼谱线的强度分布便可以得到温度场的分布情况。1991 年,J. P. Singh 和 F. Y. Yueh 等人利用多重 CARS 技术测量了火焰中 CO_2 和 H_2 浓度的空间分布。

(4)时间分辨的 CARS 技术。当一个长脉冲的泵浦激光与一个短脉冲的斯托克斯激光在介质中相互作用时,会产生受激弹性声波场,同时长脉冲泵浦激光又可以作为探测激光与弹性声波场相互作用而产生反斯托克斯光子。弹性声波场有一定的衰减时间,它在低气压范围内可以看作是由分子热运动所决定的,通过测量反斯托克斯光的波形便可以得到这一时间。

利用测量衰减时间来测量温度时,可让泵浦光和斯托克斯光以相反的方向两次通过流场,并与流场方向成一定的夹角。由于多普勒效应,将会得到两种频率的反斯托克斯光,这两种频率之差将调制所接收到的反斯托克斯光,通过测量调制周期就可以计算出流场的速度。

CARS 技术的主要缺点是会产生较强的背景荧光,这是由于其强度不稳定、非共振极化、仅有两束光相互调制等因素所引起的。另外,CARS 技术不适合用于不透明介质、强烈吸收介质等损耗较大的介质。尽管如此,它的众多优点还是使它成为应用最为广泛的光谱诊断方法之一。

4. 粒子图像测速技术

粒子图像测速(Particle Image Velocimetry,PIV)技术是近 20 年发展起来的一种基于互相关分析的非接触流场测量技术,它不仅能够获得二维流场的整体结构及瞬态图像,而且具有很高的测量精度和分辨率。因此 PIV 技术已成功地应用于空气动力实验、水动力实验等领域的二维流场检测,并逐渐成为流场速度测量方法中最主要的方法之一。

采用 PIV 技术进行测量时,首先需要向待测流场中散播少量比重与流体相当的示踪粒子,这些粒子需要具有良好的反光性和跟踪性。然后用激光照射待测的流场平面,用 CCD 等测量设备拍摄示踪粒子在平面内的运动图像。最后通过对所拍摄到的连续两幅 PIV 图像进行互相关分析,就可以获得所测流场的速度矢量分布。图 6.5.6 是利用 PIV 技术对流场内部速度进行测量的实验示意图。

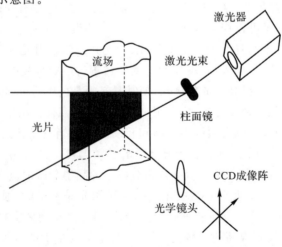

图 6.5.6 PIV 法测量流场速度实验示意图

PIV 技术中所使用的互相关算法具有概念简单、易于实现、技术成熟等优点。但它也存在着一定的缺陷,如:计算速度较慢;当被测流场内部存在较为剧烈的梯度变化,或者示踪粒子偏离激光入射平面以及受到背景噪声等干扰时,都可能会得到一定数量错误的速度矢量,从而对测量结果造成影响。

5. 可调谐二极管激光吸收光谱技术

可调谐二极管激光吸收光谱(TDLAS)技术是利用二极管激光器的波长调谐特性,获得待测气体的特征吸收谱线,从而对气体进行定性或者定量的分析的一种检测技术。利用 TDLAS 技术进行测量时所依据的基本原理是 Beer-Lambert 定律:对于在某一光谱范围内的气体分子,通过对某一特定波长上激光光强吸收前后的光强对比即能反演出气体分子的浓度。测量时将射入待测气体区域的激光光束的频率调谐至待测气体吸收效果最为明显的频率范围,然后通过测量激光光束吸收后光强并对比吸收前的光强,便能够得到待测气体的浓度信息。气体体积浓度的表达式为

$$\rho = \frac{-\ln\left(\frac{I_v}{I_{v,0}}\right)}{PS(T)g(v-v_0)L} \tag{6.5.5}$$

式中:$I_{v,0}$、I_v 分别为激光光束被吸收前的光强和被吸收后的光强;$g(v-v_0)$ 为吸收线性函数,表示被测量气体吸收谱线的形状,它与温度和压力有关;L 为吸收气体的吸收光程。

TDLAS 技术的优点在于:

(1)采用的半导体激光器的线宽通常小于 3MHz,远远小于气体吸收谱线的宽度,从而在对特征气体吸收谱线进行扫描计算时,能够有效地去除其他气体谱线的干扰。

(2)具有极高的波长选择性,因此可以有效消除测量过程中常见的颗粒物干扰、激光强度波动等在频域内表现为"宽波段"的影响因素。

(3)测量系统具有通用性,同样的系统只需要改变激光器和标气便可以方便地测量其他种类的气体,对于多组分气体的同时测量也非常容易实现。

(4)作为一种光学测量技术,其测量速度快,响应时间可以达到 ms 量级,并且测量灵敏度高,可以达到亚 ppm 量级。

(5)测量时无需进行采样预处理,分析仪器可直接安装在测量现场,测量设备本身与被测气体完全隔离,因此可以适应高粉尘、强腐蚀性的被测气体环境,具有非常好的环境适应性。

目前利用 0.75～2.5 μm 近红外波长范围内的激光二极管可以用于检测包括 CO、CH_4、CO_2、O_2、H_2O、HF、H_2S 等大量常见种类的气体组分,同时还包括 OH 等燃烧中非常重要的非稳定物质。

6. 拉曼激发激光感应电子荧光法

拉曼激发激光感应电子荧光法(RELIEF)是由美国普林斯顿大学 Miles 教授提出的一种先进的流场光学检测方法。它具有不接触流场、不外加粒子、测量精度高、测速范围宽等特点。

RELIEF 方法属于一种标记示踪法,它利用空气中的氧分子作为示踪粒子(其能级跃迁过程如图 6.5.7 所示),通过拉曼激发过程,氧分子被激发到一个长寿命的振动激发态上,相当于

对氧分子进行了"标记",被"标记"的氧分子随流场运动,经过一定的时间间隔后,再将被"标记"的氧分子选择性地激发到更高的电子能级上,此时处于电子态上的氧分子将迅速回到低能态,同时发出荧光,用高灵敏度的 CCD 摄像机拍摄荧光图像,并通过计算机进行图像采集和处理,便可以获得流场速度的分布情况。但由于测量时要保证流场速度方向在激光片所在的平面内,而且不能确定"标记"线上的每一点的速度方向,因此 RELIEF 方法只适合用于测量稳定的一维流场的速度分布。

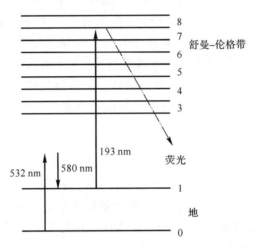

图 6.5.7　RELIEF 方法中的氧分子能级跃迁示意图

在 RELIEF 方法的基础上提出的序列脉冲 RELIEF 方法(YRELIEF)更适用于高速及不稳定流场的检测,它除了能够对流场速度进行测量外,还可用于其他参数的测量。它是未来流场检测技术的发展方向,具有巨大的应用前景。YRELIEF 方法要求激光器输出的是时间间隔在 μs 量级的序列脉冲,这样可以在连续标记多条线,并注入 193 nm 激光脉冲之后,一次获取多条荧光线的图像,这些荧光线可以很好地反映流场的变化过程。YRELIEF 方法简化了系统的时序关系,降低了对时间同步精度的要求。

7. 共振增强多光子电离法

共振增强多光子电离法(REMPI)是当一个分子从激光场吸收一个或多个光子而被激发到一个中间的电子态时,如果此时激光场的光子流密度足够高,这个电子态激发的分子就会吸收足够多的附加光子而被激发,从而超过它的电离势。REMPI 法的电子是通过火焰上的阳极来测量的,所以说 REMPI 法并不是完全意义上的非接触测量方法。REMPI 技术具有以下优点:

(1)高灵敏度,分子的初态与中间态是多光子共振跃迁,具有很高的跃迁截面,能够有效提高多光子电离的效率。

(2)高选择性,对分子较高电子激发态和分子种类具有选择性。

(3)高分辨率,随着超短脉冲激光技术的发展,使两种技术相结合可以准确的对小分子的高激发态振动能级结构和同位素位移进行标识,还可以对分子反应动力学及电子激发态动力学中的快速过程进行研究。

REMPI 技术已广泛应用于离子、原子、分子、自由基等的高激发态光谱和光解离动力学、原子或分子的激光同位素、燃烧过程诊断等领域的研究。

8. 简并四波混频法

当两束泵浦光和一束探测光入射到非线性介质中时,由于发生非线性耦合作用,将会产生一束相位共轭光波,当这四束光的频率相同时,就称为简并四波混频(DFWM)。由于只有当光波频率接近介质的共振频率,极化率得到共振增强时,才能大大提高四波混频相位共轭光的信号强度,因此,如果泵浦光波来源于同一束可调谐激光,通过对激光波长的调谐,在介质上发生共振四波混频作用,就可以得到类似于吸收光谱的介质分子的共振四波混频光谱。由于这一过程中发生了共振增强,从而使得 DFWM 信号更加容易观察。

简并二能级系统中的 DFMW 能级图如图 6.5.8 所示。DFWM 技术具有以下的优点:

(1)信号光为相干光,发散角小,收集效率高,抗干扰能力强,可进行远距离探测。

(2)探测灵敏度高,当激光的频率和某一分子的跃迁频率相同时,会产生共振增强,使信号光强度大大增加。

(3)时间和空间分辨率高,光谱信号几乎无多普勒展宽,可进行成像以及非接触测量。

(4)自动满足相位匹配条件。

以上这些优点使得 DFWM 技术在研究燃烧过程,大气化学中的中间产物,痕迹量组分的测量以及火焰和等离子体中自由基的探测等领域中都发挥着重要的作用。例如对于燃烧火焰中微量组分的测量,这类体系中由于背景光比较强,因此无法使用激光诱导荧光法来进行探测,而用相干反斯托克斯法进行探测灵敏度又太低。另外,由于激光诱导荧光技术对检测条件的要求比较苛刻,为了获得高的检测灵敏度,要求控制背景气压,从而使检测系统变的十分复杂。而背景气压对 DFWM 光谱几乎没有影响,因此 DFWM 技术相比于其他检测技术更适合于大气条件和复杂环境条件下的痕迹量检测。

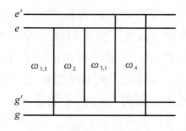

图 6.5.8　简并二能级系统中的 DFMW 能级示意图

但 DFWM 技术存在着光路稳定性的问题,当工作环境特别是温度发生变化时,激光光束在空间传播方向上会发生微小的漂移,而 DFWM 要求泵浦的三束激光严格重叠于一点,重叠区截面约为几百微米,因此如果入射的三束泵浦激光之间有微小漂移,就会导致输出的 DFWM 信号不稳定甚至消失,从而无法进行正常的测量研究。

9. 腔衰荡光谱技术

腔衰荡光谱(CRDS)技术是 20 世纪 80 年代末兴起的一种超高灵敏度的探测吸收光谱技术,是检测吸收光谱的一种有效方法。腔衰荡光谱技术已经被广泛地应用于原子、分子、团簇等粒子的吸收光谱的测量,它可以用来测大气中的有害物质含量,并有望发展成为一种现场的测量仪器,用于环境和生态检测领域。腔衰荡技术还可以用于化学反应动力学过程的研究、燃烧诊断、化学激光增益的测量等领域,相信在不久的将来,腔衰荡技术会在高灵敏测量领域中得到更广泛的应用。其装置示意图如图 6.5.9 所示。

模式匹配镜

| 激光器 | | 衰荡腔 | 探测器 |

图 6.5.9　腔衰荡光谱技术实验装置示意图

CRDS 技术应用于测量时具有以下优点:

(1)当入射激光进入衰荡腔后,会在腔内往返数千米,这样就大大增加了介质的等效吸收长度,从而使介质的吸收系数灵敏度大大提高,这是其他测量方法很难达到的。

(2)应用 CRDS 技术时所要测量的参量是激光在衰荡腔内的衰荡时间,而它是一个强度的比值,与光强没有直接的关系,从而有效地避免了光脉冲起伏对于测量精度的影响,使检测系统的信噪比大大提高。

(3)CRDS 方法的实验装置简单,易于调节。

CRDS 技术存在的缺点是可探测的分子种类较少,空间和时间分辨率相对较差。虽然理论上它的测量灵敏度可以达到量子噪声极限,但实际上受到技术本身要求的限制,其灵敏度远达不到理论值。

本书主要对瑞利散射法的原理进行介绍。激光通过流场介质时会发生散射,散射光中会携带大量的物质信息。当散射粒子的线度远小于入射光波长时,可以用瑞利散射理论来解释其现象。

瑞利散射是由英国物理学家瑞利在经过反复研究和计算的基础上于 1871 年提出的。当光线入射到如乳状液、胶体溶液等不均匀的介质中时,介质会因为折射率不均匀而产生散射光。对于均匀介质,由于热运动破坏了分子间固定的位置关系,从而会发生弹性散射,散射光的波长不变,这便是瑞利散射。从量子理论的观点来看,瑞利散射是入射光子和原子中的电子发生相互作用的结果:入射光子被原子吸收后,原子中的电子跃迁到虚激发态,然后又返回初态,并放出一个光子。散射光的光子能量与入射光的相同,因此瑞利散射是弹性散射过程。

由于光波是电磁波,则它的波印廷矢量 $\boldsymbol{S} = \boldsymbol{E} \times \boldsymbol{H}$,其中:

$$\boldsymbol{E} = \boldsymbol{E}_0 \cos 2\pi\nu\left(t - \frac{R}{c}\right) \tag{6.5.6}$$

$$\boldsymbol{H} = \boldsymbol{H}_0 \cos 2\pi\nu\left(t - \frac{R}{c}\right) \tag{6.5.7}$$

式中:$\boldsymbol{E}$ 和 $\boldsymbol{H}$ 别为入射光波的电矢量和磁矢量;ν 为光波的振动频率;t 为时间;R 为散射粒子具观察点的距离;c 为光速。

通过推导后可得能流密度的平均值为

$$\overline{S} = \frac{c}{4\pi}E_0^2 = \frac{c}{4\pi}H_0^2 \tag{6.5.8}$$

由于电矢量对于散射过程起决定性作用,因此在讨论中仅考虑光波的电矢量。当入射光

照射位于原点的粒子时,电矢量可以写成

$$E = E_0 \cos 2\pi\nu t \tag{6.5.9}$$

在此电场的作用下,粒子会感生偶极距,使粒子极化成强度为 $P = \alpha E$ 的偶极子,其中 α 为分子的极化率。

当分子为各向同性时,在观察点 P 处的电矢量可以表示为

$$E_p = \left(\frac{\alpha E_0 4\pi^2 \sin\varphi_z}{R\lambda^2}\right) \cos 2\pi\nu \left(t - \frac{R}{c}\right) \tag{6.5.10}$$

式中:λ 为入射光波长;φ_z 为观察点与同入射光方向垂直方向的夹角。

将式(6.5.8)、式(6.5.9)、式(6.5.10)联立后可得观察点处的散射光强度 I_P 与入射光强度 I_0 的比为

$$\frac{I_P}{I_0} = \frac{\bar{S}}{\bar{S}_0} = \frac{\left(\frac{\alpha E_0 4\pi^2 \sin\varphi_z}{R\lambda^2}\right)^2}{E_0^2} = \frac{16\alpha^2\pi^4 \sin\varphi_z}{R^2\lambda^4} \tag{6.5.11}$$

即

$$I_P = \frac{16\alpha^2\pi^4 \sin\varphi_z}{R^2\lambda^4} I_0 \tag{6.5.12}$$

由于上式为偏振散射公式,需要将其化为非偏振散射的形式。对于自然光,电矢量可以分解为水平和垂直两个部分,并且假设两者的强度相等,则

$$\frac{I_P}{I_0} = \frac{\frac{1}{2}(I_\parallel + I_\perp)}{I_0} = \frac{8\alpha^2\pi^4}{R^2\lambda^4}(\sin^2\varphi_y + \sin^2\varphi_z) \tag{6.5.13}$$

由 $\cos^2\varphi_x + \cos^2\varphi_y + \cos^2\varphi_z = 1$,得

$$\sin^2\varphi_y + \sin^2\varphi_z = 1 + \cos^2\varphi_x \tag{6.5.14}$$

将式(6.5.14)代入式(6.5.13),可得

$$I_P = \frac{8\alpha^2\pi^4}{R^2\lambda^4}(1 + \cos^2\varphi_x) I_0 \tag{6.5.15}$$

考虑有 N 个粒子发生散射的情况,则

$$I_P = \frac{8\alpha^2\pi^4 N}{R^2\lambda^4}(1 + \cos^2\varphi_x) I_0 \tag{6.5.16}$$

对于不导电粒子,极化率 α 可以表示为

$$\alpha = \frac{3M}{4\pi N_0\rho} \cdot \frac{n^2 - 1}{n^2 + 2} \tag{6.5.17}$$

式中:M 为粒子的摩尔质量;N_0 为阿伏伽德罗常数;n 为折射率;ρ 为粒子的密度。另外式中 $M/(N_0\rho) = V$,V 为粒子的体积,对于球形分子 $V = 4\pi r^3/3$,将其代入式(6.5.16),则

$$I_P = \frac{8\pi^4 N r^6}{R^2\lambda^4}\left(\frac{n^2 - 1}{n^2 + 2}\right)^2 (1 + \cos^2\varphi_x) I_0 \tag{6.5.18}$$

式(6.5.18)即为分子的瑞利散射公式。从式中我们可以看到,瑞利散射的辐射强度与分子数,即分子密度成正比,它反映了流场的密度分布。并且瑞利散射强度与入射光波长的 4 次方成反比,因此使用短波长的激光作为光源,能很好地提高检测的散射信号强度。

6.5.2 关键技术分析

瑞利散射光强的空间分布如图 6.5.10 所示。

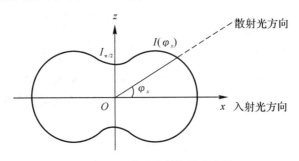

图 6.5.10 瑞利散射光强分布图

从图 6.5.10 中可以看到,当粒子发生前向和后向散射时,能获得最大的散射光强,当散射角为 90°时,散射光强最弱。

根据瑞利散射测量原理以及测量的要求可设计如图 6.5.11 所示的流场密度测量系统。

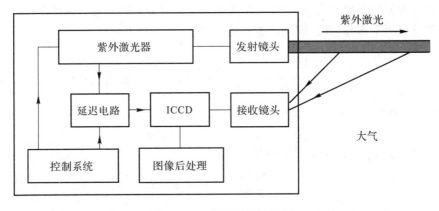

图 6.5.11 测量系统示意图

采用后向接收系统来避免入射光对测量结果的干扰,保证有足够大的接收光强,并便于系统集成。由于瑞利散射光强与入射激光频率的 4 次方成反比,因此选用脉冲深紫外激光作为探测光源,不仅可以获得较强的散射信号,并且窄脉宽、高重复频率的激光光源有利于提高系统的时间分辨率,适合瞬态过程的研究。聚焦光学透镜采用真空紫外镜头,可将光束聚焦到待测区域。接收系统采用高速、高灵敏度、带门控的像增强 ICCD,有利于获得清晰的瑞利散射图像,并且提高了测量系统的空间分辨率。利用控制系统控制激光器的发射与 ICCD 的接收,以保证二者同步。激光发射脉冲经过延迟电路触发 ICCD,从而保证二者在时序上的精确匹配。后处理过程中通过平滑滤波去除空气中气溶胶米散射点状干扰,绘制灰度等高线图表示流场密度分布。为了进一步提高信噪比,可以采用滤波瑞利散射技术,在接收系统前加上与激光波长相匹配的分子/原子滤波池,滤除背景杂散光的影响,从而得到清晰的流场图像。

测量系统的时序关系如图 6.5.12 所示。

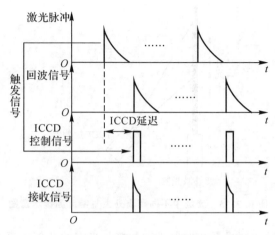

图 6.5.12　利用瑞利散射测量流场密度的时序关系

从系统时序关系图上可以看出，通过控制系统的控制，当激光脉冲的散射光到达接收端时，打开 ICCD 镜头，使其在长度为其门宽的时间内，只接收从某一距离散射回来的激光脉冲散射光强。通过散射光强的信息，便可得到该距离处大气密度的信息。

通过研究和分析，使用图 6.5.12 所示的基于瑞利散射的流场检测系统来对大气密度进行测量的过程中，关键技术问题主要是：

(1)紫外激光在高超声速流场中散射特性的标定。需要建立 ICCD 接收光强与实际流场密度值之间的单值函数关系，从而使得瑞利散射流场检测技术从定性描述过渡到定量显示。

(2)研究紫外激光光源在复杂流场中的传输特性，包括吸收、散射、折射等方面的作用，并考虑大气湍流，高速流场中产生的激波等因素的影响，这关系到接收系统能否有效接地收到散射光以及接收系统灵敏度的判断。

(3)研制性能优良的深紫外激光器，使其具有较低的功耗，稳定的性能，结构紧凑便于携带，并且具有指定的输出功率、脉冲宽度和重复频率，从而满足测量系统对于接收光强度以及时间分辨率的要求。

(4)选择合适的 ICCD，要求其门控延迟时间短，以满足系统对空间分辨率的要求。并选择合适的控制系统，实现光源取样时间与探测器捕获时间的匹配。

(5)后处理过程中采用适当的图像处理技术，来滤除气溶胶散射和荧光对检测结果的干扰。

(6)完善高超声速流场的数值计算，并搭建实验平台，验证利用瑞利散射方法测量流场密度理论的正确性，使激光分子流场检测技术与流动显示技术以及计算流体力学等诸多学科相互印证、相互促进而得以发展。

6.5.3　标定测试方法

1. 系统的空间分辨率

为实现对流场中不同距离处的大气密度进行测量，可以采用如图 6.5.13 所示的解决方案。紫外激光经过发射镜头的准直和扩束后通过测量系统表面窗口垂直射出，经大气散射后被接收端的光学镜头接收,利用 ICCD 对散射光强进行探测。

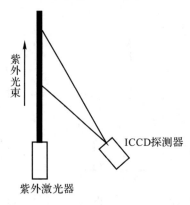

图 6.5.13　流场中不同距离处大气密度测量示意图

图 6.5.14 为简化后的测量系统发射光束与接收光束的几何关系图。假设激光发射端距离 ICCD 接收端的距离为 L,则在距离测量系统表面 h 处的大气分子散射到接收镜头所经历的光程为

$$l = h + \frac{h}{\cos\left[\arctan\left(\dfrac{L}{h}\right)\right]} \tag{6.5.19}$$

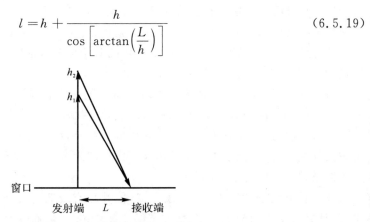

图 6.5.14　发射光束与接收光束的几何关系图

那么在距离测量系统表面分别为 h_1 和 h_2 处的大气分子散射到接收镜头的光程差可表示为

$$\Delta l = h_2\left\{1 + \frac{1}{\cos\left[\arctan\left(\dfrac{L}{h_2}\right)\right]}\right\} - h_1\left\{1 + \frac{1}{\cos\left[\arctan\left(\dfrac{L}{h_1}\right)\right]}\right\} \tag{6.5.20}$$

其中对于本测量系统,L 的长度小于 1 m,当所测量的大气分子距离测量系统较远,即当 $h \gg L$ 时,可以认为接收到的信号完全为后向散射光,此时距离测量系统表面分别为 h_1 和 h_2 处的大气分子散射到接收镜头的光程差可表示为

$$\Delta l = 2(h_2 - h_1) \tag{6.5.21}$$

由上式可以看出,只要通过数字信号延迟发生器和门控系统控制 ICCD 的延迟及开门时间,就可以实现对距离测量系统表面不同位置处的大气密度进行测量,ICCD 的时序与空间分辨率的关系如图 6.5.15 所示。

其中 τ_1、τ_2 分别为测量不同位置处的瑞利散射光强所需的 ICCD 延迟时间,则系统的空间分辨率可以表示为

$$h_2 - h_1 = \Delta l/2 = c(\tau_2 - \tau_1)/2 \qquad (6.5.22)$$

式中:c 表示光速。

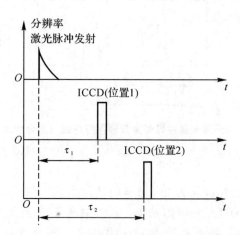

图 6.5.15　ICCD 的时序与空间分辨率的关系

2. 系统的时间分辨率

紫外激光器是脉冲运转的,并按照一定的重复频率输出一系列激光脉冲,如图 6.5.16 所示。

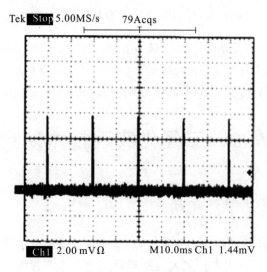

图 6.5.16　脉冲激光器示意图

图 6.5.17 所示为激光发出的脉冲信号与 ICCD 接收到的信号的对应关系。T 代表测量系统的时间分辨率;τ_d 代表激光信号到 ICCD 接收信号的延迟时间,反映了测量的位置(参考上部分的内容)。从图中可以看到,系统的时间分辨率 T 取决于激光脉冲的重复频率,因此通过信号发生器可以控制激光器 LD 电源,使其按照所需的重复频率输出激光脉冲,从而达到系统对于时间分辨率的要求。例如,时间分辨率为 10 ms,则需要激光的重复频率达到 $1\,s/10\times10^{-3}\,s = 100\,Hz$。

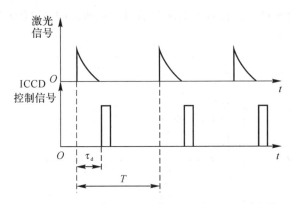

图 6.5.17　激光脉冲信号重复频率与系统时间分辨率的关系

3. 紫外激光器方案

测量系统的发射光源选用波长为 266 nm 的紫外激光。为了增强探测的信噪比,应尽可能地提高紫外激光的单脉冲能量和峰值功率。通过侧面泵浦、电光调 Q 的全固态脉冲激光器可以实现高能量的 1 064 nm 激光输出,将输出的 1 064 nm 激光通过 KTP 倍频产生 532 nm 脉冲绿光,再经过 BBO 晶体倍频,可以获得几十毫焦耳的 266 nm 紫外激光输出。设计的激光器的结构框架图如图 6.5.18 所示。

图 6.5.18　脉冲 266 nm 紫外激光器示意图

为了使流场测量系统的激光器在体积、重量和功耗等方面满足实际测量的需要,设计的激光器结构中的脉冲 Nd:YAG 激光器采用脉冲运转的半导体激光器(LD)泵浦,它具有体积小、转换效率高等优点,可以克服传统的闪光灯泵浦激光器体积重量大、功耗大、电源复杂、散热困难等缺点。

6.6　工程化实现技术研究

6.6.1　关键器件国产化研究

随着人类在大气空间活动范围不断扩大,对空间环境了解需求日益迫切,大气探测技术取得长足发展。1949 年以后我国中科院大气物理研究所在大气探测高技术等相关研究中取得许多重要研究成果,为大气环境学科发展做出了重要献。本书就近年我国大气环境科学发展简单回顾,重点介绍常见的三种基础大气探测技术。

1. 多参数气象雷达技术

强对流天气系统常伴随冰雹、暴雨、大风及较强烈雷电,提高灾害天气预报准确度,对于预防天气灾害,保证人们生命及财产安全有着重要意义,气象人员必须对强对流天气系统物理过程及相互作用关系有较清晰的认识。高空气象业务观测担负着为日常生活中天气预报、气候分析、科学考察提供及时、准确的基础资料的任务。多参数雷达能对云和降水粒子相态变化情况及风场结构能力识别及观测,为强对流天气微物理结构、降水等同步观测提供技术支持。多参数气象雷达技术包括 X 波段双偏振多普勒气象雷达技术、L 波段高空气象探测系统等。

L 波段高空气象探测系统由二次测风雷达和数字探空仪配合使用,能对高空风向、风速、气压、气温、湿度等要素通过雷达发出电磁波信号并接收到探空仪反馈回来信号再显示到电脑软件上探测分析,探测精度较高、采样速率很快,使用方便。在实际使用过程中,首先打开雷达开关、总电源,对仪器做好放球前一系列准备工作,然后运行放球软件等,探测探空仪 R0、T0,等待 3 min 左右,将测量所得数值填入相应位置。然后开始基测工作,测定仪器 U、T、P 等值,再根据基测结果判断探空仪是否合格,仪器合格方可继续使用。探空仪装配完成后,将其挂在预定放球点,打开放球软件相应装置,检查探空曲线及示波器,全部正常后,调整增益及雷达工作频率,后放球。放球后雷达、探空仪等装置可能会出现问题,需工作人员加强对各仪器设备检查维护,确保所有仪器都能正常工作,避免凹口消失、飞点等。

全国各地 L 波段雷达探空站相继建立,形成一套完整的高空气象探测系统,提高了对探空气象要素业务观测资料的准确性,保障业务质量提高,同时对观测信息空间及时间密度也有极大提高。实现对观测数据采集、监测及集约自动化,在天气预报、人工作业影响天气及对未来天气预测等方面都发挥着举足轻重的作用。

2. 全天空云特性探测技术

天空云量、云型等都是监测天气状况的重要参数,及时准确获取这些信息对气象预报工作有重要意义,在实际工作中这些参数很难定量获取,目前绝大多数气象站都采用人工方法对云量观测,为此国家相关单位就地基全天空自动化观测系统展开研制开发,如可见光全天空成像自动观测系统、扫描式全天空热红外云相仪等都是高效全天空成像仪观测系统。可见光全天空成像自动观测系统主要依靠成像控制部分及遮挡太阳控制部分实现天空状况拍摄及相关图像数据获取,系统最高拍摄频次达 30 s/张,24 b 全天空彩色图像分辨率可达 2 272 像素×1 704 像素。太阳跟踪及遮挡部分有一圆形中密度滤光遮挡片,在相应控制程序作用下,带有遮挡片半圆杆随机身上半部分及遮挡杆动作转动,跟踪及遮挡太阳,日出时开始观测,日落时则停止观测。系统内安装有热敏元件,确保仪器能适应野外观测环境。

云属于热红外波段强发射体,具有很强的红外辐射特性,不受时间限制,扫描式全天空热红外云像仪则通过对不同厚度云层红外波段及天空红外辐射强度分布情况分析云层分布情况、高度等相关信息。

3. 大气成分探测技术

大气成分探测对监测空气质量、选择大气环境保护措施等工作有重要意义,已成为当前阶段全球热点科学问题。目前,研究应用较多的有大气臭氧柱总量和廓线探测、大气中主要微量气体成分探测、大气生物气溶胶探测等技术手段。大气臭氧是大气科学研究的关键内容,GPS 臭氧探空仪是我国自制的一种臭氧探测仪器,与芬兰开发生产的 Vaisala 大气臭氧探空仪相比,GPS 臭氧探空仪在测量大气中臭氧浓度随高度变化情况与 Vaisala 的测量结果基本一致,二者测量数值存在差别,在 10 km 以下及 27 km 以上范围内,GPS 臭氧探空仪测量数值偏高。大气中气体成分复杂,其物理化学性质各不相同,分别发挥着不同作用,利用色谱分析、化学发光等手段对大气气体成分分析,可为气体环境分析提供数据基础。现阶段,我国已有许多气象观测站开始利用各种观测设备对大气中臭氧、氮氧化物、一氧化碳、二氧化碳、二氧化硫等成分监测分析,对全面了解各区域空气质量情况及污染防治工作有重要意义。

除上述三种大气探测技术外,实际工作过程中还有雷电探测及人工引发雷电技术、GPS大气遥感技术、GPS海洋遥感技术、气象探测无人机技术等各种技术手段。

6.6.2　系统集成化开发

为了加深对数字式大气数据计算机的理解,本章介绍一种较为典型的大气数据计算机,即国产的 8430 型大气信息系统。

8430 大气数据计算机(8430 ADC)是以 Inter 8086 微处理机为中心的数字式大气数据测量系统。它直接与平显系统(HUD)及其他系统配套,为它们提供高精度的大气数据信息,从而使火控系统的战术技术性能大为提高。8430 ADC 采用了高性能的微机技术和高精度、高稳定度的振动筒固态压力传感器,从而保证了系统的先进性和可靠性;采用了模块化的结构设计,使硬件和软件均按功能划分模块,根据需要可适当扩展硬件模块的某些功能;具有完整的机内自检测功能,增强了可维护性。8430 ADC 在机内采用了 MULIIBUS 总线,与其他系统之间的串行通信采用 ARINC 429 总线。本章侧重介绍系统的结构、功能和工作原理。

1. 8430 ADC 的硬件结构

(1)8430 ADC 的整机结构。8430 ADC 的外形如图 6.6.1 所示。

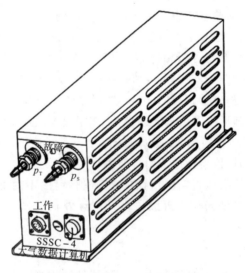

图 6.6.1　18430 ADC 外形图

8430 ADC 的各个组件都装在机箱内,并采用插拔式结构,机箱四壁由导热系数大的轻铝金板构成,印制电路板均采用接插件连接。整机以热传导方式散热,机箱侧板的外侧面加工成许多散热条,以增大整机的散热面积。电源组合的功率元件装在用轻铝合金做的大散热板上。散热板紧贴在机箱侧板上,并用螺钉连接,以提高散热板的传热效率。

印制电路板插入机箱后,将其两侧的锁紧架组合锁紧,就形成了整体结构,从而实现传热、抗震等技术要求。

(2)8430 ADC 的安装配套。8430 ADC 在飞机上安装配套如图 6.6.2 所示。

8430 ADC 安装在飞机前设备舱，它的全压接管嘴(p_T)和静压接管嘴(p_S)分别连接到空速管全、静压管路系统上，由于空速管第一排静压孔只与 ADC 相连，管路短，容积小，这样就大大地减小了静压延迟所造成的误差。与 ADC 相配套的还有 CW1002 型大气总温传感器和 GGJ-19 型攻角传感器，大气总温传感器安装在前机身右下侧，攻角传感安装在前机身左侧壁。在座舱的平显控制面板上安装有输给 ADC 的装定气压电位计旋钮。

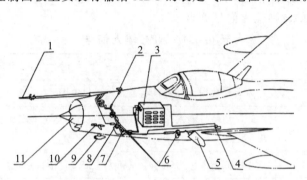

图 6.6.2 ADC 系统安装图

1—空速管； 2—应急空速管； 3—大气数据计算机（ADC）； 4—转换开关； 5—放气门； 6—沉淀器；
7—静压管； 8—全压管； 9—总温传感器； 10—攻角传感器； 11—调节锥

(3)8430 ADC 与机上设备的交联。8430 ADC 与机上设备的交联如图 6.6.3 所示。

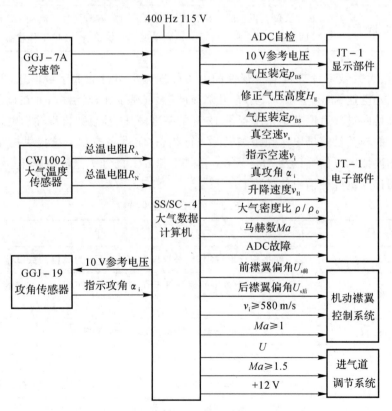

图 6.6.3 8430 ADC 与机上设备交联图

输入信号:由平视仪显示器的控制盘向大气数据计算机提供装定气压的模拟电压信号,并以开关量的形式向大气数据计算机提供"自检"信号。地勤人员可通过调节气压装订旋钮来改变机场的装定气压高度。为了在飞行前后确认大气机工作是否正常,可以通过"自检"开关,对计算机本身进行检测,并将检测结果在平显画面上显示出来。GGJ‐7A 空速管向大气数据计算机提供大气静压和总压,总温传感器向大气数据计算机提供大气总温信号,攻角传感器向大气数据计算机提供指示攻角信号。

大气数据计算机的各种输入信号见表 6.6.1。

表 6.6.1　ADE 输入信号

信　号	功　用
115 V、400 Hz 交流	为大气数据计算机各电子元件提供电源
静压(p_s)	此气动信号输入作为计算高度、空速、大气密度比、高度速率和马赫数的初始数据
大气总温(T_t)	此模拟输入作为计算空速和大气密度比的修正函数
总压(p_t)	此气动信号输入作为计算空速、马赫数和修正气压高度的初始数据
攻角传感器的测量攻角(α_1)	此模拟输入作为计算飞机真实攻角的初始数据
气压装定(p_{RS})	可操纵控制面板上的"定压"电位计调整其模拟输入,气压装定是用来计算修正气压高度的
大气机自检	从仪表板上的自检开关可以给出一个离散信号以启动 DC 自检程序,各种固定的 ADC 输出值都会送到平视仪上供检查 ADC 工作状态的好坏

输入信号:大气数据计算机向平视仪的电子部件输出串行的数字量信息,即修正气压高度、装定气压、真空速、指示空速、真攻角、升降速度、大气密度比、马赫数,并在显示器上显示。大气数据计算机向进气道调节锥系统提供 12 V 的基准电压、马赫数模拟输出电压 V_{Ma} 和相应于 $Ma \geqslant 1.5$ 的开关量输出电压和按飞机的飞行状态,向襟翼控制系统提供控制相应于前后襟翼偏转角的模拟电压信号以及 $Ma > 1$、$v_i > 580$ km/h 的开关量输出电压。

大气数据计算机各种输出信号见表 6.6.2。

表 6.6.2　ADC 输出信号

信　号	功　用
装定气压(p_{Bs})	在平视仪上调定,在平视仪上以 mmHg 为单位的数值显示出
修正气压高度(H_c)	它以 m 为单位的数据显示在平视仪上,不过它是先经过气压装定修正后显示的
升降速度($\dot{H}_p$)	高度速率的单位是 m/s,用以指示升降速度
指示空速(v_i)	它是未经过修正的,单位是 km/h,用于显示飞行时"表速"的大小
马赫数(Ma)	它是真空速和声速的比,以字母 M 及数字显示在平视仪上
真空速(v_t)	真空速是经过修正的,单位也是 km/h,用于显示和武器瞄准计算

续表

信　号	功　用
大气密度比(e/e_0)	它是海平面的大气密度与飞行高度上的大气密度之比,不过它不在平视仪上显示,仅用于进行武器瞄准计算
真实攻角(α_t)	用于显示飞机的真实攻角,并参加武器瞄准计算
电位计式马赫数模拟信号(Ma)	此模拟信号用于控制调节锥系统,在马赫数大于1.5后控制飞机发动机的进气量
马赫数1.5开关信号	离散信号用以控制放气门、油门锁及通风系统的工作,仅在马赫数大于或等于1.5后才发生作用
偏转角模拟信号(V_s)	用以控制前后机动襟翼的偏转角
马赫数1开关信号	用以控制机动襟翼的工作
指示空速开关信号	用以控制机动襟翼的工作
+10 V基准电压	用来作为攻角传感器,气压装定电位计的基准电压
+12 V基准电压	用来作为进气道调节锥的基准电压

从以上看出,大气数据计算机与机载设备之间交联信号的类型见表6.6.3。

图 6.6.3　信号交联情况

信　号	功　用
串行数字信号	所有大气数据参数都输出给平视仪的电子部件
模拟信号	气压装定:来自平视仪的驾驶员显示器控制面板; 大气总温:来自大气总温传感器; 测量攻角:来自攻角传感器
模拟信号	马赫数数模拟信号输出给调节锥
离散信号	座舱仪表板上的自检开关输出这种信号; 马赫数1.5的开关量输给放气门、油门锁、通风系统; 马赫数1的开关量,指示空速580 km/h的开关量输向机动襟翼系统
气动信号	静压和总压来自全、静压传感器

2. 8430 ADC 的主要技术数据

(1)全压气密性。在全压系统内建立195 kPa的绝对压力时,1 min内的压力下降不应超过30 Pa。

(2)静压气密性。在静压系统内保持2.66 kPa的绝对压力时,其漏气率不大于30 Pa/min。

(3)输入参数。输入参数的种类、信号形式及其输入范围见表6.6.4。

表 6.6.4　输入参数种类、形式及范围

序号	名称	符号	输入形式	输入范围	信号源名称	备　注
1	静压	p_s	气压	2.4 ～ 130 kPa (18 ～ 975 mmHg)	空速管	
2	全压	p_t	气压	2.4 ～ 260.0 kPa (18 ～ 1 950 mmHg)	空速管	
3	指示攻角	α_1	电压	−7° ～ 33°	GGJ - 19 传感器	ADC 提供 10 V 电源
4	大气总温	T_t	电阻	−70 ～ 350℃	CW1002 总温传感器	
5	气压装订	p_{BS}	电压	53.33 ～ 109.9 kPa	平显	ADC 提供 10 V 电源
6	ADC 自检		开关量		自检装置	作用电平为飞机地,平时悬空
7	开关量解锁		开关量		解锁装置	作用电平为飞机地,平时悬空

（4）输出参数。输出参数的种类、信号形式及其输出范围见表 6.6.5。

表 6.6.5　输出参数种类、形式及范围

序号	名称	符号	输入形式	输入范围	信号源名称	备　注
1	修正气压高度	H_c	数字量	−500 ～＋25 000 m	平显	
2	气压装订	p_{BS}	数字量	53.33 ～ 110.0 kPa (400 ～ 825 mmHg)	平显	
3	真空速	v_t	数字量	200 ～ 2 500 km/h	平显	
4	指示空速	v_i	数字量	50 ～ 1 500 km/h	平显	
5	真攻角	α_t	数字量	−7° ～ 33°	平显	
6	大气密度比	ρ/ρ_0	数字量	1.2 ～ 0.03	平显	
7	马赫数	Ma	数字量	0.2 ～ 2.5	平显	
8	升降速度	$\dot{H}_p$	数字量	±333 m/s	平显	
9	前襟翼偏转	$\delta_{前}$	模拟量	0 ～ 25°	襟翼伺服系统	
10	后襟翼偏转	$\delta_{后}$	模拟量	0 ～ 10°	襟翼伺服系统	
11	马赫数	Ma	模拟量	0.2 ～ 2.5	进气道调节系统	
12	$Ma > 1.5$	—	开关量	接通时输出＋27 V,断开时悬空	放气门控制系统	
13	$Ma > 1.0$	—	开关量	接通时接飞机地,断开时悬空	襟翼伺服系统	
14	$v_1 > 580$	—	开关量	接通时接飞机地,断开时悬空	襟翼伺服系统	
15	ADC 故障	—	开关量	接通时接飞机地,断开时悬空	平显	

（5）输出参数精度要求。修正气压高度 H_c 的允许误差见表6.6.6。

表6.6.6 H_0 允许误差

气压高度 H_c/m	允许误差 ΔH/m
0	±10
1 000	±10
5 000	±15
11 000	±30
15 000	±50
18 000	±85
20 000	±100

升降速度 $\dot{H}_p$ 的允许误差见表6.6.7。

图6.6.7 $\dot{H}_p$ 允许误差

气压高度 /m	$\dot{H}_p$ 允许误差 /(m·s⁻¹)
0	±1.0
3 000	±1.0
10 000	±1.4
15 000	±3.1
20 000	±6.9
20 000	±100

（6）真空速（v_t）范围：$200 \sim 2\ 500$ km/h。输出精度：真空速（v_t）小于750 km/h时,其误差不大于 ±6 km/h;当真空速（v_t）大于或等于750 km/h时,其误差不大于 $\pm 0.8\% v_t$。

（7）指示空速（v_i）范围：$50 \sim 1\ 500$ km/h。指示空速（v_i）在100 km/h时,其精度为 ±105km/h,指示空速大于或等于200 km/h时,其精度为 ±5 km/h。

（8）马赫数（Ma）范围：$0.2 \sim 2.5$。Ma 在 $0.2 \sim 2.5$ 范围内精度为 ±0.01。

（9）大气密度比（ρ/ρ_0）范围：$0.03 \sim 1.2$。大气密度比（ρ/ρ_0）在 $0.03 \sim 1.2$ 范围内的精度为 ±0.01。

（10）真实攻角（α_t）范围：$-7° \sim +33°$。真实攻角（α_t）在 $-7° \sim +33°$ 范围内精度为 ±0.15（不包括攻角传感器误差）。

（11）装定气压范围：$400 \sim 825$ mmHg。

（12）前沿襟翼偏角范围：$0° \sim 25°$

（13）后沿襟翼偏角范围：$0° \sim 10°$

（14）开关量输出电平。

对 $Ma > 1.5$ 的开关量，作用电平为 27 V，平时悬空；对其他开关量输出，作用电平接飞机地，平时悬空。

（15）模拟量输出信号幅度。马赫数输出信号幅度为 1.66 ～ 12 V，其他模拟量输出信号幅度为 0 ～ 10 V。

（16）可靠性。平均故障间隔时间（MIBF）为 1 500 h。使用寿命 10 000 h 或 15 年。

（17）可维护性。一线故障检测覆盖率为 95％，置信度为 90％。

（18）电源由 400 Hz、115 V 交流电源供电，产品功耗不大于 55 W，同时使用直流 27 V 作为开关量输出的参考电源。

3. 8430 ADC 各组件工作原理

8430 ADC 是一典型的 16 位微机的实时数据采集和数据处理系统。该计算机的指令系统与 Intel 8086/8088 中央处理器完全兼容，因而指令功能强、存储容量大，便于软件开发，有丰富的支持软件和支持芯片。整个大气数据计算机系统采用模块式结构，由 8 个模块组成。它们是静压传感器组件（SPTU）、全压传感器组件（TPTU）、输入接口组件（IFU）、中央处理机组件（CPU）、开关量及模拟量输出组件（OFU）、串行数字量输出组件（DFU）、电源组件（PSU）、机箱。8430 ADC 各部件的从属关系如图 6.6.4 所示。

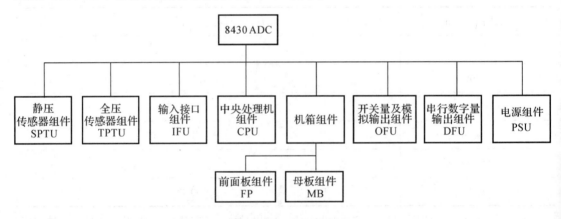

图 6.6.4　8430 ADC 各部件的从属关系

（1）8430 ADC 基本工作过程。8430 ADC 的功能框图如图 6.6.5 所示。

8430 ADC 是飞机的大气数据信息中心。它感受从飞机空速管来的动静压力，并根据大气方程解算出飞机当时的飞行气压高度 H_p、真空速 v_t、指示空速 v_i、升降速度 $\dot{H}_p$、动压 p_c 和马赫数 Ma 等大气参数；通过攻角传感器感受飞机的局部攻角，并把它修正成飞机的真实攻角；通过总温传感器感受飞机的总温，然后根据总温解算出大气静温。同时根据飞机的气动特性，将上述参数进行修正，以得到符合飞机真实状态的大气参数，然后按照机动襟翼控制规律，解算出飞机的前后襟翼应该移动的距离并把这些参数以模拟量、数字量和开关量的形式，分别送给飞机其他系统，以对它们实施控制。

整机工作过程大致如下：首先，大气数据计算机通过静压压力传感器和全压压力传感器感受飞机的动、静压力并把它们变换成与频率成函数关系的低频脉冲信号，该脉冲信号通过频率／数字(F/D)变换器将该频率信号变换成相应的数字量,同时通过多路开关,将与攻角成线性关系的直流模拟电压 q,与总温成函数关系并经电阻／电压(R/V)变换的总温直流模拟信号电压 $U_t(T)$ 和与场压成函数关系的场压装订信号电压 P_{RS},分时送往模／数(A/D)变换器输入端,并进行模／数(A/D)变换。然后,通过中央处理机对上述参数进行解算,按照大气方程算出各个大气参数,最后按照规定格式,送往串行数字量输出接口。以 ARINC 429 的形式将大气参数串行地送出;对马赫数和前后襟翼偏转角,则分时送到数／模(D/A)变换器,将相应的参数变换成模拟量形式,并通过各自的采样／保持放大器保存起来;对开关量输出,则通过锁存器／缓冲器送出。

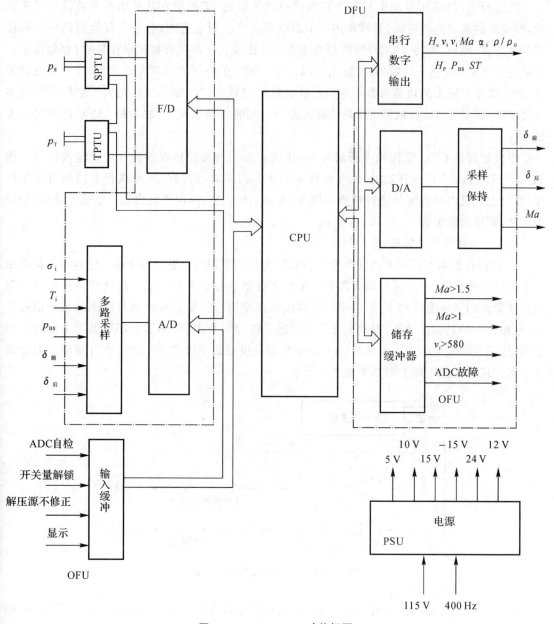

图 6.6.5　8430 ADC 功能框图

飞机的大气参数与飞机所处的高度、速度和飞行姿态紧密相关,而它们又是连续不断地变化的。因此,为了能正确反映飞机的真实状态,大气数据计算机必须是一个实时数据采集和控制系统。为此,本机采用高精度、高稳定的 12.8 MHz 晶振,经过分频产生一个 40.95 ms 的定时时钟,该时钟加到中断控制器 8259 的输入端形成定时采样脉冲。中央处理机按中断方式工作,一旦收到 8259 送出的中断请求信号,即进入一个新的程序周期。按规定的更新率采样输入数据,控制输入接口完成数字转换,在中央处理机 CPU 中进行数值计算,将计算的中间结果存入 RAM 存储器,然后控制输出接口,按照要求的速率和格式输出各个模拟量、开关量和数字量。

在运行中,程序还自动地对各个环节进行连续监控,诸如检查从传感器来的信号是否有效,模拟量的输出是否正确,计算机内部电源电压是否在规定范围内,各个存储器的内容和读写是否正常;模拟/数字(A/D)转换是否正常等。出现任一故障都被记录在 RAM 存储器中。如果连续 2 s 出现同一故障,则将发出故障信号。如果是外部传感器失效,例如攻角传感器失效,则在数字量输出的攻角参数中对应的状态位将被置"01"。如果判断是大气数据计算机本身的故障,则将置"ADC 故障"开关量输出为"1",同时在前面板上的"故障"指示灯发出告警信号。

中央处理机 CPU 除接收中断信号外,还从开关输入接口接收各种开关量输入信号。例如:当"ADC 自检"信号有效时,大气机将中断正常的实时运行程序,而执行专门的自检测程序,即对大气机内部各部分进行功能性检查,如果一切正常,则向平显发送一组规定数据;如果不正常,则输出数据为 0。

(2) 各组件的工作原理。

1) 静压传感器组件(SPTU)和全压传感器组件(TPTU)。静压和全压传感器组件都是由一个振动筒传感器、一个保持放大器和一个温度敏感信号放大器组成。振动筒传感器感受飞机空速管来的飞机静压和全压,并变换成相应的频率信号。保持放大器将微弱的频率信号放大,电路板上的只读存储器,存贮表征压力传感器特性的数据,传感器的环境温度由二极管所检测,该信号经放大后送入模/数(A/D)变换器变换成数字形式,供 CPU 在计算时作温度修正。压力传感器的原理框图如图 6.6.6 所示。

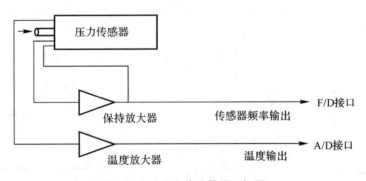

图 6.6.6　压力传感器原理框图

每个压力传感器与计算机母板的连接是通过固定在母板上的 24 芯插头/座实现的,传感器通过接管嘴与计算机前面板相连接。

2) 输入接口组件(IFU)。输入接口组件包括频率转换和模／数转换两个部分。

频率转换是把压力传感器输出的频率信号转换成与压力相对应的计算机可以接受的数字量信号。由于振动筒压力传感器的输出频率随压力的变化量很小,如果直接把它的频率转换成相应的数字量,则每一个数码所代表的压力就很大,压力的分辨率就必然受到限制,因此,在线路设计上采用了高低频计数的方法。由于高频信号的稳定度很高,所以只要能准确地读出低频周期中的高频数,就能准确地反映振动筒的振动频率的微小变化,从而分辨出大气压力的微小变化。其原理框图如图 6.6.7 所示。

模／数转换器是将来自飞机总温电阻信号、攻角电压信号、前襟翼控制信号、后襟翼控制信号和马赫数输出电压信号,以及来自压力传感器的温度敏感电压信号转换成数字信号。转换结果经缓冲器送到中央处理机。

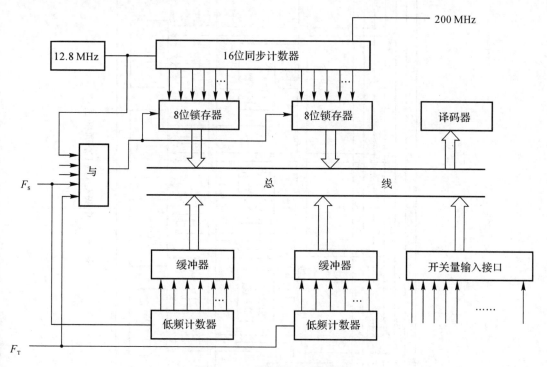

图 6.6.7　输入接口原理框图

3) 中央处理机组件(CPU)。中央处理机是 8430 ADC 的核心组件,它通过运行程序控制其他组件的工作,使之成为一个有机的整体。它要完成大气数据系统的实时控制、大气参数的计算和故障检测等任务,同时还要完成对飞机襟翼系统的控制规律的计算。

中央处理机的工作是由微处理器和 ROM 中的程序控制的。接通电源后,处理器就自动地进行实时控制和解算。在程序的控制下,连续地控制其他部件进行采样,并把采样来的数据进行数字解算,从而得到各种大气参数,再将这些参数以数码的形式送往其他部件,同时把它们变成相应的模拟信号、开关量信号和串行数字量信号。

为了防止瞬时干扰,还设置了监控电路,一旦程序的运行发生混乱,可以自动地把程序拉回到起点运行。

中央处理机原理框图如图 6.6.8 所示。

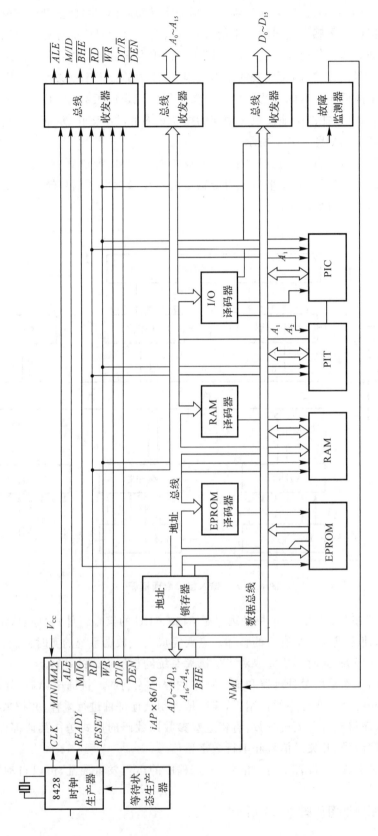

图6.6.8 中央处理机原理框图

4) 串行数字量输出组件(CFU)。串行数字量输出组件是将大气参数的并行数码转换成符合 HB 6096—1984 标准(ARINC 429)的串行传输的数码。其原理框图如图 6.6.9 所示。

各个大气参数的传输采用中断传输方式,即一个参数传输完毕就自动地发出中断请求,CPU 接到命令后,就自动地将下一个参数送往输出接口,然后自动地变为串行数码传输出去。串行数据输出的更新率为 25 次/s。

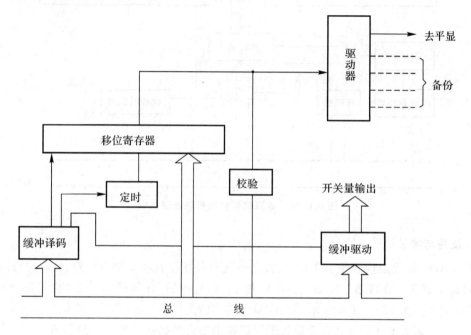

图 6.6.9　串行输入原理框图

5)开关量及模拟输出组件(OFU)。该组件包括开关量输入/输出和模拟输出两个部分。

开关量输入一是接收来自飞机的"开关量解锁"指令信号和来自座舱的"ADC 自检"信号,二是为和二线试验器相交连而设置的一些开关量输入信号。它们通过缓冲器送往数据总线上,通过 CPU 进行识别并进行相应的解算。

飞机各系统所需的开关量信号,是由中央处理机控制的。平时这些开关量输出悬空,作用电平接飞机地。但对 $Ma > 1.5$ 开关量输出,作用电平接飞机 27 V,平时悬空。

模拟输入是把攻角、场压装定、大气总温等模拟信号进行滤波处理后,通过多路开关,送往模/数转换器进行转换。而模拟输出则是经过数值计算之后得到的大气参数以数字量的形式,送到数/模转换器,使之转换成与数字量成比例的模拟信号,然后通过多路开关和保持电路送到对应的大气参数的通道中。其原理框图如图 6.6.10 所示。

6)电源输出组件(PSU)。电源输出组件给系统提供所需的直流电源,在组件中还有欠压和过压保护电路,以供主机进行故障诊断。

由于采用交流供电方式,可以隔离外部的杂散干扰,对主电源的尖峰浪涌的承受能力强,因而采用 400 Hz、115 V 电源供电,经过各种变换,提供 5 V、10 V、15 V、-15 V 和 24 V 的直流电源。

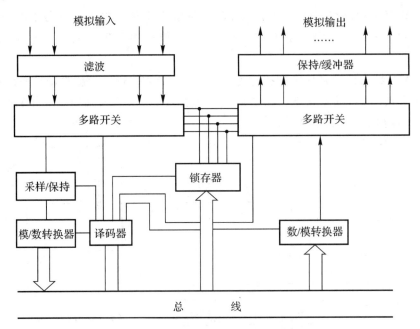

图 6.6.10　模拟信号转换模块原理框图

4. 使用与维护

8430 ADC 按规定程序装上飞机后，按条令进行外场检查和安装后检查，然后进行测试。

(1)地面通电。在接通 400 Hz、115 V 和 27 V 电源后，计算机面板上的"工作"灯应亮，"故障"灯应灭。在 JT-1 平视显示器上应显示的数值见表 6.6.8，说明计算机工作正常。

表 6.6.8　飞机空速管处于开口状态下大气机在平显上的显示值

序号	参数名称	单位	显示值
1	修正气压高度 H_c	m	当时当地气压高度
2	真空速 v_t	km/h	0 ± 15
3	指示空速 v_i	km/h	0 ± 10
4	马赫数 Ma		0 ± 0.015
5	真攻角 α_t	(°)	随攻角传感器的位置而变化
6	场压装订 p_{RS}	mmHg	随场压装订电位器的位置的变化

(2)自监控。8430 ADC 具有较强的机内自检测能力。在进行实时控制时，机器本身同时也连续地、周期性地进行自监控，检查传感器是否开路、存储器工作是否正常、程序是否出错和模拟量输出是否正常等，一旦检测出故障，计算机则将自动地发出故障告警信号。

为了防止由于偶然原因干扰，造成计算机工作不正常，在计算机中设有专门的监控电路。一旦出现这种故障，自动地将程序拉到正常运行工作方式。

(3)自检测。在地面，为了判断计算机的工作是否正常，可以接通座舱内的 ADC 自检开关。这时中断正常的运行程序，转而执行检测程序。如果大气机内部各部分工作正常，则在平视显示器上将显示一组如表 6.6.9 所示的数据,而模拟量、开关量输出保持自检前的状态。

（4）飞行前后的检查。飞行前后检查有两种方法,视情选择一种。

在正常工作方式下转动攻角传感器,前、后机动襟将随飞机攻角传感器的转动而偏转。然后接通座舱内的"ADC 自检"开关,在平显上则输出如表 6.6.9 所示的一组数据,说明工作正常。

在有些机上自检测时大气机的模拟量输出和开关量输出都必须保持自检前的状态,因此自检测状态不能准确判断模拟量输出和开关量输出是否正常。另外,在平显不通电的情况下,上述数字量输出也检测不到。在这种情况下用专用原位检测仪进行检查。

表 6.6.9　自检测参数及显示值

序号	参数名称	单位	输出值
1	修正的气压高度 H_c	m	$(10\,000\pm75)$ m
2	场压装订 p_{RS}	mmHg	(760 ± 1) mmHg
3	真空速 v_t	km/h	$(1\,000\pm12)$ km/h
4	指示空速 v_i	km/h	$(1\,000\pm7.5)$ km/h
5	真攻角 α_t	(°)	$1°\pm0.25°$
6	升降速度 $\dot{H}_p$	m/s	(100 ± 3.1) m/s
7	大气密度比 ρ/ρ_0		0.333 ± 0.015
8	马赫数 Ma		1.00 ± 0.015

（5）8430 ADC 的维护。为了确保 8430 ADC 经常处于良好状态和使用可靠,必须对其进行不同程度的维护和检查,维护分为一线维护,二线维护,三线维护。

一线维护是指在飞机上对大气机进行的操作以及为此而进行的准备工作,它不需要任何地面测试设备。一线维护的内容:飞机上测试和验证飞行中检测的故障;飞行前的检查;拆换有故障的部件;对更换后的大气机进行检查。

二线维护是在内场进行,需要二线检测设备。二线维护的内容:接收测试和证实一线维护中提出的故障;确定故障组件;拆换有故障的组件;对更换组件后的大气机进行复试。

三线维护是在生产厂进行,可以把故障隔离到元件级,能使组件性能恢复到产品的性能要求。三线维护的内容:组件或子组件的验收测试和验证二线维护中提出的故障;确定有故障的元件;拆换有故障的元件;组件或子组件的复试。

6.6.3　动态测试验证

1. 系统总体结构

模拟大气数据计算机总体的设计任务,就是能够基于虚拟面板中的前面板软件程序,并联合数据处理部分的程序,共同构成大气数据计算机实验系统的主要交互界面。在系统的前面板中,其应用软件程序主要包括大气数据计算机中的主控制面板、数据的输入/输出界面,以及系统的其他提示性人机交互窗口。在系统设计中,对于系统的数据程序处理部分,则是主要根据虚拟仪器技术中模拟采样器的作用,生成相关的数据模块,这样就可以有效完成系统内的数据优化解算任务,保障设计的系统发挥应用实效。系统的总体结构如图 6.6.11 所示。

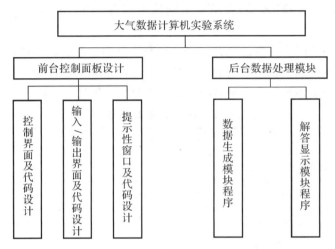

图 6.6.11 大气数据计算机实验系统总体结构

2. 系统硬件

为满足大气数据计算机实验系统设计需要,在系统设计中,运用虚拟仪器技术,优化设计系统的硬件结构,主要包括测控计算机、连接器、VXI 总线仪器、适配器以及 GPIB 分立仪器,共同构成系统的硬件部分。具体包含以下几个部分内:

(1)在系统设计中,应用测控计算机,主要就是为了管理与控制大气数据计算机实验系统的运行,也是整个系统设计中的核心,可以在实际工作中完成针对 VXI 仪器模块、GPIB 仪器以及大气数据检测流程的自动化控制,并且也可以调度管理测试程序,记录、存储测试数据,发挥应用功能。

(2)在系统中,应用虚拟仪器技术,采取 VXI 模块测试资源,选用和搭配 VXI 模块扩展被测大气数据计算机对象的测试需求,还可以扩展系统能力。选用 Racal4072 - 1 - 3 程控电阻模块、16 位 D/A 转换器 JV53201 16 通道、Agilent34401B 多用表等,以确保满足系统采集测控数据的精度需求。

(3)在设计大气数据计算机实验系统中,还将会应用 GPIB 分立仪器,程控可调直流程控电源以及交流程控电源数据,并且可以对程控电源进行在线监控,系统维护管理程序主要完成系统管理、调度、测试,还可以自检测、回读数据,发挥重要应用功能。

(4)在系统中还具备连接器与适配器硬件,对于连接器则应用 ARINC608A 阵列接口来完成对系统适配器信号的交联,确保应用该系统可以实时监控和自动检测系统部件,发挥连接器的实效。而对于适配器的硬件设计方面,则需要综合考虑自检、信号调理以防插错设计等因素,确保提升系统在实际中的通用性。

3. 优化设计系统的控制面板

(1)在建立系统的用户图形界面,可以确保用户在 GUI 图形界面中操作虚拟仪器,并能够与虚拟仪器设备开展通信工作,也可以在界面中输入对虚拟仪器的相关控制参数,并将系统输出的解算结果显示到系统的用户接口界面中,使系统的可用性大大提升。

(2)在界面的制作过程中,首先是创建面板,然后按照预先制定的设计方案在面板上添加各种控件与菜单,能够在添加完系统的控件之后,根据控件实际在系统中的属性优化设计控件功能,确保设计的系统具备用户使用方面的可用性。

(3)在设计大气数据计算机实验系统中,对于设计 NuMERJcGAuGE 仪表显示控件,首先可以为其创建出一个"PANEuO"输入/输出面板,然后可以在该 PANEuO 面板上添加"NuMERICGAUGE"显示控件,并应用用鼠标将控件拖放到系统界面的适当位置上,提升控制面板界面设计的美观度。数据采集界面如图 6.6.12 所示。

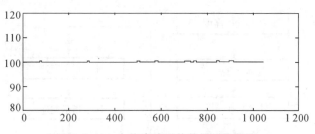

图 6.6.12　中值滤波后的数据采集界面

依据真实的大气数据计算机实验系统,优化设计基于虚拟仪器技术的系统控制界面,不仅要求在界面中有开关控件、电源通断控件、系统自检控件,还应该包括数据的补偿控件。

4. 系统的数据采集

在设计的基于虚拟仪器技术下大气数据计算机实验系统设计中,关于数据的输入采集部分,主要有载入数据与生成数据结果两部分。能够通过传感器获取相关数据,然后采集采样点每周期内的机场高度、相位等数据;设置每周期的采样点数以及相位,获取数据,如图 6.6.13 所示。

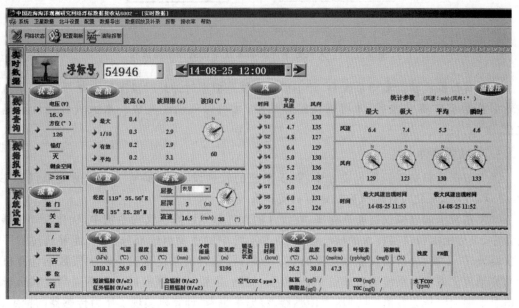

图 6.6.13　系统数据生成

对于数据的解算模块设计,由于在基于虚拟仪器的大气数据计算机实验系统之中,针对需要计算的所有的大气数据,可以采用计算机软件进行计算分析。故此对于本次设计大气数据计算机实验系统中,能够应用虚拟仪器技术,根据传感器测量得到大气静压、大气总压以及总温度、攻角信号,并依据系统内输入、输出函数之间的关系,由系统中的中央处理单元针对得到的数据进行数学运算,然后可以将最终得出的解算答案输出到系统显示界面中。为了满足大气数据计算机测量的周期需求,这样可以保证解算运算速度高,提升结算结果的精度;还可以根据数值范围,点亮相应的告警灯。在设计的基于虚拟仪器的系统中,解算大气数据计算机数据的原理过程如图 6.6.14 所示。

图 6.6.14 大气数据计算机系统中的数据解算过程

在大气数据计算机实验系统中,其主模块解算是根据时钟计时溢出新中断开始的,一直到该轮采样数据解算完成后,才可确认解算结束,才可保证已经完成一次大气数据计算显示过程。

5. 系统的软件

大气数据计算机实验系统设计中,对于系统的软件设计,能够基于美国的虚拟仪器 Lab Windows/CV1,优化设计大气数据计算机实验系统。

开发系统中的虚拟仪器驱动程序:在设计的大气数据计算机实验系统中,优化设计仪器驱动程序,是运用虚拟仪器技术的核心程序,也是系统中的重要组成部分,用户能够通过程序控制仪器硬件,采集、分析以及在系统界面显示数据,使设计的系统准确反映大气数据计算机实验结算结果。该实验系统通过真空泵、压力泵、气路、电磁阀阵列模拟了在不同高度和飞行速度情况下的大气压力数值,通过压力传感器、数据采集卡、计算机实现了压力传感器的标定、压力测量及飞行参数的解算。

开发设计系统的用户管理程序:大气数据计算机实验系统中,优化设计用户的管理程序,运行 C 源代码,开发系统图形用户界面与底层仪器的驱动程序,确保设计的系统具备很好的用户交互界面,使设计的系统更为用户青睐,提升系统设计质量。

6. 应用仿真案例

为验证设计好系统在实际中的应用效益,通过设计相关实验,验证该系统的实际应用效益。主要通过利用现代化多媒体计算机手段,使学生应用大气数据计算机实验系统,了解系统中各组成部分的外部传感器安装情况,增强学生对大气数据计算机系统的认识,使学生可以熟悉在 B737 飞机上使用大气数据计算机系统的相关知识。

仿真应用过程如下如下:

(1)打开系统软件,进入大气数据计算机系统。

(2)仿真练习应用大气数据计算机实验系统。

(3)仿真练习电动高度表,查看显示窗的不同显示格式及其含义。

(4)观察传感器安装方式及工作原理。

(5)仿真练习升降速度表,观察仪表的显示特点。

6.7 总结与展望

随着航空技术的不断发展,大气数据传感技术发展迅猛,涌现出多种新型的测量方式。从过去的研究状况和高性能飞行器未来的发展需求来看,目前大气数据传感技术主要有以下几个发展趋势:

(1)目前三种新型的大气数据传感技术发展还不是十分成熟,尤其是 OADS 技术和 VADS 技术发展较晚,但由于它们具有优越的性能和巨大的应用潜力,将成为大气数据传感技术探索与研究的重要内容和发展方向。另外可以结合现代科技的发展,寻找易于实现,同时能避开现有方法缺点的新的大气数据测量方法。

(2)针对高性能飞行器特殊的飞行环境和飞行状态,单一的大气数据传感技术面临着不足,利用已有大气数据测量方法的优点,克服不足,将不同类型的大气数据系统相组合(如传统大气数据系统和 FADS 相结合)的方法将是一种提高大气数据传感技术应用效果的有效途径。

(3)为满足新一代航空飞行器可靠性要求,大气数据系统的故障监测及容错技术越来越受到重视,针对大气数据系统架构和传感器配置的容错方案与算法设计是提高大气数据系统可靠性和容错性的关键技术。

(4)大气数据信息与其他导航系统的多信息融合技术能够取长补短,获得优于任何一种系统的计算精度和可靠性,如采用大气/惯性数据信息融合技术的大气数据惯性基准系统(ADIRS)是未来大气数据传感技术的重要应用方向。

大气数据传感技术在各种飞行器中发挥了无以替代的作用,具有广阔的发展前景。大气数据传感技术的进步与发展需要传感器技术、测量技术、计算机技术、机械制造、信息融合技术等众多技术领域发展的推动,其发展又能推动所涉及学科和技术的进步与发展。

我国在传统大气数据传感技术方面的研究和应用较为成熟,但在嵌入式尤其是光学式和虚拟大气数据系统方面的研究起步较晚,还存在许多富有挑战性的问题亟待解决。我们应紧密关注国际上的发展状况,充分考虑未来高性能飞行器的发展趋势和应用需求,通过借鉴外来先进技术和自主研发相结合,以期推动我国高性能飞行器大气数据传感技术的综合发展。

参 考 文 献

[1]　赵一鸣,李艳华,商雅楠,等. 激光雷达的应用及发展趋势[J]. 遥测遥控,2014(5):19.

[2]　孙景群. 激光大气探测[M]. 北京:科学出版社,1986.

[3]　宋正方. 应用大气光学基础[M]. 北京:气象出版社,1990.

[4]　李然,王成,苏国中,等. 星载激光雷达的发展与应用[J]. 科技导报,2007,25(14):58 - 63.

[5]　许春晓,周峰. 星载激光遥感技术的发展及应用[J]. 航天返回与遥感,2009,30(4):6.

[6]　周军,岳古明,戚福第,等. 大气气溶胶光学特性激光雷达探测[J]. 量子电子学报,1998(2):140 - 148.

[7]　刘君. 大气温度及气溶胶激光雷达探测技术研究[D]. 西安:西安理工大学,2008.

[8]　唐杰. 大气温湿度探测拉曼激光雷达的研究[D]. 西安:西安理工大学,2012.

[9]　张伟. FabrY-Perot 标准具的多普勒测风激光雷达脉冲锁频方法研究[D]. 西安:西安理工大学,2013.

[10]　张寅超,梁婷,陈思颖,等. 新型纯转动喇曼激光雷达系统单色仪设计及分析[J]. 北京理工大学学报,2009,29(5):4.

[11]　黄思俞. 光电子技术实践[M]. 厦门:厦门大学出版社,2016.

第七章　软件设计技术

7.1　技术发展历史

7.1.1　自动测试系统与大气数据计算机的概念

自动测试系统（Automatic Test System，ATS）是由计算机控制的、用来完成对目标产品质量检测的自动化系统，它将所需的测试资源及设备集成在一起，实现对测量数据的采集、分析及显示等功能，能够大大提高被测产品的测试效率。ATS 主要由自动测试设备、测试程序集和 TPS 软件开发工具组成。多年来，人们致力于 ATS 通用性和可扩展性的研究，以提高自动测试设备的利用率和执行效率。ATS 目前已经基本实现功能上的通用性，但如何实现测试软件的通用性和扩展性仍然是一个难题。通过在 ATS 中涉及的软件，人们通常很容易联想到测试程序。但实际上，ATS 软件还包括为测试程序提供开发和运行环境的测试程序开发平台（或称为软件开发平台），该平台主要包含执行程序、管理程序、测试程序集以及测试资源的驱动程序，提供了测试程序与测试资源之间相互操作的接口。软件开发平台在 ATS 中起着极其重要的作用，并且随着 ATS 在国防工业各个阶段、各个领域的广泛应用，人们越来越重视对ATS 的研究，希望提高自动测试软件开发平台的通用性，从而提高测试程序的可移植性与可维护性。同时，研究通用的自动测试软件开发平台对实现产品的互换性、硬件设备与软件系统的兼容性也具有十分重要的意义。

大气数据计算机（ADC）是飞机上一个非常重要的航空机载设备，是以计算机为控制的数据处理中心，它通过接收安装在飞机机头或机翼上的皮托管测得的气流全压和静压数据以及温度传感器采集到的大气总温，将大气数据信息实时地解析并传输至仪表显示设备和飞行控制系统，如飞行高度、真空速、指示空速、马赫数、升降速度、大气静温等表述飞机的飞行状态和其周围环境的大气参数。随着计算机数字化测控技术及航空事业的快速发展，人们对 ADC 整体性能的调试、故障诊断及后期维护保障等方面要求也在不断地提高，难度也越来越大。ADC 自动测试过程是由计算机控制各种功能板卡向 ADC 发送数字量信号、模拟量信号、离散量信号（一次性指令）、开关量信号等控制信号，并对 ADC 输出的各种大气数据进行采集、处理和分析的过程。

7.1.2　国内外自动测试系统软件技术发展

ATS 软件是连接测试设备和被测产品的桥梁，是自动测试领域中的核心要素，对 ATS 软件的通用性的研究受到了测试领域的广泛关注，国内外也对 ATS 软件的开发进行了长期和深入的探索,并且在一定程度上取得了显著的成果。

自 20 世纪 50 年代后,ATS 软件的发展伴随着自动测试设备兴起逐渐发展起来,在很长的一段时间内,人们对 ATS 软件的研究主要局限于 ATS 仪器控制软件技术的范畴内,此后随着 ATS 测试设备可互换性能的实现,在很大程度上提高了 ATS 软件的执行效率。但该阶段设计的测试软件没有一个规范的标准,为了实现 ATS 软件的统一化和标准化,在美国国防部的 ATS 研发机构的组织和协调下,美国的海军、空军及陆军联合航空工业领域在 20 世纪 90 年代提出并展开了 NxTest 研究计划,该计划的内容是使用 10 年的时间实现 ATS 系统的通用开放化和标准化,解决 ATS 开发费用昂贵、TPS 可移植性差等问题,并提出了 ATS 软件设计的体系结构,这种体系结构是各国在后期研发 ATS 软件系统规范所参考和遵循的标准。该体系结构主要由 4 大环境组成:系统软件开发环境、测试程序开发环境、测试与数据传输环境、测试程序执行环境,如图 7.1.1 所示。

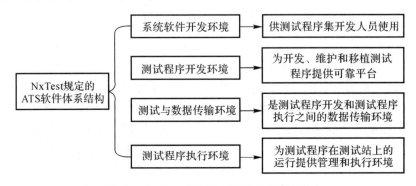

图 7.1.1 Nxtest 计划 ATS 软件体系结构

(1)系统软件开发环境为研发人员开发测试程序集提供开发语言及工具,包含了数据库管理和配置管理系统及软件编译器。

(2)测试程序开发环境为前期开发、后期维护及测试程序的移植提供可靠的功能,实现了测试程序开发环境和执行环境的分离。

(3)测试与数据传输环境实现了测试程序开发环境与执行环境之间数据传递。

(4)测试程序执行环境提供监视、控制和管理测试站,并在测试站上执行与测试相关的所有信息的功能。

在 NxTest 计划提出软件体系结构的基本思想指导下,ATS 软件技术的发展进入了构建开放的、标准的 ATS 软件系统平台阶段。在此基础上,国内外也相继研究出了许多优秀的 ATS 软件开发平台,例如美国的 TYX 公司研发的 PAWS、法国宇航公司研发的 SMART、美国 GDE 系统公司研发的 TOPIEST 等。美国 TYX 公司研发的 PAWS 是国外 ATS 软件中比较有代表性的,在图 7.1.2 中给出了 PAWS 互相关联的三大功能模块:

(1)测试需求文档系统(Test Requirements Document System,TRD):生成产品的测试程序和测试方法,并为测试文件转化为 ATLAS 测试程序提供工具。

(2)测试程序集开发系统(Test Program Set Development System,TPS):完成 ATLAS 语言编写的测试程序编译和仿真等功能,是实现测试程序的开发和设备功能描述等相关内容的集成环境。

(3)运行时系统(Run Time System,RTS):控制测试序列和测试资源,实现测试程序的管理和执行。

综合上述有关 PAWS 结构特点,可知 NxTest 软件体系结构中的测试程序开发环境对应于 TRD 和 TPS,测试程序执行环境对应于 RTS,PAWS 的开发环境与执行环境之间是通过文件信息传递的方式实现数据传输的。

为了加快国产 ATS 软件技术的研究步伐,国内测试领域也对 ATS 软件技术进行了深入的研究和探讨,并且取得了显著的成果。其中最为典型的是中国航空工业集团第 634 所在 NxTest 软件体系结构的基础上,结合目前国外现有的 ATS 软件平台,于 2005 年研制的一套具有独立知识产权的 ATS 软件平台 GTest。图 7.1.3 给出了 GTest 两个彼此相互独立的 TDS 开发平台和 TRS 运行平台及各自功能的介绍。

(1)TDS 开发平台为测试程序提供开发环境,开发过程可以描述为:首先自动测试设备(Automatic Test Equipment,ATE)组装人员建立 ATE 模型,完成对测试资源的相关描述;其次测试软件建立目标被测单元(Uint Under Test,UUT)模型,以测试策略树的形式描述 UUT 的测试方法,测试流程的可视化由测试树自动生成实现;在配置测试资源的相关参数及路径选择之后生成文本编程语言并通过编译链接生成被测单元的自动测试程序。

图 7.1.2 PAWS 基本结构

(2)TRS 运行平台为测试程序提供执行环境,主要表现在:通过对测试运行软件的正确调用,实现对测试站点工作状态的监控、测试程序信息的管理、测试硬件与测试程序运行的控制。

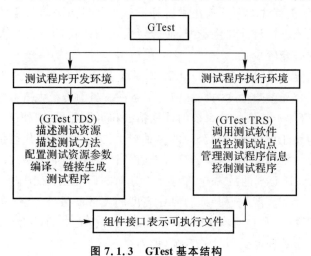

图 7.1.3 GTest 基本结构

综合上述有关 GTest 结构特点,可知 NxTest 软件体系结构中的测试程序开发环境对应于 GTest 的 TDS 开发平台,测试程序执行环境对应于 TRS 平台,两个平台之间通过组件接口的方式实现数据信息的单向传递。GTest 体现了 ATS 软件技术的灵活性和便捷性,降低了检测人员和维护人员的工作量,提高了制造和测试电子产品的效率和质量,使得它在国内各个航空测试领域中得到了较为普遍的应用。

7.1.3　大气数据传感技术的发展

大气数据系统是实现大气参数传感、测量、解算并显示的关键机载设备。随着航空技术的发展,根据大气数据系统的安装方式、系统配置及测量原理的不同,大气数据系统的发展经历了 5 个阶段,分别为传统(又称集中式)大气数据系统、分布式大气数据系统、嵌入式大气数据系统、光学大气数据系统和虚拟大气数据系统。

传统大气数据系统以凸出在飞机机体外的空速管、攻角/侧滑传感器为主要标志,以中央大气数据计算机为核心,又称为集中式大气数据系统。传统大气数据系统以伸出机体的空速管并结合其他传感器(攻角/侧滑角/总温传感器)实现总压、静压、攻角、侧滑角及总温的直接测量,经过大气数据计算机的解算和修正,最终得到可供其他机载系统使用的大气参数。

目前,传统大气数据系统由于具有发展最早、测量原理简单、精度高以及技术成熟稳定等优点,在国内外军机和民机上应用较广,如我国的歼八、歼十战斗机,美国的 F - 16、F - 18、X - 35 等战斗机,俄罗斯的苏-27、苏-30 战斗机,欧洲 A400M 运输机以及空客 A380 客机上均安装了传统大气数据系统。

当飞机进行大攻角全包线范围内的机动飞行时,机体自身对周围自由大气的稳定状态产生扰动影响,导致传感器测量的大气参数存在一定的测量误差,另外各个传感器在安装、加工时也会与理想值存在偏差,因此从硬件配置和算法修正补偿方面提高大气参数测量精度成为传统大气数据系统的主要研究方向。国内外在静压误差修正方面进行了大量的研究,其中研究比较成熟、应用广泛的是从气动结构外形和算法等方面进行设计的气动补偿空速管。在攻角传感器的校准方面,国内外大多基于风洞或试飞试验数据,通过理论分析和数据处理确定安装位置,并通过设计修正算法对原始攻角进行补偿修正。目前国内外主要是在定常飞行状态下对传统大气数据系统进行设计和修正的,而针对大攻角高机动飞行时大气数据系统的动态误差进行修正方面的研究较少。

传统大气数据系统可提供包含高度、升降速、真空速等飞行参数,这为大气数据系统与其他机载系统的参数融合和参数精度的提高创造了条件。目前传统大气数据系统主要和惯性导航系统互补使用,获得优于任何一种系统的计算精度和可靠性,如国外已将大气数据惯性基准系统(ADIRS)成功应用于波音和空客公司的多种型号飞机,ADIRS 代表了机载航电系统一个重要应用方向。在大气/惯导的数据融合算法方面,国外利用惯导参数对攻角和侧滑角的估计和修正进行研究以及 ADIRS 的故障检测与重构方面的研究工作;国内,大气/惯导的参数融合方面研究主要利用大气高度阻尼并抑制惯导高度的发散。另外,大气参数也可与其他类型的导航系统进行数据融合,如惯导/GPS/大气、惯导/大气/光电的多信息组合导航研究,这些研究主要是利用大气参数辅助其他导航系统,提高组合导航系统的精度和可靠性,而针对传统大气数据系统,且在大攻角飞行状态下,利用惯导系统作为辅助用于提升大气数据系统性能的研究则较少。

传统大气数据系统测量时,空速管感知的大气压力需要通过较长的压力传输导管才能传输到中央大气数据计算机中:一方面这种压力传输装置需要占据一定的空间,工作过程中需要装配防结冰供热装置;一方面在飞机高机动飞行时存在严重的气动延时问题。另外,大气参数全部由中央大气数据计算机进行解算,对计算机工作性能和可靠性提出了较高的要求。分布式大气数据系统(DADS)采用探头、传感器和解算模块一体化设计思想,在进行大气数据测量时去除压力传输管路,将传感器及其解算模块前移,直接与外部空速管相连,实现静压、总压、攻角、侧滑角的直接测量。DADS通常采用多功能探头(MFPS)高性能测量装置取代传统式空速管进行大气数据的测量和解算。DADS是在传统大气数据系统基础上逐渐发展起来的,与传统大气数据系统相比,简化了动静压管路设计,将压力传输改为电信号传输,减轻了系统重量,减少了维修费用,降低了除冰系统功耗,提高了大气数据的动态响应,具有结构简单、集成度高、功能强大、校正及维修费用低等优点,并且适用于从亚声速、跨声速和超声速全飞行包线的飞行环境。

目前,分布式大气数据系统在美国的 F-35、意大利的 M-346、韩国的 T-50/A-50、法国的阵风战斗机和欧洲战斗机等新型战机中得到应用和证实。另外,2003 年我国研制生产的分布式大气数据系统在枭龙飞机上试飞成功,表明其综合性能优于传统大气数据系统。

但随着现代航空技术的不断发展,无论是传统大气数据系统还是分布式大气数据系统,逐渐难以满足高性能飞机的飞行需求,如大攻角飞行状态下,受气流分离影响,大气数据系统难以测量精确的压力,且伸出的测量装置将成为引起头部涡流及侧向不稳定的主要因素,导致其操控性能严重下降;在高超声速飞行状态下,凸出的测量装置难以适应高温环境,且严重影响高超声速飞机高度一体化的气动外形设计;另外伸出的测量装置也难以满足飞机隐身性需求。嵌入式大气数据系统(Flush Air Data System,FADS)是一种依靠嵌入在飞机前端(或机翼)不同位置上的压力传感器阵列来测量飞机表面的压力分布,经过解算得到多种大气参数和飞行参数。这一技术的提出与发展,全面提升了大气数据传感技术的水平,可满足大攻角飞行和高超声速环境下的大气数据测量需求。

FADS 技术的研究始于 20 世纪 60 年代,美国为解决 X-15 高超声速飞行环境下大气数据测量问题,美国国家航空航天局(NASA)研制了最初的 FADS 系统样机。经过近半个世纪的发展,FADS 系统的高精度压力传感器、大气参数解算算法、误差修正算法、故障检测与冗余管理等技术逐渐成熟,并进行了多次风洞和飞行试验的验证。目前,FADS 系统已成功应用于从亚声速到高超声速的各类高性能飞行器上,如美国的 F-18、X-31、X-33、X-34、X-38、X-43A 以及日本的 HYFLEX 飞行器。另外,德国"锐边-2"(SHEFEX Ⅱ)高超声速飞行器也准备采用 FADS 系统,意大利、法国、印度等国对 FADS 技术的算法方面也展开了相关研究。

由此可以看出,国外针对 FADS 技术的研究已经比较成熟,然而我国在这个领域内的研究起步较晚,部分科研院所及高校对 FADS 系统的原理、结构布局、算法、故障检测等进行了相应的研究,目前针对完整意义上的 FADS 技术还没有发展到工程应用阶段,这种差距是促使我们在 FADS 技术方面深入探索与研究的动力,而已经取得的成果为下一步的研究打下了坚实的技术基础。

由于 FADS 系统利用嵌入在机体表面的微小取气装置测量压力,该装置不仅便于隐身,而且有效解决了大攻角、高马赫数飞行时大气数据测量问题,极大地提高了大气数据系统的适用范围,在未来高超声速飞行器、空天往返飞行器、高性能战斗机上将发挥重要作用;另外 FADS 系统集成度高,便于安装、调试和维护,可实现系统软硬件方面的冗余和容错,由于其易于小型化的特点,在小型飞行器领域中也将得到广泛应用。

上述三种类型的大气数据系统所测量的都是受飞机扰动后的大气参数,系统校准工作复杂且维护费用较高,另外在直升机漩涡飞行环境中应用时面临的问题更为复杂。在光学技术发展的推动下,20 世纪 80—90 年代,美国经过大量的理论研究和飞行试验,提出了一种利用激光设备发射和接收激光信息,通过对激光信息的分析与处理,实现未受扰动处大气参数测量的光学大气数据系统(OADS),开辟了一条大气参数测量的新途径。在这一阶段,美国在 F-16、F-104 等飞机上对这种光学大气数据测量方法进行了多次试验,验证了光学大气数据系统的可行性和优越性。最初发展出来的光学大气数据系统是利用激光遇到大气气溶胶(固体/液体微粒)后发生米氏散射效应,根据接收到的后向散射激光信号产生的多普勒频移实现真空速的测量,通过测量机体三个轴向的速度得到攻角和侧滑角。受气溶胶数量影响,OADS 系统在高空或纯净大气环境中无法实现大气参数的测量,另外该系统测量参数较少(只能测量真空速、攻角和侧滑角)。近年来,人们提出的分子光学大气数据系统(MOADS)有效地解决了OADS 系统的不足。它利用激光与大气分子和气溶胶分别发生瑞利散射和米氏散射效应,根据后向散射信号的强度和多普勒频移,实现真空速、温度、密度等所有大气参数的测量,其工作原理示意图如图 7.1.4 所示。目前,美国 Ophir 公司和密歇根航天公司都已推出 MOADS 系统的产品,并在一定范围内得到应用。MOADS 技术的出现提高了 OADS 系统的测量范围和可靠性,促进了光学大气数据传感技术的不断发展。而我国在这方面的研究基本还处于空白阶段,存在许多富有挑战性的问题亟待解决。

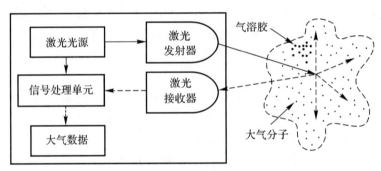

图 7.1.4　光学大气数据系统工作原理示意图

光学大气数据系统在进行大气参数测量时不受气流扰动影响,适用于大攻角、高机动、跨声速等飞行特性的高性能战斗机,解决了处于漩涡气流和强震动飞行环境中的直升机大气数据的测量问题,同时该系统采用埋入式设计,增强飞机的隐身性能。另外,光学大气数据系统可显著减低大气数据系统的校准和维护成本。虽然目前该技术的研究还不是十分成熟,但由于其无法比拟的优点和应用潜力已成为大气数据研究人员关注的热点。

7.1.4　大气数据传感技术的研究现状

传统大气数据系统、分布式大气数据系统、嵌入式大气数据系统和光学大气数据系统,都是完全基于大气探头和传感器测量的大气物理参数来解算飞机的大气数据,这四类系统称为物理大气数据系统。

虚拟大气数据系统(VADS)是一种利用飞机机载系统的参数和飞行过程中获取的先验信息,如惯性导航系统、GPS、飞行控制系统以及气象预报等方式提供的各种数据,通过设计信息融合算法(如卡尔曼滤波、互补滤波、神经网络等方法),在不增加额外大气数据传感器测量装置情况下,实现对大气数据的实时精确估计,其工作原理框图如图 7.1.5 所示。大攻角下利用惯导辅助大气数据系统进行补偿滤波、基于惯导/飞控系统进行大气数据估计以及基于神经网络估计大气数据统称为虚拟大气数据系统。

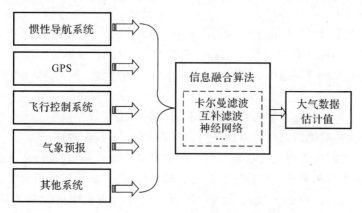

图 7.1.5 虚拟大气数据系统原理图

VADS 系统可以在不增加系统硬件设备的基础上,有效利用机载系统的输出参数,通过融合算法实现大气数据估计的一种方法,通过算法设计为飞机增加一套虚拟的大气数据系统。由于其不需要安装大气数据测量装置,便于飞机隐身,同时可以精简结构器件、减少重量、降低成本。所估计的大气数据可作为物理大气数据的冗余参数,也可用于对大气数据系统性能要求不高或者低价格的飞机等。根据大气数据估计值与实际测量的大气数据,利用故障诊断和性能监测算法,评估判断实际大气数据系统的工作状况;此外,在大气数据系统故障的情况下,根据 VADS 估算的大气数据,可以在一定时间内,作为大气数据系统的备份,为飞机飞行提供大气数据,在多种类型的高性能飞行器上都具有广泛的应用前景。

虚拟大气数据系统的思想是逐渐发展、丰富起来的一类大气数据估计方法,该思想在早期表现为对某个或某几个大气参数进行估计,随着飞机对大气数据的需求的提高,此类算法不断发展完善。对虚拟大气数据系统的研究和应用,主要集中在发达国家,在虚拟大气数据技术领域,美国是发展最早、水平最高、研发最多的国家。

20 世纪 80 年代,美国 Stiphen A. Whitmore 等人研究了利用惯导系统和气象预报提供的数据,采用线性卡尔曼滤波的方法进行参数融合,实现对大气数据的估计,有效地解决了载人式航天飞机大气数据测量问题,另外采用这种方法可以实现对高机动飞行状态下大气数据测量误差的校正。Zeis 等人利用惯导系统提供的导航参数,对大气攻角进行无风条件下的估计。

20 世纪 90 年代,美国进行大攻角飞机 F-18 研制过程中,利用惯导系统和大气数据系统提供的数据进行卡尔曼滤波的方法,旨在解决高机动飞行条件下大气数据测量误差波动与延迟问题。

1998 年,美国 Ricllard D. Colgren 利用惯性导航数据实时估计出了飞机的攻角和侧滑角,并且获得很好的估计效果。

2002 年,美国针对 X-38 航天飞机设计了一种基于空气动力学模型,利用 INS 数据实现大气数据估计的大气数据备份系统,飞行试验效果较好。

2005 年,美国 Kevin A. Wise 等人为提高无人战斗机 X - 45A 攻角/侧滑角测量的可靠性和容错性,充分利用惯导系统、飞行控制系统以及大气数据系统的参数,利用扩展卡尔曼滤波算法设计了一种攻角侧滑计算系统(Computational Alpha-Beta System,CABS),实现了攻角和侧滑角的精确估计。

2007 年,意大利太空研究中心 FrancescoNebula 等人针对跨声速投掷式飞行试验(DTFT),提出了一种基于惯导系统参数和气象参数,利用扩展卡尔曼滤波算法和神经网络算法设计了一种虚拟大气数据系统,并首次提出了 VADS 的概念,并对 VADS 的可行性进行了验证性研究。

2008 年,美国 John Perry 等人利用低精度的导航系统参数对微小型飞行器在大攻角高机动飞行状态下的攻角和侧滑角估计方法进行设计,并验证了其有效性。

相对于国外,我国在虚拟大气数据系统方面的研究尚处于起步阶段,在这方面的研究工作较少,部分学者对攻角和侧滑角估计方法进行过探讨性研究,缺乏对虚拟大气数据传感技术及其应用方面的深入研究,已经开展的一些少量相关工作在飞机中的试验验证和应用也比较欠缺。

7.2　嵌入式软件介绍及特点

7.2.1　嵌入式系统的含义

嵌入式系统(embedded system)一词源于 20 世纪 70、80 年代之交的美国,早期还曾被称作嵌入式计算机系统(em-bedded computer system)或隐藏式计算机。随着摩尔定律控制之下的半导体技术及微电子技术的快速进步,嵌入式系统得以快速发展,性能不断提高,以至于出现一种观点,即嵌入式系统通常指基于 32 位微处理器设计的往往带操作系统的系统,本质上是瞄准高端领域和应用的。然而,随着嵌入式系统应用的普及,这种高端应用系统和之前广泛存在的单片机系统间的本质联系,使嵌入式系统与单片机毫无疑问地联系在了一起。

1. 定义

作为一个专业技术机构,IEEE(Institute of Electrical and Electronics Engineers,国际电气和电子工程师协会)对嵌入式系统给出如下定义:"用于控制、监视或者辅助操作机器和设备的装置"。

中国大陆公认的嵌入式系统定义为:嵌入式系统是以应用为中心,以计算机技术为基础,并且软硬件可裁剪,适用于应用系统对功能、可靠性、成本、体积、功耗有严格要求的专用计算机系统。

正像国外学者 David 说的那样:"这个词汇涵盖了很大范围的产品,想概括它是很难的。"但从其包含的 3 个基本要素,即"专用性""嵌入性"和"计算机系统"出发,并结合其发展过程,对这一概念的把握可以从以下几个方面进行理解:

首先,嵌入式系统是相对于通用计算机系统而言的专用计算机系统,两者对比见表 7.2.1;

其次,嵌入(隐形于)宿主系统之中是其主要存在方式;最后,表现形式与性能的不断发展是其显著特征。

表 7.2.1 嵌入式系统与通用计算机系统对比

形 式	看得见的计算机	看不见的计算机
类别	按体系结构、运算速度和规模等因素分大、中、小和微型机	形式多样,应用领域广泛,按应用来分
硬件系统	通用处理器;标准总线和外设	嵌入式微处理器;总线和外部接口多集成在处理器内部
软件系统	包含操作系统;软件可更改、可添减	不一定包含操作系统;软件以固件形式存在,用户不可改动
软硬件关系	软件和硬件相对独立	软件与硬件是紧密集成在一起的
开发方式	开发和运行平台都是通用计算机	交叉开发方式,开发平台一般是通用计算机,运行平台是嵌入式系统
响应时间	响应时间不是至关重要	对于特定系统,响应时间至关重要
确定性	系统执行的功能不需要是确定性的	对于特定系统,执行的功能是确定性的
关键因素	性能是关键因素	特定应用需求是决定因素

很多时候,我们将内部有嵌入式系统的产品、设备称为嵌入式设备,如内含单片机的家用电器、仪器仪表、工控单元、机器人、智能玩具、手机等。显然,这些设备也是我们眼中的嵌入式系统。

2. 分类

正确理解嵌入式系统必须了解其发展历史。其实,早在 IT(信息技术)革新之前,嵌入式系统就已经出现了,而 IT 的不断革新,为嵌入式系统小型化提供了发展基础。公认的第一个现代嵌入式系统是由麻省理工学院仪器实验室开发的阿波罗导航计算机。

依据嵌入式系统的发展历史,从软件角度,可将嵌入式系统分为无操作系统阶段、简单操作系统阶段和实时操作系统阶段;从硬件角度,嵌入式系统可分成以单片机/单板机为核心、以嵌入式微处理器/微控制器为核心和以 SoC(System on Chip,片上系统)为核心;按数据宽度可分成 8 位、16 位、32 位及 64 位系统等。

按系统形式的复杂程度,嵌入式系统可分为 3 类:

(1)单片微处理器系统:单个芯片本身就包括处理器、RAM、ROM、I/O 等结构,成为一个完整的嵌入式系统。此类应用占嵌入式应用的大多数。

(2)可扩展的单片机系统:当单个芯片的片内资源无法满足嵌入式系统的整体需求时,可通过芯片外部三总线(地址总线、数据总线、控制总线)进行外设扩展,构建一个资源更加丰富的嵌入式系统。

(3)网络化/现场总线系统:或称为分布式嵌入式系统,把多个嵌入式系统用高速或低速网络连接起来,形成的复杂网络化嵌入式系统。此类系统要很好地解决了总线、网络的冲突和同步问题。

总体上,嵌入式系统从应用的角度可划分为两大类:

（1）低端（应用）嵌入式系统：以传统的单片机系统为主体，处理器以 8/16 位为主，无操作系统或带有较简单的操作系统，完成功能较为单一的控制任务。

（2）高端（应用）嵌入式系统：以 32 位或更高位处理器为主，由功能更强的操作系统管理，能完成更多功能的嵌入式系统应用。

3. 特点

不同嵌入式系统的具体特点会有所差异。总的来说，嵌入式系统一般有如下特点：

（1）软、硬件资源一般比 PC 有限。随着过去只在 PC 中出现的电路板和软件现在被包装到复杂的嵌入式系统之中，这一说法现在只能算部分正确。

（2）功能专一，集成度、可靠性高，功耗低。

（3）相对宿主系统，一般具有较长的生命周期。嵌入式系统通常与所嵌入的宿主系统（专用设备）具有相同的使用寿命。

（4）软件程序存储（固化）于存储芯片上，用户通常无法改变，常被称为固件（firmware）。

（5）本身无自主开发能力，二次开发需专用设备和开发环境。

（6）是计算机技术、半导体技术、电子技术和各行业相结合的产物。

（7）嵌入式系统并非总是独立的设备。很多嵌入式系统并不是以独立形式存在，而是作为某个更大型计算机系统的辅助系统。

（8）嵌入式系统通常都与真实物理环境相连，并且是激励系统。激励系统可视作一直处在某一状态，等待着输入信号。对于每一个输入，它们完成一些计算并产生输出及新的状态。

（9）大部分嵌入式系统都是同时包含数字与模拟部分的混合系统。

另外，随着嵌入式处理器性能的不断提高，高端嵌入式应用方面出现了新的特点：

（1）与通用计算机系统的界限越来越模糊。随着嵌入式处理器性能不断提高，一些嵌入式系统的功能也变得多而全。比如智能手机、平板电脑和笔记本电脑在形式上越来越接近。

（2）网络功能（能力）已成为必然需求。早期的嵌入式系统一般以单机的形式存在，随着 Internet 的发展，尤其是物联网、CPS 等概念的提出，如今嵌入式系统的网络功能已经不再是特别的需求，几乎成了一种必备的能力。

7.2.2　嵌入式系统的结构组成

典型的嵌入式系统的结构可以用图 7.2.1 表示。可以看出，嵌入式系统整体上可以分成硬件和软件两大部分，其中软件部分除应用程序外都是可选的。

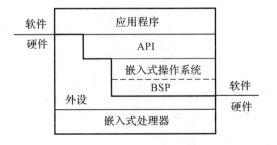

图 7.2.1　嵌入式系统的结构

1. 硬件

计算机系统的硬件由处理器和外部设备(简称外设)组成。嵌入式系统的硬件结构如图7.2.2所示。

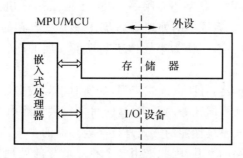

图 7.2.2　嵌入式系统硬件结构图

(1)嵌入式处理器。处理器是嵌入式系统硬件的核心,早期嵌入式系统的处理器由 CPU(Central Processing Unit,中央处理单元)来担任,而如今的嵌入式处理器一般是 IC(Integrated Circuit,集成电路)芯片形式,它也可以是 ASIC(Application Specific Integrated Circuit,专用集成电路)或者 SoC(System on Chip,系统芯片)中的一个核。核是 VLSIC(Very Large Scale Integration Circuit,超大规模集成电路)上功能电路的一部分。嵌入式系统处理器芯片或者处理器核所在芯片一般是下列之一:

1)微处理器(microprocessor):世界上第一个微处理器芯片(Intel 的 Z4004)就是为嵌入式服务的。可以说,微处理器的出现,造成了嵌入式系统设计的巨大变化。微处理器是单芯片CPU,还可以有其他附加的单元(如高速缓存、浮点处理算术单元等)以加快指令处理速度。嵌入式微处理器通常指对通用 CPU 在工作温度、抗干扰、可靠性等方面进行增强,同时保留其高速处理能力,一般指具有快速处理、快速上下文切换和自动 ALU(Arithmetic Logic Unit,算术逻辑单元)操作能力的处理器术语。

2)微控制器(Microcontroller Unit,MCU):微控制器是集成有外设的微处理器,是具有CPU、存储器和其他一些硬件单元的集成芯片。因其单芯片即组成了一个完整意义上的计算机系统,常被称为单片微型计算机(single-chip microcomputer),即单片机。最早的单片机芯片是 Intel 的 8031 处理器,它和后来出现的 8051 系列及凌阳处理器系列是传统单片机系统的主体。在高端的 MCU 系统中 ARM 芯片则占有了很大比例。MCU 可以成为独立的嵌入式设备,也可以作为嵌入式系统的一部分,是现代嵌入式系统工业的主流,尤其适用于具有片上程序存储器和设备的实时控制。

3)数字信号处理器(Digital Signal Processor, DSP):也称为 DSP 处理器,可以简单地看作是高速执行加减乘除算术运算的微芯片,因具有乘法累加器(Multiply Accumulator,MAC)单元,特别适合于进行数字信号处理运算(如数字滤波、谱分析等)。DSP 实现算术运算在硬件中进行,而不像通用处理器在固件中实现,因而其信号处理速度比通用微处理器快 2~3 倍甚至更多,主要用于嵌入式音频、视频及通信应用上。DSP 用于嵌入式系统既可以单芯片或核的形式作为嵌入式系统的核心处理器,也可以单芯片的形式与其他处理器芯片组成多处理器系统,还可以 IP 核的形式加入到其他处理器芯片中,形成多核处理器系统。

4)片上系统:近年来,嵌入式系统正在被设计到单个硅片上,称为片上系统(SoC)。这是一种 VLSI 芯片上的电子系统,学术上被定义为:将微处理器、IP(Intellectual Property,知识产权)核、存储器(或片外存储控制器接口)集成在单一芯片上,通常是客户定制的或是面向特定用途的标准产品,也有文献认为还包括其上存储的软件。SoC 形式多样,可以是 ASIC 形式的全定制或半定制产品,也可以是基于 FPGA(Field-Programmable Gate Array,现场可编程门阵列)的自行设计的芯片。系统中的处理器是以 IP 核形式存在的上述三种嵌入式处理器之一,甚至是它们的多个组合。SoC 作为半导体工艺高度发展的产物,引导着嵌入式系统向更高、更复杂的集成方向前进。

5)多处理器和多核处理器:有些嵌入式应用,如实时视频或多媒体应用等,即便是 DSP 也无法满足同时快速执行多项不同任务的要求,这时可能需要两个甚至多个协调同步运行的处理器。另外一种提高嵌入式系统性能的方式是提高处理器的主频,而主频的提高是有限度的,而且过高的主频将导致功耗的攀升,因此采用多个相对低频的处理器配合工作是提升处理器性能,同时降低功耗的有效方式。当系统中的多个处理器均以 IP 核的形式存在于同一个芯片中时,就成为多核处理器。目前,多核嵌入式处理器已成功应用到各个领域,随着应用需求的不断提高,多核架构技术在未来一段时间内仍然是嵌入式系统的重要技术支点。图 7.2.3 给出了多处理器和多核处理器的不同系统布局。

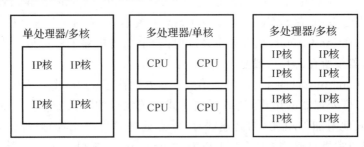

图 7.2.3　多处理器与多核处理器系统布局

(2)外设。外设包括存储器、I/O 接口及定时器等辅助设备。随着芯片集成度的提高,一些外设被集成到处理器芯片上(如 MCU),称为片内外设;反之则被称为片外外设。尽管 MCU 片上已经包含了外设,但对于需要更多 I/O 端口和更大存储能力的大型系统来说,还必须连接额外的 I/O 端口和存储器。

2. 软件

软件是嵌入式系统的核心,从复杂程度上看,嵌入式软件可以分成有操作系统和无操作系统两大类。对于无操作系统的简单嵌入式应用,软件程序大多以循环轮询、有限状态机或前后台的方式直接运行;程序通常由汇编语言来完成,也可采用 C 等高级编程语言配合汇编来实现。对于高端嵌入式应用,多任务成为基本需求,操作系统作为协调各任务的关键必不可少。此时,嵌入式软件中除了要使用 C 等高级语言外,往往还会用到 C++、Java 等面向对象类的编程语言。

嵌入式软件由应用程序、API(Application Programming Interface,应用程序接口)、嵌入式操作系统以及 BSP(Board Support Package,板级支持包)组成,必须能解决一些在台式机或大型计算机软件中不存在的问题:因经常要同时完成若干任务,所以必须能及时响应外部事件,能在无人干预的条件下应对所有异常情况。与通用软件相比,嵌入式软件一般具有高稳定性和高可靠性,启动也更快速,操作系统和应用程序界限不明显。然而,这个特征正在减弱,可以看到的趋势是，嵌入式高端应用的软件在表现形式上越来越接近通用软件的特征。

（1）BSP(Board Support Package，板级支持包)。BSP 是介于硬件和操作系统之间的一层，可以认为是操作系统的一部分，主要任务是初始化硬件，并为操作系统提供一个良好的运行环境。BSP 严重依赖于硬件和操作系统，不同操作系统的 BSP 截然不同；而相同的操作系统对于不同的硬件组成，即便 CPU 相同，BSP 也不同。BSP 的一个重要组成部分是 BootLoader，这是嵌入式系统复位或上电后首先运行的一段代码，需要被保存在嵌入式系统的启动地址处。它负责初始化 RAM 及基本输入/输出通道，加载操作系统映像到内存并引导其执行等功能。BSP 通常由嵌入式处理器制造商提供。

（2）嵌入式操作系统。操作系统在嵌入式软件中起着承上启下的作用。向上提供标准的 API 函数给应用程序，使应用程序不再需要关心硬件的实现细节，使开发变得更加容易；同时使专用性很强的嵌入式应用程序能比较容易地运行于其他系统之上（前提是这个系统的硬件支持此应用需求），提高了代码的重用性。向下通过 BSP 实现对系统硬件的访问和管理，使软件可以运行于不同硬件之上。嵌入式操作系统需要具有可裁剪性和伸缩性，以适应不同的硬件平台和软件应用，这一过程叫作移植。可移植性、高可靠性和实时性是嵌入式操作系统的几个主要指标。不同的嵌入式应用对操作系统的实时性要求差别很大，根据对时间要求的严格程度，可分成硬实时、软实时和非实时系统。一个好的 RTOS(Real Time Operation System，实时操作系统)不仅要提供有效的机制和服务来执行好实时调度和资源管理策略，也要使其自身和资源消耗是可预知和可计算的。

常用的嵌入式操作系统主要有嵌入式 Linux、WinCE、Pal‑MOS、VxWork、Uc/OS 等。随着嵌入式高端应用的普及，很多嵌入式系统（如消费电子和智能手机）中的操作系统呈现出专用性差别越来越小，通用性特征越来越强的趋势。

（3）应用程序。几年前，Peter Marwedel 说过："嵌入式软件的规模将以一个很大的速度增长。"显然他说对了。软件界也有了摩尔定律：对于消费电子领域的许多产品来说，软件代码的数量（规模）将每两年翻一番。如此规模的发展主要表现在嵌入式系统的应用程序上。在嵌入式系统使用操作系统之前，嵌入式应用软件因其专用性特点，重用需要通过移植才可以实现，因而较少发生。随着嵌入式操作系统的广泛使用，尤其是具有通用性质的嵌入式操作系统的出现，大量同样具有通用性质的嵌入式应用程序产生了。这些嵌入式软件在某些领域中（如智能手机），可以像 PC 中的软件一样，直接安装就可以使用，而且这样的软件还在不断增多。

7.2.3 嵌入式系统的应用

嵌入式系统对于我们的生活起着至关重要的作用。从最初仅用于昂贵的工业控制，到出现在适度昂贵的应用（如汽车、通信设备）中，再到今天嵌有微处理器的智能跑鞋，嵌入式技术取得了长足的进步。嵌入式系统遍布我们生活的几乎所有角落，主要有消费电子、控制与仪表、交通、通信、安全识别/认证、工业加工、军事等。

概括来说，一个嵌入式系统主要用于完成下面一个或几个任务：

（1）数据采集、存储与表示，如数码照相机。

（2）数据通信，如网络路由器。

（3）数据（信号）处理，如数字助听器。

(4)监测,如数字万用表、逻辑分析仪等。

(5)控制,如空调、冰箱等。

(6)专用用户界面,如手机、智能仪表界面等。

7.3 大气数据系统软件设计考虑因素

7.3.1 概述

大气数据系统是一个综合的、高精度的大气数据信息系统。大气数据计算机(简称"大气机")是大气数据系统的核心,它接受压力传感器、温度传感器、迎角传感器、侧滑角传感器等的信号,经处理计算后输出指示空速、真空速、飞行速度、气压高度、马赫数、大气总温、大气静温等多个飞机飞行参数。这些参数的准确性关系着飞行控制系统、综合航电火控系统、导航系统和飞参记录系统等的可靠性,影响着飞机的飞行安全。

7.3.2 原理分析

大气数据系统通过传感器连续测量全压、静压、迎角、侧滑角、总温等信号,并由大气数据计算机(有的飞机为大气数据计算机和极限信号计算机)进行数据处理和计算,然后以数字量、模拟量、开关量的形式向飞机上有关系统和设备提供大气数据参数。

以某型二代机的大气数据系统为例,说明其原理及交联关系,示意框图如图 7.3.1 所示。

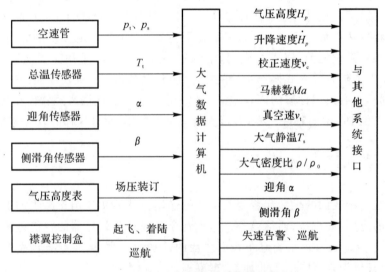

图 7.3.1 大气数据系统原理框图

大气数据系统的核心是大气数据计算机,其信号的输入和输出都是依靠大气数据计算机完成的,其精度高低决定大气数据系统的精度高低。

(1)空速管:用于收集大气的全压和静压,它向大气数据计算机提供全压和静压的原始信息。

（2）总温传感器：用于测量高速气流全受阻温度，它主要向大气数据计算机输出大气总温信号，以便进行总温、静温、真空速和大气密度计算。

（3）迎角、侧滑角传感器：用于测量其所感受到的局部迎角和局部侧滑角，再提供给大气数据计算机，用于大气参数的收集和计算。

（4）气压高度表：用于给大气数据计算机提供场压装订信号。

（5）大气数据信号的输出途径：将气压高度、校正速度、马赫数、真空速、大气静温、迎角等信号输出给综合航电火控系统、飞控系统、通信导航和识别系统、飞参记录系统、灯光告警系统。

7.3.3 软件需求分析

软件可以对多种型号的大气数据系统进行测试，在某型号大气数据系统正确连接的情况下，在主界面中选择该型号即可进行测试。如果连接的被测系统与界面中所选型号系统不一致，软件将提示电缆的连接错误，将电缆连接正确后再继续进行测试。测试软件具有以下功能：

（1）能根据不同的测试内容，选择不同的测试项目；

（2）完成整个测试过程，包括信号源控制、激励信号的产生、数据采集、数据处理与分析、文件管理等，并能将最终测试结果根据用户的需要屏显或者形成报表打印输出；

（3）具有良好的人机界面，使操作过程简单、易学易用。

软件开发环境采用 LabVIEW 语言。这是因为 LabVIEW 有以下特点：

（1）图形化的编程方式，设计者无须写任何文本格式的代码。

（2）提供了丰富的数据采集、分析及存储的数据库。

（3）提供了传统的程序调试手段，如设置断点、单步运行，同时提供有高亮执行工具，使程序动画式运行，利于设计者观察程序运行的细节，使程序的调试和开发更为便捷。

（4）32b 的编译器编译生成 32b 编译程序，保证用户数据采集、测试和测量方案的高速执行。

（5）提供大量与外部代码或软件进行连接的机制，诸如 DLL 动态链接库、DDE 共享库、ActiceX 等。

（6）强大的功能，支持常用网络协议，方便网络、远程测控仪器的开发。

7.4 大气数据软件典型架构及算法

7.4.1 大攻角惯导辅助大气数据系统补偿滤波算法

目前，无论是传统大气数据系统还是嵌入式大气数据系统，都是针对定常飞行状态进行设计和校准的。新一代飞机在大攻角高机动飞行状态下，受动态响应的影响，压力和气流角的测量产生较大动态误差，导致大气数据系统测量性能严重下降，最终影响新一代飞机在大攻角飞行状态下大气数据的准确性和飞机的飞行平稳性。

由于大气数据系统特性与机身周围气流情况紧密联系,下面首先针对大攻角飞行对大气数据测量的影响进行分析,并基于飞行动力学建立大气数据模型,在此基础上设计大攻角惯导辅助大气数据系统补偿滤波算法,充分利用不受大攻角气流影响以及对机动性敏感性好的惯导系统,利用卡尔曼滤波方法对大攻角高机动下大气数据动态误差进行消除。这部分内容利用 X-Plane 仿真系统对大攻角惯导辅助大气数据系统补偿滤波算法的可行性和有效性进行验证。

1. 大攻角飞行对大气数据测量的影响分析

大气数据的精确测量是新一代飞机安全飞行和高机动作战性能发挥的必要前提,然而在大攻角飞行状态下,精确测量大气数据是当前航空技术领域的一个关键技术难点。大攻角飞行状态下大气数据难以准确测量主要受以下方面因素影响:

(1)非定常气动力影响:大攻角飞行时,存在严重的气流分离,使得大攻角飞行特性变得极为复杂,空气动力的非线性、不对称和交叉耦合等,使飞机的稳定性和操纵性发生急剧变化。出现很多特别的飞行现象,如机翼摇晃、上仰、机头侧偏、过失速旋转、深失速和尾旋等等,在这些情况下大气数据系统测量值和实际值之间的偏差将会变得很大,有些时候根本不能反映实际值的大小。

(2)作为校准基准的真实大气数据难以获取:由于真实大气数据难以获取,在常规飞行状态下,一般利用其他独立信息源如雷达、气象数据等进行估计的大气数据作为基准对大气数据系统进行校准。然而,大攻角飞行环境下这种信息源的参数难以准确获取或者不可用,估计的大气数据精度较低,难以满足校准精度需求。

(3)合适的测量装置安装位置难以确定:空速管式大气数据系统需要安装在气流受飞机影响较小的位置,通常安装在机头顶端,但是在大攻角飞行状态下,安装在机头的空速管将会产生巨大的涡流,进而产生侧向力矩导致飞机的不稳定,使得飞机操控品质严重下;将空速管安装在机翼顶端,此时空速管受机翼上洗和下洗气流影响,大攻角飞行状态下机翼周围的气流变化更为复杂,另外机翼上舵面的偏转引起的气流扰动也将对大气数据测量产生严重干扰。

(4)大气数据系统动态响应问题:大攻角伴随着高机动(角速度大于 $20°/s$)飞行,受气动延迟、气动导管和压力传感器频率响应特性的限制,大气数据系统产生动态误差,动态效应的影响使压力和气流角的测量产生较大误差,在所有大气数据中,与压力测量相关的大气数据所受影响最大,最终导致大气数据系统在大攻角高机动飞行环境下测量性能严重下降。

2. 基于飞行动力学的大气数据模型分析

由以上分析可知,大攻角飞行条件下大气数据系统性能严重下降,难以实现大气参数的有效测量。飞机的飞行动力学模型反映了飞机的控制动作、导航系统对飞机飞行状态的测量、大气数据系统对大气参数测量之间的相互关系,可以辅助大气数据的测量与估计。

根据飞行动力学,将飞机在运动中假设为刚体,可将飞机运动分解为质心的线运动与机体绕质心的角运动的叠加,建立飞机的线运动方程与角运动方程。

飞机质心所受合外力矢量形式为

$$\sum \boldsymbol{F} = \boldsymbol{T} + \boldsymbol{R} + \boldsymbol{G} \tag{7.4.1}$$

式中:$\sum \boldsymbol{F} = [F_x, F_y, F_z]^T$ 为作用在飞机上的合力在机体坐标系(飞机的机体坐标系 S_b 原点为飞机的质心 O,x 轴位于飞机的对称平面内指向机头,y 轴垂直于飞机对称面指向机翼右方,z 轴在飞机的对称平面内,指向机身下方)下的三个轴向的分量,F_x 为纵向合力,F_y 为侧向合力;F_z 为法向合力;T 为发动机推力;R 为空气动力;G 为飞机重力。

发动机提供的推力 T 在机体坐标系 S_b 中给出,发动机推力 T 在机体坐标系下 x 轴、y 轴和 z 轴方向的分量分别为 T_x、T_y、T_z,即

$$\sum T = [T_x, T_y, T_z]^T \tag{7.4.2}$$

空气动力 R 在气流坐标系(气流坐标系 $Ox_ay_az_a$,简称为 S_a,坐标系的原点为飞机质心 O,x_a 轴与飞行速度的方向一致,z_a 轴在飞机的对称面内垂直于 x_a 轴指向机腹下方,y_a 轴垂直于 Ox_az_a 平面指向机身右方)给出,气动阻力 D 沿着 x_a 轴的负方向,气动侧力 Y 沿 y_a 轴方向,气动升力 L 沿 z_a 轴负方向,即

$$R = [-D, Y, -L]^T \tag{7.4.3}$$

飞机质量表示为 m,重力加速度为 g,则在地平坐标系(地平坐标系 $Ox_gy_gz_g$,简称 S_g,取飞机质心 O 作为当地地平坐标系的原点,x_g 处于当地水平面内指向某方向,z_g 轴竖直向下,y_g 轴也在当地水平面内且垂直于轴 x_g,其方向按照右手定则确定)S_g 中,飞机重力表示为

$$G = [0, 0, mg]^T \tag{7.4.4}$$

综合以上各力,并将空气动力和重力转换为机体坐标系下,飞机受到的合外力在机体坐标系中表示为

$$\sum F = \begin{bmatrix} F_X \\ F_Y \\ F_Z \end{bmatrix} = \begin{bmatrix} T_x \\ T_y \\ T_z \end{bmatrix} + C_a^b \begin{bmatrix} -D \\ Y \\ -L \end{bmatrix} + C_g^b \begin{bmatrix} 0 \\ 0 \\ mg \end{bmatrix} \tag{7.4.5}$$

式中:C_a^b 为气流坐标系到机体坐标系之间的转移矩阵,可以用攻角 α 和侧滑角 β 表示为

$$C_a^b = \begin{bmatrix} \cos\alpha & 0 & -\sin\alpha \\ 0 & 1 & 0 \\ \sin\alpha & 0 & \cos\alpha \end{bmatrix} \begin{bmatrix} \cos\beta & -\sin\beta & 0 \\ \sin\beta & \cos\beta & 0 \\ 0 & 0 & 1 \end{bmatrix} \tag{7.4.6}$$

C_g^b 为从地平坐标系到机体坐标系的转移矩阵,机体坐标系与地平坐标系之间的关系可以用俯仰角 θ、横滚角 φ 和偏航角 ψ 表示为

$$C_g^b = \begin{bmatrix} 1 & 0 & 0 \\ 0 & \cos\varphi & \sin\varphi \\ 0 & -\sin\varphi & \cos\varphi \end{bmatrix} \begin{bmatrix} \cos\theta & 0 & -\sin\theta \\ 0 & 1 & 0 \\ \sin\theta & 0 & \cos\theta \end{bmatrix} \begin{bmatrix} \cos\psi & \sin\psi & 0 \\ -\sin\psi & \cos\psi & 0 \\ 0 & 0 & 1 \end{bmatrix} \tag{7.4.7}$$

通常将空气动力 R 和发动机推力 T 所产生的合力在机体坐标系中分量表示为 (F_x, F_y, F_z),可以列出飞机的力学方程组:

$$\left. \begin{aligned} \dot{u} &= vr - wq - g\sin\theta + \frac{F_x}{m} \\ \dot{v} &= -ur + wp + g\cos\theta\sin\varphi + \frac{F_y}{m} \\ \dot{w} &= uq - vp + g\cos\theta\cos\varphi \end{aligned} \right\} \tag{7.4.8}$$

式中:p 为横滚角速度;q 为俯仰角速度;r 为偏航角速度;在不考虑风速的情况下,u、v、w 是真空速 v_T 在机体坐标系 x、y、z 轴上的三个分量。

根据气流坐标系和机体坐标系之间的转换关系,真空速 v_T 和 u、v、w 之间的关系可以表

示为

$$\begin{bmatrix} u \\ v \\ w \end{bmatrix}_{\text{body}} = \begin{bmatrix} v_{\text{T}}\cos\alpha\cos\beta \\ v_{\text{T}}\sin\beta \\ v_{\text{T}}\sin\alpha\sin\beta \end{bmatrix} \qquad (7.4.9)$$

结合上面的两式,飞机的力学方程组阐述了大气数据即真空速 v_{T}、攻角 α 和侧滑角 β 与飞机所受的力、飞行姿态以及姿态变化之间的函数关系,因此飞机的力学方程不仅描述了飞机在合外力 $\sum \boldsymbol{F}$ 下的运动情况,同时也反映了大气数据和飞机飞行状态之间的关系。

为了更清楚地表达大气数据与飞机所受的力、飞行状态之间的关系,将飞机力学方程组转换为如下形式:

$$\left.\begin{aligned} \dot{\alpha} &= \frac{q}{mv_{\text{T}}\cos\beta}\left[-T_x\sin\alpha + T_z\cos\alpha - L + mv_{\text{T}}(-p\cos\alpha\sin\beta + q\sin\beta - r\sin\alpha\sin\beta) + \right. \\ &\quad mg(\sin\alpha\sin\theta + \cos\alpha\cos\varphi\cos\theta)] \\ \dot{\beta} &= \frac{1}{mv_{\text{T}}}\left[-T_x\cos\alpha\sin\beta + T_y\cos\beta - T_z\sin\alpha\sin\beta + Y - mv_{\text{T}}(-p\sin\alpha + r\cos\alpha) + \right. \\ &\quad mg(\cos\alpha\sin\beta\sin\theta + \cos\beta\sin\varphi\cos\theta - \sin\alpha\sin\beta\cos\varphi\text{sos}\theta)] \\ \dot{v}_{\text{T}} &= \frac{1}{m}\left[T_x\cos\alpha\cos\beta + T_y\sin\beta + T_z\sin\alpha\cos\beta - D + \right. \\ &\quad mg(-\cos\alpha\cos\beta\sin\theta + \sin\beta\sin\varphi\cos\theta + \sin\alpha\cos\beta\cos\varphi\cos\theta)] \end{aligned}\right\}$$

$$(7.4.10)$$

由上式可以明显看出,攻角 α、侧滑角 β 和真空速 v_{T} 等大气数据状态的变化率能够通过飞机所受的气动力、发动机推力、飞行姿态、角速度等参数进行解析表达,即建立了基于飞行动力学的大气数据模型,利用该模型可以实现对大气数据的估计。

由机体坐标系和地平坐标系之间的关系,不难得出姿态角速率 $\dot{\theta}$、$\dot{\varphi}$、$\dot{\psi}$ 与机体坐标系的三个角速度分量 p、q、r 之间的关系,即可得到飞机的运动方程组:

$$\left.\begin{aligned} \dot{\theta} &= p + (r\cos\varphi + q\sin\varphi)\tan\theta \\ \dot{\varphi} &= q\cos\varphi - r\sin\varphi \\ \dot{\psi} &= \frac{1}{\cos\theta}(r\cos\varphi + q\sin\varphi) \end{aligned}\right\} \qquad (7.4.11)$$

在机体坐标系下飞机所受的外合力矩表示为 $\sum \boldsymbol{M} = [\overline{L}, M, N]^{\text{T}}$,则飞机在外合力矩作用下的角运动方程组为

$$\left.\begin{aligned} \overline{L} &= \dot{p}I_x - \dot{r}I_{xz} + qr(I_z - I_y) - pqI_{xz} \\ M &= \dot{q}I_y + pr(I_x - I_z) + (p^2 - r^2)I_{xz} \\ N &= \dot{r}I_z - \dot{p}I_{xz} + pq(I_y - I_x) + qrI_{xz} \end{aligned}\right\} \qquad (7.4.12)$$

式中:$\overline{L}$,M,N 分别为外合力矩在机体坐标系下 x 轴、y 轴和 z 轴方向的分量;I_x,I_y,I_z 分别为飞机绕机体轴 x、y、z 的转动惯量;I_{xz} 为飞机对 x 轴、z 轴的惯性积。由于飞机具有机体坐标系的对称面 Ox_z,所以飞机对 x 轴、y 轴的惯性积 I_{xy} 和对 y 轴、z 轴的惯性积 I_{yz} 均为零,在飞机质量不变的假设条件下,各个转动惯量和惯性积为定常量。将角运动方程组进行转化进而得到飞机力矩方程组:

$$\left.\begin{array}{l} \dot{p} = (c_1 r + c_2 p)q + c_3 \overline{L} + c_4 N \\ \dot{q} = c_5 pr - c_6(p^2 - r^2) + c_7 M \\ \dot{r} = (c_8 p - c_2 r)q + c_4 \overline{L} + c_9 N \end{array}\right\} \tag{7.4.13}$$

式中:

$$c_1 = \frac{(I_y - I_z)I_z - I_{xz}^2}{I_x I_z - I_{xz}^2}, c_2 = \frac{(I_x - I_y + I_z)I_{xz}}{I_x I_z - I_{xz}^2}, c_3 = \frac{I_z}{I_x I_z - I_{xz}^2}, c_4 = \frac{I_{xz}}{I_x I_z - I_{xz}^2},$$

$$c_5 = \frac{I_z - I_x}{I_y}, c_6 = \frac{I_{xz}}{I_y}, c_7 = \frac{1}{I_y}, c_8 = \frac{(I_x - I_y)I_x + I_{xz}^2}{I_x I_z - I_{xz}^2}, c_9 = \frac{I_x}{I_x I_z - I_{xz}^2}$$

不考虑风速的影响,飞机的真空速在机体坐标系上的分量$[u, v, w]^T$与飞机对地平坐标系的速度$[\dot{x}_g, \dot{y}_g, -\dot{h}]^T$之间有如下关系:

$$[\dot{x}_g, \dot{y}_g, -\dot{h}]^T = \boldsymbol{C}_b^g [u, v, w]^T \tag{7.4.14}$$

由上式得到飞行高度的导航方程形式:

$$\dot{h} = u\sin\theta - v\sin\varphi\cos\theta - w\cos\varphi\cos\theta \tag{7.4.15}$$

式中:h为飞机相对于地面的飞行高度。

气压高度H与飞行高度h存在如下关系:

$$h = \frac{RH}{R - H} \tag{7.4.16}$$

式中:R为地球公称半径,$R = 6\ 356\ 766$ m。可以看出,气压高度的变化率可以通过飞机的飞行状态进行描述。

由以上分析可以看出,飞机的飞行动力学模型建立了大气数据(如真空速、攻角、侧滑角、气压高度等)与飞行状态(姿态、姿态角速度等)、飞行控制量(油门大小和舵面偏转量等)之间的非线性函数关系,反映了飞机所受合外力、合外力矩以及发动机推力对大气数据变化的影响。因此,在大攻角飞行状态下,可以基于飞行动力学模型建立大气数据估计模型,利用机载导航系统、飞行控制系统输出的信息,实现对大气数据的实时估计。

3. 大攻角惯导辅助大气数据系统补偿滤波算法设计

(1) 大攻角惯导辅助大气数据系统补偿滤波算法方案设计。大攻角高机动飞行状态下,大气数据系统的动态特性较差,导致大气数据系统测量性能严重下降。下面所设计的大攻角惯导辅助大气数据系统补偿滤波算法利用机载惯导系统的高机动敏感性,根据建立的基于飞行动力学的大气数据模型,采用卡尔曼滤波解决大攻角高机动下大气数据系统动态特性误差问题,提高大气数据的测量精度和测量范围。

惯性导航系统测量的参数不受大攻角飞行状态影响,并且对高机动飞行状态敏感性好,具有自主性强、实时性好、可靠性高等优点,利用惯导系统提供的俯仰角、横滚角、三个姿态角速度和三个加速度信息,结合飞行动力学模型中的飞机力学方程组和高度方向的导航方程,取机体系下三个真空速分量和飞行高度作为状态量建立状态方程,将大气数据系统直接测量的攻角、侧滑角、真空速、气压高度等原始大气数据作为直接观测量,构建线性卡尔曼滤波器,将滤波后的机体系下三个真空速分量和飞行高度,利用大气数据解算方法求取大气数据,最终实现大攻角飞行状态下大气数据系统的补偿滤波。大攻角惯导辅助大气数据系统补偿滤波算法方案流程图如图 7.4.1 所示。

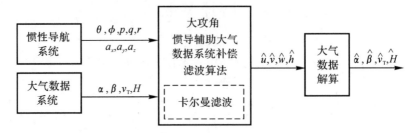

图 7.4.1　大攻角惯导辅助大气数据系统补偿滤波算法方案流程图

（2）大攻角惯导辅助大气数据系统补偿滤波算法设计。

1）系统方程的建立。根据飞机力学方程组和高度方向的导航方程，选取飞机真空速 v_T 在机体坐标轴 x、y、z 上的分量 u、v、w 以及飞行高度 h 作为状态量，即 $\boldsymbol{X} = [u, v, w, h]^\mathrm{T}$，进而建立状态方程：

$$\dot{\boldsymbol{X}}(t) = \boldsymbol{A}(t)\boldsymbol{X}(t) + \boldsymbol{B}(t)\boldsymbol{U}(t) + \boldsymbol{G}(t)\boldsymbol{W}(t) \tag{7.4.17}$$

式中：$\boldsymbol{A}(t)$ 为三维速度状态的系统矩阵

$$\boldsymbol{A}(t) = \begin{bmatrix} 0 & r & -q & 0 \\ -r & 0 & p & 0 \\ q & -p & 0 & 0 \\ \sin\theta & -\cos\theta\sin\varphi & -\cos\theta\cos\varphi & 0 \end{bmatrix} \tag{7.4.18}$$

$\boldsymbol{B}(t)$ 为系统控制系数矩阵，为四阶单位阵 $\boldsymbol{I}_{4\times4}$；

$\boldsymbol{U}(t)$ 为系统控制量：

$$\boldsymbol{U}(t) = \begin{bmatrix} -g\sin\theta + a_x \\ g\cos\theta sin\varphi + a_y \\ g\cos\theta\cos\varphi + a_z \\ 0 \end{bmatrix} \tag{7.4.19}$$

式中：$a_x = F_x/m$，$a_y = F_y/m$，$a_z = F_z/m$ 分别为飞行器所受气动力和发动机推力所产生的合外力在机体坐标系下 x、y、z 三个轴方向上的加速度；

$\boldsymbol{G}(t)$ 为系统噪声系数矩阵：

$$\boldsymbol{G}(t) = \begin{bmatrix} 0 & -w & v & -g\cos\theta & 0 & 1 & 0 & 0 \\ w & 0 & -u & -g\sin\theta\sin\varphi & g\cos\theta\cos\varphi & 0 & 1 & 0 \\ -v & u & 0 & -g\sin\theta\cos\varphi & -g\cos\theta\sin\varphi & 0 & 0 & 1 \\ 0 & 0 & 0 & \begin{matrix} u\cos\theta + v\sin\theta\sin\varphi \\ + w\sin\theta\cos\varphi \end{matrix} & \begin{matrix} -v\cos\theta\cos\varphi \\ + w\cos\theta\sin\varphi \end{matrix} & 0 & 0 & 0 \end{bmatrix} \tag{7.4.20}$$

以上飞行器的俯仰角 θ，横滚角 φ，三个姿态角速度 p、q、r，三个加速度信息 a_x、a_y、a_z 由惯导系统直接提供，惯导系统提供的这些量分别含有噪声 σ_p，σ_q，σ_r，σ_θ，σ_φ，σ_{a_x}，σ_{a_y}，σ_{a_z}，因此系统噪声 $\boldsymbol{W}(t)$ 可表示为 $\boldsymbol{W}(t) = [\sigma_p, \sigma_q, \sigma_r, \sigma_\theta, \sigma_\varphi, \sigma_{a_x}, \sigma_{a_y}, \sigma_{a_z}]^\mathrm{T}$。

2）系统量测方程建立。量测方程是构成卡尔曼滤波器的必要条件之一，它反映了系统的组合实质，也是将系统的输出量与系统的状态方程进行联系的唯一形式。根据大气数据系统直接输出的攻角 α、侧滑角 β、真空速 v_T 以及气压高度 H，将原始大气数据转换为真空速在机体坐标轴系下三个向分量 u，v，w 以及飞行高度 h，选取 $\boldsymbol{Z} = [u, v, w, h]^\mathrm{T}$ 作为量测量，进而建立量测方程：

$$Z(t) = H(t)X(t) + J(t)V(t) \tag{7.4.21}$$

式中：量测量 $Z(t)$ 为

$$Z(t) = \begin{bmatrix} u \\ v \\ w \\ h \end{bmatrix} = \begin{bmatrix} v_T\cos\alpha\cos\beta \\ V\sin\beta \\ v_T\sin\alpha\cos\beta \\ \dfrac{RH}{R-H} \end{bmatrix} \tag{7.4.22}$$

量测矩阵 $H(t) = I_{4\times4}$ 为四阶单位阵；

量测噪声为大气数据系统测量的攻角、侧滑角、真空速和气压高度产生的噪声，由大气数据系统精度指标决定，即 $v_T(t) = [\delta_v, \delta_\alpha, \delta_\beta, \delta_H]^T$。进而求出量测噪声系数阵 $J(t)$ 为

$$J(t) = \begin{bmatrix} \cos\alpha\cos\beta & -v_T\sin\alpha\cos\beta & -v_T\cos\alpha\sin\beta & 0 \\ \sin\beta & 0 & v_T\cos\beta & 0 \\ \sin\alpha\cos\beta & v_T\cos\alpha\cos\beta & -v_T\sin\alpha\sin\beta & 0 \\ 0 & 0 & 0 & \dfrac{R^2}{(R-H)} \end{bmatrix} \tag{7.4.23}$$

3）卡尔曼滤波器设计。根据以上所建立的连续状态方程和量测方程，取采样时间为 T，对系统状态方程和量测方程进行离散化，则离散后的系统滤波方程为

$$X_{k+1} = \Phi_{k+1}X_k + T_{k+1,k}U_k + \Gamma_{k+1,k}W_k \tag{7.4.24}$$

根据离散系统的滤波方程，卡尔曼滤波器形式为

$$\left.\begin{array}{l} \hat{X}_{k+1/k} = \Phi_{k+1/k}\hat{X}_{k/k} + \Gamma_{k+1/k}U_k \\[1mm] P_{k+1/k} = \Phi_{k+1/k}P_{k/k}\Phi_{k+1,k}^T + \Gamma_{k+1,k}Q_k\Gamma_{k+1,k}^T \\[1mm] K_{k+1} = P_{k+1/k}H_{k+1}^T(H_{k+1}P_{k+1/k} + J_{k+1}R_k)^{-1} \\[1mm] \hat{X}_{k+1/k+1} = \hat{X}_{k+1/k} + K_{k+1}[Z_{k+1} - H_{k+1}\hat{X}_{k+1/k}] \\[1mm] P_{k+1} = (I - K_{k+1}H_{k+1})P_{k+1/k}(I - K_{k+1}H_{k+1})^T + K_{k+1}J_{k+1}R_kJ_{k+1}^TK_{k+1}^T \end{array}\right\} \tag{7.4.25}$$

式中：$\hat{X}_{k/k}$ 表示 k 时刻的状态最优滤波值；$\hat{X}_{k+1/k}$ 为 k 时刻对 $k+1$ 时刻的状态预测值；$\hat{X}_{k+1/k+1}$ 表示 $k+1$ 时刻的最优滤波值；K_{k+1} 表示 k 时刻的滤波增益阵；$P_{k+1/k}$ 表示 k 时刻对 $k+1$ 时刻的预测误差估计的协方差阵；P_{k+1} 表示 $k+1$ 时刻实时误差估计协方差阵；Q_k 表示系统噪声方差阵；$\Gamma_{k+1/k}$ 表示为系统噪声系数阵；R_k 表示量测系统的噪声方差阵；J_{k+1} 表示量测噪声系数阵。

4）大气数据解算方法。根据以上设计的滤波算法得到机体系下三个轴向真空速分量估计值 $\hat{u}, \hat{v}, \hat{w}$ 和飞行高度估计值 $\hat{h}$，利用下面公式解算出滤波后的大气攻角 $\hat{\alpha}$、侧滑角 $\hat{\beta}$、真空速 $\hat{v}_T$ 和气压高度 $\hat{H}$，最终实现大气数据的补偿滤波：

$$\left.\begin{array}{l} \hat{v}_T = \sqrt{\hat{u}^2 + \hat{v}^2 + \hat{w}^2} \\[3mm] \hat{\alpha} = \arctan\dfrac{\hat{w}}{\hat{u}} \\[3mm] \hat{\beta} = \arcsin\dfrac{\hat{v}}{\hat{v}_T} \\[3mm] \hat{H} = \dfrac{R\hat{h}}{R + \hat{h}} \end{array}\right\} \tag{7.4.26}$$

由于攻角变化范围为 $0 \sim \pm 180°$，大攻角飞行环境下，攻角变化范围较大，所以需要将解算出的攻角 $\hat{\alpha}$ 根据 $\hat{u}, \hat{w}$ 的符号进行判断，进而得出滤波后的攻角见表7.4.1。

表7.4.1 攻角象限判断

$\hat{u}$ 的符号	$\hat{w}$ 的符号	滤波后的攻角	所属象限
−	+	$\hat{\alpha} + 180°$	$90° \sim 180°$
−	−	$\hat{\alpha} - 180°$	$-180° \sim 90°$
+	−	$\hat{\alpha}$	$-90° \sim 0°$

4. 大攻角惯导辅助大气数据系统补偿滤波算法仿真实现与验证

(1)基于 X-Plane 系统的大攻角大气数据补偿滤波算法仿真系统结构设计。为验证大攻角惯导辅助大气数据系统补偿滤波算法的正确性和有效性，有关研究利用 X-Plane 飞行模拟测试软件，作为飞机飞行过程仿真的数据发生器，该软件可提供精确的飞机模型，模拟各种地球物理飞行环境，具有实时输出和记录飞机各种导航参数、大气参数和飞行控制参数的功能。该软件具有模拟环境真实度高、仿真数据精确可靠、操作方便、可视化效果比较好等优点，可以依靠编程软件以及 X-Plane 来开发可视化的机载仿真系统。

下面选择具有大攻角高机动飞行特性的美国 F-22 战斗机作为飞机模型（见图7.4.2），该选择对于算法的仿真验证是适用的。仿真中，对所要输出的飞行数据进行选取以及对飞行环境（机场、气象参数等）进行设定，通过操纵摇杆进行飞行航迹仿真，最后保存飞行仿真数据。

图7.4.2 X-Plane 中的 F-22 飞机模型

为实现大攻角惯导辅助大气数据系统补偿滤波算法的验证，采用 X-Plane 仿真系统模拟真实的飞行环境，并将其输出的数据作为理想仿真数据，根据大攻角高机动飞行条件下大气数据系统误差特性，在理想大气数据上添加相应的动态误差信号后作为大攻角高机动飞行时大气数据系统实际测量的大气数据，以其输出的理想大气仿真数据为标准，对大攻角惯导辅助大气数据系统补偿滤波算法的效果进行评价。完整的仿真系统结构如图7.4.3所示，包括从飞行数据仿真到最后的算法效果评价。

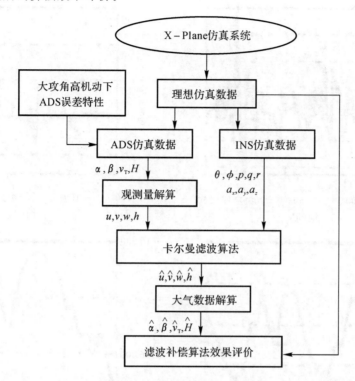

图 7.4.3　大攻角惯导辅助大气数据系统补偿滤波算法仿真系统框图

（2）大攻角飞行仿真。

1）基于 X-Plane 系统的大攻角飞行数据仿真。基于 X-Plane 飞行仿真平台，通过控制摇杆进行飞行仿真。其中，飞行动作包括加速爬升、匀速/加速平飞、大攻角高机动飞行、机动转弯等，飞行仿真时间为 600 s，飞行数据输出频率为 50 Hz，选取 50～250 s 大攻角高机动飞行阶段仿真数据对算法进行验证，该大攻角高机动飞行阶段内的飞行航迹三维曲线和大气数据变化曲线分别如图 7.4.4 与图 7.4.5 所示。

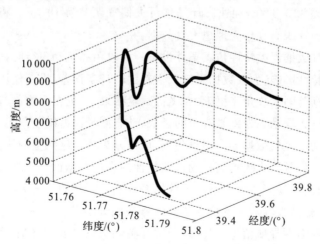

图 7.4.4　大攻角高机动下飞行航迹三维曲线

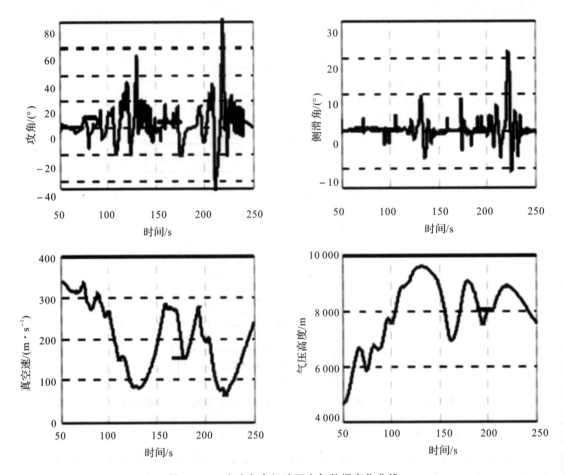

图 7.4.5 大攻角高机动下大气数据变化曲线

将 X-Plane 输出的俯仰角、横滚角、姿态角速度和加速度信息作为惯导系统输出的仿真参数,其中惯导仿真参数精度如下:陀螺常值漂移为 $0.1°/h$,陀螺白噪声误差为 $0.1°/h$,陀螺一阶马尔可夫漂移误差为 $0.1°/h$,加速度计马尔可夫偏置误差为 $10^{-4}g$。将 X-Plane 输出的攻角、侧滑角、真空速和气压高度作为理想大气数据。

2)大攻角下大气数据误差特性仿真条件设置。大攻角高机动飞行时,受非定常气动力、大气数据系统低频率特性影响,大气数据系统产生较大的动态误差,进而使压力和气流角的测量产生较大误差。根据美国大攻角飞机 F-18 飞行试验结果,飞机在大攻角高机动飞行时的大气数据系统测量的大气数据动态误差是攻角的函数,动态测量误差随攻角绝对值的增加而递增。为简化大攻角高机动下大气数据动态误差仿真,取误差为攻角绝对值的线性函数,添加的大气数据误差为白噪声。将具有大攻角高机动误差特性的大气数据误差仿真数据添加到理想大气数据上,作为大攻角高机动飞行状态下大气数据系统实际测量的大气数据。

(3)大攻角惯导辅助大气数据系统补偿滤波算法验证与分析。基于以上仿真的大攻角条件下大气测量参数和惯性导航信息,对大攻角惯导辅助大气数据系统补偿滤波算法的可行性和有效性进行验证。利用以上 X-Plane 系统输出的大气数据作为基准对该滤波补偿算法的效果进行评价,补偿滤波后的攻角、侧滑角、真空速及气压高度误差和原始添加的测量误差对比如图 7.4.6 所示,补偿滤波后的大气数据误差均值、标准差见表 7.4.2。

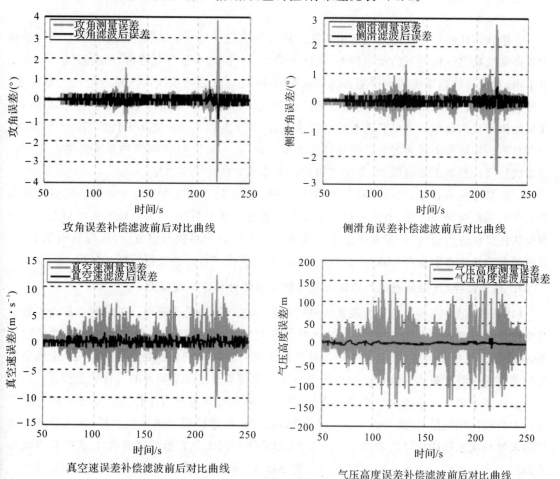

攻角误差补偿滤波前后对比曲线　　　　　侧滑角误差补偿滤波前后对比曲线

真空速误差补偿滤波前后对比曲线　　　　气压高度误差补偿滤波前后对比曲线

图 7.4.6　测量误差对比示意图

表 7.4.2　卡尔曼滤波修正后的大气数据误差均值、标准差表

误差模式	攻角/(°)	侧滑角/(°)	真空速/(m·s⁻¹)	气压高度/m
误差均值	0.002	−0.006	−0.064	−0.191
误差标准差	0.049	0.033	0.196	2.042

　　从图 7.4.6 滤波修正前后大气数据误差对比曲线可以看出,经过卡尔曼滤波后,有效去除了大攻角高机动飞行时大气数据测量误差的剧烈波动,整体误差的平滑性和稳定性显著提高。由滤波后大气数据误差的均值、标准差表可以看出,经过卡尔曼滤波修正后,各大气数据误差显著及全面地减小,体现了滤波后大气数据修正结果的平稳性与精确性。这说明,大攻角惯导辅助大气数据系统补偿滤波算法可行,整滤波效果较好,因此在大攻角飞行阶段,以滤波后的大气数据代替波动较大的原始测量大气数据输出,可提高大气数据的总体精度,实现对原始测量大气数据的补偿修正。

7.4.2 基于惯导/飞控系统的大攻角大气数据容错估计算法

直接利用惯性系统辅助大气数据系统进行大气数据补偿滤波,可以有效消除大气数据在大攻角高机动飞行状态下的动态误差,在惯导辅助大气的滤波融合过程中,两套系统必须都正常工作,对大气数据系统的容错能力的提升有限,一旦大气数据系统因飞机攻角过大而失效,这种融合方法将无法工作,无法确保飞机的正常飞行和控制。飞机的飞行动力学模型是预测飞机的执行机构动作对飞机状态影响的数学工具,为了获得不受大攻角飞行影响的大气数据,可以在不增加额外测量装置和系统硬件的前提下,综合利用飞机机载惯导系统提供的飞行状态参数和飞行控制系统的输出,基于飞机的动力学模型估计大气数据。

下面基于这一背景,设计一种基于惯导和飞控系统实现大攻角下大气数据容错估计的虚拟大气数据系统研究方法,利用扩展卡尔曼滤波思想对基于惯导/飞控系统的大攻角大气数据容错估计算法进行设计,研究基于最小二乘估计的力矩方程系数辨识方法,最后利用 X-Plane系统的大攻角仿真数据对大攻角容错估计算法的可靠性和可行性进行验证与分析。

1. 基于惯导/飞控系统的大攻角大气数据容错估计算法滤波模型

(1)基于惯导/飞控系统的大攻角大气数据容错估计算法设计原理。飞机的六自由度数学模型建立了飞机的飞行状态参数(大气数据和导航参数)与飞行控制量之间的非线性函数关系,反映了飞机所受合外力、合外力矩以及发动机推力对飞行状态参数的影响。飞机上的惯性导航系统通过测量载体的线运动和角运动为飞行控制系统提供了精确的飞行状态信息。综合利用惯性信息和飞控系统执行机构的控制输出量,将飞机动力学模型作为状态方程用于实现飞行参数的间接测量,以惯导系统作为直接观测系统,构建扩展卡尔曼滤波器,融飞行动力学模型求解与状态量的估计过程为一体,实现大攻角飞行时大气数据的精确估计,算法原理流程图如图7.4.7所示。由于不同系统本身的测量基准、测量参数的物理意义的不同,估计的大气数据在一定程度上可以对现有的物理大气数据系统进行有效的辅助和补充,因此将所估计的大气数据作为大攻角飞行条件下大气数据系统故障容错的主要依据。

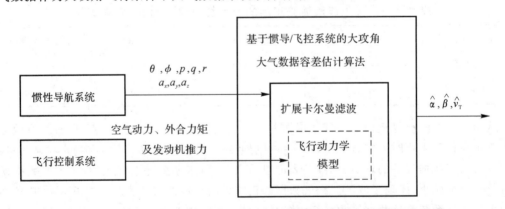

图7.4.7 基于惯导/飞控系统的大攻角大气数据容错估计算法原理流程图

(2)基于飞行动力学模型的状态方程建立。飞行动力学模型是飞机实现飞行和控制的基础,是预测飞机的执行机构动作对飞行状态参数影响的数学工具。基于上节所建立的飞行动力学模型,考虑与攻角 α、侧滑角 β、真空速 v_T 相关联的飞行状态参数,同时根据状态方程封闭性原则,选取飞机的俯仰角 θ、横滚角 φ、横滚角速度 p、俯仰角速度 q、偏航角速度 r、攻角 α、侧滑角 β、真空速 v_T 作为状态量,即 $\boldsymbol{X} = [\theta, \varphi, p, q, r, \alpha, \beta, v_T]$,进而建立状态方程:

$$\boldsymbol{X}(t) = \boldsymbol{f}[X(t), u(t), t] + \boldsymbol{G}(t)\boldsymbol{w}(t) \tag{7.4.27}$$

状态方程具体形式为

$$
\begin{bmatrix} \theta \\ \varphi \\ p \\ q \\ r \\ \alpha \\ \beta \\ v_T \end{bmatrix}
=
\begin{bmatrix}
q\cos\varphi - r\sin\varphi \\
p + (r\cos\varphi + q\sin\varphi)\tan\theta \\
(c_1 r + c_2 p)q + c_3\overline{L} + c_4 N \\
c_5 pr - c_6(p^2 - r^2) + c_7 M \\
(c_8 p - c_2 r)q + c_4\overline{L} + c_9 N \\
\frac{1}{mv_T\cos\beta}[-T_x\sin\alpha + T_z\cos\alpha - L + mv_T(-p\cos\alpha\sin\beta + q\cos\beta - r\sin\alpha\sin\beta) + mg(\sin\alpha\sin\theta + \cos\alpha\cos\varphi\cos\theta)] \\
\frac{1}{mv_T}[-T_x\cos\alpha\sin\beta + T_y\cos\beta - T_z\sin\alpha\sin\beta + Y - mv_T(-p\sin\alpha + r\cos\alpha) + mg(\cos\alpha\sin\beta\sin\theta + \cos\beta\sin\varphi\cos\theta - \sin\alpha\sin\beta\cos\varphi\cos\theta)] \\
\frac{1}{m}[T_x\cos\alpha\cos\beta + T_y\sin\beta + T_z\sin\alpha\cos\beta - D + mg(-\cos\alpha\cos\beta\sin\theta + \sin\beta\sin\varphi\cos\theta + \sin\alpha\cos\beta\cos\varphi\cos\theta)]
\end{bmatrix}
+ \boldsymbol{G}(t)\boldsymbol{w}(t)
$$

$$\tag{7.4.28}$$

式中:控制输入量分别为油门大小 δ_T、升降舵偏转角 δ_e、方向舵偏转角 δ_r、副翼偏转角 δ_a,即

$$\boldsymbol{u}(t) = [\delta_T, \delta_e, \delta_r, \delta_a]^T$$

系统噪声系数阵为

$$
\boldsymbol{G}(t) =
\begin{bmatrix}
0 & 0 & 0 & 0 & 0 & 0 & 0 & 0 & 0 \\
0 & 0 & 0 & 0 & 0 & 0 & 0 & 0 & 0 \\
c_3 & 0 & c_4 & 0 & 0 & 0 & 0 & 0 & 0 \\
0 & c_7 & 0 & 0 & 0 & 0 & 0 & 0 & 0 \\
c_4 & 0 & c_9 & 0 & 0 & 0 & 0 & 0 & 0 \\
0 & 0 & 0 & 0 & 0 & \frac{1}{mv_T\cos\beta} & \frac{-\sin\alpha}{mv_T\cos\beta} & 0 & \frac{\cos}{mv_T\cos\beta} \\
0 & 0 & 0 & 0 & \frac{1}{mv_T} & 0 & \frac{-\cos\alpha\sin\beta}{mv_T} & \frac{\cos\beta}{mv_T} & \frac{-\sin\alpha\sin\beta}{mv_T} \\
0 & 0 & 0 & \frac{-1}{m} & 0 & 0 & \frac{\cos\alpha\cos\beta}{m} & \frac{\sin\beta}{m} & \frac{\sin\alpha\cos\beta}{m}
\end{bmatrix}
\tag{7.4.29}
$$

式中:$c_1, c_2, c_3, c_4, c_5, c_6, c_7, c_8, c_9$ 为飞机力矩方程组系数,在实际工程应用中,对于特定的飞机,可以根据飞机的结构和物理特性精确计算出这 4 个惯性参数;以上合外力矩 $\overline{L}$、M、N,空

气动力 D、Y、L 以及发动机推力 T_x、T_y、T_z 可以根据飞机结构特征参数、气动参数、发动机模型、飞行状态量以及控制操纵输入量获得,所获得的合外力矩 $\overline{L}$、M、N,空气动力 L、Y、D 以及发动机推力 T_x、T_y、T_z 分别含有噪声 $\delta_{\overline{L}}$、δ_M、δ_N、δ_L、δ_Y、δ_D、δ_{T_x}、δ_{T_y}、δ_{T_z},因此在该状态方程中,系统噪声为 $\boldsymbol{w}(t) = [\delta_{\overline{L}}, \delta_M, \delta_N, \delta_D, \delta_Y, \delta_L, \delta_{T_x}, \delta_{T_y}, \delta_{T_z}]^{\mathrm{T}}$。

（3）系统量测方程建立。系统量测方程直接反映量测系统的测量原理以及量测量与系统状态量之间的关系。机载惯导系统是测量飞控系统运动状参数的主要信息来源,具有自主性强、测量精度高、机动敏感性强、数据丰富等特点,能够对高性能飞机的大攻角高机动飞行状态进行精确跟踪,因此以惯导系统提供的俯仰角,横滚角,横滚角速度 p,俯仰角速度 q,偏航角速度 r,加速度 a_x、a_y、a_z 信息作为量测信息,即 $\boldsymbol{Z} = [\theta, \varphi, p, q, r, a_x, a_y, a_z]^{\mathrm{T}}$,建立量测方程:

$$\boldsymbol{Z}(t) = \boldsymbol{h}[\boldsymbol{X}(t), \boldsymbol{u}(t), t] + \boldsymbol{v}(t) \tag{7.4.30}$$

量测方程具体可表示为

$$\begin{pmatrix} \theta \\ \varphi \\ p \\ q \\ r \\ a_x \\ a_y \\ a_z \end{pmatrix} = \begin{pmatrix} \theta \\ \varphi \\ p \\ q \\ r \\ \dfrac{1}{m}(T_x + L\sin\alpha - Y\cos\alpha\sin\beta - D\cos\alpha\cos\beta) \\ \dfrac{1}{m}(T_y + Y\cos\beta - D\sin\beta) \\ \dfrac{1}{m}(T_z - L\cos\alpha - Y\sin\alpha\sin\beta - D\sin\alpha\cos\beta) \end{pmatrix} + \boldsymbol{v}(t) \tag{7.4.31}$$

式中:量测噪声 $\boldsymbol{v}(t) = [\delta_\theta, \delta_\varphi, \delta_p, \delta_q, \delta_r, \delta_{a_x}, \delta_{a_y}, \delta_{a_z}]^{\mathrm{T}}$ 由惯导系统测量噪声引起。

2. 基于惯导/飞控系统的大攻角大气数据 EKF 滤波算法设计

基于飞机动力学的大气数据模型的状态方程和量测方程是非线性系统,需要采用扩展卡尔曼滤波方法（Extended Kalman Filtering）,将非线性系统在状态估计值附近作泰勒展开,取其一阶截断作为原状态方程和量测方程的近似式实现线性化,并根据采样周期对线性化后的滤波方程进行离散化,进而采用扩展卡尔曼滤波进行状态估计。

（1）系统状态方程和量测方程的线性化与离散化。首先利用泰勒级数展开的方法将非线性状态方程和量测方程转换为线性形式。

由于系统噪声和量测噪声为均值为零的白噪声,故可以将 $f[\boldsymbol{X}(t), \boldsymbol{u}(t), t]$ 和 $h[\boldsymbol{X}(t), \boldsymbol{u}(t), t]$ 在最优状态估计 $\hat{\boldsymbol{X}}(t)$ 处进行泰勒展开,并取一阶项近似值,得到连续型线性干扰方程

$$\left.\begin{aligned} \delta\boldsymbol{X}(t) &= \boldsymbol{F}(t)\delta\boldsymbol{X}(t) + \boldsymbol{G}(t)\boldsymbol{w}(t) \\ \delta\boldsymbol{Z}(t) &= \boldsymbol{H}(t)\delta\boldsymbol{X}(t) + \boldsymbol{v}(t) \end{aligned}\right\} \tag{7.4.32}$$

式中:$\delta\boldsymbol{Z}(t) = [\boldsymbol{Z}(t) - \boldsymbol{Z}(t)]$。

状态转移矩阵为

$$\boldsymbol{F}(t) = \dfrac{\delta\boldsymbol{f}[\boldsymbol{X}(t), \boldsymbol{u}(t), t]}{\delta\boldsymbol{X}(t)}\bigg|_{\boldsymbol{X}(t) = \hat{\boldsymbol{X}}(t)}$$

$$= \begin{bmatrix} \dfrac{\delta f_1[\boldsymbol{X}(t),u(t),t]}{\delta x_1(t)} & \dfrac{\delta f_1[\boldsymbol{X}(t),u(t),t]}{\delta x_2(t)} & \cdots & \dfrac{\delta f_1[\boldsymbol{X}(t),u(t),t]}{\delta x_8(t)} \\[2mm] \dfrac{\delta f_2[\boldsymbol{X}(t),u(t),t]}{\delta x_1(t)} & \dfrac{\delta f_2[\boldsymbol{X}(t),u(t),t]}{\delta x_2(t)} & \cdots & \dfrac{\delta f_2[\boldsymbol{X}(t),u(t),t]}{\delta x_8(t)} \\[2mm] \vdots & \vdots & & \vdots \\[2mm] \dfrac{\delta f_8[\boldsymbol{X}(t),u(t),t]}{\delta x_1(t)} & \dfrac{\delta f_8[\boldsymbol{X}(t),u(t),t]}{\delta x_2(t)} & \cdots & \dfrac{\delta f_8[\boldsymbol{X}(t),u(t),t]}{\delta x_8(t)} \end{bmatrix}_{\boldsymbol{X}(t)=\hat{\boldsymbol{X}}(t)} \quad (7.4.33)$$

量测系数矩阵为

$$\boldsymbol{H}(t) = \dfrac{\delta \boldsymbol{h}[X(t),u(t),t]}{\delta \boldsymbol{X}(t)} \Bigg|_{\boldsymbol{X}(t)=\hat{\boldsymbol{X}}(t)}$$

$$= \begin{bmatrix} \dfrac{\delta h_1[\boldsymbol{X}(t),u(t),t]}{\delta x_1(t)} & \dfrac{\delta h_1[\boldsymbol{X}(t),u(t),t]}{\delta x_2(t)} & \cdots & \dfrac{\delta h_1[\boldsymbol{X}(t),u(t),t]}{\delta x_8(t)} \\[2mm] \dfrac{\delta h_2[\boldsymbol{X}(t),u(t),t]}{\delta x_1(t)} & \dfrac{\delta h_2[\boldsymbol{X}(t),u(t),t]}{\delta x_2(t)} & \cdots & \dfrac{\delta h_2[\boldsymbol{X}(t),u(t),t]}{\delta x_8(t)} \\[2mm] \vdots & \vdots & & \vdots \\[2mm] \dfrac{\delta h_8[\boldsymbol{X}(t),u(t),t]}{\delta x_1(t)} & \dfrac{\delta h_8[\boldsymbol{X}(t),u(t),t]}{\delta x_2(t)} & \cdots & \dfrac{\delta h_8[\boldsymbol{X}(t),u(t),t]}{\delta x_8(t)} \end{bmatrix}_{\boldsymbol{X}(t)=\hat{\boldsymbol{X}}(t)} \quad (7.4.34)$$

然后对连续型线性干扰方程进行基本解阵离散化得到离散化线性干扰方程为

$$\left. \begin{aligned} \delta \boldsymbol{X}_{k+1} &= \boldsymbol{\Phi}_{k+1,k}\delta \boldsymbol{X}_k + \boldsymbol{G}_k \boldsymbol{W} \\ \delta \boldsymbol{Z}_{k+1} &= \boldsymbol{H}_{k+1}\delta \boldsymbol{X}_{k+1} + \boldsymbol{V}_{k+1} \end{aligned} \right\} \quad (7.4.35)$$

式中：$\delta \boldsymbol{X}_{k+1} = \boldsymbol{X}_{k+1} - \hat{\boldsymbol{X}}_{k+1/k}$；$\delta \boldsymbol{Z}_{k+1} = \boldsymbol{Z}_{k+1} - \hat{\boldsymbol{Z}}_{k+1}$；采样周期 T 较小时，$\boldsymbol{\Phi}_{k+1,k}$ 和 $\boldsymbol{G}_k$ 可一阶近似表示为

$$\boldsymbol{\Phi}_{k+1,k} = \boldsymbol{I} + \boldsymbol{F}(t_k)\boldsymbol{T}, \boldsymbol{G}_k = T\left[\boldsymbol{I} + \dfrac{\boldsymbol{F}(t_k)}{2!}\boldsymbol{T}\right]\boldsymbol{G}(t_k) \quad (7.4.36)$$

式中：

$$\boldsymbol{F}(t_k) = \dfrac{\partial \boldsymbol{f}[X(t_k),u(t_k),t_k]}{\partial \boldsymbol{X}(t_k)} \bigg|_{\boldsymbol{X}(t_k)=\hat{\boldsymbol{X}}_k}$$

量测系数阵可表示为

$$\boldsymbol{H}_{k+1} = \dfrac{\partial \boldsymbol{h}[X(t_{k+1}),u(t_{k+1}),t_{k+1}]}{\partial \boldsymbol{X}(t_{k+1})} \bigg|_{\boldsymbol{X}(t_{k+1})=\hat{\boldsymbol{X}}_{k+1/k}} \quad (7.4.37)$$

（2）扩展卡尔曼滤波器设计与实现。根据扩展卡尔曼滤波递推方程和所建立的系统状态方程和量测方程，得到系统滤波方程如下：

$$\left. \begin{aligned} \hat{\boldsymbol{X}}_{k+1/k} &= \hat{\boldsymbol{X}}_k + \boldsymbol{f}[\hat{\boldsymbol{X}}_k,u(t_k),t_k]^{\mathrm{T}} \\ \boldsymbol{P}_{k+1/k} &= \boldsymbol{\Phi}_{k+1,k}\boldsymbol{P}_k \boldsymbol{\Phi}_{k+1,k}^{\mathrm{T}} + \boldsymbol{G}_k \boldsymbol{Q}_k \boldsymbol{G}_k^{\mathrm{T}} \\ \boldsymbol{K}_{k+1} &= \boldsymbol{P}_{k+1/k}\boldsymbol{H}_{k+1}^{\mathrm{T}}[\boldsymbol{H}_{k+1}\boldsymbol{P}_{k+1/k}\boldsymbol{H}_{k+1}^{\mathrm{T}} + \boldsymbol{R}_{k+1}]^{-1} \\ \delta \hat{\boldsymbol{X}}_{k+1} &= \boldsymbol{K}_{k+1}\{\boldsymbol{Z}_{k+1} - \boldsymbol{h}[\hat{\boldsymbol{X}}_{k+1/k},u(t_{k+1}),t_{k+1}]\} \\ \hat{\boldsymbol{X}}_{k+1} &= \hat{\boldsymbol{X}}_{k+1/k} + \delta \hat{\boldsymbol{X}}_{k+1} \\ \boldsymbol{P}_{k+1} &= (\boldsymbol{I} - \boldsymbol{K}_{k+1}\boldsymbol{H}_{k+1})\boldsymbol{P}_{k+1/k}(\boldsymbol{I} - \boldsymbol{K}_{k+1}\boldsymbol{H}_{k+1})^{\mathrm{T}} + \boldsymbol{K}_{k+1}\boldsymbol{R}_{k+1}\boldsymbol{K}_{k+1}^{\mathrm{T}} \end{aligned} \right\} \quad (7.4.38)$$

式中：t_{k+1} 为当前滤波时刻；$\hat{\boldsymbol{X}}(t)$ 为 t_k 时刻的状态最优滤波值；$\hat{\boldsymbol{X}}_{k+1/k}$ 为 t_{k+1} 时刻状态量的一

步预测值;$P_{k+1/k}$ 为 t_{k+1} 时刻的状态一步预测的方差阵;K_k 为 t_{k+1} 时刻的滤波增益矩阵;$\delta\hat{X}_{k+1/k}$ 为 t_{k+1} 时刻状态量改善值;$\hat{X}_{k+1/k}$ 为 t_{k+1} 时刻的状态最优滤波值,其滤波误差方差阵为 P_{k+1};Q_k 和 R_{k+1} 分别为系统噪声 W_k 和量测噪声 V_{k+1} 的方差阵。

3. 基于最小二乘估计的力矩方程系数辨识方法设计

基于飞行动力学模型所建立的系统状态方程中涉及 9 个未知的力矩方程组系数 $c_1,c_2,$ $c_3,c_4,c_5,c_6,c_7,c_8,c_9$,因此在进行扩展卡尔曼滤波之前,首先需要对这 9 个力矩方程组系数进行确定。根据飞机的力矩方程组可知这 9 个系数由飞机的 3 个转动惯量 I_x,I_y,I_z 和惯性积 I_{xz} 构成。在实际应用中,对于特定的飞机,可以根据飞机的结构和物理特性精确计算出这 4 个惯性参数。而对于 X-Plane 系统中的 F-22 飞机,软件不能输出转动惯量和惯性积,所以飞机的 4 个惯性参数未知。可以考虑根据角运动方程组所建立的惯性参数和飞机的姿态角速度、力矩等参数之间的函数关系,利用 X-Plane 系统中 F-22 飞机仿真的飞行参数,通过设计最小二乘参数估计算法实现对 4 个惯性参数的辨识,进而得到力矩方程组中的 9 个未知系数。

(1) 基于最小二乘估计的力矩方程系数辨识方法设计。

建立量测方程形式的系统模型。将飞机的角运动方程进行整理得到:

$$(\dot{p}+pr-pq)I_x+(\dot{q}-qr+pq)I_y+$$
$$(\dot{r}+qr-pr)I_z+(p^2-r^2-\dot{p}-\dot{r}-pq+qr)I_{xz}=\overline{L}+M+N \quad (7.4.39)$$

上式可进一步整理,表示为

$$[\dot{p}+pr-pq,\dot{q}-qr+pq,\dot{r}+qr-pr,p^2-r^2-\dot{p}-\dot{r}-pq+qr]\begin{bmatrix}I_x\\I_y\\I_z\\I_{xz}\end{bmatrix}$$
$$=\overline{L}+M+N \quad (7.4.40)$$

上式可以表示为以 h 作为状态量,z 为量测量,μ 为待求系数的量测方程形式:

$$h\mu=z \quad (7.4.41)$$

式中:

$h=[\dot{p}+pr-pq,\dot{q}-qr+pq,\dot{r}+qr-pr,p^2-r^2-\dot{p}-\dot{r}-pq+qr],z=[\overline{L}+M+N],$
$\mu=[I_x,I_y,I_z,I_{xz}]^T$。

(2) 基于最小二乘估计的力矩方程系数辨识算法设计。由于 X-Plane 可以输出角加速度 $\dot{p},\dot{q},\dot{r}$,角速度 p,q,r,转动惯量 $\overline{L},M,N$,因此利用试验飞行时输出的 N 个数据,采用最小二乘方法可以实现对参数 I_x,I_y,I_z,I_{xz} 的辨识。

对于 N 个飞行数据,$h\mu=z$ 化为

$$H_{N\times4}\mu=Z_{(N\times1)} \quad (7.4.42)$$

根据最小二乘原理,

$$\left.\begin{aligned}J(\hat{\mu})&=(Z-H\hat{\mu})^T(Z-H\hat{\mu})=\min\\\frac{\partial J}{\partial\hat{\mu}}&=-2H^T(Z-H\hat{\mu})=0\\H^TH\hat{\mu}&=H^TZ\end{aligned}\right\} \quad (7.4.43)$$

为极小值的充分条件是

$$\frac{\partial^2 J}{\partial \hat{\pmb{\mu}}^2} = \pmb{H}^{\mathrm{T}} \pmb{H} > \pmb{0} \qquad (7.4.44)$$

存在最优估计值如下：

$$\hat{\pmb{\mu}} = [\pmb{H}^{\mathrm{T}} \pmb{H}]^{-1} \pmb{H}^{\mathrm{T}} \pmb{Z} \qquad (7.4.45)$$

即存在最优估计值的充分条件是 $N > 4$，且 $\pmb{H}^{\mathrm{T}} \pmb{H}$ 可逆。

因此，利用以上最小二乘估计算法实现对 $\hat{\pmb{\mu}} = [I_x, I_y, I_z, I_{xz}]^{\mathrm{T}}$ 的辨识，进而得到 $c_1, c_2,$ $c_3, c_4, c_5, c_6, c_7, c_8, c_9$ 这 9 个参数。

（3）基于最小二乘估计的力矩方程系数辨识方法仿真验证。基于 X-Plane 系统仿真的大攻角飞行数据，对设计的最小二乘估计力矩方程系数辨识方法的可行性进行验证。首先利用飞行数据，根据所设计的力矩方程系数辨识方法对飞机的 3 个转动惯量 I_x, I_y, I_z 和惯性积 I_{xz} 进行辨识，结果见表 7.4.3。

表 7.4.3　转动惯量和惯性积估计结果

$I_x/(\mathrm{kg \cdot m^2})$	$I_y/(\mathrm{kg \cdot m^2})$	$I_z/(\mathrm{kg \cdot m^2})$	$I_{xz}/\mathrm{kg \cdot m^2}$
55 358	200 836	260 851	3 651

根据飞机力矩方程组中的 9 个系数 $c_1, c_2, c_3, c_4, c_5, c_6, c_7, c_8, c_9$ 与转动惯量 I_x, I_y, I_z 和惯性积 I_{xz} 之间的关系，确定力矩方程组的 9 个系数，见表 7.4.4。

表 7.4.4　力矩方程组系数估计结果

c_1	c_2	c_3	c_4	c_5
$-1.086\,027$	$0.029\,199$	$0.000\,018$	$0.000\,001$	$1.023\,181$

c_6	c_7	c_8	c_9
$0.018\,180$	$0.000\,005$	$-0.557\,297$	$0.000\,004$

为了验证所估计的力矩方程系数的有效性，将所估计的 9 个力矩方程组系数代入力矩方程组中，并利用 X-Plane 输出的姿态角速度 p, q, r 和力矩 $\overline{L}, M, N$ 对姿态角加速度 $\dot{p}, \dot{q}, \dot{r}$ 进行估计，最后将 X-Plane 系统输出的姿态角加速度 $\dot{p}, \dot{q}, \dot{r}$ 作为基准对利用估计的力矩方程组系数计算的姿态角加速度进行对比，验证基于最小二乘估计的力矩组系数辨识算法的可行性，验证结果如图 7.4.8 所示。

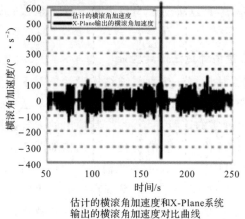

估计的横滚角加速度和 X-Plane 系统
输出的横滚角加速度对比曲线

估计的横滚角加速度误差曲线

图 7.4.8　仿真结果

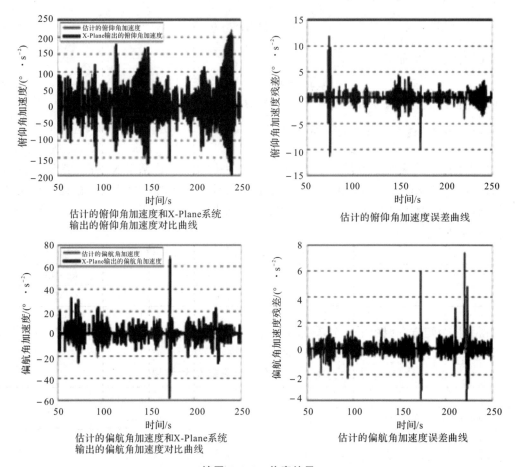

续图 7.4.8　仿真结果

　　由以上估计的 3 个角加速度和 X-Plane 系统输出的角加速度对比曲线可以看出,利用最小二乘辨识方法估计的 9 个力矩系数进行计算的 3 个角加速度与 X-Plane 系统直接输出的理想角加速度变化趋势基本一致,吻合度较好,同时结合估计误差曲线可以看出,所估计的角加速度误差整体较小,在个别时间段误差有一定的跳变。虽然利用最小二乘估计算法对力矩方程系数进行估计时在局部存在一定的跳变性误差,但是这种对于飞机力矩方程组系数的估计的方法可行有效。

4. 基于惯导/飞控系统的大攻角大气数据容错估计算法仿真验证

　　(1)基于 X-Plane 系统的大攻角大气数据容错估计算法仿真系统结构设计。对于基于惯导/飞控系统的大攻角大气数据容错估计算法,最后估计的大气数据精度是验证该算法可行性和估计效果的关键。采用 X-Plane 仿真系统模拟真实的飞行环境,并将其输出的大气数据作为理想仿真数据,以此为标准最后对算法效果进行评价。完整的仿真系统结构如图 7.4.9 所示,包括从飞行数据仿真到最后的算法效果评价,其中将 X-Plane 系统输出的俯仰角、横滚角、三个姿态角速度和三个加速度作为惯导系统仿真数据,将 X-Plane 系统输出的飞机的外合力矩、空气动力、发动机推力作为飞控仿真数据,基于最小二乘估计的力矩方程组系数辨识方法对 9 个系数进行估计,利用惯导系统仿真数据、飞控仿真数据以及估计的 9 个力矩方程组系数,基于飞行动力学模型,利用扩展卡尔曼滤波算法实现大气数据的估计,最后基于理想大气数据对算法可行性和估计效果进行验证。

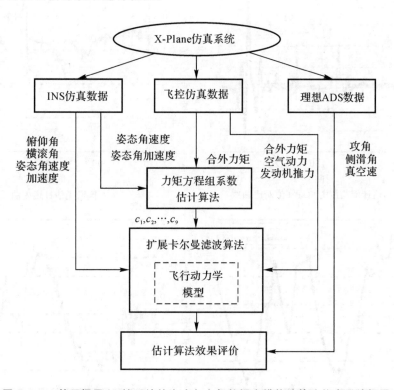

图 7.4.9　基于惯导/飞控系统的大攻角大气数据容错估计算法仿真系统框图

(2)基于惯导/飞控系统的大攻角大气数据容错估计算法验证与分析。根据基于 X-Plane 系统仿真的大攻角飞行数据及所估计的 9 个力矩方程组系数对基于惯导/飞控系统的大攻角大气数据容错估计算法进行验证。在精度分析过程中,以 X-Plane 输出的攻角、侧滑角和真空速作为评价估计算法的标准,攻角、侧滑角和真空速估效果曲线和估计误差曲线如图 7.4.10 所示,大气数据估计误差均值、标准差见表 7.4.5。

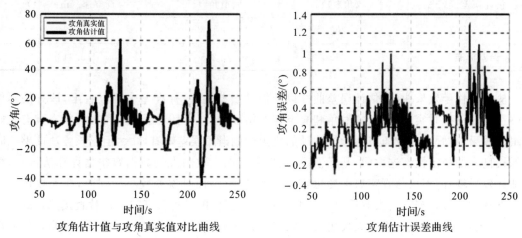

攻角估计值与攻角真实值对比曲线　　　　攻角估计误差曲线

图 7.4.10　测量误差对比组图

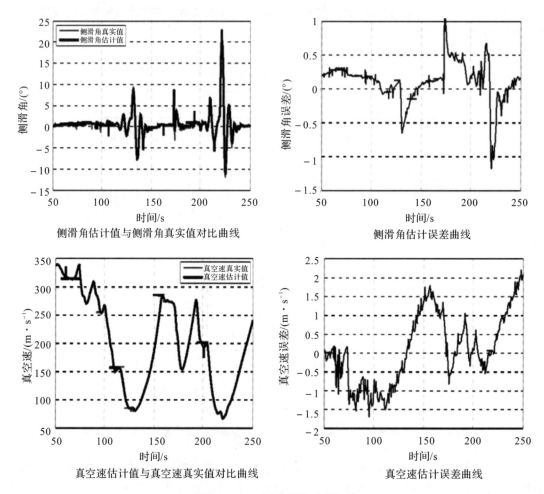

侧滑角估计值与侧滑角真实值对比曲线　　侧滑角估计误差曲线

真空速估计值与真空速真实值对比曲线　　真空速估计误差曲线

续图 7.4.10　测量误差对比组图

表 7.4.5　大气数据估计误差均值、标准差表

估计误差模式	攻角/(°)	侧滑角/(°)	真空速/(m·s⁻¹)
误差均值	0.206	0.107	0.084
误差标准差	0.205	0.285	0.943

　　从上述估计效果曲线、估计误差曲线以及估计误差均值、标准差表可以看出,该方法不仅能够在常规飞行时实现攻角、侧滑角和真空速的精确估计,而且对于大攻角飞行状态具有较好的跟踪效果,尽管在大攻角飞行阶段估计的攻角和侧滑角误差略有增大,但是该方法能够长时间保持良好的稳定性。这说明,基于惯导/飞控系统的大攻角大气数据容错估计算法可行,整体估计效果较好,不仅与真实数据变化趋势一致性较好,而且误差较小。因此,在大攻角飞行状态下物理大气数据系统失效后,可以利用估计的攻角、侧滑角及真空速代替直接测量的大气数据,有效解决新一代飞机在大攻角飞行状态下大气数据系统的故障容错问题,提高大气数据系统的稳定性。

7.4.3　基于神经网络的大攻角大气数据估计算法

1. 面向大气数据估计的 BP 网络及其改进算法分析

(1)BP 网络基本原理。人工神经网络具有自组织、自学习、自适应、容错性、分布式并行处理以及非线性函数逼近能力等优点,已在多种工程领域中得到成功应用,其中 BP 网络即基于误差回传神经网络至今为止应用最为广泛。BP 网络的节点分层排列,除了有输入层和输出层以外,至少还要有一层隐含层,不同层的节点之间通过权值系数两两连接,同层的节点之间无须相互连接,且每层节点的输出只影响下一层节点的输入,除了输入层以外,隐含层和输出层节点的净输入是前一层节点输出的加权和。设 BP 网络为三层网络,该 BP 网络结构示意图如图 7.4.11 所示。

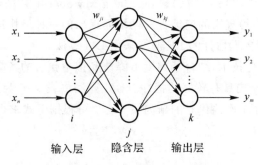

图 7.4.11　BP 网络结构示意图

BP 网络算法本质思想是,学习训练过程由输入信号的正向传播和误差的反向传播两个过程组成。输入信号正向传播时,输入样本从输入层进入网络,经各隐含层逐层计算后传向输出层。输出层实际输出值与期望输出值(教师信号)进行比较,若两者误差不符合预定要求,则转入误差的反向传播过程。误差的反向传播过程是 BP 基本算法的核心所在,即输出误差以某种形式通过隐含层向输入层逐层向前传播,并将误差分摊给各层所有节点,从而获得各层节点的误差信号,以此误差信号作为修正各节点连接权值的依据,从而使网络输出不断逼近期望输出。BP 网络的这种依靠信号正向和误差反向传播进而调整各层权值的学习过程循环往复进行,权值不断调整的过程也就是网络的学习训练过程,直到网络输出误差或学习次数达到预定目标为止。经过大量学习样本训练以后,各层节点之间的连接权值就固定下来,可以开始工作过程。工作过程中只有输入信息的正向传播,正向传播过程按照前述节点模型工作过程进行。

(2)BP 网络基本算法主要缺陷分析。BP 网络是前馈神经网络中的主要部分,BP 基本算法原理和结果简单,实现方便,但 BP 基本算法存在以下缺陷:

1)易陷入局部极小而得不到全局最优:BP 算法是基于误差梯度降的权值调整原则,每一步的调整是局部最优,有人称之为是一种急于求成的"贪心"算法,BP 网络输入到输出间的非线性关系致使网络的误差函数是一个具有多个极点的非线性空间,因此会遇到优化过程中的局部极小问题。

2)训练时学习新样本有遗忘旧样本的趋势:根据梯度下降方法原理,算法在权值调整过程中,只是按照当前时刻的负梯度方向进行调整,而没有考虑到以前积累的经验,影响旧样本在网络训练中所占的比重。

3)训练次数多、学习效率低且收敛速度慢:对同一样本进行训练时,网络各层不同的权值和节点不同的阈值会带来不同的收敛速度,从而影响网络的整体训练速度;另外,为保证算法的收敛性,学习率必须小于某一上界,这导致 BP 网络的收敛速度不可能很快。

4)网络泛化能力较差:由于训练样本的不足或函数高度非线性,即使网络对训练样本能够实现精确的映射,但是对未参加训练的新样本不能保证也得到好的网络测试效果。

5)难以确定隐含层的节点数:隐含层节点数的选取缺乏理论指导,通常利用经验初步设计,然后根据网络测试效果进行试凑,目前尚无准确的理论推导方法。

(3)BP 神经网络算法的改进。由于 BP 基本算法在实际应用中所暴露出的以上缺陷,因此在其基础上国内外提出了多种改进 BP 算法,如附加动量法、自适应学习速率法、弹性 BP 算法、共轭梯度法(包括 Fletcher-Reeves、Polak-Ribiere、Powell-Beale 以及量化共轭梯度法)、拟牛顿算法(包括 BFGS 算法、OSS 算法)、Levenberg-Marquardt 算法(简称 LM 算法)等。其中,LM 算法是为了训练中等规模的前馈神经网络而提出的一种最快速和精确的算法,下面是设计的用于大攻角下大气数据估计的 BP 网络采用 LM 算法。

LM 算法基于数值优化技术,结合了梯度下降法和拟牛顿法的各自优点,不仅具有良好的局部收敛能力,同时保证全局具有较好的特性。LM 算法中设 $\boldsymbol{x}^{(q)}$ 为第 q 次迭代时网络权值和阈值组成的向量,第 $q+1$ 次迭代时的新向量 $\boldsymbol{x}^{(q+1)}$ 可根据下式求得:

$$\boldsymbol{x}^{(q+1)} = \boldsymbol{x}^{(q)} + \Delta \boldsymbol{x} \tag{7.4.46}$$

牛顿法中有

$$\Delta x = -\left[\nabla^2 E(\boldsymbol{x})\right]^{-1} \nabla E(\boldsymbol{x}) \tag{7.4.47}$$

式中:$E(\boldsymbol{x})$ 为误差指标函数;$\nabla^2 E(\boldsymbol{x})$ 和 $\nabla E(\boldsymbol{x})$ 分别为函数 $E(\boldsymbol{x})$ 的梯度和 Hessian 矩阵,有

$$E(\boldsymbol{x}) = \frac{1}{2} \sum_{i=1}^{N} e_i^2(\boldsymbol{x})$$

$$\nabla E(\boldsymbol{x}) = \boldsymbol{J}^{\mathrm{T}}(\boldsymbol{x}) e(\boldsymbol{x})$$

$$\nabla^2 E(\boldsymbol{x}) = \boldsymbol{J}^{\mathrm{T}}(\boldsymbol{x}) e(\boldsymbol{x}) + \sum_{i=1}^{N} e_i(\boldsymbol{x}) \nabla^2 e_i(\boldsymbol{x})$$

式中:$e(\boldsymbol{x})$ 为网络输出误差,$\boldsymbol{J}(\boldsymbol{x})$ 为雅可比矩阵,有

$$\boldsymbol{J}(\boldsymbol{x}) = \left(\frac{\partial e_i(\boldsymbol{x})}{\partial x_j}\right) = \begin{pmatrix} \dfrac{\partial e_1(\boldsymbol{x})}{\partial x_1} & \dfrac{\partial e_1(\boldsymbol{x})}{\partial x_2} & \cdots & \dfrac{\partial e_1(\boldsymbol{x})}{\partial x_n} \\ \dfrac{\partial e_2(\boldsymbol{x})}{\partial x_1} & \dfrac{\partial e_2(\boldsymbol{x})}{\partial x_2} & \cdots & \dfrac{\partial e_2(\boldsymbol{x})}{\partial x_n} \\ \vdots & \vdots & & \vdots \\ \dfrac{\partial e_N(\boldsymbol{x})}{\partial x_1} & \dfrac{\partial e_N(\boldsymbol{x})}{\partial x_2} & \cdots & \dfrac{\partial e_N(\boldsymbol{x})}{\partial x_n} \end{pmatrix}$$

拟牛顿法中有以下的权值－阈值向量增量计算公式:

$$\Delta x = -\left[\boldsymbol{J}^{\mathrm{T}}(\boldsymbol{x}) \boldsymbol{J}(\boldsymbol{x})\right]^{-1} \boldsymbol{J}(\boldsymbol{x}) e(\boldsymbol{x}) \tag{7.4.48}$$

LM 算法在拟牛顿法基础上进行了改进,有以下的向量增量公式:

$$\Delta x = -\left[\boldsymbol{J}^{\mathrm{T}}(\boldsymbol{x}) \boldsymbol{J}(\boldsymbol{x}) + \mu \boldsymbol{I}\right]^{-1} \boldsymbol{J}(\boldsymbol{x}) e(\boldsymbol{x}) \tag{7.4.49}$$

式中:μ 为正的比例系数;$\boldsymbol{I}$ 为单位矩阵。

当比例系数 μ 为 0 时,LM 算法即为拟牛顿法;当 μ 的值逐渐增大时,LM 算法变为步长较小的梯度下降法。算法根据动态结果自适应调整比例系数,从而提高算法的整体收敛速度。由上式总可以进行求逆计算,而拟牛顿算法不满足这一条件;另外,LM 算法包含了一阶和二阶的导数信息,因此 LM 算法性能同时优于梯度下降法和拟牛顿法。

2. 基于改进 BP 网络的大攻角大气数据估计算法设计

(1)基于改进 BP 网络的大攻角大气数据估计算法设计。由于 BP 网络的设计包括网络层数、每层的节点数、网络传递函数、样本选取、数据处理以及网络训练算法等方面的内容,因此,基于改进 BP 算法的网络设计包含了以下内容。

1)BP 网络层数确定。BP 网络具有一个输入层和一个输出层,隐含层个数应结合所研究模型的复杂性、网络性能和训练时间等因素进行综合考虑。隐含层个数的增多虽然可在一定程度上提高网络的精度、降低误差,但同时也使网络变得更为复杂化,进而增加了网络权值的训练时间,导致网络的计算量和训练时间增加。已有的理论证明,在不限制隐含层节点的前提下,具有单隐含层的 BP 网络可以实现任意形式的非线性映射,只有当学习不连续函数时才需要两个隐含层。实际上通过增加隐含层中的节点数目来提高精度的方法比增加隐含层数更容易观察和调整。

2)BP 神经网络每层节点数设计。

a. 输入层和输出层节点个数设计。待建模系统的输入和输出分别对应 BP 网络的输入和输出变量。利用 BP 网络建立大气数据估计模型,网络输入量为对输出量影响大且便于获取的变量,同时保证各个输入变量之间的相关性很小或者互不相关,以此为原则选取惯导系统输出的姿态角/姿态角速度/加速度、飞控系统输出的舵面(副翼、方向舵、升降舵)偏转量/油门大小、GPS 输出的高度/速度等信息作为网络的输入量;网络输出量为所要估计的大气攻角、侧滑角、真空速、马赫数、指示空速、气压高度以及升降速等。

b. 隐含层节点个数设计。隐含层节点的作用是从样本中提取并存储模型内在的规律。隐含层节点数太少,网络从样本中获取信息的能力就差,不足以概括和体现训练集中的样本特征;隐含层节点数太多会导致学习时间过长,可能把样本中非规律性的内容(如噪声等)记牢,从而容易出现"过度吻合"现象,反而降低了泛化能力。因此,隐含层节点个数的确定十分复杂,至今为止,尚未找到一个通用的数学解析式,一般在经验公式的基础上不断调试得到,也称之为试凑法。建模对象的复杂度、输入层和输出层节点数等因素都会影响隐含层节点数的选取,因此必须结合多种因素进行综合设计。下面根据以下的经验公式确定隐含层节点数的初始值,然后根据训练过程中不同层数的训练时间、训练和测试效果等方面进行不断调整,最终确定 BP 网络隐含层选择为 18 个节点。

$$n = \sqrt{n_i + n_o} + a \tag{7.4.50}$$

式中:n 为隐含层节点数经验值的初始值;n_i 为输入层的节点数;n_o 为输出层的节点数;a 为 1 ～ 10 之间的某一常数。

c. 训练样本和测试样本选取。BP 神经网络训练和测试数据来源为 X-Plane 飞行仿真系统输出的 21 组大攻角飞行阶段的仿真数据,其中大攻角飞行阶段的大气数据样本变化范围见表 7.4.6。将其中的前 20 组大攻角飞行阶段的飞行数据作为训练样本,将没有参加网络训练的第 21 组大攻角飞行阶段数据作为测试样本。

表7.4.6 大攻角飞行阶段大气数据样本变化范围

大气数据	范 围
攻角	$-60°\sim80°$
侧滑角	$-35°\sim35°$
真空速	$40\sim170$ m/s
马赫数	$0.1\sim0.55$
指示空速	$5\sim120$ m/s
气压高度	$7\,000\sim10\,000$ m
升降速	$-120\sim150$ m/s

d. 数据归一化处理及 BP 网络传递函数选取。由于飞行仿真数据具有不同的物理意义、不同的量纲,且不同类型的数据量级相差较大,为了防止节点训练时过饱和,同时稳定网络的性能,首先对飞行数据进行尺度变化,即对网络输入和输出数据进行统一的归一化处理,使它们均位于 -1 和 1 之间,然后进行网络的训练和测试;网络输出后需要经反归一化处理,得到实际数值范围的输出结果。网络数据的归一化处理有利于大量样本的训练和测试,减小样本中野值带来的不利影响,从而提高网络的学习效率。BP 网络传递函数通常为线性函数、对数 S 型传递函数或双曲正切 S 型传递函数,由于网络输入和输出数据经过归一化处理后均在 -1 ~1 之间,因此 BP 网络隐含层和输出层的传递函数都选取为双曲正切 S 型函数。

e. 不同 BP 网络算法性能对比分析。基于上述选取的 20 组大攻角飞行阶段的训练样本,将训练样本中的惯导数据、飞行控制量以及 GPS 数据作为网络训练输入样本,大气数据作为网络训练输出样本,对 BP 网络进行训练,训练总步数为 1 000,训练输出均方误差目标为 0.001,采用 BP 基本算法和各种改进 BP 算法对网络进行训练,从而得到不同网络在大攻角飞行阶段的训练结果(均方误差统一取为小数点后 5 位),如表 7.4.7 所示。

表7.4.7 基于大攻角飞行仿真数据的不同 BP 算法训练结果对比表

BP 算法	训练步数	均方误差
基本算法	1 000	0.102 20
附加动量法	1 000	0.083 14
自适应学习速率法	1 000	0.009 86
自适应学习速率和附加动量法相结合算法	1 000	0.006 56
弹性 BP 算法	1 000	0.003 58
Fletcher-Reeves 共轭梯度法	1 000	0.001 46
Polak-Ribiere 共轭梯度法	1 000	0.001 40
Powell-Beale 共轭梯度法	1 000	0.001 25
量化共轭梯度法	1 000	0.001 54
BFGS 拟牛顿法	1 000	0.001 05

续表

BP 算法	训练步数	均方误差
OSS 拟牛顿法	1 000	0.002 20
LM 算法	53	0.000 99

　　由表 7.4.7 所示的不同 BP 算法训练结果对比表可以看出,当 BP 网络的训练样本、网络层数、每层的节点数、网络传递函数等相同时,采用 BP 基本算法的网络不仅训练速度慢,且均方误差最大;基于各种改进 BP 算法的网络性能均有所提高,其中基于 LM 算法的网络具有最快的收敛速度,且均方误差最小,各种 BP 算法中 LM 算法性能最优。为了尽可能提高设计的 BP 网络整体性能和大气数据估计效果,网络训练算法应选 LM 算法,同时也验证了上面论述基于 LM 算法这一改进 BP 网络的合理性。

　　(2)基于 X-Plane 系统的大攻角大气数据估计算法仿真验证。上述设计的基于 LM 算法的改进 BP 网络,将 20 组大攻角飞行仿真阶段训练样本对网络进行训练。将 X-Plane 系统直接输出的大气数据作为理想数据对训练好的 BP 网络性能进行评价,利用未参与训练的第 21 组测试样本中的输入样本对训练好的网络进行测试,此时网络输出的大气数据即为经过 BP 网络所估计的大气数据,并将其与相应的理想大气数据进行对比分析。基于飞行仿真数据的 BP 神经网络训练和测试流程图如图 7.4.12 所示。

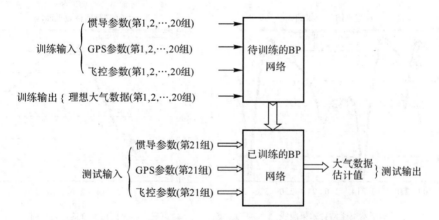

图 7.4.12　基于飞行仿真数据的 BP 网络训练与测试流程图

　　利用训练样本和测试样本分别对 BP 网络进行训练和测试,得到第 21 组大攻角飞行阶段利用 BP 网络估计的大气数据效果曲线如图 7.4.13 所示。以 X-Plane 仿真系统输出的大气数据为标准值,利用 BP 网络估计得到的大气数据的误差均值和标准差见表 7.4.8。

表 7.4.8　BP 网络估计的大气数据精度分析表

估计误差模式	攻角 (°)	侧滑角 (°)	真空速 m/s	马赫数	指示空速 m/s	气压高度 m	升降速 m/s
误差均值	−0.067 5	0.384 0	0.307 6	0.001 3	0.651 3	0.130 23	−0.246 4
误差标准差	1.508 2	1.628 6	0.603 8	0.002 1	1.678 4	8.802 46	1.371 4

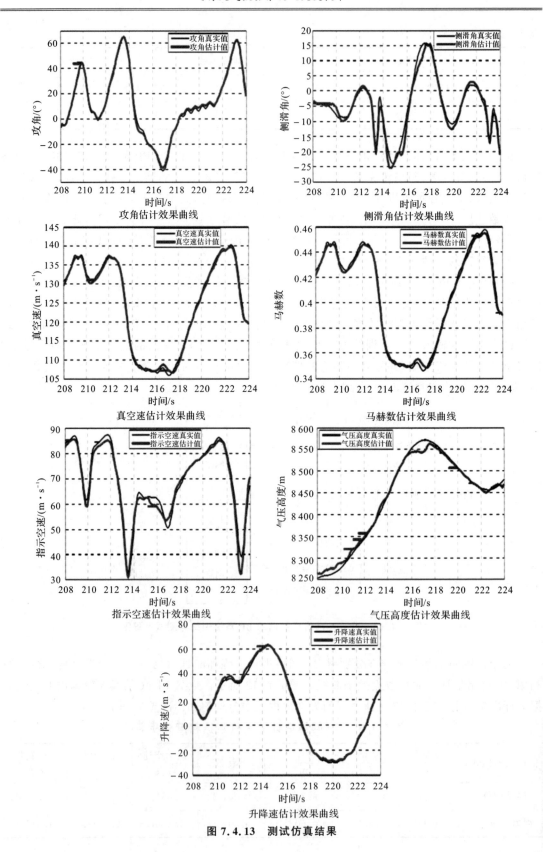

图 7.4.13　测试仿真结果

根据以上大攻角飞行状态下 BP 网络输出的大气数据估计效果曲线和精度分析表可知，基于改进 BP 网络算法不仅能够对多种类型的大气数据进行估计，而且估计得到的大气数据和大气数据真实值吻合度较好，在整个大攻角飞行区间内所估计的大气数据具有较高的精度和稳定性，基于改进 BP 网络的大攻角大气数据估计算法可行有效。

因此，在实际工程应用中，首先利用飞机实际飞行时记录的大量的大气数据系统实测参数（可以是试飞阶段采用标准空速管测得的参数）、惯导系统实测参数、GPS 实测参数、飞控系统的实测控制信号等，对 BP 网络进行不断的训练和测试；飞机在大攻角飞行时，可利用训练好的 BP 网络对大气数据进行实时精确估计，用网络输出的大气数据近似代替大气数据系统发生故障时输出的大气数据，从而提高大气数据系统的测量精度和容错性，确保新一代飞机在大攻角飞行状态下的安全可控飞行能力，在实际应用中具有广泛的应用前景。

7.5 大气数据软件的典型开发过程

CCS(Code Composer Studio，代码设计套件)是一种集成开发环境，是针对标准调试 TMS320 调试器接口的交互式方法。CCS 为用户提供了环境配置、源程序编辑、程序调试、跟踪和分析等工具，极大地方便了 DSP 程序的设计与开发，用户可以在一个软件环境下完成编辑、编译链接、调试和数据分析等，也非常便于实时、嵌入式信号处理程序的编制和测试，能够加快和增强程序员的开发进程，提高工作效率。以下介绍 CCS 的主要特征以及主要开发流程。

7.5.1 CCS 的主要特征

一般系统所使用的 DSP 开发环境是 CCStudio v3.3 版本，有如下主要特性：

(1)使用完全集成的 TI 编译器环境，即 CCS 目标管理系统、编译器、调试和分析能力集成在一个 Windows 环境下。

(2)对 C 和 DSP 汇编语言文件的目标管理。目标编译器支持对所有文件及相关内容的跟踪，而且它只对最近一次编译中改变过的文件重新编译，从而节省编译时间。

(3)高度集成的编译器以调整 C 和 DSP 汇编代码。CCS 的内建编译器支持 C 语言和汇编语言文件的动态语法，且通过加亮显示出来，使用户能方便地阅读代码并及时发现语法错误。

(4)编译和调试可后台进行。CCS 会自动将编译器和汇编器等这些工具装载在它的环境中，用户没有必要在使用上述工具时进入 DOS 环境而退出系统。并且在 CCS 的窗口中加亮显示错误，错误指令在双击后显示。

(5)浮点并行调试管理器(PDM)允许将命令传播到部分或所有的处理器，也就是说，它使得 CCS 支持多处理器操作。

(6)图形窗口探针。用户可以观察到时域或频域内的信号，并且 FFT 是在主机内进行的，用户无须改变它的 DSP 代码，就可以直接地对感兴趣的部分进行观察。而且当前显示的窗口有更新时，与图形显示相连的探针被指定，代码一旦执行到该点时，就可以迅速地观察到信号。

(7)文件探针提取加入数据或者信号。CCS 允许用户从 PC 读或写非实时的信号流，这样就可以通过仿真来减少实时现场调试的时间。

(8)用户的 DOS 程序可在后台(系统命令)被执行。CCS 中的 DOS 程序,用户可以执行并将其输出以流水方式送到 CCS 的输出窗口,且 CCS 允许用户集成应用。

(9)技术状态观察窗口 C 表达式及相关变量可通过 CCS 的可视窗口进入。方便的递归扩展和减少结构、数组、指针,有利于进入复杂结构。

(10)具有代数分解窗口。可以将 C 格式写成代数表达式,允许用户选择查看,具有较强的易读性。

(11)结构和指令上的在线帮助可以使用户不必查看技术手册。

(12)用户扩展功能。扩展语言(GEL)使得用户可以将自己的菜单项加到 CCS 的菜单栏中。

CCS 开发环境界面如图 7.5.1 所示。

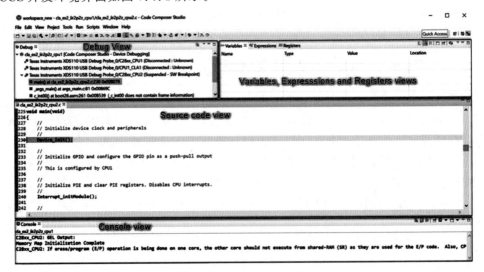

图 7.5.1　CCS 开发环境界面

7.5.2　CCS 软件开发流程

利用 CCS 集成环境开发应用程序的流程如图 7.5.2 所示。具体开发步骤如下:

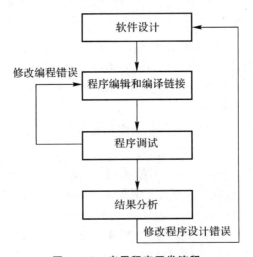

图 7.5.2　应用程序开发流程

（1）软件部分的设计。首先将程序模块化、流程化，然后描绘出算法和流程，并预估执行的值等。

（2）编写程序及其编译链接。指用 DSP 的汇编或者通用的高级语言（如 C 语言）来编写头文件、配置文件和源程序。编译器进行编译，进一步排除语法、变量定义等错误。

（3）调试程序。利用 CCS 软件，采用断点设置、观察存储器、单步执行等手段通过和计算机之间的通信来实现软件调试，也可以采用示波器或逻辑分析仪等。

（4）结果分析。用 CCS 软件，对应用程序运行的结果，如图形显示数据或统计运行时间等进行分析。不断重新修改和完善软件的设计，直至满足设计要求。

7.6　软件测试与验证技术

结合飞行仿真技术和飞行仿真软件的发展，有相关研究针对大攻角飞行状态下虚拟大气数据系统估计算法的验证问题，基于 X-Plane 飞行模拟软件，构建了虚拟大气数据系统仿真平台，在大攻角虚拟大气数据系统的研究中，发挥了重要支撑作用。

7.6.1　基于 X-Plane 系统的大攻角虚拟大气数据系统仿真平台设计

1. X-Plane 系统在大攻角虚拟大气数据系统中的可用性分析

X-Plane 是由 AustinMeyer 公司开发的商业软件，美国航空航天局和卡特航空技术公司等飞机设计公司用其作为商业飞行模拟测试软件，其具有操作方便、模拟环境真实度高、仿真数据精确可靠、可视化效果好等优点，为飞行仿真、飞行控制与导航等领域的研究提供了一个良好的可视化动态飞行仿真平台。其具有以下特性：

（1）X-Plane 具有实时输出和记录飞机各种大气参数和飞行参数，如静压、动压、静温、攻角、侧滑角、真空速、马赫数、指示空速、气压高度、升降速、位置、速度、加速度、姿态角、加速率、舵面及油门等飞行状态和控制量等功能，可以进行包括大气数据系统、惯性导航系统、GPS、飞行控制系统以及气象数据在内的各种实时仿真。

（2）X-Plane 具有齐全的飞机库，包括战斗机、民机、直升机、无人机、空天飞机、飞艇等适用各种仿真试验要求的飞行器，且能够实时显示飞行器的飞行状况三维场景，具有人机交互功能好的特点。

（3）X-Plane 具有强大的地图库，其地图涵盖了地球上南北半球纬度小于 $75°$ 的所有地形和民用机场，可以设定地球物理大气特性参数，也可以从互联网上下载当地的真实气象状况，能够模拟各种地形和地貌，保证飞行仿真场景更加贴近实际的飞行状况。

（4）X-Plane 具有可控飞行和自主飞行能力，可以利用飞行控制摇杆便捷地操纵飞机进行各种飞行状态的实时仿真。该系统还具有自主飞行控制能力，按照系统设定的航路和飞行状态进行自主飞行。

X-Plane 可以实时进行多种飞行数据的显示、存储、网路输出等，同时也可接收网路端口的控制输入数据。可以根据仿真的需要对输入/输出参数进行选择：

（1）大气环境：静压、动压、静温、密度、风速；

（2）气流角:攻角、侧滑角;

（3）位置:经度、纬度、平均海平面海拔高度、相对地面高度、地理坐标系位置;

（4）姿态角:横滚角、俯仰角、偏航角;

（5）速度:真空速、指示空速、马赫数、升降速度、地速、地理坐标系下三个轴向速度、三个姿态角速度;

（6）加速度:机体轴向三个线加速度、三个角加速度、重力加速度;

（7）力矩:俯仰力矩、横滚力矩、偏航力矩;

（8）力:气动升力、气动侧力、气动阻力、三个轴向的发动机推力;

（9）质量:飞机净重量、载荷质量、燃油质量、实时总质量;

（10）飞行控制参数:副翼/方向舵/升降舵控制量、刹车、油门大小、起落架收放等。

综上所述,X-Plane飞行模拟软件系统提供了丰富的飞行过程数据,可模拟选定飞机的飞行过程中的外部和飞机的运动参数,X-Plane可以用于构建有关的虚拟大气数据系统的飞行仿真系统。

2. X-Plane 输入/输出数据解析

仿真系统要成功运行,我们必须了解X-Plane的数据格式类型,将数据解码转换为所需的类型。X-Plane数据传输格式为十六进制数,其一帧数据发送和接收结构包括报头和数据区,数据区由消息头、子帧号和子帧数据组成。其消息头用来判断一条消息的开始,子帧号表示飞行参数的位置,即表示这一子帧数据为X-Plane软件中数据输入/输出菜单中第几行数据,每个子帧数据由8个参数组成,若8个参数之间有空缺,则用空格填补,仿真系统的数据输入/输出的数据结构见表7.6.1。另外,X-Plane输入/输出的数据大部分采用英美制单位,如长度采用英尺、英寸、海里,速度采用海里/时、英里/时,质量采用磅等,因此在利用实时输出的仿真数据时需要将其转换为国际标准单位。

表 7.6.1 软件数据输入/输出结构

子帧号	参数1	参数2	参数3	参数4	参数5	参数6	参数7	参数8
01	实时时间	总时间	飞行时间	定时器	空格	时间	当地时间	时间
03	真空速	指示空速	真空速	指示空速	升降速度	空格	地速	地速
04	马赫数	空格	法向加速度	纵向加速度	横向加速度	空格	空格	空格
05	海平面压力	海平面温度	空格	风速	风向	湍流	降雨量	冰雹
06	静压	静温	静温	密度	真空速	动压	空格	重力加速度
11	升降舵偏转量	副翼偏转量	方向舵偏转量	空格	操舵效应	空格	空格	空格
14	起落架	刹车	刹车	刹车	空格	空格	空格	空格
15	俯仰力矩	横滚力矩	偏航力矩	空格	空格	空格	空格	空格
16	俯仰角加速度	横滚角加速度	偏航角加速度	空格	空格	空格	空格	空格

续表

子帧号	参数 1	参数 2	参数 3	参数 4	参数 5	参数 6	参数 7	参数 8
17	俯仰角速度	横滚角速度	偏航角速度	空格	空格	空格	空格	空格
18	俯仰角	横滚角	真偏航角	磁偏航角	罗偏航角	空格	空格	阻尼
19	攻角	侧滑角	水平航路	垂直航路	空格	空格	空格	下滑道
20	纬度	经度	平均海拔高度	对地高度	空格	指示高度	纬度	经度
21	东向位置	天向位置	南向位置	东向速度	天向速度	南向速度	里程	里程
25	油门	油门	空格	空格	空格	空格	空格	空格
62	燃油重量	燃油重量	燃油重量	燃油重量	燃油重量	燃油重量	燃油重量	燃油重量
63	净重量	载荷重量	总燃油重量	重量	实时总重量	最大重量	空格	重心位置
64	气动升力	气动阻力	气动侧力	空格	空格	空格	空格	空格
65	发动机法向力	发动机纵向力	发动机横向力	空格	空格	空格	空格	空格

3. 仿真系统性能需求分析

设计大攻角虚拟大气数据系统仿真平台的主要目的是在地面能够便捷、快速地验证虚拟大气数据系统及虚拟大气数据估计算法,为进一步半物理试验和新方法、新技术在飞机中的应用奠定基础。大攻角虚拟大气数据系统仿真平台必须满足以下要求:

(1)仿真大攻角飞行特性:飞行仿真系统具有大攻角高机动飞行能力的飞机,能够实现飞机的大攻角飞行特性精确仿真。

(2)仿真数据丰富:能够输出丰富的飞行数据,如大气参数、惯导参数、GPS 参数以及飞行控制参数等。

(3)仿真实时性:仿真时的数据处理要与飞机运动同步,且仿真计算周期随不同应用要求可变。

(4)人机交互功能好:对各种飞行状态的仿真可控且易于操纵,仿真界面良好,输出结果曲线图形或三维界面显示,数据记录完整正确。

该研究设计的飞行仿真系统的实时性主要是由 X-Plane 仿真软件输入/输出数据的刷新决定,X-Plane 仿真软件可以实时运行,其输入/输出频率可达 99.99 Hz,这一频率与实际大气数据系统的参数更新率相近,系统满足实时性要求;仿真平台操作方便,视景界面逼真,飞机的操控主要通过操控杆完成,操控便捷。该平台中,可以根据仿真需求,选择固定翼、旋翼以及特殊飞机模型,涵盖 F-22,F-35 等具有大攻角飞行能力的军用飞机,非常适合研究大攻角虚拟大气数据技术在不同飞机载体下的适应性。

4. 大攻角虚拟大气数据系统仿真平台的总体结构设计

大攻角虚拟大气数据系统仿真平台包括飞机模型操控杆,飞机模型及飞行仿真工作站和虚拟大气数据系统,总体结构如图 7.6.1 所示。

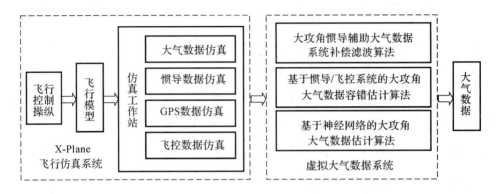

图 7.6.1　大攻角虚拟大气数据系统仿真平台的结构示意图

操控杆和 X-Plane 飞行仿真软件之间采用 USB 接口,数据传输符合 USBHID 协议,遥控杆产生操控指令,控制 X-Plane 飞行仿真软件中的飞机模型飞行。飞机模型及飞行仿真工作站运行 X-Plane 飞行仿真软件,该软件接收操控杆的指令数据,根据内置的飞机模型,完成飞行仿真计算,飞行过程的图形化显示和数据的显示,并将选定的大气数据、惯导数据、GPS 数据、飞控数据等飞行数据以一定频率进行存储,利用存储的飞行数据,对虚拟大气数据系统中的大攻角惯导辅助大气数据系统补偿滤波算法、基于惯导/飞控系统的大攻角大气数据容错估计算法以及基于神经网络的大攻角大气数据估计算法进行仿真验证,最终输出精确的大气数据。

7.6.2　大攻角虚拟大气数据系统仿真平台数据分析

基于搭建的虚拟大气数据系统仿真平台,利用 X-Plane 飞行仿真系统,选取 F-22 飞机,并对所要输出的飞行数据进行选取以及对飞行环境(机场、气象参数等)进行设定,通过操纵摇杆进行飞行仿真,输出所需的大气参数、惯导参数、GSP 参数以及飞行控制参数等。飞行仿真时间为 600 s,选取大攻角高机动飞行阶段(360~500 s)的飞行参数进行分析,其中,大攻角飞行航迹三维曲线如图 7.6.2 所示。

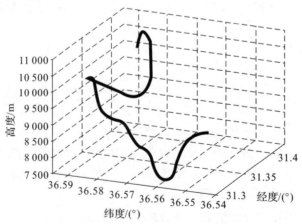

图 7.6.2　大攻角飞行航迹三维曲线

1. 大气数据系统仿真数据分析

X-Plane 仿真系统可以输出攻角、侧滑角、气压高度、升降速、静压、动压、静温、真空速、马赫数、指示空速等大气数据信息,大气数据变化曲线如图 7.6.3 与图 7.6.4 所示。

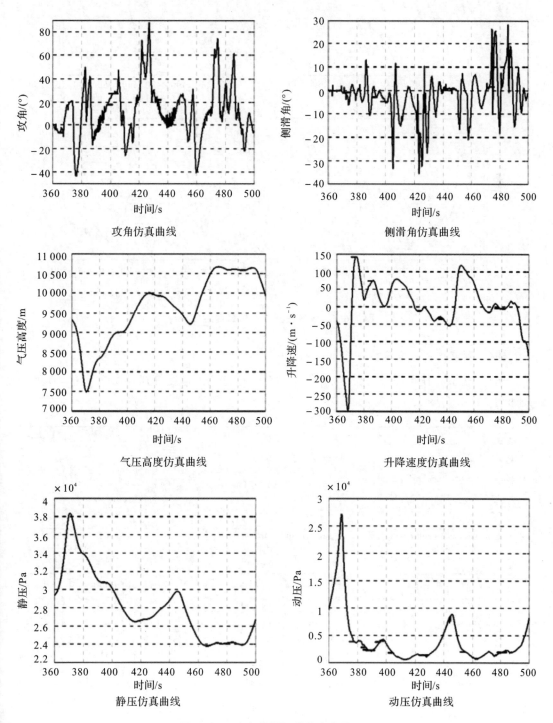

攻角仿真曲线

侧滑角仿真曲线

气压高度仿真曲线

升降速度仿真曲线

静压仿真曲线

动压仿真曲线

图 7.6.3 大气数据系统仿真曲线(一)

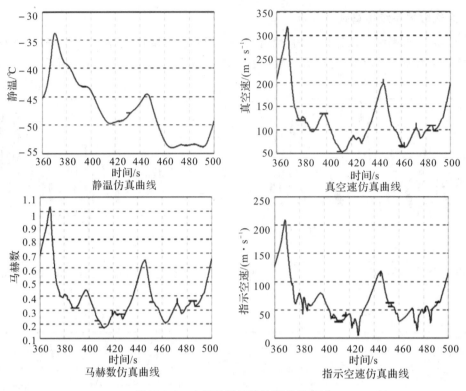

图 7.6.4　大气数据系统仿真曲线(二)

2. 惯导系统仿真数据分析

X-Plane 仿真系统可以输出位置、姿态角、姿态角速度、加速度等惯导参数信息,参数变化曲线如图 7.6.5 与图 7.6.6 所示。

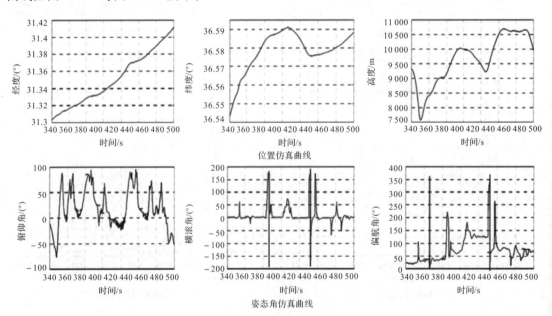

图 7.6.5　惯导系统仿真曲线(一)

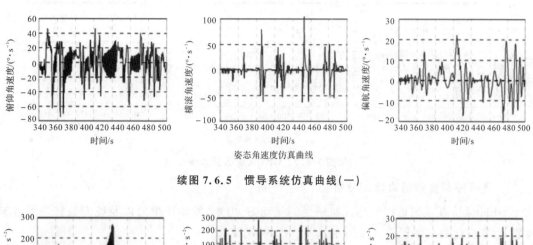

续图 7.6.5　惯导系统仿真曲线(一)

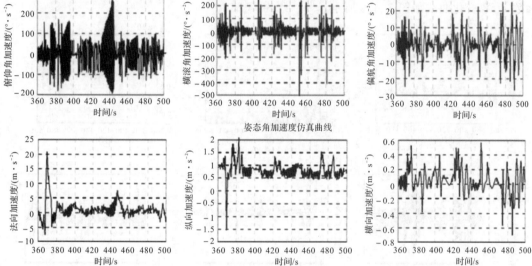

图 7.6.6　惯导系统仿真曲线(二)

3. GPS 系统仿真数据分析

将 X-Plane 仿真系统可以输出 GPS 系统仿真的位置、速度参数,参数变化曲线如图 7.6.7 所示。

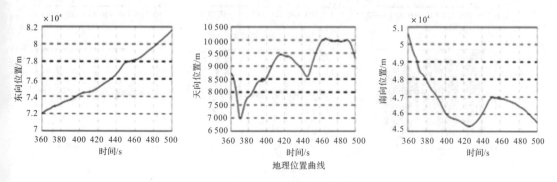

图 7.6.7　GPS 系统仿真曲线

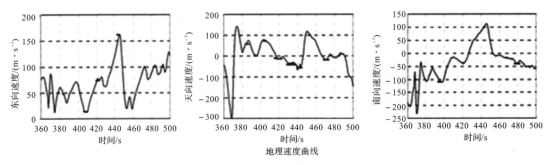

续图 7.6.7 GPS 系统仿真曲线

4. 飞机控制参数仿真数据分析

X-Plane 仿真系统可以输出飞机所受的气动力、力矩、发动机推力以及舵面偏转量等控制参数,参数变化曲线如图 7.6.8 所示。

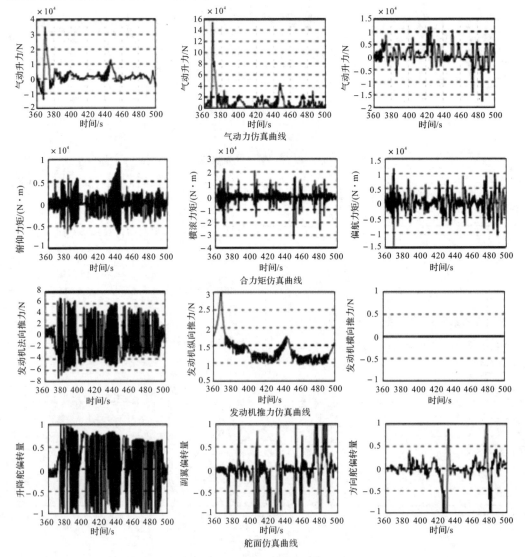

图 7.6.8 飞机控制参数仿真曲线

上述仿真多个与飞机飞行过程中大气特性、飞机的控制、导航有关的参数的全面输出表明了基于 X-Plane 的飞机仿真平台可以作为大攻角虚拟大气数据系统的仿真平台,对虚拟大气数据算法进行前期仿真验证。

7.6.3 大气数据计算机(ADC)自动测试系统简介

1. ADC 简介

ADC 是航空机载电子设备中非常重要的一种综合测量系统,又被称作大气数据中心仪。根据使用传感器的类型不同可以将 ADC 分为模拟式、数字式和混合式三种类型。其中模拟式 ADC 采用的传感器均为伺服式压力传感器,如 B707 飞机上使用的 NG - 180U 型 ADC;数字式 ADC 使用的传感器多采用压阻式、电压式和谐振式压力传感器,这类传感器具有体积小、精度高、性能可靠等特点,如 B757 和 B767 飞机上使用的 ARINC706 型 ADC;混合式 ADC 则是由数字式与模拟式 ADC 混合组成的 ADC,如 B747、B300 等飞机上采用的 HG - 480C1 和 HG - 480B 型 ADC。

ADC 是一套自动解算设备,它不仅可以作为指示仪器将飞机的飞行高度、真空速、马赫数等参数显示出来并提供给飞行员参考,还可以作为信号传感器,将信号传递给惯性导航系统、高度警戒系统、火控系统以及自动飞行控制系统等。其中飞行高度、真空速、马赫数等大气参数是在传感器测量得到的静压、全压、总温和迎角等少量原始信号的基础上,根据输出参数与原始信号的数学关系式,由 ADC 自动解算得出的。ADC 的工作原理如图7.6.9 所示。

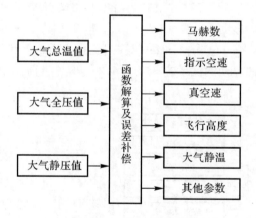

图 7.6.9 ADC 工作原理

2. ADC 自动测试系统 ATE - 2013 - 001 硬件组成及结构

目前,ADC 作为一种重要航空机载设备,被广泛应用于飞机在飞行过程中对周围大气参数实时地采集、处理和分析。由于不同型号飞机使用的 ADC 是不相同的,因此军机维修企业为了实现对不同类型 ADC 测试,搭建了一套名为“ATE - 2013 - 001”的通用自动测试系统,以满足测试不同类型的 ADC 设备的需要。该测试系统的硬件资源能够满足对不同类型的 ADC 设备进行自动测试和手动测试,对于不同类型 ADC 的测试只需更换相应的适配器。分

析不同类型的 ADC 的测试要求,可以看出,无论何种类型的 ADC 设备,其测试要求主要包括:

(1)ADC 输出参数精度测试。ADC 输出参数精度测试需要测试的大气参数有相对气压高度、绝对气压高度、几何高度、马赫数、真空速、指示空速、垂直加速度、大气静温、场压、高度偏差、指示空速偏差、马赫数偏差、绝对气压高度偏差。ADC 输出参数精度测试是由 ATS 测试系统向 ADC 发送静压、全压和阻滞电阻激励信号,并控制 429 总线采集并解析由 ADC 返回的大气参数。ADC 自动测试系统再参考每个大气参数精度判断指标(额定值、误差上限和下限),判断实际返回的参数值是否都在指标规定的误差范围之内,如果在范围内则说明当前参数检测合格。

(2)离散信号测试。离散信号测试是指 ADC 自动测试系统需要采集 ADC 输出的一次性信号(也叫一次性指令,均为离散量输入/输出信号,电压27V),每个一次性信号对应一个大气参数指标,如果输出的一次性信号电平值以及 429 总线采集到大气参数值都符合指标要求,则说明 ADC 设备的离散信号检测合格。

为满足上述测试要求,搭建的"ATE-2013-001"ADC 自动测试系统硬件平台结构如图7.6.10 所示。在图 7.6.10 中描述了自动测试平台的结构组成,它是由工业控制计算机、PXI机箱、GPIB 仪器、连接器、适配器 5 个部分构成,每个部分的内容和实现的功能介绍如下:

(1)工业控制计算机:是整个 ATS 硬件平台的核心,对 ADC 测试程序的运行进行控制和管理。主要功能是连接和控制 PXI 测试资源和 GPIB 仪器模块,根据测试任务开发测试程序,实现测试信息文件的编辑,测试流程的控制,测试程序的管理和调度,测试报表的生成、存储和打印输出等。

(2)PXI 测试资源:为了满足多种类型被测对象的测试需求,PXI 机箱的扩展槽可以实现对特定功能 PXI 测试资源板卡的扩展,如开关量、离散量和数字量等功能板卡。这些测试资源板卡通过 VPC(Virgina Panel Corporation)连接器、接口适配器和大气数据计算机连接在一起,形成一套完整的通用的自动测试系统。表 7.6.2 给出了目前使用到的 PXI 机箱中的测试资源名称以及用途。

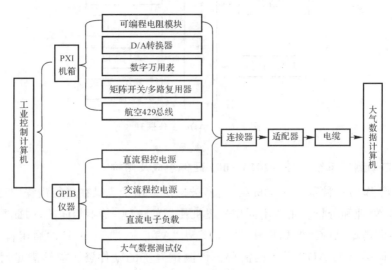

图 7.6.10 ADC 自动测试平台结构图

表 7.6.2　PXI 测试资源

序号	资源名称	用　途
1	64 路离散 I/O 板卡 M9187A	实现一次性信号和一次信性指令的收发
2	429 总线控制器	实现大气参数和稳定指令的收发
3	模拟量发送卡 NI6723	向 ADC 发送垂直加速度电压
4	单刀单掷开关 40-160-003	接通主电源和左右应急电源
5	可编程电阻 40-297-003	向 ADC 发送阻滞电阻
6	多路复用器 40-657-001	实现对不同信号通道的多次复用

（3）GPIB 分立仪器：ATS 自动测试平台安装了 4 个 GPIB 仪器模块（直流程控电源、交流程控电源、直流电子负载和大气数据测试系统）。这些 GPIB 仪器模块和 ADC 之间的不同数据信号的通信可以由 GPIB 总线指令实现控制。目前使用到的 GPIB 仪器设备名称和用途见表 7.6.3。

表 7.6.3　GPIB 仪器设备

序号	仪器设备名称	用　途
1	直流程控电源 Agilent N6701	为 ADC 提供 27 V 电压和 0.5 A 电流
2	直流电子负载 Agilent 6060B	为多路信号通道提供稳定的电流
3	大气数据测试仪 ADTS 405	为 ADC 提供静压、静压率和全压、全压率

（4）VPC 连接器和适配器：为了解决多种类型 ADC 与自动测试平台之间的接口问题，采用 VPC 连接器—接口适配器结构将 ADC 与测试资源连接在一起，在检测不同的 ADC 对象时，只需更换对应的接口适配器即可实现连接功能。适配器的研制和设计中，考虑到了功能的自检和防插错设计等，可以保证 ADC 在连接时的准确性及安全性。

7.6.4　自动测试系统测试软件通用开发平台设计思路

1. 通用开发平台需求分析

传统开发测试设备专用测试程序的方法是：开发人员首先需要针对特定被测产品的测试要求选择硬件资源，然后按照所选硬件资源及被测产品的接口信息设计、开发接口适配器，再按照接口适配器连接关系以及硬件资源的配置情况开发专用的测试软件。测试软件的设计仅考虑满足该特定被测设备的要求，开发的用户界面、访问硬件资源的程序代码、测试参数等在设计时完全固定，如果测试设备的硬件接口、适配器配置有任何变化，都需要开发人员修改源代码，并需要对代码重新编译和链接。这样的开发过程不仅需要开发人员具有较强的软件开发能力，还需要开发人员非常了解被测产品的测试要求。而且，用这种方式开发出来的测试软件仅仅针对某一被测产品，其操作模式、界面风格、测试数据的保存等都存在很大差异，软件的开发周期也相对较长。

在 ADC 自动测试系统硬件配置确定的基础上,维修厂希望打破传统的编写专用测试程序的方法,为 ADC 自动测试系统中配备通用性强的测试软件,以提高测试效率。工厂希望技术人员不需要根据不同的 ADC 设备分别编写不同的测试软件,而是要求通过设计一套 ADC 测试软件的通用开发平台,由操作人员利用该平台自动生成满足不同类型的 ADC 设备测试要求的测试程序。操作人员利用该平台,能够对 ADC 设备的测试要求进行描述,然后开发平台可以根据操作人员的测试要求,自动生成测试程序,完成自动测试。这样,开发人员就可以从编写针对每一种型号 ADC 设备的专用测试程序中解脱出来。当有新型号的 ADC 需要测试时,只需要操作人员在开发平台中建立测试步骤及测试要求,平台就可以自动生成测试程序。

2. 自动生成测试程序的方法

本节提出的测试程序自动生成方法的软件架构如图 7.6.11 所示。其中主要包括三部分:测试程序函数库、测试信息建模、测试程序执行。

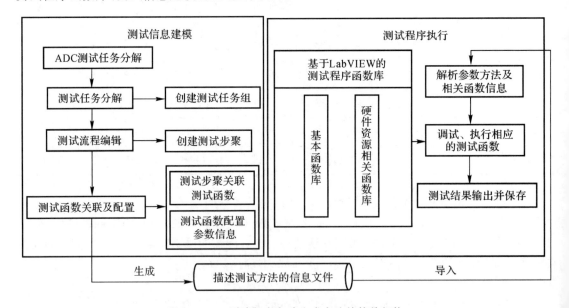

图 7.6.11　测试程序自动生成方法的软件架构

(1)测试程序函数库包含基于 LabVIEW 的基本函数库和硬件资源相关函数库。基本函数库中主要包括用于控制自动测试中的程序跳转、条件判断、数据的处理和分析等功能的函数。硬件资源函数库是由在测试设备所含硬件资源的驱动程序基础上开发的测试函数组成。这些函数基于 LabVIEW 开发,每一个函数都是可以单独执行的 LabVIEW 程序。

(2)"测试信息建模"用于分析、管理操作人员提供的测试信息,生成描述测试方法的信息文件。

(3)"测试程序执行"则通过解析导入由"测试信息建模"描述的被测产品测试过程步骤以及对应的测试函数,调用、执行测试函数库中的测试函数,将测试结果输出并保存。

基于图 7.6.11 所示的软件架构,测试程序通过图 7.6.12 所示的自动生成测试程序的流程实现。

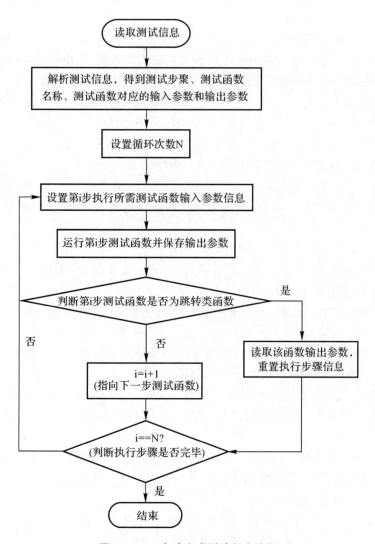

图 7.6.12　自动生成测试程序流程

自动生成测试程序的步骤说明如下：

（1）读取测试信息。测试信息以文件为载体，测试信息包括被测产品的测试步骤，每一测试步骤所需执行的测试函数以及测试函数的输入、输出参数信息等，测试函数通过"索引号"（同一测试函数输入参数索引号为"1"，不同测试函数输入参数用"0"索引号分开）建立与输入参数的索引关系，测试函数通过"测试步骤序号"建立与输出参数之间的索引关系（同一测试函数的输出参数用当前"测试步骤序号"标记）。

这里，读取测试函数的输入参数是为了执行该函数，相当于测试函数作为子程序进行调用，调用时需给定测试函数的输入参数。为满足调用相应测试函数的需要，定义的测试函数的输入参数信息包括输入参数的序号、输入参数对应的控件名称、输入参数值、验证号和输入参数类型、是否传递输入。输入参数的数值来源主要有两种情况：测试信息文件中提供的用户设定值、其他已执行函数的输出参数结果。"验证号"用于建立测试步骤与输入参数的索引关系。

"是否传递输入"信息用来判断输入参数的来源,如为"0",则来源于用户的设定值,如为"1",则来源于其他函数执行后的输出结果。

此外,为得到该测试函数执行后的结果,定义的测试函数的输出参数信息包括输出参数序号、输出参数对应的控件名称(指 LabVIEW 控件)、输出参数值、输出参数对应的测试步骤号、输出参数类型、是否下一步号和是否外部文件。"输出参数对应的测试步骤号"用于建立测试步骤与输出参数的索引关系。"是否下一步号"表示测试函数执行后的输出结果是否需要传递给其他函数作为输入值。"是否外部文件"表示测试结果是否需要输出到外部的文件中。

(2)解析测试信息。通过解析测试信息,得到当前要执行的测试步骤、测试函数名称、测试函数对应的输入参数和输出参数,以便后续执行函数使用。

(3)根据要执行的测试步骤数 N,设置程序循环执行的次数为 N。循环次数代表通过测试信息解析得到的测试步骤数,当测试函数为分支跳转类函数时,需根据跳转后的执行步骤重置 N。

(4)设置第 i 步执行步骤所需要测试函数的输入参数信息,初始 i 等于 0。每一执行步骤对应一个测试函数,测试函数来自测试程序函数库;输入参数值来自测试信息文件中提供的信息或者其他函数执行的输出结果。

需要说明的是,建立的基于 LabVIEW 的测试程序函数库中所有函数都为可执行函数,无须编译。

(5)运行第 i 步测试函数,并保存输出结果。由于测试函数为可执行函数,在提供输入参数的数值后,可以执行测试函数,并输出执行结果。

(6)判断第 i 步测试函数是否为跳转类函数。因为分支跳转类函数需要判断下一执行步骤应执行哪一测试函数。因此,若遇到测试函数为分支跳转类函数,应将该函数的输出参数获取,并根据该参数确定下一步执行步骤。

当测试函数不是分支跳转类函数时,执行后续步骤(7)。而当测试函数为分支跳转类函数时,则重置执行步骤信息,包括重置循环次数 N。

(7)指向下一步测试函数,设置 i=i+1。

(8)判断 i 是否等于 N,从而判断执行步骤是否完毕。当判断执行步骤已经完毕,整个测试程序结束。当判断执行步骤没有完毕,循环执行第(4)步。

从上述测试程序自动生成方法可以看出,这种测试程序自动生成方法,可以根据被测产品的测试过程步骤,自动完成测试程序的生成和执行,支持顺序和跳转类结构。该测试程序自动生成方法提高了开发效率,同时降低了对操作人员软件编程能力的要求。

由上述分析可以看出,本章提出的这种自动生成测试程序的方法,基于事先建立的 LabVIEW 测试程序函数库,以组织、调用测试程序函数库中的测试程序为手段,通过动态地调用并执行测试程序函数库中测试程序,实现针对不同被测产品的测试要求。测试程序的生成过程自动完成,无须编译,无须用户具备软件开发的能力。

7.6.5 通用开发平台结构设计

为实现在 7.6.4 节中所提出的自动生成测试程序的方法,ADC 自动测试系统软件通用开发平台结构由两个部分构成:TIMS 和 TPRS。本节具体说明这两部分的软件设计架构。图

7.6.13 所示为 ATS 测试软件通用开发平台总体结构。TIMS 主要实现对操作人员输入的测试步骤、测试要求等信息的解析并生成相应的数据库文件。图 7.6.13 中测试信息的生成包含了"创建数据库文件""测试组编辑""测试步骤编辑"3 个部分。操作人员需要将测试任务解析成不同的测试组,为每个测试组创建若干测试步骤,测试步骤执行的任务由对应的测试函数完成,并为测试函数配置执行时所需的输入/输出参数。此外,TIMS 还要实现对 ADC 自动测试平台上的硬件信息的管理,测试硬件的管理包括测试资源管理、被测产品信息的描述及接口适配器定义。

在图 7.6.13 中,TPRS 可以分为"自动测试程序执行""测试程序函数库"和"信息管理"3 个部分。"自动测试程序执行"首先需要解析数据库文件中的测试步骤,其次完成设备资源的初始化,然后设置测试函数输入参数、按照测试流程从"测试程序函数库"中动态调用、执行测试函数,最后在对被测产品和测试设备做出对应的操作后得到执行结果并完成测试任务。"测试程序函数库"是完成每个测试步骤任务的测试函数的集合,由开发人员事先编写好。"信息管理"则是实现对测试函数信息、测试步骤信息和用户信息的管理功能。

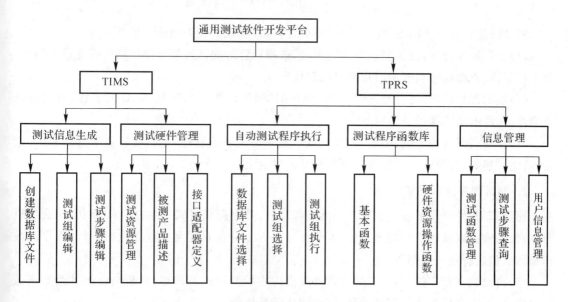

图 7.6.13 ATS 测试软件通用开发平台总体结构

1. 测试信息建模系统结构

在通用 ATS 软件平台开发自动测试程序时,由 TIMS 实现管理硬件信息、选择信号通道、配置资源设备、管理执行流程和保存测试结果等具体操作。本章将 TIMS 划分成测试信息生成和测试硬件管理两个部分。其中测试信息生成为测试程序的正常执行提供正确的方法,可以分为创建数据库文件、测试组编辑、测试步骤编辑,其功能介绍如下:

(1)创建数据库文件:针对不同 ADC 测试项目,建立用于保存本项目测试信息的数据库文件。

(2)测试组编辑:根据测试要求和测试内容,将测试任务分解成若干个测试组。

(3)测试步骤编辑:按照测试流程为每个测试组创建测试步骤,根据测试步骤实现的功能从测试程序函数库中选择并关联一个测试函数,完成测试函数执行时所需的输入参数和输出参数的配置。图 7.6.14 表示了操作人员对测试任务的分解过程。

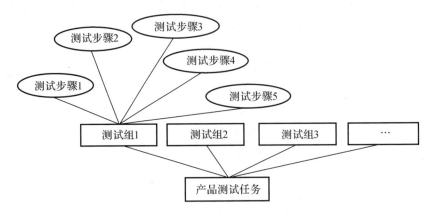

图 7.6.14　测试任务分解过程

测试硬件管理为 TIMS 的另一组成部分,其可以实现的相关功能介绍如下:

(1)测试资源管理:根据测试平台的组成,选择和管理测试过程中使用到的资源设备信息,如生产厂商、资源编号和资源图片的存放路径等。

(2)被测产品描述:是管理被测 ADC 信息的工具,这些信息包括 ADC 的名称、所属的飞机型号、产品的功能描述等内容。

(3)接口适配器的定义:实现对不同 ADC 接口适配器的管理,包括接口适配器的名称、型号、功能描述等,以及接口适配器插针名称及信号定义。

2. 测试程序运行系统结构

在 ATS 软件开发平台上执行自动测试程序时,需要完成测试文件的导入、解析,函数的执行、结果的输出以及用户管理等工作,本章将 TPRS 划分成自动测试程序执行、测试程序函数库和测试信息管理三个部分。

(1)自动测试程序执行:选择导入数据库文件中的测试信息模型,解析当前测试组的测试步骤信息,动态调用并执行测试函数,完成测试组的执行。

(2)测试程序函数库:包含了"基本函数"和"硬件资源操作函数",其中"基本函数"完成对测试流程的控制、测试结果的判断和测试数据的处理等操作,"硬件资源操作函数"是对硬件资源驱动函数的二次开发和封装,对测试资源设备实现特定的功能,如硬件的初始化和复位操作。

(3)测试信息管理:测试信息管理实现对测试函数的动态添加和更新,保证 ATS 软件平台具备良好的可扩展性能。此外还具备被测产品的测试步骤查询及用户信息管理等功能。

3. 测试程序执行整体流程

在 ADC 的测试程序执行之前,TPRS 首先需要导入描述了测试组信息、初始化信息和测试步骤信息的数据库文件;其次执行初始化函数完成资源设备的初始化操作;再次按照测试信息中描述的测试流程,执行每个测试步骤关联的测试函数;然后获得当前测试函数执行的测试结果,判断下一步执行的步骤号,如当前测试函数为分支跳转函数,则执行的结果表示下一步执行的步骤号,否则顺序执行;最后在测试步骤执行完成后,将测试结果输出并调用复位函数完成资源设备的复位操作。图 7.6.15 所示为测试程序执行时的具体流程。

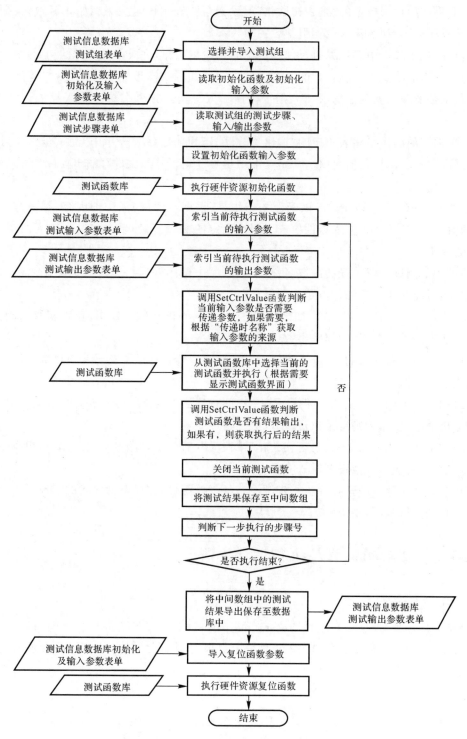

图 7.6.15 自动测试程序执行整体流程图

（1）用户选择待解析的测试信息数据库文件。

（2）TPRS读取初始化函数及初始化函数输入参数信息。

（3）TPRS读取当前测试组中的测试步骤、测试函数的输入/输出参数信息。

（4）如果初始化表单中的"是否初始化"字段为"1"，表示该函数为初始化函数，根据"初始化输入参数序号"为初始化函数索引并设置输入参数。

（5）从测试函数库中选择并执行硬件资源的初始化函数，完成硬件资源的初始化操作。

（6）根据当前测试步骤表单中的"输入参数序号"和输入参数表单中的"参数验证号"索引当前测试函数的输入参数信息（包含"是否传递输入""输入控件名称""输入控件值""控件值类型"）。

（7）根据当前测试步骤表单中的"输出参数序号"和输出参数表单中"测试步骤序号"索引当前测试函数的输出参数信息（包含"是否下一步号""是否外部文件""输出控件名称""输出控件值""控件值类型"）。

（8）执行 SetCtrlValue 函数，该函数的作用是：根据步骤（6）索引的内容，判断"是否传递输入"的值，如果为"0"，则输入控件值表示用户设定的输入值，如果为"1"，则输入值来源于其他函数的输出值。

（9）由当前测试步骤关联的函数名称，从函数库中调用并执行本步骤的测试函数，完成当前测试步骤对应的测试任务。

（10）执行 GetCtrlValue 函数，如果步骤（9）执行的测试函数有输出值，则获取该函数的输出值并按输出序号存放于"中间输出数组"中。

（11）如果本步骤执行的是"分支跳转"函数，则下一步执行的步骤号为该函数的输出值，否则测试流程顺序执行。

（12）如果整个测试步骤执行完成，则将"中间输出数组"中的测试结果保存至输出参数表单中的输出值字段中，否则继续执行步骤（6）。

（13）如果初始化表单中的"是否初始化"字段为"0"，表示该函数为复位函数，根据"初始化输入参数序号"为复位函数设置输入参数。

（14）从测试函数库中选择并执行资源设备的复位函数，完成资源设备的复位操作。

（15）自动测试程序运行结束。

7.6.6　自动测试程序执行设计方法

1. 测试文件选择

"测试文件选择"根据用户选择的测试产品类型名称，将当前产品类型下的所有测试文件显示并提供给用户。"测试文件选择"过程是用户根据当前类型的 ADC 测试要求，选择对应测试信息数据库文件的一个过程。

2. 测试组选择

"测试组选择"的任务是读取测试信息数据库文件中"测试组"表单中的记录信息，将记录信息中的"测试组名称"和"测试组说明"解析并显示出来，提供给用户选择。本章采用的是

Database Connectivity Toolkit 数据连接工具包实现对数据库文件中表单信息的读取操作。

3. 测试组执行

测试组执行是按照测试组的测试流程,解析当前测试组数据库表单中每个"测试步骤"的记录信息,根据函数名称从测试函数库中动态地调用执行测试函数。自动测试程序按照执行的先后顺序可以分成"测试资源的初始化""测试步骤的执行""测试资源的复位"三个部分来完成,下面介绍这三个部分具体的程序设计方法。

(1)测试资源的初始化。测试资源的初始化过程可以分成"查找初始化函数"—"获取初始化函数输入参数"—"设置初始化函数参数"—"执行初始化函数"四个步骤完成。

1)查找初始化函数:首先遍历初始化步骤信息表单(包含了初始化函数信息和复位函数信息两个部分),并解析当前初始化步骤中的"是否为初始化函数"的值;其次判断"是否为初始化函数"值是否为"1",如果为"1",说明该步骤信息为初始化函数信息,并将其插入到初始化函数信息数组中。

2)获取初始化函数输入参数:根据从初始化步骤信息表单中解析出的初始化函数输入参数序号,从初始化输入参数表单信息中索引当前初始化函数的输入参数。

3)初始化函数参数设置:首先,从当前初始化函数输入参数中解析出"输入控件名称""控件值"和"控件值类型"等内容;其次,执行"Ctrl Value. Set"调用节点,在"控件值"转换为对应数据类型后,将其赋值给由"输入控件名称"确定的输入控件中;最后重复上述操作,完成对当前初始化函数所有输入控件的赋值操作。

4)根据初始化函数名称,执行"Run VI"调用节点,从指定的路径中调用并执行初始化函数,重复步骤 2),直到完成所有资源设备的初始化操作。

在执行上述 1)～3)测试资源初始化步骤时使用到的子函数见表 7.6.4。

表 7.6.4　测试资源初始化时子函数

函数名称	函数说明
DeInitInfo. vi	查找初始化函数或复位函数
ListCurInitInParam. vi	获取当前初始化/复位函数的输入参数
SetCurInitCtrlValue. vi	为当前初始化函数/复位函数输入控件赋值

(2)测试步骤的执行。在完成测试资源的初始化操作后,下面就可以开始执行"测试流程"表单中的测试步骤,测试步骤的执行可以分为"获取当前测试函数输入参数"—"设置测试函数输入参数"—"执行测试函数"—"获取测试结果"四个主要部分来完成,测试步骤的具体执行方式如下所述。测试组在执行时使用到的子函数见表 7.6.5。

表 7.6.5　测试组执行时子函数

函数名称	函数说明
SearchCurTestStepInput. vi	获取当前测试步骤输入参数

续表

函数名称	函数说明
SearchCurTestStepOutput. vi	获取当前测试步骤输出参数
SetCurTestFunControlValue. vi	给当前测试函数输入参数控件赋值
TranNameToOutputID. vi	由传递时名称查找输出参数序号
GetCurTestFunControlValue. vi	获取当前测试函数输出控件值
ShowResult. vi	显示出当前测试函数的执行结果

1)获取测试函数输入参数:解析"测试流程"表单中当前测试步骤的记录信息,获取当前测试步骤的输入参数序号,执行图 7.6.16 中"SearchCurTestStepInput. vi"子函数从测试函数输入参数中获取当前测试函数的输入参数信息。

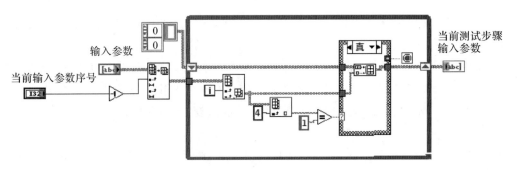

图 7.6.16 获取当前测试函数输入参数信息

2)设置测试函数输入参数:从当前测试函数输入参数中解析出每个参数的"是否传递输入""输入控件名称""输入控件值""控件值类型"等字段信息。如果"是否传递输入"值为"0",则执行"Ctrl Val Set"调用节点,将"输入控件值"赋值给由"输入控件名称"指定的测试函数输入控件中,如图 7.6.17 所示。否则"输入控件值"表示"传递时名称"(格式为:步骤号_输出控件名称),并调用图 7.6.18 所示的"TranNameToOutputID. vi"子函数,根据"传递时名称"从之前测试函数执行后得到的输出参数结果中获取当前输入控件值的来源。执行"SetCurTestFunControlValue. vi"给当前测试函数的输入控件赋值。

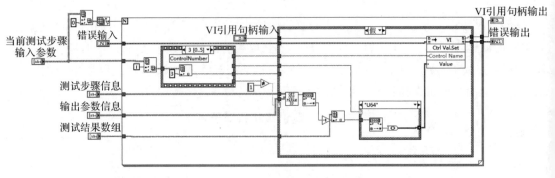

图 7.6.17 测试函数输入参数设置

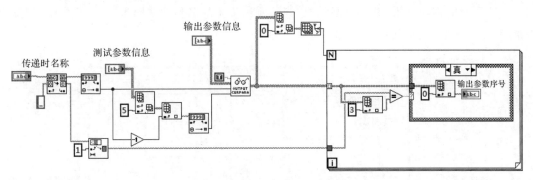

图 7.6.18 由传递时名称获取输入值来源

3）显示测试函数：判断当前测试函数界面是否需要显示，如果需要显示（根据"是否显示"字段内容判断，如该字段为"1"，则显示函数界面，否则不显示），执行"FP. Open"调用节点，显示当前测试函数界面。

4）执行测试函数：执行"Run VI"调用节点，根据测试函数名称和测试函数类型从测试函数库中调用并且执行测试函数。

5）关闭测试函数：如果显示了测试函数界面，则执行"FP. Close"调用节点，关闭当前显示的测试函数界面。

6）获取测试函数输出参数信息：解析"测试步骤"表单中当前测试步骤的记录信息，获取当前测试步骤的输出参数序号，执行图 7.6.19 所示的"SearchCurTestStepOutput. vi"子函数从测试函数输出参数中获取当前测试函数的输出参数信息。

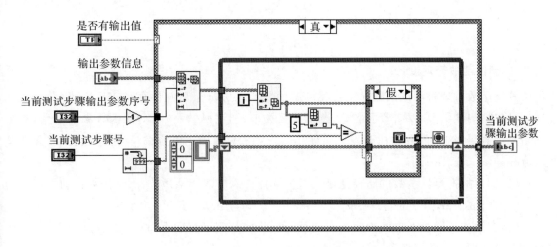

图 7.6.19 获取当前测试函数输出参数信息

7）获取测试函数执行结果：执行图 7.6.20 所示"GetCurTestFunControlValue. vi"子函数获取当前测试函数的输出控件的值，将获取的测试结果按照输出参数的序号存放在"测试结果数组"中。

8）执行结果的显示：将当前测试函数执行的结果显示到"执行测试组"界面中。以"VerfyRes. vi"判断大气数据精度测试函数为例，如果当前测试函数的名称为"VerfyRes. vi"，则获取该函数的判断结果,并将判断结果、当前测试步骤的名称、"实际工程量、额定值、容差上限值、容差下限值"显示到"执行测试组"界面中。

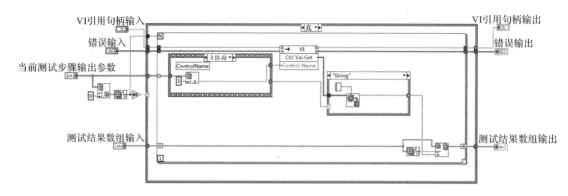

图 7.6.20 获取测试函数执行结果

9)判断下一执行的步骤号:如当前测试函数为跳转函数,则执行的结果表示下一步执行的步骤号,否则顺序往下执行。

10)测试步骤执行结束:判断执行的步骤号是否等于测试步骤的数目,如果相等,则完成本测试组的执行任务。

(3)测试资源的复位。测试资源的复位过程可以分成"查找复位函数"—"解析复位函数输入参数"—"设置复位函数输入参数"—"执行复位函数"四个步骤实现。测试资源的复位的程序设计方法和测试资源的初始化设计方法类似,不再赘述。

7.6.7 信息管理设计方法

1. 测试函数管理设计

测试函数管理将测试函数库中各类测试函数信息进行汇总并保存至 VIDB 数据库中,这些信息包括测试函数名称、资源名称、测试函数类型、测试函数路径、测试函数参数信息、资源初始化信息等,这些函数是由开发人员使用 LabVIEW 图形化语言编写的。测试函数管理设计流程如图 7.6.21 所示。

(1)用户根据测试函数的路径从函数库中选择待添加的测试函数,测试函数自动显示至图 7.6.22 所示的测试函数的管理界面。

(2)在测试函数管理界面中输入该测试函数所属的测试资源名称、测试函数的介绍、运行时是否显示测试函数等信息。

(3)如果用户确定添加测试函数,则程序会调用属性节点"Indicator"统计测试函数中的输入和输出控件的个数,再调用"GetTypeInfo"函数获取当前控件的类型。

(4)建立输入、输出参数与测试函数序号之间的对应关系。

(5)判断测试函数对应的测试资源是否需要初始化,如果需要初始化,则选择初始化函数路径,并填写初始化函数输入参数、初始化资源名称、初始化函数介绍等信息,图 7.6.23 为添加初始化_复位函数界面。

(6)判断测试函数对应的测试资源是否需要复位,如果需要复位,在图 7.6.23 中选择复位函数路径,并填写复位函数的输入参数、复位资源名称、复位函数介绍等信息。

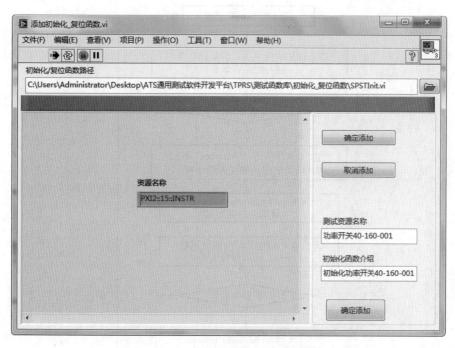

图 7.6.21 添加初始化_复位函数界面

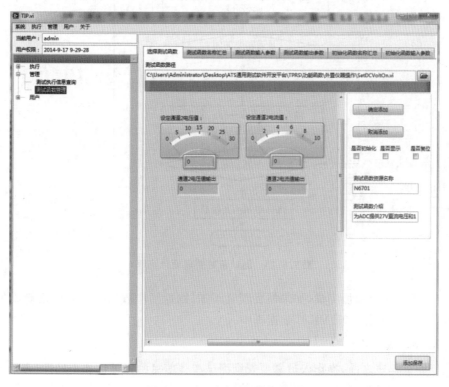

图 7.6.22 测试函数管理界面

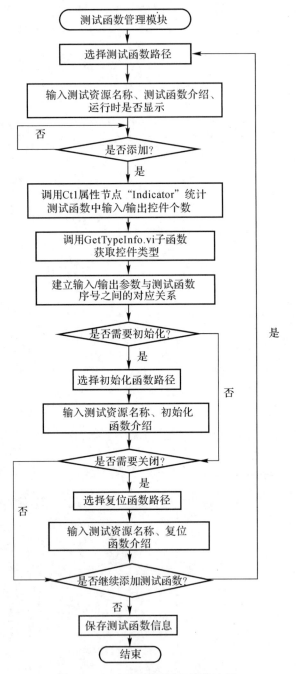

图 7.6.23　测试函数管理设计流程

　　(7)用户决定是否添加完成,如果需要继续添加,则返回步骤(1),否者将之前添加的所有测试函数信息更新并保存至 VIDB 数据库中。

2. 测试步骤查询设计

　　在执行测试程序之前,操作人员需要查询测试步骤信息的完整性和正确性,查询的内容包括测试流程信息、测试函数信息、输入参数信息、输出参数信息、初始化函数信息、初始化输入参数信息。本章采用的是 Database Connectivity Toolkit 数据连接工具中的"DB Tools OpenConnection""DB Tools Select Data"和"DB Tools Close Connection"3 个数据库操作函数分别实现对 Access 数据库连接、数据库表单内容读取和数据库关闭操作。

图 7.6.24 为测试相对气压高度精度测试信息查询的主界面。

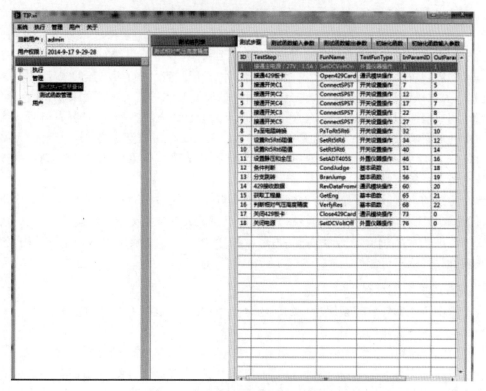

图 7.6.24　测试执行信息查询界面

3. 用户信息管理设计

用户每次登录 TPRS 之前，需要对其身份进行资格验证，只有当用户输入了正确的用户名和密码后，才可以登录执行平台并开展后续的检测和管理工作，用户有 3 次输入账号和密码的机会，在每次输入信息错误的时候，系统都会将错误的用户名和密码清空，并提示"账号或密码不正确，请重新输入！"。当输入操作超过 3 次时，系统会自动提示"输入次数超过 3 次，登录失败！"，并退出登录界面。

7.7　总结与展望

7.7.1　大气数据系统总结

1. 传统大气数据系统

传统大气数据系统由全静压传感器、全静压管路和大气数据计算机组成。全静压传感器安装在机体外部，主要用于准确收集气流的全压和静压，全压孔用来收集气流的全压，全压孔位于全静压传感器中正对气流方向，空气流至全压孔时，完全受阻，流速为零，因而得到气流的全压。静压孔用来收集气流的静压,静压孔位于机身周围没有紊流的地方,静压经静压管路进入大气数据计算机。全静压传感器是流线型的管子,表面十分光滑,其目的是减少对气流的扰动。

大气数据计算机通过对全静压传感器和全静压管路收集到的全压和静压进行解算,得到飞机重要的参数如高度、空速、升降速度、马赫数等等。

传统的大气数据系统的缺陷也十分明显,首先全静压管路存在压力延迟,若飞机当前压力变化较快,会出现飞行指示空速或高度滞后于实际飞机空速或高度,对于民航客机,这种情况主要影响地面起飞滑跑,由于飞机起飞时,总压变化较快,管路的迟滞对起飞速度和滑跑距离有着直接的影响,所以 FAA 颁布 109 号修正案,针对延迟情况进行了具体的规定。

同时,为了保证测量的准确性,对全静压管路的安装和维护有着很高的要求,管路越长,出现管路堵塞或泄漏的可能性越大,而管路堵塞或泄漏会造成飞机空速和高度的误指示,给飞机带来灾难性的影响,所以 FAA 咨询通报 AC25 - 11A 将飞机所有空速高度误指示定为灾难类的风险,法航 447 事故也是由于全静压传感器的堵塞造成飞行员得到错误的空速高度指示,最终导致机毁人亡的惨剧。

但是传统的大气数据系统存在的问题也非常明显:首先,过长的压力管路会导致管路压力延迟过大,影响飞机测试参数的实时性;其次,为了保证大气数据测量的准确性,对大气数据管路的安装要求非常高,不利于维护工作;最后,过多的组件导致此类大气数据系统结构复杂,不利于减重并且降低了可靠性。

2. 新型大气数据系统

为了解决传统大气数据系统出现的问题,全球各大大气数据系统供应商开发出了大气数据模块和集成式全静压传感器等产品。

(1)集成式全静压传感器(Integrated Pitot Probe)。集成式全静压传感器顾名思义,即将传统的全静压探头与大气数据计算机进行了集成,免去了传统飞机使用的全静压管路,消除了管路压力延迟对飞行状态指示的影响,同时不需要考虑管路的泄露对大气数据系统测量精度的影响。目前 ERJ190/195 系列飞机使用的即此类产品。这类产品的维修性也比较好,更换安装都较传统全静压探头、管路、计算机容易,但是此类探头成本较高,航空公司运营维修成本较大。

(2)大气数据模块(Air Data Module)。大气数据模块的功能代替了大气数据计算机中模数转换部分功能,其一般带有一个压力输入端和一个电信号输出端,模块可将任何压力信号转换为电信号输出。大气数据模块一般体积小,工作稳定,使用灵活,一般可安装在飞机全压/静压传感器蒙皮附近,这样可让压力传感器和大气数据模块间的管路尽量短,减小压力延迟。同时,由于大气数据模块使用的灵活性,可灵活对全压/静压传感器进行布局,特别是全压/静压传感器分布式布局的情况。大气数据模块大量应用于当前运营的主流机型,比如 B787、B747、B777 以及 A380、A330 都大量使用了大气数据模块。

7.7.2 大气数据系统展望

目前在大气数据传感技术上的前沿技术还不成熟,但是它们具有优越的性能和巨大的潜力,将成为大气数据传感器技术的重要内容和发展方向。另外可以结合现代科技的发展,寻找易于实现,同时能避开现有方法缺点的新的大气数据测量方法,在大气数据系统的发展上有所突破,有效提升目前民航客机的安全性、可靠性、经济性。

参 考 文 献

[1]　付莹，黄晓晴，缪永生. 通用测试软件开发平台的设计方法及应用[J]. 计算机测量与控制[J]. 2014，22(12)：4.

[2]　王鼎博. 自动测试系统软件平台的设计与实现探析[J]. 信息与电脑(理论版)，2014 (9)：2.

[3]　肖建德. 大气数据计算机系统[M]. 北京：国防工业出版社，1992.

[4]　马航帅，雷廷万，李荣冰，等. 高性能飞行器大气数据传感技术研究进展[J]. 航空计算技术，2011，41(5)：6.

[5]　孟博. 跨音速/高超音速大气数据测量技术研究[D]. 南京：南京航空航天大学，2011.

[6]　宋述杰. 虚拟传感器研究[D]. 西安：西北工业大学，2004.

[7]　王福刚，杨文君，葛良全. 嵌入式系统的发展与展望[J]. 计算机测量与控制，2014，22 (12)：6.

[8]　李昌明，马振海. 嵌入式系统在工程机械领域的应用现状与前景[J]. 工程机械文摘，2009(1)：3.

[9]　李晓丹. 浅谈大气数据系统的发展趋势[J]. 科技创新导报，2018，15(8)：3.

[10]　王建锋. 微小型飞行器自主导航与航迹一体化设计研究[D]. 南京：南京航空航天大学，2010.

[11]　李鹏辉，刘小雄，徐恒，等. 基于无迹卡尔曼滤波的迎角/侧滑角估计方法[J]. 测控技术，2014，33(3)：140-143.

[12]　马航帅，雷廷万，李荣冰，等. 大攻角下基于信息融合的攻角/侧滑角估计方法[J]. 电光与控制，2012，19(8)：5.

[13]　宋歌. 大气数据系统的发展及展望[J]. 科技创新与应用，2013(19)：1.

第八章　测试与校验技术

8.1　误　差　理　论

所谓误差就是测量值与被测值的真值之间的差,可表示为

$$误差＝测得值－真值 \tag{8.1.1}$$

式中:真值是指在观测一个量时,该量本身的真实大小。测量过程中受诸多因素的影响,使得测量存在误差,其测量结果只能是真值的近似值。所以在一般情况下,真值只是一个理想的概念。另外,与任何事物一样,被测量处于不断变化中,使真值随着时间、地点和环境的变化而变化。因此,真值具有时间、空间的含义。

由于真值不能确定,实际上采用的是理论真值或约定真值。

1. 理论真值

理论真值是满足真值理论定义的值。绝大多数的理论真值按其本性是不确定的,极个别被测量的理论真值是可定量描述的。例如,平面三角形的三个内角之和理论真值为180°,平面直角理论真值为90°。

2. 约定真值

由于真值按其本性是不确定的,为了定量描述自然界中量的真值,科学上只能采用人为约定的真值。约定真值是理论真值的最佳估计值。约定真值有以下三类:

(1)指定值。由国际计量局(BIPM)和国际计量委员会(CIPM)等国际标准化和计量权威组织定义、推荐和指定的量值。例如,7 个 SI 基本单位(长度单位米、质量单位千克、时间单位秒、电流单位安培、热力学温度单位开尔文、发光强度单位坎德拉和物质的量单位摩尔)是国际计量局制定选取的 7 个基本量的值等。

(2)约定值。在量值传递中通常约定高一等计量标准器具的不确定度(误差)与低一等计量器具的不确定度(误差)之比等于 1/2 时,则称高一等标准器具的量值相对于低一等计量器具的量值为约定真值。在计量检定中,高一等标准器具的不确定度可忽略不计,从而建立起计量检定体系。又如,现在光在真空中的传播速度约定为 299 792 458 m/s,水三相点热力学温度约定为 273.16K 等。

(3)最佳估计值。通常将一个被测量在重复条件或复现条件下多次测量结果的平均值即算术平均值作为最佳估计值并作为约定真值。

8.1.1　测量误差

1. 测量误差来源

在测量过程中,几乎所有因素都将引入测量误差,测量误差主要来源大致分为测量装置误差、测量环境误差、测量方法误差、测量人员误差等。

(1)测量装置误差。测量装置误差包括器件误差、仪器误差、附件误差。

1)器件误差:标准件是以固定形式复现标准量值的器具,如标准电阻、标准量块、标准刻度尺、标准砝码等,它们本身体现的量值,不可避免地存在误差。一般要求标准器件的误差占总误差的 1/3~1/10。

2)仪器误差是测量装置在制造过程中由于设计、制造、装配、检定等的不完善,以及在使用过程中,由于元器件的老化、机械部件磨损和疲劳等因素而使设备所产生的误差。凡是用来直接或间接将被测量和测量单位比较的设备,称为仪器或仪表,如温度计、千分尺、标准频率振荡器、微秒计等。前两者为指示仪表,后两者为比较仪表。

3)附件误差是测量仪器所带附件和附属工具带来的误差,如计时开关装置等附件的误差,也会引起测量误差。

(2)测量环境误差。测量环境误差是指各种环境因素与要求条件不一致而造成的误差。如气压、温度、振动、辐射、照明、静电、电磁场、惯性加速度、旋转与旋转加速度等测量环境各种影响因素的变化与要求标准状态的不一致,从而引起测量装置和被测量本身发生变化所造成的误差。

(3)测量方法误差。测量方法误差指使用的测量方法不完善,或采用近似的计算公式,或实验条件不能达到理论公式所规定的要求,或测量方法不当等所引起的误差,又称为理论误差。例如,某些实验中忽略了摩擦、散热、电表内阻、单摆周期公式 $T = 2\pi\sqrt{l/g}$ 的成立条件等。

(4)测量人员误差。测量人员误差是测量人员的工作责任心、技术熟练程度、生理感官与心理因素、测量习惯等的不同而引起的误差。为了减小测量人员误差,应要求测量人员认真了解测量仪器的特性和测量的原理,熟练掌握测量规程,精心进行测量操作,并正确处理测量结果。

2. 测量误差的分类

根据测量误差的特点与性质,测量误差可分为系统误差、随机误差和粗大误差三类。

(1)系统误差。在同一条件下,对同一量值多次测量时,绝对值和符号保持不变,或在条件改变时,按一定规律变化的误差称为系统误差。系统误差按照出现规律分为已定系统误差和未定系统误差。

1)已定系统误差(定值系统误差)指误差绝对值和符号固定的系统误差,又称为恒定系统误差。例如,仪器仪表的零点误差,在测量过程中对各点的影响是一个常值。

2)未定系统误差指误差绝对值和符号变化的系统误差。未定系统误差按其变化规律,又可分为线性系统误差(如温度变化对物体长度计量影响而产生的误差)、周期性系统误差(如圆盘式指针仪表,由于指针偏心所造成的误差是按正弦函数规律变化的)和复杂规律系统误差等。

（2）随机误差。在同一测量条件下，多次测量同一量值时，绝对值和符号以不可预定方式变化的误差称为随机误差。当测量次数足够多时，就整体而言，随机误差服从一定的统计分布规律。

随机误差和系统误差具有本质的区别。随机误差的数学期望为零，而系统误差的数学期望就是它本身。也就是说，在相同条件下做实验，出现时大时小、时正时负、没有明确规律的误差，就是随机误差。改变实验条件，出现某一确定规律的误差，就是系统误差。在这种情况下，尽管实验次数 n 趋向无穷大，而误差值的数学期望却趋向一个常数，这个常数就是系统误差。

（3）粗大误差。超出在规定条件下预期的误差称为粗大误差，或称为寄生误差。此误差值较大，会明显歪曲测量结果，如测量时对错了标志、读错或记错了数、使用有缺陷的仪器以及在测量时因操作不细心而引起的过失性误差等。

上面虽然将误差分为三类，但必须注意各类误差之间在一定条件下可以相互转化。对于某项具体误差，在此条件下为系统误差，而在另一条件下可为随机误差；反之亦然。例如，度盘某一分度线的误差具有恒定系统误差，但所有各分度线的误差大小不一样，且有正有负，因此整个度盘的分度线的误差为随机误差。

系统误差和随机误差并不是绝对对立的，随着人们对误差变化规律的认识进一步加深，可能把以往认识不到的而归结为随机误差的某项重新划分为系统误差。反之，当某项误差的认识不足而影响又很微弱时，常把该项误差作为随机误差处理。在实际的科学实验与测量中，人们常利用这些特点减少测量结果的误差。当测量条件稳定且系统误差可掌握时，就尽量保持在相同条件下测量，以便修正系统误差；当系统误差未能掌握时，就可以采用随机化技术。例如，均匀改变测量条件，如度盘位置，使系统误差随机化，以便得到抵偿部分系统误差后的测量结果。

8.1.2 测量值的期望

1. 离散型数学期望

如果随机变量只取得有限个或可数无限个值，这样的随机变量称为离散型随机变量。

离散型随机变量的一切可能的取值 x_i 与对应的概率 $P(x_i)$ 乘积之和称为该离散型随机变量的数学期望（若该求和绝对收敛），记为 $E(x)$。它是简单算术平均的一种推广，类似加权平均。

离散型随机变量 x 的取值为 $x_1, x_2, \cdots, x_n, P(x_1), P(x_2), \cdots, P(x_n)$ 为对应取值 x 的概率，可理解为数据 $x_1, x_2, \cdots, x_n$ 出现的频率 $f(x_i)$，则

$$E(x) = x_1 \cdot P(x_1) + x_2 \cdot P(x_2) + \cdots + x_n \cdot P(x_n)$$
$$= x_1 \cdot f(x_1) + x_2 \cdot f(x_2) + \cdots + x_n \cdot f(x_n) \tag{8.1.2}$$

$$E(x) = \sum_{k=1}^{\infty} x_k P_k \tag{8.1.3}$$

2. 连续性数学期望

设连续性随机变量 x 的概率密度函数为 $f(x)$，若积分绝对收敛，则称积分的值

$\int_{-\infty}^{\infty} xf(x)\mathrm{d}x$ 为随机变量的数学期望,记为 $E(x)$。

$$E(x) = \int_{-\infty}^{\infty} xf(x)\mathrm{d}x \tag{8.1.4}$$

若随机变量 x 的分布函数 $F(x)$ 可表示成一个非负可积函数 $f(x)$ 的积分,则称 x 为连续性随机变量,称 $f(x)$ 为 x 的概率密度函数(分布密度函数)。

数学期望 $E(x)$ 完全由随机变量 x 的概率分布所确定。若 x 服从某一分布,则称 $E(x)$ 是这一分布的数学期望。

若随机变量 Y 符合函数 $Y = g(x)$,且 $\int_{-\infty}^{\infty} g(x)f(x)\mathrm{d}x$ 绝对收敛,则有

$$E(Y) = E[g(x)] = \int_{-\infty}^{\infty} g(x)f(x)\mathrm{d}x \tag{8.1.5}$$

该定理的意义在于:我们求 $E(Y)$ 时不需要算出 Y 的分布律或者概率密度,只要利用 x 的分布律或概率密度即可。

上述定理还可以推广到两个或以上随机变量的函数情况。

设 Z 是随机变量 X、Y 的函数 $Z = g(X,Y)$(g 是连续函数),Z 是一个一维随机变量,二维随机变量 (X,Y) 的概率密度为 $f(x,y)$,则有

$$E(Z) = E[g(X,Y)] = \int_{-\infty}^{\infty} \int_{-\infty}^{\infty} g(x,y)f(x,y)\mathrm{d}x\mathrm{d}y$$

8.1.3　随机误差的统计及处理

1. 随机误差的产生原因

当对同一量值进行多次等精度的重复测量时,得到一系列不同的测量值(常称为测量列),每个测量值都含有误差,这些误差的出现又没有确定的规律,即前一个误差出现后,不能预定下一个误差的大小和方向,但就误差的总体而言,却具有统计规律性。

随机误差是由很多暂时未能掌握或不便掌握的微小因素所构成,主要有以下几方面:

(1)测量装置方面的因素:零部件配合的不稳定性、零部件的变形、零件表面油膜不均匀、摩擦等。

(2)环境方面的因素:温度的微小波动、湿度与气压的微量变化、光照强度变化、灰尘以及电磁场变化等。

(3)人员方面的因素:瞄准、读数的不稳定等。

2. 正态分布

若测量列中不包含系统误差和粗大误差,则该测量列中的随机误差一般具有以下几个特征:

(1)绝对值相等的正误差与负误差出现的次数相等,这称为误差的对称性。

(2)绝对值小的误差比绝对值大的误差出现的次数多,这称为误差的单峰性。

(3)在一定的测量条件下,随机误差的绝对值不会超过一定界限,这称为误差的有界性。

(4)随着测量次数的增加,随机误差的算术平均值趋向于零,这称为误差的抵偿性。

最后一个特征可由第一个特征推导出来,因为绝对值相等的正误差和负误差之和可以互

相抵消。对于有限次测量,随机误差的算术平均值是一个有限小的量,而当测量次数无限增大时,它趋向于零。

服从正态分布的随机误差均具有以上 4 个特征。由于多数随机误差都服从正态分布,因而正态分布在误差理论中占有十分重要的地位。

设被测量的真值为 L_0,一系列测得值为 l_i,则测量列中的随机误差 δ_i 为

$$\delta_i = l_i - L_0, \quad i = 1, 2, \cdots, n \tag{8.1.7}$$

正态分布的分布密度 $f(\delta)$ 与分布函数 $F(\delta)$ 分别为

$$f(\delta) = \frac{1}{\sigma\sqrt{2\pi}} e^{-\delta^2/(2\sigma^2)} \tag{8.1.8}$$

$$F(\delta) = \frac{1}{\sigma\sqrt{2\pi}} \int_{-\infty}^{\delta} e^{-\delta^2/(2\sigma^2)} \, d\delta \tag{8.1.9}$$

式中:σ 为标准差(或称方均根误差)。

它的数学期望为

$$E = \int_{-\infty}^{\infty} \delta f(\delta) \, d\delta = 0 \tag{8.1.10}$$

它的方差为

$$\sigma^2 = \int_{-\infty}^{\infty} \delta^2 f(\delta) \, d\delta \tag{8.1.11}$$

其平均误差为

$$\theta = \int_{-\infty}^{\infty} |\delta| f(\delta) \, d\delta = 0.797\,9\sigma \approx \frac{4}{5}\sigma \tag{8.1.12}$$

此外由

$$\int_{-\rho}^{\rho} f(\delta) \, d\delta = \frac{1}{2} \tag{8.1.13}$$

可解得或然误差为

$$\rho = 0.674\,5\sigma \approx \frac{2}{3}\sigma \tag{8.1.14}$$

图 8.1.1 所示为正态分布曲线以及各精度参数图中的坐标。σ 值为曲线上拐点 A 的横坐标,θ 值为曲线右半部面积重心 B 的横坐标,ρ 值的纵坐标线则平分曲线右半部面积。

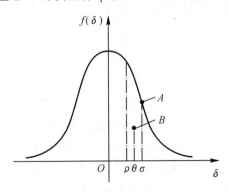

图 8.1.1 正态分布曲线

正态分布是随机误差最普遍的一种分布规律,但不是唯一的分布规律。随着误差理论研究与应用的深入发展,发现有不少随机误差不符合正态分布,而是非正态分布,其实际分布规律可能是较为复杂的,现将其中几种常见的非正态分布及本书用到的几种统计量随机变量分布规律作简要介绍。

3. 均匀分布

在测量实践中,均匀分布是经常遇到的一种分布,其主要特点是,误差有一确定的范围,在此范围内,误差出现的概率各处相等,故又称为矩形分布或等概率分布。例如仪器度盘刻度误差所引起的误差,仪器传动机构的空程误差,大地测量中基线尺受滑轮摩擦力影响的长度误差,数字式仪器在±1 单位以内不能分辨的误差,数据计算中的舍入误差等,均为均匀分布误差。

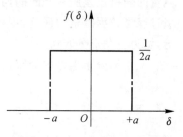

图 8.1.2　均匀分布分布密度

均匀分布的分布密度 $f(\delta)$(见图 8.1.2)和分布函数 $F(\delta)$ 分别为

$$f(\delta)=\begin{cases} \dfrac{1}{2a}, & |\delta| \leqslant a \\ 0, & |\delta| > a \end{cases} \tag{8.1.15}$$

$$F(\delta)=\begin{cases} 0, & \delta \leqslant -a \\ \dfrac{\delta+a}{2a}, & -a < \delta \leqslant a \\ 1, & \delta > -a \end{cases} \tag{8.1.16}$$

4. 反正弦分布

反正弦分布实际上是一种随机误差的函数的分布规律,其特点是该随机误差与某一角度呈正弦关系。例如仪器度盘偏心引起的角度测量误差,电子测量中谐振的振幅误差等,均为反正弦分布。

反正弦分布的分布密度 $f(\delta)$(见图 8.1.3)和分布函数 $F(\delta)$ 分别为

$$f(\delta)=\begin{cases} \dfrac{1}{\pi}\dfrac{1}{\sqrt{a^2-\delta^2}}, & |\delta| \leqslant a \\ 0, & |\delta| > a \end{cases} \tag{8.1.17}$$

$$F(\delta)=\begin{cases} 0, & \delta \leqslant -a \\ \dfrac{1}{2}+\dfrac{1}{\pi}\arcsin\dfrac{\delta}{a}, & -a < \delta \leqslant a \\ 1, & \delta > a \end{cases} \tag{8.1.18}$$

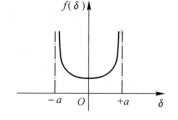

图 8.1.3　反正弦分布的分布密度

5. 三角形分布

当两个误差限相同且服从均匀分布的随机误差求和时,其和的分布规律服从三角形分布,又称辛普逊(Simpson)分布。在实际测量中,若整个测量过程必须进行两次才能完成,而每次测量的随机误差服从相同的均匀分布,则总的测量误差为三角形分布误差。例如进行两次测量过程时数据凑整的误差,用代替法检定标准砝码、标准电阻时两次调零不准所引起的误差等,均为三角形分布误差。

三角形分布误差的分布密度 $f(\delta)$(见图 8.1.4)和分布函数 $F(\delta)$ 分别为

$$f(\delta) = \begin{cases} \dfrac{a+\delta}{a^2}, & -a \leqslant \delta \leqslant 0 \\[2mm] \dfrac{a-\delta}{a^2}, & 0 \leqslant \delta \leqslant a \\[2mm] 0, & |\delta| > a \end{cases} \tag{8.1.19}$$

$$F(\delta) = \begin{cases} 0, & \delta \leqslant a \\[2mm] \dfrac{(a+\delta)^2}{2a^2}, & -a < \delta \leqslant 0 \\[2mm] 1 - \dfrac{(a-\delta)^2}{2a^2}, & 0 < \delta \leqslant a \\[2mm] 1, & \delta > a \end{cases} \tag{8.1.20}$$

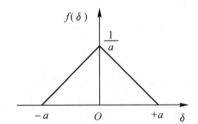

图 8.1.4 三角形分布的分布密度

必须指出,如果对两个误差限为不相等的均匀分布随机误差求和,则其和的分布规律不再是三角形分布而是梯形分布。在测量工作中,除上述的非正态分布外,还有直角分布、截尾正态分布、双峰正态分布及二点分布等,现将常见的正态分布和部分非正态分布及其置信度列于表 8.1.1 中。

表 8.1.1 常见的分布形式

分布名称	图 形	分布密度	方 差	t
正态	$f(\delta)$	$f(\delta) = \dfrac{1}{\sigma\sqrt{2\pi}} e^{-\frac{\delta^2}{2\sigma^2}},\ |\delta| < \infty$	σ^2	$2.58 \sim 3$

续表

分布名称	图　形	分布密度	方　差	t
均匀	$f(\delta)$ $-a$　O　$+a$	$f(\delta)=\begin{cases}\dfrac{1}{2a}, & \|\delta\|\leqslant a\\[2mm] 0, & \|\delta\|>a\end{cases}$	$\dfrac{a^2}{3}$	$\sqrt{3}\approx1.73$
反正弦	$f(\delta)$ $-a$　O　a	$f(\delta)=\dfrac{1}{\pi\sqrt{a^2-\delta^2}},\ \|\delta\|<a$	$\dfrac{a^2}{2}$	$\sqrt{2}\approx1.41$
三角	$f(\delta)$ $-a$　O　a	$f(\delta)=\begin{cases}\dfrac{a+\delta}{a^2}, & -a\leqslant\delta\leqslant0\\[2mm]\dfrac{a-\delta}{a^2}, & 0\leqslant\delta\leqslant+a\end{cases}$	$\dfrac{a^2}{6}$	$\sqrt{6}\approx2.45$
直角	$f(\delta)$ $-a$　O　a	$f(\delta)=\dfrac{\delta+a}{2a^2},\ \|\delta\|<a$	$\dfrac{2a^2}{9}$	$\dfrac{3}{\sqrt{2}}\approx2.12$
椭圆	$f(\delta)$ $-a$　O　a	$f(\delta)=\dfrac{\delta}{\pi a^2}\sqrt{a^2-\delta^2},\ \|\delta\|<a$	$\dfrac{a^2}{4}$	2
双三角	$f(\delta)$ $-a$　O　a	$f(\delta)=\begin{cases}-\dfrac{\delta}{a^2}, & -a<\delta<0\\[2mm]\dfrac{\delta}{a^2}, & 0<\delta<a\end{cases}$	$\dfrac{a^2}{2}$	$\sqrt{2}\approx1.41$

8.1.4　标准偏差的传递

测量的标准偏差简称为标准差,也可称之为方均根差。

1. 测量列中单次测量的标准差

由于随机误差的存在,等精度测量列中各个测得值一般皆不相同,它们围绕着该测量列的算术平均值有一定的分散度,此分散度说明了测量列中单次测得值的不可靠性,必须用一个数值作为其不可靠性的评定标准。

符合正态分布的随机误差分布密度如式(8.1.8)所示。由此式可知:σ 值越小,则 e 的指数的绝对值越大,因而 $f(\delta)$ 减小得越快,即曲线变陡。而 σ 值越小,在 e 前面的系数值变大,即对应于误差为零($\delta=0$)的纵坐标也大,曲线变高。反之,σ 越大,$f(\delta)$ 减小越慢,曲线平坦,同时对应于误差为零的纵坐标也小,曲线变低。图 8.1.5 中三个测量列所得的分布曲线不同,其标准差 σ 也不相同,且 $\sigma_1 < \sigma_2 < \sigma_3$。

标准差 σ 的数值小,该测量列相应小的误差就占优势,任一单次测得值对算术平均值的分散度就小,测量的可靠性就大,即测量精度高(如图中的曲线 1);反之,测量精度就低(如图中的曲线 3)。因此单次测量的标准差 σ 是表征同一被测量的 n 次测量的测得值分散性的参数,可作为测量列中单次测量不可靠性的评定标准。

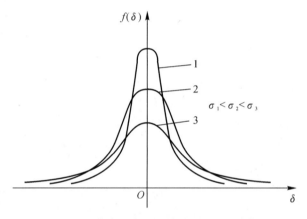

图 8.1.5　符合正态分布的随机误差分布密度

应该指出,标准差 σ 不是测量列中任何一个具体测得值的随机误差,σ 的大小只说明,在一定条件下等精度测量列随机误差的概率分布情况。在该条件下,任一单次测得值的随机误差 δ,一般都不等于 σ,但却认为这一系列测量中所有测得值都属同样一个标准差 σ 的概率分布。在不同条件下,对同一被测量进行两个系列的等精度测量,其标准差 σ 也不相同。

在等精度测量列中,单次测量的标准差按下式计算:

$$\sigma = \sqrt{\frac{\delta_1^2 + \delta_2^2 + \cdots + \delta_n^2}{n}} = \sqrt{\frac{\sum\limits_{i=1}^{n} \delta_i^2}{n}} \qquad (8.1.12)$$

式中:n 为测量次数(应充分大);δ_i 为测得值与被测量的真值之差。

当被测量的真值未知时,按式(8.1.21)不能求得标准差。实际上,在有限次测量情况下,可用残余误差 υ_i 代替真误差,而得到标准差的估计值,由式(8.1.7)可得

$$\left.\begin{array}{l} \delta_1 = l_1 - \bar{x} + \bar{x} - L_0 \\ \delta_2 = l_2 - \bar{x} + \bar{x} - L_0 \\ \qquad \vdots \\ \delta_n = l_n - \bar{x} + \bar{x} - L_0 \end{array}\right\} \qquad (8.1.22)$$

式中：$(\bar{x} - L_0) = \delta_{\bar{x}}$ 称为算术平均值的误差，将它和式(8.1.44)代入式(8.1.22)，则有

$$
\left.
\begin{aligned}
\delta_1 &= \upsilon_1 + \delta_{\bar{x}} \\
\delta_2 &= \upsilon_2 + \delta_{\bar{x}} \\
&\vdots \\
\delta_n &= \upsilon_n + \delta_{\bar{x}}
\end{aligned}
\right\}
\tag{8.1.23}
$$

将式(8.1.23)各子式对应相加得

$$
\sum_{i=1}^{n} \delta_i = \sum_{i=1}^{n} \upsilon_i + n\delta_{\bar{x}}
\tag{8.1.24}
$$

$$
\delta_{\bar{x}} = \frac{\displaystyle\sum_{i=1}^{n} \delta_i - \sum_{i=1}^{n} \upsilon_i}{n} = \frac{\displaystyle\sum_{i=1}^{n} \delta_i}{n}
\tag{8.1.25}
$$

将式(8.1.23)二次方后再相加得

$$
\sum_{i=1}^{n} \delta_i^2 = \sum_{i=1}^{n} \upsilon_i^2 + n\delta_{\bar{x}}^2 + 2\delta_{\bar{x}} \sum_{i=1}^{n} \upsilon_i = \sum_{i=1}^{n} \upsilon_i^2 + n\delta_{\bar{x}}^2
\tag{8.1.26}
$$

将式(8.1.25)二次方有

$$
\delta_{\bar{x}}^2 = \left(\frac{\displaystyle\sum_{i=1}^{n} \delta_i}{n} \right)^2 = \frac{\displaystyle\sum_{i=1}^{n} \delta_i^{\,2}}{n^2} + \frac{2 \displaystyle\sum_{1 \leqslant i < j}^{n} \delta_i \delta_j}{n^2}
\tag{8.1.27}
$$

当 n 适当大时，可认为 $\displaystyle\sum_{i=1}^{n} \delta_i \delta_j$ 趋近于零，并将 $\delta_{\bar{x}}^2$ 代入式(8.1.26)得

$$
\sum_{i=1}^{n} \delta_i^2 = \sum_{i=1}^{n} \upsilon_i^2 + \frac{\displaystyle\sum_{i=1}^{n} \delta_i^{\,2}}{n^2}
\tag{8.1.28}
$$

由式(8.1.21)可知

$$
\sum_{i=1}^{n} \delta_i^2 = n\sigma^2
\tag{8.1.29}
$$

代入式(8.1.28)得

$$
n\sigma^2 = \sum_{i=1}^{n} \upsilon_i^2 + \sigma^2
\tag{8.1.30}
$$

$$
\sigma = \sqrt{\frac{\displaystyle\sum_{i=1}^{n} \upsilon_i^2}{n-1}}
\tag{8.1.31}
$$

式(8.1.31)称为贝塞尔(Bessel)公式，根据此式可由残余误差求得单次测量的标准差的估计值。

评定单次测量不可靠性的参数还有或然误差 ρ 和平均误差 θ，若用残余误差表示则

$$
\rho \approx \frac{2}{3} \sqrt{\frac{\displaystyle\sum_{i=1}^{n} \upsilon_i^2}{n-1}}
\tag{8.1.32}
$$

$$\theta \approx \frac{4}{5} \sqrt{\frac{\sum_{i=1}^{n} v_i^2}{n-1}} \tag{8.1.33}$$

2. 测量列算术平均值的标准差

在多次测量的测量列中,是以算术平均值作为测量结果,因此必须研究算术平均值不可靠性的评定标准。

如果在相同条件下对同一量值作多组重复的系列测量,每一系列测量都有一个算术平均值,由于随机误差的存在,各个测量列的算术平均值也不相同,它们围绕着被测量的真值有一定的分散度。此分散度说明了算术平均值的不可靠性,而算术平均值的标准差则是表征同一被测量的各个独立测量列算术平均值分散性的参数,可作为算术平均值不可靠性的评定标准。

已知算术平均值 $\bar{x}$ 为

$$\bar{x} = \frac{l_1 + l_2 + \cdots + l_n}{n} \tag{8.1.34}$$

取方差

$$D(\bar{x}) = \frac{1}{n^2} \left[D(l_1) + D(l_2) + \cdots + D(l_n) \right] \tag{8.1.35}$$

因 $D(l_1) = D(l_2) = \cdots = D(l_n) = D(l)$,故有

$$D(\bar{x}) = \frac{1}{n^2} n D(l) = \frac{1}{n} D(l) \tag{8.1.36}$$

所以

$$\sigma_{\bar{x}}^2 = \frac{\sigma^2}{n} \tag{8.1.37}$$

$$\sigma_{\bar{x}} = \frac{\sigma}{\sqrt{n}} \tag{8.1.38}$$

由此可知,在 n 次测量的等精度测量列中,算术平均值的标准差为单次测量标准差的 $1/\sqrt{n}$,当测量次数 n 越大时,算术平均值越接近被测值的真值,测量精度也越高。

增加测量次数,可以提高测量精度,但是由式(8.1.38)可知,测量精度与测量次数的二次方根成反比,因此要显著地提高测量精度,必须付出较大的代价。由图 8.1.5 可知,σ 一定时,$n > 10$ 以后,$\sigma_{\bar{x}}$ 已减少得非常缓慢。此外,由于测量次数越大时,也越难保证测量条件的恒定,从而带来新的误差,因此一般情况下取 $n \leqslant 10$ 较为适宜。总之,要提高测量精度,应采用适当精度的仪器,选取适当的测量次数。

评定算术平均值的精度标准,也可用或然误差 R 或平均误差 T,相应的公式为

$$\left. \begin{array}{l} R = 0.6745 \sigma_{\bar{x}} \approx \dfrac{2}{3} \sigma_{\bar{x}} = \dfrac{2}{3} \dfrac{\sigma}{\sqrt{n}} = \dfrac{\rho}{\sqrt{n}} \\[3mm] T = 0.7979 \sigma_{\bar{x}} \approx \dfrac{4}{5} \sigma_{\bar{x}} = \dfrac{4}{5} \dfrac{\sigma}{\sqrt{n}} = \dfrac{\theta}{\sqrt{n}} \end{array} \right\} \tag{8.1.39}$$

若用残余误差 v 表示上述公式,则有

$$R = \frac{2}{3} \sqrt{\frac{\sum\limits_{i=1}^{n} v_i^2}{n(n-1)}}$$

$$T = \frac{4}{5} \sqrt{\frac{\sum\limits_{i=1}^{n} v_i^2}{n(n-1)}} \Bigg\}$$

(8.1.40)

8.1.5 有限次测量的算术平均值

对某一量进行一系列等精度测量,由于存在随机误差,其测得值皆不相同,应以全部测得值的算术平均值作为最后的测量结果。

1. 算术平均值的意义

在系列测量中,被测量的 n 个测得值的代数和除以 n 而得的值称为算术平均值。

设 $l_1, l_2, \cdots, l_n$ 为 n 次测量所得的值,则算数平均值 $\bar{x}$ 为

$$\bar{x} = \frac{l_1 + l_2 + \cdots + l_n}{n} = \frac{\sum\limits_{i=1}^{n} l_i}{n}$$

(8.1.41)

算数平均值与被测量的真值最为接近,由概率论的大数定律可知,若测得次数无限增加,则算数平均值 $\bar{x}$ 必然趋近于真值 L_0。

由式(8.1.7)求和得

$$\delta_1 + \delta_2 + \cdots + \delta_n = (l_1 + l_2 + \cdots + l_n) - nL_0$$

$$\sum_{i=1}^{n} \delta_i = \sum_{i=1}^{n} l_i - nL_0$$

(8.1.42)

$$L_0 = \frac{\sum\limits_{i=1}^{n} l_i - \sum\limits_{i=1}^{n} \delta_i}{n}$$

根据正态分布随机误差的第(4)特征可知:当 $n \to \infty$ 时,有 $\sum\limits_{i=1}^{n} \delta_i / n \to 0$,所以

$$\bar{x} = \frac{\sum\limits_{i=1}^{n} l_i}{n} \to L_0$$

(8.1.43)

由此可见,如果能够对某一量进行多次测量,就可得到不受随机误差影响的测量值,或其影响甚微,可予忽略。这就是当测量次数无限增大时,算术平均值(数学上称之为最大或然值)被认为是最接近于真值的理论依据。由于实际上都是有限次测量,人们只能把算术平均值近似地作为被测量的真值。

一般情况下,被测量的真值为未知,不可能按式(8.1.7)求得随机误差,这时可用算术平均值代替被测量的真值进行计算,则有

$$\nu_i = l_i - \bar{x}$$

(8.1.44)

式中:l_i 为第 i 个测得值,$i = 1, 2, \cdots, n$;ν_i 为 l_i 的残余误差(简称残差)。

如果测量列中的测量次数和每个测量数据的位数皆较多,直接按式(8.1.41)计算算术平均值,既烦琐,又容易产生错误,此时可用简便法进行计算。

任选一个接近所有测得值的数 l_0 作为参考值,计算出每个测得值 l_i 与 l_0 的差值

$$\Delta l_i = l_i - l_0, \quad i = 1, 2, \cdots, n \tag{8.1.45}$$

因

$$\left. \begin{array}{l} \bar{x} = \dfrac{\sum\limits_{i=1}^{n} l_i}{n} \\[3mm] \Delta \bar{x}_0 = \dfrac{\sum\limits_{i=1}^{n} \Delta l_i}{n} \end{array} \right\} \tag{8.1.46}$$

则

$$\bar{x} = l_0 + \Delta \bar{x}_0 \tag{8.1.47}$$

式中的 $\Delta \bar{x}_0$ 为简单数值,很容易计算,因此按式(8.1.47)求算术平均值比较简便。

2. 算术平均值的计算校核

算术平均值及其残余误差的计算是否正确,可用求得的残余误差代数和性质来校核。

根据式(8.1.44)求得的残余误差,其代数和为

$$\sum_{i=1}^{n} \nu_i = \sum_{i=1}^{n} l_i - n\bar{x} \tag{8.1.48}$$

式中的算术平均值 $\bar{x}$ 是根据式(8.1.41)计算的,当求得的算术平均值 $\bar{x}$ 为未经凑整的准确数时,则有

$$\sum_{i=1}^{n} \nu_i = 0 \tag{8.1.49}$$

而

$$\sum_{i=1}^{n} \nu_i = \sum_{i=1}^{n} l_i - n\left(\dfrac{\sum\limits_{i=1}^{n} l_i}{n} + \Delta\right) = -n\Delta \tag{8.1.50}$$

经过分析证明,用残余误差代数和校核算术平均值及其残余误差,其规则为

(1) 残余误差代数和应符合:

当 $\sum\limits_{i=1}^{n} l_i = n\bar{x}$,求得的 $\bar{x}$ 为非凑整的准确数时,$\sum\limits_{i=1}^{n} \nu_i$ 为零;

当 $\sum\limits_{i=1}^{n} l_i > n\bar{x}$,求得的 $\bar{x}$ 为凑整的非准确数时,$\sum\limits_{i=1}^{n} \nu_i$ 为正,其大小为求 $\bar{x}$ 时的余数;

当 $\sum\limits_{i=1}^{n} l_i < n\bar{x}$,求得的 $\bar{x}$ 为凑整的非准确数时,$\sum\limits_{i=1}^{n} \nu_i$ 为负,其大小为求 $\bar{x}$ 时的亏数。

(2) 残余误差代数和绝对值应符合:

当 n 为偶数时,$\left| \sum\limits_{i=1}^{n} \nu_i \right| \leqslant \dfrac{n}{2} A$;

当 n 为奇数时,$\left| \sum\limits_{i=1}^{n} \nu_i \right| \leqslant \left(\dfrac{n}{2} - 0.5\right) A$。

式中的 A 为实际求得的算术平均值 $\bar{x}$ 末位数的一个单位。

以上两种校核规则,可根据实际运算情况选择一种进行校核,但大多数情况选用第二种规则可能较为方便,它不需要知道所有测得值之和。

8.1.6 测量结果的置信度概率

在统计学中,一个概率样本的置信区间(confidence interval)是对这个样本的某个总体参数的区间估计。置信区间展现的是这个参数的真实值有一定概率落在测量结果的周围的程度。置信区间给出的是被测量参数的测量值的可信程度,即所要求的“一定概率”。这个概率被称为置信水平。

8.1.7 异常数据的剔除

异常数据一般隶属于粗大误差,由于粗大误差的数值比较大,它会对测量结果产生明显的歪曲,一旦发现含有粗大误差的测量值,应将其从测量结果中剔除。

1. 异常数据的产生原因

产生粗大误差的原因是多方面的,大致可归纳为以下两方面。

(1) 测量人员的主观原因。由于测量者工作责任感不强,工作过于疲劳或者缺乏经验操作不当,或在测量时不小心、不耐心、不仔细等,从而造成了错误的读数或错误的记录,这是产生粗大误差的主要原因。

(2) 客观外界条件的原因。由于测量条件意外地改变(如机械冲击、外界振动等),从而引起仪器示值或被测对象位置的改变而产生粗大误差。

2. 防止与消除异常数据的方法

对异常数据,除了设法从测量结果中发现和鉴别而加以剔除外,更重要的是要加强测量者的工作责任心和以严谨的科学态度对待测量工作。此外,还要保证测量条件的稳定,或者应避免在外界条件发生激烈变化时进行测量。若能达到以上要求,一般情况下是可以防止异常数据产生的。

在某些情况下,为了及时发现与防止测得值中含有异常数据,可采用不等精度测量和互相之间进行校核的方法。例如,对某一被测值,可由两位测量者进行测量、读数和记录,或者用两种不同仪器、两种不同方法进行测量(如测量薄壁圆筒内径,可通过直接测量内径或测量外径和壁厚,再经过计算求得内径,两者作互相校验)。

3. 判别异常数据的准则

在判别某个测得值是否含有粗大误差时,要特别慎重,应作充分的分析和研究,并根据判别准则予以确定。通常用来判别粗大误差的准则有下述 4 种。

(1)3σ 准则(莱以特准则)。3σ 准则是最常用也是最简单的判别粗大误差的准则,它是以测量次数充分大为前提,但通常测量次数皆较少,因此 3σ 准则只是一个近似的准则。

对于某一测量列,若各测得值只含有随机误差,则根据随机误差的正态分布规律,其残余误差落在 $\pm 3\sigma$ 以外的概率约为 0.3%,即在 370 次测量中只有一次其残余误差 $|v_i| > 3\sigma$。如

果在测量列中,发现有大于 3σ 的残余误差的测得值,即

$$|\upsilon_i| > 3\sigma \qquad (8.1.51)$$

则可以认为它含有粗大误差,应予剔除。

(2) 罗曼诺夫斯基准则。当测量次数较少时,按 t 分布的实际误差分布范围来判别粗大误差较为合理。罗曼诺夫斯基准则又称 t 检验准则,其特点是首先剔除一个可疑的测得值,然后按 t 分布检验被剔除的测量值是否含有粗大误差。设对某量作多次等精度独立测量,得 x_1,x_2,$\cdots$,x_n,若认为测量值 x_j 为可疑数据,则将其剔除后计算平均值为(计算时不包括 x_j)

$$\overline{x} = \frac{1}{n-1} \sum_{\substack{i=1 \\ i \neq j}}^{n} x_i \qquad (8.1.52)$$

并求得测量列的标准差(计算时不包括 $\upsilon_j = x_j - \overline{x}$)

$$\sigma = \sqrt{\frac{\sum_{i=1}^{n} \upsilon_i^2}{n-2}} \qquad (8.1.53)$$

根据测量次数 n 和选取的显著度 α,即可由表 8.1.2 查得 t 分布的检验系数 $K(n,\alpha)$。若

$$|x_j - \overline{x}| > K\sigma \qquad (8.1.54)$$

则认为测量值 x_j 为可疑数据,剔除 x_j 是正确的,否则认为 x_j 不含有粗大误差,应予保留。

表 8.1.2　t 分布的检验系数

n	K		n	K		n	K	
	$\alpha = 0.05$	$\alpha = 0.01$		$\alpha = 0.05$	$\alpha = 0.01$		$\alpha = 0.05$	$\alpha = 0.01$
4	4.97	11.46	13	2.29	3.23	22	2.14	2.91
5	3.56	6.53	14	2.26	3.17	23	2.13	2.90
6	3.04	5.04	15	2.24	3.12	24	2.12	2.88
7	2.78	4.36	16	2.22	3.08	25	2.11	2.86
8	2.62	3.96	17	2.20	3.04	26	2.10	2.85
9	2.51	3.71	18	2.18	3.01	27	2.10	2.84
10	2.43	3.54	19	2.17	3.00	28	2.09	2.83
11	2.37	3.41	20	2.16	2.95	29	2.09	2.82
12	2.33	3.31	21	2.15	2.93	30	2.08	2.81

(3) 格罗布斯准则。设对某量作多次等精度独立测量,得 $x_1, x_2, \cdots, x_n$,当 x_i 服从正态分布时,有

$$\left. \begin{aligned} \overline{x} &= \frac{1}{n} \sum x \\ \upsilon_i &= x_i - \overline{x} \\ \sigma &= \sqrt{\frac{\sum \upsilon^2}{n-1}} \end{aligned} \right\} \qquad (8.1.55)$$

为了检验 $x_i(i=1,2,\cdots,n)$ 中是否存在异常数据，将 x_i 按照大小顺序排列成顺序统计量 $x_{(i)}$，而 $x_{(1)} \leqslant x_{(2)} \leqslant \cdots \leqslant x_{(n)}$。

格罗布斯导出了 $g_{(n)}=(x_{(n)}-\bar{x})/\sigma$ 及 $g_{(1)}=(\bar{x}-x_{(1)})/\sigma$ 的分布，取定显著度 α（一般为 0.05 或 0.01），可得到如表 8.1.3 所列的临界值 $g_0(n,\alpha)$，而

$$P\left[\frac{x_{(n)}-\bar{x}}{\sigma} \geqslant g_0(n,\alpha)\right]=\alpha$$
$$P\left[\frac{\bar{x}-x_{(1)}}{\sigma} \geqslant g_0(n,\alpha)\right]=\alpha$$

(8.1.56)

表 8.1.3 分布临界值

n	K		n	K	
	$\alpha=0.05$	$\alpha=0.01$		$\alpha=0.05$	$\alpha=0.01$
3	1.15	1.16	17	2.48	2.78
4	1.46	1.49	18	2.50	2.82
5	1.67	1.75	19	2.53	2.85
6	1.82	1.94	20	2.56	2.88
7	1.94	2.10	21	2.58	2.91
8	2.03	2.22	22	2.60	2.94
9	2.11	2.32	23	2.62	2.96
10	2.18	2.41	24	2.64	2.99
11	2.23	2.48	25	2.66	3.01
12	2.28	2.55	30	2.74	3.10
13	2.33	2.61	35	2.81	3.18
14	2.37	2.66	40	2.87	3.24
15	2.41	2.70	50	2.96	3.34
16	2.44	2.75	100	3.17	3.59

若认为 $x_{(1)}$ 可疑，则有

$$g_{(1)}=\frac{\bar{x}-x_{(1)}}{\sigma}$$

(8.1.57)

若认为 $x_{(n)}$ 可疑，则有

$$g_{(1)}=\frac{x_{(n)}-\bar{x}}{\sigma}$$

(8.1.58)

当 $g_{(i)} \geqslant g_0(n,\alpha)$ 时，即判别该测得值含有异常数据，应予剔除。

（4）狄克松准则。前面三种异常数据判别准则均需先求出标准差 σ，在实际工作中比较麻烦，而狄克松准则避免了这一缺点。它是用极差比的方法，得到简化而严密的结果。

狄克松研究了 $x_1, x_2, \cdots, x_n$ 的顺序统计量 $x_{(i)}$ 的分布，当 x_i 服从正态分布时，得到 $x_{(n)}$

的统计量的分布,选定显著度 α,得到各统计量的临界值 $r_0(n,\alpha)$(见表 8.1.4),若测量的统计值 r_{ij} 大于临界值,则认为 $x_{(n)}$ 是异常数据。

$$r_{10} = \frac{x_{(n)} - x_{(n-1)}}{x_{(n)} - x_{(1)}}$$

$$r_{11} = \frac{x_{(n)} - x_{(n-1)}}{x_{(n)} - x_{(2)}}$$

$$r_{21} = \frac{x_{(n)} - x_{(n-2)}}{x_{(n)} - x_{(2)}}$$

$$r_{22} = \frac{x_{(n)} - x_{(n-2)}}{x_{(n)} - x_{(3)}}$$

(8.1.59)

表 8.1.4　统计量的临界值

统计量	n	$r_0(n,\alpha)$		统计量	n	$r_0(n,\alpha)$	
		$\alpha = 0.01$	$\alpha = 0.05$			$\alpha = 0.01$	$\alpha = 0.05$
$r_{10} = \dfrac{x_{(n)} - x_{(n-1)}}{x_n - x_{(1)}}$ $\left(r_{10} = \dfrac{x_{(1)} - x_{(2)}}{x_{(1)} - x_{(n)}}\right)$	3	0.988	0.341		15	0.616	0.525
	4	0.889	0.765		16	0.595	0.507
	5	0.780	0.642		17	0.577	0.490
	6	0.698	0.560		18	0.561	0.475
$r_{11} = \dfrac{x_{(n)} - x_{(n-1)}}{x_n - x_{(2)}}$ $\left(r_{11} = \dfrac{x_{(1)} - x_{(2)}}{x_{(1)} - x_{(n)}}\right)$	7	0.637	0.507	$r_{22} = \dfrac{x_{(n)} - x_{(n-2)}}{x_n - x_{(3)}}$ $\left(r_{22} = \dfrac{x_{(n)} - x_{(3)}}{x_{(1)} - x_{(n-2)}}\right)$	19	0.547	0.462
	8	0.683	0.554		20	0.535	0.450
	9	0.635	0.512		21	0.524	0.440
	10	0.597	0.477		22	0.514	0.430
$r_{21} = \dfrac{x_{(n)} - x_{(n-1)}}{x_n - x_{(2)}}$ $\left(r_{21} = \dfrac{x_{(n)} - x_{(3)}}{x_{(1)} - x_{(n-1)}}\right)$	11	0.697	0.576		23	0.505	0.421
	12	0.642	0.546		24	0.497	0.413
	13	0.615	0.521		25	0.489	0.406
	14	0.641	0.546				

对最小值 $x_{(1)}$ 用同样的临界值进行检测,即有

$$r_{10} = \frac{x_{(1)} - x_{(2)}}{x_{(1)} - x_{(n)}}$$

$$r_{11} = \frac{x_{(1)} - x_{(2)}}{x_{(1)} - x_{(n-1)}}$$

$$r_{21} = \frac{x_{(1)} - x_{(3)}}{x_{(1)} - x_{(n-1)}}$$

$$r_{22} = \frac{x_{(1)} - x_{(3)}}{x_{(1)} - x_{(n-2)}}$$

(8.1.60)

为了剔除异常数据,狄克松认为:$n \leqslant 7$ 时,使用 r_{10} 效果好;$8 \leqslant n \leqslant 10$ 时,使用 r_{11} 效果好;$11 \leqslant n \leqslant 13$ 时,使用 r_{21} 效果好;$n \geqslant 14$ 时,使用 r_{22} 效果好。

上面介绍的 4 种粗大误差的判别准则,其中 3σ 准则适用测量次数较多的测量列,一般情况的测量次数皆较少,因而这种判别准则的可靠性不高,但它使用简便,不需查表,故在要求不高时经常应用。对测量次数较少而要求较高的测量列,应采用罗曼诺夫斯基准则、格罗布斯准则或狄克松准则等,其中以格罗布斯准则的可靠性最高,通常测量次数 $n=20\sim100$,其判别效果较好。当测量次数很少时,可采用罗曼诺夫斯基准则。若需要从测量列中迅速判别含有粗大误差的测得值,则可采用狄克松准则。

必须指出,按上述准则若判别出测量列中有两个以上测得值含有粗大误差,此时只能首先剔除含有最大误差的测得值,然后重新计算测量列的算术平均值及其标准差,再对余下的测得值进行判别,依此程序逐步剔除,直至所有测得值皆不含粗大误差时为止。

8.1.8 测量不确定度的表征方法

由于测量误差的存在,被测量的真值难以确定,测量结果带有不确定性。长期以来,人们不断追求以最佳方式估计被测量的值,以最科学的方法评价测量结果的质量。本章介绍的测量不确定度就是评定测量结果质量高低的一个重要指标。不确定度越小,测量结果的质量越高,使用价值越大,其测量水平也越高;不确定度越大,测量结果的质量越低,使用价值越小,其测量水平也越低。

1. 测量不确定度的定义

(1) 概述。"不确定度"一词起源于 1927 年德国物理学家海森堡在量子力学中提出的不确定度关系,又称测不准关系。1970 年前后,一些学者逐渐使用"不确定度"一词,一些国家计量部门也开始相继使用"不确定度",但对不确定度的理解和表示方法尚缺乏一致性。鉴于国际间表示测量不确定度的不一致,1980 年国际计量局(BIPM)在征求各国意见的基础上提出了《实验不确定度建议书 INC-1》;1986 年由国际标准化组织(ISO)等 7 个国际组织共同组成了国际不确定度工作组,制定了《测量不确定度表示指南》,简称《指南 GUM》;1993 年,《指南 GUM》由国际标准化组织颁布实施,在世界各国得到执行和广泛应用。

随着生产的发展和科学技术的进步,对测量数据的准确性和可靠性提出了更高的要求,特别是我国国际贸易的不断发展与扩大,测量数据的质量需要在国际间得到评价和承认,因此,测量不确定度在我国受到越来越高的重视。广大科技人员,尤其是从事测量的专业技术人员都应正确理解测量不确定度的概念,正确掌握测量不确定度的表示与评定方法,以适应现代测试技术发展的需要。

(2) 测量不确定度定义。测量不确定度是指测量结果变化的不肯定,是表征被测量的真值在某个量值范围的一个估计,是测量结果含有的一个参数,用以表示被测量值的分散性。这种测量不确定度的定义表明,一个完整的测量结果应包含被测量值的估计与分散性参数两部分。例如被测量 Y 的测量结果为 $y\pm U$,其中 y 是被测量值的估计,它具有的测量不确定度为 U。显然,在测量不确定度的定义下,被测量的测量结果所表示的并非为一个确定的值,而是分散的无限个可能值所处于的一个区间。

根据测量不确定度定义,在测量实践中如何对测量不确定度进行合理的评定,这是必须解决的基本问题。对于一个实际测量过程,影响测量结果的精度有多方面因素,因此测量不确定度一般包含若干个分量,各不确定度分量不论其性质如何,皆可用两类方法进行评定,即 A 类评定与B类评定。其中一些分量由一系列观测数据的统计分析来评定,称为A类评定;另一些分量不是用一系列观测数据的统计分析法,而是基于经验或其他信息所认定的概率分布来评定,称为B类评定。所有的不确定度分量均用标准差表征,它们或是由随机误差而引起的,或是由系统误差而引起的,都对测量结果的分散性产生相应的影响。

(3)测量不确定度与误差。测量不确定度和误差是误差理论中两个重要概念,它们具有相同点,都是评价测量结果质量的重要指标,都可作为测量结果的精度评定参数。但它们又有明显的区别,必须正确认识和区分,以防混淆和误用。

从定义上讲,按照误差的定义式(8.1.7),误差是测量结果与真值之差,它以真值或约定真值为中心,因此误差是一个理想的概念,一般不能准确知道,难以定量;而测量不确定度是反映人们对测量认识不足的程度,是可以定量评定的。

在分类上,误差按自身特征和性质分为系统误差、随机误差和粗大误差,并可采取不同的措施来减小或消除各类误差对测量的影响。但由于各类误差之间并不存在绝对界限,故在分类判别和误差计算时不易准确掌握;测量不确定度不按性质分类,而是按评定方法分为A类评定和B类评定,两类评定方法不分优劣,按实际情况的可能性加以选用。由于不确定度的评定不论影响不确定度因素的来源和性质,只考虑其影响结果的评定方法,从而简化了分类,便于评定与计算。

不确定度与误差有区别,也有联系。误差是不确定度的基础,研究不确定度首先需研究误差,只有对误差的性质、分布规律、相互联系及对测量结果的误差传递关系等有了充分的认识和了解,才能更好地估计各不确定度分量,正确得到测量结果的不确定度。用测量不确定度代替误差表示测量结果,易于理解、便于评定,具有合理性和实用性。但测量不确定度的内容不能包罗,更不能取代误差理论的所有内容,如传统的误差分析与数据处理等均不能被取代。客观地说,不确定度是对经典误差理论的一个补充,是现代误差理论的内容之一,但它还有待于进一步研究、完善与发展。

2. 标准不确定度的评定

用标准差表征的不确定度,称为标准不确定度,用 u 表示。测量不确定度所包含的若干个不确定度分量,均是标准不确定度分量,用 u_i 表示,其评定方法如下:

(1)标准不确定度的 A 类评定。A 类评定是用统计分析法评定,其标准不确定度 H 等同于由系列观测值获得的标准差 σ,即 $u = \sigma$。标准差 σ 的基本求法在 8.1.4 节已作详细介绍,如贝塞尔法、别捷尔斯法、极差法、最大误差法等。

当被测量 Y 取决于其他 N 个量 $X_1, X_2, \cdots, X_N$ 时,则 Y 的估计值 y 的标准不确定度 u_y,将取决于 X_i 的估计值 x_i 的标准不确定度 u_{x_i},为此要首先评定 x_i 的标准不确定度 u_{x_i}。其方法是:在其他 $X_j (j \neq i)$ 保持不变的条件下,仅对 X_i 进行 n 次等精度独立测量,用统计法由 n 个观测值求得单次测量标准差 σ_i,则 x_i 的标准不确定度 u_{x_i} 的数值按下列情况分别确定:如果用单次测量值作为 X_i 的估计值 x_i,则 $u_{x_i} = \sigma_i$;如果用 n 次测量的平均值作为 X_i 的估计值 x_i,则 $u_{x_i} = \sigma_i / \sqrt{n}$。

(2)标准不确定度的 B 类评定。B 类评定不用统计分析法,而是基于其他方法估计概率分布或分布假设来评定标准差并得到标准不确定度。B 类评定在不确定度评定中占有重要地位,因为有的不确定度无法用统计方法来评定,或者虽可用统计法,但不经济可行,所以在实际工作中,采用 B 类评定方法居多。

设被测量 X 的估计值为 x,其标准不确定度的 B 类评定是借助于影响 x 可能变化的全部信息进行科学判定的。这些信息可能是:以前的测量数据、经验或资料,有关仪器和装置的一般知识,制造说明书和检定证书或其他报告所提供的数据,由手册提供的参考数据等。为了合理使用信息,正确进行标准不确定度的 B 类评定,要求有一定的经验及对一般知识有透彻的了解。

采用 B 类评定法,需先根据实际情况分析,对测量值进行一定的分布假设,可假设为正态分布,也可假设为其他分布,常见有下列几种情况:

1)若测量估计值 x 受到多个独立因素影响,且影响大小相近,则假设为正态分布,由所取置信概率 P 的分布区间半宽 a 与包含因子 k_P 来估计标准不确定度,即

$$u_x = \frac{a}{k_P} \tag{8.1.61}$$

2)若估计值 x 取自有关资料,所给出的测量不确定度 U_x 为标准差的 k 倍时,则其标准不确定度为

$$u_x = \frac{U_x}{k} \tag{8.1.62}$$

3)若根据信息,已知估计值 x 落在区间 $(x-a, x+a)$ 内的概率为 1,且在区间内各处出现的机会相等,则 x 服从均匀分布,其标准不确定度为

$$u_x = \frac{a}{\sqrt{3}} \tag{8.1.63}$$

4)若估计值 x 受到两个独立且皆是具有均匀分布的因素影响,则 x 服从在区间 $(x-a, x+a)$ 内的三角分布,其标准不确定度为

$$u_x = \frac{a}{\sqrt{6}} \tag{8.1.64}$$

5)若估计值 x 服从在区间 $(x-a, x+a)$ 内的反正弦分布,则其标准不确定度为

$$u_x = \frac{a}{\sqrt{2}} \tag{8.1.65}$$

8.2 测 试 理 论

8.2.1 测 试 原 理

测试工作的任务是为了获取有关研究对象的状态、运动和特征等方面的信息,就像物质和能量是客观存在一样,信息也是反映事物运动状态和特征的客观存在。信息总是通过某些物理量的形式表现出来,这些物理量则被称为信号。信号是信息的载体,信息存在于信号之中。信号中虽然携带着信息,但是其中既含有我们所需要的有用信息,也含有大量不需要的干扰,测试工作的任务之一就是从复杂的信号成分中提取有用信息。

为了在外界干扰的情况下能够提取和辨识出信号中所包含的有用信息,常常需要把信号作必要的变换处理。这同我们熟知的声音发射和接收的道理一样,如图 8.2.1 所示,从中可受

到启迪。

图 8.2.1　声音变换与传播过程

测试工作包括激励控制,信号的检测、调理、处理、分析以及显示、记录或数据输出等。与之相对应的测试系统框图如图 8.2.2 所示。

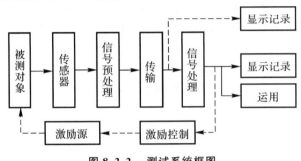

图 8.2.2　测试系统框图

图 8.2.2中,传感器是一种能把被检测的物理量变换为可测信号(通常为电信号)的装置,它是测试系统的首要环节。

信号调理装置是将来自传感器的电信号转换成适合传输和处理的形式,如放大、调制、解调、滤波等,使之变为既保留了原始被测信号中的有用信息,又有利于不失真地传输、显示、记录以及后续处理。

信号处理装置是对来自信号调理装置的信号进行各种运算和分析,如回归分析、频谱分析、相关分析、功率谱分析等,其方法有模拟量分析法和数字量分析法之别。

记录显示装置是把经处理后的电信号不失真地记录和显示出来,以便观测、分析和处理。记录和显示的方式一般有模拟和数字两种,前者记录的是模拟信号,后者记录的是数字信号。

激发装置是人为地模拟某种条件把被测系统中的某种信息激发出来,以便检测,如激振器、振动试验台等,而反馈、控制环节主要用于闭环控制系统中的测试系统。

8.2.2　用误差熵计算不确定度

最大熵方法是 E. T. Jaynes 在 1957 年提出的一种推理观点,其主要意思是:在只掌握部分信息的情况下要对系统状态进行推断时,应该取符合约束条件且熵值取最大的状态作为一种合理状态。他认为,这是我们可作出的唯一不偏不倚的选择,任何其他的选择都意味着添加了其他约束或改变了原有假设条件,而这些约束和假设条件根据我们所掌握的既有信息是无法得到的。

1. 基于最大熵方法的概率密度函数的确定

随机变量 x 的概率密度 $p(x)$ 的信息熵可定义为

$$H(x) = -\int_R p(x)\ln p(x)\mathrm{d}x \tag{8.2.1}$$

式中:R 为积分空间,令

$$H(x) = -\int_R p(x) \ln p(x) \mathrm{d}x = \max \tag{8.2.2}$$

约束条件为

$$\int_R p(x) \mathrm{d}x = 1 \tag{8.2.3}$$

$$\int_R x^i p(x) \mathrm{d}x = m_i, \quad i = 1, 2, \cdots, m \tag{8.2.4}$$

式中：m 为所用矩的阶数；m_i 为第 i 阶原点矩。

通过调整 $p(x)$ 来使熵达到最大值，并采用拉格朗日乘子法来求解此问题。设 $\overline{H}$ 为拉格朗日函数，则有

$$\overline{H} = H(x) + (\lambda_0 + 1)\left[\int_R p(x)\mathrm{d}x - 1\right] + \sum_{i=1}^{m} \lambda_i \left[\int_R x^i p(x) \mathrm{d}x - m_i\right] \tag{8.2.5}$$

令 $\mathrm{d}\overline{H}/\mathrm{d}p(x) = 0$，有

$$-\int_R [\ln p(x) + 1]\mathrm{d}x + (\lambda_0 + 1)\int_R \mathrm{d}x + \sum_{i=1}^{m} \lambda_i \left(\int_R x^i \mathrm{d}x\right) = 0 \tag{8.2.6}$$

可解得

$$p(x) = \exp\left(\lambda_0 + \sum_{i=1}^{m} \lambda_i x^i\right) \tag{8.2.7}$$

式（8.2.7）就是最大熵概率密度函数的解析形式。

将式（8.2.7）代入式（8.2.3），有

$$\int_R \exp\left(\lambda_0 + \sum_{i=1}^{m} \lambda_i x^i\right) \mathrm{d}x = 1 \tag{8.2.8}$$

整理后有

$$\mathrm{e}^{-\lambda_0} = \int_R \exp\left(\sum_{i=1}^{m} \lambda_i x^i\right) \mathrm{d}x \tag{8.2.9}$$

$$\lambda_0 = -\ln\left[\int_R \exp\left(\sum_{i=1}^{m} \lambda_i x^i\right) \mathrm{d}x\right] \tag{8.2.10}$$

将式（8.2.9）对 λ_i 微分，有

$$\frac{\partial \lambda_0}{\partial \lambda_i} = -\int_R x^i \exp\left(\lambda_0 + \sum_{i=1}^{m} \lambda_i x^i\right) \mathrm{d}x = -m_i \tag{8.2.11}$$

将式（8.2.10）对 λ_i 微分，有

$$\frac{\partial \lambda_0}{\partial \lambda_i} = -\frac{\displaystyle\int_R x^i \exp\left(\sum_{i=1}^{m} \lambda_i x^i\right) \mathrm{d}x}{\displaystyle\int_R \exp\left(\sum_{i=1}^{m} \lambda_i x^i\right) \mathrm{d}x} \tag{8.2.12}$$

由式（8.2.11）和式（8.2.12）可得

$$m_i = -\frac{\displaystyle\int_R x^i \exp\left(\sum_{i=1}^{m} \lambda_i x^i\right) \mathrm{d}x}{\displaystyle\int_R \exp\left(\sum_{i=1}^{m} \lambda_i x^i\right) \mathrm{d}x} \tag{8.2.13}$$

为了便于求解,将式(8.2.13)写成

$$1 - \frac{\int_R x^i \exp\left(\sum_{i=1}^m \lambda_i x^i\right) \mathrm{d}x}{m_i \int_R \exp\left(\sum_{i=1}^m \lambda_i x^i\right) \mathrm{d}x} = r_i \tag{8.2.14}$$

为了用数值方法计算出式(8.2.14)中的积分,必须事先假定所求概率密度函数的上下界;$\lambda_1, \cdots, \lambda_m$ 初值的确定对非线性规划求解的收敛相当重要,初值确定不当,可能会导致求解失败或搜索不到全局最优解。另外,在上面推导中用的是精确的矩,因为它们是利用积分公式直接积分得到的。当由测量数据样本直接确定其分布时,只能采用样本的矩,其精度将取决于样本的容量。

2. 不确定度的计算

用最大熵方法求出测量数据样本的概率密度函数 $p(\hat{x})$ 之后,即可对测量结果和不确定度进行估计与评定,具体方法如下。

测量结果的估计为

$$\hat{x} = \int_a^b x \cdot \hat{p}(x) \cdot \mathrm{d}x \tag{8.2.15}$$

测量结果的标准不确定度为

$$u = \sqrt{\int_a^b (x - \hat{x})^2 \cdot \hat{p}(x) \cdot \mathrm{d}x} \tag{8.2.16}$$

8.2.3 采用最大信息熵原理估算误差概率分布

误差理论与数据处理的核心问题是分析和估计测量结果的不确定度,并设法提高其准确度。根据国际计量局的实验不确定度建议书 IN-1(1980),A 类不确定度用统计方法由测得值计算得到,用标准偏差来表示。B 类不确定度用其他方法算出,其数值用近似标准偏差 U_j 来表示:

$$U_j = L_j / K_j \tag{8.2.17}$$

式中:L_j 表示第 j 个未定系统误差的误差限($-L_j, L_j$);K_j 为相应分布曲线的置信系数。如果误差概率分布是已知的,则置信系数容易求得。但困难的是有些误差的概率分布不知道。现在有的专著中提出,未定系统误差,应当作随机误差处理,当作随机误差处理时,它的概率分布如何确定?有的专著中指出,对未定系统误差的概率分布,采用两种假设:一种是按正态分布处理,另一种是按均匀分布处理。但这两种假设,在理论上与实践上往往缺乏根据,因此对未定系统误差的概率分布尚须作进一步研究。

在误差概率分布未知和传统的误差处理方法难以解决问题的情况下,最大信息熵原理为误差概率估计和测量不确定度计算开辟了新的途径和方法。最大信息熵原理可以简述为:在提供数据有限或概率空间不完备的情况下估计概率分布或确定未知参数时,应充分利用现有信息,选择出具有信息熵最大的那一种概率分布,作为估计或预测的结果。因为熵最大意味着随机性最强、人的主观偏见最小,所以这种以最大信息熵为准则的估计是随机性最强、主观偏见最小的估计。下面先论述用最大信息熵原理估计未知概率分布的一般方法。

给定随机变量(取值为 $x_1, x_2, \cdots, x_n$)的数据满足 m($m < n-1$)个线性独立的方程式：

$$\sum_{i=1}^{n} P_i A_{ji} = d_j, \quad 1 \leqslant j \leqslant m \tag{8.2.18}$$

采用拉格朗日乘数法,求信息熵函数在给定数据和概率分布归一化的约束条件下的极值。为此,引进函数

$$F(P_L) = -\sum_{i=1}^{n} P_i \lg P_i - (\lambda - 1)(\sum_{i=1}^{n} P_i - 1) - \sum_{j=1}^{m} \lambda_j (\sum_{i=1}^{n} P_i A_{ji} - d_j) \tag{8.2.19}$$

令 $\partial F(P_i)/\partial P_i = 0$,得

$$\lg P_i = -\lambda - \sum_{j=1}^{m} \lambda_j A_{ji}, \quad 1 \leqslant i \leqslant n \tag{8.2.20}$$

因为 $P_i = \exp\{-\lambda - \sum_{j=1}^{m} \lambda_j A_{ji}\}$, $1 \leqslant i \leqslant n$,所以 $\sum_{i=1}^{n} P_i = 1$,有

$$e^{\lambda} = \sum_{i=1}^{n} \exp\left\{-\sum_{j=1}^{m} \lambda_j A_{ji}\right\} \tag{8.2.21}$$

由此推出,满足给定约束条件的具有信息熵最大的概率分布为

$$P_i = Z^{-1} \exp\left\{-\sum_{j=1}^{m} \lambda_j A_{ji}\right\}, \quad 1 \leqslant i \leqslant n \tag{8.2.22}$$

式中:Z 为配分函数,且

$$Z = \sum_{i=1}^{n} \exp\left\{-\sum_{j=1}^{m} \lambda_j A_{ji}\right\} \tag{8.2.23}$$

将式(8.2.20)代入式(8.2.17),得到信息熵最大值：

$$H_{\max} = \lg Z + \sum_{j=1}^{m} \lambda_j d_j \tag{8.2.24}$$

式中,拉格朗日常数 $\{\lambda_j\}$ 可由下式求出：

$$\frac{\partial}{\partial \lambda_j} \lg Z + d_j = 0, \quad 1 \leqslant j \leqslant m \tag{8.2.25}$$

从式(8.2.25)的 m 个方程式和式(8.2.23),解出 m 个未知数 λ_j 和 Z,代入式(8.2.22),即解得 n 个概率 P_i。

对于连续随机变量的最大信息熵概率分布,用同样方法进行估计。

现在讨论以最大信息熵为准则的误差概率分布估计方法。

(1)如果某一误差分量可能取值范围被限定在有限区间 $[-L, L]$ 内,其概率密度函数 $P(x)$ 满足 $\int_{-L}^{L} P(x)\mathrm{d}x = 1$。根据最大信息熵原理,可以证明:在 $[-L, L]$ 的一切概率分布中,具有信息熵最大的概率分布是均匀分布,即

$$P(x) = \frac{1}{2L}, \quad -L \leqslant x \leqslant L \tag{8.2.26}$$

也就是说,对于仅知误差限 $\pm L$,但不能掌握其确切规律的误差分量,根据最大信息熵原理,推断它为均匀分布是合理的。

(2)如果某一误差分量的可能取值范围是 $(-\infty, +\infty)$,其均值为 0、方差为 σ^2,则根据最大信息熵原理,可以证明:具有信息熵最大的概率分布是正态分布,即

$$P(x) = \frac{1}{\sqrt{2\pi}\sigma}\exp\left(-\frac{x^2}{2\sigma^2}\right), \qquad |x| < \infty \tag{8.2.27}$$

也就是说,当方差已知时,推断误差概率密度为正态分布是合理的。

同理,当 n 维误差矢量的方差阵已知时,则由最大信息熵原理推断它为 n 维正态分布是合理的。

(3) 如果某一误差分量的可能取值范围是有限区间 $[-L, L]$,其均值为 0,标准偏差与极限误差的比值 U/L 已知,那么根据最大信息熵原理可以推断出其概率密度分布:

1) 若 $\dfrac{U}{L} = \dfrac{1}{\sqrt{3}} \approx 0.58$,则可推断误差概率密度 $P(x)$ 在 $[-L, L]$ 上是均匀分布的;

2) 若 $0 < \dfrac{U}{L} < \dfrac{1}{\sqrt{3}}$,则可推断误差概率密度 $P(x)$ 是向上凸的钟形分布;

3) 若 $\dfrac{1}{\sqrt{3}} < \dfrac{U}{L} < 1$,则可推断误差概率密度 $P(x)$ 是向下凹的 U 形分布。

$U/L = 0.4, 0.5, 0.6, 0.7$ 时概率密度 $P(x)$ 的分布曲线如图 8.2.3 所示,其中取 $L = 1$。

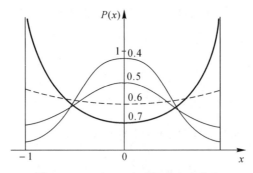

图 8.2.3 U/L 一定时概率密度分布

最大信息熵概率分布估计是同任何丢失(未知)数据最大程度无关,而且同时受所有测得(已知)数据的约束。它既充分利用了随机数据的统计规律,又避免了引进人为的附加信息,因而采用最大信息熵原理能够对仅仅得到有限信息的系统做出主观偏见最小的估计和预测。这说明,采用最大信息熵原理来估计未定系统误差概率分布及其不确定度是一种新的最佳方法。

8.3   测试过程的统计控制

1. 概念

测试过程的统计控制,系指用数理统计分析的方法与手段,使测试过程受到控制,以保证测试的准确可靠。换句话说,通过统计控制,使测试系统的工作随时处于受控状态,即每个测量值都是受控的长周期内进行多次测试的一个随机值,其不确定度保持在给定的范围之内,从而使测试得到保证。

2. 实现统计控制的基本要求

(1) 必须是可多次重复的测试。

（2）测试结果有较好的复现性。

（3）能够随机取样。

（4）测试数据的分布符合正态分布或其他已知分布。

满足上述基本要求，就会使测试结果具有一定的统计预测性，即可按统计规律予以处理。或者说，只要测试过程受控，测试数据便在一定的时期内具有稳定的分布状态，并可随时复现，只要给定概率，便可求出随机误差限或不确定度。

当然，受控要有足够的测试数据，只要测试过程受控，便可由测试过程的历史数据来预测未来数据的计量特性。

8.3.1　统计控制参数

利用核查标准建立过程控制参数。核查标准亦称校验标准，是一种实验室内部使用的标准。核查标准的主要作用是建立数据库，以核查测试系统的测试过程是否处于统计控制之中，并确定其随机误差。对核查标准的要求是：计量性能与实验室测试系统的被测对象的计量性能相似，变化规律相同，随机误差小，长期稳定性好，牢固耐用。

用被考核的测试系统对核查标准进行经常的多次测试，这样所积累的大量数据是表征测试过程特性的重要资料，是测试过程受控的关键判据。

1. 核查标准值

核查标准值系指对核查标准的测量所得出的值，可以是单一核查标准的测量值，也可以是两个核查标准的测得值之差、之和或其他形式的组合值。核查标准值可表示为 X。

2. 初始值

初始值亦称均值、认可值或起始合格值，一般是取对核查标准进行多次重复测量所得各值的算术平均值，故又有均值之称。设 X_i 为核查标准的第 i 次测得值，则 n 次测量的算术平均值为

$$\overline{X} = \frac{1}{n} \sum_{i=1}^{n} X_i \tag{8.3.1}$$

3. 核查标准值的标准差

（1）组内标准差。组内标准差的表达式为

$$S_w = \left[\frac{1}{n-1} \sum_{i=1}^{n} (X_i - \overline{X})^2 \right]^{\frac{1}{2}} \tag{8.3.2}$$

关于测量次数 n，根据误差理论，其与标准差 $S_{\overline{X}}$ 的关系如图 8.3.1 所示。

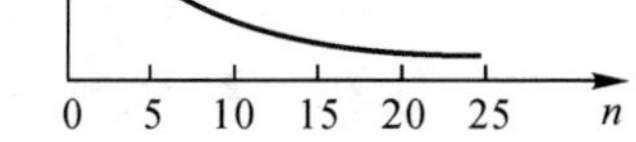

在统计分析中，一般取 $n=10$ 即可；对于要求较高的场合，可取 $n>15$ 为计算标准差的最低数。$n-1$ 称为标准差的自由度，表示标准差所含的信息量。

图 8.3.1　$S_{\overline{X}}$ 与 n 的关系曲线

组内标准差是根据一组（n 个）测得值求出的，所反映的是一次测量的短时期内测量过程的变动性（随机误差）。

（2）组间标准差。在实际工作中，测量系统经长期考核，必然有许多组测量。它们不一定完全一致，甚至可能有较大的差异。因此，必须考虑所谓组间标准差的影响，以反映测量系统

的长期变动性(随机误差)。

组间标准差的表达式为

$$S_b = \left(\frac{1}{k-1} \sum_{\substack{j=1 \\ j \neq i}}^{k} S_{wj}^2 \right)^{\frac{1}{2}} \tag{8.3.3}$$

式中:k 为测量的组数,即组内标准差的数目;$j \neq i$ 系考虑了与第 i 组标准差 S_{wj} 的不相关性,以便用方和根法进行标准差的合成。

(3)合成标准差。合成标准差的表达式可简单地写为

$$S_c = (S_w^2 + S_b^2 + 2\rho S_w S_b)^{\frac{1}{2}} \tag{8.3.4}$$

式中:$2\rho S_w S_b$ 为协方差项,其中 ρ 为相关系数。

若 S_w 与 S_b 不相关,即 $\rho = 0$,则合成标准差为两者的二次方和的正二次方根:

$$S_c = (S_w^2 + S_b^2)^{\frac{1}{2}} \tag{8.3.5}$$

若 S_w 与 S_b 相关,则必须考虑协方差。为简便和稳妥,设两者为完全正相关,即相关系数 $\rho = 1$,则合成标准差取两者的线性和:

$$S_c = S_w + S_b \tag{8.3.6}$$

(4)合并标准差。合并标准差的表达式为

$$S_p = \left(\frac{\nu_1 S_1^2 + \cdots\cdots + \nu_k S_k^2}{\nu_1 + \cdots\cdots + \nu_k} \right)^{\frac{1}{2}} \tag{8.3.7}$$

式中:k 为单元数;S_k 为第 k 单元的标准差;ν_k 为其自由度。

测量过程受控一段时期之后,若受控状态良好,则可利用不断增加的数据进一步计算出更可靠的"合并标准差"。

当测量系统的工作标准、核查标准、被测对象是成组(套)形式(如量块)时,若组合单元的变动性相同(一般皆如此),则每组的标准差亦可取合并的组内标准差或称"认可的组内标准差"。

4. 统计控制限

根据误差理论,对于正态分布,取为 $3S_c$ 统计上合理的误差限。此时,相应的置信概率 P 为 0.997 3,显著水平 α 则为 0.002 7。

在实际工作中,统计控制限可根据具体需要确定,一般多取 $(2 \sim 3)S_c$。当然,取 $3S_c$ 是相当稳妥的。

5. 测量过程的统计控制参数

测量过程的统计控制参数由初始值和统计控制限组成,即为 $\overline{X} \pm 3S_c$。

8.3.2　测试过程统计控制的检验方法

1. 基于模型的方法

该类方法主要通过分析过程的物理和化学原理,构建过程的数学解析模型,获得以残差时间序列为主的监测对象,进而实现与过程监测相关的系列需求。一般地,构建过程机理的数学模型主要依赖于观测器的设计、系统参数的辨识、等价关系的评估以及状态空间的分析等工

作。尽管精妙的解析模型能够准确地描述过程状态,并且获得极好的监测结果,但在大多数情况下构建这类模型本身就很有难度,特别对现代大型工业过程尤其如此。与此同时,对于那些涉及国防尖端武器系统、航空航天装备以及与民众安全相关的车、船和安防设备等又必须以该类方法为主,因为对这些领域来说,安全永远是第一位的。鉴于模型的方法在构建模型上的局限性,复杂的流程工业较少采用这类方法。

2. 基于知识的方法

过程知识库来源于技术专家和实际操作人员在特定行业的长期积累,并且这种知识没有上升为理论的高度,更多的时候它是对过程机理的定性分析。因此,基于知识的方法是通过对各子系统原理、过程运行状态、实际操作的主观理解和认识,以此作出改变过程操作的主观决策,从而使过程的实际运行变得安全可控。显然,与模型的方法类似,限于现代工业过程的复杂性,获取正确的过程知识在一些场合具有一定的难度,故使用该类方法也存在明显的局限性。因此,在过程系统不易用数学模型表达,同时运行状态也较为单纯的场景下,基于知识的方法无须付出过多代价即可实现过程监测的目的。一般地,知识的方法可通过建立专家系统、构造因果关系模型、构建故障树以及使用模糊推理等方式获得。

3. 数据驱动的方法

数据驱动的方法实际上是对上述两种方法的补位,因为它并不需要准确的机理模型,也不苛求丰富的专家知识,而主要依赖收集的过程数据。通过对富含信息的过程数据进行建模,该类方法可挖掘数据中潜藏的价值关系,以各类价值关系为监测对象,工业过程监测得以顺利实施。显然,基于数据的方法要求有大量能反映过程全貌的过程数据,而这一点在信息技术较为发达的今天已经不是什么难事。近年来,先进仪表设备的大量使用、分布式控制系统的逐渐完善以及信息存储技术的飞跃式发展,客观上构成了这类方法蓬勃发展的物质基础。与此同时,分布式计算、云计算等先进的数据计算技术,也极大地点燃了众多学者研究数据驱动方法的热情。常见的数据驱动的方法有多元统计分析、信号处理、机器学习以及信息融合等。目前,各类方法的研究当中,要数多元统计方法和机器学习最为火热。以多元统计方法为例,每年都有大量的过程监测研究基于 PCA(主成分分析)、PLS(偏最小二乘)、ICA(独立主成分分析)、FA(因子分析)等方法展开。此外,以深度学习、强化学习、迁移学习等为代表的机器学习方法也在与过程监测相关的研究论文中占有重要的席位。

纵观特定问题的解决方案,各类方法都没有绝对的优势。而方法研究的大趋势是类间方法之间、类内方法之间相互借鉴,共同致力于高效、稳定、便捷、经济地实施过程监测。例如,为了真实地刻画过程的运行状态,在基于过程数据建模时,倡导的做法是巧妙地结合过程知识与机理,以提升方法的故障检测和分离性能。

8.4　校准技术

8.4.1　校准方法

校准可以克服传感器自身的不足,提高传感器的精度、稳定性、可靠性等。普通传感器的校准通常通过硬件的电子线路实现,智能传感器还可以通过软件算法来实现,通过软件算法校准直接对传感器的输入/输出特性进行数值处理,在输出值中加入校准量,容易实现,不需要增加额外硬件电路,使用广泛。传感器校准就是对输入/输出的非线性关系进行修正,即采用一定的方法来修正实际的输入/输出关系,通常采用的校准方法有查表法和曲线拟合法,另外,神经网络具有强大的非线性映射功能,也可以用来进行传感器的校准,并且由于其功能强大,得到了广泛的研究和应用。

查表法就是对校准曲线进行分段线性插值的方法。在应用中,根据精度需求,取一系列校准的数据点,并将这些数据点存入数据表中,传感器的校准曲线被这些点分成若干段,测量过程中,找到传感器的输出所对应的曲线段,在对应段中采用线性插值进行拟合得到最终的校准值,即可得到校准后的测量结果。如图 8.4.1 所示,数据点为 $(x_1, y_1), \cdots, (x_N, y_N)$,将曲线分成 $N+1$ 段,将传感器未校准的输出对应到某一段,然后线性插值得到校准输出:

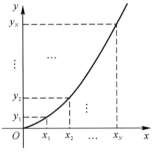

图 8.4.1　拟合曲线

$$y = y_k + \frac{x_{k+1} - x_k}{y_{k+1} - y_k}(y - y_k) \tag{8.4.1}$$

曲线拟合采用一定的函数来拟合输入/输出之间的函数关系,通常采用多项式拟合,只要次数适当,多项式拟合可以用来拟合任意曲线。多项式拟合就是根据校准的数据点,确定合适的多项式次数和各个系数,在传感器测量中,只需要给出未校准的测量值,直接代入拟合出的多项式函数,就可以计算出校准后的值。多项式次数和系数确定的原则是使得各数据点对拟合曲线的误差最小或满足规定的精度需求。

将多项式校准数据 $(x_1, y_1), \cdots, (x_N, y_N)$ 代入如下多项式:

$$y = a_0 + a_1 x + a_2 x^2 + \cdots + a_n x^n \tag{8.4.2}$$

然后根据误差最小的原则确定多项式次数 n 和系数 $(a_0, a_1, \cdots, a_n)$,即得到拟合的多项式函数。最后将传感器测得的未校准输入 x 代入拟合的多项式函数得到传感器校准后输出:

$$y = a_0 + a_1 x + a_2 x^2 + \cdots + a_n x^n \tag{8.4.3}$$

人工神经网络具有非常强大的功能,在应用方面取得了许多成果,因此,在智能传感器中的应用也得到了广泛的关注。神经网络校准是利用大量测试的输入与期望的输出数据(即训练数据),训练一个输入到期望输出的网络模型,实际测量时只需要把输入加到神经网络输入端,即可得到校准后的输出值。

8.4.2　计量标准

FADS 校准最初采用计算流体动力学(CFD)数据,但是实际的物理硬件在使用中可能还会遇到许多不方便建模的因素影响,为了比较准确地描述这些影响,必须从一系列风洞试验中得到数据进行分析,最后还需要安装在飞行器上进行飞行测试,用得到的测试数据分析,以保证校准数据的可靠性。

1. CFD 仿真数据

计算流体动力学是通过数值计算,对流体的流动和热传导等物理现象做分析,其基本思想是用离散的数据集来代替连续的场,通过对离散数据集的建模和求解,得到连续的场量的近似解,它可看成是在流动基本方程控制下对流体流动的数字模拟,相当于在计算机上做一次实验,因此,它同时具有理论分析结果普遍、各因素影响明显和物理实验结果可靠性高的双重优点,得到了大量的应用。

采用 CFD 的方法对流体流动进行数值模拟,首先要建立反映事物本质的数学模型,即建立相关物理量之间的数学关系,这是数值模拟的前提,数学模型不完善或不够精确,数值模拟就失去了应有的作用;然后将数学模型离散化,通常可以采用有限差分法、有限体积法等;接下来就是对离散化的模型进行计算,主要包括网格划分、参数设定等,这是整个模拟过程中花费时间最多的一个;最后以一定的形式展示出计算的结果。

CFD 方法从 20 世纪 80 年代以来得到了迅速发展,出现了一批非常方便的 CFD 软件用来处理各种工程问题,如 PHOENICS、CFX、STAR - CD、FLUENT 等,这些软件通常包括三个程序模块:前处理器、求解器和后处理器。前处理器用于完成求解器的处理过程,向软件输入求解所需的相关数据;求解器是采用一定的求解方案对问题进行求解;后处理器是将求解结果以方便用户观测和分析的方式展示出来。

国外利用 CFD 方法模拟了流经飞行器的流场特征,并与风洞试验和飞行测试的数据进行比较。结果表明,CFD 方法能够得到较好的模拟效果,可以用来进行相关问题的研究,并在后来采用 CFD 仿真数据得到的数据校准 FADS 系统。结果表明,在长时间测量后,迎角、侧滑角、动压的测量精度均比惯性元件高,而短期测量侧滑角和动压精度与惯性测量单元相当,迎角测量精度稍差,这是由于 FADS 系统的动态性能不足造成的。总体说来,采用 CFD 数据校准 FADS 系统能够得到比较满意的效果,总体测量精度较好。CFD 数据没有经过实际物理实验验证,在工程应用中的可靠性不能保证,但是在预研阶段,采用 CFD 数据来校准 FADS 系统,可以降低成本,并且精度也足够。

2. 风洞数据

CFD 仿真数据缺乏大多数航空飞行器都会遇到的压缩性、雷诺数和流分离等难以数学建模因素的影响。而通过风洞试验,能够准确测出实际物理过程中实际的压力分布,更加准确地描述飞行器的流场特征,表明飞行器的各种特性,是验证单纯的数值方法是否有效的重要手段。因此需要采用一系列的风洞试验数据来估计不同飞行器的 FADS 模型特征、测试 FADS 压力模型和相应的校准过程的适用性。

风洞试验需要测试整个飞行包线内的马赫数、迎角以及侧滑角范围。风洞数据同时可以用来研究 FADS 校准对测压孔位置的敏感性,风洞设备可操作的马赫数范围要足够大,高压大气通过几何可变的喷嘴来满足测试条件,墙、门和天花板在超声速测试区的时候增开气孔以减小反射波等。

风洞试验有 9 个高精度压力传感器(PPT)和 1 个倾角计的测试系统的内部布局。风洞的气动系统设计成与飞行器硬件完全一样,在测试中传感器均被封入了冷却套管以保证传感器不会超出工作的界限,模型上需要安装一个电子扫描压力(ESP)组件,精度要足够高,以测量压力和压力差,同时还需要安装一个数字倾角计,用来测量风洞试验中模型的入射角。当模型竖立时,倾角计测量攻角;当模型转过 90°时,倾角计重新安装以测量侧滑角。

风洞试验数据是在迎角和侧滑角一定时获得的,并且通过各个俯仰点描出了攻角和侧滑角的轮廓。根据测试的需要确定获得数据马赫数、迎角和侧滑角范围。在不同的马赫数的测试过程中,作俯仰机动,每增加一定的迎角取一个数据,每增加一定的侧滑角取一个侧滑角数据。在每个俯仰数据点停留的时间要足够,以保证获得稳定的数据。

3. 飞行测试数据

飞行测试是对飞行器飞行状态的完全真实的测试。通过飞行测试所得到的数据是最可靠的，也只有通过飞行测试的数据才能用来最终判断系统是否可用，FADS 在实际应用前，必须经过飞行测试以证明其是一个可用的大气数据测量系统。在实际飞行测试之前，安装了 FADS 系统的模型首先在风洞中进行了试验，最后才进行了实际飞行测试，而在飞行测试中，FADS 系统只是进行了大气数据的计算和记录，并没有参与到控制系统之中。

飞行测试中得到的压力数据用来进一步校正 FADS 系统，一个实际可用的 FADS 系统必须经过飞行测试数据进行校准。飞行测试所得的数据可以用来检验 CFD 仿真数据和风洞试验数据校准结果的好坏，判断校准方法的可行性，进一步对一些校准参数进行修正等。FADS 系统校准通过比较机载计算和飞行参考数据，采用一定的校准过程来调整校准系数。飞行参考数据是通过合并多种数据源的互补信息得到的，如机载惯性导航系统测得的各种信息，地面雷达测得的数据等。

8.4.3 校准类型

空速和高度试飞校准方法分为两大类。一是气压法：测量飞行高度上的大气静压，与飞机测量的静压进行对比，获得静压误差，再换算出空速误差和高度误差。二是速度法：测量飞机的真空速，与飞机测量的空速进行对比，获得空速误差，再换算出高度误差。国内外已发展过多种校准方法，如气压计法、雷达法、照相法、无线电高度表法、加速度计-姿态仪法、声速法、温度法、微波空间定位法等。许多方法因为测试系统复杂、外场工作量大、气象及空域限制严格、试飞效率低、试验结果可靠性低等缺点而被新方法取代。目前国际公认的民机大气数据校准方法主要包括拖曳静压法、速度航道法、GPS 法、标准机伴飞法、空速管法和塔畔平飞法，如图 8.4.2 所示。

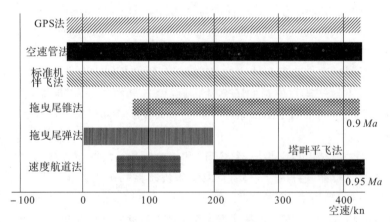

图 8.4.2 几种不同的校准方法

1. 拖曳静压法

拖曳静压法是在飞机尾部拖曳一个尾锥或尾弹，将静压测量口延伸至飞机后面足够远处（为 1~2 倍翼展）。该处的大气可以认为不受飞机的影响，测量的静压非常精确，可以作为精确的静压源用于高度校准。若假设全压误差为零，则可用于空速校准，或与 GPS 法等方法结合,进行空速和高度校准。拖曳尾锥法已成熟,适用空速范围广,地面配套设施简单,且对外部环境要求不高,数据稳定,在国内外如运 12、ARJ21 - 700、A380 等大气数据系统复杂、校准要求高的大中型飞机上得到普遍应用。该方法不适用于各类低速低价位的轻小型机。此外,拖曳系统的管路存在漏气问题,飞行前需要进行气密性检查;管路很长,机动飞行时压力滞后明显,需要测定和平衡不同压力下的压力滞后。

2. 速度航道法

速度航道法可用于空速校准,若假设全压误差为零,则可用于高度校准。该方法是驾驶飞机在平稳大气中沿一段航道等速往返平飞,记录飞行时间,算出平均地速作为飞机的真空速以消除风速的影响,再根据记录的气压高度和大气总温等数据算出校正空速,得到空速误差。不同的空速应选择不同的飞行距离,对于 100 kn 以下的空速,距离应为 1 mi(1 mi ≈ 1.61 km);250 kn 以上的速度,距离为 5 mi。在航道的起止位置上应有明显的标识以便于计时。计时误差会导致校准误差,为了保证校准精度,该方法只适用于低空低速校准。

3. GPS 法

GPS 法是现代化的速度航道法,可用于空速校准,若假设全压误差为零,则可用于高度校准。GPS 测速精度高度,用其代替传统的雷达、相机、经纬仪等测量飞机地速,测量精度高。类似速度航道法,该方法由地速获得真空速,再经过高度和温度校正后就得到空速误差。根据具体试飞和数据处理方法的不同,GPS 法还可以分为 GPS 往返等速平飞法、GPS 三方向等速平飞法、GPS - Ma 迭代法等。GPS 法能轻松获得精确的地速,可在高高度上试飞;适用空速范围广;地面配套设施简单,机上改装方便,测试系统成本低,数据存储和处理方便,校准精度高。因此 GPS 法成为首选方法,得到广泛应用,代替了多种老方法。GPS 法也可以与其他方法结合应用以满足不同飞机的校准需求。随着北斗系统的快速发展,GPS 法将演化成北斗法或者二者结合的方法。

4. 标准机伴飞法

标准机伴飞法可以校正空速误差和高度误差,是常用的初始校准方法。该方法是用一架经过可靠校准的标准飞机与试飞飞机进行等高等速的伴飞飞行,通过电台协调同时读取两架飞机的指示空速和气压高度,数值的差异即为试飞飞机的大气数据误差。该方法的缺点是标准机的误差将传递到试飞飞机上,而配置标准机和相应的飞行机组增加了地面保障的负担、人力资源消耗和试飞成本,伴飞飞行则对外部环境的要求也更高,试飞效率低。

5. 空速管法

空速管法可以校正空速误差和高度误差,是轻小型飞机试飞校准的标准方法。该方法类似标准机伴飞法,是在飞机上加装试飞测试用的高精度空速管来进行校准,只要空速管安装合适,使全压不受气流偏斜的影响,静压不受飞机气动流场的影响即可。空速管法也可与拖曳静压法结合,利用拖曳静压法测量的高精度静压修正空速管法测量的静压,用于中型和大型高速飞机的试飞校准。该方法无需复杂的地面配套设施,简单易行,成本较低,适合轻小型飞机的大气数据校准,但在空间狭小的轻小型飞机上加装空速管和相应的管路比较困难。

6. 塔畔平飞法

塔畔平飞法可以校准高度误差,若假设全压误差为零,则可用于空速校准。该方法是在平稳大气中驾驶飞机以与塔台相同的高度沿跑道平直飞行,比较塔顶的气压高度值和飞机的气压高度值即可直接得出高度误差。该方法适用的空速范围总体较高,不适用于低速飞机。此外,飞行高度难以准确保持,两个气压高度的测量均有误差,导致该方法的校准精度较低,而且在低高度上进行高速飞行存在安全风险。

实际应用中,应综合考虑飞机的类型、尺寸、空速和高度范围、经济性、飞机大气数据系统的复杂程度、企业现实条件等因素选择适合的校准方法。

8.4.4　校准的要求

大气参数测试仪校准系统是一套现代化的自动校准装置,主要包括大气压力控制系统、大气压力测量系统、嵌入式系统、计算机系统和校准软件。

大气参数测试仪校准装置有以下主要功能:

(1)在测量模式,大气参数测试仪校准装置接受外部压力,大气参数测试仪的压力传感器接收的信号经过数据采集和测量电路的处理,送显示器显示;

(2)在控制模式,大气参数测试仪的控制系统通过气泵操作控制输出一系列压力值,同时大气参数测试仪将标准压力值送显示器显示。

该系统的研制可以解决急需的大气参数测试仪的现场校准问题,满足型号科研生产的需求。该系统可以输出高精度的大气参数,可以对气压仪表、精密压力表等设备进行校准,还可对大气参数测试仪进行现场校准。另外,根据检定规程和测试大纲的要求,还可对空速表、气压高度表等航空航天领域所用仪器仪表,以及配套多种高精度的气压传感器进行校准。

主要技术指标:

静压　　　压力范围:$(10 \sim 120)$ kPa;

　　　　　测量不确定度:$0.03\%(p=95\%, k=2)$。

总压　　　压力范围:$(10 \sim 300)$ kPa;

　　　　　测量不确定度:$0.05\%(p=95\%, k=2)$。

8.4.5　设备特性和校准测试

大气参数测试仪校准装置包括主机和气泵两个部分。主机由以下部分组成:中央控制CPU、液晶显示电路、键盘控制电路、静压及总压控制电路、静压及总压控制阀组、静压及总压主传感器、静压及总压控制传感器等。气泵采用外购方式解决。

(1)中央控制CPU:实现键盘响应控制、数据的输出显示、大气参数模型的转换、与静压及总压控制电路通信,完成系统集中控制。

(2)控制传感器:在控制模式下,能够快速响应气路压力的变化,并将其压力的控制信号送给静压或总压控制电路,完成气压的快速控制。

(3)主传感器:两个高精度绝压传感器的作用是对气路的压力进行测量,并在控制模式下参与气路的微调和微控。

(4)控制电路:接受中央控制CPU的控制命令,控制系统进行自检、调零、压力测量、系统保护以及升压、降压的闭环控制等。

（5）控制阀组：控制阀组由高速电磁阀和常开常闭阀组成，高速电磁开关阀进行压力的精确控制，常开常闭阀进行压力输出及一些测试状态的控制。

（6）静压及总压通道接口：与被测压力仪器的接口。

（7）气泵（压力泵、真空泵二合一）：气泵是系统的压力源，其内部配有压力调节器和空气凝水器、过滤器等。压力泵通过压缩空气产生压力源供系统加压，真空泵通过抽空气对系统进行减压，它们一起工作作为系统的压力源。

8.4.6　校准标准的要求

1. 马赫数的标准不确定度分量

（1）校准装置大气数据测试仪引入的标准不确定度 u_1。由标准不确定度的 B 类评定法，根据大气数据测试仪说明书得出的马赫数测量误差为 $\pm 0.000\,2$，其区间半宽度为 $a = 0.000\,2$，估计为均匀分布，取 $k = \sqrt{3}$，那么

$$u_1 = a/k = 0.000\,1 \tag{8.4.4}$$

（2）读数引入的标准不确定度 u_2。动静压测试仪马赫数读数最小分辨力 0.001，其区间半宽度为 $a = 0.000\,5$，估计为均匀分布，取 $k = \sqrt{3}$，那么

$$u_2 = a/k = 0.000\,3 \tag{8.4.5}$$

（3）测量结果重复性引入的标准不确定度 u_3。动静压测试仪的马赫数在相同测量条件下作 4 次测量。经校准，0.900 为 4 次示值重复性差值最大的校准点，示值为 0.900，0.901，0.900，0.901。以 4 次示值的算术平均值作为测量结果，由标准不确定度 A 类评定的极差法计算实验标准偏差得

$$u_3 = s(x)/\sqrt{n} = \left[(x_{\max} - x_{\min})/d_n\right]/\sqrt{n} \tag{8.4.6}$$

式中：$x_{\max}$ 为在同一校准点上测得的最大值；$x_{\min}$ 为在同一校准点上测得的最小值；d_n 为极差法的系数；n 为重复测量的次数。

查国标 JJF 1059—1999 的表 1，得极差系数 $d_4 = 2.06$，那么

$$u_3 = \left[(0.901 - 0.900)/2.06\right]/2 = 0.000\,3 \tag{8.4.7}$$

2. 发动机压缩比测量的标准不确定度分量

（1）校准装置大气数据测试仪引入的标准不确定度 u_1。

1）全压灵敏系数 c_p。取 $S = 10.000$ inHg（1 inHg $= 3.39$ kPa），$p = 20.000$ inHg，得

$$c_p = \Delta p/p = 1/S = 0.1 \text{ inHg}^{-1} \tag{8.4.8}$$

2）静压灵敏系数 c_s。取 $S = 10.000$ inHg，$p = 20.000$ inHg，得

$$c_s = \Delta p/S = -p/S_2 = -0.2 \text{ inHg}^{-1} \tag{8.4.9}$$

3）校准点上全压测量误差引入的标准不确定度 u_p。由标准不确定度的 B 类评定法，根据大气数据测试仪说明书得其全压测量误差为 $\pm 0.005\% \times 100 = \pm 0.005$ inHg，区间半宽度 $a = 0.005$ inHg，估计为均匀分布，取 $k = \sqrt{3}$，那么

$$u_p = a/k = 0.002\,9 \text{ inHg} \tag{8.4.10}$$

4)校准点上静压测量误差引入的标准不确定度 u_s。由标准不确定度的 B 类评定法,根据大气数据测试仪说明书得其静压测量误差为 $\pm 0.005\% \times 32 = \pm 0.001\ 6\ \text{inHg}$,区间半宽度为 $a = 0.001\ 6\ \text{inHg}$,估计为均匀分布,取 $k = \sqrt{3}$,那么

$$u_s = a/k = 0.000\ 9\ \text{inHg} \tag{8.4.11}$$

计算校准装置大气数据测试仪引入的标准不确定度 u_1,得

$$u_1 = c_p^2 u_p^2 + c_s^2 u_s^2 = 0.000\ 4\ \text{EPR} \tag{8.4.12}$$

(2)读数引入的标准不确定度 u_2。动静压测试仪发动机压缩比读数最小分辨力为 $0.001\ \text{EPR}$,其区间半宽度为 $a = 0.000\ 5\text{EPR}$,估计为均匀分布,取 $k = \sqrt{3}$,那么

$$u_2 = a/k = 0.000\ 3\text{EPR} \tag{8.4.13}$$

(3)测量结果重复性引入的标准不确定度 u_3。动静压测试仪的发动机压缩比在相同测量条件下作两次测量。经校准,2.000EPR 为 4 次示值重复性差值最大的校准点,示值分别为 $2.000\text{EPR},2.001\text{EPR},2.000\text{EPR},2.000\text{EPR}$。以 4 次示值的算术平均值作为测量结果,由标准不确定度 A 类评定的极差法计算实验标准偏差,得

$$\begin{aligned} u_3 &= s(x)/n = [(x_{\max} - x_{\min})/d_n]/n \\ &= [(2.001 - 2.000)/2.06]/2 = 0.000\ 3\text{EPR} \end{aligned} \tag{8.4.14}$$

3. 爬升速率测量的标准不确定度分量

(1)校准装置引入的标准不确定度 u_1。

1)高度灵敏系数 c_h。取 $h = 2\ 000\ \text{ft},t = 1\ \text{min}$,得

$$c_h = \Delta p/h = 1/t = 1\ \text{min}^{-1} \tag{8.4.15}$$

2)时间灵敏系数 c_t。取 $h = 2\ 000\ \text{ft},t = 1\ \text{min}$,得

$$c_t = \Delta pt = -h/t^2 = -2\ 000\ \text{ft/min}^2 \tag{8.4.16}$$

3)大气数据测试仪引入的标准不确定度 u_h。由标准不确定度的 B 类评定法,校准爬升速率时,在 $10\ 000\ \text{ft}$ 以下高度进行爬升速率的校准。由于 $10\ 000\ \text{ft}$ 的大气数据测试仪测量误差最大,在评定中引入该点测量误差。因大气数据测试仪 $10\ 000\ \text{ft}$ 的测量误差为 $\pm 1.9\ \text{ft}$,则其区间半宽度为 $a = 1.9\ \text{ft}$,估计为均匀分布,取 $k = 3$,那么

$$u_h = ak = 1.1\ \text{ft} \tag{8.4.17}$$

4)电子秒表引入的标准不确定度 u_t。由标准不确定度的 B 类评定法,根据电子秒表检定证书得 $1\ \text{min}$ 计时测量误差为 $-0.01\ \text{s}$,其 $1\ \text{min}$ 计时引入的不确定可忽略不计。估计计时不同步误差为 $\pm 0.1\ \text{s} = \pm 0.001\ 7\ \text{min}$,估计为均匀分布,取 $k = 3$,那么

$$u_t = ak = 0.001\ \text{min} \tag{8.4.18}$$

计算校准装置引入的标准不确定度 u_1,得

$$u_1 = c_h^2 u_h^2 + c_t^2 u_t^2 = 2.3\ \text{ft/min} \tag{8.4.19}$$

(2)测量结果重复性引入的标准不确定度 u_2。动静压测试仪的爬升速率在相同测量条件下作 4 次测量。经校准,$2\ 000\ \text{ft/min}$ 为 4 次示值重复性差值最大的校准点,示值分别为 $2\ 020\ \text{ft/min},22\ 026\ \text{ft/min},2\ 022\ \text{ft/min},22\ 026\ \text{ft/min}$。以 4 次示值的算术平均值作为测量结果,由标准不确定度的 A 类评定的极差法计算实验标准偏差得

$$\begin{aligned} u_2 &= s(x)/n = [(x_{\max} - x_{\min})/d_n]/n = \\ &\quad [(2\ 026 - 2\ 020)/2.06]/2 = 1.5\ \text{ft/min} \end{aligned} \tag{8.4.20}$$

8.5 大气数据系统的测试与校准

8.5.1 概述

大气数据系统包括大气数据计算机和二次配套仪表,其中大气数据计算机(简称大气机)主要包括压力传感器组件、输入接口组件、中央处理器组件、总线输出接口组件、模拟输出接口组件、开关量输出组件,二次配套仪表主要包括气压高度表、组合速度表、攻角指示器。

对这样复杂的系统进行测试,一般采用功能测试法,即满足被测试对象正常工作的条件,检测其输出,如果响应不正确,则诊断被测对象故障,否则正常。针对大气数据系统的测试系统硬件结构框图如图8.5.1所示,大气机组件测试软件结构框图如图8.5.2所示,二次配套仪表测试软件结构框图如图8.5.3所示。

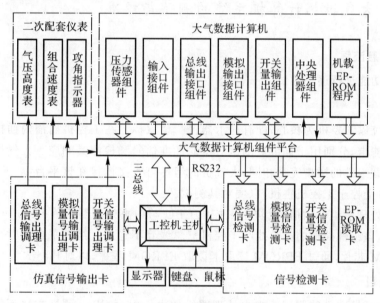

图 8.5.1 测试系统硬件结构框图

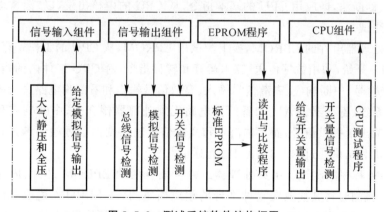

图 8.5.2 测试系统软件结构框图

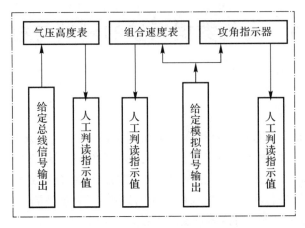

图 8.5.3 二次配套仪表测试软件结构框图

8.5.2 大气数据计算机系统的测试与校准

1. 测试信息流程

对系统的功能进行逐一测试。

2. 测试设备

该测试系统以工控机为核心,配有显示器、键盘、鼠标。在工控机插槽内插接仿真信号输出卡和信号检测卡,分别用于提供被测试对象的标准信号和检测其响应。大气机组件平台的接口形式与机载组件的插槽完全相同,大气机的组件可直接插接在该平台上,并通过数据、地址、控制三总线受控于工控机主机,以便对其测试。

对于中央处理器组件插槽,为防止工控机 CPU 与中央处理器组件 CPU 争用三总线,出现"打架"局面,该组件插槽的三总线与工控机三总线互不连通。组件平台同时可插放大气机的机载 EPROM 芯片,通过 EPROM 读取卡读取 EPROM 程序,以对其测试。

3. 测试项目

(1)中央处理器组件的测试。中央处理器组件由于内含 CPU,测试方法不同于功能测试法,而是采用微诊断法,即应用 CPU 的基本指令,从 CPU 的内核出发,以"滚雪球"的方式,对整个组件进行测试。

取下中央处理器组件的 EPROM,换上测试用 EPROM,从 CPU 的工作寄存器、算术逻辑运算单元(ALU)开始,利用数据传送、算术运算和转移指令,对 CPU 组件内的指令系统、寄存器、RAM、片选信号、中断响应、离散信号输入、离散信号输出和看门狗电路进行测试。

测试指令系统、寄存器、RAM 和看门狗电路无须外部器件介入,中断响应和离散信号输入由仿真信号输出卡提供信号,而片选信号和离散信号输出则由信号检测卡进行检测。测试项目进行的时机和结果通过 RS232 串口进行通信。

(2)EPROM 程序的测试。中央处理器组件上插有两片 EPROM 芯片,内含大气数据系统的所有程序,检测时将其插放在组件平台的相应插座内,由 EPROM 读取卡读取其代码到工控机主机,与标准程序逐位比较,发现错误则判定 EPROM 芯片损坏,应进行更换。

（3）信号输入组件的测试。信号输入组件包括压力传感器组件和输入接口组件。压力传感器组件上的振动筒用以感受空速管的全压和静压，将大气压力转换成频率量送给 F/D 转换器。测试时由地面真空泵仿真大气静压，由压力泵仿真大气全压，检测振动筒传感器输出的频率信号是否符合精度要求。输入接口组件实质是 A/D 转换器，测试时由模拟信号输出调理卡输出一组模拟信号，工控机控制输入接口组件的 A/D 转换器采集该信号，检测 A/D 转换的精度是否符合要求。

（4）信息输出组件的测试。信号输出组件包括总线输出接口组件、模拟输出接口组件和开关量输出组件，三者分别由总线信号检测卡、模拟量信号检测卡和开关量信号检测卡来检测，但检测原理相同。

以总线信号为例：工控机通过三总线控制总线输出接口组件输出 ARINC429 信号，该信号输送给总线信号检测卡，这样工控机只要比较检测量是否在输出量的误差允许范围内，即可诊断该组件是否故障。

（5）二次配套仪表的测试。二次配套仪表包括气压高度表、组合速度表、攻角指示器。其中气压高度表接收总线信号输出调理卡的数字量气压高度信号，组合速度表接收模拟量信号输出调理卡的真空速和马赫数信号，攻角指示器也接收模拟量信号输出调理卡的真攻角信号。测试时工控机控制仿真信号输出卡依次输出整刻度信号，使仪表的指针或数轮指示整刻度。人工判读仪表指示值，如果超过指示误差范围，则判定该表故障。

8.6　阶　段　测　试

8.6.1　软件测试

联合测试时，大气数据计算机的测试应满足如下要求：

（1）接通模块电源，模块应进入上电自检测试程序上电自检测正常，模块应能自动转入正常工作状态，高度、空速、垂直速度、温度、马赫数等相应显示界面处于有效激活状态。给模块施加强制自检测信号，模块应能进入强制自检测状态，调整页面选择旋钮到自检显示页面，检查设备代码、序列、版本号和故障状态显示，应和相应显示界面有效激活状态一致。

（2）用大气数据模拟信号源输入不同的大气静压、总压和温度，在显控器上检查气压高度、修正后的气压高度应符合指标要求。综合显示器显示的静压应与大气数据测试系统显示的静压一致。当从综显输入场压时，综显显示的相对高度应为气压高度减去场压高度。

（3）按照 8.6.2 节的测试方法，相应地设置气压源，大气数据能在综合显示器上正常显示。

（4）打开上位机上的测试界面程序，通过串口发送大气静压、动压及温度的模拟数据，周期上传数据能返回至上位机的测试界面，可观察气压高度等各个参量。

8.6.2　硬件测试

将大气数据计算机通过橡皮管与气压源和电阻箱相连，分别得到静压、全压和全温。大气数据计算机与数据处理机相连，接到综合显示器。联试设备的连接如图 8.6.1 所示。由此可获得高度、空速、升降速度、温度、马赫数等参数的测试结果。被测模块和测试设备按规定加电预热。

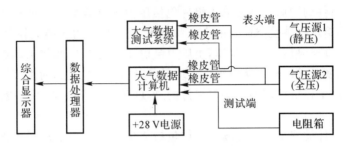

图 8.6.1　联试设备连接图

（1）接通模块电源，模块进入上电自检测程序显示上电自检正常，模块自动转入正常工作状态，高度、空速、升降速度、温度、马赫数等相应显示界面处于有效激活状态。模块能进入强制自检测状态，调整页面旋钮到自检显示页面，可检查设备代码、序列、版本号和故障状态显示。

（2）用大气数据模拟信号源输入不同的大气静压、总压和温度，在显控器上显示气压高度、修正后的气压高度，并符合指标要求。综合显示器显示的静压与大气数据测试系统显示的静压一致。当从综合显示器输入场压时，综合显示器显示相对高度，即气压高度减去场压高度。

（3）显示的真空速、校正空速符合指标要求。

（4）温度传感器相当于一个高精度温控电阻，其阻值为

$$R_T = R_0 \{1 + \alpha [T_P - \delta(T_P/100 - 1)(T_P/100) - \beta(T_P/100 - 1)(T_P^3/100)]\}$$

$$(8.6.1)$$

式中：α、β、δ 为常数；R_0 为当时的阻值；T_0 为环境温度；R_T 为环境温度下的阻值。其测试值见表 8.6.1。

表 8.6.1　温度传感器的温度与电阻值关系

外界温度/℃	输出电阻值/Ω	外界温度/℃	输出电阻值/Ω
−60	70.9	50	108.65
−50	73.7	60	112.62
−40	76.7	70	116.8
−30	79.8	80	121.06
−20	83	90	125.04
−10	86.4	100	129.08
0	90.1	110	134.25
10	93.6	120	138.8
20	97.2	130	143.4
30	100.9	140	148.2
40	104.7	150	153.1

硬件电路中给它加了一个 1.34 mA 的恒定电流，将其转换成电压信号，然后放大 36 倍，截取 −60 ～ 150℃ 范围（−60℃ 对应 0 V）对应进行 A/D 转换，近似得到大气总温 T_T。

测试中，用电阻箱模拟温度传感器，设置阻值，综合显示器显示大气温度符合指标要求（−70 ～ 50℃）。

(5)设置静压源(气压源)的气压变化率,当静压变化率为负时,从 101.325 kPa 开始 1 min 减到静压变化率对应的数值;静压变化率为正时,从静压变化率对应的数值 1 min 加压到 101.325 kPa。检查显示的垂直升降速度符合指标要求[0～450 mil/h(1 mil＝0.025 4 mm) 或 0～450 km 范围]。

(6)设置静压源和总压源的气压,综合显示器显示的总压与大气数据测试系统显示的静压 一致。检查输出的马赫数符合指标要求。

8.6.3　系统级测试

通过静压值变化,测得对应的高度值显示如图 8.6.2 所示。由图可见,高度随着静压的升 高而降低。这和压力与高度的关系相符合。测得值标定为星状线,在两条容差值曲线之间。 这符合设计要求。

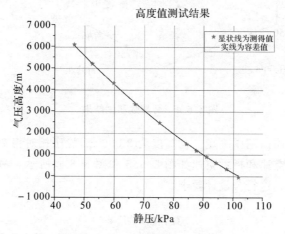

图 8.6.2　高度值测试结果

升降速度由静压变化率决定,变化曲线如图 8.6.3 所示。测得值显示为星状线,在两条容 差值曲线之间。这符合设计要求。

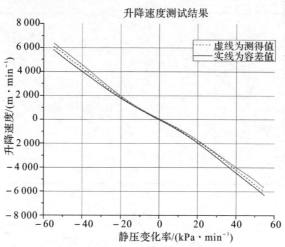

图 8.6.3　升降速度测试结果

马赫数是真空速与声速之比。它是静压和动压的函数。马赫数随静压与动压变化曲线如图 8.6.4 所示。分别在高度为 0 m，3 048 m，6 096 m 处针对不同的总压，测得马赫数，得 3 条曲线。测得值显示为星状线，在两条容差值曲线之间。这符合设计要求。

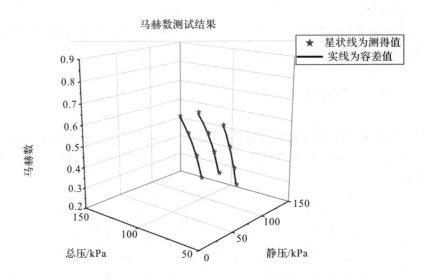

图 8.6.4　马赫数测试结果

真空速和指示空速均由动压决定。在高度为 3 000 m，静压相对为 70.108 5 kPa 时，由不同的总压可分别测得真空速和指示空速如图 8.6.5 和图 8.6.6 所示。测得值显示为星状线，在两条容差值曲线之间。这符合设计要求。

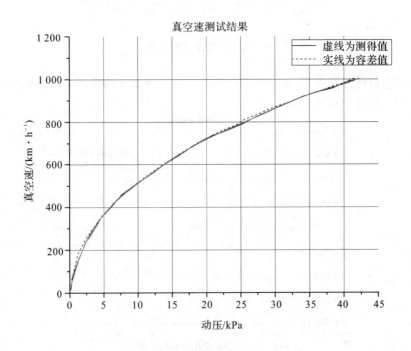

图 8.6.5　真空速测试结果

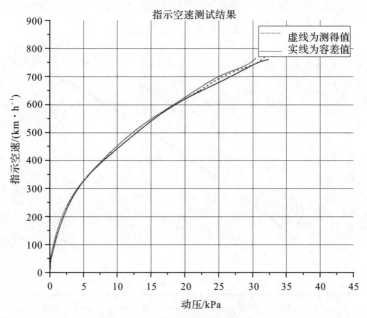

图 8.6.6 指示空速测试结果

对大气静温数据进行曲线拟合,多项式拟合是分析数据常用的一种方法。思想是:从一组或多组数据中找到一条可以用数学函数描述的曲线,这条曲线尽可能多地穿越这些已知数据点。通过判断测量数据点和该曲线上对应点间的二次方误差,来评价这条曲线是否准确描述了测量数据,二次方误差越小,拟合效果越好。

对大气静温数据进行一次拟合所得结果如图 8.6.7 所示。对大气静温数据进行二次拟合所得结果如图 8.6.8 所示。对比两图可知,对大气静温数据进行二次拟合可以达到预期目的。

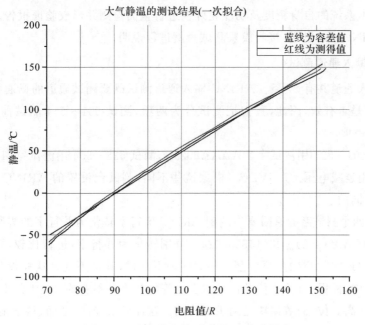

图 8.6.7 大气静温的测试结果(一次拟合)

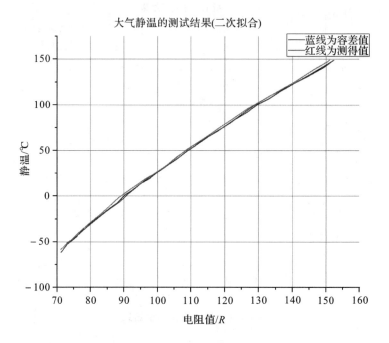

图 8.6.8 大气静温的测试结果(二次拟合)

8.6.4 接收验证测试

验证模块是检验设备能否正常工作的调试及验收程序。测试设备具备专门的验证流程,验证流程中规定了电源、A/D、离散量、程控电阻箱、ARINC 429 等模块的验证方法。执行"验证程序"可以对本系统的自身精度及功能完好性进行全面检测并形成验证报告。

下面以 ARINC 429 发送/接收模块测试为例进行说明。

1. ARINC 输入通道测试

ARINC 输入通道共有 27 条。ARINC 输入通道测试既要测试通道的畅通状况,还要测试通道的截止电压是否有效,因此,我们把测试分为两项,测试 501－554 测试前者,测试 555－581 用于测试后一项。

其中,测试 501－527 用测试字(0AAAA892)$_{16}$,测试 528－554 用测试字(15555492)$_{16}$,测试 555－581 采用衰减电压±7.5VDC。根据这些不同,测试台设置的 ARINC 发送字和所期待的结果值是不同的。

采用这样的两个测试字的原因要追溯到 ARINC 串行字转化为并行字的规则。按图 8.6.9 的转化规则将(0AAAA892)$_{16}$ 和(15555492)$_{16}$ 分别转化为并行字,进行比较,可以看出:两次转化后的字 2 是"1""0"相对的,两个字 1 中,ID 码不一样,其余不变。这样设计的原因是:在实际的数据传输中,标识、奇校验位及信号状态矩阵位几乎是不变的,ID 码的变更也不会太频繁,且一般发生在高 3 位,而数据块是随机变化的。这样就最经济、全面、科学地测试了通道的导通情况。ARINC 输入测试通道流程如图 8.6.10 所示。

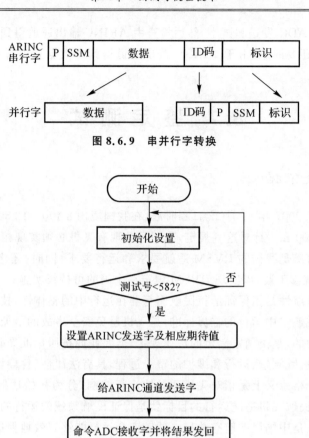

图 8.6.9　串并行字转换

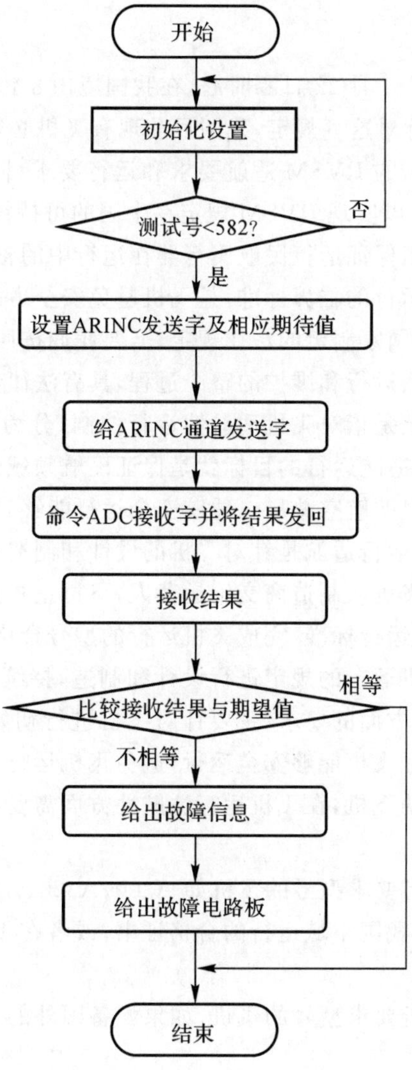

图 8.6.10　ARINC 输入测试通道流程

2. ARINC 输出通道测试

ARINC 输出通道共有 11 条。测试同样要测试通道的畅通情况及输出信号的波形特性，测试 701－722 测试前者，测试 723－733 通过调用波形测量子程序测试后者。其中，测试 701－711 采用测试字（0AAAA892）$_{16}$，测试 712－722 采用测试字（15555492）$_{16}$，其测试过程为:先由测试台命令 ADC 发送测试字,然后检查由 ARINC 输出通道得到的数据,将它和期待值比较,得出结论。还要注意:由于 ARINC 输出通道得到的数据是串行字,由测试台还需将其转换为并行字。

8.7　鉴　定　测　试

8.7.1　鉴定依据

中国民航规定从 2007 年 11 月 22 日零时起,在我国境内 8 400~12 500 m 高度上,缩小飞行高度垂直间隔到 300 m。针对这一规定,我国目前现有飞机必须实现相应的测试手段,以使所有运行的飞机能够满足我国的 RVSM 适航要求和运行要求;同时,还应该研制出飞机结构 RVSM 区域故障的维修工装,以实现 RVSM 规定在中国的可持续实施。

民航飞行器的适航性是指保证运行民航飞行器在运行中的整体性,技术安全性,而最低安全标准则是飞行器在航空中运行的临界标准,是飞机避免安全事故的最低要求。同时,适航标准又是具有法律效力的,是由国家制定的法律规定,需要我们按照标准准确地执行。飞机适航标准关系到从飞机设计、制造、运行和维护的整个过程,具有法律性、鲁棒性、实时性、稳定性。

适航运行管理严格意义上是指对飞机适航性运行控制,分为初始适航管理和持续适航管理。我国明确规定:民航飞机适航运行的目标就是保证民航领域的运行的可靠性,民航飞机适航运行管理的责任人是中国民航航空总局。适航安全运行能够有效地促进民航航空领域的技术发展,保证人民权利。初始运行适航是针对飞机的设计和制造过程的,是对这两个方面的要求。初始运行适航管理就是飞机从制造商交给运营人,飞机正式运行之前,适航管理部严格按照明确的适航管理规范、飞机运行标准,完成飞机运行的型号合格审定、生产许可审定,为了保证飞机运行器件严格按照飞机运行的规定进行设计和制造,持续运行适航是针对飞机的运行过程和维修过程,是对这两个方面的要求,主要针对飞机进行初始适航后,在飞机运行时或者运行出现故障维修后能够保证飞机能够安全运行,避免飞机运行事故的发生。

符合缩小垂直间隔运行的飞机,在飞机运行适航性方面需要满足以下三个方面的要求,才能认定为适合 RVSM 飞行:

(1)符合我国 RVSM 运行要求型号的飞机如 A300、A320、A330 系列和 B737、B747、B767 系列等型号的飞机,需要配备我国空域运行的合格证书,或者在飞机的型号说明书中标注允许 RVSM 飞行。

(2)符合我国 RVSM 运行要求型号的飞机,如果配备国外的合格证书,需要我国民航航空总局同意其 RVSM 运行。

(3)符合我国 RVSM 运行要求型号的飞机,在其飞行手册中要有进行 RVSM 运行的相关的规定。

8.7.2　测试方法

飞机大气数据系统为飞机提供空速和高度,极其重要。它的测试步骤及设备操作非常复杂且要求严格。只有了解动静压探头的结构和大气数据系统的气动连接才能正确连接设备,还要熟悉 ADTS 的操作并完全理解 ADS 测试对飞机其他关联系统的影响,才能安全完成测试。

1. 正常工作符合性

大气数据系统感知飞机周围大气环境的全压、静压等参数,为飞机提供空速、高度等信息。中国民用航空规章 23 部和 25 部的 1303、1311、1323、1325 条以及 91 部的 403、405 等条款明确规定飞机必须安装空速表和高度表,不同类型的飞机可能还需要安装升降速度表、马赫数表、静温表、迎角/侧滑角指示器、座舱压差表等。

早期的大气数据系统包括机械式空速表和高度表、空速管以及全静压管路,简单、成熟、经济,在许多轻小型飞机上仍有使用。随着安全性要求的提高,大气数据系统日益复杂,增加多种传感器,采用冗余设计提高系统可靠性,使用大气数据计算机和飞行显示器进行计算和显示,还通过总线与多个其他系统交联。设计优良的大气数据系统也存在多种误差,包括仪表误差、总温测量误差、迎角/侧滑角测量误差、总压误差、静压源误差、静压源重复性误差等。除仪表误差在实验室校准外,其他各项误差都需通过试飞校准,确保大气数据系统输出的各项数据的误差保持在规定的范围内。

总温和迎角/侧滑角测量误差一般通过机上加装一套总温和迎角/侧滑角传感器,经试飞对比两套传感器的测量结果即可确定。全压误差相对于静压误差通常可以忽略不计;静压误差将同时导致空速误差和气压高度误差,可能影响飞行安全。因此,大气数据系统的试飞校准通常是指以测定和消除静压误差为主要任务的空速和高度校准。23 部和 25 部的 1323、1325 条规定必须通过试飞对各种构型下的空速和高度进行校准,并明确了必须校准的速度范围和校准后的误差范围。对于不同的构型,应在相应的速度范围内选取多个速度点。对于运输类飞机至少 5 个间隔的速度点进行试飞校准。试飞校准通常在 3 050 m 以下高度上进行,若飞机将要在 9 455 m 高度之上飞行,则还应在更高的高度上验证校准结果的有效性。

2. 环境条件符合性

在飞机运行应用系统中,大气数据系统属于一种具有综合性、高精度特质的大气信息系统,它能够测量、计算出真空速、空速、马赫数、大气静温等多样化的飞行参数,可以为其他运行系统的控制决策提供翔实的依据,保证飞机运行的准确性。但在实际的飞机大气数据系统运行中,该系统需要配套的传感器设施,来探测外部环境,为系统提供参数计算用的原始数据,而在长期使用过程中,这些设施易磨损、风化,造成损坏,致使其性能下降,影响其所提供原始数据的准确性,从而引发一系列的大气数据系统故障,不利于飞机的稳定运行。为此,在飞机运行过程中,一旦大气数据系统出现故障,工作者应立刻采取相应的故障排除措施,以促进大气数据系统迅速恢复正常状态,避免该故障引发其他的飞机运行问题,确保飞机的安全、可靠运行。

影响系统设备性能和可靠性的环境因素主要取决于其直接接触的环境,即微气候环境或平台环境。这种环境是设备安装载体(如机载设备所在机舱及其安装架)对平台以外的自然和诱发环境因素的转换的结果,它既取决于外界的大环境,又受局部结构的阻挡、隔离和吸收缓冲及其他一些物理效应的影响,还受其周围设备诱发的环境和引起的某种变化的影响。例如:机载设备的温度环境不仅取决于气候温度,还取决于其在机内的位置、机舱冷却方式及周围有无发热设备;而其经受的振动则取决于其离开蒙皮和发动机的距离及其是否有减震架;地面储存温度往往要考虑金属壳体的致冷和致热辐射效应,而不是直接使用地面极端高、低温。

　　大气数据系统的环境条件按对其影响的机理分类主要有 4 个方面:气候环境影响(包括温度、湿度、气压、盐雾等)、机械环境影响(振动、冲击、加速度等)、电磁环境影响和生物因素影响。

　　各种环境因素对系统的主要影响及其诱发的典型失效见表 8.7.1。

表 8.7.1　环境因素对系统产生的主要影响以及失效

因素	主要影响	诱发的典型失效
高温	热老化;氧化;结构变化;化学反应;软化、熔化及升华;黏度下降和蒸发;物理膨胀;不同材料膨胀差别	绝缘失效;电特性改变;变色,断裂,龟裂;结构损坏;丧失润滑特性;结构失效;机械应力增大;运动部分磨损增大;零件咬合;包装变形/损坏;破坏密封/密封垫失效/永久变形;电路不稳定
低温	黏度增加和固化;结冰;脆化;物理收缩	失去润滑特性;电特性改变;机械强度减弱;裂纹;破裂,龟裂,硬化;受约束的玻璃器件疲劳;减震装置硬化;结构失效;运动部件磨损增大
高相对温度	吸收潮气;化学反应;腐蚀;电解;氧化	包装箱膨胀;破裂;物理断裂;电稳定性下降;干扰功能;电性能下降;绝缘器件的导电率增大;有机覆盖层损坏;通过玻璃或塑料元件的传输图像减弱;生物活性加大;干燥剂变质
低相对温度	干燥;脆化;粉碎	机械强度降低;结构损坏;电性能变化;"粉化"
高压	压缩	结构损坏;密封穿透;干扰功能
低压	膨胀;漏气;空气绝缘强度下降	容器破裂;爆炸性膨胀;气体或燃料泄漏;低密度材料的物理/化学性能变化;润滑剂挥发干燥;电性能变化;机械强度下降;绝缘击穿及电弧放电;电晕放电和形成臭氧
太阳辐射	加热和光化学效应;光氧老化;黏结零件/焊缝削弱;合成橡胶和聚合物特性	表面特性损坏;电性能变化;材料褪色,变质;强度和弹性变化;密封完整性下降;灌封化合物变软
砂尘	磨损;堵塞;化学反应	磨损增大;表面腐蚀;干扰功能;电特性变化;通道和空气过滤器堵塞;与水作用产生腐蚀
盐雾	化学反应;腐蚀;电解	磨损增大,机械强度降低;电性能变化;干扰功能;表面变质;结构强度降低;导电性增大;生成导电覆盖层;绝缘材料和金属材料腐蚀
风	风力作用;物质沉淀;热损失(低速);热增加(高速)	结构毁坏;干扰功能;机械强度降低;机械干扰和堵塞;磨损加速;加速低温影响;加速高温影响
雨	物理应力;吸收并轻则水分;吸收水分/结冰;侵蚀	腐蚀结构毁坏;增加重量;电失效;结构损坏;零件膨胀/破损造成损坏;破损防护涂层;结构损坏;表面性能变坏;加速化学反应;促使霉菌生长风
雪、温度剧变	磨蚀;阻塞;机械应力	磨损增大;干扰功能;结构损坏或减弱;密封破坏;玻璃/光学仪器破碎;表面覆盖层破裂/短路;元器件封装破裂

续表

因素	主要影响	诱发的典型失效
高速粒子 （核辐射）	加热；电离和蜕变	热老化；氧化；化学、物理和电信能改变；产生气体和次级粒子
失重	机械应力；缺少对流冷却	依靠引力的功能中断；高温影响加剧
臭氧	化学反应；裂纹，破裂；脆化；粉碎；空气绝缘强度下降	加速氧化；电性能变化；机械强度降低；干扰功能
突然失压	剧烈的机械应力	折断和破裂；结构损坏
游离气体	化学反应；污染；电稳定性降低	物理和电性能变化；绝缘破坏和电弧放电
加速度	机械应力	结构损坏；密封械漏
振动	机械应力；疲劳	机械强度下降；干扰功能；磨损增大；密封损坏；光学失调；结构损坏
磁场	引起磁化	干扰功能；电性能变化；发热
霉菌	材料降解；腐蚀；生物电桥	表面损坏；绝缘破坏；润滑剂劣化

3. 安全性符合性

RVSM 安全评估采用碰撞风险模型(CRM)进行评估。CRM 是预测在航空器每飞行小时内,由于失去垂直方向的高度保持进度而导致在 1 000 ft 垂直间隔的空域内可能发生碰撞的概率。当一对航空器在三维方向上出现重叠时,碰撞就有可能发生。因此,一架航空器可能与另外一架在相邻的飞行高度层、同向或逆向飞行、航迹相同或交叉的航空器相撞。

在平行的航路系统内,同航迹相邻飞行高度层的两架航空器,其碰撞可能发生的条件是:

(1)两架相互接近的航空器在侧向或纵向方向上重叠,失去垂直间隔;

(2)两架相互接近的航空器在侧向或垂直方向上重叠,失去纵向间隔;

(3)两架相互接近的航空器在垂直或纵向方向上重叠,失去侧向间隔。

在交叉航路系统内,碰撞发生的条件是:

(1)两架相互接近的航空器在水平方向上重叠,失去垂直间隔;

(2)两架相互接近的航空器在垂直方向上重叠,失去水平间隔。

因此,总的碰撞风险应该等于上述各种碰撞发生条件的总和。

8.7.3　资料、分析及测试标准

实施 RVSM 运行,适航当局对飞机某些设备的性能提出了更严格的要求,尤其是大气数据系统。根据工作实践及设备厂家的资料,以 B737NG 飞机、LAVERSAB6300 设备为例,总结出一些关于 ADS 测试的操作要点和注意事项。

对动/静压系统要有一个清楚的了解,特别是对动静压探头的结构和系统的气动连接(图)要熟悉,否则做测试时容易接错管路。如果气管接错,轻则影响测试结果,重则损伤机载设备,尤其动、静压的测试气管更不能接反,因为测试时所模拟的动压值比静压值要高很多,接反不但会降低指示仪表的精度,而且会损坏静压敏感元件。红色软管接动压,绿色软管接静压,不要图省事混用两种气管。

8.7.4　测试设备和条件

1．地面测试设备和条件

从大气数据到飞行燃料系统,从飞机控制到发动机监控、各种地面测试及飞行压力检测应用,GE 传感与检测科技都扮演着重要的角色,其包括压力传感器和大气数据测试设备在内的丰富的航空产品,可满足民用和军用航空工业领域固定翼和旋转翼飞机的各种应用。产品具备 CAA/FAA 工业认证,并兼容 RVSM 标准。

(1)GE Druck 压力传感器。GE 传感与检测科技的硅传感技术可提供高精度、高可靠的压力测量,在航天航空工业领域已经积累了长达 30 年以上的经验。

压阻硅片由电子束焊在玻璃金属密封件中,与敏感的金属隔离膜片组成一体式的压力模块。模块和电路板封装在坚固的全封闭外壳中。为了保证传感器工作的可靠性,GE 所有传感器均按照 ATP(验收测试工艺)生产,出厂前还要进行环境强化筛选。

GE 传感与检测科技在原有 PMP/PTX3000 系列基础上,最新推出的一款压力传感器,为已有的成熟航空传感器产品线进一步拓宽了高温应用范围。该新型压力传感器的推出针对适航认证和飞行测试系统应用,可提供 $-54\sim250$ ℃ 的宽温度范围使用,压力范围从 5 Psi $\sim$ 10 000 Psi(1 Psi=6.4 kPa),提供表压、密封表压、差压及绝压多种类型。精度优于 $\pm0.1\%$FS。通过标准信号调节器,未经放大的毫伏输出信号可方便地转换成通用的电流或电压信号。

1)飞机机身应用。线传飞控技术和液压闭环控制系统的应用大大增加了飞机机载压力传感器的使用。由于使用环境的苛刻、多变,传感器的选择也就格外严格。测量飞机废水箱液位,起落装置和制动系统等不同应用场合,对传感器温度范围和精度要求各异,同时抗振要求很高,电磁兼容和抗雷保护也是露天场合的基本要求。GE 传感与检测科技的传感器的专业性能、独特设计,使其完全符合各种应用需求。

主要的应用场合包括:

- 液压控制:翼面和起落传动装置的液体高压控制。
- 制动系统:用于制动系统的液压控制。
- 航空电子设备:提供带开口结构、直接安装于印刷电路板的传感器,用于航空电子设备冷却气体气压测试。
- 去冰系统:传感器用于去冰系统的吹气压力测量。
- 辅助电力单元:备用电源发动机油气进口端压力测试。
- 座舱压力:提供稳定而敏感的压力测量,使机组人员和乘客处于舒适的座舱环境。
- 氧气测量:机上氧气系统监测。

2)飞机发动机应用。发动机性能参数测量是现代军用和商用发动机的关键技术之一,承担此任务的传感器必须性能可靠、准确度高。不同的应用需要传感器输出信号连接到发动机、燃料控制室、驾驶舱仪表盘等;或者直接安装于发动机,监测油压和过滤器状态。GE 传感器符合发动机参数测量的应用要求,外形小,重量轻。架式安装传感器直接安装在发动机上,获得动态响应测试。GE 具有高度集成的电子封装和先进的 EMC/EMI 保护的传感器,确保了在苛刻使用地点,如高温和振动幅度不断增强的场合下仍可提供良好的环境性能。

主要的应用场合包括:

- 发动机瞬变过程:瞬态压力检测,防止发动机停止工作。
- 发动机油压检测:检测发动机油压,并传送到控制器辅助装置和驾驶舱面板指示仪。
- 油过滤器:过滤器差压测量,检测其状态,单端模式便于直接安装。
- DECU/FADEC:数字式电子发动机控制系统中发动机参数测试。
- 压缩机释压:提供法兰结构传感器,与发动机控制相连。
- 引气量:空气供给检测,用于辅助系统如发动机电子控制系统及除冰系统。
- 燃油控制:发动机燃料输送管路压力检测,并输出信号到燃油监控系统。
- 直接发动机安装:直接安装于发动机,更近地监测引擎动态响应。

(2)GE 大气数据测试设备(ADTS)。在航空飞行器的研究设计、生产制造和维护维修的日常工作中,动静压测试是一个常规项目,因此动静压测试设备已经成为测试必需的工具之一。

作为大气数据测量行业技术领先的供应商,GE 传感与检测科技的大气参数测试仪以其卓越的控制稳定性和坚固耐用性能为全球广大用户所认可,包括美国陆军、海军、海军陆战队在内,全球军用机构、民用航线均广泛采用了 ADTS405F 作为标准设备。

ADTS405F 主要应用于飞行器的动静压系统的测试,包括对于固定翼、旋转翼和其他应用总压静压系统的飞行器。

ADTS405F 的主要特点有:

1)高精度,符合缩小间距标准(RVSM)。

2)美军军标级的恶劣环境适应性。

3)最大控制和测量高度可以达到 32 000 m。

4)最大模拟 1 000 kn(514.44 m/s)空速。

5)最大爬升率可以模拟 500 m/s。

6)多飞型参数安全限定集(高度、空速和马赫数等)。

7)多重安全特性保护被测试飞机及设备。

8)超限、超漏率复控功能。

9)返地功能。

10)脉冲调解阀控制,响应快速,无过冲。

11)自动测试管理软件。

飞行器的动静压系统一般包含静态测试和动态测试两种。静态测试项目主要可以完成飞行器动静压系统和相关元件的功能性测试,以保证飞行器的安全性能、可维护性乃至武器系统精准性能,包括直接模拟和测量空速、真空速、高度、马赫数、爬升率、静压、动压和大气数据计算机,以及这些仪表的校验工作。动态测试主要是对系统和仪表的高度、速度等的变化响应能力进行测试。

(3)GE 大气参数测试仪。ADTS405F 是一款集成内置真空/压力一体泵的内外场可用的大气数据测试系统。能够对机载设备提供真空以及压力的测量和控制,泄漏测试、校验精度检查和大气数据仪器、器件和系统功能测试。独立的双通道结构,可以同时对飞行器的总压和静压提供模拟输出和测量,也可以用于检测飞机发动机 EPR 传感器和指示仪。能满足单人同时完成 4 组总静压系统的测试流程,显著减少飞行器测试时间,避免可能的通讯故障。

ADTS405F 既能够满足常规的高精度静态测试需要,也能够进行动态测试。动态测试越来越为飞行器动静压系统和动静压仪表性能研究、设计、生产制造单位所关注。如何使用现有的动静压测试设备兼顾动态测试需求,是一个急迫的问题。在目前阶段,ADTS405F 有一项测试功能就是振荡模拟输出功能。能够分别或者同时在 Ps 和 Pt 输出端输出正弦信号,频率和幅度可以编程设置。

2. 飞行测试设备和条件

飞机的高度测量系统是指飞机在运行的过程中对飞机静压源采集的大气数据进行归纳汇总,并把所得大气数据进行处理的系统,系统的输出就是飞机运行的气压高度。飞机高度测量系统的数据输出能够实时地确保飞机在其规定的飞行高度层上,因此是垂直间隔运行中的关键系统。而缩小垂直间隔的运行,对高度测量系统的测量精度要求更高,在飞机进行高度飞行时的误差允许范围是有准确要求的。在初始适航时,RVSM 运行的符合性,体现在高度测量系统中,必须具有以下的要求:

(1)具有全压、静压测量系统,全压、静压测量系统使用空速管将飞机外部的气压流引入飞机内部,根据仰角传感器的变换,由静压探头和全压探头感受进入飞机的空气压力,测量系统将飞机测量的空气压力进行模拟量变化,得到飞机运行时的气压数值。

1)全压和静压探头:主要是用来测量飞机全压和环境压力。每个全压和静压探头的全压是根据超前的一个大孔测量,而静压是根据侧面的一些小孔测量。如果在容易结冰的区域,飞机探头内应该装有加温器,有效地避免飞机全压和静压探头结冰。加温器工作时,会产生很高的表面温度,因此,一般工作时间低于 5 min,避免人体损伤。含有加温器的探头,在运行 RVSM 前,应对探头和加温器进行定期检查,如果发现探头明显损伤或加温器不能运行,要进行及时的维修。

2)备用静压孔:在飞机蒙皮上,备用静压孔水平安装,并且在备用静压孔周围喷有一圈漆进行标记。RVSM 初始运行,应该保证标记内蒙皮的平滑性,并且备用静压孔不能有堵塞和变形。

3)迎角传感器:迎角传感器是用来测量飞机的仰角和侧滑角的,在生产时将迎角传感器安置在飞机外的空域中,并设计成旋转风标式,感受运行空域的气流。高度测量系统中,进行静压源误差修正时,飞机迎角和侧滑角是大气数据系统中的关键数据。RVSM 初始适航时,应检查迎角传感器叶片是否正常工作。

(2)静压源误差修正,按照高度测量系统误差要求进行数据的处理,得出修正后的数据。

(3)对静压源传感测量出来的静压数据进行处理,显示在飞行显示器上,表示飞机运行的高度层。

(4)自动高度报告。对静压源测得的飞机运行高度层的数据提供相应的数字化编码软件进行显示。

(5)在高度测量系统中,提供相应的高度自动控制和警报基准数据的信号,为下面的数据提供输入。

飞机的静压口分为主静压口和备用静压口,主静压口与大气数据模块连接,把大气压力转换成电信号并通过总线传输给大气数据惯性基准系统,从而计算空速、高度等飞行参数;备用静压口连接到集成备用飞行显示器和座舱压差指示器上,用作主静压口的备份以提供主系统失效情况下的数据显示。

　　飞机高度控制系统,是指保证了飞机在要求的航线上进行运行。在手工运行的过程中,会给飞行员造成很大的工作量,并且会出现人为的控制差错,RVSM 运行又对其有更加严格的要求,所以在运行缩小垂直间隔运行时,要保证自动高度保持系统能够安全运行。RVSM 适航运行时,高度控制系统的数据输入来源于高度测量系统,而所谓的高度偏差是指飞机飞行的高度与指定高度层之间的误差。对自动高度控制系统,对不同的机型有以下两个不同的要求。

　　(1)在安全气象条件下,RVSM 运行飞机在固定航线飞行时,自动高度控制系统可以允许有±20 m(65 ft)的高度偏差。

　　(2)1997 年 4 月 9 日之前确定飞行的飞机,在现在保证飞行安全的情况下,可以允许±40 m(130 ft)的高度偏差。

　　高度警告系统是指当飞机的飞行高度偏差超过设定的高度值时飞机系统将发出警告信号,方便飞行员及时应对,保证飞行的安全,减少飞机运行损失。飞机在飞行时,根据高度测量系统提供的高度测量数据,与设置的飞机运行高度值进行差值运算,当运算差值小于 200 ft 时,高度警告系统将不警告,一旦超过这个误差范围,会触发飞机显示屏的警告设备,在飞机运行显示屏上发出警告信号,提醒飞行员注意,具体的流程图如图 8.7.1 所示。在 RVSM 运行时,要求至少一套高度警告设备,一般设置为两套,保证高度警告系统能够及时地工作。

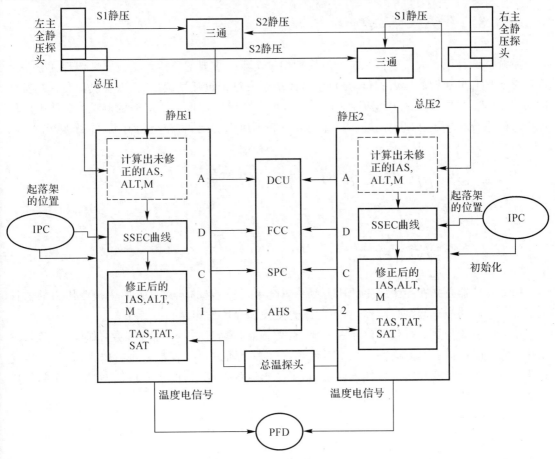

图 8.7.1　高度测量系统流程图

8.8　生产过程测试

8.8.1　内场可更换组件(SRU)级测试

内场可更换组件是在二级(内场级)维修时 LRU 中可更换的工作单元。SRU 模块的生产测试一般包括 5 道工序,即预检、初检、复检、环境试验后检验和出厂检验。每道工序都需要包括完整的测试数据并统计出同类型 SRU 模块的合格率。

8.8.2　外场可更换组件(LRU)级测试

外场可更换组件是在一级(外场级)维修中可更换的工作单元。在航线维修现场,这些组件可以在机上进行更换,只有这样才能保证维修效率,因此 LRU 应该按照统一的标准设计,以兼容标准工具。LRU 通常不包括螺栓、螺母等标准件和通用元器件。

8.8.3　系统级集成测试

系统测试是飞行大气数据系统开发周期中一个十分重要的阶段。其重要性体现在它是保证系统质量与可靠性的最后关口,是对整个系统开发过程包括系统分析、系统设计和系统实现的最终审查。尽管在系统开发周期的各个阶段、各个组件都进行了严格的测试,但并不能保证组成的系统整体不会出现问题。一些局部反映不出来的问题,在全局上很可能暴露出来。

8.9　校　　准

8.9.1　受感器校准

压力受感器是指在一个完整的压力测量系统中,按一定的方式直接感受被测压力的器件或部件。它的功能只起"取样"作用,不起压力变换和显示作用。

压力受感器需要进行校准的原因主要是:受感器在加工过程中带来误差,如焊接变形、感压孔不圆、孔口有毛刺、方向侧压孔不对称等。这必须通过风洞校准来进行修正,得到总压受感器的总压角度特性和速度特性,以评定总压受感器的性能、精度及合格性,并确保实际使用中准确测出气流总压。

1. 机械校准

(1)外形尺寸。

要求:按相关专用规范的要求测量试验件的外形尺寸是否满足指标要求。

试验方法:宜使用精度不低于±0.02 mm 的长度量具测量受感器的外形尺寸。

合格判据:受感器的外形尺寸符合相关专用规范的规定。

(2)重量。

要求:按相关专用规范的要求测量试验件的重量是否满足指标要求。

试验方法:宜使用精度不低于±1 g 的衡器称量受感器的重量。

合格判据:受感器的重量符合相关专用规范的规定。

(3)外观质量。

要求:受感器直管从管头开始到最后一个静压孔往后 20 mm 位置的范围内的外表面不应有裂纹、剥落、毛刺、凹坑或鳞状物。除另有规定外,静压孔周围 10 mm 范围内,以及静压孔前方的表面粗糙度应不大于 0.8。其余部位外观质量应符合相关专用规范的规定。

试验方法:宜采用粗糙度测量仪测量表面粗糙度,并用目视法进行其余检查。

合格判据:受感器外观质量符合相应规定。

2. 电气校准

(1)抗电强度。

要求:除另有规定外,在 15 000 m±600 m 高度环境的压力下,在受感器加热器导线(或连接器针脚)与受感器外表面之间加有效值不小于 550 V 的交流电压 60 s,受感器的电阻抗应不小于 2 MΩ。

试验方法:宜采用如下试验方法。

1)受感器不通电,将其放置在垫有绝缘材料的气压室中。

2)将气压室内的压力调整为 15 000 m±600 m 高度环境的压力值,保持 2 h。

3)保持压力不变,通过抗电强度试验设备在受感器加热器导线(或连接器针脚)和外表面之间加有效值不小于 550 V 的交流电压 60 s。

合格判据:受感器的电阻抗不小于 2 MΩ。

(2)绝缘电阻。

要求:除另有规定外,在 500 V 直流电压作用下,受感器的绝缘电阻应不小于 20 MΩ。

试验方法:宜使用绝缘电阻测试仪在受感器导线(或连接器针脚)和外表面之间加 500 V 直流电压,在 2 min 后,记录绝缘电阻值。

合格判据:受感器的绝缘电阻不小于 20 MΩ。

3. 受感精度校准

受感器的测量误差主要是温度误差∇T_V,可以由恢复系数 r 来计算得到:

$$\nabla T_V = (1-r)\left[\frac{\dfrac{k-1}{2}Ma^2}{1+\dfrac{k-1}{2}Ma^2}\right]T_t \tag{8.9.1}$$

式中:r 为受感器的恢复系数;k 为绝热指数;Ma 为气流马赫数;T_t 为稳流段气流总温。

压力受感器合格与否通过速度特性 K_C 和角度特性计算得到:

$$K_C = \frac{1}{n}\left[\sum_{i=1}^{n}\left(\frac{p_{t0}}{p_{ti}}\right)\right] \tag{8.9.2}$$

$$K_a = \left[(p_{t0}-p_{ti})/P_{t0}\right]\times 100\% \tag{8.9.3}$$

式中：K_C 为总压受感器速度特性；K_∂ 为总压受感器角度特性；p_{t0} 为标准总压；p_{ti} 为总压受感器实测总压。

根据恢复系数的定义：

$$r = 1 - \frac{T_B - T_J}{T_B\left(\dfrac{0.2Ma^2}{1 + 0.2Ma^2}\right)} \tag{8.9.4}$$

式中：T_B 为标准受感器测得的气流温度；T_J 为被校准温度受感器测得温度。

调节马赫数达到要求，停留 3 min 待读数稳定后，调节马赫数为 0.2、0.3、0.4、0.5、0.6、0.7、0.8，分别测量 T_B、T_J、p_{t0} 和 p_{ti} 并记录根据数据计算恢复系数 r、K_C、K_∂。

8.9.2　传感器校准

压力传感器是指能感受压力，并把压力变换成与其成一定关系的输出信号的装置。

1. 温度校准

对于高精度的测量系统而言，传感器的温度误差已成为提高系统精度的严重障碍。依靠传感器本身附加一些感温装置和电路，进行完善的温度补偿是很困难的。在装备有微处理机的大气数据计算机中，利用微处理机对传感器进行温度补偿是比较方便的。只要求得温度误差与一些变量之间的函数关系，便可以计算出各个温度下传感器压力的误差表格，并利用软件得到各个压力下温度误差的补偿量，就能使误差得到完善地补偿，如图 8.9.1 所示。

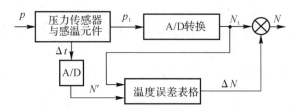

图 8.9.1　传感器温度误差补偿原理

实际测量的温度误差曲线很难用简单的函数关系式来描述，压力传感器的温度误差不仅是温度的非线性函数，而且还是被测量（压力）的非线性函数，即是一种较复杂的二元函数。因此，在进行温度补偿时，不必追求其精确的理论公式。为了使微处理器补偿温度误差简单化，往往把由试验测得的一组有关温度误差的数据表格存储在只读存储器中。传感器的温度由装在自身内（压力传感器底座内或感压元件上）的感温元件探测，感温元件输出反映温度的电压值。如图 8.9.1 所示，修正表格有两个数字量输入，其中一个是感温元件所得电压，经 A/D 转换后输出的数字量 N'；另一个是压力传感器测量压力所输出的电压（或频率或周期），经 A/D 转换器（或频率计数器或周期计数器）变为数字量 N_1。N' 和 N_1（即图中的温度误差表格）存放在只读存储器 ROM 中，只是在若干个校正点上进行测试，故微处理器进行误差补偿时要定时进行查表，以获得修正量 ΔN，并将 ΔN 与 N_1 综合（代数相加），获得实际压力 p 对应的数字量 N。

2. 校准数据的拟合

（1）二元插值计算校正方法。对传感器非线性的软件校正方法主要有曲线拟合法（公式法)、查表法及插值法等。每种方法都有自己的特点,但也存在应用上的某些限制。对于同时具有非线性特性和温漂特性的传感器来说,最有效的校正方法是插值法。

1) 插值法描述。对于具有温漂特性的传感器来说,传感器的输出量 u 是作用于传感器输入端的待测物理量 x 和环境温度 T 所共同确定的二元函数。可表示为

$$u = f(x, T)$$

若 $f(x, T)$ 满足单调性,则在 u 与 x 和 T 之间存在一一对应的关系。插值校正是根据 $u = f(x, T)$ 的关系,用反向插值的方法求在已知工作温度 T 和测量结果 u 的情况下,传感器输入的物理量 x 的大小。

2) 传感器的校准。插值校正方法需事先在给定的插值点上对传感器进行校准,校准点上的测量精度决定了插值法所能达到的最高精度。

传感器的校准可按如下步骤进行:在传感器的工作范围内,选择一组($n+1$ 个)校准点 x_0, $x_1, \cdots, x_n$,使得 $x_0 < x_1 < \cdots < x_n$,且 x_0 和 x_n 应为传感器工作范围的两个端点。相邻两校准点之间的距离不要求相等,校准点的数目应视测试精度的要求和传感器本身非线性程度的大小而确定。一般来说,要求测试精度高或传感器本身线性程度差的情况下,校准点的数目应多一些,而在非线性程度较严重的区间,校准点的间距也应小一些。以确定传感器校准点同样的方法,在传感器的整个工作温度范围内,确定一组($m+1$ 个)温度参考点 $T_0, T_1, \cdots, T_m$。通过试验的方法,测出传感器在各温度参考点 $T_i(i = 0, 1, \cdots, m)$ 下校准点 $x_j(j = 0, 1, \cdots, n)$ 上对应的输出值 $u_j{}^{T_i}$ 共 $(m+1) \times (n+1)$ 个数据,分段存入测试系统的存储器中备用,即

校准点　　　$x_0, x_1, \cdots, x_j, \cdots x_n$

温度　　　　$T_0 : u_0{}^{T_0}, u_1{}^{T_0}, \cdots, u_j{}^{T_0}, \cdots, u_n{}^{T_0}$

　　　　　　$T_1 : u_0{}^{T_1}, u_1{}^{T_1}, \cdots, u_j{}^{T_1}, \cdots, u_n{}^{T_1}$

　　　　　　　　　　　　$\cdots$

　　　　　　$T_m : u_0{}^{T_m}, u_1{}^{T_m}, \cdots, u_j{}^{T_m}, \cdots, u_n{}^{T_m}$

3) 测试结果的插值计算。测试过程中的二元函数插值可通过两次一元函数插值过程完成,分别对温度变化和传感器变换特性非线性进行补偿。通常情况下,对温度变化的补偿按线性插值方法计算,而对传感器变换特性非线性的补偿则按抛物线插值方法计算。

首先对传感器的温度变化特性进行插值补偿。若在当前温度 T 下,测量结果为 u,且有 $T_i < T < T_{i+1}$ 及 $u_j{}^{T_i} < u < u_{i+1}{}^{T_i}$,记温度 T 下与校准点 x_j 对应的传感器输出结果的校正值为 $u_j{}^T$,则由线性插值方法,x_j, x_{j+1}, x_{j+2} 三点在温度 T 下的转换结果为

$$u_r{}^T = u_r{}^{T_i} + (u_r{}^{T_{i+1}} - u_r{}^{T_i})/(T_{i+1} - T_i), \quad r = j, j+1, j+2 \qquad (8.9.5)$$

得到温度 T 下校准点 $x_r(r = j, j+1, j+2)$ 上输出结果的校正值 $u_j{}^T, u_{j+1}{}^T, u_{j+2}{}^T$ 后,便可按抛物线插值方法反向插值计算与当前测量结果 u 相对应的输入量 x。

由牛顿插值方法,抛物线插值可表示为

$$x = k_0 + k_1(u - u_j^T) + k_2(u - u_j^T)(u - u_{j+1}^T) \qquad (8.9.6)$$

其中 $k_0 = u_j^T, k_1 = \dfrac{u_{j+1}^T - u_j^T}{x_{j+1} - x_j}, k_2 = \dfrac{(u_{j+2}^T - u_j^T)/(x_{j+2} - x_j) - (u_{j+1}^T - u_j^T)/(x_{j+1} - x_j)}{x_{j+2} - x_{j+1}}$。

x 就是温度 T 下与测量结果 u 对应的输入物理量的大小。

为保证插值的计算精确度,计算过程中的数制应采用三字节以上的浮点数表示,并采用相

应的浮点数计算方法。各种内嵌式单片机系统功能的不断增强,时钟频率不断提高,其运算速度也越来越快。包括数制转换、规格化、四则运算及计算结果定位等在内的所有运算,都可在毫秒量级完成。因而采用内嵌式单片机系统对传感器的非线性及温漂特性进行插值校正,在采样速率要求不是太高的情况下,是完全可以胜任的。

(2) 分段插值法。分段插值校正法根据实际测得的输出,通过分段插值,找到对应的输入值,然后乘以特定系数,就能得到校正后的标准输出。

图 8.9.2 为分段插值法原理图,x 轴代表输入的压力,y 轴代表传感器的输出量(电压或频率)。

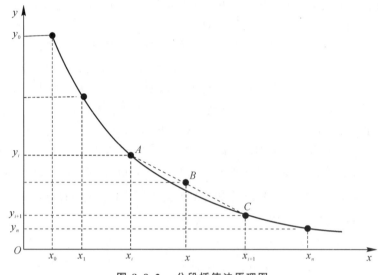

图 8.9.2 分段插值法原理图

假定把输出特性曲线分为若干个插值段,AC 是其中的第 i 段,而 x_i,y_i 分别对应于 A 点的输入和输出,而 x_{i+1},y_{i+1} 分别对应于 C 点的输入和输出,这些都是测得的已知量。AC 之间的 B 点坐标是经人工用线性插值法算出的,即

$$x = x_i + \frac{x_{i+1} - x_i}{y_{i+1} - y_i}(y - y_i) \tag{8.9.7}$$

此时,x 即为对应于 B 点的传感器输入。

若设计时确定传感器输出特性斜率为 m,则有

$$y' = mx = mx_i + mk_i(y - y_i) = x_i' + k_i'(y - y_i) \tag{8.9.8}$$

式中:$k_i = \frac{(x_{i+1} - x_i)}{(y_{i+1} - y)}$ 是传感器的标定系数,$k_i' = mk_i$,$x_i' = mx_i$。由此可知,若测得未经校正的传感器输出值 y,就能通过插值法求得经过校正后的输出值 y'。实际过程如下:

对传感器进行精确的标定实验,获得一组标定数据 x_0',x_1',$\cdots$,x_n',y_0,y_1,$\cdots$,y_n,k_0',k_1',$\cdots$,k_n',把这些已知常数存放在传感器组件附带的只读存储器 PROM 中,计算机中安排了每个传感器的搜索程序,这些程序把传感器和其专用常数存储器视为一个整体,使各个传感器输出特性相同。当传感器的性能有变化时,只需将整个组件(传感器和常数存储器)重新进行标定,改写存储器中的数值即可。在某些大气数据计算机中,常数存储器不随传感器一起安

装,而是利用系统存储器中的一个存储区域专门存放传感器校正常数。这样,每次更换传感器时,都要重写这一存储区。

(3) 整体拟合校正法。大部分传感器的特性在整个测量范围内可以用一个阶次不太高的多项式来拟合。例如,振膜式压力传感器的输出振荡频率与输入压力之间的关系,可以用下面的多项式来表达:

$$p = k_0 + k_1 T + k_2 T^2 + k_3 T^3 + k_4 T^4 \tag{8.9.9}$$

式中:p 为被测压力;T 为振荡周期;$k_0 \sim k_4$ 为系数。

设校正后的传感器输出为 $p' = mp$,则

$$p' = k_0' + k_1' T + k_2' T^2 + k_3' T^3 + k_4' T^4 \tag{8.9.10}$$

式中:$k_i' = mk_i (i = 0 \sim 4)$。这样,在传感器专用只读存储器中,只存放 $k_0' \sim k_4'$ 及相对应的 m 值,便可自动算出校正后传感器的输出 p'。

8.9.3 系统校准

计算机测试系统的校准分为内部校准和外部校准两种方式:

(1)内部自动校准依靠测试系统内部微机和内附标准源自动完成,即根据系统误差的变化规律,用一定的测量方法或计算方法来扣除系统误差。

(2)外部自动校准采用准确度高的标准仪器(或标准信号源)的信号作为系统输入,测试系统根据输入输出误差的变化规律,用各种方法进行修正。

下面主要介绍测试系统的内部自动校准方法。

内部自动校准是对系统误差进行修正和补偿,测试系统的系统误差主要存在于模拟量通道里。造成这种系统误差的主要原因是它的衰减器、放大器、滤波器、A/D 转换器、D/A 转换器和内部基准源等部件的电路状态和参数偏离了标准值,而且会随温度和时间的变化产生漂移。这种偏离和漂移,集中反映在零点漂移和倍率变化上。零点漂移是指部件的输入信号为零时,输出不为零,而且会随时间和温度变化。倍率变化是指部件的输入与输出之比,而且也会随着时间和温度而变化。在测试系统的模拟量输入通道中,这种漂移和偏离所引起的系统误差直接影响到系统的测量准确度,因此,系统的内部自动校准首先要设法消除这种漂移偏离。

1. 静压源误差修正(SSEC)

在 048 型大气数据计算机中,振动筒式静压传感器的输出经过非线性和温度误差修正后得到的仍然是指示静压,它与静压 p 之间存在误差,称之为静压源误差,其产生的原因在第一章中已进行详细讨论。这种误差的存在将直接影响系统的测量精度。因此必须对它进行修正。048 型大气数据计算机提供的一组静压源误差修正数据见表 8.9.1。

表 8.9.1 误差修正表

指示马赫数 Ma_i	修正量 $-\dfrac{\Delta p}{p_n}$%	指示马赫数 Ma_i	修正量 $-\dfrac{\Delta p}{p_n}$%	指示马赫数 Ma_i	修正量 $-\dfrac{\Delta p}{p_n}$%	指示马赫数 Ma_i	修正量 $-\dfrac{\Delta p}{p_n}$%
0.000	0.0	0.375	1.15	0.750	4.50		
0.025	0.06	0.400	1.25	0.775	4.90		

续表

指示马赫数 Ma_i	修正量 $-\dfrac{\Delta p}{p_n}\%$	指示马赫数 Ma_i	修正量 $-\dfrac{\Delta p}{p_n}\%$	指示马赫数 Ma_i	修正量 $-\dfrac{\Delta p}{p_n}\%$
0.050	0.12	0.425	1.35	0.800	5.40
0.075	0.18	0.450	1.50	0.825	6.10
0.100	0.25	0.475	1.65	0.850	6.90
0.125	0.32	0.500	1.80	0.875	8.00
0.150	0.39	0.525	2.00	0.900	9.30
0.175	0.47	0.550	2.20	0.925	11.00
0.200	0.55	0.575	2.40	0.950	13.00
0.225	0.63	0.600	2.60	0.970	14.90
0.250	0.71	0.625	2.85	0.975	14.8
0.275	0.79	0.650	3.10	1.000	10.0
0.300	0.85	0.675	3.35	1.025	6.8
0.325	0.97	0.700	3.70	1.050	3.4
0.350	1.06	0.725	4.10	1.075	0.7
				1.08	0.0

表 8.9.1 中，计算修正量相对值用的 p_n 是指示静压值，即振动筒压力传感器的输出经非线性和温度误差修正后的静压 p_n。指示马赫数 Ma_i 是根据指示静压和指示总压计算出来的马赫数。由表 8.9.1 可见，当飞机处于临界马赫数附近飞行时，产生的静压源误差是十分严重的。因此，静压源误差修正，对于提高大气数据计算机的测量精度是至关重要的。

由于飞行马赫数不同，静压源误差的修正量亦不相同，并且已给出了修正表。在 048 大气数据计算机中，也是采用查表插值法来进行静压源误差修正的。

例 已知指示静压 $p_n = 300$ mmHg，指示马赫数为 0.90。求真实静压 p_s 之值。

解 由表 8.9.1 知，当 $Ma = 0.90$ 时，则修正量为

$$-\frac{\Delta p}{p_n} = 9.3\% \tag{8.9.11}$$

所以有

$$\Delta p = -p_n \times 9.3\% = -27.9 \text{ mmHg} \tag{8.9.12}$$

根据修正量的定义，则

$$p_s = p_{si} + \Delta p \tag{8.9.13}$$

式中：Δp 为静压修正量；p_{si} 为指示静压值；p_s 为静压值。

那么修正后的静压 p_s 为

$$p_s = p_{si} + \Delta p = 272.1 \text{ mmHg} \tag{8.9.14}$$

若指示马赫数 $Ma = 0.915$，由表 8.9.1 查知：

$$-\left.\frac{\Delta p}{p_{\text{si}}}\right|_{Ma=0.915} = 11\% \tag{8.9.15}$$

利用线性插值法,得到:

$$-\left.\frac{\Delta p}{p_{\text{si}}}\right|_{Ma=0.915} = \frac{0.11-0.093}{0.925-0.90}\times(0.915-0.90)+0.093 = 10.32\% \tag{8.9.16}$$

所以

$$\Delta p = -p_{\text{si}}\times10.32\% = -300\times10.32\%\ \text{mmHg} = -30.96\ \text{mmHg} \tag{8.9.17}$$

那么,修正后的静压 p_{s} 为

$$p_{\text{s}} = p_{\text{si}} + \Delta p \tag{8.9.18}$$

2. 受感器的定期校准

系统在长时间运行之后不免产生损伤及误差较大等问题,因此需对受感器作定期校准以保证系统的准确度。

在定期校准中,应注意检查静压孔周围飞机蒙皮的气动光洁度、静压孔有无阻塞、连接静压孔的气管快卸接头有无松动或漏气、皮托管内壁毛刺与积水等问题。

参 考 文 献

[1] 毛丹弘. 误差与数据处理[M]. 北京:化学工业出版社,2008.

[2] 黄向平,姜惠英. 测量误差分析[J]. 水利科技,2005(1):3.

[3] 史景钊,张峰,陈新昌. 基于 Matlab 的随机截尾数据下的 Weibull 分布参数估计[J]. 河南科学,2010,28(5):4.

[4] 王向红. 多波束条带测深系统数据后置处理技术研究[D]. 哈尔滨:哈尔滨工程大学,2005.

[5] 王振明. 大尺度几何量坐标测量不确定度研究[D]. 长沙:国防科技大学,2010.

[6] 陈小昊. 基于贝叶斯统计面向任务的不确定性评定[D]. 合肥:合肥工业大学,2012.

[7] 盛军强. 热风采暖条件下温室热环境数值分析与研究[D]. 杭州:浙江工业大学,2007.

[8] 王海军,李宝亭,张建忠. 大气数据测试系统的设计[J]. 航空计测技术,2002,22(4):4.

[9] 李新健. 飞机大气数据系统测试的操作要点及注意事项[J]. 军民两用技术与产品,2015(4):11.

[10] 刘超,文信,刘青松. 某型压气机进口复合受感器设计及校准[J]. 电子测试,2018(19):3.